E-Book inside.

Mit folgendem persönlichen Code
können Sie die E-Book-Ausgabe
dieses Buches downloaden.

```
80185-w5x6p-
56r1v-t00j4
```

Registrieren Sie sich unter
www.hanser-fachbuch.de/ebookinside
und nutzen Sie das E-Book
auf Ihrem Rechner*, Tablet-PC
und E-Book-Reader.

Suter, Vorbach, Weitlaner

Die Wertschöpfungsmaschine

Andreas Suter
Stefan Vorbach
Doris Weitlaner

DIE WERTSCHÖPFUNGS-MASCHINE

Strategie operativ verankern

Prozessmanagement umsetzen

Operational-Excellence erreichen

HANSER

Bibliografische Information der Deutschen Nationalbibliothek

Die Deutsche Nationalbibliothek verzeichnet diese Publikation in der Deutschen Nationalbibliografie; detaillierte bibliografische Daten sind im Internet über <http://dnb.d-nb.de> abrufbar.

© 2015 Carl Hanser Verlag München
http://www.hanser-fachbuch.de

Lektorat: Lisa Hoffmann-Bäuml
Herstellung: Thomas Gerhardy
Satz: Kösel Media GmbH, Krugzell
Umschlaggestaltung: Stephan Rönigk
Druck & Bindung: Friedrich Pustet, Regensburg
Printed in Germany

ISBN 978-3-446-44235-1
E-Book-ISBN 978-3-446-44196-5

Zum Buch

Viele Geschäftsstrategien werden mit viel Kompetenz und Aufwand entwickelt, ohne jemals ihre Wirkung zu entfalten. In manchen Unternehmen werden zudem Prozesse und Strukturen festgelegt, welche die Strategie nicht unterstützen, vielmehr der Wertschöpfung im Wege stehen und betriebliche Komplexität schaffen. Eine Geschäftsstrategie entfaltet ihre positive Wirkung nur dann, wenn die Prozesse und Strukturen des Unternehmens konsequent auf sie abgestimmt sind und so dem Wertschöpfen der Mitarbeiter optimale Leitplanken setzen.

Dieses Buch stellt einen praktischen Ansatz vor, der zeigt, wie sich eine Geschäftsstrategie tatsächlich umsetzen lässt. Es ist ein Leitfaden, der Schritt für Schritt instruiert, wie die Strukturen und Prozesse aus der Strategie abgeleitet und optimiert werden können. Es geht damit über die Vielzahl der existierenden Managementbücher hinaus.

Die „Wertschöpfungsmaschine" beschreibt einfache Prinzipien für die strategiegerechte Organisations- und Prozessgestaltung. Sie beinhaltet eine Fünf-Schritte-Methode, mit deren Hilfe die Geschäftsprozesse aus der Geschäftsstrategie bestimmt werden. Sie zeigt anhand von Dutzenden Fallbeispielen, wie ein Unternehmen konkret als Wertschöpfungsmaschine gestaltet wird, wie die Prozesse und Strukturen auf die Wertschöpfung getrimmt, die organisatorischen Schnittstellen vereinfacht sowie die betrieblichen Leerläufe und Komplexität eliminiert werden.

Mit der „Wertschöpfungsmaschine" wird die Basis für rasche und nachhaltige Leistungssteigerungen gelegt. Viele Konsumgüter-, Dienstleistungs- und Industrieunternehmen haben davon schon profitiert. Das Buch gibt zahlreiche Tipps, um die strategische Ausrichtung direkt mit Operational-Excellence im Alltag zu verknüpfen und das betriebliche Geschehen effektiver sowie effizienter zu gestalten – getreu dem Motto „don't work harder, but smarter".

Inhalt

Einleitung

In der Unternehmenswelt hat die Erkenntnis an Stellenwert gewonnen, dass sich Wettbewerbsvorteile *auch* durch optimierte Prozesse und Strukturen erzielen lassen. Das war nicht immer so. Außerhalb der Massenproduktion galten das Produkt und die involvierten Personen lange Zeit als alleinige Schlüssel zum Erfolg. Doch 1990 erschien die ernüchternde Produktivitätsstudie von James Womack, Daniel Jones und Daniel Roos, welche der damaligen Leistungsfähigkeit der westlichen Automobilindustrie schlechte Noten erteilte. Sozusagen als Antwort darauf wurde von Micheal Hammer und James Champy das *Business-Reengineering* lanciert.

Schon früh wurden erste Stimmen über Fehlschläge des damals revolutionären Reengineering-Ansatzes laut. Kolportiert wurden Erfolgschancen von nur 25 % – eine für erfolgreiche Unternehmensführung zu niedrige Quote. Viele kritisierten Reengineering-Projekte (in der europäischen Version auch „Geschäftsprozessoptimierung" genannt) zeichneten sich durch fünf wesentliche Mängel aus: Erstens fehlte die Anbindung an die Geschäftsstrategie; zweitens mangelte es an der Einbindung in ein sogenanntes Makrodesign, welches den Gesamtkontext definiert; drittens gab es keine integrale Sicht von Güter-, Informations- und Wertflüssen; viertens fehlte die Projektführung durch das Topmanagement; und fünftens existierte keine Methode, welche stringent die Prozesse aus der Strategie ableitet. Zu stark waren die Projekte dem Einzelaspekt verhaftet, nicht zuletzt auch deswegen, weil sie aus dem IT-Umfeld initiiert worden waren oder bloß einzelne (Teil-)Prozesse betrafen. Die Entwicklung der unternehmerischen Leistungsfähigkeit, z.B. durch Prozessmanagement oder Organisationsentwicklung, stößt immer an Grenzen, wenn der strukturelle Rahmen nicht ausreichend adressiert wird. Erfahrungen mit zahlreichen mittleren und großen Unternehmen zeigen immer wieder, dass schlechte Performance weniger auf fehlenden Leistungswillen als auf strukturelle Probleme zurückzuführen ist – sei es, dass die Strategie ungenügend umgesetzt beziehungsweise *die Prozesse und Strukturen falsch definiert* sind.

Hier setzt der *Grazer Ansatz für Organisations- und Prozessgestaltung* an, welche die operative Verankerung der Strategie in den Mittelpunkt stellt und die strategische Ausrichtung mit Operational-Excellence verknüpft. Erstes Kernelement des Grazer Ansatzes ist die *Blackbox „Unternehmen"*. Bevor Prozesse und Strukturen für Operational-Excellence optimiert werden, müssen die Rahmenbedingungen, insbesondere die Geschäftsstrategie sowie Markt- und Kundenanforderungen geklärt sein. Prozesse und Strukturen müssen mit der Strategie koordiniert werden, und zwar stringent und vom Groben bis ins Detail durch Auflösung der Blackbox „Unternehmen". Damit wird sichergestellt, dass Prozesse und Strukturen der Wertschöpfung nicht im Wege stehen, sondern diese in die richtigen Bahnen lenken.

Zweites Kernelement ist der *Fokus auf die Schnittstellen*. Durch Reduktion und Vereinfachung der Prozess- und Organisationsschnittstellen auf einfache *Auftraggeber-Auftragnehmer-Beziehungen* werden Doppelspurigkeiten, Leerläufe und Wartezeiten vermieden sowie der Großteil der Effizienzpotenziale realisiert.

Drittes Kernelement ist die *Integration von Wertschöpfung und Prozessregelung*, z. B. Arbeitsplanung und Qualitätsprüfung. Mit der Integration lassen sich Rollen und Verantwortlichkeiten durchgängig festlegen und ineffiziente Schnittstellen vermeiden. Daraus ergeben sich hochleistungsfähige Prozessautobahnen und eine prozessbasierte Aufbauorganisation, welche ohne Matrixstrukturen auskommt.

Die eigentliche Geburtsstunde des Grazer Ansatzes fällt auf ein Projekt für einen elektrotechnischen Konzern im Jahre 1990 zurück. Der betrachtete Unternehmensbereich war – und ist es heute noch – unbestrittener Weltmarktführer, der sich damals noch aufgrund von Hochpreisen ineffiziente Strukturen leisten konnte. Dies ging gut, bis sich wegen der damals rezessiven Marktverhältnisse und des dramatischen Preisverfalls die Situation änderte: Die Ineffizienzen in den weltweiten Produktionsstätten und die Koordinationsprobleme zwischen dem Stammhaus und den nationalen Tochtergesellschaften wurden zur kostspieligen Last. Konzernzentrale und Tochtergesellschaften stritten über ihre Rollen im weltweiten Vertriebs-, Produktions- und Logistikverbund. Die Lösung steckte in der Festlegung neuer *Rollen und Verantwortlichkeiten* für Vertriebsgesellschaften, Produktionswerke und Stammhaus. Zwischen Vertriebsgesellschaften und Produktionswerken wurden einfachste interne *Auftraggeber-Auftragnehmer-Beziehungen* etabliert. Die Rolle des Stammhauses löste sich auf, nämlich in diejenige Rolle eines Produktionswerks und eine andere Rolle, welche Ziele setzte und überwachte, aber nicht im Tagesgeschäft involviert war.

Die weitere Entwicklung des Ansatzes erfolgte in drei Phasen. In der ersten Phase wurden die Grundlagen am Institut für Unternehmensführung und Organisation der Technischen Universität Graz entwickelt. Die entstandenen Methoden wurden in zahlreichen Projekten mit europäischen, amerikanischen und asiatischen Unternehmen getestet. Die resultierenden Gestaltungs- und Vorgehensmodelle entstanden in der intensiven Zusammenarbeit von Christian Haas, Jörg Kainz, Dietmar Schantin, Andreas Suter, Chris Tipotsch und Michael Zechner.

In der zweiten Phase wurde der Ansatz mit dem damaligen Institut für Betriebswissenschaften der ETH Zürich auf das Innovationsmanagement erweitert. In dieser Phase wirkten Wolfgang Deplazes, Thierry Lalive, Tim Sauber, Denise Schaad, Andreas Suter und Hugo Tschirky. Parallel dazu wurde von Frank Höning und Hubert Oesterle der Grazer Ansatz in die Business-Engineering-Methodik der Universität St. Gallen integriert. Begleitete ERP-Projekte zeigten deutlich, dass die unternehmensspezifische Festlegung der SOLL-Hauptprozesse im strategiegerechten Makrodesign der Einführung einer Standardsoftware vorhergehen muss. Diese Festlegungen hatten in keinem einzigen Fall den vorgesehenen Optionen der Standardsoftware widersprochen und Zusatzprogrammierungen erfordert. Im Gegenteil, die Einführung wurde vereinfacht, weil die notwendigen Organisations- und Prozessklärungen schon vorlagen.

In der aktuell dritten Phase wird der Ansatz wiederum in Graz am Institut für Unternehmensführung und Organisation der Technischen Universität sowie an der Fachhochschule CAMPUS 02 im Rahmen des Prozess- und Informationsmanagements weiterentwickelt. Markus Kohlbacher, Doris Weitlaner und Stefan Vorbach sind hier federführend.

Die zahlreichen, im Text aufgeführten, Beispiele stammen aus der Unternehmenspraxis und sind mit Absicht neutralisiert worden, damit Verbindungen zu konkreten Firmen und involvierten Personen vermieden werden. Sollten Verbindungen zu verstorbenen oder lebenden Personen dennoch möglich sein, so sind sie rein zufällig entstanden und haben mit den verkürzten Darstellungen nichts gemeinsam. Aus didaktischen Gründen sind die Beispiele auf das Wesentliche reduziert – wohlwissend, dass in der unternehmerischen Realität Erfolg und Misserfolg manchmal sehr nahe liegen.

Wir sind den Mitstreitern und Mitstreiterinnen sowie den in den Unternehmen begegneten Mitarbeitern und Mitarbeiterinnen zu großem Dank verpflichtet. Durch ihr hartnäckiges Nachfragen haben sie wertvolle Hinweise zur Weiterentwicklung der Wertschöpfungsmaschine beigetragen. Wir danken auch dem Hanser Verlag, der großzügig zum Gelingen dieses Buchs beigetragen hat.

Hinweise für den Leser

Dieses Buch richtet sich gleichwohl an Praktiker, an Berater wie auch an Studierende mit dem Ziel, den Leser zu befähigen, den Grazer Ansatz für Organisations- und Prozessgestaltung in der Praxis anzuwenden:

- Dem *Praktiker* empfehlen wir, sich trotz der direkt anwendbaren 5-Schritt-Methodik mit den grundsätzlichen Überlegungen des Hauptteils auseinanderzusetzen. Sie werden im einen oder anderen Fall Hinweise geben, warum in den aktuellen Strukturen Leerläufe oder Doppelspurigkeiten bestehen und wo sich Effizienzpotenziale erschließen lassen. Es finden sich in dem Buch zahlreiche Tipps, welche sich direkt im praktischen Alltag umsetzen lassen.

- Dem *Berater* empfehlen wir, den Grazer Ansatz konsequent in die eigene Beratungspraxis zu übernehmen. Der Kunde wird verblüfft sein, wie rasch das strategiegerechte Grunddesign für die Prozesse und die Organisation vorliegt. Dazu braucht der Berater bloß den eigenen Beratungsansatz und den Methodenkasten zu ergänzen. Dafür findet er in diesem Handbuch Material in Hülle und Fülle.

- Dem *Studierenden* empfehlen wir, die grundlegenden Ansätze wie Blackbox, Auftraggeber-Auftragnehmer-Beziehung, Auftragszyklus usw. in ein ihm vertrautes Unternehmen gedanklich zu transferieren. Damit werden theoretische Konzepte greifbar. Aus den Differenzen zwischen den persönlichen Beobachtungen und den selbst entwickelten Soll-Modellen wird sich der Nutzen des Grazer Ansatzes manifestieren. Wenn auch nicht immer unmittelbar umgesetzt, haben viele Studierende bereits durch praktische Studienarbeiten den Unternehmensleitungen konkrete Alternativen aufgezeigt.

Für das Verständnis des Grazer Ansatzes ist es nicht notwendig, das Buch vollständig zu lesen. Je nach Bedürfnis wird eine Auswahl empfohlen:

- für den *eiligen Leser:* Kapitel 1 und 2,
- für den *interessierten Leser:* Kapitel 1 bis 6 sowie Kapitel 12,
- für den *Anwender:* Kapitel 1 bis 13 sowie Kapitel 14 (Fünf-Schritt-Verfahren).

In Kapitel 1 wird der Bedeutung von Organisation und Prozessen für die unternehmerische Leistungsfähigkeit nachgegangen und auf typische Todsünden im Prozessmanagement hingewiesen. In Kapitel 2 werden die grundlegenden Gedanken zum Grazer Ansatz dargestellt, insbesondere werden die Rollenklärung als Hebel zur Performanceverbesserung hervorgehoben und die Grundprinzipien optimaler Prozess- und Organisationsstrukturen dargestellt. Zur Rollenklärung verhilft das Festlegen von *Blackboxes* und einfachen *Auftraggeber-Auftragnehmer-Beziehungen,* womit sich viele Hindernisse zur Performanceverbesserung eliminieren lassen. Auf diesen Grundgedanken aufbauend werden im Buch alle wesentlichen Zusammenhänge und Überlegungen dargestellt, welche den Leser in die Lage versetzen sollen, die Prozesse und Organisation strategiegerecht zu entwerfen.

Zunächst steht die Übersetzung der Strategie in den betrieblichen Alltag im Vordergrund. Die Anbindung der Prozesse und der Organisation an die Strategie bedeutet in diesem Zusammenhang nichts anderes als *die Operationalisierung der Strategie* im Unternehmen (Kapitel 3). Das Management der Komplexität wird vor allem als deren *Reduktion an den Organisationsgrenzen und Prozessschnittstellen* verstanden. Richtig gestaltet wird die Schnittstelle zum „Komplexitätsfilter" (Kapitel 4). Die Rollenklärung anhand von Auftraggeber-Auftragnehmer-Beziehungen gestattet dabei, durchgängige Geschäftsprozesse zu identifizieren. Hierfür wird ein erweitertes Verständnis des Geschäftsprozesses postuliert: Der Geschäftsprozess soll *über alle notwendigen Ressourcen und Informationen verfügen* (Kapitel 5).

Zusammen mit wenigen Gestaltungsprinzipien und drei einfach anwendbaren „Werkzeugen" lässt sich mit diesen Geschäftsprozessen das strategiegerechte Prozess- und Organisationsmodell des Unternehmens entwickeln (Kapitel 6).

Die folgenden Kapitel vertiefen die Hebel zur Strategieumsetzung und Performancesteigerung. Ein erster Hebel besteht schon in der *Gestaltung der Unternehmensgrenzen* und der Zusammenarbeit unter Unternehmen (Kapitel 7), ein zweiter in der Produktarchitektur und der *Kompatibilität von Wertschöpfungsstrukturen* (Kapitel 8), ein dritter im KAM/PEM-Ansatz* für das *Lösungsgeschäft* (Kapitel 9), ein vierter in der Transparenz durch die *prozessorientierte Kosten- und Leistungsrechnung* (Kapitel 10), ein weiterer im auf Beschleunigung getrimmten Innovationsprozess (Kapitel 11) und ein letzter in der *prozessbasierten Organisation,* welche die Potenzialentfaltung des Unternehmens erst ermöglicht (Kapitel 12). Die Umsetzung ist kein einfaches Unterfangen, doch sie wird durch das taktgebende und stufengerecht mobilisierende *„Top-down"-Vorgehen* erleichtert (Kapitel 13).

---

* Als KAM/PEM-Ansatz wird das Zusammenwirken zwischen einem für den Kunden verantwortlichen Kundenbetreuer (KAM) und einem für die Lösung verantwortlichen Marktleistungsspezialisten (PEM) bezeichnet.

Im Anschluss findet sich für die konkrete Anwendung das *Fünf-Schritt-Verfahren*, welches durchgängig und detailliert anhand eines Praxisbeispiels illustriert wird (Kapitel 14). Im Weiteren sind einige grundlegende *Eigenschaften des Grazer Ansatzes* beschrieben (Kapitel 15). Diese Überlegungen können vom Praktiker übersprungen werden; wer sich allerdings für die Hintergründe und die Anwendungen im Bereich des Informationsmanagements interessiert, findet hier wichtige Hinweise. Darüber hinaus findet sich im Anschluss (Kapitel 16) eine kleine Sammlung kommentierter Fallbeispiele aus unterschiedlichen Branchen. Am Schluss des Buchs werden die wichtigsten im Buch verwendeten Begriffe in einem Glossar zusammengefasst und erklärt.

1 Geschäftserfolg mit Prozessmanagement steigern?

Prozessmanagement hat, wie wenige andere Managementkonzepte den Durchbruch in der betrieblichen Praxis geschafft und in manchem Unternehmen zu teilweise beeindruckenden Leistungsverbesserungen beigetragen. Seit rund 30 Jahren werden immer wieder eindrückliche Fallbeispiele beschrieben (siehe beispielsweise James Womack und Daniel Roos (1990) oder George Stalk und Thomas Hout (1990); für einen Überblick Kohlbacher (2010) oder Schmelzer und Sesselmann (2013)). Praktische Erfahrungen und wissenschaftliche Studien bestätigen den positiven Beitrag von Prozessmanagement. Der Erfolg ist trotzdem nicht unumstritten. Das Prozessmanagement hat manchmal Erwartungen geweckt, welche es nicht zu erfüllen vermochte. Ferner hatte es auch zu Anwendungen geführt, welche auf den Unternehmenserfolg eher hinderlich, denn unterstützend wirkten. Gelegentlich wird es am falschen Ort, zum falschen Zeitpunkt oder in der falschen Dosierung eingesetzt. Zudem verbergen sich unter dem Begriff „Prozessmanagement" sehr unterschiedliche Verständnisse. Ohne stringente Orientierung des Prozessmanagements an der Geschäftsstrategie trägt es wenig zum Unternehmenserfolg bei.

■ 1.1 Eindrückliche Leistungssteigerungen durch Prozessmanagement

Immer wieder wird in der Wirtschaftspresse und in Fallstudien von imposanten Prozessverbesserungen berichtet. Von Toyota wurde eine Reduktion der Ware-in-Arbeit um mehr als 90 % bekannt. Das Joint-Venture NUMMI von General Motors und Toyota verringerte die Montagezeit um knapp 40 % je Fahrzeug. Wal-Mart erhöhte den Warenumschlag um den Faktor 5. Ebenso setzte Progressive Insurance die Zeit für die Schadensfallabwicklung von 30 Tagen auf einen halben Tag herab. In vielen Fällen werden nicht eine, sondern mehrere Performancegrößen verbessert. Beispielsweise reduzierte ein Leiterplattenlieferant die Fertigungskosten um 30 %, die Durchlaufzeit um den Faktor 8 und gleichzeitig noch die Fehlerrate um den Faktor 4. Tabelle 1.1 zeigt, welche Erfolge mit Prozessmanagement erzielt werden können und welche Aspekte hierbei typischerweise fokussiert werden.

Tabelle 1.1 Typische Stoßrichtungen und Wirkmechanismen des Prozessmanagements

Typische Stoßrichtungen des Prozessmanagements	Typische Wirkmechanismen im Prozessmanagement
▪ Produktivitätssteigerung	▪ Prozessausrichtung
▪ Qualitätsverbesserung	▪ Eliminieren von nichtwertschöpfenden Tätigkeiten
▪ Beschleunigung	▪ Zusammenführung von Tätigkeiten
▪ Servicegraderweiterung	▪ Nutzen von Volumen- und Lernkurveneffekten
▪ Geschäftspräzision	▪ Schnittstellenbereinigung
▪ Innovationssteigerung	▪ Rollen- und Aufgabenklärung
▪ Transparenz im betrieblichen Geschehen	▪ Entkopplung von unterschiedlichen Wertschöpfungsbereichen
	▪ Verbindlichkeit (von Prozessvorgaben)

Auch wissenschaftliche Studien bestätigen grundsätzlich den positiven Zusammenhang zwischen Prozessmanagement und unternehmerischem Erfolg, aber nicht uneingeschränkt (Weitlaner u. a. 2013). Jedoch wird deutlich, dass das jeweilige Prozessverständnis sowie die verwendeten Erfolgsmaße teils stark divergieren, was eine Verallgemeinerung der Ergebnisse erschwert. Ferner konzentrieren sich die Studien vorwiegend auf den produzierenden Bereich bzw. spezifische Dienstleistungsbranchen. Mitunter wird auf die Gefahr hingewiesen, dass sich ein zu starker Fokus auf Prozessmanagement negativ auf die Exploration von Neuem auswirkt.

Diese Einschränkungen lassen sich mit folgenden Herausforderungen des Prozessmanagements erklären:

▪ *Erfolgsrelevanz:* Wie werden die Prozessverbesserungen auch in den Treibern unternehmerischen Handelns, z. B. in der Gewinnmarge, Wachstumsrate oder Marktanteilen, sichtbar? Die Prozessleistung ist zumeist nicht unmittelbar im Erfolg sichtbar, weil Letzterer aus dem Zusammenwirken vieler Prozessfähigkeiten resultiert. In der Regel sind die Wirkzusammenhänge in der Theorie offensichtlich, in der Praxis jedoch nicht einfach zu ermitteln. Was bedeutet eine Automatisierung der administrativen Auftragsabwicklung für die Wettbewerbsposition des Unternehmens? Oder was bedeutet die Verbesserung der Liefertreue von 80 % auf 95 %, wenn der Automobilhersteller eine slot-genaue Liefertreue von 99,9 % erwartet? Zudem sind die Prozessverbesserungen in den Erfolgsgrößen, wenn überhaupt, mit nur wenigen Prozentpunkten (z. B. Verbesserung um 3-%-Punkte auf 12 % Gewinnmarge) und dies auch erst mit zeitlichem Abstand sichtbar. Dagegen betragen die Verbesserungen in den zugrunde liegenden Prozessfähigkeiten oft ein Vielfaches; nicht nur um 3 %, sondern 30 % oder gar 300 %. Der Ausstoß pro Mitarbeiter wurde beispielsweise verdoppelt (Faktor 2), die Durchlaufzeit halbiert (Faktor 2), die Kapitalbindung um 80 % reduziert (Faktor 5) oder die Innovationszeit um 75 % gesenkt (Faktor 4).

▪ *Personenunabhängigkeit:* Wie wird der unternehmerische Erfolg den strukturellen und systemischen Gegebenheiten zugeordnet? In vielen Firmen werden für den unternehmerischen Erfolg nicht die Prozessleistung, sondern die handelnden Personen verantwortlich gemacht. Das Individuum wird als entscheidende Quelle des Erfolgs gesehen. Sowohl in der populären Managementliteratur als auch in der täglichen Wirtschaftsberichterstattung wird die Personifizierung verstärkt, indem die Erfolge mit dem Ausnahmetalent von Managern erklärt und der Misserfolg als persönliche Fehlleistungen dargestellt werden. Unbestritten hat das Topmanagement für den Erfolg und Misserfolg des Unternehmens geradezustehen. Personifizierte Ansätze führen allerdings im Extrem zu Ignoranz von strukturellen und systemischen Randbedingungen durch die Organisation. Einmal meinte der Chef eines großen Anlagenbauers mit rund 10 000 Mitarbeitern: „Für den Geschäftserfolg sind die Organisationsstrukturen irrelevant. Entscheidend ist, dass die *richtigen* Leute die Kundenprojekte treiben." Damit verschwinden Organisation und Prozesse aus dem Blickfeld und tragen zur Überlastung der Organisation bei (siehe auch Box „Überlastete Organisation"). Optimale Strukturen – gleichwohl Organisation und Prozesse – schaffen die Möglichkeit, dass sich auch durchschnittlich talentierte Mitarbeiter selbstständig und unternehmerisch optimal verhalten.

- *Konsistenz:* Wie wird die für den unternehmerischen Erfolg nötige Variantenvielfalt gehandhabt? Welchen Einfluss hat die Variantenvielfalt auf die Prozessleistung? Manche Firmen haben vor der Variantenvielfalt (z. B. an Produkten oder Dienstleistungen bzw. an Vorgängen) infolge der Individualisierung der Kundenbedürfnisse kapituliert. Es gelingt ihnen nicht mehr, die Variantenflut einzudämmen. Die Variantenexplosion ist soweit fortgeschritten, dass die Mitarbeiter den Überblick über die schon bestehenden Varianten verloren haben. Für sie ist es oft einfacher, eine neue Variante zu kreieren als nach einer bestehenden zu suchen. In solchen Situationen lassen sich die Varianten schwerlich nach dem Neuigkeitsgrad bzw. dem Anteil an Wiederverwendungen klassifizieren. Die Wiederholbarkeit von Abläufen ist jedoch für das Prozessmanagement eine zwingende Voraussetzung. Ohne Wiederholbarkeit lassen sich die Prozessleistungen weder messen noch die Prozesse optimieren. Für das Prozessmanagement stellt sich die Herausforderung, die Varianten zu organisieren und mit wenigen, aber wirkungsvollen Weichenstellungen zu kanalisieren. Auf diese Weise werden einerseits Konsistenz innerhalb von Prozesssegmenten geschaffen und andererseits Wiederholungen von wenigstens ähnlichen (oder beinahe gleichen) Fällen ermöglicht (zur Bildung von Prozesssegmenten siehe „Werkzeug 2: Fokussierung und Bildung von Prozessvarianten durch Segmentierung" in Kapitel 6).

- *Anpassungsfähigkeit:* Wie werden veränderte Markt- und Wettbewerbsanforderungen in den Prozessleistungen sichtbar? Wie werden die Prozesse auf neue Geschäftsentwicklungen ausgerichtet? Wie werden die Optimierungsstoßrichtungen hinsichtlich veränderter Rahmenbedingungen angepasst? In mancher Firma hinken die Geschäftsprozesse neuen Geschäftsentwicklungen hinterher. Manchmal wird auch nicht gemessen, was aus Sicht der Marktanforderungen oder Strategie erforderlich wäre, sondern was sich aufgrund der installierten Systeme (z. B. ERP-System) einfach erfassen und auswerten lässt. Dieser Umstand lässt sich anhand von Beispielen anschaulich verdeutlichen. Zur Messung der Liefertreue wird in der Praxis oft nicht der vom Kunden geforderte Liefertermin, sondern der dem Kunden bestätigte Termin als Basis verwendet. Auch im Lösungsgeschäft, welches in den letzten Jahren zugenommen hat, lassen sich die Soll-Ist-Kostenabweichungen nicht auswerten, da die Plankosten nicht auftragsspezifisch erfasst werden (Lösungsgeschäft: maßgeschneiderte Lösungen für spezifische Kundenprobleme werden erarbeitet). Ferner werden Inventare mit aufwendigen Verfahren bewertet, obwohl die zeitlich-örtliche Verfügbarkeit entscheidend ist, ob ein margenträchtiges Geschäft (z. B. Fashion oder Ersatzteil) getätigt werden kann. Das Prozessmanagement ist mit vielen Veränderungen konfrontiert. Anpassungsfähigkeit bedeutet jedoch nicht, dass die Anpassungen im Prozessmanagement ebenso schleichend erfolgen sollten. Vielmehr sind diese konzentriert vorzunehmen, denn die Auswirkungen der Anpassungen sind facettenreich und können sowohl Prozessfestlegung, Organisationsstruktur, Mitarbeiterprofile, Betriebsmittel, Messverfahren als auch schon laufende Optimierungsvorhaben betreffen.

- *Offenheit:* Inwieweit unterstützt das Prozessmanagement die Unternehmensentwicklung? Inwiefern blockiert es Innovation? Prozessmanagement ist ein Instrument, um „Operational-Excellence" zu schaffen. Es bewirkt zunächst, das betriebliche Geschehen „in geordnete Bahnen zu lenken". In diesem Licht steht das Prozessmanagement im Widerspruch zur Vorstellung von Innovation, welche „ausgetretene Pfade verlassen" will. In der Praxis ist der überwiegende Anteil der Innovationen jedoch von inkrementeller Natur, d. h., mit der Innovation wird ein bestehender Weg (z. B. Produktarchitektur) weiterverfolgt. Gerade für diese „inkrementellen" (auch „exploitative" bezeichnet) Innovationen schafft das Prozessmanagement Rahmenbedingungen, welche die Erfolgsrate von Innovationen erheblich steigert – sei es nur schon, indem klare Innovationsaufträge formuliert werden. Für die wenigen sogenannten „radikalen" oder „explorativen" Innovationen sind gezielt Freiräume zu schaffen, welche das Verlassen von bekannten Pfaden fördern. Sowohl für „inkrementelle" wie auch „radikale" Innovationen lässt sich im Sinne des Prozessmanagements eine gemeinsame Innovationssteuerung etablieren (siehe auch „Abwicklung im definierten Innovationsprozess" und „Modellierung der Innovationsmaschine" in Kapitel 11).

Überlastete Organisation

Die strukturellen und systemischen Gegebenheiten lassen vielerorts ein optimales Handeln gar nicht zu und verhindern unter Umständen das Lernen einer Organisation (Senge 2006). Die Mitglieder der Organisation überarbeiten sich und verlieren sich in der Koordination des Tagesgeschäfts. Trotz ihrer enormen Anstrengungen sind sie letztendlich frustriert, da die erzielten unternehmerischen Resultate nicht den Erwartungen entsprechen. Aufgrund falscher Strukturen und ungeeigneter Rollenzuweisungen ist der Misserfolg programmiert. So gibt es manche Unternehmen, die jahrelang von allen Mitarbeitern Höchstleistungen einfordern und trotzdem erfolglos bleiben. Für die überlastete Organisation fühlt sich die Situation wie im „Hamsterrad" an: Sie verstehen sich als Insassen eines Fahrzeugs, das sich zwar nach vorn bewegen sollte, aber auf der rutschigen Unterlage durchdreht. Es wäre sinnvoller, einen Schritt zurückzutreten und einen anderen Lösungsansatz ins Auge zu fassen: „Don't work harder, but smarter".

Bereits 1986 hat Wickham Skinner Kostensenkungs- und Produktivitätssteigerungsprogramme untersucht und deren Fokus auf die direkten Personalkosten in der Produktion kritisiert. Er bemängelte vor allem die fehlende Gesamtsicht und die ausbleibenden Prozess- und Strukturinnovationen (Skinner 1986).

Ein Konzernchef hatte die aus seiner Sicht ungenügende Leistungsfähigkeit eines seiner Divisionschefs beklagt. Der Divisionschef war durch die Koordination des Tagesgeschäfts überlastet. Die Divisionsstrukturen, die nicht vom Divisionschef alleine bestimmt wurden, ließen eine weitergehende Delegation dieser Aufgaben jedoch nicht zu. Alle strukturell bedingten Ungereimtheiten mussten täglich vom Divisionschef behandelt werden und führten zu einem 15-Stunden-Pensum. Seine persönliche Überlastung war überwiegend strukturell bedingt. Zu viele und vor allem falsch definierte Schnittstellen störten das Tagesgeschäft. Erst das neue Unternehmensdesign und die grundlegende Neustrukturierung der Division ermöglichten es dem Divisionschef, sich zu entlasten und auf das Wesentliche zu konzentrieren. Durch die getroffenen Maßnahmen wurden die Schnittstellen nach außen sowie zwischen den internen Bereichen neu festgelegt und die betriebliche Zusammenarbeit der Bereiche geregelt. In weiterer Folge reduzierte sich der Koordinationsaufwand für den Divisionschef erheblich. Damit wurde nicht nur die Division, sondern auch deren Chef leistungsfähiger. ∎

■ 1.2 Uneinheitliches Verständnis des Prozessmanagements

Mit der Verbreitung des Prozessmanagements haben sich voneinander abweichende Definitionen des Prozessmanagements etabliert. Die unterschiedliche Einbindung in die Organisation ist ein Abbild von unterschiedlichen Begriffsverständnissen und Erwartungshaltungen des jeweiligen Managements. Die Vielfalt an Begriffsverständnissen, insbesondere auch Schwerpunktsetzungen, lässt sich auf die unterschiedliche Herkunft des Prozessmanagements zurückführen. Der Ursprung des Prozessmanagements ist umstritten. Je nach Provenienz wird dieser in der deutschen Tradition der Betriebswirtschaftslehre, in der japanischen Automobilindustrie oder in der amerikanischen Branche für Informations- und Kommunikationstechnologie (IKT) geortet. Das „Industrial-Engineering" hat zwischenzeitlich – insbesondere in der Finanzdienstleistungsbranche – ebenso das Prozessmanagement vereinnahmt:

- Bereits in den 1930er-Jahren weist Fritz Nordsieck (Nordsieck 1972, S. 10) auf die Notwendigkeit einer an Prozessen ausgerichteten Unternehmensgestaltung hin: „Der Betrieb ist in Wirklichkeit ein fortwährender Prozess, eine ununterbrochene Leistungskette [...] Anzustreben ist in jedem Fall eine klare Prozessgliederung". In den 1980er-Jahren waren es Michael Gaitanides und August-Wilhelm Scheer, welche das Thema in der Betriebswirtschaftslehre etablierten.

- Die japanischen Ansätze sind vor allem unter den Bezeichnungen „Total Quality Management" (TQM), „Kaizen" oder „Toyota-Prinzip" bekannt geworden. Diese Ideen gehen allerdings auf den amerikanischen Qualitätsmanager William Edwards Deming in den 1940er-Jahren zurück. Seinen Erkenntnissen wurde damals jedoch kaum

Beachtung geschenkt, da der Zubau von Produktionskapazitäten höher als die Effizienzverbesserung gewichtet wurde. Erst im kriegszerstörten Japan hatten seine Arbeiten mehr Erfolg. TQM wurde dort schnell zu einer viel beachteten Management-Philosophie. Bereits 1951 wurde zum ersten Mal ein japanisches Unternehmen mit dem sogenannten Deming-Preis für besonders hohe Qualitätsanforderungen ausgezeichnet. Allen Ansätzen war eine ausgeprägte Kunden- und Prozessorientierung eigen. Der sogenannte Baldrige-Preis, ab 1987, war eine amerikanische Antwort. Europa zog 1988 mit der von einigen Großunternehmen gegründeten European Foundation for Quality Management (EFQM) nach. In deren EFQM-Modell für Business-Excellence sind die Prozesse ein zentrales Element (Kamiske/Brauer 2011).

- Im Umfeld des Massachusetts Institute of Technology (MIT) und der Harvard University ist das „Business-Process-Reengineering" u. a. durch Michael Hammer und James Champy entstanden. Sie erkannten, dass ohne Neugestaltung der Geschäftsprozesse manche Automatisierungsbestrebungen und IT-Anwendungen ihre Versprechen nicht erfüllen konnten (Hammer/Champy 1993).

- Industrial Engineering hat seine Wurzeln im Scientific Management von Frederick Winslow Taylor, in Amerika weiterentwickelt um quantitative Methoden von H. B. Maynard, in Deutschland um die REFA-Methodenlehre, und zielt unter der Verwendung von ingenieurwissenschaftlichen Methoden auf die Standardisierung und Optimierung der Leistungserstellung ab. Die Produktivitätsverbesserung steht dabei im Fokus. Neben den klassischen Aufgaben der Arbeitsplanung gehören auch weitere Aufgabenfelder des Prozessmanagements wie die Materialfluss-, Betriebsmittel- und Methodenplanung sowie die Zeitwirtschaft und Entgeltgestaltung dazu.

Ohne die auffallenden Erfolge in der japanischen Automobilindustrie, die zunehmende weltweite Bedeutung der Qualität, die auf Hammer und Champy folgende Managementwelle mit „Business-Process-Reengineering" und die Vermarktungsaktivitäten für Unternehmenssoftware (Stichwort Prozessstandardisierung) hätte das Prozessmanagement den heutigen Stellenwert in der betrieblichen Praxis nicht erlangt. Zudem hätte sich ohne diese Vielfalt nicht die umfangreiche Methodenpalette angesammelt.

Trotz der Verständnisvielfalt wird unter Prozessmanagement heute mehrheitlich verstanden, dass alle Unternehmensaktivitäten als (Geschäfts-)Prozesse zu betrachten sind. Dabei erstreckt sich das Prozessmanagement über sämtliche Lebensphasen der Prozesse (z. B. „Gestaltung", „Betrieb", „Performance-Controlling" und „Optimierung" der Prozesse) hinweg. Allen Verständnissen gemeinsam ist die zentrale Bedeutung von Kundenorientierung, von Qualität als Erfüllung der Kundenanforderungen und von Priorität der betrieblichen Abläufe vor der Aufbauorganisation.

Philip W. Crosby definierte Qualität als kostenlos (Kamiske/Brauer 2011). Erst die Nichterfüllung der (Kunden-)Anforderungen führe zu Kosten der (Nicht-)Qualität. Diesem Qualitätsverständnis folgt auch „Prozessqualität" in Kapitel 5.

 Prozessmanagement: Umfassende Betrachtung aller Unternehmensaktivitäten als (Geschäfts-)Prozesse.

Dieses Prozessmanagementverständnis ist umfassender als jenes, welches „alle Maßnahmen zur Erfassung, Gestaltung und permanenten Verbesserung von Arbeitsabläufen" betrifft. Ersteres impliziert eine *Top-down-Sicht* aller Aktivitäten im Unternehmen, Letzterem genügt auch eine Bottom-up-Dokumentation und gelegentliche Anpassung der Arbeitsabläufe.

Zur Unterstützung des Prozessmanagements ist für die Praxis ein Reifegradmodell erarbeitet worden, welches ursprünglich aus der Softwarebranche stammt, und zwar das Capability-Maturity-Model (CMM). Dieses Modell ist heute unter dem Namen CMM-Integration (CMMI) bekannt, stammt vom Software Engineering Institut (SEI) der Carnegie Mellon University und wurde im Auftrag des amerikanischen Verteidigungsministeriums entwickelt. Mit einschlägigen Audits wurden die Softwareentwicklungsprozesse der Lieferanten überprüft und einem bestimmten Reifegrad zugeordnet. In weiterer Folge entstanden ähnliche Ansätze (z. B. das europäische BOOTSTRAP Software Process Assessment oder SPICE Software-Process-Improvement-and-Capability-dEtermination), welche ebenfalls ein ähnliches fünfstufiges Reifegradmodell verwenden.

Unabhängig vom Anwendungsfall muss sich jedes Unternehmen entlang festgelegter Reifestufen weiterentwickeln. Von anfänglich nur rudimentär vorhandenen und zufälligen Abläufen wird organisatorische Reife bis zum optimierten Prozess erworben – und zwar Stufe um Stufe. Dabei sind systematisiertes Geschehen im Unternehmen, Methodik für die richtige Prozessdefinition, Performanceorientierung und Bereitschaft zur kontinuierlichen Verbesserung wesentliche Meilensteine. Ein Schritt zurück ist möglich, zum Beispiel, wenn auf der obersten Stufe festgestellt wird, dass die Prozesse ungeeignet definiert sind oder die Prozessperformance ungeeignet gemessen wird. Schwergewichtig zählen die letzten drei Stufen zum Prozessmanagement: Definition, Messung und Optimierung der Prozesse. Die grundsätzliche Akzeptanz von Systematik und Methodik sind Voraussetzungen für das Prozessmanagement (siehe Abbildung 1.1).

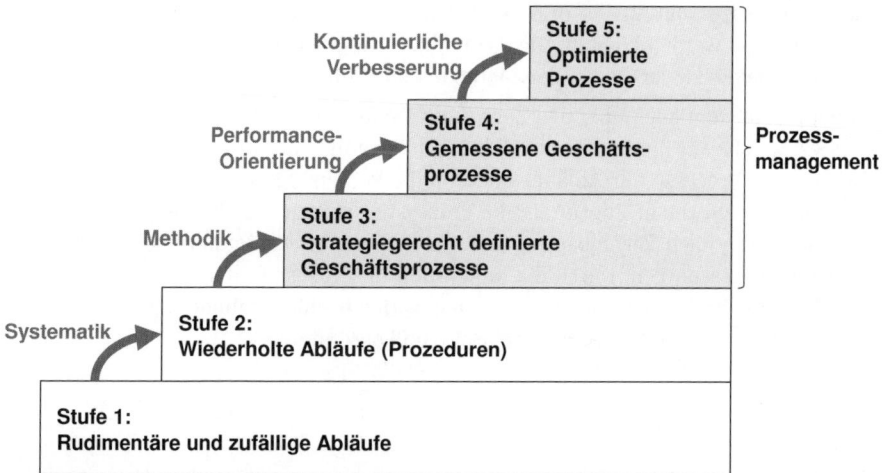

Abbildung 1.1 Reifegradmodell für das strategiegeleitete Prozessmanagement

■ 1.3 Unterschiedlicher Stellenwert in der Praxis

Im praktischen Alltag sind die Übereinstimmungen noch geringer als in der Theorie und stark geprägt durch die Erfahrungen der handelnden Akteure – sei es der Entscheidungsträger, Mitarbeiter oder auch die sich mit Prozessmanagement beschäftigenden Fachspezialisten. Vielerorts ist eine eingeschränkte Auslegung des Prozessmanagements anzutreffen. Es endet zumeist bei der Schaffung von Transparenz sowie der Dokumentation der Prozesse und Reduktion von Prozessrisiken (Compliance und Governance); bestenfalls werden noch offensichtliche Defizite behoben. Entsprechend unterschiedlich sind folglich die eingesetzten Ansätze und Methoden, wobei die erzielten Ergebnisse noch unterschiedlicher sind (siehe auch Box „Die sieben Todsünden im Prozessmanagement").

Bereits über die (Geschäfts-)Prozesse, die Objekte des Prozessmanagements, bestehen divergierende Vorstellungen (siehe Abbildung 1.2). Dies lässt sich bereits beim *Prozessumfang* erkennen. In den einen Unternehmen sind es Prozesse, welche an den Abteilungsgrenzen enden, bei anderen sind sie zwar vom Kunden zum Kunden (also „End-to-End") definiert, verbinden jedoch als Prozesskette die organisatorischen Einheiten. Nur in sehr wenigen Unternehmen bestehen echte „End-to-End"-Geschäftsprozesse, welche nicht durch Bereichs- oder Abteilungsgrenzen unterbrochen sind.

Hinsichtlich des *Detaillierungsgrads* der Prozessvorschriften gibt es in der Praxis ebenso gegenteilige Auffassungen. Bei den einen werden die Prozesse sehr detailliert beschrieben (ähnlich wie in den Arbeitsplänen der Fertigung, welche die Mitarbeiter instruieren, wie die einzelnen Arbeitsschritte auszuführen sind). Bei anderen stellen sie Leitplanken dar, welche grob die Tätigkeitsabfolge vorgeben und die Zusammenarbeit regeln. Der Ansatz des geklärten Prozessauftrags geht noch weiter, bei welchem nur die erwarteten Prozessoutputs so präzise beschrieben vorliegen, dass Missverständnisse ausgeschlossen werden können. Die dazu nötige Tätigkeitsabfolge wird genauso wenig festgelegt wie die zu verwendenden Methoden und Hilfsmittel.

Uneinigkeit besteht auch über den *Zugriff auf die Ressourcen* (Mitarbeiter, Betriebsmittel usw.), welche für die Prozessausführung notwendig sind. Die eine Seite vertritt die Ansicht, dass Prozesse nur Abläufe sind und die Reihenfolge von Tätigkeiten beschreiben, wobei kein direkter Zugriff auf die Prozessressourcen besteht. Letztere erbringen ihren Beitrag je nach Verfügbarkeit. Auf der Gegenseite verfügt der Prozess über alle notwendigen Ressourcen. Durch die Integration im Prozess besteht somit ein direkter Zugriff auf die Prozessressourcen. Als Mittelposition hat sich etabliert, dass ein Prozessmitarbeiter die notwendigen Prozessressourcen koordiniert.

Prozessumfang

Detaillierungsgrad

Ressourcenzugriff

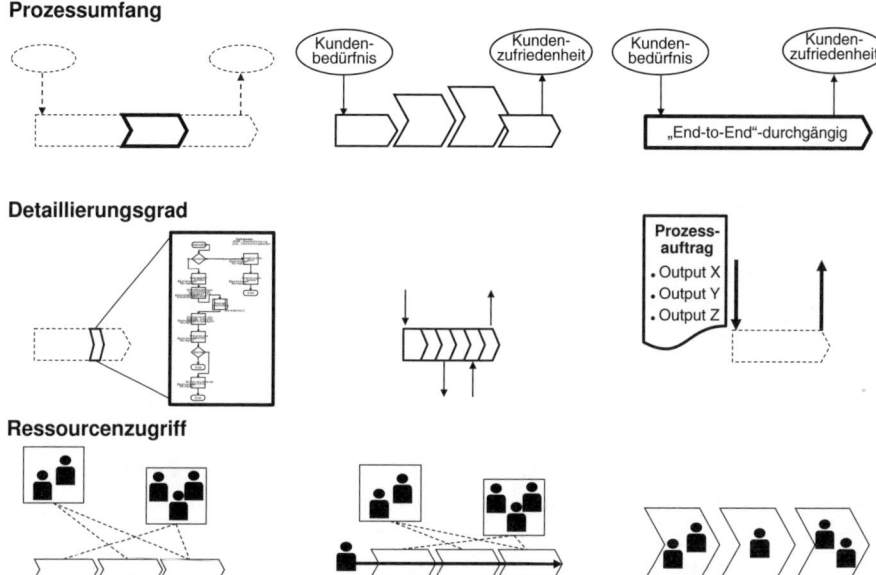

Abbildung 1.2 Praxisvorstellungen über den Geschäftsprozess

Wie der Prozessumfang, Detaillierungsgrad oder Ressourcenzugriff wird auch die *Verbindlichkeit* der Prozesse unterschiedlich gehandhabt. Nach wie vor gibt es Entscheidungsträger und Mitarbeiter, welche grundsätzlich die Zweckmäßigkeit von (Geschäfts-) Prozessen selbst in einer minimalen Ausprägung als Leitplanken für das betriebliche Geschehen anzweifeln. Es gibt viele Unternehmen, in denen trotz zertifizierter Managementsysteme die festgelegten Prozesse nicht den betrieblichen Alltag bestimmen und permanent umgangen werden. In manchem Unternehmen wird die Prozessdokumentation als reines Marketinginstrument gesehen („ISO 9001 bescheinigt Kunden, dass das Unternehmen zuverlässig arbeitet"). Gleichzeitig sind andere Unternehmen dem Druck einer Zertifizierung ausgesetzt, um Kunden- bzw. Lieferantenbeziehungen aufrechtzuerhalten bzw. diese überhaupt erst eingehen zu können. Nach dem Zertifikatserwerb wird die Prozessdokumentation zumeist rasch zur Seite gelegt und die Funktion des Qualitätsmanagementbeauftragen wieder marginalisiert. In stark regulierten Branchen wie Pharmazeutik, Luftfahrt oder Finanzdienstleistung stellt sich die Situation anders dar. Hier müssen einige Prozesse von staatlichen Behörden zugelassen werden. Deren Einhaltung wird durch die Behörden bzw. akkreditierte Auditoren kontrolliert. Einmal anerkannt, besteht geringe Neigung, diese Prozesse wieder in Frage zu stellen und weiter zu optimieren.

Verbreitet ist auch die Furcht, Prozessvorschriften könnten zum Schaden des Unternehmens die Kreativität von Entwicklungsingenieuren und Marketingspezialisten oder das Beziehungstalent von Vertriebsleuten einschränken. Dieser Umstand wird durch zahlreiche wissenschaftliche Studien (siehe beispielsweise die Ausführungen von Golann (2006), Johnstone u. a. (2011) sowie Meyer (2011)) bekräftigt. Jedoch ist anzumerken, dass die Untersuchungen in diesem Zusammenhang häufig von einem hohen Grad an

Formalisierung bzw. Detaillierung sprechen. Dies gleicht im Wesentlichen der strikten Einhaltungspflicht eines starren, vorgegebenen Korsetts der feingranularen Prozessmodellierung auf Mikroebene.

Durch Prozesse auf Makroebene werden der Auftrag und die Randbedingungen geklärt, damit die Arbeit der Entwicklungsingenieure, Marketingspezialisten oder Vertriebsleute noch wirkungsvoller wird. Gerade das offenere Verständnis von *Prozessen als Leitplanken* ermöglicht eine situationsgerechte Detaillierung, nämlich die Schwerpunktsetzung auf die *detaillierte Schnittstellengestaltung*, um die innerbetriebliche Zusammenarbeit zu regeln. Beispielsweise repräsentiert ein klares Lastenheft, welches die zu erbringende Leistung eines Entwicklungsingenieurs eindeutig beschreibt, eine einfache Schnittstelle. Dadurch werden jene *Freiräume* geschaffen, welche die Mitarbeiter kraft ihres Wissens und ihrer Erfahrung nutzen sollen. Letzteres schafft Perspektiven für all jene Mitarbeiter, welche ihre fachlichen Kompetenzen einbringen und Verantwortung für ein umfassendes Prozessergebnis übernehmen möchten.

Zudem wird der Erfolg des Prozessmanagements von der Verankerung im Unternehmen bestimmt. Das Verständnis und auch der interne Stellenwert des Prozessmanagements hängen davon ab, ob und *wo* das Prozessmanagement organisatorisch angegliedert ist. Ist es in der Produktion, z. B. in der Produktionsplanung, angesiedelt, bleibt es meistens wertstromorientiert oder „Industrial-Engineering"-lastig. Das Qualitätsmanagement versteht es eher als Instrument der Qualitätssicherung und das Informationsmanagement als Hüter von Prozessstandards bzw. als Verwalter der für die Standardsoftware relevanten Abläufe. Bei Letzterem wird auch von „best-practices" gesprochen, welche missverständlich als Branchenstandards bezeichnet werden. Dem umfassenden Verständnis des Prozessmanagements steht folglich die organisatorische Zuordnung zu einem funktionalen Bereich entgegen.

Neben dem eingeschränkten Verständnis sind es außerdem die oft beobachteten Bereichsquerelen, welche eine umfassende Betrachtung der Unternehmensaktivitäten als Geschäftsprozesse behindern. Öfter variiert die Akzeptanz zwischen den Bereichen. Fallweise stehen eher „produktive" als „administrative" Prozesse (oder umgekehrt; nicht zu verwechseln mit der in Box „Typen von Geschäftsprozessen" in Kapitel 5 getroffenen Unterscheidung zwischen *wertschaffenden* Prozessen und *Support*prozessen) im Fokus des Prozessmanagements. Grundsätzlich sind jedoch alle Bereiche eines Unternehmens vom Prozessmanagement betroffen. Eine Unterscheidung von „produktiven" und „administrativen" Prozessen ist grundsätzlich irreführend, da durchgängige Prozesse immer sowohl „administrative" als auch „produktive" Anteile besitzen. Die Unterscheidung würde zunächst zu falschen Prozessfestlegungen, später sogar zu konterproduktiven Optimierungen führen.

Bei einem Spezialmaschinenbauer war die Produktion traditionell auf die Einhaltung von Prozessvorschriften getrimmt. Gemessen wurde sie an Qualität und Liefertreue. Die Verkaufsingenieure, welche mit dem Kunden die Spezifikationen vereinbarten, waren hingegen nicht in der Lage, die Produktionsaufträge immer vollständig, eindeutig und widerspruchsfrei zu spezifizieren. Zur Vereinfachung modifizierten sie bereits vorliegende Spezifikationen aus früheren Bestellungen. Da die Modifikationen unvollständig waren, entstanden Produktionsaufträge mit unpassenden Komponenten (z. B. Anschlussteilen). Die Trennung in einen „administrativen" bzw. „produktiven" Prozess verhinderte eine durchgängige Sicht. Es war also kein Wunder, dass in der Produktion viele Nacharbeiten erforderlich waren und viele Bestellungen erst verspätet ausgeliefert werden konnten!

Das Prozessmanagement soll keinesfalls als organisatorisches Anhängsel, sondern vielmehr als Philosophie (im Sinne von Kunden-, Wertschöpfungs- und Prozessorientierung) und Managementinstrument gesehen werden. Dabei soll dieses Instrument von der *gesamten Organisation* für den nachhaltigen Erfolg des Unternehmens eingesetzt werden. Erst dann ist es in der Lage, die Geschäftsprozesse bereichsübergreifend zu gestalten und zu optimieren – eine zentrale Aufgabe des Managements, insbesondere des obersten Managements.

 TIPP Betrachten Sie Prozessmanagement als wichtige Managementaufgabe. Das Management – und nicht eine Fachstelle – ist für die Gestaltung und Optimierung der Prozesse verantwortlich.

Die sieben Todsünden im Prozessmanagement

Immer wieder scheitern Initiativen im Prozessmanagement bzw. geraten ins Straucheln. Ursache hierfür ist häufig die Tatsache, dass eine oder mehrere der nachstehenden „Totsünden" begangen werden:

Todsünde 1: Ungenügende Flughöhe; zu früh zu viele Details

Umfangreiche Prozessbeschreibungen mit zahlreichen Prozessvarianten, Prozessverzweigungen, Weichenstellungen, Entscheidungstabellen, Formularen, Zuständigkeiten mit Ausführenden, Mitwirkenden, zu Informierenden oder Überwachenden, Berichten und Meldungen usw. versperren den Durchblick. Es ist folglich nicht verwunderlich, dass vor den unzähligen Details kapituliert wird und Sachzwänge dominieren. Wird trotzdem etwas angepasst, ergeben sich aus noch so geringen Veränderungen zumeist anderswo neue Probleme, weil das große, ganzheitliche Bild fehlt und Zusammenhänge übersehen werden.

Deshalb müssen Prozesse zuerst im Globalen und im Kontext der gesamten Wertschöpfung betrachtet werden – und zwar auf einer Flughöhe, auf der der Überblick noch gewahrt werden kann. Standort- und Abteilungsgrenzen sollten unerheblich sein. Dabei ist nicht zu vergessen, dass die optimale Lösung von den gesetzten Prozessgrenzen abhängt. Die wichtigsten Grenzen befinden sich immer an den Unternehmensgrenzen zu den Geschäftspartnern, Kunden und Lieferanten.

Vorteile der *übergeordneten Sicht:*

- Wertschöpfung des gesamten Unternehmens im Fokus
- Performance-Hebel durch übergeordnete Prozessgestaltung
- Richtige Zuordnung von Nebenaktivitäten (z.B. planerisch-dispositive, koordinierende oder auch berichterstattende Tätigkeiten)

Todsünde 2: Fehlendes Maßschneidern der Prozesse auf die Geschäftsstrategie

Im Wettbewerb kann sich kein Unternehmen ohne strategische Profilierung behaupten. Doch die Versuchung ist groß, sich im Prozessmanagement mit „best practices", Branchenmodellen oder Standardprozessmodellen zufrieden zu geben. Auf diese Weise wäre es schließlich möglich, sich mit herumgereichten Kopien von Prozesshandbüchern Dokumentations- und Zertifizierungsaufwand zu ersparen. Doch Standardprozesse führen zu Schwerfälligkeit, weil Standardmodelle möglichst alle nur denkbaren Fälle abdecken und damit generalisieren wollen. Sie führen auch zu Gleichmacherei unter den Unternehmen, aber nicht zu strategischer Differenzierung im Wettbewerb.

Standardisierte Prozesse sollten nicht mit harmonisierten verwechselt werden. Letztere sind innerhalb eines Unternehmens, meistens standortübergreifend, abgeglichen.

Durch das Maßschneidern der relevanten Hauptprozesse auf die Strategie wird das Unternehmen in die Lage versetzt, sich durch die Art und Weise der Wertschöpfung zu profilieren. Dies kann sich durch besondere Kundenorientierung, Geschwindigkeit, Qualität, Service, Innovation, treffsichere Marktversorgung, Kostenvorteile usw. äußern. Nicht alle Prozesse sind jedoch von derselben strategischen Relevanz. Insbesondere Support- oder untergeordnete Prozesse können Standards folgen, solange dadurch die strategische Ausrichtung der Hauptprozesse unterstützt wird.

Vorteile von *strategiegerecht maßgeschneiderten Prozessen:*

- Befähigung des Unternehmens, den Kundennutzen optimal zu erbringen und im Wettbewerb zu bestehen, bzw. Aufbau von Kernfähigkeiten mittels Prozessbeherrschung

- Fokussierung und Vereinfachung des betrieblichen Geschehens

- Prozessstandards für Bereiche ohne strategische Relevanz

Todsünde 3: Viele Schnittstellen

Viele Schnittstellen bedeuten, dass viele Prozesse in irgendeiner Weise an der Leistungserbringung beteiligt sind. Der Weg eines Geschäftsfalls durch das Unternehmen ist schwierig nachvollziehbar und gleicht einer Odyssee. Gleichzeitig beklagen beteiligte Mitarbeiter lange Wartezeiten und hohen Suchaufwand. Die Prozesse sind so stark voneinander abhängig, dass ohne übergeordnete Koordination das betriebliche Geschehen schon bei der geringsten Abweichung vom Standardalltag zusammenbräche. Es wird in diesem Zusammenhang auch von Spaghetti-Prozessen gesprochen. Demgegenüber sind schlanke, schnittstellenarme Prozesse robust gegenüber Störungen. Die wenigen, noch notwendigen Schnittstellen lassen sich einfach kontrollieren, insbesondere wenn sie nach dem Grundmuster der einfachen Auftraggeber-Auftragnehmer-Beziehung festgelegt worden sind.

Vorteile von *schnittstellenarmen Prozessmodellen:*

- Kurze Durchlaufzeiten und geringe Wartezeiten

- Keine Schnittstellenprobleme wie Reibereien und Prioritätenkonflikte

- Vorhersehbarkeit und Berechenbarkeit des Prozessgeschehens

Todsünde 4: Keine „End-to-End"-Zuständigkeiten im Prozess

Fehlende Durchgängigkeit zeigt sich darin, dass aus Kundensicht der Prozess unterbrochen und niemand durchgängig für den Geschäftsfall verantwortlich ist. Die Prozessbearbeitung gleicht dann einem Staffellauf; an den Übergaben entstehen Informationsverluste wie bei der „stillen Post"; und nicht selten endet das Prozessergebnis in einem „Flickenteppich". Bei einer langen Prozesskette lässt sich schwer eruieren, wo die Ursache von Fehlleistungen liegt, denn bis zum Erreichen des Kettenendes hat den Fehler in der Regel niemand bemerkt. Bei durchgängig, „End-to-End"-zuständigen Prozessen liegt die Fallzuständigkeit in einer Hand. Im Sinne von „One-Face-to-the-Customer" gibt es für den Auftraggeber einen einzigen Ansprechpartner, der „End-to-End"-verantwortlich ist. Naturgemäß gibt es keine Übergaben, ebenso nicht die damit verbundenen Ineffizienzen. Im Gegenteil, für Vollständigkeit und Pünktlichkeit bleibt einzig der Fallzuständige verantwortlich – auch wenn er im Unterauftragsverhältnis andere mitwirken lässt. Damit wären auch die Ursachen für Fehler leicht identifizierbar.

Vorteile von *durchgängiger Zuständigkeit:*

- Kein Liegenbleiben des Geschäftsfalls
- Vollständigkeit der Auftragserfüllung
- Ergebnisqualität wie aus einem Guss

Todsünde 5: Trennung von Prozesssteuerung und -ausführung

Die Trennung von Prozesssteuerung und -ausführung bewirkt, dass bei Störungen verspätet und nicht sachgerecht reagiert wird. Die Korrekturen obliegen der Prozesssteuerung und nicht der Ausführung, obwohl Störungen wie fehlendes Material, fehlende Arbeitsanweisung, nicht verfügbare Ressourcen, Qualitätseinbrüche usw. in den allermeisten Fällen von den Ausführenden entdeckt werden. Anstatt proaktiv am Prozessgeschehen mitzuwirken, müssen Ausführende aufgrund der Separation vielmehr reaktiv auf Prozesssteuerung agieren. Ihr Interesse an Störungsbehebung oder gar -vermeidung ist beschränkt. Diese Trennung entstammt noch einer Logik, in der strikt zwischen direkt-produktivem und indirekt-produktivem Personal unterschieden wurde. Die ausführenden und die dazu nötigen planerisch-dispositiven Tätigkeiten gehören jedoch zusammen. Im Rahmen von großzügig bemessenen Entscheidungskompetenzen muss der Prozess autonom entscheiden können, z. B. hinsichtlich Ressourcenzuordnung, Reihenfolge, Vorziehung, Verschiebung oder Unterbrechung der zu bearbeitenden Aufträge. Damit ist promptes und kompetentes Handeln, auch bei gehäuften Störungen, gewährleistet.

Vorteile durch *Integration von Prozesssteuerung und -ausführung:*

- Übernahme der Ergebnisverantwortung durch den Ausführenden
- Flexibilität gegenüber Unvorhergesehenem
- Wegfall von Koordinationsaufwand

Todsünde 6: Ausklammerung der Aufbauorganisation

Viele Prozessprobleme entstehen, weil die Prozesse durch die Organisationsgrenzen bestimmt werden. An diesen Organisationsgrenzen scheitern auch die Prozesseigner, welche zwar für den durchgängigen Prozess verantwortlich sind, aber bei Meinungsunterschieden, Prioritätenkonflikten usw. über keine direkten Durchgriffskompetenzen verfügen. Viele Prozessprobleme lassen sich beheben, indem die Aufbauorganisation angepasst wird. Um beispielsweise „End-to-End"-Zuständigkeit tatsächlich wahrnehmen zu können, sind die Rollen und Verantwortlichkeiten sowie Organisationseinheiten gemäß den durchgängigen Hauptprozessen festzulegen. Die organisatorischen Grenzen fallen in Folge mit den Schnittstellen zwischen den Hauptprozessen zusammen und sind im Fall von Auftraggeber-Auftragnehmer-Beziehungen transparent und sehr einfach.

Vorteile von *prozessbasierter Aufbauorganisation:*

- Zusammenfallen von aufbauorganisatorischer Rolle und Prozessverantwortung
- Zuweisung der Prozessverantwortung an die Linie, d. h. an die Front des wertschöpfenden Geschehens
- Keine Matrixorganisation, auch nicht in Unternehmen mit hoher Vielfalt an Produktlinien oder starker, geografischer Präsenz

Todsünde 7: Tool-Gläubigkeit

Technologieeinsatz entpuppt sich immer wieder als Scheinersatz für fehlende Transparenz. Mit Prozesstools lassen sich per se keine oder höchstens marginale Probleme beheben. Tools messen auch nichts, was nicht vorgängig in der Prozessgestaltung explizit geplant und umgesetzt wurde. Bei der Einführung gibt Anwendungssoftware auch keine Prozesse vor. Vielmehr fordert sie die Einhaltung einer bestimmten Informationserfassungs- und Bearbeitungslogik ein. So ist beispielsweise ohne vollständigen Stammdatensatz eine Verarbeitung nicht möglich. Mit Tools lässt sich allenfalls Prozessdisziplin etablieren, indem Prozessschritte klar definiert und je nach System konfiguriert oder programmiert wurden. Doch diese Prozessdisziplin ist nur nachhaltig etabliert, wenn sie auch von den Vorgesetzten rigoros eingefordert wird. Ansonsten ist das Risiko groß, dass über Zusatzprogrammierungen und andere Umgehungsansätze die Vorgaben sukzessiv verwässert werden. Am Ende bleibt ein teures, nicht mehr wartbares System, welches den ursprünglichen Zweck nicht (mehr) erfüllt. Der Einsatz von Tools muss daher realistisch geplant werden. Ohne vorhergehende Prozessoptimierung sind IT-gestützte Werkzeuge selten empfehlenswert. Dies bedingt, dass die Prozesse unabhängig von einem Tool grundlegend vereinfacht, von historisch Gewachsenem entlastet, unnötige Prozessschritte eliminiert und organisatorisch Zusammengehöriges integriert worden ist bzw. sind.

Vorteile von *Tool-Realismus:*

- Erfüllbare Nutzerwartungen an das Tool
- Keine negativen Überraschungen bei der Tooleinführung wegen vorgängiger Prozessoptimierung
- Einfaches und wartbares Tool

■ 1.4 Prozessmanagement als Instrument der Organisationsentwicklung

Letztlich handelt es sich auch um die Frage, welchen Stellenwert das Prozessmanagement in der Organisationsentwicklung einnimmt bzw. welchen Beitrag es zur Unternehmensentwicklung leistet. In einigen Firmen scheitert Prozessmanagement an der Akzeptanz, in extremen Fällen sogar an der kulturellen Aversion gegenüber irgendwelchen Prozessvorschriften und Leitplanken. Dass die zentrale Bedeutung der Organisationskultur im Einklang mit dem Prozessgedanken steht, bestätigt sich auch in den quantitativen, wissenschaftlichen Studien von Kohlbacher und Weitlaner (siehe Weitlaner u. a. 2013).

> Beispielsweise gelang es einem Maschinenbauunternehmen nicht, die Autonomie der weltweit verteilten Servicecenter einzuschränken, da es befürchtete, dass das lokale Unternehmertum verloren würde. Dafür nahm es in Kauf, dass die Servicecenter lokale Make-or-Buy-Entscheidungen wie freie Unternehmen trafen. Was sie nicht auf dem lokalen Markt fanden, beschafften sie im Mutterhaus – ohne Befolgung von Prozessen und operativen Vorgaben wie Auftragsklärung oder minimalen Lieferzeiten.

Solche Organisationen stehen auf den Stufen 1 oder 2 des erwähnten Reifegradmodells und müssen noch Erfahrungen sammeln, wie mit betrieblicher Systematik und Methodik größere Erfolge erzielt werden. Dies betrifft vor allem – aber nicht nur – bisher erfolgreiche Kleinunternehmen, welche zu groß sind, um noch als Kleinunternehmen zu gelten, aber noch nicht die Potenziale eines Großunternehmens ausschöpfen können (siehe auch Box „Kleinunternehmen und Großunternehmen" in Kapitel 4). Grundsätzlich hat Prozessmanagement das Potenzial, erfolgreiche Kleinunternehmen in ihrem nächsten Wachstumsschritt zu unterstützen. Prozessmanagement ist ein Instrument, um aus der Performancestagnation, welche jedem erfolgreichen Kleinunternehmen droht, auszubrechen.

Erfolgsfaktor Nr. 1 eines Kleinunternehmens ist seine Flexibilität. Management auf Zuruf und situative Abläufe zeichnen es aus („heute so, morgen anders"). Verbindliche Organisations- und Prozessstrukturen werden als (zu) einschränkend wahrgenommen, da sie den Ansprüchen höchster Flexibilität und ungehinderter Führung durch den Chef widersprechen. Die Problematik in diesem Zusammenhang ist, dass die Flexibilität mit zunehmender Unternehmensgröße Komplexität schafft, welche ihrerseits die Performance blockiert. Die Entwicklung zum Großunternehmen mit Skalenvorteilen bedeutet zum einen, vom Anspruch der ungehinderten Flexibilität abzukehren und zum andern, strategiegerechte Organisations- und Prozessstrukturen zu etablieren. Dabei bringt ein Mehr an Organisations- und Prozessstrukturen nicht zwingendermaßen ein Mehr an Bürokratie oder ein Weniger an Flexibilität mit sich. Richtig angesetzt werden mit Geschäftsprozessen schlanke Strukturen mit neuen Freiräumen geschaffen, welche auch dezentrale Entscheidungen zulassen (siehe Abbildung 1.3).

Abbildung 1.3 Entwicklung vom flexiblen Kleinunternehmen zum schlanken Großunternehmen

■ 1.5 Strategiegeleitete Prozessgestaltung

In größeren Unternehmen scheitern immer wieder interne Optimierungsvorhaben an der Realisierung. Selten führt die Unternehmensspitze diese Erfolglosigkeit auf strukturelle oder systemische Gegebenheiten zurück. Mit erster Priorität wird Druck gemacht, mit zweiter Priorität werden personelle Maßnahmen ergriffen. Erst mit dritter Priorität werden die strukturellen oder systemische Gegebenheiten (z. B. Prozesse oder Aufbauorganisation) hinterfragt. Dies geschieht jedoch häufig mit der Einschränkung, dass grundsätzlich die Organisationsstrukturen schon festgelegt seien, nur die Abläufe lokal angepasst werden müssten und strukturelle Veränderungen – sollten sich diese trotzdem als erforderlich erweisen – auf „Fine-Tuning" zu beschränken seien. Grundlegende Leistungsverbesserungen sind jedoch zumeist ohne Hinterfragung der strukturellen oder systemischen Gegebenheiten nicht erzielbar. Dazu gehört auch die wichtige Frage, wie die Prozesse bisher festgelegt wurden: eher pragmatisch oder *strategiegeleitet?*

Obwohl in manchen Unternehmen das Prozessmanagement zwar breit akzeptiert und umgesetzt ist, können sie sich daraus dennoch keine oder nur geringe Vorteile verschaffen. Werden externe Faktoren ausgeschlossen, ist diese Diskrepanz zwischen beachtlichen Prozessmanagementaktivitäten und dem ausstehenden Erfolg des Unternehmens auf die *ungenügende Ausrichtung des Prozessmanagements auf die Marktanforderungen bzw. auf die Geschäftsstrategie* zurückzuführen. Vielfach wurden die Prozesse aufgrund von generischen Prozesslandkarten oder Branchenmodellen, aber nicht auf Basis der Strategie entwickelt.

Ein Hersteller von Steuerungs- und Regelungsgeräten konnte auf eine stabile Produktionsumgebung setzen, solange die Geräte auf elektromechanischer Präzisionstechnik basierten. Die Organisation war – wie manches herstellende Unternehmen – funktional ausgerichtet, ebenso auch die Prozesse. Mit der Ablösung der Elektromechanik durch die Elektronik verschlechterte sich die Qualität drastisch. Der Hersteller beklagte Qualitätskosten von rund 5 % der Selbstkosten. Der Großteil der Qualitätskosten entstand durch Mehraufwand in der Inbetriebsetzung und Austauschkosten beim Kunden. Die Fehler wurden in der Produktion nicht entdeckt, da sie in der integrierten Software versteckt waren. Der Hersteller musste die Prozesse entlang der Kette von der Produktentwicklung, über die Produktion, den Vertrieb bis zur Installation und Inbetriebsetzung komplett neu gestalten. Insbesondere musste die Verantwortung für die Produktqualität und die häufig wechselnden Softwarereleases neu geregelt werden.

Ein internationales Warenprüfungsunternehmen, welches Quantität und Qualität gehandelter Waren im Auftrag von Handelspartnern kontrollierte und dokumentierte, litt unter dem Preisdruck seiner zahlreichen, deutlich kleineren und nur lokal aktiven Konkurrenten. Es musste feststellen, dass die Kosten für die physische Warenprüfung zwar vergleichbar, aber bei den Konkurrenten jeweils weniger als halb so viel Mitarbeiter an der internen Dokumentenbearbeitung beteiligt waren. Die lokalen Konkurrenten hatten sich viel schlanker organisiert und mussten keine Kosten für das weltweite Management mittragen. Solange der Handel von wenigen international tätigen Häusern dominiert war, konnte das internationale Warenprüfungsunternehmen seine einzigartige internationale Präsenz ausspielen. Die Effizienz der Abwicklungsprozesse war unbedeutend, die Sicherstellung von Regelkonformität und Unbestechlichkeit durch strikte Arbeitsteilung hingegen beträchtlich wichtiger. Entsprechend wurde weltweit regelwidriges Verhalten erfasst und geahndet. Durch die Zunahme des Zwischenhandels und die Transparenz der Warenströme erodierten die Handelsmargen. Folglich waren die Handelspartner nicht mehr bereit, hohe Preise für Warenprüfungen zu bezahlen. Das Warenprüfungsunternehmen musste die Abwicklungsprozesse beschleunigen und effizienter gestalten; die bisherige Sicherheit durch Arbeitsteilung wurde durch technische Stichprobenverfahren ersetzt.

Die ungenügende strategische Ausrichtung bedeutet, dass die (Geschäfts-)Prozesse aus Sicht der Unternehmensstrategie nicht richtig gestaltet, gemessen oder optimiert werden, im schlimmsten Fall sogar kontraproduktive Optimierungen auslösen. Im Reifegradmodell (siehe Abbildung 1.1) repräsentiert die Stufe 3 einen entscheidenden Schritt. Nur *strategiegerecht* definierte Prozesse lassen sich auf Stufe 4 richtig (im Sinne des Unternehmenserfolgs) messen und auf Stufe 5 richtig optimieren. Ohne starken Bezug zur Geschäftsstrategie verliert das Prozessmanagement an Wirkung. In strategiegerechten Geschäftsprozessen wird die Strategie durch Operationalisierung und Internalisierung umgesetzt (siehe dazu auch Kapitel 3).

TIPP Überprüfen Sie mit dem „Eigner der Geschäftsstrategie" (Geschäftsführer, Gesellschafter, Vorstand oder Aufsichtsrat), ob das Prozessmanagement *strategierelevant* aufgesetzt ist. Der „Eigner der Geschäftsstrategie" verfügt über die strategische Optik und nötige Distanz zum Tagesgeschäft.

Inwieweit das Prozessmanagement die Geschäftsstrategie unterstützt, lässt sich an wenigen Fragen zur Gestaltung, Messung und Optimierung der Geschäftsprozesse prüfen:

- *Gestaltung:* Inwiefern sind die Geschäftsprozesse markt- bzw. kundenorientiert definiert? Inwiefern sind die Geschäftsprozesse auf die Strategie maßgeschneidert und ermöglichen eine strategische Profilierung des Unternehmens? Inwiefern sind sie durchgängig (im Sinne von „End-to-End") und unabhängig von Bereichs- und Abteilungsgrenzen gestaltet?

- *Messung:* Inwiefern finden sich in den Messgrößen die strategischen Erfolgsfaktoren bzw. wettbewerbsrelevanten Performancehebel wieder? Inwiefern messen sie die Performance von „End-to-End"-Geschäftsprozessen (im Gegensatz zu Teilprozessen)? Inwiefern sind die Messgrößen Teil des betrieblichen Controllings und werden automatisch und unverfälscht erfasst?

- *Optimierung:* Inwiefern werden nach Strategieanpassungen die Geschäftsprozesse überprüft? Inwiefern werden aus Markt- und Kundenreaktionen genauso wie aus Soll-Ist-Abweichungen Prozessverbesserungen angestoßen? Wie konsequent werden die Prozessverbesserungen umgesetzt? Inwiefern besteht im Unternehmen der Anspruch, zu den Klassenbesten zu gehören?

Daraus lässt sich für das Prozessmanagement schließen, dass die Geschäftsprozesse *stringent aus der Strategie abgeleitet und unabhängig von aufbauorganisatorischen Gegebenheiten* gestaltet werden sollen. Aufbauorganisatorische Überlegungen sind nachzuziehen, denn Rollen, Zuständigkeiten und Verantwortlichkeiten (von Kollektiven wie auch von Individuen) sollen sich aus den Prozessen – insbesondere aus dem Beitrag zur Wertschöpfung – und nicht aus der Aufbauorganisation ergeben. Genauso sollen die wenigen, noch nötigen Schnittstellen, nicht aus Sicht der Aufbauorganisation, sondern aus jener des Prozessflusses, welcher die Wertschöpfung optimiert, festgelegt werden. Ein Schlüssel dazu sind Auftraggeber-Auftragnehmer-Beziehungen, welche stufenweise vom Markt ausgehend entlang der Wertschöpfungskette durch das Unternehmen etabliert werden. Die *Auftraggeber-Auftragnehmer-Beziehung* ist wie die *Blackbox* ein grundlegendes Element des in diesem Buch vertretenen Geschäftsprozessverständnisses. Geschäftsprozesse werden als Blackboxen betrachtet, welche durch Auftraggeber-Auftragnehmer-Beziehungen verbunden sind (siehe Kapitel 2 bzw. Kapitel 5 ff.).

 TIPP Betrachten Sie Prozessmanagement als Organisationsthema. Der große Hebel zur Prozessverbesserung liegt meistens in der Aufbauorganisation, nicht in der Art und Weise der Prozessausführung.

■ 1.6 Relevanz der Prozessperformance

Die strategiegeleitete Definition der Prozesse ist alleine noch nicht ausreichend. Ebenso sind die Stoßrichtung und Messgröße festzulegen, nach welchen der einzelne Geschäftsprozess optimiert werden soll. Kosten sind nicht immer relevant, auch wenn sie leicht erfassbar sind. Die Palette an grundsätzlich möglichen Performancegrößen ist breit. Entscheidend ist, die strategiegerechten Größen zu identifizieren. Je nach Stoßrichtung stehen andere Prozesse bzw. Performancegrößen im Vordergrund der Optimierung (Tabelle 1.2).

Tabelle 1.2 Auswahl von Wettbewerbsanforderungen und Performancegrößen

Stoßrichtung	Ziele	Typische Maßnahmen	Beispielhafte Performancegrößen
Produktivität *„günstiger"*	• Kostenreduktion • Auslastungsverbesserung • Erhöhung des Kapitalumschlags	• Prozessvereinfachung • Komplexitätsreduktion • Automatisierung • Kapazitätsreduktion	• Ausstoß pro Mitarbeiter • Wertschöpfung pro Mitarbeiter • Kosten pro Einheit • Kosten pro Wertschöpfungsstufe • Kapazitätsauslastung • Kapitalumschlag
Prozessbeherrschung *„besser"*	• Erhöhung der Kundenzufriedenheit • Erhöhung der Ausbeute • Qualitätskostensenkung	• Prozessvereinfachung • Fokussierung • Total Quality Management • Schulung	• Anzahl Beanstandungen • Fehlerquote • Ausbeute • Genauigkeit/Toleranzen • Lebenszykluskosten
Reaktionsgeschwindigkeit *„schneller"*	• Verkürzung der Reaktionszeit • Verkürzung der Lieferzeit	• Prozessintegration • Zeitmanagement • Technologieunterstützung	• Reaktionszeit • Lieferzeit • Durchlaufzeit
Servicegrad *„umfassender"*	• Erhöhung der Kundenzufriedenheit • Erhöhung der Kundentreue • Erweiterung des Folgegeschäfts	• Fokussierung auf ausgewählte Kundengruppen • Dezentralisierung	• Anzahl an Kundenabwanderungen • Wiederhol- und Folgegeschäftsanteil • Innerer Marktanteil beim Kunden • Markenloyalität • Kundengewinnungskosten

Tabelle 1.2 Auswahl von Wettbewerbsanforderungen und Performancegrößen *(Fortsetzung)*

Stoßrichtung	Ziele	Typische Maßnahmen	Beispielhafte Performancegrößen
Geschäfts-präzision „genauer"	▪ Bedarfsgerechte Leistungserbringung	▪ Verbesserung der Bedarfskenntnisse ▪ Flexibilisierung der Supply-Chain ▪ Modularisierung der Marktleistungen	▪ Entgangene Kaufakte (wegen fehlender Ware) ▪ Warenabschreibung („Obsoleszenz") ▪ Preisvielfalt ▪ Sortimentstiefe ▪ Variantenkosten
Innovation „neuer"	▪ Positionierung als Innovationsleader resp. Trendsetter ▪ Steigerung der Innovationstreffer	▪ Beschleunigung resp. Neugestaltung des Innovations-prozesses	▪ Innovationszeit („Time-to-Market") ▪ Innovationstrefferrate ▪ Zeitvorsprung gegen-über Wettbewerber

Die Stoßrichtung und die dazu passende Messgröße lassen sich aus den Erfolgsfaktoren des Unternehmens ableiten. Dabei müssen die Veränderungen im Markt- und Wettbewerbsumfeld berücksichtigt werden. Je nach Branche finden diese Veränderungen in unterschiedlichsten Geschwindigkeiten statt. Mit zunehmender Reife der Branche müssen neue Prozessfähigkeiten erworben werden, manchmal stellen die bisherigen Prozessfähigkeiten sogar ein Hindernis für den weiteren Erfolg dar. In diesem Zusammenhang ist sich auch die wissenschaftliche Literatur einig, dass das Prozessmanagement gerade in dynamischen Unternehmensumfeldern genügend Freiraum bieten sollte, um notwendige radikale Innovationen nicht zu hemmen.

Ein Schokoladenhersteller ließ beispielsweise die Produktqualität jahrelang von externen Experten bestätigen. Eines Tages realisierte er, dass seine kontinuierliche Investition in die Produktionsqualität vom Markt nicht mehr honoriert wurde. Vielmehr verlor er Marktanteile an Wettbewerber mit trendigen Produkten. Mit eigenen neuen Produkten war er wenig erfolgreich und meistens verspätet, da er in seinem Fokus auf die Qualität langwierig jeden Verfahrensschritt testete. Es war somit wenig verwunderlich, dass seine Innovationszeit von der Idee bis zur erfolgten Markteinführung das Vierfache von jener seines wichtigsten Mitbewerbers betrug und seine Neulancierungen neben den Trends lagen. Der Schokoladenhersteller musste seinen Fokus von der Beherrschung der Produktionsprozesse auf die Innovation verschieben und seine Prozesse auf sehr kurze Time-to-Market trimmen.

Ein europäischer Hersteller von Elektronikbauteilen hatte in der Vergangenheit sehr viel in die Produktivität seiner Fertigungsstätten investiert und deren Produktionsprozesse optimiert. Er stellte bald fest, dass diese Kosteneinsparungen nicht mehr reichten und durch steigende Aufwände in der Vertriebsadministration und Versandlogistik mehr als nur kompensiert wurden. Er verglich seinen Aufwand in der Vertriebslogistik (von der Annahme der Kundenbestellung, Auslagerung und kundengerechten Kommissionierung bis zur Versandbereitstellung) mit jenen der Händler, welche auch seine Bauteile vertrieben. Der Aufwand lag rund drei- bis viermal höher als bei seinen Vertriebspartnern; alleine die Picking-Leistung der Lagermitarbeiter war um mindestens 300 % höher. Offensichtlich verstand der Hersteller, in Großvolumina zu produzieren, aber nicht die Kleinlose für direkt betreute Kunden effizient bereitzustellen. Die Händler hatten dagegen ihre Prozesse von der Kundenbestellung bis zur Auslieferung optimiert. Solange die Kunden des Herstellers mit wenigen, aber großen Lieferungen, welche einem Jahresbedarf entsprachen, bedient wurden, waren seine moderaten Fähigkeiten in der Vertriebslogistik unbedeutend. Erst nachdem die Großkunden die direkte Belieferung ihrer weltweit verstreuten Werke in wöchentlichen Kleinlosen einforderten, wurden die Defizite relevant. Gleichwohl konnten diese auch nicht mehr durch die besonderen Produkteigenschaften (basierend auf einem besseren Innovationsprozess) oder die Produktionsqualität (basierend auf stabilen Produktionsprozessen) wettgemacht werden. Denn auch asiatische Wettbewerber beherrschten zwischenzeitlich ihre Innovations- und Produktionsprozesse auf hohem Niveau. Dem Hersteller blieb nur die Möglichkeit, entweder in seine vertriebslogistischen Fähigkeiten zu investieren, um im direkten Kontakt mit seinen Großkunden zu bleiben, oder die Vertriebslogistik umfänglich an seine Händler abzugeben.

Ist die Optimierungsstoßrichtung nicht aus den aktuellen Marktanforderungen bzw. der Geschäftsstrategie abgeleitet, besteht das Risiko, dass die Prozesse falsch optimiert werden und letztlich den Unternehmenserfolg gefährden. Zum Beispiel kann die Kosteneffizienz, eine verbreitete Optimierungsstoßrichtung, in vielen Situationen zum Unternehmenserfolg beitragen, diesen gleichwohl jedoch auch untergraben. Manche Unternehmen, welche Teile ihrer Wertschöpfung an kostengünstige Orte verlagert hatten, erwarteten Einschränkungen in der Kundenzufriedenheit wegen verspäteter Lieferung und ungenügender Qualität. Bei Supportprozessen besteht generell die Gefahr, dass sie nach Gesichtspunkten optimiert werden, welche der Geschäftsstrategie zuwiderlaufen. Undifferenzierte Ansätze bergen das Potenzial, dass sie das Gegenteil bewirken.

Beispielsweise fasst ein großes Industrieunternehmen die Kreditorenverarbeitung zusammen und verlagerte sie nach Indien, um Personalkosten zu sparen. In der Folge wurden einige Lieferanten des Unternehmens aufgrund von Buchungsfehlern doppelt ausbezahlt. Gleichzeitig erhielten viele andere Lieferanten trotz Mahnrufen ihr Geld dermaßen verspätet, dass sie ihre Materiallieferungen an die europäischen Werke unterbrachen. Der Schaden für das Industrieunternehmen war immens: massive Mehrkosten wegen stillstehender Werke, an die Kunden zu bezahlende Pönalen, Imageverlust am Markt, hoher Frust unter den Mitarbeitern.

Ähnlich wenig wettbewerbsrelevant sind kostengünstige Gehaltsabrechnungsprozesse in einem Unternehmen. Nichtsdestotrotz kann ungenügende Prozessqualität (z. B. verspätete oder fehlerhafte Gehaltszahlungen) den Betriebsfrieden gefährden. Ein großes Unternehmen musste feststellen, dass monatlich rund 10 000 von insgesamt 300 000 Gehaltsabrechnungen fehlerhaft waren. Aus Kostengründen wurde die Lohnbuchhaltung verlagert, doch die Schnittstelle zum externen Dienstleister war zu komplex, um alle Mutationen und Tarifaktualisierungen richtig zu erfassen.

TIPP Optimieren Sie keinen Prozess, bei dem Sie nicht sicher sind, dass er richtig definiert und die Stoßrichtung klar ist. Rückzieher und erneute Anläufe gehen zu Lasten des Goodwills der Betroffenen.

■ 1.7 Prozessinnovation und Optimierung

Gemeinhin wird Innovation mit der Lancierung neuer Produkte (oder Dienstleistungen) verbunden, allenfalls noch eines neuen Geschäftsmodells. Unter Prozessinnovation wird die Erneuerung von strukturell-systemischen Gegebenheiten eines Unternehmens verstanden. Der Neuerungsgrad ist offen und kann die grundlegende Neugestaltung oder inkrementelle Optimierung von Geschäftsprozessen betreffen.

Nur selten wird Innovation mit *Prozessinnovationen* assoziiert. Noch weniger wird – im Unterschied zur Produktinnovation, für welche vielerorts ein respektables Budget zur Verfügung steht – in Prozessinnovation investiert. Dabei wären die realisierbaren Potenziale mit Prozessinnovationen beträchtlich bzw. die Amortisationszeit in den allermeisten Fällen sehr interessant. Dahingehend liegen Erfahrungswerte für professionell geplante und umgesetzte Prozessinnovationsprojekte (z.B. unter dem Titel „Business-Process-Reengineering" oder „Operational-Excellence") vor: Der Einmalaufwand beträgt 0.2 bis 1.0 des jährlich wiederholten Zusatzergebnisses, d.h., die Payback-Zeit liegt zwischen drei und zwölf Monaten. Angesichts dieser Attraktivität sollte jedes Unternehmen gezielt auch in Prozessinnovationen investieren. Als weitere Konsequenz müsste in jedem Unternehmen unter der Flagge des Innovationsmanagements neben dem Produktmanagement auch das *Prozess*management erscheinen. Damit würde innerbetriebliche Gleichwertigkeit von Produkt- und Prozessinnovation signalisiert. Dies ist wesentlich, da beide Innovationsarten wechselseitig verknüpft sind, sowohl technisch-inhaltlich als auch zeitlich.

Je nach Ausgangslage sind bei der Prozessinnovation Optimierungen oder regelrechte Performance-Sprünge ins Auge zu fassen. Der wesentliche Unterschied liegt darin, dass sich die Optimierung innerhalb der strukturell-systemischen Gegebenheiten bewegt, der Innovationssprung Letztere hingegen in Frage stellt (siehe Abbildung 1.4):

- *Prozessoptimierung*: Die Optimierung von Prozessen findet *unter Beachtung der Prozessgrenzen* statt, welche nicht hinterfragt werden. Dabei bedeutet Optimierung, dass wertvernichtende Tätigkeiten eliminiert, Abläufe vereinfacht, Prozesstätigkeiten zusammengefasst oder die Ressourcen sowie Instrumente angepasst werden. Umsetzungen sind innerhalb wenigen Wochen möglich. Typischerweise betragen die Verbesserungen aber nur 10 bis 30 % in ausgewählten Performancegrößen (z.B. Reduktion der Durchlaufzeit von zwölf auf neun Tage). In vielen Fällen steht die Prozesssicherheit im Vordergrund (z.B. Gewährleistung der Liefertreue von 98 %).

▪ *Prozessinnovationssprung*: Innovationssprünge sind nur möglich, wenn die Prozessgrenzen – meistens auch der aufbauorganisatorische Rahmen – neu und strategiegerecht definiert werden. Faktisch hat dies zur Folge, dass im Reifegradmodell auf Stufe 3 zurückgekehrt wird. Der Innovationssprung bedeutet, dass die Prozess- und Organisationsschnittstellen neu gestaltet werden, damit die strukturell-systemischen Grenzen verschoben werden. Letztlich werden Rollen und Verantwortlichkeiten sowie Aufgaben und Zuständigkeiten modifiziert oder gar neu definiert. Der Zeitbedarf für Konzeption und detaillierte Planung beträgt mehrere Monate, da gleichzeitig unter den betroffenen Mitarbeitern der Widerstand gegen Veränderungen abgebaut werden muss. Auch die Umsetzung selbst zieht sich über mehrere Monate hinweg. Der beträchtliche Zeitaufwand wird jedoch mit erheblichen Performanceverbesserungen belohnt. Typischerweise betragen sie 100 bis 300 % in strategierelevanten Performancegrößen (z. B. Reduktion der Lieferzeit von zwölf auf drei Tage).

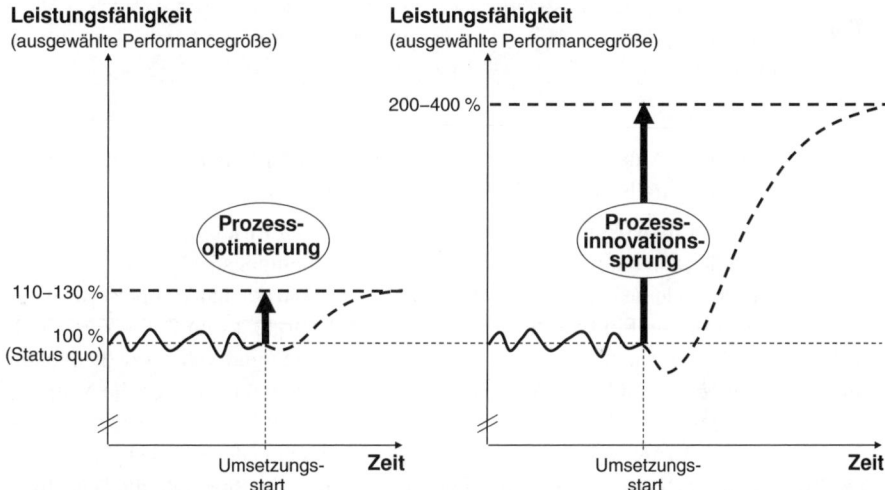

Abbildung 1.4 Verbesserung der Prozessperformance durch Optimierung bzw. Innovationssprung

Die Prozessoptimierung ist in der Praxis häufiger anzutreffen als der Prozessinnovationssprung. Im Zuge des verbreiteten kontinuierlichen Verbesserungsprozesses (KVP) werden die Potenziale der Prozessoptimierung schrittweise ausgereizt. Erst wenn die Optimierungspotenziale als nicht mehr ausreichend erachtet werden, wird ein Innovationssprung, der die strukturell-systemischen Grenzen durch *gleichzeitige* Neugestaltung von Prozessen *und* Organisation neu setzen soll, ins Auge gefasst. Die Neugestaltung bedeutet zumeist, dass einige bestehenden Organisations- und Prozessschnittstellen aufgehoben und andere am richtigen Ort entlang der Wertschöpfungskette positioniert werden. Allerdings sollte diese Neugestaltung immer stringent aus der Strategie abgeleitet erfolgen (dazu auch Kapitel 3). Alleine durch die initiale Umsetzung lassen sich etwa zwei Drittel der neuen Performancepotenziale erschließen; das verbleibende Drittel wird durch Optimierungen im Alltag erarbeitet (siehe auch Kapitel 13).

■ 1.8 Erneuerung des Unternehmensdesigns

Die Gestaltung von Prozessen und Organisation wird auch Unternehmensdesign genannt. Das Unternehmensdesign legt die Rollen und Verantwortlichkeiten, Aufgaben und Zuständigkeiten, insbesondere auch die Organisations- und Prozessschnittstellen entlang der Wertschöpfungskette fest. Das Unternehmensdesign definiert Top-down die Geschäftsprozesse, die Aufbauorganisation und je nach Detaillierungsgrad auch die Aufgaben- und Anforderungsprofile der Mitarbeiter. Verkürzt lässt sich daraus folgern, dass die Prozessoptimierung weitestgehend innerhalb des bestehenden Unternehmensdesigns erfolgt. Im Gegensatz dazu ist mit dem Prozessinnovationssprung immer ein verändertes Unternehmensdesign verbunden.

 Unternehmensdesign: Festlegung der Geschäftsprozesse sowie der Rollen, Aufgaben, Zuständigkeiten und Verantwortlichkeiten in einem Unternehmen.
■

Es gibt mannigfache Anlässe, das zugrunde liegende Unternehmensdesign zu überprüfen und gegebenenfalls anzupassen (siehe Abbildung 1.5):

▪ Einschnitte in der quasi-kontinuierlichen *Unternehmensentwicklung* stellen eine erste Gruppe der Anlassfälle dar. Meistens besteht ein Unternehmensdesign aus gewachsenen Strukturen, welche den neuen Anforderungen des Markts und Wettbewerbs nicht mehr gerecht werden. Ein typisches Beispiel ist der Übergang vom Klein- zum Großunternehmen, wo aus neu definierten Prozessen die Rollen und Verantwortlichkeiten abgeleitet werden (Abbildung 1.3). Des Weiteren kann auch die strategische Neupositionierung in der Wertschöpfungskette (siehe auch Kapitel 7) oder im Lebenszyklus des Kunden den Anstoß geben. Damit verbunden sind neben der Expansion aus eigener Kraft auch Ausgliederungen und Unternehmenszukäufe. Hier steht die Schärfung der Schnittstellen im Vordergrund. Manche Ausgliederung ist gescheitert, da die Schnittstelle zum neuen Lieferanten unklar blieb. Bei der Integration von gekauften Unternehmen ist die Situation ähnlich; die geklärten Schnittstellen gestatten es, jene Teile des Zukaufs zu identifizieren, welche absorbiert und mit eigenen Unternehmensteilen zusammengelegt bzw. welche Teile des zugekauften Unternehmens ohne Integration weitergeführt werden.

▪ *Geschäftsmodellinnovationen* repräsentieren die zweite Gruppe der Anlassfälle. In vielen Unternehmen entsteht aufgrund der Marktveränderungen ein neues Geschäftsmodell, welches nur in einem sehr beschränkten Ausmaß mit dem bestehenden kompatibel ist (siehe Kapitel 8). Beispiele für solche Inkompatibilitäten sind Baugewerbe und Generalunternehmertum, Produkt- und Lösungsangebot im Maschinen- und Anlagenbau, Baumarkt und Renovationsdienstleistung oder Softwareverkauf und IT-Betrieb. In diese Kategorie fallen ebenso radikale Produktinnovationen, welche mit dem bestehenden Segment wenige Gemeinsamkeiten aufweisen und unter anderem auch eine veränderte Supply-Chain benötigen. Dazu zählen auch grundlegende Ver-

Unternehmensentwicklung
Wachstumsschub, Unternehmensumbau,
Restrukturierung, Neupositionierung in
Wertschöpfungskette, Ausgliederung, Zukäufe
bzw. Post-Merger-Integration usw.

**Geschäftsmodell-
innovation**
Neues Geschäftsmodell,
Innovationssprünge
(z.B. radikale
Produktinnovationen),
Veränderung der
Produktarchitektur usw.

**Strategiegeleitete
Organisations-
und Prozess-
gestaltung**

**Operative
Optimierung**
Effizienzsteigerung,
Komplexitätsreduktion,
Prozessoptimierung
(z.B. Business-Process-
Reengineering, KVP),
Zertifizierung usw.

**Veränderung der
Technologieplattform**
Erneuerung der IT-Landschaft bzw.
Enterprise Architecture, neue operative
Systeme, Einführung ERP-, CRM-, PDM-
Systeme usw.

Abbildung 1.5 Anlässe für eine strategiegeleitete Organisations- und Prozessgestaltung

änderungen in der Produktarchitektur und Umstellungen im Produktionsverfahren, welche durch Technologiesprünge ausgelöst werden.

- Die dritte Gruppe bildet die *operative Optimierung*. Mögliche Stoßrichtungen für „Operational-Excellence" umfassen die gesamte Palette von Kundenorientierung, Kosteneffizienz, Geschwindigkeit, Qualität usw. Mittels Erneuerung des Unternehmensdesigns sollen dabei Potenziale deblockiert und neue Freiräume für Performancesteigerungen geschaffen werden (siehe „Überwindung der Performance-Barrieren" in Kapitel 2). Zunehmend ist auch die Bewältigung der betrieblichen Komplexität in diese Kategorie einzuordnen. Durch die Festlegung von einfachen Schnittstellen lässt sich die Verbreitung der Komplexität gezielt eindämmen (siehe „Der Komplexitätsfilter an der Prozess- und Organisationsgrenze" in Kapitel 4 oder „Isolation der Komplexität des Kunden durch Business-Firewall" in Kapitel 9).

- Als vierte Gruppe sind noch die *Veränderungen in der Technologieplattform* zu nennen. Überall, wo das Altsystem nicht 1:1 abgelöst werden soll, empfiehlt sich eine Überprüfung des zugrunde liegenden Unternehmensdesigns. Eine Systemablösung sollte als Gelegenheit wahrgenommen werden, den Wildwuchs von Abläufen und Konzepten grundsätzlich zu hinterfragen. Zudem ermöglichen neue Technologien häufig neue Formen der Arbeitsteilung und der internen Zusammenarbeit. Solche Potenziale sollten im Rahmen des strategiegeleiteten Unternehmensdesigns geprüft werden. Die umgekehrte Vorgehensweise käme einer Bottom-up-Gestaltung von Organisation und Prozessen gleich.

TIPP Planen Sie mit der Strategieüberprüfung auch eine gründliche Überprüfung des Prozessmanagements ein. Das Prozessmanagement unterstützt die Organisation dabei, die Geschäftsstrategie umzusetzen.

 Reflexionsfragen 1

- Wie erklären Sie den unterschiedlichen Stellenwert des Prozessmanagements in der Praxis?
- Worauf führen Sie die unterschiedlichen Prozessverständnisse zurück?
- Welche Erwartungen kann das Prozessmanagement grundsätzlich erfüllen? Welche nicht?
- Wo sehen Sie den Hebel im Prozessmanagement?
- Warum stößt das Prozessmanagement an Grenzen, welche von der Aufbauorganisation gesetzt werden?
- Warum sollen Organisation und Prozesse vor einer IT-Einführung überprüft werden?

■ 1.9 Literatur

Gaitanides, M. (2007). Prozessorganisation: Entwicklung, Ansätze und Programme des Managements von Geschäftsprozessen. München: Vahlen.

Golann, B. (2006). Achieving growth and responsiveness: Process management and market orientation in small firms. Journal of Small Business Management, 44 (3), 369 – 385.

Hammer, M. & Champy, J. (1993). Reengineering the corporation: A manifesto for business revolution. New York, NY: Harper Business.

Johnstone, C., Pairaudeau, G. & Pettersson, J. A. (2011). Creativity, innovation and lean sigma: A controversial combination? Drug Discovery Today, 16 (1/2), 50 – 57.

Kamiske, G. F. & Brauer, J.-P. (2011). Qualitätsmanagement von A bis Z: Erläuterungen moderner Begriffe des Qualitätsmanagements. München: Hanser.

Kohlbacher, M. (2010). The effects of process orientation: A literature review. Business Process Management Journal, 16 (1), 135 – 152.

Maynard, H. B. (Hrsg.). (1963). Industrial engineering handbook. New York, NY: McGraw-Hill.

Maynard, H. B., Stegemerten, G. J. & Schwab, J. L. (1948): Methods-time measurement. New York, NY: McGraw-Hill.

Meyer, J.-U. (2011). Erfolgsfaktor Innovationskultur: Das Innovationsmanagement der Zukunft. Göttingen: Business Village.

Nordsieck, F. (1972). Betriebsorganisation: Betriebsaufbau und Betriebsablauf. Suttgart: Poeschel.

Scheer, A.-W. (1988). Wirtschaftsinformatik: Referenzmodelle für industrielle Geschäftsprozesse. Berlin Heidelberg: Springer.

Senge, P.M. (1990, 2006). The fifth discipline: The art & practice of the learning organization. New York, NY: Doubleday.

Skinner, W. (1986). The productivity paradox. Harvard Business Review, 64 (4), 55 – 59.

Stalk, G. & Hout, T.M. (1990). Competing against time: How time-based competition is reshaping global markets. New York, NY: Free Press.

Taylor, F.W. (1911, Deutsch: 2011). Die Grundsätze wissenschaftlicher Betriebsführung (The principles of scientific management). Paderborn: Salzwasser.

Wagner, K.W. & Patzak, G. (2007, 2015). Performance Excellence: Der Praxisleitfaden zum effektiven Prozessmanagement. München: Hanser.

Weitlaner, D., Müller, C., Vorbach, S. & Kohlbacher, M. (2013, Juni): Process orientation and financial performance: The mediating role of organizational ambidexterity. Beitrag präsentiert auf der 13th Annual Conference of the European Academy of Management (EURAM 2013), Istanbul.

Weske, M. (2007, 2012). Business process management: Concepts, languages, architectures. Berlin Heidelberg: Springer.

Womack, J.P., Jones, D.T. & Roos, D. (1990, 2007). The machine that changed the world: The story of lean production. New York, NY: Free Press.

2 Rollen für bessere Performance klären

Der Wandel der Spielregeln des unternehmerischen Wettbewerbs kennt keine Grenzen. Der Kunde fordert nicht mehr alternativ, sondern gleichzeitig präzise Bedürfnisdeckung zu einer von ihm festgelegten Zeit, an einem von ihm bestimmten Ort, zu niedrigen Kosten bei hoher Qualität, bestem Service und minimaler Reaktionszeit.

Als Antwort auf diese Herausforderungen werden neue Wettbewerbsstrategien und innovative Marketing-, Vertriebs-, Produktions- oder Logistikkonzepte entwickelt. Bei der Umsetzung können die internen Strukturen und Geschäftssysteme allerdings häufig nicht mithalten. Gearbeitet wird bis zur Erschöpfung, doch unter dem Strich bleibt wenig übrig. Die dabei entstehenden Probleme werden versucht, mittels personellem Wechsel oder Sonderprojekten zu lösen, was zu isolierten Insellösungen führt. Vielfach werden die Performance-Hebel nicht identifiziert, welche das Unternehmen grundlegend schlagkräftiger, besser, schneller, effizienter oder innovativer machen. Zusätzlich sind bestehende, „alte" Strukturen und Geschäftssysteme nicht neu gestaltet worden, weshalb sie die erforderliche Performanceentwicklung blockieren.

Einen maßgeblichen Hebel zur Steigerung der Performance stellt die strategiegerechte Rollenklärung zwischen den Unternehmens- und Organisationseinheiten dar. Diese erfolgt Top-down und konsequent durch die Nutzung der Auftraggeber-Auftragnehmer-Beziehung.

■ 2.1 Überwindung der Performance-barrieren

In vielen Unternehmen stagniert die Leistungsfähigkeit trotz zahlreicher Verbesserungsprojekte. Im Vergleich zu direkten Wettbewerbern beträgt dabei ihre Betriebsmarge bereits seit längerer Zeit nur die Hälfte des Besten. Aus Sicht der direkt Involvierten wurden mit manchem Projekt zwar beachtliche Ergebnisse erzielt, jedoch haben sich diese letztlich als marginal erwiesen, weil der Ansatz zu lokal gewählt und der Gesamtkontext des Unternehmens vernachlässigt wurde. Beispielsweise konnten die Liefertreue erhöht, die Durchlaufzeit verkürzt, die Qualität verbessert, die Abläufe vereinfacht oder die Kosten gesenkt werden, doch nachhaltige, auch im Gesamtergebnis sichtbare Durchbrüche bleiben für das Unternehmen aus. Stattdessen verpufften die Verbesserungen oft schon nach kurzer Zeit – sei es, weil sich das Interesse im Management verschob oder sich die internen wie auch externen Randbedingungen wieder veränderten. In der Folge sind häufig gerade Schlüsselmitarbeiter, die aufgrund ihres besonderen Engagements in Projektarbeiten einbezogen wurden, demotiviert – Szenarien, die sich in dieser Form häufig vorfinden.

Die Unternehmen stoßen mit ihren Verbesserungsprojekten an Performancebarrieren, welche die Leistungsentfaltung wie ein unsichtbares Korsett blockieren. Solche scheinbar unüberwindbare Leistungsbegrenzungen finden sich in allen Unternehmen. Die Frage ist, auf welcher Stufe sie die Performance des Unternehmens begrenzen. Sie liegen tief, wo viele Stellen an der Wertschöpfung beteiligt sind, wo viele Schnittstellen bestehen, wo widersprüchliche Anforderungen nicht aufgelöst werden, wo letztlich Rollen und Verantwortlichkeiten unklar oder gar falsch zugeordnet sind (siehe Abbildung 2.1).

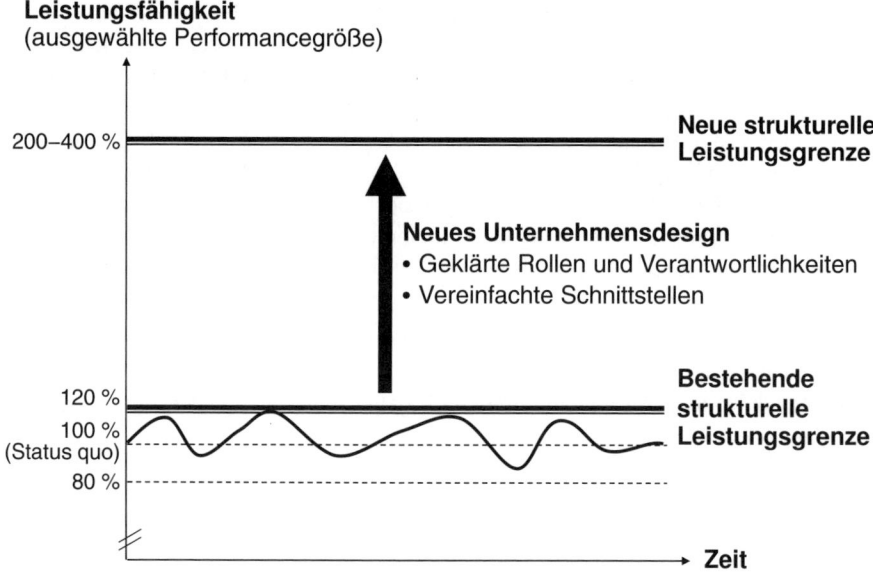

Abbildung 2.1 Begrenzung der Leistungsfähigkeit durch Performancebarrieren

Viele Verbesserungsprojekte verfehlen es, das bestehende betriebliche System, die Strukturen und Prozesse so zu verändern und auf die Strategie auszurichten, dass für die angepeilte Performance der nötige Freiraum geschaffen würde. Probleme aus der ungeeigneten Arbeitsteilung wurden nicht behoben, sondern allenfalls verschoben. Die problematischen Rollenverteilungen zeichnen sich etwa durch überschneidende oder fehlende Zuständigkeiten, konfliktträchtige oder schwierig überprüfbare Verantwortlichkeiten mit widersprüchlichen Zielsetzungen aus. Jedermann hat schon erlebt, dass Mängel aufgedeckt wurden, der Verursacher aber nicht mehr eruiert werden konnte. Solche Situationen entstehen immer dort, wo eine noch unfertige Sach-, Dienst- oder

Informationsleistung von der einen Organisationseinheit zur anderen weitergereicht wird (siehe auch Box „Ineffizienzen von langen Abwicklungsketten"). Sie entstehen auch dort, wo eine Stelle für eine andere plant oder wo eine ausführende Stelle annimmt, dass eine andere die Vollständigkeit schon nachprüft.

 Unter dem Begriff „System" wird die Gesamtheit aller betrieblichen Akteure mit allen Aufgaben, Regelungen, Vereinbarungen, Zuständigkeiten, Befugnissen, Vorschriften, Ressourcenzuordnungen usw. verstanden. In den „Strukturen" und „Prozessen" konkretisiert sich das betriebliche System und sie sind hier von besonderem Interesse. So gesehen ist die „Rolle" eines Individuums oder einer Organisationseinheit ein Teil des betrieblichen Systems.

Wenn die Rollen, Zuständigkeiten oder Verantwortlichkeiten in einem Unternehmen unklar oder falsch festgelegt worden sind, wird lokal optimiert und alltägliche Abstimmungsprobleme, Missverständnisse und Interpretationsschwierigkeiten – ja sogar Widerstände – sind unvermeidbar. Vielfach kann das betriebliche Geschehen nur noch aufrechterhalten werden, weil die *informellen* Beziehungen im Unternehmen zum Tragen kommen.

Hier setzt die Idee des neuen Unternehmensdesigns als Basis für große Performanceverbesserungen an: Im betrieblichen Alltag ist der Sonderfall durch den Regelfall abzulösen und für Letzteren sind hindernisfreie Prozessautobahnen zu schaffen, welche ein effizientes Wertschöpfen ermöglichen. So werden im neuen Unternehmensdesign die Rollen, Zuständigkeiten und Verantwortlichkeiten wie auch die Schnittstellen geklärt, gegebenenfalls neu festgelegt. Aus der Perspektive der Wertschöpfung werden auf diese Weise die Prozesse und Strukturen so vereinfacht, dass das Unternehmen auch ohne informelle Beziehungen effizient funktioniert. Zugleich werden die strukturellen Leistungsbegrenzungen nach oben versetzt. Da die betrieblichen Unzulänglichkeiten – zum Beispiel in Form von „Leerlauf" – reduziert werden, können sich die Mitarbeiter wieder den wertschöpfenden Aktivitäten zuwenden und die geforderte Leistungsfähigkeit entwickeln. Die Resultate durch ein neues Unternehmensdesign sind beachtlich, wie folgende Beispiele zeigen:

Ein Präzisionsgerätehersteller ordnete seine Aktivitäten zur Gewinnung und Betreuung der Kunden neu. Bisher standen viele Bereiche und Abteilungen unkoordiniert im Kontakt mit den Kunden: Kundenberater, Key-Account-Manager, Servicetechniker, Dialogzentrale, Marketingabteilung und externe Händler. Fortan wurden die Kunden umfassend von branchenbezogenen und interdisziplinär zusammengesetzten Kundenteams betreut. Ferner wurden die einzelnen Kundenkontakte orchestriert – nicht zu viel, nicht zu wenig. Damit konnten die Vertriebskosten um mehr als einen Viertel gesenkt und die Marktanteile gleichzeitig gesteigert werden.

Ein Elektroinstallateur reduzierte den Koordinationsbedarf und Leerlauf im Overheadpersonal um rund 75 %, indem er das bisher komplexe Unternehmensdesign auf zwei parallele, durchgängige Geschäftsprozesse für die Kundengewinnung und -betreuung bzw. die Leistungserbringung reduzierte. Damit verbesserte er das Verhältnis von direkt-produktiven zu indirekt-produktiven Mitarbeitern von 5:4 auf 5:1. Die Vollkosten je verrechenbare Stunde konnten mithin um 28 % gesenkt werden. Infolgedessen war der Elektroinstallateur mit seinen 3500 Mitarbeitern wieder konkurrenzfähig.

Ein Komponentenhersteller entledigte sich der langen, verästelten Ablaufketten und gewann im globalen Geschäft neue Schlagkraft: Zum einen wurde an Prozesssicherheit und Liefertreue hinzugewonnen, sodass von der teuren Luftfracht auf günstige See-fracht umgestellt werden konnte; zum anderen wurden die Prozesse verschlankt, sodass die Gemeinkosten gesenkt werden konnten. Insgesamt verbesserte sich die Ergebnis-situation um 6 EBIT-Prozentpunkte, je zur Hälfte durch niedrigere Transport- bzw. Ge-meinkosten.

Ein Anlagenbauer litt unter Margenerosion während der Auftragsabwicklung. Die Abwicklungszeit bis zur Inbetriebsetzung und Abnahme durch den Kunden dauerte zu lange. Durch die starke Involvierung der ausführenden Bereiche bereits in der Angebots-phase und die Stärkung der Projektleitung mit Linienkompetenz auf Zeit („Jedes Projekt-team im Anlagenbau bildet ein Profit-Center auf Zeit.") konnten die durchgängige Ver-antwortlichkeit etabliert und die Margenerosion gestoppt werden. Die Ergebnismarge verbesserte sich damit um durchschnittlich fünf Prozentpunkte und die Projektzeiten wurden um mehr als ⅔ verkürzt. Mit der Modularisierung der Produktarchitektur wur-den zusätzlich die Projektrisiken vermindert.

Aufgrund einer radikalen Marktveränderung hatte sich bei einem Spezialmaschinen-bauer der Auftragsmix von wenigen Großaufträgen mit einer typischen Losgröße von 100 Stück auf zahlreiche Kleinaufträge mit durchschnittlich sechs Stück reduziert. Mit der Trennung des kundenspezifischen Aufsatzes von der wiederverwendbaren Standard-plattform wurde die Variantenexplosion gestoppt. Gleichzeitig wurden in der Fertigung und Materialbeschaffung Volumeneffekte erzielt, da der Großteil der Maschinenteile identisch blieb. Trotz zusätzlicher Entwicklungskosten für die Standardplattform wurde das Ergebnis um netto drei EBIT-Prozentpunkte nachhaltig verbessert.

Ein großes Bauunternehmen litt unter sinkenden Margen. Die Produktivität auf der Bau-stelle stagnierte. Die Bauleitung war durch die Betreuung von vielen parallelen Bau-stellen überlastet. Eine Reorganisation war unumgänglich. Die Rollenteilung zwischen Bauleitung und ausführender Mannschaft wurde abgeschafft und die Arbeitsplanung, Beschaffung und Abrechnung an das Bauteam wurden vor Ort delegiert. So konnte eine Schnittstelle, welche hohen Koordinationsaufwand in der Zentrale und unproduktive Wartezeiten auf der Baustelle verursachte, aufgehoben werden. Als weitere Maßnahme wurden die Bauvorhaben nach Schwierigkeitsgrad und Risiko segmentiert (Prozessauto-bahn). Die einfache Baustelle wurde von einem Vorarbeiter, der Bau eines Einfamilien-hauses vom Polier verantwortlich geleitet. Der Bauleiter konnte sich in der Folge auf schwierige Großbauten fokussieren. Die durchschnittliche EBIT-Marge verdoppelte sich letztendlich.

Mit dem neuen Unternehmensdesign arbeiten die Mitarbeiter nicht nur erfolgreicher, sondern sie sind auch zufriedener. In einem Großunternehmen, welches jährlich die Mitarbeiterzufriedenheit durch eine externe Stelle flächendeckend messen ließ, konnte beispielsweise Folgendes festgestellt werden: Gerade in jenem Unternehmensbereich, welcher sich in einer Reorganisationsphase befand, stieg die Zufriedenheitsrate; in den anderen Unternehmensbereichen, wo kein ähnliches Organisationsprojekt anstand, sanken die Zufriedenheitsraten hingegen. Offensichtlich reagieren die Mitarbeiter schon auf angekündigte oder erst teilweise realisierte Klärungen von Zuständigkeiten sowie auf Vereinfachungen von Schnittstellen und Abläufen positiv. Dies ist umso bemerkenswerter, als sich im neuen Unternehmensdesign die Aufgaben für viele Mitarbeiter verändern.

 TIPP Fragen Sie Ihre Mitarbeiter, wo sich Performancebarrieren im Betrieb befinden. Die Mitarbeiter erleben täglich die Barrieren, kennen jedoch nicht die einfache Lösung.

Ineffizienzen von langen Abwicklungsketten

Phänomen „Stille Post"

An jeder Schnittstelle entsteht Informationsverlust. Nicht nur nebensächliche, auch wichtige Informationen für die Auftragsbearbeitung werden an den Schnittstellen missverstanden oder nicht richtig weitergeleitet. Die Problematik besteht darin, dass die Informationsverluste kumuliert werden; am Schluss der Kette wird festgestellt: „So war's nicht gemeint."

Phänomen „Staffellauf"

Der Auftrag wird an den Schnittstellen nicht an den richtigen Ort weitergeleitet; er bleibt irgendwo liegen oder geht im schlimmsten Fall sogar verloren. Die Möglichkeit, dass sich der Auftrag in der Organisation verliert, steigt überproportional mit der Anzahl Schnittstellen: „Wo steckt denn wieder der Auftrag!?"

Phänomen „Flickenteppich"

Die Bearbeitung in den einzelnen Arbeitsstationen wird lokal priorisiert, teiloptimiert, durch Stapelung gebündelt und nach eigenen Gesichtspunkten modifiziert, die ausgeführten Bearbeitungsschritte stimmen nicht exakt mit den vorangehenden oder nachfolgenden überein. Schließlich sind Nachbearbeitungen nötig, weil „es einfach nicht zusammenpasst".

■ 2.2 Rollenklärung zwischen den Unternehmensteilen

Das Unternehmensdesign dient nicht nur der Gestaltung von Organisation und Prozessen; es geht vor allem auch um die Rollenklärung der einzelnen Unternehmensbereiche sowie um die Klärung der Zuständigkeiten, der Ressourcenausstattung und der Verantwortlichkeiten im Tagesgeschäft. Welche Rolle und Verantwortlichkeit für Liefertreue und Kosten kann beispielsweise der Produktionsbereich wahrnehmen, wenn die Beschaffung der Ausgangsmaterialien von einem anderen Bereich vorgenommen wird? Welche Rolle und Verantwortlichkeit kann der Produktionsbereich für Lagerbestände übernehmen, wenn die Bestände wegen unzureichenden Prognosen des Vertriebs entstanden sind. Welche Rolle und Verantwortlichkeit kann der Einkauf übernehmen, wenn die Lieferanten faktisch bei der Produktgestaltung schon festgelegt worden sind? Strukturen, Schnittstellen, Rollen und Verantwortlichkeiten im Unternehmen sind also aus Sicht der systemischen Zusammenhänge zu klären.

 Rolle: Einer Organisationseinheit oder einem einzelnen Individuum zugewiesene Aufgaben, Zuständigkeiten und Befugnisse.

In manchem Mittelstandsunternehmen kommt wie in multinationalen Unternehmensgruppen in regelmäßigen Abständen die Frage nach den Rollen der einzelnen Filialen bzw. nationalen Gesellschaften und denjenigen des Mutterhauses auf (wir nehmen vereinfachend an, es handle sich um ein einziges, weltweit betriebenes Geschäft). Je nachdem, wie das Gesamtunternehmen gewachsen ist – organisch oder durch Zukäufe – und in welcher Entwicklungsphase sich das Unternehmen befindet, stellt sich die Frage mit anderem Akzent:

- Welche Rolle kommt den Filialen zu? Welche Ressourcen und Kompetenzen brauchen sie, um marktnah zu agieren? Wo sollen sie auf zentrale Ressourcen und Kompetenzen zurückgreifen? Inwiefern dürfen sie autonom entscheiden und handeln? Welcher operative bzw. strategische Handlungsspielraum besteht?
- Welche Rolle soll das Mutterhaus im (Unternehmens-)Verbund spielen? Inwiefern soll das Mutterhaus in das Tagesgeschäft der Filialen eingreifen? Welche Leistungen müssen die Filialen von der Muttergesellschaft beziehen?

Die Befragung von Repräsentanten der Filialen beziehungsweise des Mutterhauses ergibt Antworten, die nicht unterschiedlicher ausfallen könnten. So pochen die Geschäftsführer der Filiale auf möglichst weitgehende Autonomie, indem sie auf Unzulänglichkeiten des Mutterhauses, dessen Trägheit und vor allem auch Unverständnis für die spezielle Situation (beispielsweise betreffend Markt oder Ressourcen vor Ort) der Filiale verweisen. Im Fall von juristisch selbstständigen Filialeinheiten heben die Führungskräfte darüber hinaus auch ihre persönliche Verantwortung und Haftung für unternehmerische Fehler hervor, welche aus dem nationalen Gesellschafts- und Steuerrecht entstehen und sie aufgrund ihrer Spitzenfunktion eingegangen sind. Umgekehrt betonen die Repräsentanten des Mutterhauses ihre Gesamtverantwortung für die Gruppe. Sie kritisieren ferner das Autonomiestreben der Filialen und bemängeln vor allem deren Performance und deren Sonderansprüche, aber auch deren ungenügende Bereitschaft, Aufgaben der Konzernzentrale – beispielsweise Produktmanagement, Marketing, Forschung und Entwicklung oder auch Unternehmensführung und -entwicklung – mitzufinanzieren.

Noch schwieriger zu lösen ist der Konflikt zwischen Mutterhaus und Tochtergesellschaft, wenn er institutionalisiert ist. Im Stammhaus eines Industriekonzerns, welcher seiner Zeit weltweiter Marktführer für elektromechanische Apparate war, gab es einen Hauptabteilungsleiter, der konzernweit zuständig für die internen Lieferungen war. Dieser war sehr einflussreich, da er die Liefertermine sowie Prioritäten bei Engpässen und vor allem auch die internen Transferpreise für die Apparate und Komponenten festsetzte. Damit konnte er die Performance, vor allem den Markterfolg, die Kosten und das Ergebnis der einzelnen Tochtergesellschaft stärker beeinflussen als der lokale Geschäftsführer. Der Hauptabteilungsleiter begründete seinen Handlungsspielraum mit dem Gesamtoptimum aus Konzernsicht und den Möglichkeiten für steuerrechtliche Optimierung. Aus seiner Sicht musste sich die einzelne Tochtergesellschaft eine Vorzugsbehandlung durch bessere Performance verdienen. Verständlicherweise erlebten die lokalen Geschäftsführer die Entscheidungen des Hauptabteilungsleiters als willkürlich. Aus deren Sicht führten die von der Zentrale bestimmten Liefermengen und Termine sehr oft zu verspäteten Belieferungen der Kunden und somit zu schlechten Verkaufsresultaten. Einige von ihnen versuchten mit fiktiven Kundenaufträgen für sich eine bessere Liefersituation zu schaffen. Andere unternahmen hingegen den Versuch, durch lokalen Produktionsausbau und Partnerschaften vor Ort die Konzernabhängigkeit abzubauen.

Sowohl die Tochtergesellschaften wie auch das Stammhaus wussten nicht, dass sie sich in einem Teufelskreis befanden, der durch das System bedingt war. Die durchschnittlichen Lieferfristen des zentralen Herstellers betrugen damals weit mehr als fünfzehn Monate. Problematisch war zudem, dass die versprochenen Lieferfristen selten eingehalten wurden. Die Wettbewerber versprachen Lieferfristen von weniger als neun Monaten.

Einzelne Tochtergesellschaften versuchten den Absprung von Kunden zu verhindern, indem sie vorzeitig im Stammhaus eine interne Bestellung auslösten. Mit dieser Bestellung wollten sie eine Kapazitätsreservation im Stammwerk erwirken – mit der Absicht, die Lieferfrist für ihre Kunden zu verkürzen und vor allem auch Verspätungen zu vermeiden. Die Auftragsspezifikation, wie Menge, Typ und technische Detailanforderungen wurde, für diese vorzeitige Bestellung ohne Absprache mit dem Kunden festgelegt. Die Tochtergesellschaft nahm an, dass die Bestellung einige Monate im Stammhaus liegen bliebe, da sie sich bei einer derart langen Lieferfrist ex Stammhaus nicht vorstellen konnte, dass im Stammhaus mit der Fabrikation frühzeitig begonnen wurde. Das Stammhaus bearbeitete jedoch auch die vorzeitige Bestellung unmittelbar nach Erhalt und löste einen Fabrikationsauftrag gemäß den vorliegenden Mengenangaben und technischen Anforderungen im eigenen Werk aus. Gleichzeitig bestätigte es die interne Bestellung an die Tochtergesellschaft.

Wenn rund sechs Monate später die Tochtergesellschaft den definitiven Kundenauftrag erhielt, bestätigte sie dem Kunden die Lieferung innerhalb von neun Monaten, da sie ja bereits die interne Bestellung abgesetzt hatte. Gleichzeitig löste sie im Stammhaus eine Bestelländerung betreffend Menge, Typ und/oder technischen Detailanforderungen aus. Das Stammhaus musste nun im Werk ebenfalls eine Änderung des Werkauftrags auslösen. Da das Werk schon seit sechs Monaten am Auftrag gearbeitet hatte, waren Neu- und Nachbearbeitungen, vor allem die Umdisposition aller laufenden Fabrikationsaufträge notwendig. Diese blockierten die Fabrikationskapazität. Neben Mehrkosten führte dies zu Lieferverzögerungen ex Werk für alle laufenden Aufträge. Davon war letztendlich jedoch nicht nur ein Kunde betroffen, sondern wegen den Umdispositionen viele Aufträge anderer Kunden ebenso. Verständlicherweise reagierten die Kunden verärgert. Damit war der Teufelskreis in Gang gesetzt (siehe Abbildung 2.2). Um keine Kunden an die Wettbewerber zu verlieren und um weitere Lieferverspätungen zu vermeiden, lösten die Tochtergesellschaften die internen Bestellungen im Stammhaus noch vorzeitiger aus. Damit wurde es noch wahrscheinlicher, dass die laufenden Bestellungen später geändert werden mussten. Folglich mussten noch mehr laufende Produktionsaufträge umdisponiert und umgearbeitet werden, was zu weiteren Verspätungen führte und die Liefersituation weiter verschärfte. Die Kooperation war durch einen permanenten internen Kampf geprägt. Einseitig vom Stammhaus getroffene Maßnahmen wurden von den Tochtergesellschaften umgangen. Die Tochtergesellschaften begannen teilweise, die Apparate und Komponenten entweder selber zu produzieren oder anderswo zu beschaffen. Erst die offene Darstellung der teufelskreisartigen Situation ermöglichte es den Beteiligten, eine konstruktive Basis der internen Zusammenarbeit zu finden und die Situation durch die Neufestlegung der Schnittstelle beziehungsweise der gegenseitigen Vereinbarung zu verbessern.

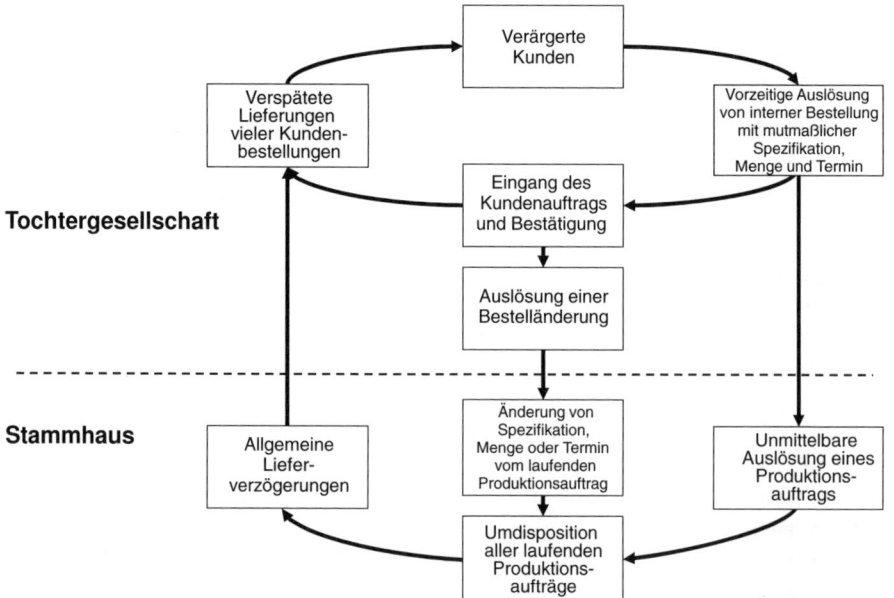

Abbildung 2.2 Teufelskreis (Beispiel: Apparatebauer)

Zwischen dem Stammhaus und den Tochtergesellschaften wurde vereinbart, dass eine interne Bestellung verbindlich ist und dass die bestellte Ware zum vereinbarten Termin geliefert wird. Um die Bestelländerungen zu vermeiden, wurde eine interne Lieferfrist von maximal drei Monaten vereinbart. Damit konnten die Tochtergesellschaften in die Lage versetzt werden, die marktüblichen Lieferfristen gegenüber den Kunden einzuhalten.

Eine ähnlich konfliktbehaftete Situation ergibt sich, wenn die Zielvorgaben an Organisationseinheiten nicht aufeinander abgestimmt sind. Insbesondere ergeben sich teufelskreisartige Verhältnisse, wenn zwei Unternehmenseinheiten zwar zusammenarbeiten sollten, dabei jedoch unterschiedliche, sich gegenseitig schädigende Ziele verfolgen.

Nachdem ein Unternehmen für Telekommunikationsausrüstungen seine internen Prozesse der Leiterplattenherstellung rund fünf Jahre zuvor grundlegend verändert hatte, konnten nicht nur die Kosten um 30 % gesenkt werden. Vor allem die Herstellungszeit verkürzte sich von sechs Wochen auf durchschnittlich fünf Tage und gleichzeitig reduzierte sich auch die Fehlerrate um mehr als den Faktor 4. Diese Veränderungen betrafen nicht nur den Produktionsbereich, sondern umfassten auch die Entwicklungsabteilungen, welche die Leiterplatten entwarfen.

Im Gegensatz zur Volumenproduktion lief die Herstellung von Pilotprodukten aber immer schlechter, unflexibel und langsam. Die Entwicklungsabteilungen waren an der zeitgerechten Produkteinführung gemessen worden. Im Rahmen der Entwicklungsprojekte bestellten sie ihre Prototypen in der Leiterplattenproduktion. Zur Optimierung der Kapazitätsnutzung bestand die Leiterplattenproduktion damals auf einer sechswöchigen Lieferfrist. Sie konnte damit die Auslastung glätten und die Herstellkosten für Leiterplatten optimieren. Diese verleitete die unter Zeitdruck arbeitenden Entwicklungsabteilungen im Gegenzug dazu, ihre Aufträge verfrüht und ohne detaillierte Prüfung aufzugeben. Während der Wartezeit fanden sie letztendlich aber doch noch Fehler, so dass sie Änderungsaufträge auslösen mussten, welche in Folge wiederum den Herstellprozess störten, die betriebseigene Komplexität erhöhten und zur allgemeinen Verlängerung der Durchlaufzeit sowie zu Mehrkosten beitrugen.

Ohne eine grundlegende Neugestaltung der Zusammenarbeit und ohne Klärung der Schnittstellen hätten die Schwierigkeiten kaum behoben werden können. Als Maßnahmen wurden entwicklungsseitig der Leiterplattenentwurf zentralisiert, verbindliche Entwurfsregeln wurden festgelegt, das Entwerfen wurde fortan standardisiert und durch computermäßige Simulation unterstützt und auf der Herstellungsseite wurde der Fertigungsprozess soweit neu gestaltet, dass die digitalen Entwurfsdaten direkt zur Herstellung des Fotosatzes genutzt werden konnten. Dank neuen, im Prozess eingebundenen Qualitätskontrollen konnte die Lieferzeit auf eine Woche reduziert und die Ausbeute massiv erhöht werden.

Nicht immer befinden sich Stammhaus und Tochtergesellschaften oder die verschiedenen Bereiche eines Unternehmens in einem derart ausweglosen Disput. Trotzdem sind grundlegende Rollenklärungen der internen Kooperation notwendig. Diese sollten sich vorwiegend an der zu erbringenden Wertschöpfung orientieren. Unter Wertschöpfung seien hier jene Leistungen verstanden, welche vom Kunden honoriert werden – sei es direkt monetär oder indirekt durch Verbesserung und Vertiefung der Kunden-Lieferanten-Beziehung. Unabhängig von der aktuellen Aufgabenteilung und Kompetenzverteilung sind folgende Fragen zu klären:

- Welche Wertschöpfung erbringt das Gesamtunternehmen?
- Wer soll aus strategischer Sicht welchen Teil der Wertschöpfung wie erbringen?
- Welcher Teil der Wertschöpfung soll besser dezentral – regional oder gar lokal – erbracht werden?
- Welche Wertschöpfung soll zentral koordiniert oder im Pool erbracht werden?

 TIPP Regeln Sie Rollen, Zuständigkeiten und Verantwortlichkeiten immer eindeutig. Unklarheiten, Doppelspurigkeiten oder Leerläufe führen zu Missverständnissen oder gar Reibereien unter den Mitarbeitern.

■ 2.3 Auftraggeber-Auftragnehmer-Beziehung

Die Beantwortung der genannten Fragen ergibt die grundsätzliche Aufgabenteilung zwischen den Unternehmensteilen. Dabei geht es um die klare Festlegung der Schnittstellen nach außen (zu den Kunden, Geschäftspartnern und Lieferanten) und vor allem um diejenigen im Unternehmen selbst. Ziel ist es, keine unvollständig bearbeiteten Aufträge („keine halben Sachen") weiterzureichen. Genauso wie im Außenverhältnis schafft im Innenverhältnis die Auftraggeber-Auftragnehmer-Beziehung die einfachste Schnittstelle (siehe Abbildung 2.3). Diese Rollenverteilung stellt sicher, dass erstens ein Auftrag klar durch den Auftraggeber bestimmt wird, was der Auftragnehmer durch die Auftragsannahme bestätigt, und dass zweitens der Auftrag richtig erfüllt wird, was der Auftraggeber durch die Übernahme wiederum bestätigt.

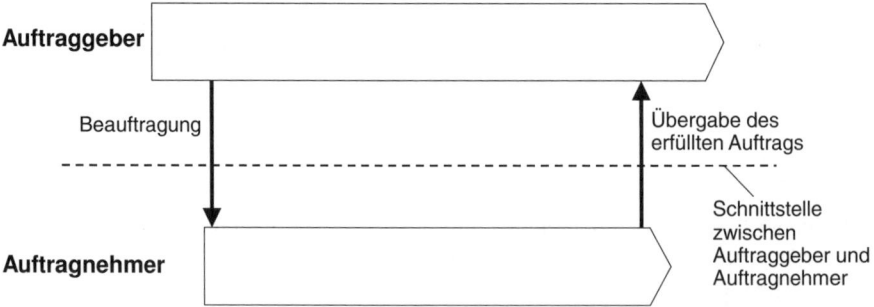

Abbildung 2.3 Auftraggeber-Auftragnehmer-Beziehung

Eine Auftraggeber-Auftragnehmer-Beziehung besteht nicht nur in solchen Fällen, wo die Bedarfsdefinition ausschließlich vom Auftraggeber ausgeht. Sie ist auch dort anzutreffen, wo wie beispielsweise bei komplexen Dienstleistungen die Bedarfsdefinition wesentlich vom Auftragnehmer entwickelt wird (siehe „Logistische Prototypen" in Kapitel 7 und „Vereinbarung eines komplexen Leistungsmix" in Kapitel 9).

Wird von den klaren und überlappungsfreien Rollen der Auftraggeber-Auftragnehmer-Beziehung abgewichen, entstehen zusätzliche Fehlerquellen, Koordinations- und Abstimmungsaufwand; zum Beispiel dann, wenn laufende Aufträge verändert werden, wenn Aufträge nur teilweise erfüllt oder falsch verstanden werden, wenn nach unterschiedlichen Kriterien optimiert wird oder wenn keine geschlossenen Auftraggeber-Auftragnehmer-Beziehungen bestehen und Dritte zwischengeschaltet werden.

Sind die Schnittstellen festgelegt, ergibt sich auch die Rollenklärung. An der Schnittstelle wird festgelegt, welche Rolle der Auftraggeber beziehungsweise der Auftragnehmer – nicht nur als auftraggebende bzw. auftragnehmende, sondern im Wertschöpfungsverbund – wahrnehmen soll. Wird der Grundsatz akzeptiert, dass die Aufgaben – sei es als Auftraggeber oder als Auftragnehmer – komplett, mit durchgängiger Verantwortung, mit möglichst wenig Störungen und Schnittstellenfriktionen erfüllt werden müssen, lässt sich auch die Ressourcen- und Kompetenzverteilung festlegen. Jeder Unternehmensbereich verfügt aus gesamtunternehmerischer Sicht optimal und effizient über jene Ressourcen und Kompetenzen, die benötigt werden, um die zugewiesenen Aufgaben zu erfüllen.

Im Falle des Herstellers von elektromechanischen Apparaten konnte folgende Rollenklärung gefunden werden: Die nationalen Tochtergesellschaften sind primär für die Beziehungen zum Kunden verantwortlich. Ihnen obliegt es, Kunden zu kontaktieren, Kundenaufträge zu akquirieren, den Kunden zu beliefern und langfristig zu betreuen. Verschiedene weltweit verstreute Werke produzieren die Apparate. Dabei werden die Werke zusammengefasst und auf Produktgruppen beziehungsweise Komponenten spezialisiert. Zwischen den verkaufenden Tochtergesellschaften und den Apparate produzierenden Werken besteht eine einfache Auftraggeber-Auftragnehmer-Beziehung. Die Tochtergesellschaft – und nicht das Stammhaus, wie der Hauptabteilungsleiter annahm – ist Auftraggeber, die Werke sind Auftragnehmer (siehe Abbildung 2.4).

Die Tochtergesellschaften erhalten die intern in einem Werk bestellte Ware innerhalb von acht Wochen zugeliefert, damit sie die dem Kunden gegenüber eingegangenen Verpflichtungen einhalten können. Im Außenverhältnis ist die Tochtergesellschaft ein Auftragnehmer den Kunden gegenüber, während die Werke Auftraggeber gegenüber den Unterlieferanten sind. Dem Stammhaus fällt im betrieblichen Alltag keine direkte Aufgabe zu. Es überwacht und koordiniert übergeordnet die Auftraggeber-Auftragnehmer-Beziehung zwischen den Tochtergesellschaften und Werken. Des Weiteren enthält sich das Stammhaus der Eingriffe ins Tagesgeschäft, das heißt, es stellt sicher, dass die wenigen einfachen Regeln, welche sich aus der Auftraggeber-Auftragnehmer-Beziehung ergeben, konzernweit konsequent umgesetzt und eingehalten werden. Dafür übernimmt es bei der Gestaltung und Umsetzung des Unternehmensdesigns eine Schlüsselrolle.

**Tochtergesellschaft
(= Auftraggeber)**

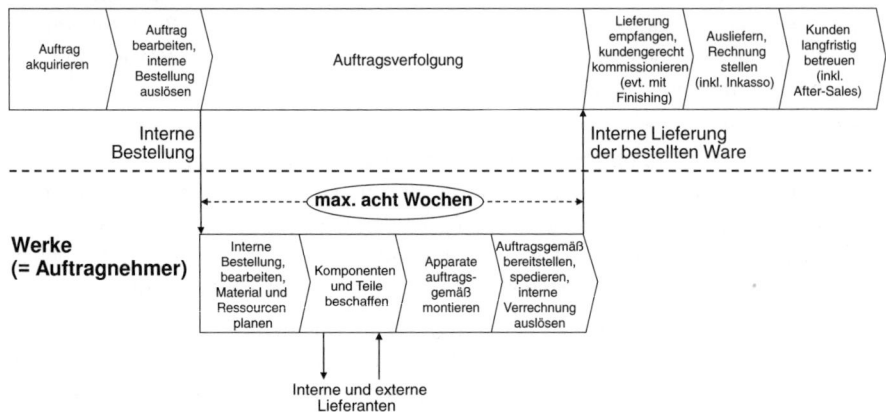

Abbildung 2.4 Rollenklärung in der weltweiten Produktionslogistik (Beispiel: Apparatebauer)

Verallgemeinernd besteht *keine* Auftraggeber-Auftragnehmer-Beziehung, wo sie aufgebrochen wird und eine Ablaufkette entsteht. In manchen Unternehmen ist der Vertrieb gerade noch für die Auftragsakquise und Angebotslegung zuständig. Die Verantwortung für die Erfüllung der Verkaufsversprechen, die den Verkaufsakt abschließende
Rechnungsstellung bzw. Zahlung oder gar die Gewährleistungsphase obliegt hingegen
anderen Bereichen, die sich in die Kundenbetreuung einschalten. Aus Sicht des Kunden
besteht somit eine Ablaufkette und es fehlt der durchgängig zuständige Auftragnehmer
und Ansprechpartner, welcher zumindest vom allerersten Verkaufsversprechen bis
nach Abschluss der Gewährleistungsphase dem Kunden gegenüber verpflichtet ist.

■ 2.4 Blackbox

Mit der Klärung der Rollen wird über die Innengestaltung einer Unternehmens- oder
Organisationseinheit nichts ausgesagt. Die Rollenklärung bezieht sich auf die Festlegung von Aufgaben und Zuständigkeiten, Randbedingungen, Mengengerüsten und
davon abgeleiteten Ressourcen (wie zum Beispiel Personal, Betriebsmittel, Anlagen,
Infrastruktur, Standorte). Zudem werden erwartete Leistungsfähigkeiten wie beispielsweise Reaktionszeiten, Produktivitätsanforderungen oder Servicegrad festgelegt. So
gesehen handelt es sich bei der betrachteten Unternehmens- oder Organisationseinheit
zunächst um eine *Blackbox*, welche von außen betrachtet wird und deren innere Ausgestaltung vorerst belanglos ist. Wie im Geschäftsalltag steht auch bei der Blackbox der
Austausch mit der Außenwelt im Mittelpunkt.

Blackbox: (Organisatorische) Einheit, die sich über *definierte Schnittstellen* (z. B. Auftraggeber-Auftragnehmer-Beziehungen) mit der Umgebung austauscht. Die Funktionsweise im Innern wird ausgeblendet, um die Komplexität zu reduzieren.

Von der Blackbox wissen wir, dass die *Klärung der Randbedingungen* zwingend der Innengestaltung einer Organisationseinheit vorausgehen muss, da Letztere von den gegebenen Randbedingungen abhängt. Und solange die Randbedingungen nicht feststehen, soll die Einheit als Blackbox betrachtet werden, von der nur die Anforderungen, jedoch nicht die Innengestaltung bekannt sind. Ein besonderes Merkmal der Blackbox sind *Input* und *Output*, welche die Beziehungen von außen bzw. nach außen definieren und in den Randbedingungen festgelegt werden (siehe Abbildung 2.5 bzw. Box „Auftraggeber bzw. Auftragnehmer als Blackbox").

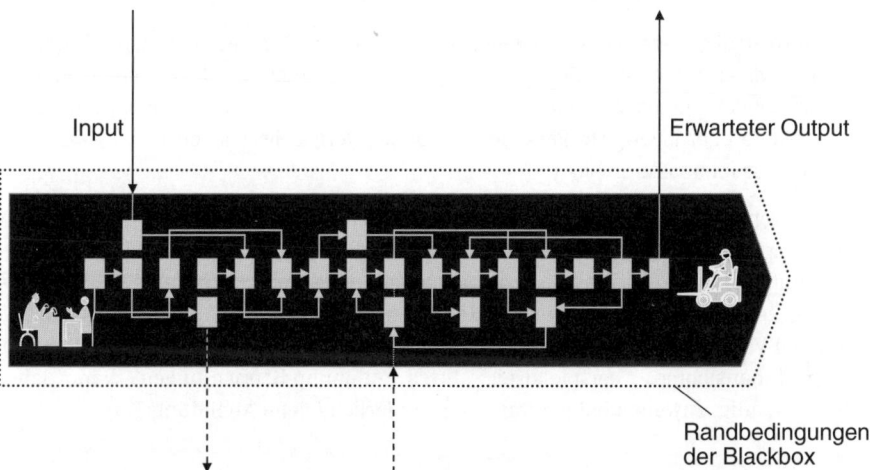

Abbildung 2.5 Klärung der Randbedingungen einer Blackbox durch Input- und Output-Beziehungen

In der Logistik (auch Supply-Chain-Management) wird häufig dem Gedanken der Blackbox nicht gefolgt. Voll Tatendrang wird beispielsweise eine lokale Lagerabwicklungsaufgabe auf Effizienz optimiert, ohne vorher vertieft zu prüfen, ob die Randbedingungen geklärt sind bzw. das übergeordnete Wertschöpfungs- und Lagerkonzept überhaupt zweckmäßig ist. Aus Sicht einer Gesamtoptimierung wäre zunächst die gesamte Wertschöpfungskette mit allen Lagerstufen als Blackbox zu betrachten. Dabei wäre zu prüfen, ob die Gesamtlogistik – und damit alle betroffenen Lagerstandorte mit allen personellen und materiellen Ressourcen – beispielsweise neue Marktanforderungen erfüllen müssten. In einem nächsten Schritt wäre die Wertschöpfungskette auf Stufen aufzubrechen, welche wiederum jeweils als Blackbox mit logistischen Anforderungen (z. B. Lieferfristen, Servicegrad) als Randbedingungen behandelt würden, und so fort. Je nach Ergebnis dieser Blackbox-Analyse könnten komplette Lagerstufen wegfallen.

Wegen strukturellen Ineffizienzen und aufgrund verbreiteter Sicherheitsbestrebungen werden Lager aufgebaut und oft umständlich sowie isoliert bewirtschaftet. Der Ineffizienz in der Bewirtschaftung wird mit lokalen Optimierungsprojekten begegnet, was die Situation meistens noch verschlimmert. So werden einzelne Abläufe – etwa die Wareneingangsüberprüfung, Lieferantenkontenführung oder Inventarisierung – automatisiert. Solche Vorhaben rechnen sich bei gegebenen Mengengerüsten und feststehenden Randbedingungen. Ändern sich diese, kann sich zum Beispiel eine geplante Automatisierung als unwirtschaftlich erweisen. Es werden auch Tools zur integralen Bewirtschaftung eingesetzt. Doch diese erweisen sich oft als sehr kompliziert und erzeugen relativ geringen Optimierungsnutzen, weil die zugrunde liegenden Strukturen nicht angepasst werden.

Durch die Randbedingungen werden auch die Verhältnisse zu Nachbareinheiten festgelegt, ohne dass wir genau wissen, was innerhalb der Einheiten vorgeht. So brauchen wir die Vorgänge innerhalb des Auftraggebers bzw. Auftragnehmers nicht zu kennen, solange die Verhältnisse unter diesen beiden geregelt sind.

> Im Beispiel des Herstellers von elektromechanischen Apparaten musste festgelegt werden, wie eine interne Bestellung erfolgt und welche interne Lieferzeit notwendig ist, um die Kunden optimal zu bedienen und Bestelländerungen zu vermeiden. Administrative Abläufe oder involvierte Personen in der Tochtergesellschaft beziehungsweise im Stammhaus interessieren nicht.

Als Verallgemeinerung können wir festhalten, dass mit der Rollenklärung zunächst die Randbedingungen für jede organisatorische Einheit vorgegeben werden. Den Blackbox-Ansatz nutzend, lassen sich allein schon aus dem Auftraggeber-Auftragnehmer-Verhältnis die gegenseitigen Erwartungen, insbesondere die Rolle, die Aufgaben, Zuständigkeiten und Verantwortlichkeiten des Auftraggebenden bzw. Auftragnehmenden konkret ableiten. Innensichten – beispielsweise durch Bottom-up-Betrachtungen – sind dabei nicht notwendig, zuweilen bei Beginn sogar hinderlich (siehe Abbildung 2.6).

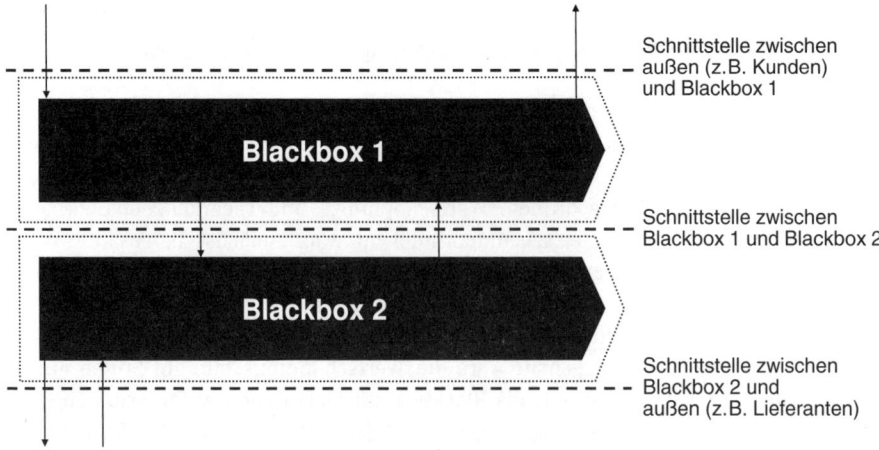

Abbildung 2.6 Rollenklärung und Schnittstellenfestlegung zwischen Blackbox 1 und Blackbox 2

TIPP Fokussieren Sie sich bei der Rollenklärung auf Schnittstellenbeschreibungen. Damit werden Aufgaben, Zuständigkeiten und Verantwortlichkeiten meistens schon ausreichend geklärt.

Mit dem Blackbox-Ansatz kann noch auf zwei wichtige Zusammenhänge hingewiesen werden:

- Der erste Zusammenhang lautet: *Je einfacher die Randbedingungen der Unternehmens- bzw. Organisationseinheit – etwa mit der Auftraggeber-Auftragnehmer-Beziehung – gestaltet werden, desto autonomer kann die Unternehmens- bzw. Organisationseinheit agieren* – und zwar nicht nur im Tagesgeschäft, sondern bei der detaillierten Ausgestaltung von Prozessen und interner Organisation. So schaffen einfache Randbedingungen auch den Freiraum für Prozessvereinfachungen. Es wird hier auch vom *Autonomieprinzip* gesprochen. Entsprechend gilt ebenfalls: *Je weniger die Innengestaltung einer Unternehmens- bzw. Organisationseinheit berücksichtigt wird, desto einfacher lassen sich die Randbedingungen gestalten.* Dieser Zusammenhang kann nun in der groben Gestaltung von Prozessen und Organisation genutzt werden, indem möglichst ohne Berücksichtigung des Innenlebens die Randbedingungen bzw. Schnittstellen der Blackbox „Prozess" oder „Organisationseinheit" bestimmt werden. Folglich werden durch das sogenannte Makrodesign autonom agierende – und bloß mit der Auftraggeber-Auftragnehmer-Beziehung gekoppelte – Unternehmens- bzw. Organisationseinheiten definiert.

- Der zweite Zusammenhang besagt: *Eine Blackbox lässt sich unter Wahrung des Autonomieprinzips beliebig weiter in kleinere Einheiten zerlegen.* Auch diese Einheiten stehen jeweils untereinander in Auftraggeber-Auftragnehmer-Beziehungen. Diese Eigenschaft wird auch *Selbstähnlichkeit* genannt. Die Zerlegung kann notwendig sein, wenn beispielsweise in einem ersten Schritt je eine Blackbox für den kundenorientierten Frontbereich bzw. den produktionsorientierten Backbereich definiert wurde. Jede dieser Blackboxes kann nach Bedarf weiter zerlegt werden, so etwa der Frontbereich in Kundenbetreuung und Fachberatung, der Backbereich in Einheiten, welche den Wertschöpfungsstufen entsprechen. Theoretisch könnte die Zerlegung unendlich erfolgen. In der Praxis wird hingegen soweit zerlegt, bis sich klar definierte Rollen und Verantwortlichkeiten, beispielsweise von Prozessteams, ergeben. Erst diese Einheiten werden anschließend unabhängig voneinander im sogenannten Mikrodesign optimiert.

Auftraggeber bzw. Auftragnehmer als Blackbox

Beim Auftraggeber bzw. Auftragnehmer handelt es sich um eine *Rolle*, welche eine Blackbox (z. B. Individuum, Unternehmens- oder Organisationseinheit, Geschäftsprozess) einnimmt. Dabei agiert eine Blackbox als Auftraggeber, indem sie eine Aufgabe einer anderen Blackbox, dem Auftragnehmer, im Rahmen eines Auftrags zur Erledigung überträgt. Durch die Beauftragung wird zwischen den beiden Blackboxes eine *Auftraggeber-Auftragnehmer-Beziehung* etabliert.

Typische Beauftragungen sind:

- Kontaktnahme zur Etablierung bzw. -beendigung der Kundenbeziehung
- Anfrage für Kundenberatung, Bedarfsklärung oder Angebotslegung
- Bestellung von konkreten Sach-, Dienst- oder Informationsleistungen (gemäß Katalog oder Kundenspezifikation)
- Vereinbarung der Lieferbereitschaft, z. B. Kontoeröffnung, Abrufbereitschaft, Konsignationslager, Hotline-Support usw.
- Abruf der vorab vereinbarten Sach-, Dienst- oder Informationsleistungen, z. B. der Kanban-Lieferung, der Fallabwicklung, des Zwischenberichts usw.
- Reklamation, Beanstandung oder Mängelrüge, z. B. Anforderung von Nachlieferung, Nachbesserung, Wertersatz usw.

Bei der Auftraggeber-Auftragnehmer-Beziehung stellen die *Inputs* und erwarteten *Outputs* die wesentlichen Randbedingungen für eine Unternehmens- oder Organisationseinheit dar. Diese Randbedingungen klären primär die Frage, *wer welchen Anteil vom Was* erbringt; stets sekundär ist das Wo (falls es sich nicht um Dienstleistungen handelt), das Wann (innerhalb des Zeitfensters bis zum Termin) und vor allem das Wie. Das Wie umfasst alle Verfahrensanweisungen, Vorschriften, Prozeduren, Werkzeuge und Hilfsmittel, involvierte Personen, im weitesten Sinne alle Ressourcen, welche zur Erbringung des Was nötig sind.

■ 2.5 Makrodesign vor Mikrodesign

Schon früh wurde der Erfolg von Reengineering-Projekten hinterfragt. Verschiedene Untersuchungen haben gezeigt, dass bis zu drei Viertel aller Projekte nicht den gewünschten Erfolg brachten. Selbst die bekanntesten Vertreter des Reengineerings, Michael Hammer und James Champy, haben die Schwierigkeiten eingestanden, die bei der Umsetzung entstehen. Diese sind vielfach auf ein falsches Verständnis, vor allem eine ungeeignete Vorgehensweise zurückzuführen (Hammer/Champy 1993).

Michael Hammer und James Champy gelten als Initiatoren und Apologeten des Business Reengineering zu Beginn der 1990er-Jahre (andernorts auch „Business Process Design" oder „Process Innovation" genannt). Sie forderten, dass die Arbeitsteilung und vor allem die Abläufe radikal neu gestaltet werden müssten, bevor die Automatisierung mit Informationstechnik wirksam werden könne. Aus ihrer Untersuchung von 20 Fallbeispielen folgern sie, dass „Verbesserungen in kleinen Schritten unter dem Strich wenig bringen". In ihrem Manifest für „Business Revolution" und auch in anschließenden Publikationen erklärten sie allerdings nicht schlüssig, wie ein Reengineering-Projekt erfolgreich durchzuführen sei. Auch andere Autoren (z. B. Davenport 1993, Johansson u. a. 1993 oder Oesterle 1995) haben diese Lücken nicht geschlossen. Für eine kritische Würdigung der damaligen Reengineering-Projekte sei auf Gene Hall u. a. verwiesen.

Wir schlagen eine Sicht der Gesamtorganisation vor, welche die Geschäftsprozesse, die Strukturen und Aufgabenzuordnungen, die betriebliche Zusammenarbeit, die Anforderungsprofile an die Leistungsträger, die Informationssysteme und oft auch das unternehmerische Selbstverständnis umfasst. Dabei sollen *Makrodesign* und *Mikrodesign* als unterschiedliche Ansätze betrachtet werden, weil dadurch der jeweilige Fokus und Detaillierungsgrad von Neugestaltungen bzw. Optimierungen betont werden. Aufeinander abgestimmt bilden Makro- und Mikrodesign das Unternehmensdesign, denn das Mikrodesign sollte auf den im Makrodesign definierten Geschäftsprozessen, Rollen und Verantwortlichkeiten aufbauen (siehe Abbildung 2.7).

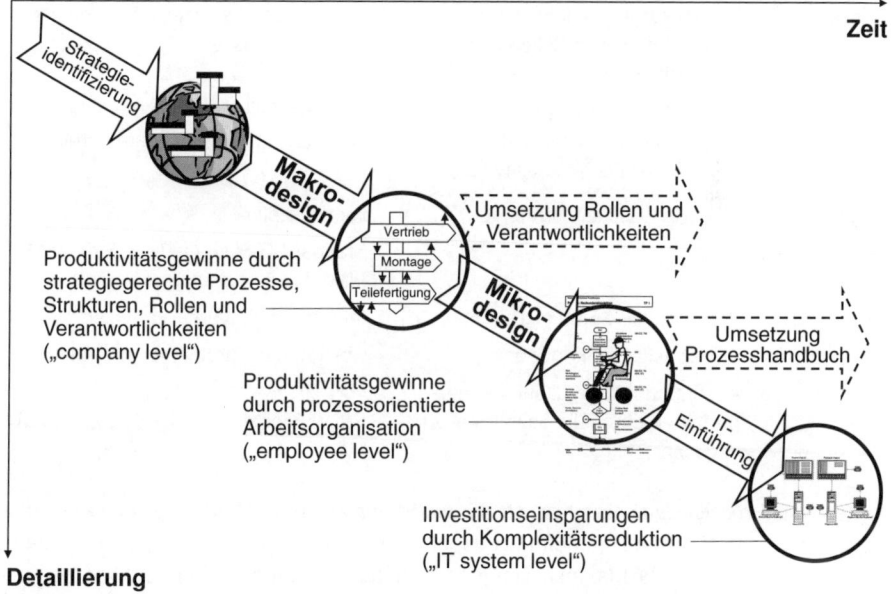

Abbildung 2.7 Vom Groben ins Detail

Aufbauend auf dem Makrodesign werden im Mikrodesign die einzelnen Geschäftsprozesse konkretisiert, die Anforderungsprofile an die Leistungsträger definiert und das Lastenheft für die unterstützenden Informationssysteme erarbeitet. Losgelöst vom Makrodesign wird mit dem Mikrodesign ein anderer Ansatz verfolgt. Entsprechend unterschiedlich fallen auch die Ergebnisse aus (Tabelle 2.1).

Tabelle 2.1 Unterschiede von Makro- und Mikrodesign

Aspekte	Makrodesign	Mikrodesign
Schwer-punkt	Unternehmensweite Abbildung der Geschäftsvorgänge durch durchgängige Soll-Geschäftsprozesse mit einfach(st)en Schnittstellen („Auftraggeber-Auftragnehmer-Beziehungen") Klärung von Was und Wer	Detaillierte Dokumentation von einzelnen Soll-Geschäfts- oder Teilprozessen für das Prozesshandbuch Festlegung von Wie
Ansatz	(Neu-)Gestaltung der Hauptprozesse sowie Klärung von Rollen und Verantwortlichkeiten („green field")	Optimierung *bestehender* Geschäfts- und Teilprozesse
Gegen-stand	Alle Geschäftsprozesse des Unternehmens (oder von selbstständigen Geschäftseinheiten, Business-Units)	Einzelne (Teil-)Prozesse, Abläufe, Workflow in ausgewähltem Bereich
Kontext	Geklärte Geschäftsstrategie	Fachdisziplin Standard-IT-Systeme (z. B. ERP, CRM, PDM, Workflow etc.)
Ergebnisse	Performance-Sprung („Durchbruch")	Inkrementelle Verbesserungen
Besonderes	Mikrodesign als Fortsetzung Abstimmung unter Optimierungsprojekten durch die Schnittstellen gegeben	Abstimmungsprobleme unter den Projekten Projektvielfalt als Folge („Projektitis")

Unter dem *Makrodesign* verstehen wir die *unternehmensweite* Abbildung von Geschäftsvorgängen. Das Makrodesign definiert dabei die Geschäftsprozesse des Unternehmens primär aus Sicht des Markts. Insbesondere die Rollen, Zuständigkeiten und Verantwortlichkeiten sowie die Schnittstellen zwischen den Geschäftsprozessen, kompletten Unternehmensteilen oder mit externen Geschäftspartnern werden geklärt. Der Kontext für diese grundlegende (Neu-)Gestaltung wird durch die Geschäftsstrategie gegeben. Hier unterscheidet sich das Makrodesign von der Kreierung der sogenannten Prozesslandkarte, welche einen Überblick über die vorhandenen Prozesse schafft, aber deren Herkunft und Zusammenhänge weitgehend offen lässt (Tabelle 2.2).

Tabelle 2.2 Unterschied zwischen Prozesslandkarte und Makrodesign

Prozesslandkarte	Makrodesign
Überblick über die im Unternehmen vorhandenen Prozesse und deren groben Zusammenhang	Präzise Definition der Geschäftsprozesse und deren Schnittstellen mit der Umwelt und untereinander (z. B. durch Auftraggeber-Auftragnehmer-Beziehungen)

Hinsichtlich der unternehmerischen Leistungsfähigkeit erfüllt das Makrodesign die Zielsetzung, den Wertschöpfungsfluss zu deblockieren und die maßgeblichen Ineffizienzen zu eliminieren. Realisiert wird dies, indem zum einen das Makrodesign den Wertschöpfungsfluss neu kanalisiert und alle notwendigen Ressourcen auf die Strategie ausrichtet. Zum anderen befreit das Makrodesign die Organisation von leistungsabsorbierenden Strukturen, ungeeigneten Schnittstellen sowie nicht wertschöpfenden Koordinations- und Abstimmungsvorgängen. Mark Blaxill und Thomas Hout stellten in einer breit angelegten Studie von Industrieunternehmen fest, dass die Strukturen die Overheadgröße festlegen (Blaxill/Hout 1991).

Im Makrodesign sind daher Durchbrüche zu erwarten, während im Mikrodesign dagegen bloß inkrementelle Verbesserungen möglich sind. Alleine schon aufgrund des Performancepotenzials, aber auch wegen der organisatorischen Implikationen ist das Makrodesign von der Unternehmensspitze zu initiieren und zu tragen. So gesehen, bildet das Makrodesign die Basis für das *Makroprozessmanagement*, welches im Sinne des erwähnten Reifegradmodells zusätzlich noch die geeignete Messung (z. B. der erfolgsrelevanten Performancegröße) und Optimierung (z. B. der Schnittstellen) aus übergeordneter Perspektive umfasst.

Unter *Mikrodesign* wird die Optimierung eines ausgewählten Geschäfts- oder Teilprozesses verstanden, in der die einzelnen Prozessschritte und Prozessvorschriften detailliert und die Ressourcen sowohl qualitativ wie auch quantitativ festgelegt werden. Die Initiative geht üblicherweise von einer Abteilungs- oder Bereichsleitung aus, sofern nicht vorgängig ein Makrodesign erstellt wurde. Den zielgebenden Kontext solcher Optimierungen stellen einzelne Fachdisziplinen. Damit entstehen unter den Mikrodesignprojekten zwangsläufig Abstimmungsprobleme, welche in vielen Unternehmen nicht als solche wahrgenommen werden. Vielmehr werden die Mikrodesignprojekte noch durch parallel laufende Qualitätssicherungs-, IT-Systemeinführungs- oder Kennzahlenprojekte überlagert. Sind dagegen die Rollen und Geschäftsprozesse im Makrodesign definiert worden, können sie im Mikrodesign mit den bekannten Methoden hinsichtlich effizienterer Wertschöpfung, beschleunigtem Durchsatz, vereinfachten Abläufen sowie angepassten Werkzeugen und IT-Systemen im Detail weiterbearbeitet werden. Durch das übergeordnete Makrodesign mit den Schnittstellenklärungen ist die Projektabstimmung gegeben.

Die Bedeutung des Makrodesigns kann wiederum am Beispiel der Logistikkette mit Lagerhaltung gezeigt werden. Ohne vorherige Klärung der Rolle der einzelnen Lagerstufen im Makrodesign, wo die gesamte Wertschöpfungskette optimiert wird, ist das Mikrodesign der einzelnen Abläufe innerhalb einer Stufe ohne stabiles Fundament. Durch diesen Umstand beruht das Mikrodesign möglicherweise auf lokal nicht beeinflussbaren Mengengerüsten und Randbedingungen (zum Beispiel dem Servicegrad oder den Reaktionszeiten), welche aus Gesamtsicht nicht optimal sind. Es wäre also nicht zweckmäßig, Details festzulegen, bevor das Umfeld im Sinne des „Groben" – am besten über die Unternehmensgrenze hinaus zu den Kunden bzw. den Lieferanten – noch nicht geklärt ist (siehe auch Box „Die sieben Todsünden im Prozessmanagement" in Kapitel 1).

Übergeordnet ist zunächst die Frage zu beantworten, ob überhaupt ein Lager zweckmäßig ist, und – wenn ja – mit welchem Leistungsauftrag es verbunden ist. Dies ist nicht unwesentlich, denn abgesehen von der Lagerung zwecks Reservenbildung oder zwecks Reifung wie etwa von Käse, Wein und Zigarren, stellt die Lagerung von Gütern keine vom Kunden honorierte Wertschöpfung dar. Vielmehr entsteht die Notwendigkeit eines Lagers aus dem operativen Unvermögen, vom Markt geforderte Reaktionszeiten zu erfüllen. Gerade in mehrstufigen Wertschöpfungsketten stellt sich im Makrodesign die Frage, auf welcher Stufe ein Lager noch zweckmäßig ist. Um Lagerstufen zu vermeiden, sind Optimierungen bei den erforderlichen Leistungsfähigkeiten und Beschaffungszeiten notwendig. Ebenso sind Bestellmechanismen, Mengengerüste, Liefer- und Beschaffungszeiten im Makrodesign zu klären sowie Speditions- und Transportleistungen festzulegen. Im Mikrodesign erfolgt nachher im Rahmen der festgelegten Randbedingungen die Ablauf- und Ressourcenoptimierung. Hier setzt die Detailstudie mit der ausführlichen Festlegung der Arbeitsschritte, Formulare, Arbeitsmittel usw. an. Daraus können in weiterer Folge die Automatisierungsvorhaben am Lagerstandort ausgelöst werden.

Auch im Retail-Banking kann die Bedeutung des Makrodesigns dargestellt werden. Für eine stark regional verankerte Bank mit lokalen Marktanteilen von über 40 % im Privatkundenbereich stellte sich die Frage, wie die dominante Stellung längerfristig verteidigt werden kann. Kundensegmentorientierte Vermögensverwalter sowie Anlagebereiche von internationalen Großbanken versuchten in den Markt einzudringen und vor allem die vermögenden Bankkunden abzuwerben. In den Diskussionen wurde bald klar, dass nicht die Produktvielfalt oder die Höhe der Kommissionen ausschlaggebend war, sondern die Qualität der Kundenbetreuung. Letztere wird vorwiegend durch das Personal mit direktem Kundenkontakt bestimmt. Daher gilt es folgende Sachverhalte zu klären: Welche Rolle soll dieses Personal haben? Soll es Kontakt-, Vermittlungs-, Abwicklungs- oder umfassende Betreuungsaufgaben wahrnehmen?

Im Makrodesign wurde die Rolle so festgelegt, dass die Personen mit Frontkontakt eine abschließende Verantwortung für die Kundenbetreuung in allen Fällen wahrnehmen. Zudem müssen sie einfachere Geschäftsfälle ohne weitere Unterstützung abwickeln. Für komplexere Produkte, die eine Spezialberatung erfordern, werden sie unterstützt. Die Abschlussverantwortung verblieb allerdings an der Front. Durch diese Rollenklärung wurde das Bankinstitut befähigt, den Frontbereich kundensegmentspezifisch aufzustellen. Der Frontbereich ist über eine einfache und klare Schnittstelle mit dem Bereich, welcher spezielle Produkte und Dienstleistungen erbringt, verbunden worden. Aufgrund dieser klaren Rollenzuweisung konnte auch die informationstechnische Unterstützung so festgelegt werden, dass die Verantwortung für die Kundenkontenführung einzig im Frontbereich liegt. Entsprechend wurden im Mikrodesign die Abläufe im Detail geregelt. Umgekehrt konnte die Abwicklung des Zahlungsverkehrs von den Backoffices in den einzelnen Bankstellen an ein zentrales Dienstleistungscenter ausgegliedert werden (siehe Abbildung 2.8).

Alle Beispiele – namentlich jenes aus dem elektromechanischen Apparatebau, jenes aus der Telekomausrüstung, jenes aus der Logistik sowie dasjenige aus dem Bankenbereich – unterstreichen, wie wichtig das Makrodesign ist. Die Klärung im Makrodesign, wer welchen Anteil am Was zu erbringen hat, ist Vorbedingung zur Beantwortung der Fragen nach dem Wo, Wann und vor allem nach dem Wie im Mikrodesign.

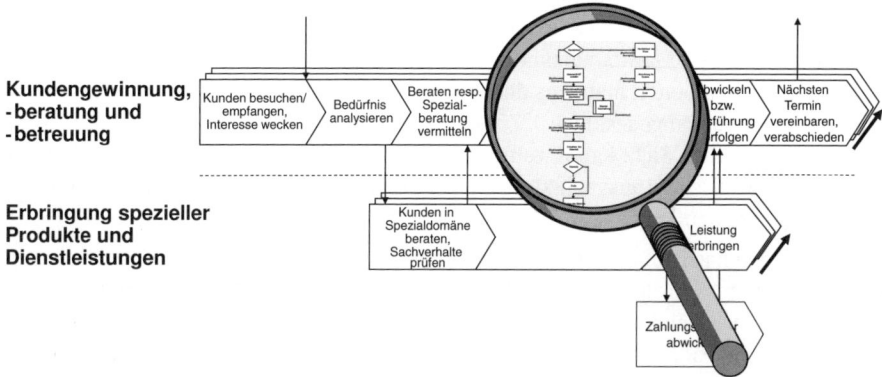

Kundengewinnung, -beratung und -betreuung

Erbringung spezieller Produkte und Dienstleistungen

Abbildung 2.8 Vom Groben ins Detail (Beispiel: Bankfiliale)

 TIPP Legen Sie für Ihre Mitarbeiter die Randbedingungen fest. Ihre Mitarbeiter werden den geschaffenen Freiraum schätzen.

2.6 Strategie – Prozess – Organisation

Von Alfred Chandler (1962) stammt das Postulat „structure follows strategy", d. h., dass aus der Strategie die Organisationsstrukturen abzuleiten sind. Obwohl die Feststellung seit den 1960er-Jahren zu den Klassikern der Managementlehre gehört, finden sich in der Praxis sehr oft noch Strukturen, welche alles andere als strategiegerecht, zum Beispiel personenorientiert, definiert worden sind. Die Forderung „structure follows strategy" wurde auch vielfach bestritten und das Gegenteil wurde gefordert, weil zum einen eine Strategie nicht losgelöst von der bestehenden Organisation entwickelt werden könne, zum anderen Organisationsstrukturen nur beschränkt anpassungsfähig seien. Wir können diese Einwände nicht unterstützen, weil sie die gezielte - und vor allem innovative – Unternehmensentwicklung grundsätzlich in Frage stellen. Strategien, die vorwiegend auf bestehenden Organisationsstrukturen bauen, bestätigen tendenziell bestehende Strukturen und diese wiederum bestätigen tendenziell bisherige Strategien. Dies ist ein Ergebnis davon, dass bei der Entwicklung von Strategien aus einer bestehenden Struktur heraus innovative Perspektiven ausgeblendet und vorwiegend naheliegende Möglichkeiten der Unternehmensentwicklung in Betracht gezogen werden. Damit beschränkt sich ein Unternehmen unnötigerweise selbst.

Dabei sollte ein Unternehmen die vorhandenen Fähigkeiten bei der Strategieentwicklung berücksichtigen. Diese hängen allerdings vom Unternehmensdesign ab. Insofern besteht auch eine zirkuläre Abhängigkeit von Strategie und Organisation, von Strategie und Unternehmensdesign. Das Unternehmensdesign bzw. die Organisationsstrukturen schaffen den Raum für die Fähigkeiten und damit die operativen Rahmenbedingungen für die Umsetzung der Strategie.

In vielen Fällen sind die Rahmenbedingungen entscheidend, inwiefern die gewählte Strategie überhaupt umsetzbar ist. Tochtergesellschaften, welche für die Bearbeitung eines zugewiesenen Markts zuständig sind und gleichzeitig über eine eigene Produktion verfügen, bearbeiten meistens den Markt nur so weit, wie er durch das eigene Produktionsprogramm abgedeckt wird. Zusätzliche Marktopportunitäten werden mit dieser in sich beschränkten Sicht kaum wahrgenommen. Erst wenn die Produktion vor Ort aus der Tochtergesellschaft ausgegliedert wird, werden die Kundenbedürfnisse umfassender wahrgenommen.

Eine von innen nach außen gerichtete Perspektive verhindert die innovative Anpassung des Unternehmens an neue Markterfordernisse. Wie kann ein Unternehmen gleichermaßen auf neue Kundenanforderungen reagieren und die Wettbewerbsfaktoren wie Schnelligkeit, Flexibilität, Kosteneffizienz oder Innovationskraft aufbauen, wenn diese Faktoren als sich gegenseitig ausschließend wahrgenommen werden? In einem gegebenen Unternehmensdesign schließen sich meistens weitere Beschleunigung, kundenspezifische Lösung und höhere Kosteneffizienz aus. Erst durch grundlegende Veränderung dieses Rahmens können sowohl die Fähigkeit für maßgeschnittene Lösungen, Geschwindigkeit als auch Kosteneffizienz massiv verbessert werden. Dazu ist eine von außen nach innen gerichtete Perspektive notwendig. Dieser Blickwinkel verbindet die Strategie mit den unternehmenseigenen Fähigkeiten, die durch das Unternehmensdesign mit den Geschäftsprozessen, Strukturen und Systemen zum Tragen kommen. In diesem Sinne haben Strukturen den Geschäftsprozessen und Letztere der Strategie zu folgen. Daher muss das Postulat von Alfred Chandler erweitert werden: *„Processes follow strategy, structures and systems follow processes."*

Die konsequente Anbindung des Unternehmensdesigns an die Strategie schafft die Basis für die notwendigen Leistungssteigerungen eines Unternehmens, indem alle operativen Unternehmensaktivitäten an die Geschäftsstrategie sowie an die Erfolgsfaktoren angebunden werden. Das Unternehmensdesign klärt strategiegerecht die Rollen und Verantwortlichkeiten sowie die Schnittstellen im Unternehmen. Es legt die Geschäftsprozesse fest, optimiert die Unternehmensgrenzen und evaluiert die Position des Unternehmens im Branchenwertschöpfungssystem. Darüber hinaus reduziert es die betriebliche Komplexität und stellt die Kompatibilität von Abläufen, Strukturen, Systemen und Personalanforderungen sicher.

 Drei Erfolgsvoraussetzungen für strategiegerechte Prozesse und Organisation

- *Anbindung der Prozesse und Organisation an die Strategie,* indem das Unternehmensdesign aus der Geschäftsstrategie abgeleitet und maßgeschneidert wird. Das Unternehmensdesign bildet die Basis für die Kernfähigkeiten, welche für die erfolgreiche Umsetzung der Strategie maßgebend sind. Im Unternehmensdesign werden anforderungsgerecht zum strategischen Was die Zusatzfragen betreffend Wer, Wo, Wann und Wie beantwortet. Das richtungs- und wegweisende Was ist zentraler Gegenstand der Strategieentwicklung, daran anschließend folgt die

Frage, wer welchen Anteil vom Was erbringt beziehungsweise erbringen soll. Je nach dem Anteil am Was ergeben sich andere Rollen und andere Schnittstellen.

- *Konsequente Entwicklung des Unternehmensdesigns „vom Groben ins Detail"*, unterstützt durch die Blackbox-Betrachtung. Zunächst werden aus der Gesamtsicht die Rollen, Randbedingungen und Mengengerüste geklärt. Erst anschließend soll das Innere, welches durch die Randbedingungen abgegrenzt ist, ausgestaltet und optimiert werden. Dabei wird die übergeordnete Blackbox sukzessive aufgebrochen und in untergeordnete Blackboxes zerlegt.

- *Top-down-Ansatz:* Die Rollen, Zuständigkeiten und Verantwortlichkeiten müssen Top-down im Unternehmen entwickelt werden, damit deren Konsistenz durch „vom Groben ins Detail" sichergestellt wird. Dieses Vorgehen ist mit der inneren Bereitschaft des Unternehmens zu verbinden, fallweise eine grundlegende Neuorientierung und Umgestaltung vorzunehmen. Diese Bereitschaft beginnt ebenso an der Spitze, wo sich das Führungsteam für den vorgenommenen Wandel stark macht, und endet in der breiten und stufengerechten Involvierung aller Betroffenen.

Reflexionsfragen 2

- Was verhindert die Performancesteigerung im Unternehmen?
- Welche Risiken bestehen in der Abwicklung eines Kundenauftrags? Was kann dagegen getan werden?
- Wie entstehen in Unternehmen immer wieder „Teufelskreise", welche die Leistungsentwicklung beeinträchtigen?
- Welche Vorteile sehen Sie hinter einer gründlichen Klärung von Rollen und Verantwortlichkeiten in einer Organisation?
- Worin sehen Sie Unterschiede zwischen externen und internen Auftraggeber-Auftragnehmer-Beziehungen?
- Warum eignet sich der „Blackbox"-Ansatz zur Beschreibung sowohl von Organisation als auch von Prozessen?
- Worin ist das Top-down- dem Bottom-up-Vorgehen im Prozessmanagement überlegen?
- Welchen Zusammenhang sehen Sie zwischen der Prozesslandkarte und dem Makrodesign?
- Worin unterscheiden sich Makro- und Mikrodesign? Aus welchen Gründen sollte das Unternehmensdesign „vom Groben ins Detail" erfolgen?
- Was leiten Sie für sich aus dem Leitsatz „*structure follows process, process follows strategy*" ab?

■ 2.7 Literatur

Blaxill, M. F. & Hout, T. M. (1991). The fallacy of the overhead quick fix. Harvard Business Review, 69 (4), 93 – 101.

Chandler, A. D. (1962). Strategy and structure: Chapters in the history of the industrial enterprise. Cambridge, MA: MIT Press.

Davenport, T. H. (1993). Process innovation: Reengineering work through information technology. Boston, MA: Harvard Business School Press.

Hall, G., Rosenthal, J. & Wade, J. (1993). How to make reengineering really work. Harvard Business Review, 71 (6), 119 – 131.

Hammer, M. & Champy, J. (1993). Reengineering the corporation: A manifesto for business revolution. New York, NY: Harper Business.

Johansson, H. J., McHugh, P., Pendlebury, A. J. & Wheeler, W. A. (1993). Business process reengineering: Breakpoint strategies for market dominance. Chichester: John Wiley & Sons.

Österle, H. (1994, 1995). Business Engineering: Prozess- und Systementwicklung. Berlin Heidelberg: Springer.

3 Strategie in der Organisation verankern

Der Erfolg einer Strategie hängt entscheidend von deren Übersetzung ins operative Tagesgeschäft und deren Verankerung im Unternehmen ab. Hier setzt der Grazer Ansatz für Organisations- und Prozessgestaltung an: *Die Strategie wird im Unternehmensdesign so konkretisiert, dass sie operationalisiert und durch die Organisation verinnerlicht wird.* Dazu beantwortet das Unternehmensdesign die Fragen nach dem Wer, Wo und Wie so, dass das in der Strategie festgelegte Was operativ umgesetzt und im Unternehmen verankert wird. Dabei legt es nicht nur die Rollen, Schnittstellen und Geschäftsprozesse fest, sondern schafft auch die Basis für den Aufbau der notwendigen Kernfähigkeiten. Auf diese Weise wird das Unternehmensdesign zum strategischen Instrument, welches das Unternehmen strategiegerecht auf seine Bestform auslegt – und dies Top-down bis zu all jenen Mitarbeitern, welche operativ die Wertschöpfung erbringen.

◼ 3.1 Konkretisierung der Strategie

Strategie, kein anderes Wort erfreut sich wohl so hoher Beliebtheit im Management. Schon an den „Business-Schools" wird uns gelehrt, dass Strategiearbeit zu den exklusiven Agenden des Topmanagements gehört, während das operative Geschehen dagegen die zentrale Aufgabe des unteren und mittleren Kaders darstellt. Es überrascht also keineswegs, dass dort die Kursteile über strategisches Management weit populärer sind als jene über Produktion und Logistik, oder allgemeiner ausgedrückt, über „Operation Management". Die Strategieentwicklung wird in der Praxis auch als Höhepunkt der Managementaktivitäten wahrgenommen; endlich – vom operativen Tagesgeschehen entlastet – kann den wirklich wichtigen Dingen nachgegangen werden, und zwar der Strategieentwicklung.

Ursprünglich stammt der Begriff der Strategie aus der Kriegskunst. Dort bedeutet Strategie umfassende Operationsplanung und Abstimmung der verfügbaren Kräfte und Mittel, um die Kriegsziele zu erreichen. Im Gegensatz dazu bezieht sich die Taktik auf die Aufstellung im einzelnen Gefecht.

Strategie wird üblicherweise als Plan des Topmanagements verstanden, wie das Unternehmen seine Ziele erreicht und seinen Auftrag erfüllt. Wo immer nach der Strategie des Unternehmens gefragt wird, die Antworten sind stets ähnlich: ein Plan, eine Stoß-richtung, ein Weg, um von hier nach dort zu gelangen, ein Programm für die Zukunft. Oft liegen auch zusätzlich schwere Ordner vor, in denen die Analysen zusammengestellt und der daraus abgeleitete Strategieplan dargestellt werden.

Bei der Strategie handelt es sich zunächst um einen Plan, in dem festgelegt wird, wohin sich das Geschäft entwickeln und auf welchem Weg dieses Ziel erreicht werden soll. Beim Plan alleine sollte es aber nicht bleiben. Allzu oft wird zerknirscht eingestanden, dass es bei der strategischen Absicht geblieben und die Strategie kaum zum Tragen gekommen sei. Die Analysen seien nicht mehr aktuell und die daraus abgeleitete Stra-tegie sei nicht mehr stimmig. Die Analysen seien zwar wertvoll gewesen und hätten dem Unternehmen Impulse gegeben, doch die Zeiten hätten sich allzu rasch geändert. Als Gründe werden neue Anforderungen seitens der Eigentümer oder Aktionäre, ver-änderte Markt- und Wettbewerbsbedingungen, eine neue Unternehmensspitze oder fehlende Ressourcen, die durch das Tagesgeschehen absorbiert sind, angeführt. Wird umgekehrt gefragt, was das Unternehmen tatsächlich realisiert hat, wird festgestellt, dass sehr viel getan worden ist. Allerdings stimmten nur wenige dieser Aktivitäten mit dem noch gültigen oder zumindest ursprünglichen Strategieplan überein. Viele Maß-nahmen sind aus dem Sachzwang entstanden, ein Problem aus dem Tagesgeschehen kurzfristig zu lösen. So sind erhebliche organisatorische Umstrukturierungen, Ausla-gerungen, Leistungssteigerungsprogramme, Marktneueintritte, Produktneuentwicklun-gen, Firmenzukäufe oder -verkäufe getätigt worden, welche schwerlich in einen Zusam-menhang mit der Strategie gebracht werden können. Zudem sind sie vielfach auf halbem Weg stehen geblieben.

Warum? In den Strategien häufen sich Gemeinplätze und es fehlt ihnen meistens an *Kon-kretisierung*. Verbreitung haben die – von Michael Porter (1980, 1998) entwickelten – generischen Strategieansätze „Kostenführerschaft", „Differenzierung" und „Konzentra-tion auf Schwerpunkte" gefunden. Gerade Strategien, die auf diesen Ansätzen beruhen, sind nur dann wirksam, wenn sie unternehmensspezifisch konkretisiert und auf das operative Geschehen heruntergebrochen sind (siehe auch Box „Was ist Strategie?").

Kostenführerschaft in der Stahlindustrie hört sich beinahe wie ein Pleonasmus an. Doch entscheidend ist, wie diese Kostenführerschaft erreicht wird. Sehen wir von der Kapa-zitätsauslastung des Stahlwerks oder von den schlanken Strukturen ab, hängen die Kos-ten für die Stahlerzeugung wesentlich vom Energie- und Legierungseinsatz in jeder ein-zelnen Schmelzcharge ab. Dieser wird jedoch vom Schichtarbeiter, nicht durch den Stahlwerkschef bestimmt. Letzterer erhält zwar täglich eine detaillierte Aufstellung des getätigten Energie- und Legierungseinsatzes, kann diesen jedoch im Nachhinein nicht mehr beeinflussen. Hat sich die Vorstellung aber durchgesetzt, dass die Kosten durch den Schichtarbeiter beim Stahlschmelzofen wesentlich mitbestimmt werden, stellen sich automatisch zwei Fragestellungen: Wie kann dieser Schichtarbeiter zur geforderten Kostenführerschaft beitragen? Welche Voraussetzungen müssen geschaffen werden, dass er diese Kostenverantwortung wahrnehmen kann? Hier beginnt die Strategieent-wicklung, denn entscheidend ist die Frage, was sich an der „Front des betrieblichen Geschehens" durch die Strategie ändert. Diese Konkretisierung muss die Strategieent-wicklung bereits zwingend begleiten, denn nur so wird eine Strategie erst tragfähig.

Was ist Strategie?

Strategie ist mehr als bloß ein Plan. Nach unserem Verständnis entspricht die Strategie einem *möglichst tief im betrieblichen Alltag und flächendeckend verankerten Verhaltensmuster*, dem das Unternehmen verpflichtet ist, um gegenwärtige wie zukünftige Wettbewerber erfolgreich zu schlagen. Diese Verhaltensmuster werden manchmal auch Kernfähigkeiten genannt. Wenn beispielsweise eine Einzelhandelskette ihre Strategie anpasst, dann sollte dies auch Anpassungen im operativen Geschehen, im betrieblichen Alltag an der Verkaufsfront zur Folge haben. In diesem Sinne stellt sich eine Strategie viel eher im unternehmerischen Tun als in einem Plan dar – auch wenn vor der Umsetzung ein Plan notwendig ist. Dazu bedarf es konkreter Vorstellungen, wie die Strategie in den wertschöpfenden Frontbereichen des Unternehmens konkret umgesetzt wird. Die Vorstellung, wohin sich das Unternehmen bewegen soll, muss durch jene ergänzt werden, wie dies operativ – kraft des Unternehmensdesigns – umgesetzt wird (siehe Abbildung 3.1). Viele Strategien scheitern nicht, weil die wesentlichen Strategieaussagen falsch sind, sondern weil das Unternehmen nicht über das richtige Unternehmensdesign und letztlich nicht über die für die Umsetzung erforderlichen Fähigkeiten verfügt.

Henry Mintzberg ist es mit seinen Kollegen gelungen, mit „Strategy Safary" eine Synthese der verschiedenen Strategiemanagementansätze zu schaffen (Mintzberg u.a. 1998). Schon Danny Miller (1990) wies auf grundlegende Verhaltensmuster als Basis für Erfolg bzw. Misserfolg hin. Zu ähnlichen Schlüssen kamen auch Pankaj Ghemawat (1991) bzw. Jim Collins und Jerry Porras (1997), welche die langfristige Perspektive von Verhaltensmustern hervorheben.

In einer Umfrage bei rund 300 Unternehmen ist McKinsey & Company schon in den 90er-Jahren der Frage nach der Umsetzung von strategischen Empfehlungen nachgegangen. Auf die Frage, warum Strategieempfehlungen nicht umgesetzt worden sind, lassen 40 % der Antworten auf fehlende Fähigkeiten, die Empfehlungen umzusetzen, 35 % auf ungenügende Veränderungsbereitschaft und nur 17 % auf die ungenügenden Strategieempfehlungen selbst schließen.

Abbildung 3.1 Unternehmensdesign als Bindeglied zwischen Strategieentwicklung und Strategieumsetzung

■ 3.2 Operationalisierung und Internalisierung der Strategie

Eine erfolgreiche Strategie zeichnet sich durch Operationalisierung und Internalisierung im Unternehmen aus. *Operationalisierung* meint hier, dass die strategischen Absichten auf das operative Geschehen hinuntergebrochen worden sind. Diese operative Verankerung stellt sozusagen die Basis der Strategieumsetzung dar. *Internalisierung* steht hier für die Übernahme der Strategie als verhaltensanleitende Weisung durch die Gesamtorganisation des Unternehmens. Sie zeichnet sich durch die innere Akzeptanz der Strategie durch jeden einzelnen Mitarbeiter aus.

Die Bedeutung der operativen Verankerung der Strategie im Unternehmen ist im Dienstleistungsgeschäft besonders offenkundig. Eine Strategieaussage einer großen Drogeriemarktkette, sich durch eine „außerordentliche Verkaufsatmosphäre mit moderaten „Premium"-Verkaufspreisen, zu Kosten, welche ein attraktives Ergebnis gestatten" auszuzeichnen, ist zunächst kaum aussagekräftig. Die Strategie wurde erst umsetzbar, als daraus konkrete Verhaltensanleitungen für das Personal, welches täglich dem Kunden gegenüber stand, abgeleitet worden waren. Die Vision – etwa eines profitablen Wachstums – musste durch die visionäre Vorstellung des Mitarbeiters im Drogeriemarkt konkretisiert werden (siehe Abbildung 3.2). Die „außerordentliche Verkaufsatmosphäre" wurde erst erzielt, wenn die entsprechenden Verhaltensregeln ausnahmslos gelebt wurden. Hierzu zählten beispielsweise „Eröffnung einer Extra-Kassierstation bei mehr als drei wartenden Kunden", „rasche Verarbeitung von komplexen Transaktionen (z. B. Kreditkarten)", „nette Begrüßung und Verabschiedung", „Augenkontakt und lächelnder Gesichtsausdruck", „Ansprechen des Kunden wenn immer möglich mit dem korrekten Namen", „Hilfsbereitschaft", „korrekte Bekleidung" oder „unaufdringliche Beratung für ergänzende Einkäufe". Für die Ableitung solcher Verhaltensregeln waren Zwischenschritte notwendig. Diese führten über die Kernfähigkeiten. Wir werden später darauf zurückkommen.

Operationalisierung und Internalisierung der Strategie gilt auch für Unternehmen, die sich über ihre Produkte profilieren. Im *innovationsorientierten* Unternehmen sind es beispielsweise all jene Aktivitäten, welche dazu beitragen, dass die Neuheit und Überlegenheit des Produkts von den Kunden immer wieder als besonders wahrgenommen wird. Daran sind viele Mitarbeiter beteiligt, z. B. jene, welche Trends beobachten, Opportunitäten identifizieren und Ideen kreieren, neue Produkte definieren und entwickeln, die Neuheit im Markt platzieren, bewerben und die Marktversorgung sicherstellen. Im *qualitätsorientierten* Maschinenbauunternehmen sind andere Aktivitäten entscheidend, und zwar die gesamte Kette von der Kundenberatung und Bedarfsaufnahme beim Kunden, der Maschinenauslegung und Konfiguration über die Fertigung von Komponenten, Montage, Funktionsprüfung, Inbetriebsetzung, Betriebsoptimierung bis zur langfristigen Sicherstellung der Funktion beim Kunden. Daran wirken viele Mitarbeiter direkt mit, dazu sind noch jene einzubeziehen, welche bloß indirekt am Erfolg beteiligt sind. *Operationalisierung und Internalisierung der Strategie bedeutet, dass sich letztlich alle Mitarbeiter des Unternehmens strategiegerecht verhalten.*

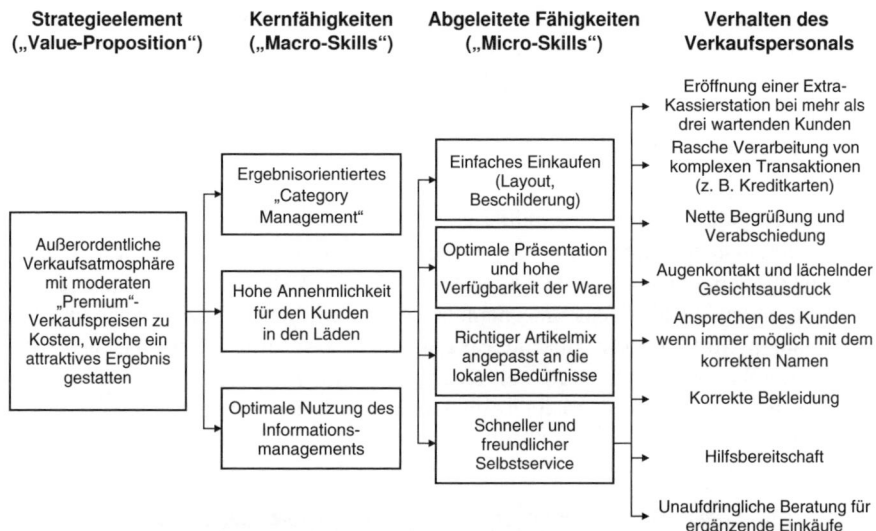

Strategieelement ("Value-Proposition")	Kernfähigkeiten ("Macro-Skills")	Abgeleitete Fähigkeiten ("Micro-Skills")	Verhalten des Verkaufspersonals

Abbildung 3.2 Ableitung der erfolgskritischen Fähigkeiten (Beispiel: Drogeriemarktkette)

Für beide Faktoren, die Operationalisierung und die Internalisierung der Strategie, sind also konkrete Vorstellungen zur Umsetzung notwendig. Das Verständnis dafür ist bei denjenigen, die an der Entwicklung der Strategie maßgeblich beteiligt sind, jedoch nicht immer im genügenden Ausmaß vorhanden. Der Fokus auf externes Wachstum, die Entwicklung der finanziellen Daten oder gar des Aktienkurses verschiebt den Blickwinkel gefährlich weit weg vom operativen Geschehen, dessen Verständnis für die Strategieentwicklung und -umsetzung notwendig wäre. Dies wird durch den häufigen Wechsel des Managements an der Unternehmensspitze noch zusätzlich verstärkt.

Selbst wenn Strategien operativ heruntergebrochen worden sind – wie beispielsweise für die Drogeriemarktkette –, können sie an der ungenügenden Internalisierung scheitern. Viele Strategien sind in dicken Dokumenten festgehalten, welche nur einem sehr beschränkten Kreis des oberen Managements zugänglich sind. Solche Geheimniskrämerei wird aus Furcht praktiziert, dass die Strategie auch Dritten, insbesondere Mitbewerbern, bekannt werden und dem Unternehmen daraus ein massiver Nachteil erwachsen könnte. In der Tat sind heute viele Unternehmensstrategien auch Dritten bekannt: In vielen Fällen werden Kunden in die Strategie eingeweiht, aber auch der Finanzgemeinde gegenüber wird die Strategie aktiv veröffentlicht (Kunden sind auch eine verlässliche Quelle, um etwas über die Absichten des Wettbewerbers zu erfahren). In der Regel entsteht dem Unternehmen durch die Offenlegung der Strategie kein Wettbewerbsnachteil. Eine Veröffentlichung führt im Gegenteil zu einer Verpflichtung des Unternehmens, die Strategie auch tatsächlich umzusetzen. Gelingt diese Umsetzung rasch, dann hat das Unternehmen oft entscheidende Wettbewerbsvorteile erzielt.

Die Geheimniskrämerei um die Strategie widerspricht dem Gebot der unternehmensweiten Internalisierung. Wenn das gesamte Unternehmen rasch und nachhaltig Träger der Strategie sein soll, sind ausgewählte Schlüsselpersonen der wertschöpfenden Frontbereiche schon frühzeitig in die Strategieentwicklung zu involvieren. Durch deren Einbeziehung wird die Voraussetzung geschaffen, dass die Strategie auch an der Basis verstanden und umgesetzt wird. Damit kann die Strategie internalisiert und als Verhaltensmuster tief und flächendeckend im Unternehmen verankert werden. Eine solche Strategie ist klar, einfach und spezifisch – damit auch kommunizierbar und umsetzbar.

Im Lichte des dargestellten Verständnisses von operationalisierter und internalisierter Strategie löst sich das traditionelle Bild von getrennter strategischer und operativer Führung, von getrenntem konzeptionellem und dispositivem Management auf. Strategische Entscheidungen, auf denen das Unternehmen den zukünftigen Erfolg aufbauen und den Unternehmenswert steigern möchte, setzen einen geschärften Sinn für operative Belange voraus. Den Wettbewerb werden am Ende nur diejenigen Unternehmen bestehen, welche die entscheidenden operativen Aspekte besser beherrschen als ihre Mitbewerber.

 TIPP Konkretisieren Sie Ihre Strategie für die Mitarbeiter an der Front des Geschehens. So wird ihre Strategie umgesetzt und die Kunden werden begeistert sein.

■ 3.3 Strategieumsetzung durch das Unternehmensdesign

Das maßgebliche Instrument der Operationalisierung und Internalisierung der Strategie stellt das Unternehmensdesign dar, welches strategiegerecht den Mitteleinsatz koordiniert und optimiert.

Dabei handelt es sich um ein *spezifisches* Unternehmensdesign, welches nicht nur die Strategie umsetzt, sondern aufgrund der Einzigartigkeit auch die Basis für wettbewerbliche Überlegenheit bildet. Diese Überlegenheit beruht weniger auf besserer „Kopie" als auf strategiegerechter Differenzierung des Unternehmensdesigns.

Zu einem ähnlichen Schluss sind auch Collins und Porras (1997) in ihrer breit angelegten Untersuchung von langjährig erfolgreichen Unternehmen gelangt, wenn sie dezidiertes Leistungsverhalten als Erfolgskomponente identifizierten. Das spezifische Unternehmensdesign folgt deshalb nicht „Mainstream"-Empfehlungen, wie sie oft in der populären Managementliteratur zu finden sind, sondern der Einzigartigkeit der Strategie. Wenn der Wettbewerbstheoretiker Armen A. Alchian schon 1950 feststellte, dass Erfolg bloß mit zeitweiliger Überlegenheit verbunden sei, hatte er das Wettbewerbsgleichgewicht im Sinn. So beobachtete er, dass „wo immer erfolgreiche Unternehmen auftauchen, die Elemente, welche diesen erfolgreichen Unternehmen gemeinsam sind, als Erfolgsmerkmale wahrgenommen und von anderen Unternehmen in deren Streben nach Gewinn und Erfolg *kopiert* werden". Selbst wenn Strategie und Unternehmensdesign kopiert würden, hätte das erfolgreiche Unternehmen einen erheblichen zeitlichen Vorsprung, welcher schwierig einzuholen wäre. Einzigartigkeit schützt jedoch nicht bloß vor Kopie, sondern ist – wie Dan Miller (1990) mit dem Ikarus-Phänomen zeigt – vor Selbstgefälligkeit zu schützen.

Mit dem Unternehmensdesign werden im Sinne der zu befolgenden Strategie (des *Was*) die Strukturen, Wertschöpfungs- und Informationsflüsse gestaltet. Ferner wird die Ressourcenausstattung sowohl quantitativ als auch qualitativ optimiert. Ist die Strategie identifiziert, wird im Unternehmensdesign – über die Stufen des Makro- und Mikrodesigns – das *Wer, Wo und Wie* geklärt. Zu diesem Zweck werden die Geschäftsprozesse, die Unternehmensgrenzen bzw. Schnittstellen zu Dritten, die Aufbauorganisation, die Ablauforganisation, die Prozeduren, die Ressourcenanforderungen zunächst im Groben und später im Detail festgelegt (siehe Abbildung 3.3). Beispielsweise haben Vorwärts-, Rückwärts- oder Seitwärtsintegrationen oft grundlegende Veränderungen im Unternehmensdesign zur Folge, da die Unternehmensgrenzen verlegt werden. Vorwärts-, Rückwärts- und Seitwärtsintegrationen stellen auch Fragen zur Verträglichkeit von unterschiedlichen Geschäftstypen (siehe auch Kapitel 7).

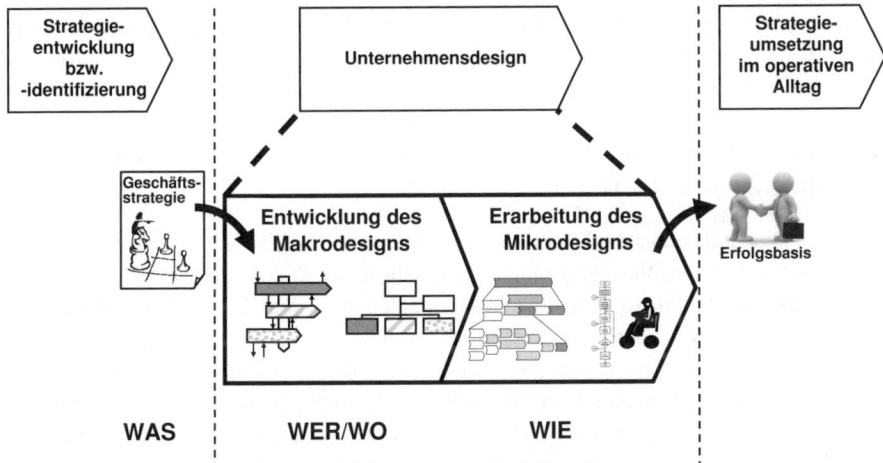

Abbildung 3.3 Unternehmensdesign mit Makrodesign und Mikrodesign

 Vorwärtsintegration: Bisher *nachfolgende* Fertigungsstufen oder Dienstleistungsangebote, die bisher nicht vom eigenen Unternehmen erledigt wurden, werden übernommen.

Rückwärtsintegration: Bisher *vorgelagerte* Fertigungsstufen oder Dienstleistungsangebote, die bisher nicht vom eigenen Unternehmen, sondern von Zulieferern erledigt wurden, werden übernommen.

Für die Gestaltung des Unternehmensdesigns, welches über das Wer und Wo die Hebelpunkte der Strategie offenlegt, werden zunächst die im Zeitfenster von fünf bis zehn Jahren zu erwartenden Marktveränderungen identifiziert und die Geschäftsaktivitäten bestimmt: Welche Marktleistung soll erbracht werden? Welche nicht? In welchen Märkten? In welchen nicht? Darauf aufbauend sind die wettbewerbskritischen, auch längerfristig wirksamen, Erfolgsfaktoren zu identifizieren.

Für das Stahlwerk A, ein Hersteller von Stahl für die Betonarmierung, waren unter anderem kurze Lieferfristen (innerhalb von zwölf Stunden), kurze Reaktionszeiten auf Bedarfsschwankungen sowie niedrige Gesamtkosten maßgebend. Aus diesen Vorgaben wurden die kritischen Wertschöpfungselemente sowie die operativen Prozessparameter abgeleitet, beispielsweise reaktionsschnelle Auftragsabwicklung, niedrigste Beschaffungs- und Erzeugungskosten. Im Falle eines anderen Stahlwerks B, spezialisiert auf die Erzeugung von Qualitäts- und Edelstahl, unter anderem für die Automobilindustrie, waren anwendungsspezifische Kundenberatung sowie die qualitativ einwandfreie Erzeugung von kundenspezifischen Stahlsorten entscheidend. Lieferfristen von wenigen Wochen wurden vom Markt akzeptiert.

Ursprünglich waren beide Werke für ein gänzlich überlappendes Erzeugnisspektrum gebaut worden und mussten wegen der breiten Ausrichtung widersprüchliche Zielsetzungen erfüllen. Beide standen vor dem Konkurs. Erst nach der Vereinigung der beiden Stahlwerke unter einem gemeinsamen Unternehmensdach konnte eine Spezialisierung der Werke entsprechend einer Kompetenzzentrenstrategie eingeleitet und umgesetzt werden. Aufgrund der unterschiedlichen strategischen Ausrichtung ergaben sich komplett unterschiedliche Makrodesigns (siehe Abbildung 3.4 und Abbildung 3.5). Beide agieren – abgesehen von der gemeinsamen Rohstoff- und Energiebeschaffung – als Geschäftsbereiche deshalb unabhängig voneinander.

Im Fall des Stahlwerks A disponierte – in Ergänzung zur Marketing- und Verkaufsaufgabe – der Bereich „Auftragsgewinnung und -abwicklung" das Fertigwarenlager. Er löst in der Walzprodktherstellung die internen Bestellungen aus. Die „Walzproduktherstellung" umfasst die in Serie geschalteten Stahl- und Walzwerke. Diese Integration von Stahl- und Walzwerk war grundlegend neu. Bis zu diesem Zeitpunkt hatten sich – wie bei vielen anderen Stahlerzeugern traditionell üblich – das Stahlwerk und Walzwerk unabhängig optimiert. Über das sogenannte Knüppellager waren sie lose gekoppelt. Mit dieser Neuorganisation ließen sich die Erzeugungskosten durch Einsparung von Lagerung und Wiedererwärmung senken.

Im Fall des Stahlwerks B, das den Markt für kundenspezifisch maßgeschneiderte Stahlanwendungen bedient, liegt der Schwerpunkt von „Kundengewinnung und -betreuung" in der technischen Beratung und Entwicklung von maßgeschneiderten Lösungen. Dieser Spezialstahl kann aufgrund der denkbar großen Vielfalt nicht auf Vorrat in einem Fertigwarenlager gehalten werden. Vielmehr wird er auftragsspezifisch in der Walzstahlproduktion erzeugt. Diese greift auf ein sogenanntes Knüppellager mit rund 150 Stahlsorten in einem Standardformat zurück. Entsprechend der Bestände und Nachfrageprognosen werden sie vom internen oder externen Knüppellieferanten beschafft. Zudem verfügt das Stahlwerk B auch über einen institutionalisierten Innovationsprozess, um mit entscheidenden Produktneuerungen die Marktposition kontinuierlich zu verbessern. Im Markt für Betonstahl (Stahlwerk A) werden Neuerungen dagegen kaum nachgefragt. Die

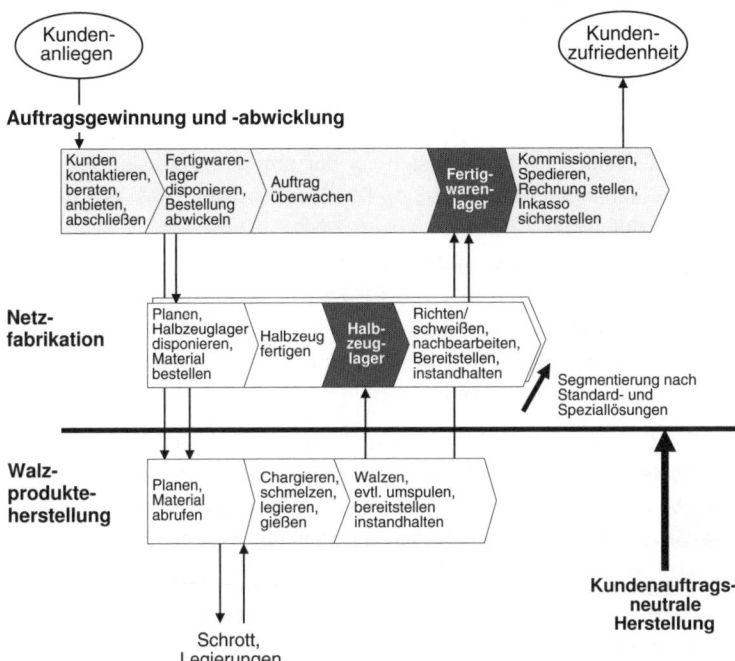

Abbildung 3.4 Strategiegerechtes Unternehmensdesign für Betonstahl (Stahlwerk A)

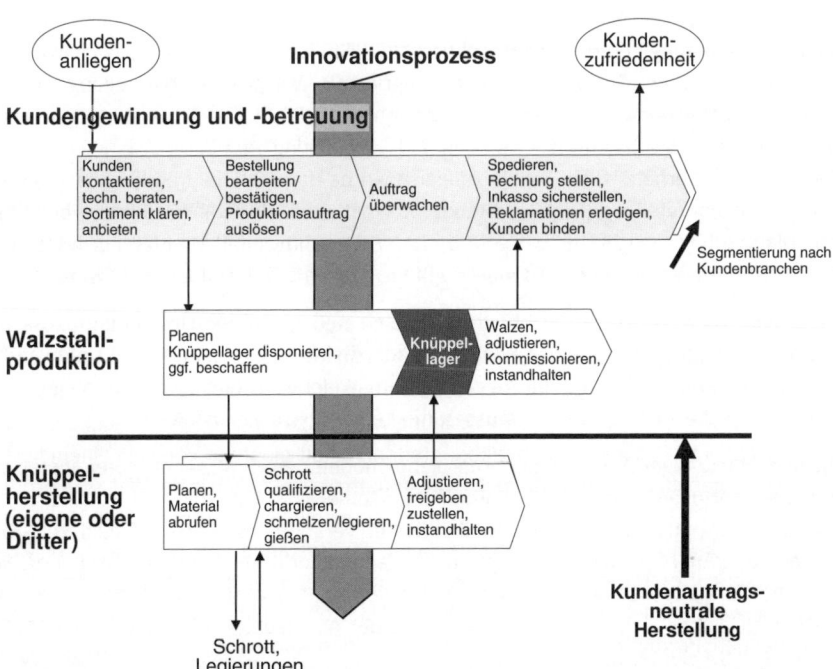

Abbildung 3.5 Strategiegerechtes Unternehmensdesign für Bau- und Qualitätsstahl (Stahlwerk B)

neuen strategischen Randbedingungen und darauf abgestimmte und maßgeschneiderte Unternehmensdesigns sicherten beiden Werken das Überleben. Es gelang ein Produktivitätssprung von mehr als 30 %.

Für das Unternehmensdesign sind folgende Kernfragen zu beantworten, wobei gemäß Blackbox-Ansatz die Rollen im Makrodesign vor der inneren Ausgestaltung im Mikrodesign geklärt werden (siehe Abbildung 3.6). Die Beantwortung des Was leitet sich aus der (Geschäfts-)Strategie ab:

- *Was*: Was ist die Essenz der Strategie? Welche Stoßrichtung soll verfolgt werden? Welche (Markt-)Leistungen sollen erbracht werden? Welche nicht? Welche Gesamt- und Teilperformance der Organisation ist im Klassenvergleich notwendig (um im Wettbewerb zu bestehen) bzw. überhaupt vorstellbar (um längerfristig erfolgreich zu sein)? Welche Kernfähigkeiten sind notwendig?

  Dem Stahlerzeuger A gestattete der Fokus auf Betonstahl mit einer praktisch vernachlässigbaren Sortenvarianz und beschränkten Anzahl von Dimensionen einen auf Ausstoß optimierten und kontinuierlichen Betrieb. Damit konnten die Vollkosten der Erzeugung über eine verbesserte Fixkostenabsorbierung minimiert werden.

- *Wer/Wo*: Wie sieht das ideale und strategiegerechte Unternehmensdesign (Stufe Makrodesign) aus? Welcher Teil des Unternehmens soll welche Rolle einnehmen und dabei welche Verantwortlichkeiten übernehmen? Welches sind die minimal notwendigen Geschäftsprozesse? Welches sind die minimal erforderlichen Schnittstellen – intern oder zu Dritten? Wo sind die Hebel zur Performancesteigerung?

  Beim Stahlerzeuger A wurde die Integration von Stahl- und Walzwerk als Hebel zur Kostenoptimierung erkannt. Die Reduktion auf eine einzige Schnittstelle zwischen „Auftragsgewinnung und -abwicklung" und integrierter „Walzprodukteherstellung" hat die Abläufe gestrafft und die interne Koordination vereinfacht. Die Zuweisung des Fertigwarenlagers an die „Auftragsgewinnung und -abwicklung" hat darüber hinaus auch die Lieferfähigkeit erhöht. Beim Stahlerzeuger B wurde dagegen die traditionelle Trennung von Knüppelherstellung (Stahl in Standardformat) und Walzstahlproduktion bestätigt. Die Marktanforderungen mit der sehr breiten Programmvielfalt konnten nur wirtschaftlich erfüllt werden, wenn die Knüppel nach Prognosen auf Vorrat gefertigt wurden.

- *Wie*: Wie „lean and mean" sieht der einzelne neu gestaltete Geschäftsprozess (im Sinne des Mikrodesigns) aus? Welche standardisierten Prozeduren sind notwendig, um die Skalen- und Lerneffekte zu realisieren? Welche Arbeitsorganisation ist zweckmäßig? Welche Anforderungen müssen die Leistungsträger erfüllen?

  Beim Stahlerzeuger A wurde eine Analysebox neben dem Stahlschmelzofen installiert, um die Stahlzusammensetzung während des Schmelzvorgangs zu prüfen. Zusätzlich mit Echtzeitinformationen über die aktuellen Kosten versorgt, konnten die Schichtmitarbeiter nun den Energie- und Legierungseinsatz selbstständig vor Ort optimieren. Eine weitergehende Prozessautomatisierung, bei der die Einsatzparameter geregelt werden, war technisch bisher nicht möglich gewesen, da der eingesetzte Schrott stets von unterschiedlicher Qualität war.

Abbildung 3.6 Kernfragen an das Unternehmensdesign (Stufe Makrodesign bzw. Mikrodesign)

Für eine Strategie, die operationalisiert und internalisiert werden soll, müssen die Kernfragen des Was, Wer/Wo und Wie schon während der Strategieentwicklung gestellt, soweit wie möglich beantwortet und die Antworten auf die grundsätzliche Realisierbarkeit hin überprüft werden. Manchmal reicht dabei eine intuitive Vorstellung der operativen Umsetzung. Besser noch ist direkter Kontakt mit der Front des betrieblichen Geschehens und die Befragung von ausgewählten Schlüsselpersonen, die über innovative Neigungen und operative Detailkenntnisse verfügen. Schon öfter konnten wir dabei erleben, wie die Angesprochenen positiv reagierten und erklärten, dass sie zum ersten Mal befragt würden oder dass sie vor einigen Jahren einen ähnlichen Vorschlag gemacht hätten, damit aber bei ihren Vorgesetzten nicht durchgedrungen seien.

■ 3.4 Identifizierung der Performancehebel

Die Identifizierung der Performancehebel und deren Übertragung in das Unternehmensdesign sind entscheidend. Dabei muss zuerst die Ergebnismechanik verstanden werden, also wie die betrieblichen Aktivitäten nachhaltig das Geschäftsergebnis beeinflussen. Je nach Geschäftstätigkeit und Erfolgsfaktoren ergeben sich unterschiedlichste Ansatzpunkte, zum Beispiel Umfang der Marktleistung, Lieferzeit, Kosten oder Kapitalbindung. Zweckmäßig ist eine Betrachtung über die Unternehmensgrenzen hinweg. So sollte beispielsweise die Kostenstruktur aus Sicht des Endkunden analysiert werden, um intermediäre Stufen zu berücksichtigen. Ist die Marktleistung Teil einer umfassenderen Leistung, sind auch die zusätzlichen Leistungen einzubeziehen, welche notwendig sind, damit der Kunde vom vollen Nutzen profitiert. Aus Kundensicht wird auch von „Total-Cost-of-Ownership" gesprochen.

In der Regel können schon aus einer Grobanalyse der Kostenstruktur wesentliche Einsichten erlangt werden (siehe Abbildung 3.7). Basierend auf der betrieblichen Vollkostenrechnung lassen sich praktisch alle Kosten (inklusive Supportbereichskosten und sogar kalkulatorische Kosten der Kapitalbindung) ausgewählten betrieblichen Aktivitätsbereichen wie „Innovation" (Produktmanagement, Forschung und Entwicklung), „Vertrieb" (Marketing, Verkauf, Vertriebslogistik, Margen und Provisionen für Vertriebskanäle) und „Produktion" (Beschaffungs- und Produktionslogistik, Eigenleistung), gegebenenfalls einzelnen Stufen, grob zuordnen. Hohe Managementkosten sind ein Indiz dafür, dass entweder die Zuordnung ungenügend ist oder die betriebliche Komplexität einen hohen Managementaufwand verursacht.

„Vertrieb"
„Produktion"
„Material und Drittleistungen"
„Innovation"
Management
Betriebsergebnis (EBIT)

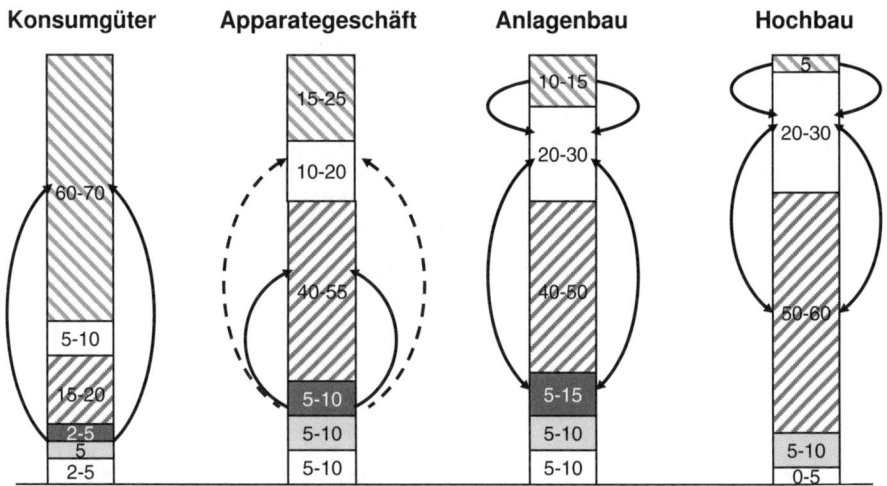

Abbildung 3.7 Identifikation der Performancehebel aus den Kostenstrukturen bis zum Endkunden (ohne Berücksichtigung der Kapitalbindung)

In der Konsumgüterindustrie betragen die totalen Marketing- und Vertriebskosten 60 bis 70 % des vom Endkunden bezahlten Preises. Der Handel lässt sich seine Vertriebsanstrengungen gut honorieren und fordert darüber hinaus vom Hersteller oft noch Sonderkonditionen und teure Promotionsprogramme. Aus Sicht des Herstellers ist die Reduktion dieser Vertriebsspanne nicht nur attraktiv, sondern manchmal sogar existenziell zwingend. Mit „stärkeren" Produkten oder „Selbstläufern", die von einem leistungsfähigeren Innovationsbereich lanciert werden, lassen sich die totalen Vertriebskosten reduzieren, weil der Handel auf Sonderkonditionen verzichtet und die Kosten für Werbung geringer sind. Trotz leicht erhöhter Innovations- und trotz Einführungskosten bleibt unter dem Strich eine markante Ergebnisverbesserung stehen. Umgekehrt führen im Hochbau vertiefte Ausführungsplanung und Risikoanalyse bereits in der Angebotsphase zu Ergebnisverbesserungen. Im Anlagenbau lassen sich die Ausführungsrisiken ebenso über eine qualitative Verbesserung der Vertriebsleistung in der Angebotsphase reduzieren. Zudem kann die Entwicklung von geeigneten Standardmodulen die Projektkosten massiv senken. Trotz erhöhter Vertriebs- und Entwicklungskosten lassen sich auf diese Weise eindrückliche Ergebnissprünge realisieren.

Obwohl beispielsweise ein Süßwarenhersteller eine anerkannte Qualitätsstellung und nationale Marktführerschaft innehatte, gelang es diesem nicht, ein zufriedenstellendes Ergebnis zu erwirtschaften. Sein wichtigster Mitbewerber führte einen aggressiven Preiswettbewerb über eng gestaffelte Promotionen. Für den Süßwarenhersteller stellte sich die Frage, ob er den Mitbewerber nachahmen oder eine alternative Strategie verfolgen sollte. Kostenführerschaft hätte bedeutet, die Herstellkosten, insbesondere Materialkosten, noch weiter zu senken. Damit hätte er den nötigen Spielraum geschaffen, um den Takt im Preiskrieg vorgeben zu können. Die Erfolgschancen waren allerdings ungewiss: Mit Sicherheit wäre der Preiskrieg intensiviert und die Preise weiter gesenkt worden. Offen wäre geblieben, ob die Kostenersparnisse ausgereicht hätten, um die Preissenkungen zu kompensieren. Zudem wäre dieser Ansatz direkt mit dem Qualitätsverständnis des Süßwarenherstellers kollidiert, ein Risiko, welches dem Süßwarenhersteller zu groß erschien. Als Alternative bot sich an, den hohen Bekanntheitsgrad zu nutzen und eine Strategie zu verfolgen, welche höhere Preise ermöglichte. Dazu musste er ins Marketing, insbesondere in die Bearbeitung von Mikrosegmenten, investieren und höherwertige Produktvarianten für zahlungswillige Kundengruppen kreieren. Auch diese Stoßrichtung war nicht risikofrei, denn die Fähigkeit, Mikrosegmente treffsicher zu bedienen, musste erst noch erlernt werden. Nach wenigen Jahren zahlte sie sich jedoch aus (siehe Abbildung 3.8).

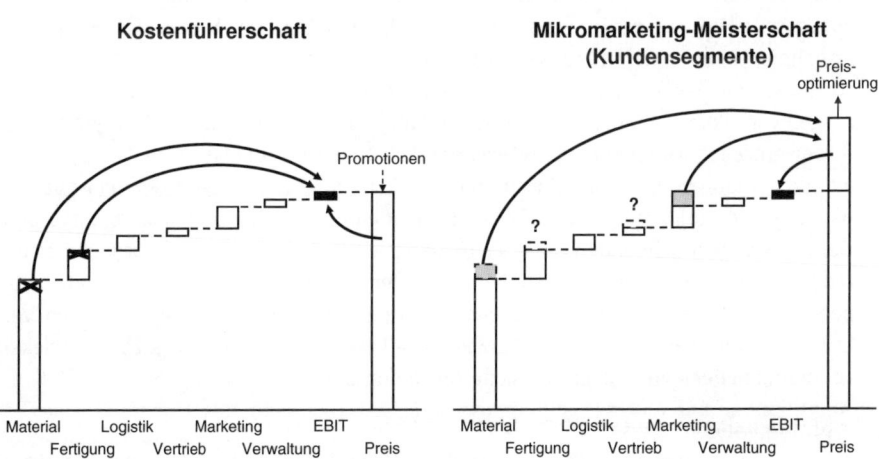

Abbildung 3.8 Kostenstruktureffekte von strategischen Stoßrichtungen (Beispiel: Süßwarenhersteller)

 TIPP Suchen Sie den Performancehebel in Ihrer Ertrags- und Kostenmechanik. Vor allem kleine Positionen haben große Hebelwirkung auf den Erfolg.

■ 3.5 Prozessverankerung der Kernfähigkeiten

Nach den richtungsweisenden Publikationen von Prahalad und Hamel (1990) begannen viele Unternehmen, über ihre Kernfähigkeiten nachzudenken. Dieser Neubesinnung schloss sich eine Debatte darüber an, was Kernfähigkeiten sind, worauf sie beruhen und wie sie vom jeweiligen Unternehmen auf- und ausgebaut werden können. Unabhängig von der gewählten Terminologie ist sich die Managementliteratur darüber einig, dass sich Ressourcen, Fähigkeiten, Kompetenzen usw. nur dann als Kernpotenziale qualifizieren lassen, wenn sie die Überlebensfähigkeit eines Unternehmens im Wettbewerb langfristig sicherstellen.

Damit dieses Thema die Unternehmen nicht in eine Sackgasse führt, sind präzise Aussagen zu den Kernfähigkeiten notwendig. Nach unserer Auffassung sind die Kernfähigkeiten Ausdruck einer besonderen Leistungsfähigkeit und *beruhen auf Prozessbeherrschung*, welche durch das geeignete Unternehmensdesign ermöglicht und in der Organisation verankert wird. Mit diesem Verständnis sind die Kernfähigkeiten in den Zusammenhang mit der Strategie – zunächst Strategieentwicklung, dann aber auch Strategieumsetzung – zu stellen. Etablierte Unternehmen sind gefährdet, wenn aufgrund veränderter Marktbedingungen bestehende Kernfähigkeiten nur einen beschränkten Beitrag zur Strategieumsetzung erbringen können – im schlimmsten Fall sogar hinderlich sind –, erforderliche Kernfähigkeiten jedoch noch nicht im genügenden Ausmaß vorhanden sind bzw. deren Aufbau zu viel Zeit in Anspruch nimmt.

> Beispielsweise war ein Hersteller von Stromzählern, der Jahrzehnte den Weltmarkt dominiert hatte, mit neuen Produktanforderungen seitens der Energieversorgungsunternehmen sowie einem fundamentalen Technologiewechsel von der Elektromechanik zur Elektronik konfrontiert. In der Vergangenheit richteten sich die Produktanforderungen vor allem auf Messgenauigkeit und langjährige Zuverlässigkeit. Der gemessene Stromverbrauch wurde über eine Messperiode kumuliert. Als Folge hatte dieser Hersteller auch entsprechende Kernfähigkeiten, vor allem im präzisionstechnischen Apparatebau und – in geringerem Ausmaß – in der mechanischen Massenfertigung erworben. Durch die sich anbahnenden Deregulierungen in der Energieversorgungsbranche änderten sich die Anforderungen an die Stromzähler. Die Stromzähler für den Haushaltsbereich sollten neu kostengünstig und multifunktional sein sowie die zeitlichen Verbrauchsprofile speichern. Beides, die Messgenauigkeit und die langjährige Zuverlässigkeit verloren hingegen an Bedeutung (siehe Abbildung 3.9).

Die Kernfähigkeiten eines Unternehmens bestehen in der *überragenden Beherrschung der Geschäftsprozesse* gemessen an wettbewerbsentscheidenden Performancegrößen (wie Geschwindigkeit, Qualität, Geschäftspräzision, Kosten, Servicegrad oder Neuigkeit) sowie in der konsequenten Ausrichtung der Gesamtorganisation auf die unternehmerischen Ziele. So gesehen stecken hinter Kernfähigkeiten zunächst kollektives, in der Organisation tief verankertes – oft unerkanntes und nicht beschreibbares – „Können" sowie „Wollen" und nicht – wie von manchen Unternehmen angenommen – übertragbares „Wissen" oder „Verstehen" (Michael Polanyi hat dazu den Begriff „tacit" geprägt).

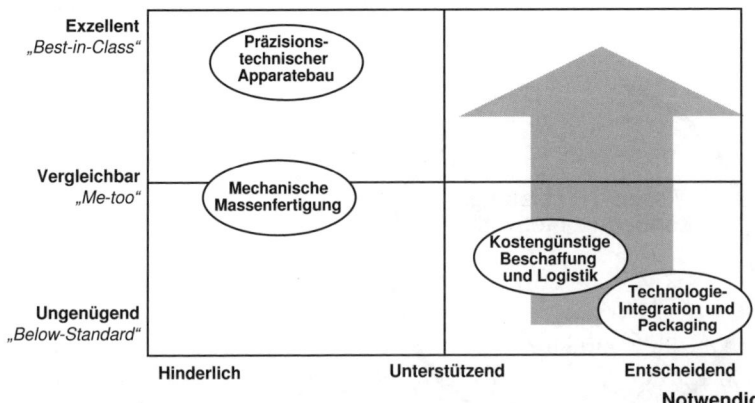

Abbildung 3.9 Matrix der Kernfähigkeiten (Beispiel: messtechnischer Apparatebau)

„Können" und „Wollen" (im Sinne der Leistungsmotivation) stellen zusammen mit der geschäftsspezifischen Infrastruktur (z. B. Netzwerke oder Nutzungsrechte) die kritischen Ressourcen dar, die es im operativen Alltag zu optimieren gilt (siehe Abbildung 3.10). Die Kunst beim Aufbau und der Weiterentwicklung der Kernfähigkeiten ist es, jene Wertschöpfungselemente innerhalb eines Geschäftsprozesses zu bestimmen, mit Hilfe derer das Unternehmen rasch durch *Lernkurven- und Volumeneffekte* entscheidende Wettbewerbsvorteile erlangen kann. Dabei handelt es sich um diejenigen Wertschöpfungselemente, welche beispielsweise den Leistungsumfang, die Produktfunktionalität, die Qualität, das Preis-Leistungs-Verhältnis, die Lieferbereitschaft, die Zusatzservices, die Produktinformation, die Kommunikation mit dem Kunden, die Flexibilität oder die Empfänglichkeit für besondere Kundenbedürfnisse wettbewerbsentscheidend verbessern. Voraussetzung für diese Optimierung ist, dass die Geschäftsprozesse nach den leistungsspezifischen Anforderungen differenziert sind und sich auf möglichst standardisierte und wiederholbare Wertschöpfungselemente herunterbrechen lassen. Das tägliche Management solcher Elemente – sozusagen ein „Mikro-Management" – ist für die Leistungssteigerungen und den Aufbau von Kernfähigkeiten ausschlaggebend.

 Volumeneffekt: Mit der höheren Ausbringungsmenge steigt die Auslastung und sinken die Fixkosten je produziertes Stück.

Lernkurveneffekt: Mit der kumulierten Ausbringungsmenge nimmt der Ressourcenverbrauch (z. B. die Bearbeitungszeit um 20 bis 30 % je Verdopplung) ab und sinken die Stückkosten.

Kernfähigkeiten, die auf der besonderen Beherrschung von Wertschöpfungselementen beruhen, sind vor Imitation geschützt, da der Aufbau von Prozessfertigkeiten nur langfristig möglich ist und im Normalfall mehrere Jahre dauert. Dadurch kann ein Unternehmen zu entscheidenden Wettbewerbsvorteilen gelangen. Im Gegensatz dazu sind etwa Kompetenzen, welche vor allem auf übertragbarem Wissen, Kenntnissen, Fachkunde usw. bestehen, vor Imitation kaum geschützt.

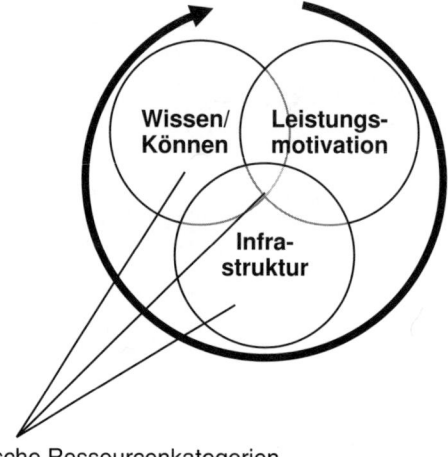

Kritische Ressourcenkategorien

Abbildung 3.10
Optimierung der knappen Ressourcen

Über eine Technologie zu verfügen, bedeutet keineswegs, damit schon eine Kernfähigkeit zu besitzen, denn technologische Vorteile sind vielfach kurzlebig und – von den rechtlichen Schranken abgesehen – rasch aufholbar. Patente schaffen keinen zuverlässigen Schutz gegen Imitierung – sei es, weil sie mit „Reverse-Engineering" umgangen werden oder weil sie – beispielsweise in Schwellenländern – gar nicht beachtet werden. Dagegen sind die Erfolge vieler Maschinenbauer auf ausgeprägte Prozessbeherrschung im Engineering- und Fertigungsbereich zurückzuführen. Anlagenbauer nutzen zum Beispiel ihre besonderen, in der Organisation verankerten Engineering- und Projektmanagementfähigkeiten, Massengüterhersteller ihre gesamtlogistischen Fähigkeiten oder Spezialteilefertiger ihre Präzisionsfertigkeiten, um Wettbewerbsvorteile zu erhalten. Auch Technologien schneller zu beschaffen und kommerziell besser zu verwerten, kann in ausgewählten Märkten eine Kernfähigkeit begründen und enorme Vorteile verschaffen. Ein eindrückliches Beispiel hierfür findet sich in der Informationstechnologiebranche, in der weltweite Standards und Systemarchitekturen mehrere Jahre lang dominieren.

Je tiefer die Kernfähigkeiten innerhalb eines Unternehmens verankert sind, je breiter sie getragen werden und je stärker sie auf die unternehmerische Aufgabe ausgerichtet sind, desto mehr sind sie vor Imitation geschützt:

▪ *Tiefe Verankerung:* Immer wieder gelangen bestens gehütete Geschäftsgeheimnisse in die Hand eines Wettbewerbers oder an die Öffentlichkeit. Da Ideen, Pläne, Anleitungen, Rezepturen, Beschreibungen oder besondere Kenntnisse intellektueller Natur sind, sind sie einfach übertragbar. Aus diesem Grund begründet übertragbares Wissen noch keine Kernfähigkeit. Dagegen ist die Prozessbeherrschung Ausdruck von besonderem Können und nur schwierig übertragbar. Prozessuales Können ist personen-, sach- oder organisatorisch gebunden, verankert die Fähigkeit im Unternehmen und ist nur durch langwierige, unternehmensweite Lernprozesse vermittelbar. Dies mussten beispielsweise manche Forschungsinstitute feststellen, als sie erkannten, dass Wissen per se nur beschränkt, dagegen die produktiv eingesetzte Zeit ihrer Mitarbeiter gut vermarktbar ist. Erst die besondere Fähigkeit, Wissen zu schaffen und mit Technologien oder speziellen Kenntnissen wertvermehrend umzugehen, bildet die Basis für eine Kernfähigkeit eines Unternehmens.

- *Breite Trägerschaft:* Üblicherweise wird an Individuen (Chefs, Entwickler, Verkäufer) als Träger von Fähigkeiten gedacht; jemand, der mehr weiß, versteht oder kann, erhält mehr Lohn und Anerkennung. Inzwischen ist aber erkannt worden, dass funktionierende Teams wesentlich mehr wissen, verstehen oder können als Einzelne zusammen. Für ein Unternehmen ist es riskant, wenn seine Kernfähigkeiten von einem sehr kleinen Personenkreis getragen werden, denn diese könnten dem Unternehmen etwa durch Abwanderung rasch verloren gehen. In traditionellen Familienunternehmen, in denen das Wissen, die Erfahrungen und die Fähigkeiten in wenigen Köpfen gebunden sind, tritt dieses Problem bei Nachfolgeregelungen zutage. Kontinuität wird erst durch die Ausdehnung auf eine breite Basis gewährleistet. Diese Betrachtungsweise steht traditionellen Vorstellungen diametral entgegen, die intellektuelles Vermögen hervorheben, Spezialistentum und Einzelkönnen kultivieren oder sogar die Kundenpflege auf einen beschränkten Personenkreis beschränken.

- *Unternehmerische Ausrichtung:* Kernfähigkeiten entfalten ihren Wert erst durch die konsequente Ausrichtung auf das Schaffen von Kundennutzen. Sind die zugrunde liegenden Geschäftsprozesse konsequent an die Kunden und die Ziele des Unternehmens angebunden, wird die Leistungsfähigkeit durch Treffsicherheit der Marktleistung oder – anders ausgedrückt – Geschäftspräzision massiv verbessert. Gelingt es einem Unternehmen, viele seiner Mitarbeiter direkt in den Dienst am Kunden einzubinden und deren Engagement zu mobilisieren, schafft es sich eine Kernfähigkeit. Die Verinnerlichung der unternehmerischen Ausrichtung bildet das unternehmerische Selbstverständnis und stellt eine nur sehr schwierig kopierbare Erfolgsposition dar.

Der Aufbau von Kernfähigkeiten ist nur möglich, wenn das Unternehmensdesign spezifisch ist und die Geschäftsprozesse so festlegt und optimiert, dass die Performance gemäß selektiv ausgewählten, aber wettbewerbsentscheidenden Größen erbracht wird (Beispiele für Performancegrößen siehe Tabelle 1.2). Ähnlich dem Hochleistungssport sind Unternehmensorganisationen auf ihren strategischen Auftrag hin zu spezialisieren, denn im Regelfall haben Unternehmen in einer Einzeldisziplin anzutreten. Auch in der Leichtathletik sind Spitzensportler – abgesehen von sehr seltenen Ausnahmekönnern – nur in einzelnen Disziplinen erfolgreich. Ihr Bewegungsapparat, vor allem der Muskelaufbau und Stoffwechsel, ist auf die speziellen Anforderungen der jeweiligen Disziplin ausgebildet, sozusagen „maßgeschneidert". Typische Allrounder, wie die Sieben- bzw. Zehnkämpfer, würden in keiner Einzeldisziplin gegen die Spezialisten Erfolg haben, weil sie im Vergleich zu den Spezialisten jeweils nur mittelmäßig abschneiden.

Kehren wir zum erwähnten Beispiel aus der Stahlindustrie zurück. Die Stahlarbeiter im Stahlwerk A konnten die Kostenoptimierung nur dann konsequent durchführen, wenn sie von den Qualitätsanforderungen, wie sie für Qualitäts- und Edelstahl üblich waren, entlastet wurden. Gesetzt den Fall, dass sie sowohl Betonstahl als auch Qualitätsstahl erzeugen müssten, wären die Erzeugnisse im Betonstahlbereich zu teuer oder im Qualitätsstahlbereich qualitativ mangelhaft gewesen. Obschon ein Laie keine großen Unterschiede zwischen den beiden Werkanlagen ausmachen konnte, waren die Anforderungen an die Detailabläufe und die Leistungsträger an der Front zu unterschiedlich. Für Betonstahl waren die Qualitätstoleranzen sehr breit und die Sortenvarianz gering. Für Qualitätsstahl waren dagegen die Qualitätstoleranzen sehr eng und nur mit spezifischen Schmelz-, Gieß-, Erstarrungs-, Walz- und Nachbehandlungsverfahren erreichbar.

Organisation nach Geschäftseinheiten

In der Managementliteratur werden regelmäßig die Zentralisierung und dann wieder die Dezentralisierung propagiert. So ist im Zusammenhang mit den Kernfähigkeiten erneut die Zentralisierung in der Organisation gefordert worden, da die vielerorts dominierende Dezentralisierung mit weitgehend autonomen Sparten und Geschäftseinheiten letztlich den Unternehmen geschadet hätte. Nur das zentrale Management der Kernfähigkeiten, unterstützt durch eine entsprechende Organisationsstruktur, könne die Wettbewerbsfähigkeit längerfristig stärken und mögliche Synergien zwischen den Sparten mobilisieren. Zweifellos ist in einigen Fällen durch übertriebene Divisionalisierung Substanz zerschlagen worden; Transparenz wurde zwar hinzugewonnen, dagegen gingen Synergien verloren und der unternehmensinterne Koordinationsaufwand wurde massiv erhöht.

Doch die Fürsprecher zentralistischer Strukturen unterschätzen die Vorteile von divisionalisierten Unternehmen und überschätzen die Möglichkeiten, zentral Kernfähigkeiten auf- bzw. auszubauen. Durch geschickte Spartenbildung gewinnt ein Unternehmen nicht nur an Leistungstransparenz, sondern vor allem an Flexibilität und Anpassungsfähigkeit für die sich laufend wandelnden Märkte. Darüber hinaus wird dank der geschäftsspezifisch gestalteten Geschäftsprozesse die betriebliche Komplexität erheblich reduziert und damit die Voraussetzung für den gezielten Aufbau von Kernfähigkeiten geschaffen. Die mit der Zentralisierung einhergehende „Gleichmacherei" verhindert die geschäftsspezifische Differenzierung von Unternehmensdesign und damit auch von Kernfähigkeiten.

Dies ist insbesondere in Unternehmen mit vielen verschiedenen Geschäften von Bedeutung. Hier sollte sich die Gliederung nach Geschäftseinheiten nicht nur nach den bedienten Märkten oder Produktgruppen richten, sondern auch nach den zugrunde liegenden – oft sehr unterschiedlichen – Unternehmensdesigns, um den Marktanforderungen zu genügen.

Bevor wir das Thema der Geschäftseinheit weiterverfolgen, stellt sich die Frage: „Was ist ein Geschäft?" Aus Unternehmenssicht verändert sich die Frage zu: „Was ist *das* Geschäft?" (siehe auch Abell 1980). Diese Fragestellung ist für die Unternehmensentwicklung entscheidend, da von deren Klärung die Entwicklungsrichtung, das langfristige Wachstum und vor allem der nachhaltige Erfolg eines Geschäfts abhängen. In vielen Unternehmen wird diese Frage – wenn überhaupt – nur oberflächlich beantwortet, beispielsweise im häufig wenig aussagekräftigen, konturlosen „Mission Statement". Diese Konturlosigkeit erfolgt oft aus der Furcht, mit einer scheinbar zu stark einschränkenden Festlegung des Geschäfts mögliche Geschäftschancen in der Zukunft auszuschließen.

Ein Geschäft zeichnet sich durch eine eigene Strategie, einen adressierten Markt und ein Angebot von Produkten und/oder Dienstleistungen mit spezifischem Kundennutzen aus, um die Bedürfnisse des ausgewählten Markts – allenfalls Kundensegments – zu erfüllen. In der Regel unterscheiden sich die Geschäfte auch durch Reifegrad, Wachstumschancen und Ertragspotenziale.

So wurden beim Stahlhersteller zwei grundsätzlich verschiedene Geschäfte identifiziert. Der Markt für Betonstahl ist mit dem Stahlhandel als intermediärem Kunden und einem geografischen Raum weitgehend festgelegt. In einem stagnierenden Markt, in dem der Marktanteil rund 70% beträgt, bestehen auch keine Wachstumschancen. Ebenso sind die Ertragspotenziale im Betonstahlbereich sehr limitiert. Dagegen ist der Markt für Qualitätsstahl sehr groß und weniger durch den geografischen Raum beschränkt, als durch das angebotene Produktspektrum. Der Marktanteil ist durch einstellige Prozentzahlen bezifferbar. Die Wachstumschancen entstehen durch Produktinnovationen, welche Innovationsprämien auf der Ertragsseite ermöglichen. Diese Kurzcharakterisierung zeigt deutlich, dass der Stahlhersteller zwei grundsätzlich verschiedene Geschäfte betreibt. Beide erfordern je ein unterschiedliches Unternehmensdesign. Konsequenterweise sind die beiden Geschäfte in zwei unabhängige Geschäftseinheiten separiert worden.

Verallgemeinernd lässt sich Folgendes für die Geschäftseinheiten aussagen. Eine *Geschäftseinheit ist eine weitgehend eigenständige Organisationseinheit, welche ein oder mehrere Geschäfte betreibt. Diese Geschäfte sind sich sehr ähnlich, verfügen über ähnliche Strategien und nutzen gemeinsame Ressourcen.*

Für die Ähnlichkeit sind zum einen der Markt-Produkt-Mix, zum anderen die Technologie- und Ressourcenspezifität maßgebend. Zudem spielen der Reifegrad, die Wachstumschancen und die Ertragspotenziale des Geschäfts eine bedeutsame Rolle, da diese die Erfolgsfaktoren bestimmen.

Dass eine Geschäftseinheit nur ähnliche Geschäfte mit ähnlichen Strategien umfassen soll, lässt sich aus dem Verständnis der Strategie als ein tief und flächendeckend verankertes Verhaltensmuster ableiten. Unterschiedliche Strategien, welche unterschiedliche Verhaltensmuster erfordern, lassen sich innerhalb einer Organisationseinheit nicht umsetzen. Entweder würden die Ressourcen überfordert oder die Verhaltensmuster ließen sich nicht im erforderlichen Ausmaß ausgeprägt realisieren. Im ersten Fall kollabiert die Organisation, im zweiten Fall kommt die Strategie nicht zum Tragen. Folgerichtig wird in einer Geschäftseinheit der Mitteleinsatz durch ein *gemeinsames Unternehmensdesign* – gegebenenfalls kompatible Unternehmensdesigns – koordiniert bzw. optimiert (siehe auch Kapitel 8).

In Konzernen mit verschiedenen Geschäften ist die richtige Festlegung der Geschäftseinheiten entscheidend. In der Praxis ist es jedoch schwierig, sozusagen „von unten nach oben" in kurzer Zeit alle Geschäfte zu identifizieren und diese bestimmten Geschäftseinheiten bzw. Konzernbereichen zuzuordnen. Praktikabler ist es dagegen, zunächst die Konzernbereiche und dann die Geschäftseinheiten mit zunehmender Ähnlichkeit der Geschäfte „von oben nach unten" zu bestimmen, indem das Unternehmen stufenweise als „Blackbox" aufgelöst wird (siehe Abbildung 3.11 und Abbildung 3.12).

Gesamtunternehmen   **Unternehmen mit Konzernbereichen**

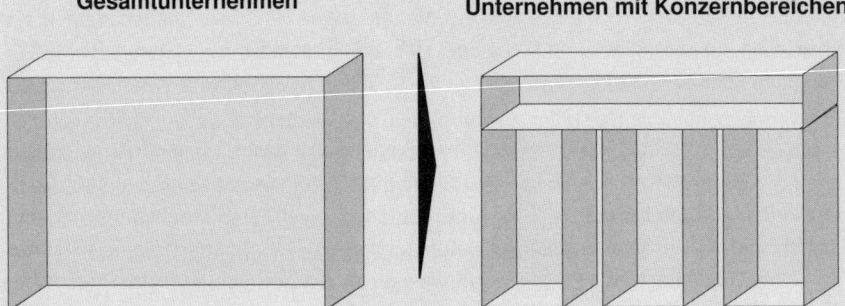

Abbildung 3.11 Identifikation von Konzernbereichen im Großkonzern

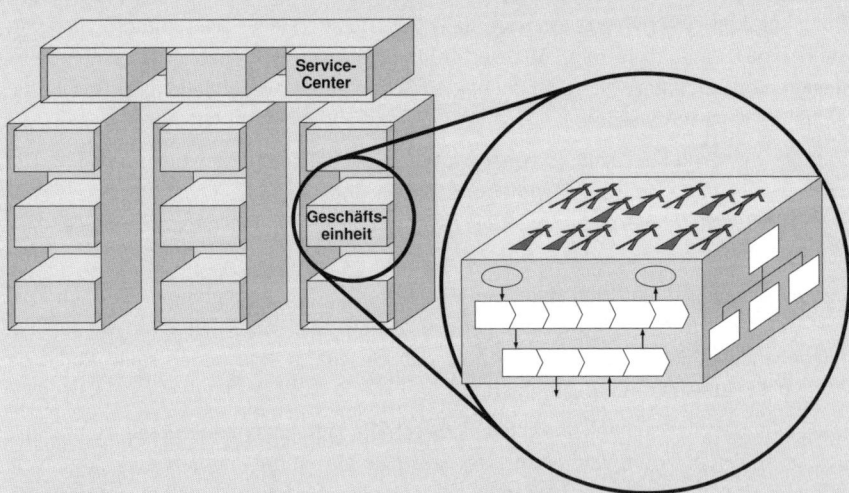

Abbildung 3.12 Identifikation von Geschäftseinheiten in den Konzernbereichen

Beispielsweise war ein größerer Industriekonzern mit elektromechanischen Apparaten, Klein- und Großsystemen in der Messung und Steuerung von Elektrizität und Wärmeenergie tätig. Aus Marktsicht drängte sich eine Trennung in einen Konzernbereich, der sich auf die Elektrizitätsversorgungsunternehmen fokussierte, und einen anderen Konzernbereich, der sich auf Heizung, Klima und Lüftung im Gebäude fokussierte, auf. Aus Ressourcen- und Ertragssicht wäre auch eine Trennung in

Apparate- und Systemgeschäft sinnvoll gewesen, insbesondere da im Systemgeschäft notorisch massive Verluste erwirtschaftet wurden. Zudem waren die Vertriebsmechanismen und kundenseitigen Entscheidungsträger zwischen Apparate- und Systemgeschäft unterschiedlich. Auch aus Sicht der Strategieähnlichkeit hätte sich die Trennung von Apparate- und Systemgeschäft schon auf Konzernstufe aufgedrängt. Der Industriekonzern entschied sich aufgrund der übergeordneten Konzernstrategie für die Marktorientierung seiner Konzernbereiche. Innerhalb der beiden Konzernbereiche erfolgte richtigerweise je eine Trennung des Apparate- und Systemgeschäfts.

Es ist nur folgerichtig, dass innerhalb der Geschäftseinheiten die Aufbauorganisation so ausgebildet wird, dass die Struktur den Geschäftsprozessen folgt. Durch konsequente Zuordnung von Verantwortung, Kompetenzen und Mitteln werden damit die verantwortlichen Leiter und deren Mitarbeiter zu „Besitzern" des entsprechenden Geschäftsprozesses. Ihnen obliegt es, die Geschäftsprozesse zu optimieren, die Leistungsfähigkeit zu steigern und die darauf basierenden Kernfähigkeiten auf- bzw. auszubauen.

■ 3.6 Qualität der Strategie

Bisher wurde dargelegt, dass die Strategieumsetzung vom Unternehmensdesign abhängt. *Je maßgeschneiderter das Unternehmensdesign ist, desto besser wird die Strategie umgesetzt.* Es gilt auch das Umgekehrte: Das Unternehmensdesign wird durch die Strategie bestimmt. Wie im Beispiel der Stahlindustrie gezeigt, haben unterschiedliche Strategien zwangsläufig unterschiedliche Unternehmensdesigns zur Folge. Gleiches lässt sich zur Qualität der Strategie festhalten: *Je geklärter eine Strategie ist, desto besser lässt sich das Unternehmensdesign auf die Strategie maßschneidern.*

An dieser Stelle sei noch auf einen Existenz begründenden Zusammenhang hingewiesen. Mit der Umsetzung eines Unternehmensdesigns wird in die Organisation und das betriebliche Geschehen eingegriffen, um das Unternehmen auf die Strategie auszurichten. Der Umfang des Eingriffs hängt vom Neuerungsgehalt des Unternehmensdesigns ab, welcher wiederum durch die Anforderungen aus der Strategie bestimmt ist. Beim erstmaligen Unternehmensdesign ist die Neugestaltung in der Regel sehr umfassend. Bei der wiederholten Anwendung hängt der Umfang der Neugestaltung von jenem der vorgesehenen Strategieanpassungen ab. Je größer bzw. geringer die Strategieanpassung ist, desto größer bzw. geringer ist der erforderliche Eingriff in das Unternehmensdesign. Daraus lässt sich folgern, dass die Stabilität eines Unternehmensdesigns direkt von der Qualität der Strategie abhängt. *Je nachhaltiger eine Strategie ist, desto geringer sind zeitlich gesehen die erforderlichen Strategieanpassungen und desto geringer sind gleichzeitig auch die Eingriffe ins Unternehmensdesign.*

Im Umkehrschluss lässt sich ebenfalls ein Existenz bedrohender Zusammenhang anführen. *Je ungeklärter die Strategie ist, desto größer ist das Risiko, dass das Unternehmensdesign falsch ist.* Ungeklärte Strategien haben es an sich, dass es früher oder später zwangsläufig wieder zu Strategieänderungen kommt. Wiederholte Strategieänderungen führen allerdings aufgrund des wiederholt neu auszurichtenden Unternehmensdesigns dazu, dass das Unternehmen destabilisiert wird. Dies ist ein Zusammenhang, welcher besonders in Turnaround-Situationen und Restrukturierungen oft übersehen wird: Maßnahmen werden rasch eingeleitet, ohne dass vorher die Strategie geklärt worden ist. Die aufgeschobene Strategieanpassung führt später zu einem erneuten Eingriff mit potenziell destabilisierender, statt klärender Wirkung für das Unternehmen. Strategische Richtungsänderungen in kurzer Zeitfolge sind daher für ein Unternehmen verheerend. Durch eine kurze, aber systematische Strategieüberprüfung bzw. -vertiefung können Lücken in der Strategie rechtzeitig identifiziert und spätere Strategieänderungen vermieden werden.

Auch für Märkte, welche raschem Wandel unterworfen sind, gilt es, die Geschäftsstrategie auf Nachhaltigkeit auszurichten. Die erforderliche Anpassungsfähigkeit zeichnet sich dadurch aus, dass sie sich im Unternehmensdesign auf ausgewählte Bereiche (z. B. auf den kundennahen Frontbereich) beschränkt und die Grundstruktur unverändert belässt. Eine solche inkrementelle Weiterentwicklung der Strategie ermöglicht es, dass im Unternehmensdesign parallel sowohl den bisherigen als auch den neuen Marktanforderungen entsprochen werden kann.

 TIPP Fragen Sie sich täglich, ob die aktuelle Marktentwicklung Auswirkungen auf die Geschäftsstrategie hat. Jedes Unternehmen benötigt Zeit, sich veränderten Rahmenbedingungen anzupassen.

■ 3.7 Kernfragen der Strategieidentifizierung

Grundsätzlich sind in der Strategieidentifizierung, welche in jedem Fall einem Unternehmensdesign vorangehen muss, die gleichen Fragen zu stellen wie bei der Entwicklung der Strategie selbst. Strategieentwicklung und -vertiefung unterscheiden sich im besten Fall darin, dass bei Letzterer die Antworten schon vorliegen.

Strategische Analyseinstrumente unterscheiden sich wesentlich durch ihren Bezugspunkt. Hier wird ein Ansatz vertreten, welcher die beiden Hauptrichtungen im strategischen Management von „Outside-in" und „Inside-out" iterativ verbindet. Wettbewerbsorientierte Analyseinstrumente (Outside-in) sind speziell von Michael Porter entwickelt worden, kernfähigkeitsbasierte Instrumente (Inside-out) beispielsweise von Gary Hamel und C. K. Prahalad (1994), James Quinn (1992) oder Dave Ulrich und Dale Lake (1990).

Der „Outside-in"-Logik folgend sollten bei der Strategieentwicklung folgende Kernfragen fokussiert werden:

- Wo soll sich das Unternehmen unternehmerisch engagieren?
- Wie hat sich das Unternehmen dem Wettbewerb zu stellen?
- Worauf soll die besondere Leistungsfähigkeit des Unternehmens beruhen?
- Wie wird die eigene Leistungsfähigkeit nachhaltig abgesichert?

Diese Fragen sind schrittweise – und gegebenenfalls iterativ – zu beantworten. Zeichnet sich bei einer Fragestellung ab, dass die früher getroffenen Annahmen nicht zutreffen oder die Umsetzung mit den Mitteln, welche dem Unternehmen zur Verfügung stehen, nicht realistisch ist, so ist auf die Festlegungen bei früheren Fragen zurückzukehren (siehe Abbildung 3.13).

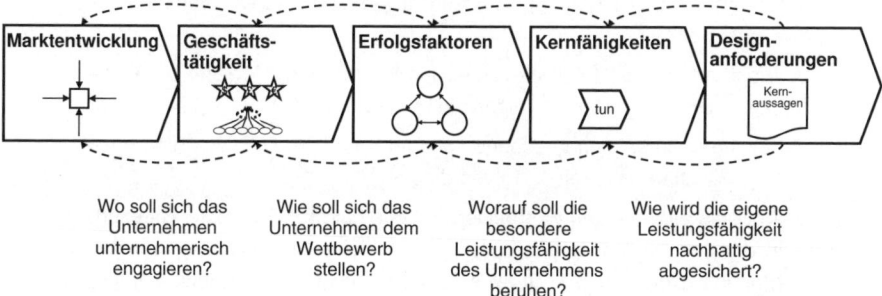

Abbildung 3.13 Kernfragen in der Strategieentwicklung bzw. -identifizierung

Bei der Strategievertiefung können sich Lücken in der bestehenden Strategie zeigen. Situativ ist in Folge zu entscheiden, inwiefern diese das Unternehmensdesign beeinflussen. So gibt es offene Punkte, welche schon für das Makrodesign, aber auch solche, welche erst für das Mikrodesign beantwortet werden müssen. Insbesondere Fragen, welche die Kundensegmente oder den Produkt- und Dienstleistungsmix betreffen, sind frühzeitig und sorgfältig zu beantworten, da je nachdem eine andere Leistungsfähigkeit des Unternehmens erforderlich sein kann. Insbesondere ist auf Aussagen in der Strategie zu achten, welche die Leistungsfähigkeit von Unternehmen nicht nur auf Positionsvorteile im Markt oder Zugang zu speziellen Ressourcen beziehen, sondern vor allem auf nachhaltige Produktivitätsvorteile.

Produktivitätsvorteile stellen in vielen Fällen nachhaltigere Quellen für die Leistungsfähigkeit des Unternehmens dar als Marktposition und Ressourcenzugang. Die Frage, wie die Unternehmen operativ leistungsfähiger werden, beschäftigt deshalb die Unternehmenswelt seit Jahrhunderten. Lernkurven- und Volumeneffekte sind neben den technologischen Fortschritten als produktivitätssteigernde Faktoren bekannt.

 Typische Fragen der Strategieidentifizierung

1. Marktentwicklung

- Wer sind die Kunden in den nächsten fünf bis zehn Jahren? Welche Kundenbedürfnisse werden jeweils mit den Produkten/Dienstleistungen abgedeckt? Wie werden sich die Kundenbedürfnisse in den nächsten fünf bis zehn Jahren verändern? Welche Leistungsaspekte sind davon betroffen?

- Welche Zusatzbedürfnisse entstehen durch Vorwärts-, Rückwärts- und Seitwärtsbewegungen des Kunden in der Wertschöpfungskette?
- Wie ist der Markt für die Marktleistungen XYZ (Produkte und Serviceleistungen) strukturiert? Wie unterscheiden sich die unterschiedlichen Segmente? Welche geografischen Unterschiede bestehen?
- Welche Markttrends sind erkennbar? Wie könnte sich der Markt in fünf bis zehn Jahren darstellen? Welche Bedeutung wird in Zukunft den Gesamtanbietern bzw. Spezialisten sowie den lokalen Dienstleistern zukommen?
- Wie wird sich die Rolle der Lieferanten verändern? Welche Vorwärtsintegrationsabsichten verfolgen sie?
- Welche Rolle spielen gegebenenfalls Intermediäre (z. B. Händler, Berater)? Welche Absichten verfolgen diese?
- Wer sind die heutigen Wettbewerber? Wie hat sich deren Marktstellung in den letzten fünf Jahren verändert? Welche strategischen Stoßrichtungen verfolgen diese Mitbewerber? Welche neuen Wettbewerber sind denkbar? Welche qualitativen und quantitativen Eintrittsbarrieren bestehen? Welche Bedeutung wird in Zukunft noch den nationalen bzw. regionalen Schranken zukommen?
- Wie werden die technologischen Entwicklungen das Geschäft in den nächsten fünf bis zehn Jahren beeinflussen? Welche Veränderungen der Herstellverfahren sind relevant bzw. zu erwarten? Wo wird die Wertschöpfung erbracht? Wie wird sich der Informations- und Datenfluss verändern?
- Welche gesetzlichen Restriktionen bestehen? Sind zukünftige wettbewerbsrechtliche, haftungsrechtliche, umweltrechtliche oder arbeitsrechtliche Entwicklungen erkennbar?

2. Positionierung der eigenen Geschäftstätigkeit

- Welche Marktleistungen (Produkte und Dienstleistungen, Kern- und Zusatz- bzw. Nebenleistungen) will das Unternehmen ABC erbringen? Welche Merkmale der Marktleistung werden vom Kunden als Besonderheit wahrgenommen. Welche Marktleistungen will das Unternehmen ABC nicht oder nicht mehr erbringen? Wie verändern sich die Marktleistungen entsprechend der zukünftigen Marktentwicklung? Durch welche Besonderheiten werden sich die Marktleistungen auszeichnen? Wie wird der sogenannte „High-End-Kollaps" (Topsegment mit sehr geringem Marktvolumen) verhindert?
- In welchen geografischen Räumen will das Unternehmen wie und mit welchen Marktleistungen präsent sein?

- Durch welche strategischen Geschäftseinheiten sollen die Marktleistungen erbracht werden? Können diesen Geschäftseinheiten einzelne Kunden- oder Marktsegmente eindeutig zugeordnet werden? Gibt es Abhängigkeiten zwischen den Geschäftseinheiten?

- Welche Rolle kann realistischer Weise das Unternehmen im Geschäft mit XYZ spielen? Welche strategisch relevanten Konsequenzen lassen sich aus dieser angestrebten Rolle ableiten?

- Welche Wertschöpfung soll das Unternehmen selbst erbringen? Welche soll durch Dritte erbracht werden?

- Sind zur Erreichung der angestrebten Positionierung Partnerschaften oder gar strategische Allianzen notwendig (Kooperationen, Joint Ventures, Akquisitionen usw.) Wie würde allenfalls das Idealprofil von Partnern aussehen?

3. Wettbewerbsentscheidende Erfolgsfaktoren

- Nach welchen Kriterien (im Sinne von „Key-Buying-Factors") wählt der Kunde (Entscheidungsträger) seine Lieferanten für die Marktleistungen XYZ aus? Welche sind im Wettbewerbsverhältnis ausschlaggebend? Hängen die Kriterien vom Kunden oder gar Ansprechpartner ab? Ist mittelfristig eine Veränderung dieser kaufentscheidenden Faktoren zu erwarten?

- Welche Kriterien erfüllen die Mitbewerber besser, gleich oder schlechter?

- Welche Erfolgsfaktoren (im Sinne von „Key-Success-Factors") werden mittelfristig wettbewerbsentscheidend sein? Wie werden sich diese Erfolgsfaktoren mittelfristig verändern? Welche Vorteile ergeben sich tatsächlich durch Größe bzw. lokale Nähe? Welche Möglichkeiten bestehen, um dem bloßen Preiswettbewerb zu entgehen? Welches sind die wichtigsten Wettbewerber, die die eigene Marktentwicklung maßgeblich beeinflussen können (zukünftige Benchmarks)?

- Welche Stärken und Schwächen bzw. Chancen und Risiken bestehen im Lichte der Erfolgsfaktoren für das Unternehmen? Sind die bestehenden Stärken genügend nachhaltig? Lassen sich die identifizierten Schwächen mittelfristig beheben? Lassen sich die Chancen aus eigener Kraft realisieren bzw. wie groß ist deren Abhängigkeit von anderen Marktteilnehmern und staatlichen Regulierungen? An was und wie früh lässt sich der mögliche Eintritt eines Risikos erkennen?

- Welche Performancegrößen sind mit den wettbewerbsentscheidenden Erfolgsfaktoren verbunden? Wie stellen sich diese für das Unternehmen dar („Key-Performance-Indicators")?

4. Notwendige Kernfähigkeiten

- Über welche Kernfähigkeiten muss das Unternehmen im Lichte der wettbewerbsentscheidenden Schlüsselerfolgsfaktoren verfügen? Welche Elemente in der Wertschöpfungskette sind von den einzelnen Kernfähigkeiten besonders betroffen? Wo spielt die Größe des Unternehmens eine Rolle?

- Über welche Kernfähigkeiten verfügt das Unternehmen ABC heute schon? Welche sind realistischer Weise kurzfristig aufbaubar und wie? Welche vorhandenen Kernfähigkeiten werden an Bedeutung verlieren? Welche bestehenden Fähigkeiten sind sogar hinderlich für die Weiterentwicklung des Unternehmens?

- Auf welche notwendigen Kernfähigkeiten von Partnern (z. B. Allianzpartner oder Lieferanten) könnte allenfalls zurückgegriffen werden? Welches sind die strategischen Kernfähigkeiten, welche unbedingt in der eigenen Hand zu halten sind?

- Wie kann die Entwicklung von Kernfähigkeiten zielgerichtet gesteuert werden? Welche Fähigkeiten lassen sich gleichzeitig verteilt, welche nur zentral entwickeln? Wie groß darf die Distanz zum Kunden sein, um eine Kernfähigkeit zu entfalten?

5. Synthese der strategischen Kernaussagen

- Welche Antworten/Kernaussagen lassen sich für das Unternehmensdesign ableiten?

- Welche Folgerungen sind im Lichte der strategischen Kernaussagen für die Unternehmensstruktur bzw. die strategischen Geschäftseinheiten zu ziehen? Sind die strategischen Geschäftseinheiten soweit unabhängig, dass sie die Ergebnisverantwortung entsprechend wahrnehmen können?

- Welche strategischen Aufträge lassen sich aus den strategischen Kernaussagen für einzelne strategische Geschäftseinheiten (z. B. Marketing und Vertrieb, Supply-Chain-Management, Innovationsmanagement, IT-Management, Infrastrukturmanagement, Personalführung und -entwicklung, Unternehmenskultur und Unternehmenskommunikation) ableiten?

- Sind die Aussagen zur Strategie vollständig, konsistent und für alle „Benutzer" klar?

- Welcher Handlungsbedarf besteht betreffend Strategieumsetzung? Wie gestaltet sich der Umsetzungsplan für die zielgerichtete Erreichung der strategischen Ziele? Welche Sofortmaßnahmen sind zu ergreifen? Welche Meilensteine sind zu erreichen? Wie lassen sich die Umsetzungsfortschritte messen?

- Ist die Überprüfung der Strategie als kontinuierlicher Managementprozess etabliert?

Reflexionsfragen 3

- Was bedeutet für Sie ein „Geschäft"?
- Warum ist es für manches Unternehmen schwierig, das eigene „Geschäft" festzulegen?
- Was macht für Sie eine Geschäftseinheit („Business-Unit") aus? Warum sollen diese die Basis für die übergeordnete Unternehmensstruktur bilden?
- Was zeichnet eine umgesetzte Strategie aus?
- Wie lässt sich die Strategie durch das Unternehmensdesign in den operativen Alltag umsetzen?
- Welchen Nutzen sehen Sie in der Anbindung der Prozesse an die Strategie? Warum?
- Welche Beiträge kann das Prozessmanagement zum Aufbau von Kernfähigkeiten erbringen?
- Was besagt die Prioritätenfolge Was, Wer und dann Wie – sowohl strategisch wie auch operativ?
- Worin unterscheiden sich Outside-in- und Inside-out-Ansätze in der Strategieentwicklung?
- Welches Ergebnis erhalten Sie durch die Strategieidentifizierung hinsichtlich Prozessen und Organisation?

■ 3.8 Literatur

Abell, D. F. (1980). Defining the business: The starting point of strategic planning. Englewood Cliffs, NJ: Prentice Hall.

Alchian, A. A. (1950). Uncertainty, evolution, and economic theory. Journal of Political Economy, 58 (3), 211–221.

Becker, J., Kugeler, M. & Rosemann, M. (Hrsg.). (2012). Prozessmanagement: Ein Leitfaden zur prozessorientierten Organisationsgestaltung. Berlin Heidelberg: Springer Gabler.

Collins, J. (2001). Good to great: Why some companies make the leap ... and others don't. New York, NY: Harper Business.

Collins, J. & Porras, J. I. (1997). Build to last: Successful habits of visionary companies. New York, NY: Harper Collins.

Ghemawat, P. (1991). Commitment: The dynamic of strategy. New York, NY: Free Press.

Miller, D. (1990). The icarus paradox: How exceptional companies bring about their own downfall. New York, NY: Harper Business.

Mintzberg, H., Ahlstrand, B. & Lampel, J. (1998). Strategy safary: A guided tour through the wilds of strategic management. New York, NY: Free Press.

Polanyi, M. (1966, Deutsch: 1985). Implizites Wissen (The tacit dimension). Frankfurt: Suhrkamp.

Porter, M. (1980, 1998a). Competitive strategy: Techniques for analyzing industries and competitors. New York, NY: Free Press.

Porter, M. (1985, 1998b). Competitive advantage: Creating and sustaining superior performance. New York, NY: Free Press.

Prahalad, C.K. & Hamel, G. (1990). The core competence of the corporation. Harvard Business Review, 68 (3), 79 – 91.

Quinn, J.B. (1992). Intelligent enterprise: A knowledge and service based paradigm for industry. New York, NY: Free Press.

Ulrich, D. & Lake, D.G. (1990). Organizational capability: Competing from the inside out. New York, NY: John Wiley & Sons.

4 Komplexität an den Schnittstellen reduzieren

Trotz brillanter Strategien laufen manchmal größere Unternehmen nicht nur an der außerordentlichen Agilität ihrer kleineren Konkurrenz auf, sondern sie zerbrechen an ihrer Schwerfälligkeit und inneren Komplexität, welche sie über Jahre hinweg angesammelt haben. Diese Unternehmen sind nicht in der Lage, die Produktivitätsvorteile aus den Lernkurven- und Volumeneffekten zu gewinnen, welche ihnen aufgrund der Größe zustünden. Der Drang nach Größe hat sie vergessen lassen, was unternehmerische Hochleistungsfähigkeit ausmacht: Management von Komplexität – und dies vor allem an den Schnittstellen. Externe Komplexität, zum Beispiel aus dem Markt und Wettbewerb, ist vorgegeben; der betrieblich bedingte Teil kann jedoch von jedem Unternehmen selbst beeinflusst und dadurch gesteuert werden.

Die betriebsbedingte Komplexität bindet Ressourcen und Kräfte, die für das Management der externen Komplexität, welche durch die Veränderungen des Markts oder durch Technologiesprünge erzeugt wird, nicht mehr zur Verfügung stehen. Zudem hindert sie das Unternehmen daran, seine Strategie umzusetzen. Betriebliche Komplexität lässt sich auch durch Technologieeinsatz nicht beheben, kann aber mit geklärten Strategieaussagen und einem einfachen, maßgeschneiderten Unternehmensdesign reduziert werden. Damit wird die Basis für Wettbewerbsvorteile gelegt. Besonders wirksam ist das Management der Komplexität an den Schnittstellen – sei es an der Unternehmensgrenze zum Markt, zu den Geschäftspartnern und Lieferanten oder intern zwischen den einzelnen Bereichen und Abteilungen.

 Komplexitätssymptome im Unternehmen

Komplexität erleben wir im Unternehmen, wenn

- Maßnahmen für Wachstum oder Effizienzverbesserung nicht mehr greifen,
- das Gefühl entsteht, dass Extraanstrengungen nichts mehr bringen,
- die Markt- bzw. Kundenbedürfnisse auseinanderdriften,
- die Transparenz über das Sortiment und die bestehenden Varianten schwindet,
- nur noch wenige Insider den Überblick über die unzähligen Geschäftsprozesse haben,

- viel zwischen unterschiedlichen Bereichen und Abteilungen koordiniert werden muss,
- die Zuständigkeiten nicht mehr klar sind,
- die Interessen der einzelnen Bereiche kollidieren,
- die betriebliche Hektik unerträglich wird.

4.1 Was bedeutet Komplexität?

Komplexität wird umgangssprachlich mit Kompliziertheit, Unüberschaubarkeit und Unerklärbarkeit gleichgesetzt. Den unterschiedlichen Vorstellungen ist gemeinsam, dass mindestens die drei Dimensionen Vielfalt, Dynamik und Unsicherheit die Komplexität auszeichnen:

- *Vielfalt* ergibt sich durch die Anzahl der bedienten Märkte und Kundensegmente, der Produkte und Dienstleistungen sowie der damit verbundenen Herstellverfahren, Prozesse und Methoden. Die Vielfalt ist durch konsequente Reduktion die am ehesten beherrschbare Komplexitätsdimension. Manche Studien (zum Beispiel Rommel et. al. 1993) haben darauf hingewiesen, dass erfolgreiche Unternehmen sich auf bestimmte Marktsegmente mit einer bestimmten Anzahl von Produkten und Varianten fokussieren. Gerade in größeren Unternehmen haben sich jedoch durch das Wachstum und die Überlagerung von Generationen eine Vielfalt von bedienten Märkten und Kundensegmenten, eine sehr breite Produktpalette, eine immense Vielfalt von Prozessvarianten, Methoden und Technologien unterschiedlicher Entwicklungszeiträume ergeben. Innovative Unternehmen haben darauf zu achten, dass die Innovationen zu Ablösungen und nicht zu einem Nebeneinander von Neuem und Altem führen. Nicht umsonst wird immer wieder in der Softwarebranche festgestellt, dass das im Markt schon lange präsente Unternehmen gegenüber dem neu eintretenden wegen der gepflegten Rückwärtskompatibilität im Nachteil ist. Die neu eintretenden Jungunternehmen tragen nicht den Rucksack der Vergangenheit mit sich.

- Unter *Dynamik* werden die zeitlichen Schwankungen und Veränderungen verstanden – allgemein die Hektik, der ein Unternehmen ausgesetzt ist. Diese Instabilität kann beispielsweise als technologische Veränderungen, variierende Verbrauchsvorlieben oder schwankende Produkt-/Dienstleistungsnachfragen in Erscheinung treten. So weist ein Unternehmen mit hohem Anteil von kundenspezifischen Großaufträgen eine andere Dynamik auf als eines, das anonyme Volumenprodukte herstellt, welche sich über ein Lager puffern lassen.

- *Unsicherheit* wird dadurch verursacht, dass Informationen nur teilweise oder überhaupt nicht vorhanden sind. Planbarkeit wird durch Zufälligkeit ersetzt. Beispielsweise sind bei tiefgreifenden Veränderungen eines Markts oder der Erschließung eines neuen Markts verlässliche Prognosen über konkrete Kundenbedürfnisse und

Nachfragevolumen nur schwierig zu erstellen. Im Konsumelektronikgeschäft sind schon Aussagen über zukünftige Marktbedürfnisse mit einem Zeithorizont von mehr als drei Jahren faktisch unmöglich. Die wirtschaftliche Unsicherheit ist bei einem Unternehmen, das von wenigen Großaufträgen abhängt, größer als bei jenem, welches von vielen Kleinaufträgen lebt. Unsicherheit lässt sich durch Bilden von Szenarien und Denken in Alternativen zwar bändigen, aber nur mit zusätzlichen Maßnahmen einschränken. Allerdings wird manchmal gerade das Gegenteil bewirkt; beispielsweise führen detailliertere und langfristigere, aber scheingenaue Prognosen zu größerer Bedarfsunsicherheit.

Vielfalt, Dynamik und Unsicherheit verstärken sich gegenseitig. Dynamik erzeugt sowohl Vielfalt wie auch Unsicherheit betreffend der aktuellen und zukünftigen Anforderungen. Unsicherheit führt ihrerseits wiederum zu Hektik und unnötiger Vielfalt. Zum Beispiel muss für den Eintritt in ein neues Marktsegment nicht nur der Marktauftritt verändert werden, sondern auch neue Produktvarianten sind zu entwickeln. Für einige dieser Produktvarianten müssen noch neue Herstellungsverfahren eingeführt und bestehende Geschäftsprozesse modifiziert werden. Diese Veränderungen erfolgen in kurzer Zeit und unter Hochdruck, lösen große Hektik aus – aber der Erfolg ist ungewiss. Je ungewisser der Erfolg, desto mehr wird – parallel zum Neuen – am Altbekannten festgehalten – zum Preis von weiter steigender Komplexität im Unternehmen. Wir können daraus eine wichtige Eigenschaft von Komplexität folgern: *Komplexität erzeugt sich selbst* – außer es wird aktiv etwas dagegen unternommen. Aus der sich selbsterzeugenden Eigenschaft der Komplexität folgt auch, dass der Aufwand, um die Komplexität zu beherrschen, exponentiell zu deren Ausmaß zunimmt.

Ein Motorenbauer rüstete Anlagenbauer weltweit mit Motoren in rund 5000 Varianten aus. Die Variante wurde jeweils auftragsspezifisch festgelegt. Die Anlagenbauer konnten allerdings die Bestellung mit der Auftragsspezifikation nur kurzfristig beim Motorenbauer absetzen, weil ihre Kunden die Engineeringunterlagen für die Gesamtanlage erst zu einem späten Zeitpunkt freigaben, aber eine frühe Inbetriebnahme verlangten. Dies führte dazu, dass die dem Motorenbauer zugestandene Lieferfrist mit vier Wochen deutlich kürzer als die Wiederbeschaffungszeiten von acht bis 40 Wochen für die auftragsspezifischen Teile der Technologiekomponente war. Um hohe Bevorratung bei den internen und externen Lieferanten zu vermeiden, etablierte der Motorenbauer einen ausgeklügelten Prognoseprozess mit einem Planungshorizont von ursprünglich zwölf Monaten auf Basis von vollspezifizierten Technologiekomponenten. Diese Prognosen lösten in der Lieferkette entsprechende Materialbestellungen aus. Die Prognosen trafen nicht wie geplant zu; Material fehlte bzw. falsch spezifiziertes lag am Lager. In der Folge wurden die Sicherheitsbestände für alle Materialien immer wieder erhöht und die Wiederbeschaffungszeiten für die Teile verlängert, was insgesamt die Lagerbestände erhöhte. Um die wachsenden Lagerbestände zu reduzieren, wurde der Prognoseprozess intensiviert und der Planungshorizont auf 24 Monate ausgedehnt, was die Situation weiter verschlimmerte. Niemand beim Motorenbauer durchschaute diesen Teufelskreis der scheingenauen Prognose.

■ 4.2 Vier Erscheinungsformen der Komplexität

Ob nun Vielfalt, Dynamik oder Unsicherheit dominiert, dem Unternehmen begegnet die Komplexität in unterschiedlichen Formen, und zwar in Markt-, Produkt-, Prozess- und Organisationskomplexität (siehe Abbildung 4.1):

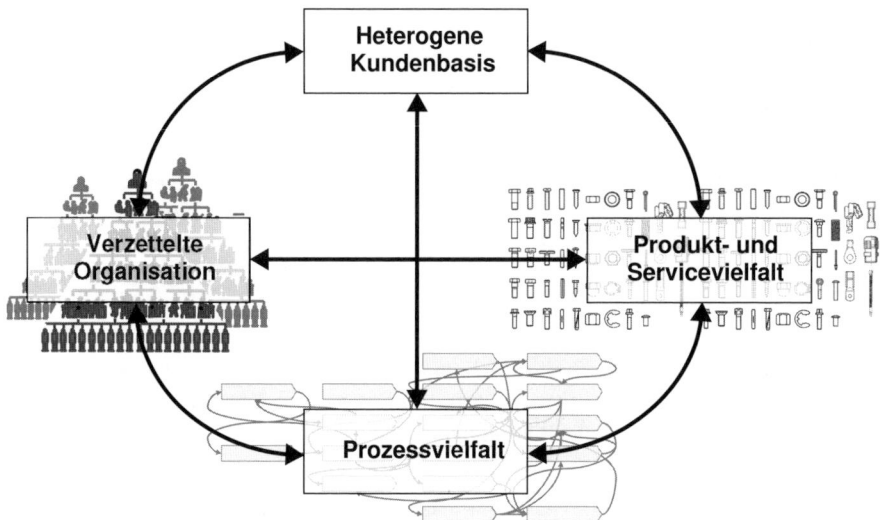

Abbildung 4.1 Erscheinungsformen der Komplexität

- *Marktkomplexität* (heterogene Kundenbasis): Die Marktkomplexität, welche im Wesentlichen von der Markt- und Kundenstruktur und deren vielfältigen Ansprüchen abhängt, steht nicht zufällig zuoberst auf der Liste. Sich den wandelnden Märkten anzupassen, ist für die allermeisten Unternehmen eine Selbstverständlichkeit. Ausschlaggebend sind die Heterogenität der Märkte (z. B. Länder, Sprachregionen, Kulturkreise); der bedienten Marktsegmente (z. B. Konsumenten – Firmenkunden, Großkunden – Kleinkunden, Alte – Junge, Reiche – Arme usw.); die unterschiedlichen Absatzkanäle (direkt, über Vertreter oder Handel bzw. online), welche parallel benutzt werden; die segmentspezifische Kommunikation und Vorgehensweisen, die räumliche Verteilung der Märkte, deren Zyklizität sowie Saisonalität; das Spektrum der angebotenen Marktleistungen (beispielsweise Standard- und kundenspezifische Leistungen) und die logistischen Anforderungen (beispielsweise Lieferzeiten, Auftragszusammensetzung oder Belieferungsfrequenzen). Allgemein reduzieren lässt sich die Marktkomplexität nicht; nur durch Fokussierung können deren Auswirkungen beschränkt werden.
- *Produktkomplexität* (Produkt- und Servicevielfalt): Eine unmittelbare Folge der Marktkomplexität ist, sofern die Standardisierung der Marktleistungen nicht gelingt, die Produkt- oder Sortimentskomplexität. Diese manifestiert sich in der Vielfalt von Pro-

duktvarianten oder Produktlinien, oft sogar kundenspezifischen Lösungen. Vielfach muss als Marktleistung ein ganzes Bündel von Leistungen – viele Nebenleistungen um die Hauptleistung herum – erbracht werden. Diese Nebenleistungen bestehen vor allem aus Dienst- und Informationsleistungen, beispielsweise Anwendungsberatung, Geschäftsplanung, Finanzierung, Einsatzoptimierung, Wartung, langfristige Funktionsgarantie und Erweiterungsfähigkeit. Die Produktkomplexität hängt nicht nur vom Standardisierungsgrad ab, sondern darüber hinaus auch von der Gestaltung der einzelnen Marktleistung und deren Bestandteilen, beispielsweise von den Komponenten, dem Komponentenbaum und den verwendeten Materialien. Als Treiber der Produktkomplexität erweisen sich immer wieder zusätzliche Markt- und Kundensegmente. Mit Modularisierung sowie Varianten- und Plattformmanagement lässt sich ein Großteil der Produktkomplexität verhindern, ohne das Leistungsangebot einzuschränken.

- *Prozesskomplexität* (Prozessvielfalt): Die Sortimentsbreite bzw. der Umfang des Marktleistungsbündels beeinflusst die Prozess- und Produktionskomplexität. Die Anzahl unterschiedlicher Prozessschritte, Verfahren und Methoden, die Anzahl an Lagerstufen sowie die Ablaufsteuerung und -störungen wachsen im Gleichschritt mit der Produktkomplexität. Die Prozesskomplexität ist aber nur zum Teil Folge von komplizierten Sortiments- und Produktstrukturen, sondern auch vom Nebeneinander verschiedener Geschäftstypen wie beispielsweise Kataloggeschäft und Lösungsgeschäft. Ebenso verursacht die unvollständige Auftragsspezifikation Prozesskomplexität. Prozesskomplexität entsteht auch dadurch, dass die Prozesse schleichend, mittels neuer Methoden und Technologien, angepasst werden. Zwar sind Bottom-up-Ansätze zur Prozessoptimierung verbreitet, doch schaffen sie ohne Berücksichtigung des Gesamtkontexts meistens zusätzliche Komplexität, indem vereinfacht und Komplexität in andere Bereiche verschoben wird. Zudem gibt es in manchen Firmen unter den verschiedenen Betriebsstandorten lokale Prozessverständnisse, lokale Formalismen, lokale Sprachregelungen oder lokale IT-Werkzeuge. Beizukommen ist der Prozesskomplexität generell unter einer Top-down-Perspektive, durch Straffung der Abläufe, durch Zusammenfassung der Zuständigkeiten in eine Hand und durch Vereinfachung der Schnittstellen. Dadurch wird das betriebliche Geschehen wieder für alle Betriebsangehörige transparent und weniger hektisch.

- *Organisationskomplexität* (verzettelte Organisation): Aus der Markt-, Produkt- und Prozesskomplexität entsteht Organisationskomplexität oder auch umgekehrt. Organisationskomplexität bedeutet in vielen Unternehmen Unklarheit über die Zuständigkeiten, Mehrspurigkeiten, Verzettelung der Kräfte und Überlastung der Organisation. Die Organisationskomplexität hat öfter historisch bedingte Wurzeln, zum Beispiel wenn notwendige Organisationsveränderungen nicht konsequent umgesetzt, persönliche Prioritäten bzw. funktionale Sichtweisen zu stark berücksichtigt oder Zusammenschlüsse nicht vollständig vollzogen wurden. Treiber der Organisationskomplexität ist häufig die lokale Optimierung. Für Abhilfe gegen Organisationskomplexität sorgt die Ein-Linien-Organisation, welche die Umsatz- und Ergebnisverantwortung in einer Hand sicherstellt.

Aus Sicht des Unternehmens spielen sich Markt- und Produktkomplexität – sei sie durch die Anzahl der bearbeiteten Märkte und Kundensegmente, die Breite des Sortiments oder die Variantenzahl gegeben – zunächst hauptsächlich an den Unternehmensgrenzen ab. In der Sprache des „Blackbox"-Ansatzes (siehe Kapitel 2) lässt sich diese als *äußere* – oder besser noch: *nach außen gerichtete* – Komplexität bezeichnen, welche sich von der *inneren* oder *betrieblichen Komplexität*, nämlich Prozess- und Organisationskomplexität, unterscheiden lässt.

Die Heterogenität der Märkte sowie die Produkt- und Variantenvielfalt werden gemeinhin als Komplexitätstreiber wahrgenommen. Die äußere Komplexität ist in konkreten Fällen verhältnismäßig einfach beobachtbar, beschreibbar, ja sogar zählbar (z. B. Anzahl Märkte, Kundensegmente, Produktvarianten). So hat sich die Produkt- und Variantenvielfalt in Wissenschaft und Praxis als Schwerpunkt des Komplexitätsphänomens eingebürgert (siehe z. B. Child 1991; Rommel 2000; Schuh 2005). Dagegen ist die innere Komplexität viel schwieriger beschreibbar und vor allem einer einfachen Metrik verschlossen. Deren qualitative Beschreibung oder Auswirkungen (z. B. Zunahme des Overheadbereichs) werden zwangsläufig als ausreichend erachtet.

■ 4.3 Overheadgröße als Indikator betrieblicher Komplexität

Die betriebliche Komplexität ist nicht *direkt* messbar. Nur deren Auswirkungen sind erfassbar. Betriebliche Komplexität bindet Ressourcen und verursacht Kosten, direkt und indirekt durch nicht wahrgenommene Geschäftsopportunitäten und entgangene Erträge. Einen Indikator für die betriebliche Komplexität stellt die Größe des Overheadbereichs dar. Unter Overhead seien hier all diejenigen Stellen verstanden, welche nicht direkt wertschöpfend sind, aber planend, steuernd, disponierend, koordinierend oder korrigierend tätig sind. Der Overhead ist nicht auf die Verwaltung beschränkt, sondern auch viele Personen im direkt-produktiven Bereich befassen sich mit diesen nicht wertschöpfenden Tätigkeiten.

Im vom Inhaber geführten Gewerbebetrieb oder Kleinunternehmen hat Komplexität noch eine untergeordnete Bedeutung (siehe auch Box „Kleinunternehmen und Großunternehmen"). Im Unternehmen mit zehn direkt wertschöpfenden Mitarbeitern befasst sich vielleicht insgesamt eine Zusatzperson mit administrativen und koordinierenden Aufgaben. Vereinfachend nehmen wir an, es sei alleinig der Chef (siehe Abbildung 4.2). Die indirekt wertschöpfenden Aufgaben werden oft nebenbei vom Chef und im Familienbetrieb von einem anderen Familienmitglied erbracht. So übernimmt im kleinen Bauunternehmen der Chef zusätzlich die Rolle des direkt wertschöpfenden Akquisiteurs, des nur zum Teil direkt wertschöpfenden Bauführers sowie Disponenten; seine Gattin erledigt die Buchhaltung und das übrige Administrative.

Als direkt wertschöpfend bezeichnen wir alle Ressourcen (gemessen in Stellenprozenten), welche direkt an der Erzeugung von Kundenwert mitwirken (beispielsweise Kunden akquirieren und betreuen, Leistung beschaffen, erbringen oder bereitstellen usw.); als indirekt wertschöpfend alle anderen Ressourcen, welche planend, koordinierend, überwachend usw. beteiligt sind.

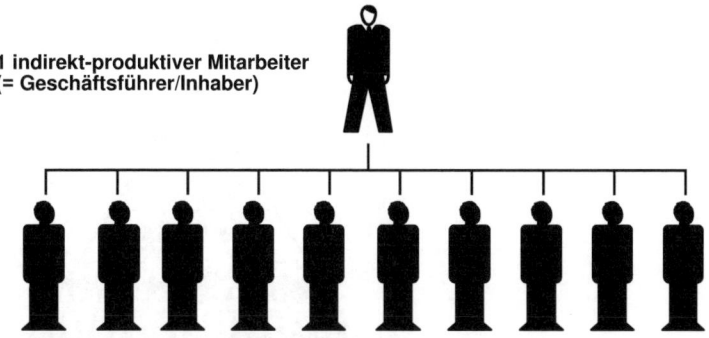

**1 indirekt-produktiver Mitarbeiter
(= Geschäftsführer/Inhaber)**

10 direkt-produktive Mitarbeiter

Abbildung 4.2 Das Kleinunternehmen

Wie hoch sind nun die Koordinationskosten im zehnmal größeren Unternehmen? Regelmäßig wird auf diese Frage geantwortet, dass zu den zehn indirekt wertschöpfenden Chefs noch einer, der die zehn Chefs führt, dazukäme, also die Overheadstruktur elf Personen umfassen müsste. In der Realität nimmt im größeren Unternehmen das indirekt wertschöpfende Personal deutlich überproportional zu, annähernd mit quadratischer Potenz. Dem zehnmal größeren Unternehmen mit hundert direkt wertschöpfenden Mitarbeitern ist eine Overheadstruktur mit rund 50 bis 150 indirekt wertschöpfenden Mitarbeitern anzurechnen (siehe Abbildung 4.3). Diese indirekt wertschöpfenden Mitarbeiter befassen sich mit Administration, Ressourcenplanung, Materialbewirtschaftung, Disposition, Koordination, Buchhaltung, Gehaltsabrechnung, Revision, Spedition, Qualitätssicherung, Dokumentation, Archivierung, Informationsmanagement, Unternehmensplanung usw. Anzutreffen sind diese Arbeitskräfte in Dienstleistungszentren, Stäben, Assistenzen aller Führungsebenen des Unternehmens, aber auch versteckt in den direkt wertschöpfenden Bereichen. Allerdings sind nicht mehr alle hier errechneten indirekt wertschöpfenden Mitarbeiter noch im Unternehmen beschäftigt, denn ein Großteil dieser Aufgaben wurde ausgelagert und wird von spezialisierten Drittunternehmen erbracht; die Kosten sind allerdings im Unternehmen verblieben.

Bei einem Anlagenbauer mit rund 1500 Mitarbeitern wurde analysiert, welche Stellen im Ablauf einer typischen Auftragsabwicklung involviert waren. Augenscheinlich war, dass sich in jedem einzelnen Schritt immer mehrere Stellen koordinieren mussten. Mit der Analyse wurde auch der Anteil der nicht direkt wertschöpfenden Tätigkeiten bestimmt, indem gefragt wurde, wie viele Stellenprozente für die direkte Wertschöpfung nötig seien. Als nicht direkt wertschöpfender Anteil resultierten rund 70 % aller Stellenprozente außerhalb der Fertigung.

Overheadgröße
(Anzahl Mitarbeiter)

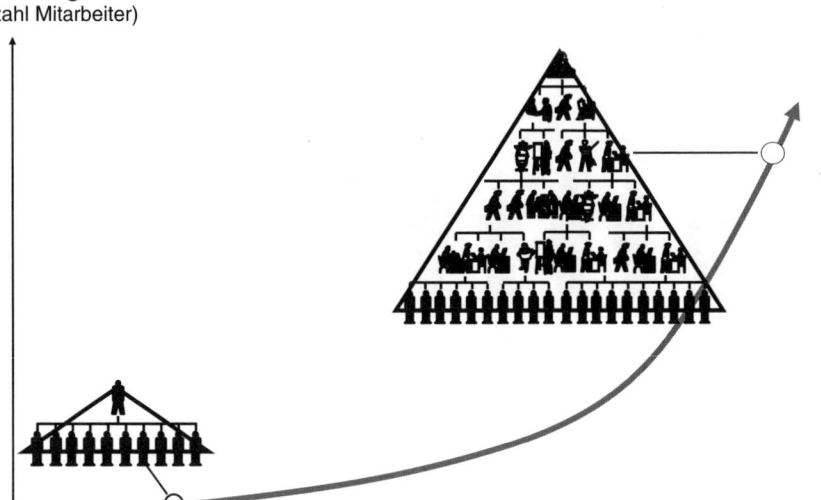

Unternehmensgröße
(Umsatz)

Abbildung 4.3 Überproportional wachsende Overheadstrukturen bei der Entwicklung vom Klein- zum Großunternehmen

Im Großunternehmen verschärft sich die Situation nach einer Wachstumsphase. Viele haben schon verschiedene Expansions- und Kontraktionsphasen erlebt. In den Expansionsphasen wurde der Overhead überproportional aufgebaut, um dem Wachstum und der damit erzeugten Komplexität zu folgen; in den Kontraktionsphasen war jeweils schon ein linearer Abbau des Overheads sehr anspruchsvoll – mit der Folge, dass die Overheadstrukturen insgesamt mit jedem Zyklus zugenommen und die unternehmerische Leistung erdrückt haben.

Im Elektrobau sind die Vollkosten für eine Elektroinstallationsstunde zwischen einem Großunternehmen mit insgesamt mehr als 3500 Mitarbeitern und Konkurrenten mit je 100 bis 300 Mitarbeitern verglichen worden. Dabei konnte ein Kostennachteil des Großunternehmens von rund 30 % ausgemacht werden. Im Vergleich zum Schwarzarbeitsmarkt stellte sich die Situation noch dramatischer dar; dort verfügte der schwarzarbeitende Elektroinstallateur über einen Kostenvorteil von rund 70 %.

Bei der Analyse der Entwicklung der Vollkosten je Produktivitätsstunde im Großunternehmen über einen Zeitraum von rund 30 Jahren wurde Erstaunliches festgestellt (siehe Abbildung 4.4). Waren in den späten 1960er-Jahren für eine produktive Leistung etwa drei Personen erforderlich, so war zusätzlich noch etwa eine 10-prozentige Overheadleistung notwendig. In den 1970er- und 1980er-Jahren wurde in verschiedenen Schritten die Organisation funktional spezialisiert und rationalisiert. 1996 war noch ein einziger direkt-wertschöpfender Mitarbeiter notwendig, dem ein 80-%-Overheadanteil gegenüberstand. Real betrachtet blieben über den Betrachtungsraum die Vollkosten konstant. Erst durch ein radikal neues Unternehmensdesign, in welchem planende und disponierende Aufgaben vereinfacht und in den direkt-wertschöpfenden Bereich integriert wurden, konnten die Overheadkosten und damit die Vollkosten massiv gesenkt werden.

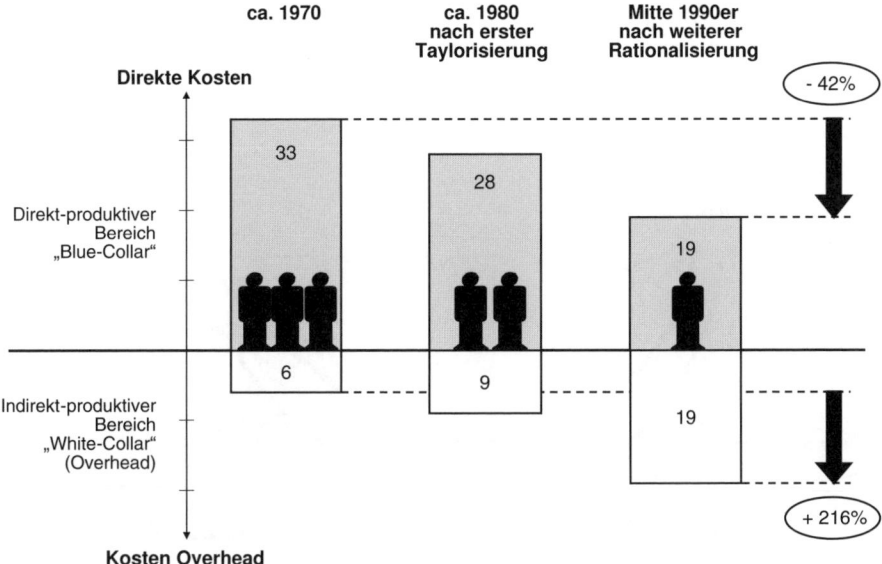

Abbildung 4.4 Entwicklung des direkt-produktiven und indirekt-produktiven Bereichs bei einem Elektroinstallationsunternehmen (kaufkraftbereinigte Kosten in €/Std.)

Welches auch immer die Erscheinungsformen, Wirkungen oder Ursachen sind, die betriebliche Komplexität bindet Ressourcen und beeinträchtigt die Leistungsfähigkeit des Unternehmens. Sie beschäftigt zunächst jene Mitarbeiter, welche *nicht* direkt wertschöpfend tätig sind, da die Komplexität den Planungs-, Steuerungs-, Dispositions-, Koordinations- und Korrekturaufwand erhöht. Allerdings können auch die anderen Mitarbeiter, die direkt in die betriebliche Wertschöpfung eingebunden sind, ihre Leistungsfähigkeit nicht voll entfalten, weil sie mit planenden, steuernden, disponierenden, koordinierenden oder korrigierenden Aufgaben beschäftigt sind. Als Maßgröße für die betriebliche Komplexität lässt sich das Verhältnis von *indirekt* zu *direkt* wertschöpfenden Ressourcen (gerechnet in Stellenprozenten) verwenden.

 TIPP Sehen Sie den Overheadbereich als Wahrzeichen der Komplexität. Sie werden überrascht sein, wie viele Personen damit beschäftigt sind, die Komplexität zu bewältigen.

Setzen wir die Überlegungen zum überproportional wachsenden Overhead in Großunternehmen fort. Wir nehmen vereinfachend an, dass in einem Unternehmen alle indirekt wertschöpfenden Personen weitgehend mit dem Management der vorhandenen Komplexität beschäftigt sind. Ihre Spezialisierung und der notwendige Koordinationsaufwand unter ihnen führen dazu, dass die Komplexitätskosten mit dem Wertschöpfungsvolumen überproportional steigen. Diese sind den – üblicherweise mit dem Volumen sinkenden – Kosten zur Erbringung der Wertschöpfung zu überlagern. Bei Betrachtung der resultierenden totalen Kosten lässt sich erkennen, dass ab einem kritischen Wertschöpfungsvolumen die Kostenreduktion aufgrund von Lernkurven- und Volumeneffekten durch die überproportional steigenden Komplexitätskosten mehr als nur kompensiert wird (siehe Abbildung 4.5 und auch Box „Abschätzung der Komplexitätskosten" in Kapitel 10).

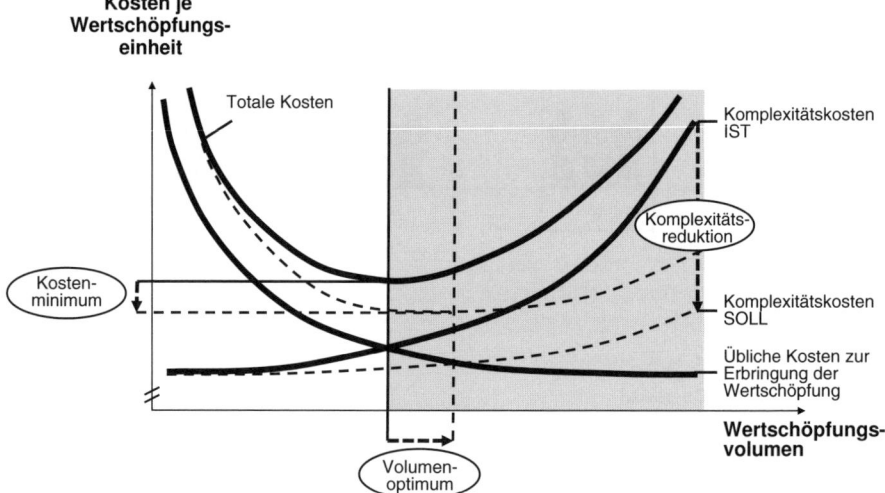

Abbildung 4.5 Wertschöpfungsvolumen und Komplexität

Die erste Schlussfolgerung ist, dass aufgrund der betrieblichen Komplexität eine *optimale Unternehmensgröße* besteht. Die zweite Schlussfolgerung ist, dass das Unternehmenswachstum über dieses Optimum hinaus nur dann ökonomisch vertretbar ist, wenn die betriebliche Komplexität entsprechend reduziert wird. Zu beachten ist, dass die Komplexitätsreduktion dabei überproportional zum Wachstum erfolgen sollte.

Kleinunternehmen und Großunternehmen

Die betriebliche Komplexität stellt für Klein- beziehungsweise Großunternehmen eine unterschiedliche Herausforderung dar. Kleine und mittlere Unternehmen (KMUs) sind meistens auf ein einziges oder nur wenige Produkt- und Marktsegmente fokussiert. Aufgrund ihrer geringen Größe können sie aus den Lern- und Skaleneffekten nur beschränkt Nutzen ziehen. Trotzdem repräsentieren diese KMUs etwa die Hälfte der Wirtschaft.

Die Wirtschaft ist – zumindest aus statistischer Sicht – kleinwirtschaftlich geprägt. Gemäß Statistik arbeitet ca. die Hälfte aller privatwirtschaftlich Beschäftigten in kleinen Unternehmen mit weniger als 50 Mitarbeitern, ein weiteres Sechstel in mittleren Unternehmen (50 bis 250 Mitarbeiter). Nur ein Drittel aller Beschäftigten arbeitet in größeren Unternehmen mit mehr als 250 Mitarbeitern (Eurostat 2011). Manche mittlere Unternehmen haben die kritische Größe überschritten und sind wie Großunternehmen auf die Realisierung von Lernkurven- und Volumeneffekten angewiesen. Zudem sind einige kleinere Unternehmen Tochterunternehmen von gesamthaft größeren Unternehmen.

KMUs können sich gegenüber Großunternehmen durchsetzen, weil ihnen noch jene Größe fehlt, welche die betriebliche Komplexität nährt. Als Erfolgskomponente verfügen die KMUs über hohe Flexibilität gegenüber spezifischen Kundenbedürfnissen und über rasche Reaktionsfähigkeit gegenüber Marktveränderungen. Die Strukturen im KMU sind auf den Chef zugeschnitten, fließend und kaum ausgebildet. In der Regel greift der Chef direkt, unter Umgehung anderer Führungsstufen, an der Front des betrieblichen Geschehens ein.

Demgegenüber verfolgen Großunternehmen für gewöhnlich mit einer breiten Produktpalette eine breite Marktabdeckung. Die Erfolgskomponente von Großunternehmen ist die hohe Multiplikation zur Nutzung der Lernkurven- und Volumeneffekte. Die Entscheidungsfindung ist systematisiert, delegiert und im Detail definiert. Für die meisten Abläufe bestehen formale Regeln, sogenannte „Standard-Operating-Procedures". Im Großunternehmen ist die Führungskultur vom systematischen Management geprägt; geführt wird über Stufen (Tabelle 4.1).

Kleine und große Unternehmen sind also von der Komplexität unterschiedlich betroffen. Kleine Unternehmen müssen sich davor hüten, durch das angestrebte Wachstum betriebliche Komplexität anzuhäufen und damit rasch an Agilität zu verlieren. Größere Unternehmen haben sich durch die vergangenen Wachstumsphasen schon viel – oft zu viel – betriebliche Komplexität angeeignet, welche deren Effizienz und Effektivität stark beeinträchtigt. Für Großunternehmen besteht deshalb die Aufgabe darin, die vorhandene betriebliche Komplexität zu reduzieren, damit die Komplexität beherrschbar bleibt bzw. wieder beherrschbar wird. ∎

Tabelle 4.1 Unterschiede zwischen Klein- und Großunternehmen

Aspekte	Kleinunternehmen	Großunternehmen
Marktpräsenz	Konzentration auf ein oder wenige Marktsegmente	Breite Marktabdeckung mit breiter Produktpalette
	Offen gegenüber neuen Opportunitäten	Oft „strategische" Marktbearbeitung
Produkte und Services	Große Offenheit gegenüber speziellen Kundenbedürfnissen: Kundenspezialitäten bzw. kundenspezifische Lösungen	Wiederverwendbarkeit im Vordergrund zur Nutzung von Volumen- und Lernkurveneffekten
Prozesse	Auf Zuruf, situationsbezogene Abläufe („heute so, morgen anders")	Strukturierte Prozesse („industrialisiert")
	Wenig Verständnis für Prozesse („Kunsthandwerk")	Oft im Detail definiert („Standard-Operating-Procedures")

Tabelle 4.1 Unterschiede zwischen Klein- und Großunternehmen *(Fortsetzung)*

Aspekte	Kleinunternehmen	Großunternehmen
Organisation	Amorphe, kaum ausgebildete Strukturen	Kristalline, stark ausgebildete Strukturen
	Direkte Führung über mehrere Stufen	Klare Rollen, oft funktional spezialisiert
	Entscheidungsfindung ad-hoc („Chefsache")	Systematisierte und delegierte Entscheidungsfindung
	Patronale Kultur, oft von Gründer/ Eigentümer dominiert	Professionelles Management

■ 4.4 Treiber der betrieblichen Komplexität

Es wird häufig angenommen, dass die innere bzw. betriebliche Komplexität vor allem von der Größe des Unternehmens abhängt, weil zwischen der Größe des Overheadbereichs und der Unternehmensgröße ein quadratischer Zusammenhang besteht. Dies ist eine grobe Vereinfachung. Es stimmt zwar, dass die Komplexität bei kleinen im Gegensatz zu großen Unternehmen noch eine untergeordnete Rolle spielt und dass Größe einen treibenden Einfluss auf die betriebliche Komplexität hat. Die Liste von möglichen Ursachen für betriebliche Komplexität ist allerdings umfangreicher und viele Punkte sind von der Größe des Unternehmens unabhängig. Es gibt auch keine allgemeingültigen Ursache-Wirkung-Zusammenhänge, diese müssen immer für den konkreten Einzelfall eruiert werden:

 Auswahl möglicher Ursachen für betriebliche Komplexität

- Externes Wachstum über Akquisitionen und strategische Allianzen
- Stark forciertes organisches Wachstum
- Viele bediente Märkte (z. B. Länder, Sprachregionen, Kulturkreise)
- Vielzahl von Marktsegmenten (z. B. Anwendergruppen)
- Breite Kundenbasis
- Breites Sortiment und hohe Variantenzahl der angebotenen Marktleistungen
- Parallelität von unterschiedlichen Geschäftstypen und Geschäftsmodellen (z. B. Katalog- und Lösungsgeschäft)
- Umfangreiches Marktleistungsbündel von Sach-, Dienst- und Informationsleistungen
- Tiefer Spezifizierungspunkt der Marktleistung („Order-Penetration-Point" bzw. „Freeze-Line")

- Komplizierte Produktstruktur (Komponentenvielfalt, Form/Gestalt, Teilehierarchie) und heterogene Dienstleistungen
- Unterschiedliche Planungs- und Abwicklungsverfahren
- Große Leistungs- oder Wertschöpfungstiefe
- Lange Planungszyklen, welche länger sind als die unternehmensexternen Zyklen
- Nichtoptimierte Geschäftsprozesse (Unterbrüche, Wartezeiten, Schleifen)
- IT-Systembrüche
- Hohe Arbeitsteilung
- Große geografische Distanzen und Sprachenvielfalt
- Zu viele, unklare und vielfältige Schnittstellen im Unternehmen selbst oder an der Unternehmensgrenze zu Kunden, Lieferanten und anderen Geschäftspartnern
- Störungen in den Abläufen (Bestellungsänderungen, Qualitätsprobleme, Rückrufe)
- Ad-hoc-Sitzungen zur Steuerung und Koordination des betrieblichen Geschehens
- Abteilungsübergreifendes „Management auf Zuruf"
- Unklare Rollen und Verantwortlichkeiten
- Steile Hierarchie mit geringen Führungsspannen
- Organisationsstruktur mit hohem Koordinationsaufwand (z. B. Matrix-Organisation)
- Nicht abgestimmte Ziele im Management
- Teufelskreisartige Regelkreise zwischen zwei oder mehreren Organisationseinheiten
- Viele Unternehmens- oder Organisationsprojekte

Wo auch immer die Ursache oder Wirkung der Komplexität liegt, die Komplexität treibt sich vor allem selbst. Die Eigenschaft der Komplexität, sich selbst zu erzeugen, zeigt sich schon daran, dass sich Komplexität entlang der einfachen Kette Markt – Produkte – Prozesse – Organisation multipliziert. Jede Erweiterung der Komplexität wirkt wie ein Verstärker, der in Serie geschaltet ist. Die an sich schon komplexe, heterogene Kundenbasis verlangt nach einer variantenreichen Produkt- und Dienstleistungspalette. Für diese sind wiederum vielfältige Geschäftsprozesse nötig, die durch eine multidisziplinäre Belegschaft abzuwickeln sind. Diese Vielfalt von beteiligten Disziplinen und Funktionen führt zu unterschiedlichen Wahrnehmungen der Markt- und Kundenbedürfnisse und dies wiederum zur unterschiedlichen – und damit noch mehr Komplexität erzeugenden – Marktbearbeitung. In der betrieblichen Praxis sind die Verkettungen noch komplizierter, wie wir später noch sehen werden.

Es wird behauptet, dass Komplexität auch positive Auswirkungen hat. Dies kann zutreffen, sofern eine Grenze nicht überschritten wird. Selbst die positive Auswirkung von äußerer Komplexität ist nicht immer eindeutig. So bedeutet beispielsweise die Bedienung zusätzlicher Märkte nicht automatisch, dass damit auch der Marktanteil zunimmt, im Gegenteil kann er durch Verzettelung der Kräfte abnehmen. Oder Sortimentserweiterungen führen nicht automatisch zur besseren Marktabdeckung, sondern zu erhöhtem Vertriebsaufwand. Oder zunehmende Produktvielfalt führt nicht zwingend zur Umsatzzunahme, sondern meistens zu abnehmenden Umsätzen pro Artikel. Jedoch treibt die äußere Komplexität die innere bzw. betriebliche Komplexität.

Ein Apparatebauer verglich die Umsatzentwicklung mit der Anzahl der Artikel, Kundenbestellungen und Bestellpositionen, Fertigungsaufträge und Arbeitsgänge in der Fertigung. Fazit der Analyse: Der 20%ige Umsatzanstieg wurde mit einer Verdopplung des Produktsortiments erkauft (siehe Abbildung 4.6). Der überproportionale Anstieg von Fertigungsaufträgen, Arbeitsgängen und Bestellpositionen führte zur Etablierung von aufwendigen und komplizierten Abwicklungsabläufen. Um diese Abwicklungskomplexität in den Griff zu bekommen, wurde eine entsprechend komplexe Organisation eingeführt. Dass dabei der Gewinn einbrach, leuchtet ein.

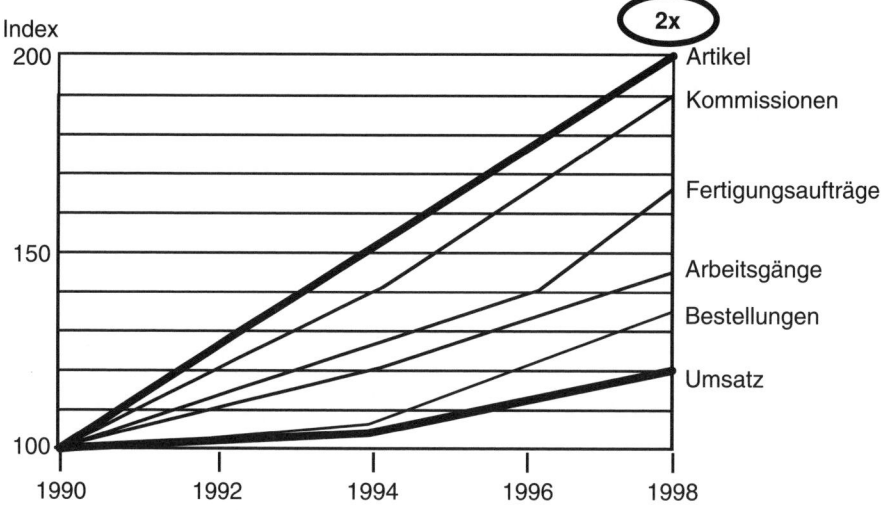

Abbildung 4.6 Explosion der Artikelvielfalt (Beispiel: Apparatebau)

Durch die Steigerung der Variantenvielfalt verliert ein Unternehmen nicht nur Volumeneffekte, sondern handelt sich direkt auch Nachteile auf der Lernkurve ein. In Umkehrung des bekannten Lernkurveneffekts steigen mit jeder Verdopplung der Variantenzahl die Herstellungskosten um 20 bis 30 %. Gleichzeitig handelt sich das Unternehmen Unübersichtlichkeit ein, welche sich – meistens überdurchschnittlich – in abnehmender Wiederverwendung und zunehmenden Qualitätsproblemen ausdrückt.

Beispielsweise hatte bei einem Anlagenbauer niemand mehr den Überblick über schätzungsweise 100 000 verschiedene, schon einmal verwendete Komponenten. Den rund

600 Entwicklungsingenieuren konnte nicht verübelt werden, wenn sie das Rad jeweils neu erfanden.

Ein anderes Beispiel ist ein Maschinenbauunternehmen, das rund 30 000 Maschinen pro Jahr verkaufte. Hier wurden durchschnittlich vier Fehler auf zehn ausgelieferte Maschinen gemeldet. Drei Viertel der Fehler waren auf konstruktive Mängel zurückzuführen. Die Entwicklungsabteilung hatte die Übersicht bei rund 150 Produktänderungen je Mitarbeiter und Jahr verloren. In der Folge blieben auch nach zwölf Monaten mehr als ein Drittel der Fehlermeldungen unerledigt.

In vielen konkreten Fällen stellen sich die Wirkzusammenhänge als kompliziert heraus. So zum Beispiel: Je größer das Unternehmen ist, desto vielfältiger sind die Märkte und Kundenstrukturen, desto breiter sind die Sortimente, desto umfangreicher sind die Varianten, desto größer ist die Leistungstiefe, desto unklarer oder zumindest vielfältiger sind die Organisationsschnittstellen. Je mehr Organisationsschnittstellen bestehen, desto mehr gibt es Geschäftsprozesse mit Unterbrüchen, Wartezeiten und Schleifen, desto häufiger sind Störungen in den Abläufen, desto wahrscheinlicher sind Fehlleistungen wie Verspätungen oder Qualitätsmängel, desto mehr tagen planende und koordinierende Gremien und desto komplizierter werden schließlich die Organisationsstrukturen. In anderen Fällen steht die Organisationsstruktur sogar am Anfang der Wirkzusammenhänge.

Bei einem großen Maschinenbauunternehmen wurde beispielsweise davon ausgegangen, dass das immer größer werdende Sortiment nicht nur sinkende Erträge pro Artikel bescherte, sondern Quelle der Organisations- und Prozesskomplexität wäre. In der Tat hatte der Entwicklungsleiter eine dominante Stellung im Unternehmen. Die Überprüfung der Zusammenhänge führte allerdings zu einem anderen Befund: Die Produktkomplexität war ein Symptom der ursächlicheren Organisationskomplexität. Unklare Rollen und Verantwortlichkeiten unter den Geschäftsführern und Bereichsleitern wurden durch Management auf Zuruf kompensiert. Gleichzeitig führten offene Grundsatzentscheidungen im Unternehmen zu opportunistischem Verhalten in allen Bereichen. So wurde der Eintritt in neue Märkte ad-hoc an Branchenmessen entschieden; neue länderspezifische Produktlinien oder -varianten wurden als Sachzwänge einfach hingenommen.

Bei einem weltweit tätigen Haushaltgerätehersteller hatten sich aufgrund des starken Wachstums die Zuständigkeiten immer mehr zersplittert. Zeitraubende Abstimmungen zwischen dem Produktmanagement und den Markenmanagern in der Zentrale sowie den lokalen Markt- und Produktionsleitern waren nötig. Den Managern mit globaler Aufgabe in der Zentrale fehlten die Mittel, um entscheidend einzugreifen, und die lokal Verantwortlichen optimierten aus nationaler Sicht. Damit war zum einen die rasche Reaktion auf Marktveränderungen und die Erschließung neuer Märkte erschwert. Zum andern führten die Länder- und Marktspezialitäten zu einer Explosion der Typen- und Variantenvielfalt, gepaart mit Umsatz- und Gewinneinbußen.

 TIPP Suchen Sie die Ursachen der Komplexität nicht bei den Symptomen. Je mehr Komplexität in einem Unternehmen vorhanden ist, desto weiter liegen die versteckten Ursachen von den augenscheinlichen Symptomen entfernt.

■ 4.5 Selbsterzeugende Prozesskomplexität

Für Prozesskomplexität ist äußere Komplexität nicht erforderlich, denn sie erzeugt sich selbst. Auslöser können u. a. freie Prozesspraxis, mangelnde Prozessbeherrschung, Prozessgeflechte, ineffiziente Prozessschnittstellen, Tool-Gläubigkeit oder sprachliche Missverständnisse sein:

- *Freie Prozesspraxis.* Prozessvielfalt entsteht zunächst durch die freie Wahl der Methode, wie eine Aufgabe zu erledigen sei. Im Bereich der direkten Auftragsabwicklung und Produktion sind Prozessvorschriften üblich. Andernorts werden sie als unnötige Einschränkung erachtet, welche die betriebliche Flexibilität behindern. Insbesondere im Marketing und Verkauf sowie in der Produktentwicklung werden Geschäftsprozesse schwerlich akzeptiert, weil das eigene Schaffen eher als Kunst denn als sich wiederholende Tätigkeit verstanden wird. Nicht nur in Kleinunternehmen wird argumentiert, dass Flexibilität und Kreativität notwendige Voraussetzung für marktgerechtes Verhalten und Verkaufserfolg seien. Das ist ein Trugschluss. Aus der Fertigungsindustrie ist bekannt, dass unklare Prozesse keine Orientierung vermitteln und vor allem zu zufälligen, qualitativ nicht kontrollierbaren Arbeitsergebnissen führen. Von Effizienz ist wegen mangelnder Wiederholung – und damit ausstehender Lerneffekte – schon gar nicht zu sprechen. An zu detailliert festgelegten Prozessvorschriften ist zwar der Taylorismus letztlich gescheitert, da er den notwendigen Spielraum, um situativ zu agieren, nicht zuließ. Daraus einen Freipass für jedwelche Kreativität herzuleiten, ist aber genauso verkehrt.

- *Mangelnde Prozessbeherrschung.* Mangelnde Prozessbeherrschung führt zu Fehlern. Diese bleiben aber nicht isoliert. Bestehen im Unternehmen aufgrund von Zeit- und Kostendruck keine Puffer materieller oder zeitlicher Art mehr, schlagen schon geringfügige Fehler auf die Marktleistung durch. Verärgerte Kunden, die nicht termingerecht oder gar falsch bedient werden, sind die Folge. In der Automobilindustrie gehört die viertelstundengenaue Lieferung von Komponenten zur Standardanforderung an Lieferanten!

  In den meisten Fällen trifft ein Fehler nicht nur den Kunden des jeweiligen Auftrags, sondern auch andere Kunden. Deren Aufträge werden umgeplant, da Materialien umdisponiert, Maschinen neu belegt, Personal abgezogen und vor lauter Hektik neue Fehlleistungen erbracht werden. Noch schlimmer wird die Situation, wenn von der betrieblichen Hektik noch die Lieferanten infiziert werden, dann droht die ganze Wertschöpfungskette zu kollabieren.

- *Geflecht von Prozessen*: Viele Unternehmen lassen ihre Geschäftsprozesse durch ihre Bereiche und Abteilungen – sozusagen Bottom-up – festlegen, in der Absicht, damit die Akzeptanz zu erhöhen. Ergebnis solcher Prozessfestlegungen sind Prozesse, welche an den bestehenden Bereichs- bzw. Abteilungsgrenzen starten und enden. Solche Prozessgeflechte schaffen untereinander hohe, meistens intransparente Abhängigkeiten; es kann nicht mehr nachvollzogen bzw. ermittelt werden, wo sich ein Auftrag befindet oder woran es liegt, dass ein Auftrag nicht planmäßig vorwärts kommt.

Bei einem Komponentenhersteller wurden 29 Hauptprozesse mit Übergabestelle an den jeweiligen Bereichsgrenzen festgelegt (siehe Abbildung 4.7). Je nach Auftrag ergaben sich daraus mehr als 35 – vorgesehene – Abwicklungsvarianten. Nicht inbegriffen waren die unzähligen Abkürzungen und Sonderfälle. Zudem hatten die Regionen „Asien" und „Nordamerika" ihre Geschäftsprozesse nach lokalen Gesichtspunkten festgelegt, was die interkontinentale Zusammenarbeit zusätzlich erschwerte. Denn allein schon in Europa waren die einzelnen Hauptprozesse stark voneinander abhängig und durch zahlreiche Verknüpfungen verbunden (siehe Abbildung 4.8).

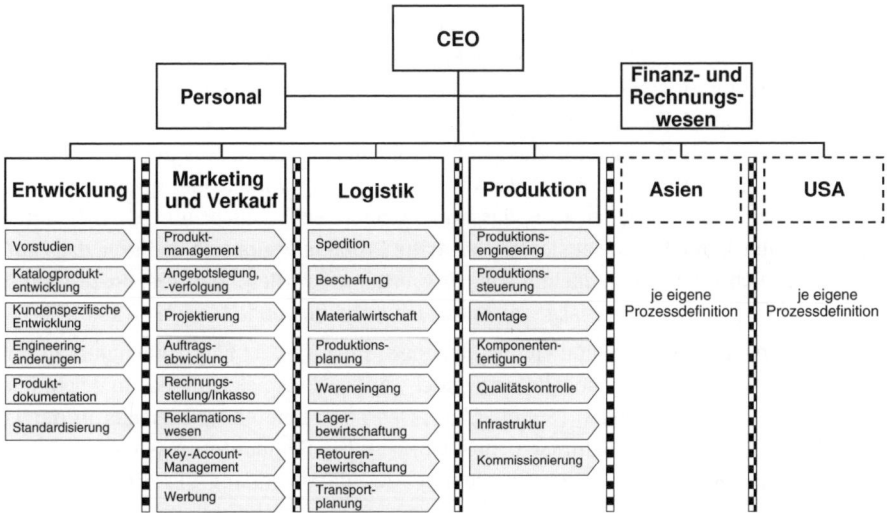

Abbildung 4.7 Prozesse, die innerhalb der Bereichs- und Abteilungsgrenzen definiert sind (Beispiel: Komponentenhersteller)

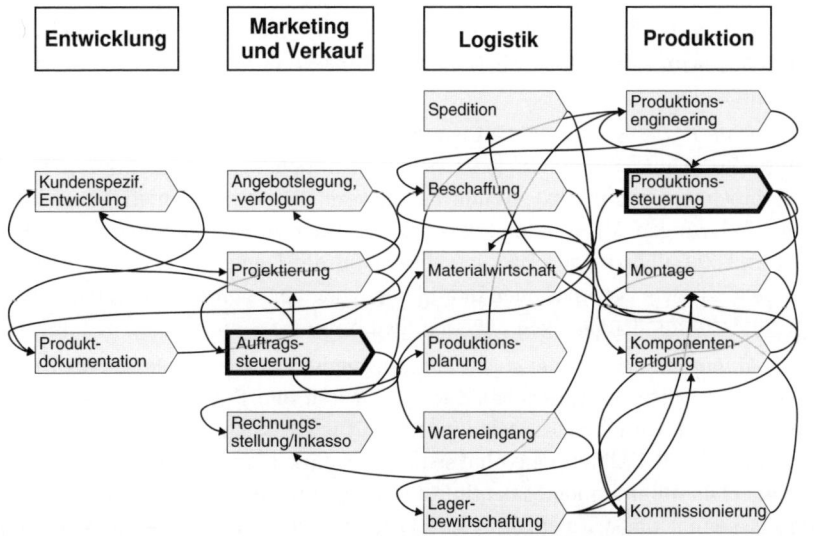

Abbildung 4.8 Spaghetti-Prozesse (Beispiel: Komponentenhersteller)

Wir nennen dieses Phänomen „Spaghetti-Prozesse". Niemand hat mehr den Überblick, es gibt keine durchgängige Verantwortung für die Auftragsabwicklung und selbst die Auftragssteuerung hat keinen Durchgriff. Zu den vorgesehenen Abwicklungsvarianten kommt noch manche Variante, welche behelfsmäßig erfunden wurde – teils lösen sie konkrete Ablaufprobleme, teils schaffen sie neue. Letztlich gelingt es nur dank der informellen Beziehungen unter den Mitarbeitern und deren außerordentlichem Einsatz, dass Aufträge doch noch termingerecht dem Kunden abgeliefert werden können.

Mancherorts besteht die Meinung, dass ein Geflecht von Prozessen wie ein Sicherheitsnetz wirke, das unvorhergesehene Ereignisse auffange. Durch das Geflecht seien viele statt wenige Stellen involviert und mehr sei im Krisenfall immer besser als weniger. Auch das ist ein Trugschluss. Das erste Problem ist, dass bei unvorhergesehenen Geschäftsfällen die zutreffenden Wege im Prozessgeflecht nicht bekannt sind und die involvierten Stellen überrascht werden: Das Risiko ist groß, dass sich keine Stelle entlang des Ablaufs zuständig fühlt. Das zweite Problem liegt darin, dass in einem Prozessgeflecht die möglichen Auswirkungen von Fehlern nicht vorbeugend erkannt werden können. Das Risiko ist daher groß, dass geringfügige Fehler nicht nur einen Domino-Effekt, sondern eine Lawine auslösen. Das dritte Problem ergibt sich dadurch, dass auftauchende Schwierigkeiten nicht rechtzeitig erkannt werden, weil die Prozesstransparenz fehlt. „Spaghetti-Prozesse" zeichnen sich durch folgende Merkmale aus:

- *Standardmodelle:* Das Phänomen der „Spaghetti-Prozesse" ist häufig auch dort zu finden, wo Standardprozessmodelle verwendet werden. Beispiele sind das in der Industrie bekannte SCOR-Modell (Supply-Chain-Operation-Reference) oder das in der IT bekannte ITIL-Modell (IT-Infrastructure-Library). Die Standardprozessmodelle orientieren sich an Funktionen oder einzelnen Aktivitäten entlang der Wertkette, z. B. Beschaffung, Produktion und Vertrieb. Dabei wird die Durchgängigkeit des Prozesses unterbrochen, was unzählige Abhängigkeiten schafft. Genauso untauglich sind die ERP-Standardmodelle, da sich deren Prozesssicht auf Transaktionen von strukturierten Daten, z. B. Bestelldaten, fokussiert. Die viel bedeutsamere Verarbeitung von unstrukturierten Informationen wie beispielsweise das Organisations- und Prozess-Know-how wird jedoch unterschätzt. Ohne dieses Know-how würde das Unternehmen aber stillstehen.

- *Ineffiziente Prozessschnittstellen:* Charakteristisch für Spaghetti-Prozesse sind deren zahlreiche Schnittstellen. Mit jeder neuen Schnittstelle wird der Informationsfluss unterbrochen, was zunächst zu Informationsverlusten, dann zu ineffizienten Rückfragen, Abklärungen, Missverständnissen und letztlich zu Fehlern führt. Schlechte Qualität und Zufälligkeit im Prozessergebnis sind die Folge. Bei einem Mittelständler mussten obsolete Lagerbestände in Millionenhöhe abgeschrieben werden, weil falsch spezifizierte Kundenlösungen unverkäuflich waren.

- *Tool-Gläubigkeit:* Früher oder später geht wegen der Prozesskomplexität die Übersicht über das betriebliche Geschehen verloren. Durch den Einsatz von neuen Informationssystemen wird versucht, wieder betriebliche Übersicht zu gewinnen. Die verfügbaren Tools, z. B. ERP-Systeme, sind so mächtig, dass darin praktisch jede Prozessvielfalt abgebildet werden kann. Damit löst sich das Problem aber nicht. Die bestehende Prozesskomplexität wird einzig in den virtuellen Raum verschoben und die Unübersichtlichkeit wird mit allen Fehlern zementiert.

Beispielsweise waren in einem Großkonzern monatlich zwischen 3 bis 5 % der mehr als 200 000 Gehaltsabrechnungen falsch. Dies lag nicht an unvollständigen Personaldaten, sondern daran, dass die Programmprozeduren nicht mehr lückenlos nachvollziehbar waren.

- *Distanz zum betrieblichen Geschehen:* Verstärkt wird die Unübersichtlichkeit durch die schleichende Entfremdung vom realen betrieblichen Geschehen. Viele Mitarbeiter im Bürobereich kennen den vollständigen betrieblichen Ablauf, beginnend bei der Auftragsannahme bis zur -erledigung, nicht mehr. Sie glauben, dass die Arbeitsanweisungen im Informationssystem entstehen. Diese Sachbearbeiter wissen nicht, wer ihre unmittelbaren Arbeitskollegen im Geschäftsablauf sind. Symptomatisch für solche Entfremdungen ist, dass für betriebliche Pannen nur noch die bestehenden Informationssysteme als vermeintliche Ursachen genannt werden und deren Erneuerung ohne Behebung der ursächlichen Prozesskomplexität verlangt wird.

Bei einem Mittelständler musste die Position des IT-Leiters in den letzten fünf Jahren schon zum dritten Mal besetzt werden. Entnervt hatten die Vorgänger das Handtuch geworfen. Sie fanden intern keinen starken Fürsprecher, welcher die Komplexität, die sich in den IT-Systemen manifestierte, als ursächliches Organisations- und Prozessproblem erkannte.

- *Sprachliche Missverständnisse:* Prozesskomplexität entsteht auch durch unterschiedliche Begriffsverständnisse zwischen der realen Unternehmenswelt und der virtuellen IT-Welt. Zu oft wird angenommen, dass vom selben gesprochen werde. In der realen Unternehmenswelt ist ein Prozess ein Vorgang, der der Wertschöpfungskette folgt und die Transformationen von Produkten und Dienstleistungen beschreibt – meistens auf der Makroebene von Organisationseinheiten. In der IT dagegen steht beim Prozess die datenmäßige Transaktion im Vordergrund – oft schon auf der Mikroebene der Datenverarbeitung. Diese IT-Prozesse beschreiben vor allem die Interaktionen zwischen den Prozessen der realen Welt. So betrachtet liegen die IT-Prozesse quer zu den Geschäftsprozessen. Auch der Begriff der Organisation hat in der Welt der Softwarehersteller eine eigene Bedeutung, beispielsweise bei SAP die Systemaufsetzung nach Instanzen, Mandanten, Profitzentren, Werken etc. Diese Bezeichnungen müssen nicht mit der Unternehmenswelt übereinstimmen. Logischerweise ergeben die Dokumente, welche die Organisation und die Prozesse eines Unternehmens beschreiben, selten ein konsistentes Bild, weil sie aus unterschiedlichen Welten stammen. Bilden sie die Basis für Organisations- oder IT-Projekte, ist der Zuwachs an Prozesskomplexität im wortwörtlichen Sinne programmiert.

Typischerweise werden in solchen Situationen bestehende Stellen mit einer zusätzlichen Aufgabe betraut („Bitte kümmern Sie sich darum") oder es werden zusätzlich steuernde Stabstellen geschaffen („XY soll sich darum kümmern"). Aus lokaler Sicht, beispielsweise aus der Sicht der Produktionsstraße, mögen einzelne Prozessoptimierungen noch als richtig erscheinen. Im Gesamtkontext sind sie in den meisten Fällen jedoch suboptimal, denn in einem Geflecht von Prozessen verstärken punktuelle Ansätze das Problem der steigenden Prozessvielfalt durch neue Schnittstellen oder neue Prozessvarianten – vor Ort und anderswo im Unternehmen. Fazit: Der Aufschub der grundlegenden Sanierung führt zu zunehmend komplexeren inneren Abhängigkeiten zwischen den Geschäftsprozessen und verringert damit weiter deren Durchschaubarkeit (siehe Abbildung 4.9).

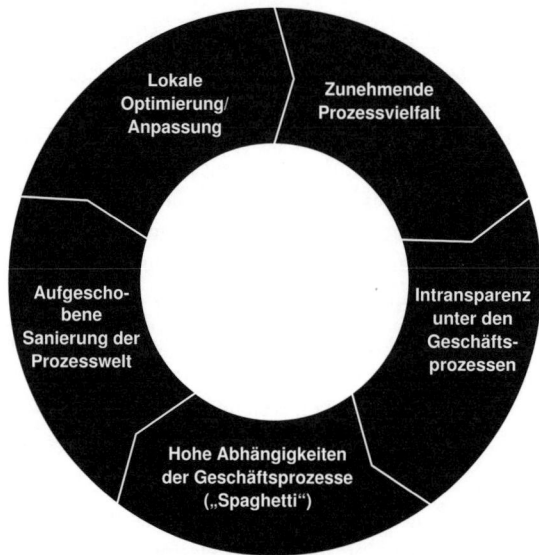

Abbildung 4.9
Komplexitätsfalle der Prozessvielfalt

 TIPP Beschreiben Sie das Prozessmodell Ihrer Geschäftseinheit auf einer einzigen A4-Seite gut leserlich. Ist dies nicht möglich, ist die Prozesskomplexität zu hoch, weil der Überblick verloren geht. Auch ein Prozessmanagement-Tool schafft keine nachhaltige Abhilfe.

■ 4.6 Verzettelte Organisation

Die Organisationskomplexität ist mit den Organisationsgrenzen meistens schon Treiber der Prozesskomplexität. Die Organisationskomplexität erzeugt sich ebenfalls selbst. Die hauptsächlichen Mechanismen sind Verzettelung, funktionale und personenbezogene Organisation, unterschiedliche Interessen und interne Projekte:

- *Verzettelung:* Aus der Theorie wissen wir: Eine Organisationsstruktur erfüllt ihren Zweck, wenn sie die betrieblichen Aktivitäten bündelt und strategiegerecht auf die Unternehmensziele ausrichtet. Die Realität ist, dass sich sehr viele Organisationen verzetteln und ein großer Teil der Unternehmensressourcen vergeudet wird, um die vielen unterschiedlichen Aktivitäten auf die Unternehmensziele auszurichten. Steile Hierarchien mit geringen Führungsspannen verstärken die Verzettelung, da sie fragmentieren statt integrieren und letztlich auch die Verfolgung von Partikularinteressen erleichtern. So muss in vielen Fällen die Unzweckmäßigkeit der Organisationsstruktur mit sekundären Strukturen wie koordinierendem Stab, Matrixorganisation oder Ad-hoc-Taskforce korrigiert werden. Damit wird – aber nur scheinbar – die Ressourcenverschwendung eingedämmt, denn es wird Organisationskomplexität erzeugt: Wer ist zuständig? Wer gibt vor? Wer entscheidet? Wem ist Rechenschaft geschuldet?

- *Funktionale Organisation:* Diese am weitesten verbreitete Organisationsform richtet sich nach den primär in einem Unternehmen notwendigen Fachkompetenzen – unabhängig davon, in welchem Ausmaß diese Funktionen in den einzelnen Geschäftsprozessen benötigt werden. Auf den Geschäftsprozess bezogen müssen diese Fachkompetenzen zuerst koordiniert werden, damit sie ihre Kraft voll entfalten können. Diese koordinierende Rolle kann nur eine übergeordnete Instanz, der Unternehmensleiter selbst oder eine von ihm ermächtige Person, ein Planer oder Disponent, übernehmen. Funktionale Organisationen stehen meistens quer zum durchgehenden Geschäftsprozess und schaffen unnötige Schnittstellen.

Im Falle des Komponentenherstellers war ursprünglich die zentrale Auftragssteuerung im Bereich Marketing und Verkauf des Stammhauses für die Koordination zuständig. Bei Engpässen entschied sie über die Prioritäten unter den Kundenaufträgen. Mit der Internationalisierung wurde die Auftragssteuerung in die Märkte dezentralisiert; damit verlor der Bereich Marketing und Verkauf im Stammhaus die Möglichkeit, die Aufträge global zu koordinieren. Die Rolle der Koordination verschob sich zur Produktionsplanung im zentralen Bereich Logistik, welcher nun die Produktionsaufträge in die weltweit verteilten Produktionsstätten vergab. Damit war der Konflikt programmiert: Wer verantwortete die termingerechte Belieferung der Kunden? Derjenige, der mit dem Kunden die Termine vereinbarte, oder derjenige, der die Produktionsaufträge plante oder gar derjenige, der sie ausführte?

Funktional orientierte Organisationen fördern auch das verbreitete Phänomen der internen Absicherung. Gerade weil in der funktionalen Organisation nicht alles rund läuft, sichern sich die einzelnen Bereiche gegen Fehler ab, auf die sie behaftet werden könnten. Sie führen lokale Statistiken und blähen den Informationsverteiler auf; sie bauen unnötige Reserven und Kapazitäten in ihren Planungen ein; sie schaffen unnötige Formalismen wie Genehmigungsvorgänge und Bereichseingangskontrollen; und sie nehmen Querfunktionen wie die Beschaffung und die Qualitätssicherung in Beschlag, um so auf andere Bereiche Einfluss zu nehmen.

Beim angesprochenen Komponentenhersteller hatte die Einführung eines Absatzprognosesystems wider Erwarten zu Lieferengpässen geführt, weil unnötige Kapazitäten reserviert wurden und so eine höhere Kapitalbindung und Lagerabschreibungen nach sich zogen. Die Werke hatten, um sich abzusichern, mit der Produktion begonnen, bevor die Aufträge freigegeben waren.

Bei einem Maschinenbauer standen der Produktionsbereich und die unterstellte Beschaffungsabteilung mit dem Entwicklungsbereich im Dauerkonflikt. Der Entwicklungsbereich kaufte die Komponenten, die er für den Bau von Funktionsmustern nötig hatte, selbstständig, ohne die Beschaffungsabteilung zu kontaktieren, ein. Das Unternehmen musste sich in der Folge immer wieder entscheiden, ob sie die Maschinen teurer mit den Lieferanten der Entwickler produzieren oder ob sie sie günstiger mit den Lieferanten der Beschaffungsabteilung noch einmal entwickeln wollte.

▪ *Personenbezogene Organisation*: Genauso komplex wie die funktionale Organisation ist die personenbezogene. Viele Strukturen sind um Eignungen und Neigungen von verdienten Einzelpersonen gebaut. Sie sind nur scheinbar effizient. Der in der Festlegungsphase vermiedene Konflikt wird vielmehr in die Praxisphase verschoben. Die inhärenten Zuständigkeitskonflikte lassen sich auch nicht mit der Losung „die richtige Person an der richtigen Stelle" vermeiden, wenn die Schnittstellen falsch gelegt sind.

Gemeinsam sind personenbezogener und funktionaler Organisationsstrukturen, dass sie eine lange Prozesskette mit vielen ineffizienten Schnittstellen verursachen. An diesen Übergabestellen geht, wie beim Stille-Post-Spiel, immer etwas von der ursprünglichen Auftragsinformation verloren. Mit zunehmender Länge der Prozesskette steigt die Wahrscheinlichkeit, dass Missverständnisse entstehen und dass das Kundenbedürfnis am Ende nicht mehr erfüllt wird.

Beim Elektroinstallateur waren alleine bei der Materialbeschaffung sechs verschiedene Kostenstellen involviert.

Bei einem kleinen Stahlhersteller mit rund 350 Mitarbeitern musste die knapp 100-gliedrige Prozesskette auf einer 50 Meter langen Rolle abgebildet werden. Damit die Tätigkeiten wenigstens teilweise koordiniert werden konnten, wurde auch ein Formular mit einem Verteiler an 64 Stellen verwendet. Kein Wunder, dass Feuerwehrübungen am Ende der Kette eher die Regel denn die Ausnahme bildeten, denn bekanntlich gilt „Den Letzten beißen die Hunde" auch im betrieblichen Geschehen.

Bei einem Anlagenhersteller waren 55 verschiedene Abteilungen bei der Auftragsabwicklung involviert. Damit diese Kette – mit teilweise auch parallelen Bearbeitungen – koordiniert werden konnte, wurden mehr als zwei Drittel des Aufwands nicht wertschöpfend eingesetzt. Bei einem anderen Mittelständler fand die Darstellung der Prozesskette für die Abwicklung eines Komponentenauftrags auf keiner Wand mehr Platz.

▪ *Unterschiedliche Interessen*: Die einzelnen Funktionsbereiche im Unternehmen verfolgen primär ihre eigenen und nicht die Gesamtinteressen des Unternehmens – je größer das Unternehmen, umso mehr fällt das ins Gewicht. Beispielsweise werden die Neuerungen der Entwicklungsabteilung von der Produktion nur so lange geschätzt, wie sie die Betriebsauslastung sichern; die Auslastungsoptimierung der Produktion ist von der Finanzabteilung so lange geschätzt, wie sie die Liquidität schont, oder die Kostenoptimierung der Logistik ist vom Vertrieb nur so lange akzeptiert, wie sie die rasche Marktversorgung sichert.

Auch die Hierarchie verstärkt die unterschiedlichen Interessen, denn in der Distanz zwischen oben und unten etablieren sich genauso unterschiedliche Interessen wie zwischen den Funktionsbereichen. Die Unternehmensspitze beschäftigt sich vor allem mit dem strategischen Auftrag und der besseren Positionierung des Unternehmens am Markt. Nur in wenigen Fällen bedeutet dies Konzentration, sondern meistens Erschließung neuer Märkte: neue Kundensegmente, geografische Expansion oder Diversifikation in neue Geschäfte stehen hier im Fokus. Das mittlere Management wiederum unterstützt das Wachstum; es kreiert neue Produkte sowie Dienstleistungen und es beschäftigt sich mit der Schaffung neuer Managementpositionen. An der Basis wollen die Mitarbeiter bessere Werkzeuge und bessere Abläufe; sie schaffen neue Prozessvarianten. Die Unternehmensspitze fördert damit die Heterogenität der Kundenbasis, das mittlere Management die Produktvielfalt sowie die Verzettelung der Organisation und die Basis letztlich die Prozessvielfalt (siehe Abbildung 4.10). Verschlimmert wird der Komplexitätszuwachs durch die selektive Wahrnehmung aufgrund der hierarchischen Distanz. Auf oberster Ebene erscheint der Komplexitätszuwachs als unbedeutend. Die Auswirkungen werden erst sichtbar im Zuwachs an Prozesskomplexität, mit der sich die Leistungsträger – weit weg von der Spitze – an der Basis beschäftigen müssen. Hier ist das Kleinunternehmen im Vorteil. Möge dessen Chef noch so flexibel am Markt agieren, die Auswirkungen auf das betriebliche Geschehen nimmt er unmittelbar wahr.

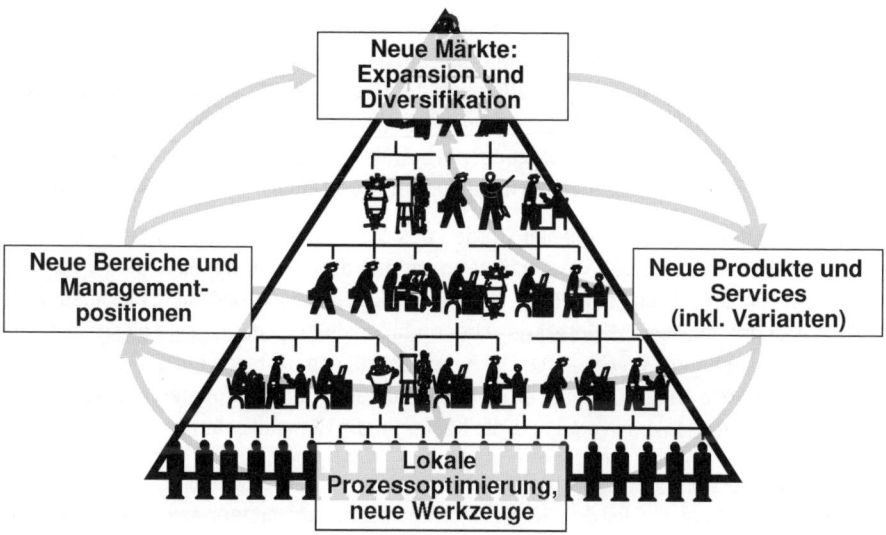

Abbildung 4.10 Unterschiedliche Interessen entlang der Hierarchie von Großunternehmen

- *Interne Projekte:* Ein Zeichen wuchernder Komplexität ist die Vielfalt der laufenden Unternehmens- und Organisationsprojekte. Trotz (oder wegen?) Überlastung und Ressourcenknappheit werden immer neue Organisationsprojekte initiiert. Viele Unternehmen wissen nicht, dass 20, 100 oder gar 1000 interne Projekte pendent sind, in allen Fällen gibt es mehr Projekte als das mittlere Kader Mitarbeiter zählt. Verbreitet sind die betroffenen Mitarbeiter der Ansicht, dass das obere Management gar nicht mehr wisse, was es wolle. Obwohl sie sich hauptsächlich dem Tagesgeschäft annehmen sollten, sind sie für nicht weniger als drei bis fünf Projekte nominiert.

Solche Projekte laufen alle parallel und in den meisten Fällen unkoordiniert ab. Viele sind nicht auf ein übergeordnetes Ziel ausgerichtet. Sie sind spontan und aus dem Sachzwang entstanden, ein Problem aus dem Tagesgeschehen kurzfristig zu lösen.

Sie befassen sich mit Anpassungen an den Informationssystemen, mit Kalkulationsschemen, Preislisten, mit der Geschäfts- und Produktdokumentation, mit Produktüberarbeitungen, Markteinführungen, mit Lager- und Transportoptimierung, Raumbewirtschaftung, Verlagerungen, mit neuen Beschaffungsquellen, mit Kanban-Belieferung, Zertifizierungserneuerung, Sortimentsbereinigung, Six-Sigma, Mitarbeiterzufriedenheit, Verkauf von nichtstrategischen Firmenteilen usw. Sie kommen nur dann voran, wenn sie zur Chefsache erklärt worden sind.

Weil niemand mehr in einem 2500-köpfigen Unternehmen den Überblick über die laufenden Projekte hatte, musste eigens ein Projekt angestoßen werden, um 800 Projekte zu identifizieren und deren Status zu erheben. Nur eine Handvoll Projekte wurde ernsthaft vorangetrieben. Manche Projektmitglieder hatten schon nach dem Kick-off geahnt, dass ihr Projekt nicht erfolgreich sein würde; und entsprechend drosselten sie ihren Einsatz. Diese Projekte blieben bestenfalls auf halbem Weg stecken.

▪ *Singuläre Ansätze:* Werden Organisationsprojekte doch durchgezogen, sind sie in den meisten Fällen auf ein singuläres Thema beschränkt und ohne wesentlichen Nutzen für das Gesamtunternehmen. Nachhaltige, auch im Betriebsergebnis sichtbare Durchbruche bleiben in den meisten Fällen aus. Im Gegenteil, die Verbesserungen verpuffen oft schon nach kurzer Zeit – sei es, weil sich das Interesse im Management verschob, weil sich die Randbedingungen veränderten oder weil die Verbesserungen durch schleichende Verschlechterungen anderswo wieder wegkompensiert wurden.

Bei einem Komponentenhersteller wurden aus Sicht der direkt-involvierten Projektmitarbeiter beachtliche Ergebnisse erzielt: So wurden für eine Produktlinie die Fertigungszeit auf ein Drittel reduziert, der Lagerumschlag verdoppelt und die Stückkosten um 20 % gesenkt. Im Gesamtkontext des Unternehmens jedoch hatten sich diese Resultate letztlich als marginal erwiesen. Die Lieferzeit wurde von 30 Tagen auf 27 Tage verkürzt, der verdoppelte Lagerumschlag erhöhte die Bestände bei der Tochtergesellschaft und die Stückkostensenkung verlagerte die Kosten in die Gemeinkosten.

Bei einem Versicherungsunternehmen führte eine pauschale Sparrunde zu Netto-Mehrkosten, weil Mängel in der Qualität der internen Leistungen anderswo wieder, jedoch mit höherem Aufwand behoben werden mussten.

Bei einem Apparatehersteller führte die akribische Stückkostenkalkulation dazu, dass die Produktionskosten stiegen, weil aus Kostenüberlegungen immer wieder neue Varianten geschaffen wurden.

Die Verlagerung des Engineerings nach Indien führte bei einem Anlagenbauer im deutschen Stammhaus zu hohem Abstimmungsaufwand im Kundenprojekt, der die Einsparungen bei weitem überstieg.

Maßgeblich für die Organisationskomplexität ist die ungenügende Ausrichtung der Organisation auf das Unternehmensziel: die Verzettelung. Widersprüche und Mehrspurigkeiten bei Rollen, Zuständigkeiten und Verantwortlichkeiten sind die Folge. Denken wir hier an den Verkaufsleiter, der für die Kundenzufriedenheit verantwortlich ist, aber keinen Einfluss auf die Liefertreue und die Qualität der Produkte hat. Oder an den Auftragsleiter, der zwar für die termingerechte Auslieferung an den Kunden verantwortlich ist, aber weder auf die Beschaffungsstelle, die Produktion noch auf die Speditionsabteilung Zugriff hat. Oder der Produktmanager, der für die erfolgreiche Markteinführung verantwortlich ist, aber weder für die Entwicklung noch die internen und externen Zulieferer noch die eigene Vertriebslogistik zuständig ist. Oder den Projektleiter eines internen Projekts, der nicht alle Rahmenbedingungen kennt oder mit sich schleichend verändernden Zielen kämpft.

Bestehen organisatorische Unklarheiten, werden Koordinationsmechanismen nötig. In vielen mittelständischen Unternehmen finden sie im Rahmen der wöchentlichen bereichsübergreifenden Konferenz statt; in anderen sind es formelle Koordinationsstellen; in den meisten Fällen handelt es sich jedoch um die informellen Beziehungsnetze: das Management auf Zuruf. Dabei ist das mittlere und obere Management zum größeren Teil damit beschäftigt, das betriebliche Geschehen durch Zuruf so zu übersteuern, dass der unternehmerische Auftrag erfüllt wird. Es ist zwar bekannt, dass Übersteuerung – vor allem, wenn sie regelmäßig erfolgt – nicht optimal ist. Trotzdem erleben viele Unternehmen alltäglich Sondereinsätze, um das scheinbar Unmögliche doch noch möglich zu machen.

In solchen Situationen werden die dringend notwendigen Neustrukturierungen der Organisation aufgeschoben. Wer möchte schon das Tagesgeschäft gefährden? Zu angespannt ist die schon überlastete Organisation und niemand möchte die engagierten Mitarbeiter zusätzlich noch verärgern. Folgt dann wieder eine Panne, wird die Organisation punktuell angepasst, indem beispielsweise dem tüchtigen Mitarbeiter X eine zusätzliche Aufgabe übertragen oder Mitarbeiter Y in einen anderen Bereich versetzt wird. Damit ist der Kreis der sich selbst erzeugenden Organisationskomplexität geschlossen (siehe Abbildung 4.11).

Abbildung 4.11
Komplexitätsfalle der verzettelten Organisation

■ 4.7 Reduktion der Komplexität an der Schnittstelle

Sowohl Prozess- als auch Organisationskomplexität, „Spaghetti"-Prozesse und verzettelte Organisation, haben ungeeignete Schnittstellen gemeinsam. Viele Schnittstellenprobleme entstehen nicht aus der aktuellen Situation heraus, sondern sind auf im Grundsatz schon falsch abgestimmte Rollen, Zuständigkeiten und Verantwortlichkeiten zurückzuführen. Daraus ergeben sich unnötige Prozessschleifen und -verzweigungen, Wartezeiten, Prozessfehler, Mehrspurigkeiten, Rückfragen und Abstimmungsbedarf oder einfach Reibereien an den Schnittstellen. Zuständigkeitskonflikte sind immer eine Folge falscher organisatorischer Abstimmungen bzw. ungeeigneter Schnittstellen. Ein direkt-produktiver Mitarbeiter kann beispielsweise seine Aufgabe nur effizient erfüllen, wenn sein indirekt-produktiver Kollege die Feinplanung exakt vornimmt. Damit greift der indirekt-produktive Kollege in den notwendigen Gestaltungsspielraum des direkt-produktiven Mitarbeiters ein. Gerade im Baugewerbe treten solche Fehler schnell zu Tage, wenn die Mitarbeiter auf der Baustelle fehldisponierte Materialien erhalten und dann auf die richtigen warten müssen. Ein anderes Beispiel ist ein Unternehmen, in dem das Zusammenspiel der Abteilungen nur mit großem Abstimmungsaufwand erreicht wird, weil die Abteilungen als eigenständige Profit-Center miteinander konkurrieren, obwohl es sich um ein *einziges* Geschäft handelt.

An den Schnittstellen entstehen also Mehraufwände, weil ins ineffiziente Geschehen korrigierend eingegriffen werden muss (siehe Abbildung 4.12). Schnittstellen sind unklar, wenn Rückfragen notwendig sind; sie sind unverbindlich, wenn Auftragsänderungen erfolgen; sie sind überbestimmt, wenn Anweisungen widersprüchlich sind; sie sind unterbestimmt, wenn sie Interpretationsspielräume lassen; sie sind falsch gelegt, wenn Planung und Auftragsausführung getrennt oder wenn intensive Koordination über die Schnittstelle hinweg notwendig sind. Damit werden in den beteiligten Organisationseinheiten – schlimmer noch bei koordinierenden Dritten – Ressourcen für die tägliche Bedienung der ineffizienten Schnittstelle gebunden. Die damit entstehenden Komplexitätskosten erreichen rasch Größenordnungen von 20 bis 30 % der Vollkosten im Verwaltungsbereich (siehe Box „Abschätzung der Komplexitätskosten" in Kapitel 10).

Im Fall eines weltweit tätigen Warenprüfungsunternehmens, welches Handelsgüter inspiziert und Zollpapiere im Ursprungs- wie auch Destinationsland im Auftrag der Zollbehörden prüft, hatten die historisch gewachsenen Schnittstellen zu Doppel- und Mehrspurigkeiten, Lücken und Inkonsistenz in den Daten geführt. Viel gravierender waren jedoch die daraus resultierenden, zu stark fehlerbehafteten Bearbeitungen. Es fiel auf, dass die Fehlerquellen nicht nur in der Schnittstelle zwischen kooperierenden Landesgesellschaften lagen, sondern auch in den Landesgesellschaften selbst. Vor allem große Landesgesellschaften waren funktional zersplittert organisiert; die Fallbearbeitung erfolgte in Schleifen und mit Unterbrüchen; je größer die Gesellschaft war, desto häufiger waren die Bearbeitungsfehler.

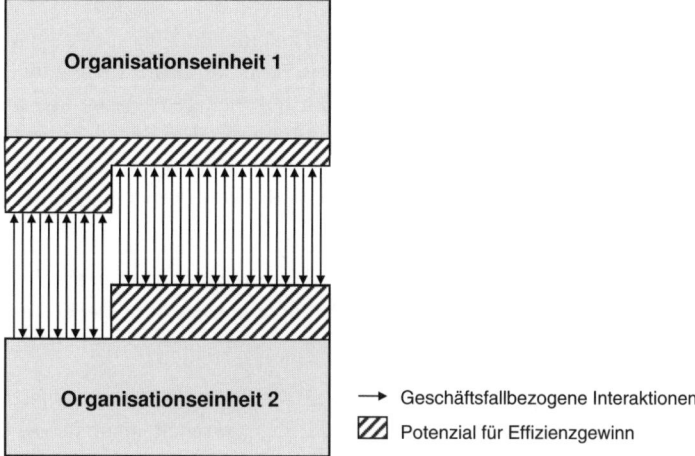

Abbildung 4.12 Ineffiziente Schnittstellen

Durch die Neugestaltung der Schnittstellen lassen sich deren Ineffizienzen eliminieren, indem einfache *Auftraggeber-Auftragnehmer-Beziehungen* festgelegt werden. Eine Auftraggeber-Auftragnehmer-Beziehung ist durch eine *Bestellung* und die darauf folgende *Lieferung* charakterisiert. Dabei darf das Gelieferte bzw. Bestellte breiter gesehen werden: als Antwort auf eine Frage, als Angebot auf eine Anfrage, als Ware auf eine Bestellung, als Dienstleistung auf eine Anforderung oder als Erledigung auf eine Beschwerde usw. (siehe Abbildung 4.13). Die Auftraggeber-Auftragnehmer-Beziehung bedeutet, dass an der Schnittstelle die vom Auftragnehmer zu erbringende Leistung, beispielsweise die Lieferung eines Produkts oder die Erbringung einer Dienst- oder Informationsleistung, eindeutig vereinbart wird. Sie bedeutet auch, dass die Auftragserledigung, beispielsweise die Lieferung, genau der Vereinbarung entspricht und vom Auftraggeber überprüft werden kann.

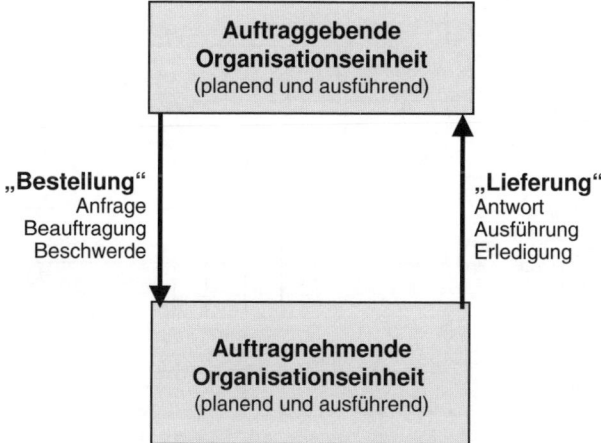

Abbildung 4.13 Klärung und Vereinfachung der Schnittstellen durch Auftraggeber-Auftragnehmer-Beziehung

Um die Rolle des „Auftraggebers" bzw. des „Auftragnehmers" effizient wahrnehmen zu können, bedarf es der gezielten, beidseitigen und aufeinander abgestimmten Anpassung bestehender Rollen, Aufgaben, Zuständigkeiten und Verantwortlichkeiten. Entsprechend sind die Organisationseinheiten mit den notwendigen Ressourcen quantitativ und qualitativ auszustatten. Aus dieser Neugestaltung von Prozessen bzw. Organisationeinheiten, die im Wesentlichen nur die Schnittstellen optimiert, entsteht ein erheblicher Effizienzgewinn. Etwa zwei Drittel der Effizienzverbesserungspotenziale liegen in diesen Schnittstellen.

Allein durch die Neugestaltung der Schnittstellen zwischen den Gesellschaften sowie innerhalb der Gesellschaften konnten im Warenprüfungskonzern die Kosten um rund 20 % gesenkt werden.

Nach der grundlegenden Neugestaltung hatte der Komponentenhersteller noch vier, jedoch durchgängige Geschäftsprozesse für das Tagesgeschäft: einen für die durchgängige Betreuung der Kunden über die Dauer der gesamten Geschäftsbeziehung, einen für die durchgängige vertriebslogistische Abwicklung der Aufträge, einen für das durchgängige Projektmanagement und kundenspezifische Engineering sowie einen für die Produktion der Komponenten inklusive der beschaffungsseitigen Logistik. Zwischen diesen vier Geschäftsprozessen bestanden einige wenige, aber geklärte Auftraggeber-Auftragnehmer-Beziehungen. Beispielsweise bezog in der Phase der Auftragsgewinnung der Prozess „Kundengewinnung" als Auftraggeber angebotsspezifische Informationsleistungen je vom Prozess „Vertriebslogistik" bzw. „Projektmanagement und kundenspezifisches Engineering", um ein vollständiges Angebot mit kundenspezifischen Lösungen für den Kunden zu erarbeiten. Nach der Auftragserteilung durch den Kunden bestehen wiederum interne Auftraggeber-Auftragnehmer-Beziehungen, um die Lieferkette aufzubauen bzw. den konkreten Auftrag abzuwickeln (siehe Abbildung 4.14).

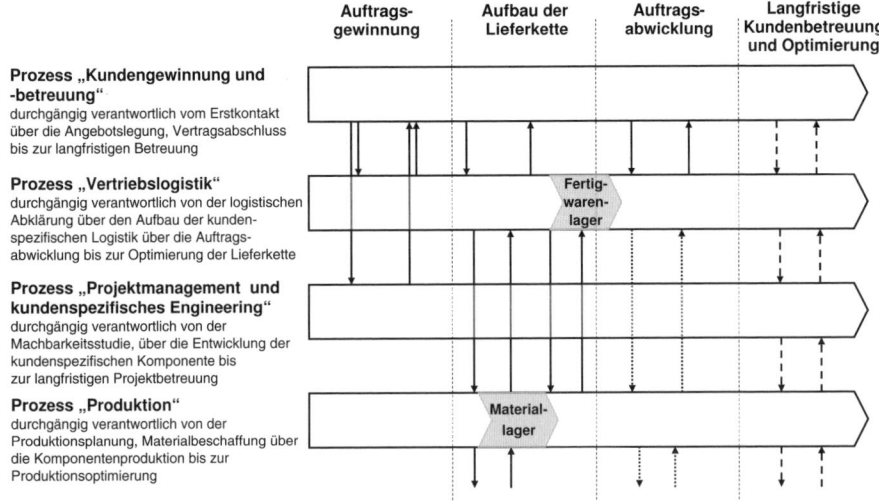

Abbildung 4.14 Prozessmodell mit durchgängigen Prozessen für das Tagesgeschäft (Beispiel: Komponentenlieferant)

Mit den Bestellung-Lieferung-Schnittstellen wird der Kreis der sich selbsterzeugenden Prozesskomplexität (siehe Abbildung 4.9) durchbrochen. Jeder Prozess ist für sich selbst verantwortlich und die mannigfachen Abhängigkeiten zwischen den Prozessen sind auf einen kontrollierten Austausch reduziert worden. Damit sind die Prozesse nur noch lose miteinander gekoppelt und hierdurch modular. Dementsprechend steht auch der grundlegenden Sanierung der Prozesswelt nichts mehr im Weg. Genauso verhält es sich bei der Organisationskomplexität (siehe Abbildung 4.11), indem durch die Auftraggeber-Auftragnehmer-Beziehung eindeutige Rollen, Aufgabenzuweisungen, Zuständigkeiten und Verantwortlichkeiten geschaffen werden. In der Rolle des Auftraggebers stehen die Auftragserteilung („Bestellung") und die Überprüfung der vollständigen Auftragserbringung („Lieferung") im Vordergrund. Für den Auftragnehmer handelt es sich um die Überprüfung der Auftragserteilung auf Klarheit und Vollständigkeit, die darauf folgende möglichst effiziente Auftragserbringung und die abschließende Übergabe an den Auftraggeber. Folgt die Organisation der Aufgabenteilung unter konsequenter Anwendung dieser Auftraggeber-Auftragnehmer-Beziehung, lässt sich die Verzettlung aufheben (siehe Kapitel 12).

Beim Komponentenhersteller bedeutete die Prozessorientierung, dass sich die Aufbauorganisation neu nach den fünf Hauptprozessen richtete. Große Veränderungen ergaben sich für den ursprünglichen Bereich Logistik, der auf die Vertriebslogistik fokussiert wurde, und für den Bereich Entwicklung. Die Entwicklung wurde in den Prozessbereich „Projektmanagement und Engineering" und in den für den Standardkatalog verantwortlichen Prozessbereich „Innovation" gesplittet (Abbildung 4.15).

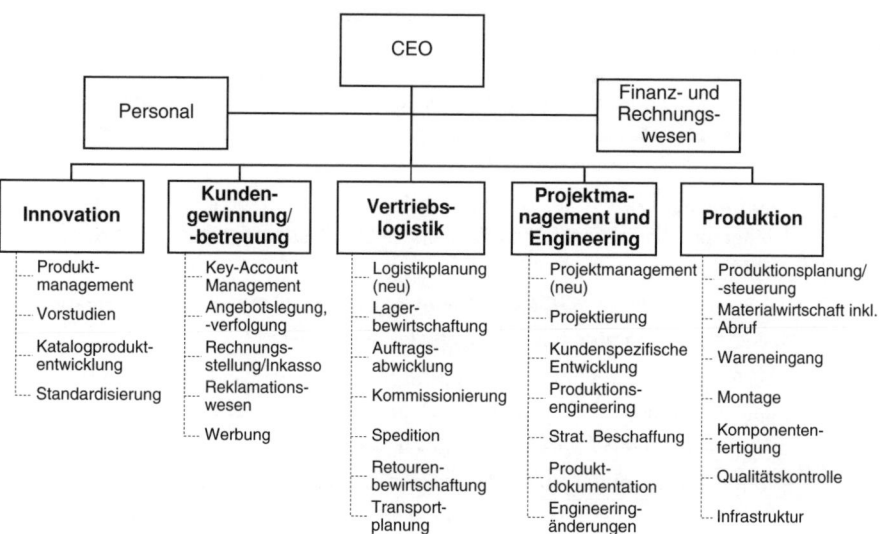

Abbildung 4.15 Prozessbasierte Organisation (Beispiel: Komponentenhersteller)

Die Auftraggeber-Auftragnehmer-Beziehung, d.h. die einfache Bestellung und die darauf folgende Lieferung, schafft die *effizienteste* Schnittstelle. Solche Bestellung-Lieferung-Schnittstellen stellen sozusagen die Verbindungsstraßen zwischen den Prozessautobahnen bzw. Organisationseinheiten dar. Sie reduzieren den internen Koordinationsbedarf und Kontrollaufwand erheblich; der bestellende Prozess bzw. die auftraggebende Organisationseinheit hat nur noch seine Bestellung abzusetzen und die Lieferung abzuwarten, allenfalls noch zu überprüfen, ob das Gelieferte mit dem Bestellten übereinstimmt.

■ 4.8 Der „Komplexitätsfilter" an der Prozess- und Organisationsgrenze

Die Auftraggeber-Auftragnehmer-Beziehung schafft auch die *effektivste* Schnittstelle zur Reduktion der Komplexität, indem der Komplexitätsfluss unterbrochen und gefiltert wird. Insbesondere filtert, korrigiert und verhindert die Bestellung-Lieferung-Schnittstelle, dass sich Komplexität über diese hinweg unkontrolliert ausbreitet: Unklare Bestellungen werden ebenso wie unvollständige Lieferungen zurückgehalten, da der Auftragnehmer bzw. Auftraggeber im eigenen Interesse unklare Aufträge bzw. unvollständige Auftragserledigungen nicht akzeptiert und zur Nachbesserung zurückweist. Bewährte Mittel sind einerseits die rigorose Auftragsklärung bzw. restriktive Auftragsannahme durch den Auftragnehmer, anderseits der konsequente Qualitätscheck bei der Übernahme durch den Auftraggeber:

Typische Themen und begleitende Fragestellungen bei der Auftragsannahme

- *Zuständigkeit*: Ist der Auftragnehmer der richtige Ansprechpartner des Auftraggebers? Fällt der Auftrag in den Wertschöpfungs- bzw. Leistungsbereich des Auftragnehmers?

- *Auftragsspezifikation*: Ist der Auftrag inhaltlich verständlich, eindeutig, widerspruchsfrei und ausreichend spezifiziert? Ist die Erfüllung der Spezifikation überprüfbar?

- *Verbindlichkeit*: Ist der Auftrag verbindlich? Ist er formal vollständig? Sind die Modalitäten bei Auftragsänderungen geklärt?

- *Verfügbarkeit*: Sind alle für die Auftragserfüllung notwendigen Ressourcen und Informationen beim Auftragnehmer verfügbar? Sind etwaige Beistellungen des Auftraggebers gesichert?

- *Terminierung*: Ist die Übergabe der zu erstellenden Sach-, Dienst- oder Informationsleistung an den Auftraggeber terminiert?

- *Übergabevereinbarungen*: Ist der Übergabeort bekannt? Sind die Übergabemodalitäten (z. B. Prüfvorgang, Dokumentation) festgelegt? Ist der Nutzungs- und Eigentumsübergang geregelt?

- *Gewährleistung*: Sind die Auftragserfüllungs- bzw. Abnahmekriterien bekannt? Sind Gewährleistungsverpflichtungen (z. B. Mängelbehebung,

Ersatz, Rückabwicklung) vereinbart? Sind Mechanismen bei Meinungsunterschieden definiert?

- *Abgeltung*: Sind Entgeltbedingungen geklärt? Sind Regeln bei Aufwandsabweichungen vereinbart?

Die Filterwirkung soll hier anhand des „Blackbox"-Ansatzes erklärt werden. Aus Sicht der Blackbox werden nicht nur außen und innen unterschieden, sondern auch von außen kommende *äußere* und schon in der Blackbox befindliche *innere* Komplexität. Diese Komplexitätsarten werden durch die Blackbox-Grenze separiert und können sich nur kontrolliert durch *die Schnittstellen* von außen nach innen bzw. von innen nach außen bewegen. Die Schnittstelle übernimmt eine Filterfunktion, indem sie in den ungehinderten Fluss der Komplexität eingreift. Je restriktiver die Schnittstelle wirkt, desto weniger Komplexität kann sich über sie ausbreiten (siehe Abbildung 4.16).

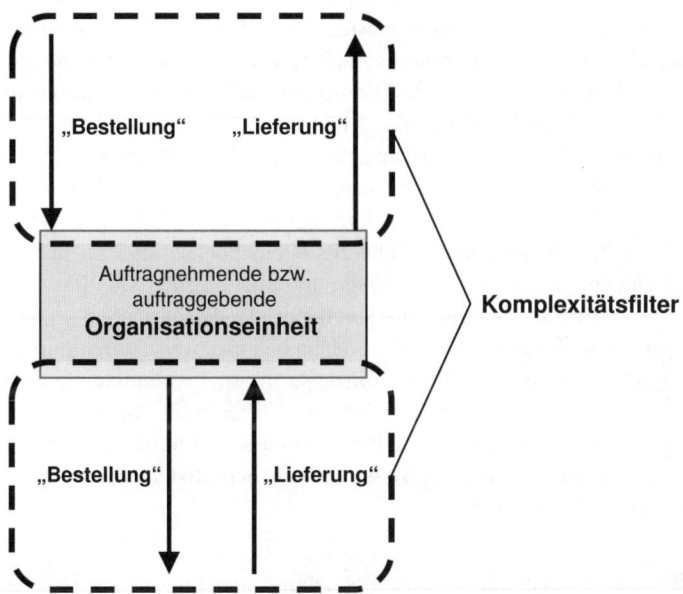

Abbildung 4.16 Bestellung-Lieferung-Schnittstelle als Komplexitätsfilter

Die Komplexität in der Tochtergesellschaft des Apparatebauers (siehe auch Kapitel 2), welche durch nicht marktkonforme Lieferzeiten entstand, pflanzte sich über die unverbindliche interne Bestellung mit nachfolgender Bestelländerung fort und verursachte im Werk selbst hohe Prozesskomplexität. Die Prozesskomplexität wiederum führte zu Lieferverzögerungen und erzeugte in der Tochtergesellschaft neue Komplexität. Durch die verbindliche Bestellung und zeitgerechte Belieferung werden die Tochtergesellschaft und das Werk voneinander abgeschirmt, weshalb keine Komplexität mehr zwischen diesen beiden fließen kann.

Im Fall des Motorenbauers, welcher scheingenaue Prognosen mit langfristigem Horizont und auf Basis von vollspezifizierten Komponenten in der Lieferkette absetzte (siehe zu Beginn dieses Kapitels) war ein anderer Filtermechanismus nötig: Prognosen mit verkürztem Horizont und auf Basis von groben Planungsfamilien, deren Bedarfe sich durch die Kunden prognostizieren ließen. Damit wurde die Prognoseunschärfe eliminiert. Zudem wurden die Lieferketten in die Lage versetzt, sich mit den groben Planungsdaten auf die prompte Belieferung vorzubereiten – sei es durch Verkürzung der Wiederbeschaffungszeiten, durch Lagerhaltung auf tiefen Wertschöpfungsstufen oder durch frühzeitige Beschaffung aufgrund von Vergangenheitsverbräuchen.

Äußere Vielfalt bedingt in der Praxis offene Schnittstellen oder genauer ausgedrückt: Schnittstellen mit hoher Varianz. Dies widerspricht jedoch dem Gebot von *geklärten Randbedingungen* bzw. Schnittstellen der „Blackbox". Anders formuliert verlangt der „Blackbox"-Ansatz, dass die „Bestellung" in einem vordefinierten Rahmen, d. h. innerhalb inhaltlicher wie auch formaler Vorgaben und Einschränkungen, erfolgt. Alles, was diesen Rahmenbedingungen nicht entspricht, wird an der Schnittstelle zurückgewiesen. Durch den „Rahmen" wird beispielsweise vordefiniert, ob ein sehr eingeschränkter Leistungskatalog oder ein viel breiteres Spektrum von kundenindividuellen Lösungen zugelassen wird. So gesehen wirkt die Schnittstelle dahingehend, dass die äußere Komplexität an der Schnittstelle reduziert und nicht vom Auftraggeber zum Auftragnehmer weiterverbreitet wird. Genauso verhält es sich mit der äußeren *Unsicherheit*, welche durch unklare Aufträge, Auftragsänderungen oder ungenügende Prognosen herangetragen wird. An der Schnittstelle sind die Aufträge zu klären, Auftragsänderungen abzufangen und genügende Prognosen sicherzustellen. Ebenso sind an der Schnittstelle unvollständige Lieferungen zurückzuweisen und ungenügende Qualität zu bemängeln. In diesem Sinne wirkt die Schnittstelle korrigierend. Gleichermaßen problematisch ist die von außen herangetragene *Dynamik*, welche beispielsweise durch unplanbares Eintreffen der Aufträge, unterschiedliche Auftragsarten und -volumina entsteht. Auch sie schafft – wenn auch nur teilweise vermeidbare – Komplexität. Angemerkt sei hier, dass die in der Blackbox schon befindliche, *innere* Komplexität durch die Schnittstelle zwar nicht beeinflusst wird, aber innerhalb der durch die Schnittstellen gesetzten Randbedingungen reduziert werden kann.

 TIPP Ermächtigen Sie alle Auftragnehmer, unklare oder unrealistische Aufträge rigoros an den Auftraggeber zurückzuweisen. Und ermächtigen Sie alle Auftraggeber, unvollständige Lieferungen an den Auftragnehmer zurückzugeben. Das betriebliche Geschehen wird sich rasch normalisieren. ∎

Aus dem erwähnten Autonomieprinzip „je einfacher die Randbedingungen der Unternehmens- bzw. Organisationseinheit gestaltet werden, desto autonomer kann sie agieren" ist zu schließen: Je offener und ungeklärter eine Schnittstelle ist, umso abhängiger vom einzelnen Geschäftsfall und spezifischer hat eine Unternehmens- bzw. Organisationseinheit zu agieren. Dies führt zu einer oft nicht mehr beherrschbaren internen Vielfalt an verwendeten Mitteln und Methoden. An eine autonome Ausgestaltung und

Optimierung ist dann nicht mehr zu denken. Unsicherheit schafft Fehlerquellen oder verursacht komplizierte Abläufe zur Fehlervermeidung. Des Weiteren stellt die Dynamik hohe Anforderungen an die Vorhaltung von (spezialisierten) Ressourcenreserven.

Wo Vielfalt, Unsicherheit und/oder Dynamik nicht schon an der Schnittstelle reduziert werden können, sind *Triagen* vorzusehen, welche Unterschiedliches kanalisieren und auf entsprechend dafür eingerichtete, interne Bahnen lenken. Typische Triagen sind Separierung von kleinen oder umfangreichen, üblichen oder komplizierten Fällen, mit normaler oder verkürzter Lieferfrist usw. Bei einem Apparatebauer wurde nicht zwischen Standard- und kundenspezifischen Apparaten unterschieden mit der Folge, dass auch für die Standardapparate für jeden Auftrag eine Stückliste angelegt werden musste. Mit der Triage kann sichergestellt werden, dass Einfaches *einfach* und nur das Besondere *besonders* behandelt wird. Bei der Triage wird auch von Segmentierung oder Bildung von Prozessvarianten gesprochen (siehe auch Kapitel 5). Durch diese Segmentierung werden zwar Varianten, jedoch mit geklärten Schnittstellen (und jeweils reduzierter Varianz) gebildet, was innerbetriebliche Komplexität verhindert bzw. reduziert.

Einen besonderen Fall stellt das *Lösungsgeschäft* dar, wo einerseits gezielt die Komplexität des Kunden übernommen und anderseits für die auftragsspezifische Lösung auf einen möglichst hohen Anteil von Standardkomponenten wie beispielsweise konfigurierbare Module zurückgegriffen wird. Die Schnittstelle zwischen den Prozessen, welche die Lösung erbringen, und jenen, welche die Standardanteile bereitstellen, reduziert die Komplexität aufs Minimum: Bestellung und Lieferung von schon definierten Standardkomponenten. Diese Schnittstelle bezeichnen wir auch als „Business-Firewall" (siehe „Isolation der Komplexität des Kunden durch Business-Firewall" in Kapitel 9).

■ 4.9 Abbildung komplexer Prozessstrukturen

Die Komplexität in bestehenden Ablaufstrukturen lässt sich mit unterschiedlichen Hilfsmitteln aufzeigen. Mit geringem Aufwand – jedoch beeindruckend – kann sie schon im Organigramm aufgezeigt werden, indem der Abwicklung eines Kundenauftrags gefolgt wird. Davon abgeleitet kann auch eine *Ablauf-Stellen-Matrix* erstellt werden (siehe Abbildung 4.17). Die vertikale Achse beschreibt die zeitliche Abfolge der betrieblichen Aktivitäten, auf der horizontalen Achse sind die verschiedenen Stellen, Abteilungen und Bereiche aufgelistet, welche bei der Abarbeitung eines Kundenauftrags beteiligt sind. Ein Indiz für hohe Komplexität ist, wenn die Verbindungslinie, dem Ablauf folgend, horizontal stark pendelt, weil viele Stellen involviert sind.

Aktivität	Stelle						
	Verkauf	Verkaufs-innendienst	Pre-Sales-Support	Customer-Service	Verkaufs-administration	Produkt-management	Logistik
Kunden identifizieren							
Anfrage für Angebot kreieren							
Angebot erstellen	Lead			Preis			2x
Angebot übermitteln							
Angebot verhandeln							
Auftrag entgegen-nehmen							
Auftrag eröffnen							
Vertrag prüfen							
Liefertermine klären							
Auftrag im System erfassen							
Auftrag bestätigen							

Abbildung 4.17 Ablauf-Stellen-Matrix (Ausschnitt; Beispiel: Netzwerkbau)

Bei einer anderen Darstellung rücken die Geschäftsbeziehung und die wesentlichen Wertschöpfungs- und Informationsflüsse in den Mittelpunkt. Sie folgt weitgehend der hier vertretenen Methodik des Unternehmensdesigns. Bilden wir die wesentlichen Wertschöpfungs- und Informationsflüsse ab, kann sich ein verwirrendes Bild ergeben (siehe Abbildung 4.8). Horizontal sind die notwendigen Kundenkontakte entlang einer Geschäftsbeziehung abgebildet, beginnend mit der „Pre-Sales"-Phase über die „Execution"-Phase in die „After-Sales"-Phase. Vertikal sind die involvierten Abteilungen des Unternehmens dargestellt, geordnet nach ihrer Distanz zum Kunden bzw. ihrer Wertschöpfungstiefe. Auch dieses Bild kann ein Indiz dafür liefern, dass erhebliche Optimierungspotenziale bestehen.

 TIPP Begehen Sie physisch den Prozessfluss – und zwar End-to-End. Sie werden von den langen Wegen überrascht sein, welche ein Kundenauftrag durch Ihr Unternehmen nimmt.

Bei einem Dienstleister für Netzwerkbau fielen die vielen verschiedenen Abteilungen auf, welche involviert waren, ohne dass jemand die Kundenkontakte entlang der Geschäftsbeziehung durchgängig koordinierte. In der Erstellung des Angebots waren es alleine schon bis zu sechs verschiedene Abteilungen. Häufige Missverständnisse und Abstimmungsprobleme zwischen den Abteilungen entlang der Ablaufkette waren offensichtlich. Auffallend war dabei, dass diejenige Stelle, welche die Projektausführung zu verantworten hatte, nicht in die Angebotserstellung einbezogen wurde. Dagegen war in der Ausführungsphase der Verkauf nicht mehr involviert, obwohl von Kundenseite viele Änderungswünsche eingebracht wurden. Die Identifizierung von Bereichen mit ähnlichen Aufgaben (sogenannten Funktionsbereichen) zeigte deutlich, dass das Interaktionsmuster weniger durch Kundenanforderungen, als durch das zugrunde liegende Organisationsmodell bestimmt war. Abbildung 4.18 und Abbildung 4.19 stellen die Situation im noch nicht optimierten Zustand dar. Es ist unschwer zu erkennen, dass eine solche Situation nicht oder nur mit erheblichem Koordinationsaufwand und damit auch zusätzlichen Kosten beherrschbar war. Die Ergebnisse des Dienstleisters waren entsprechend schlecht.

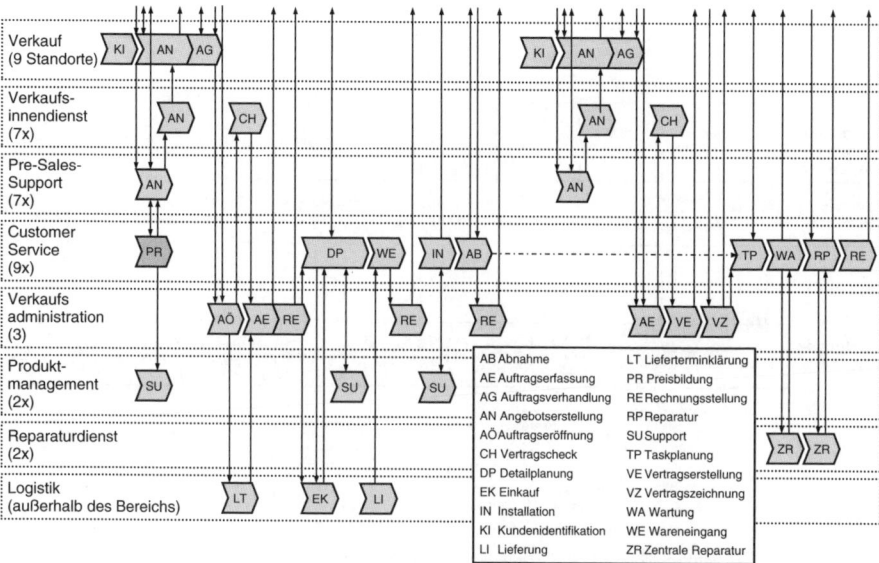

Abbildung 4.18 Bisheriger Prozessablauf bei einem Dienstleister (Beispiel: Netzwerkbau)

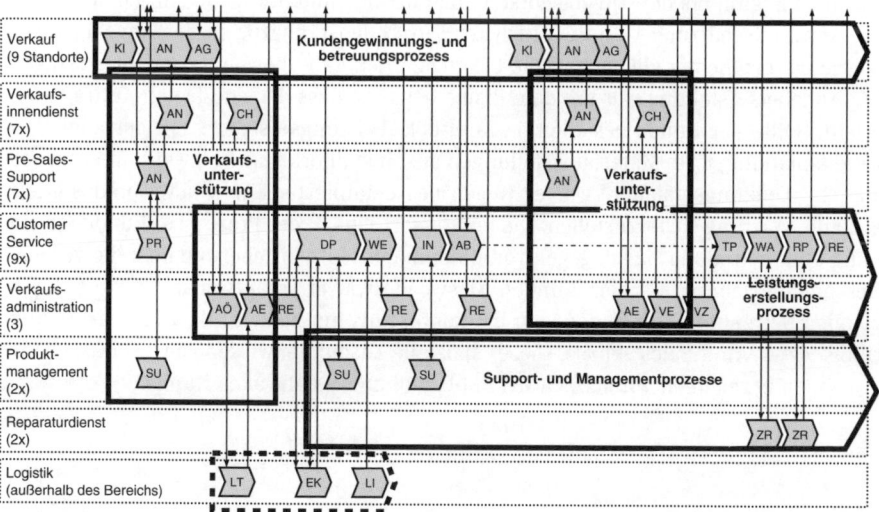

Abbildung 4.19 Bisheriges Organisationsmodell nach Funktionsbereichen (Beispiel: Netzwerkbau)

Der Netzwerkbauer gelangte im optimalen Unternehmensdesign zum Schluss, dass zwei neu definierte Geschäftsprozesse („Kundengewinnung und -betreuung" bzw. „Leistungserstellung") genügen, um den Kunden entlang der gesamten Geschäftsbeziehung professionell zu unterstützen. Entsprechend vereinfachten sich die Wertschöpfungs- und Informationsflüsse (siehe Abbildung 4.20). Beide Geschäftsprozesse hatten unterschiedliche, aber abgestimmte Rollen sowie eindeutige Verantwortlichkeiten und wirkten gemeinsam, sich ergänzend, entlang der Geschäftsbeziehung.

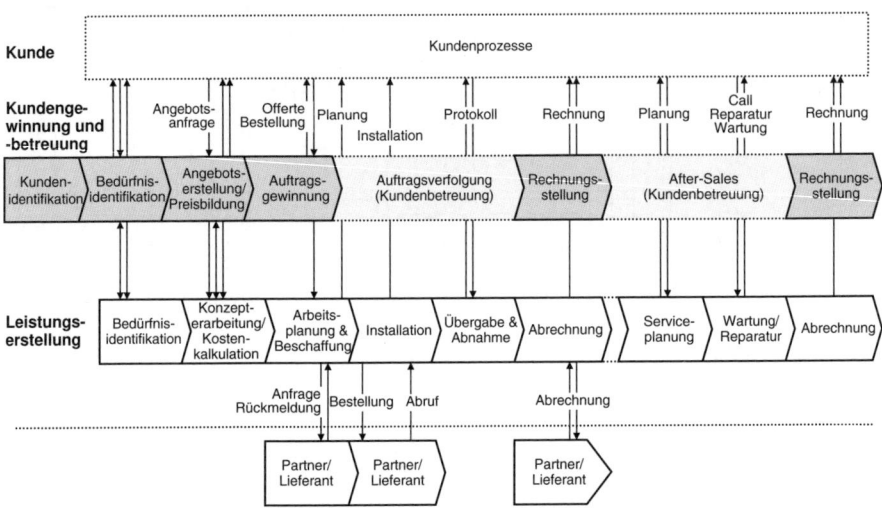

Abbildung 4.20 Neues Makrodesign (Beispiel: Netzwerkbau)

Auffallend ist in diesem Unternehmensdesign, dass der Prozess „Leistungserstellung" schon zu Beginn bei der Angebotserstellung mitwirkt und für den technischen Teil und die Aufwandschätzung verantwortlich ist. Durch den Einbezug in der Angebotsphase wurde er verpflichtet, die technische Lösung zu den kalkulierten Kosten zu erbringen. Die Angebotserstellung war mit dem Risiko behaftet, dass der Kunde den Auftrag nicht erteilt. Sollte der Kunde bestellen, begann der „Leistungsersteller" mit der konkreten Arbeitsplanung, löste Materialbestellungen aus, installierte das Netzwerk und rechnete ab. Als „Leistungsersteller" war er wegen des detaillierten Know-hows prädestiniert, auch die Wartung sicherzustellen. Die Verantwortlichkeit des Prozesses „Kundengewinnung und -betreuung" lag dagegen vor allem in der Margensicherung über die gesamte Geschäftsbeziehung mit dem Kunden. Deswegen war er verantwortlich für die durchgängige Betreuung des Kunden vom Erstkontakt bis hin zu den Inkassi in der Ausführungs- bzw. „After-Sales"-Phase. Dieses spezielle Zusammenwirken von zwei Geschäftsprozessen bezeichnen wir als „KAM/PEM-Beziehung" (siehe auch Kapitel 9).

Reflexionsfragen 4

- Warum bereitet die Komplexität vielen Unternehmen Probleme?
- Worin sehen Sie einen Zusammenhang zwischen Flexibilität und Komplexität? Welche Bedeutung hat dabei die Unternehmensgröße?
- Wie hängen die verschiedenen Erscheinungsformen der Komplexität, insbesondere die Prozess- und Organisationskomplexität, zusammen?
- Woran liegt es, dass Symptome und Ursachen der betrieblichen Komplexität oft weit auseinander liegen?
- Mit welcher Größe können Sie in der Praxis das Ausmaß der Komplexität abschätzen?
- Mit welchen Ansätzen lässt sich die betriebliche Komplexität nachhaltig reduzieren?
- Was bedeutet „Reduktion der Prozesskomplexität" für die Aufbauorganisation?

■ 4.10 Literatur

Child, P., Diederichs, R., Sanders, F.-H. & Wisniowski, S. (1991). The management of complexity. McKinsey Quarterly. 1991 (4), 52 – 68.

Eurostat (2011). Key figures on European business – with a special feature on SMEs. Unter: http://epp.eurostat.ec.europa.eu/cache/ITY_OFFPUB/KS-ET-11-001/EN/KS-ET-11-001-EN.PDF. Abgerufen am 10. 09. 2014.

Rommel, G., Brück, F. & Diederichs, R. (1993, 2000). Einfach überlegen: Das Unternehmenskonzept, das die Schlanken schlank und die Schnellen schnell macht. Stuttgart: Schäffer-Poeschel.

Schuh, G. (2005). Produktkomplexität managen: Strategien – Methoden – Tools. München: Hanser.

Suter, A. (2009). Neues Wachstum: Grössenvorteile nutzen, Komplexität meistern, Flexibilität entwickeln. Zürich: Orell Füssli.

5 Prozessverständnis erweitern

Kaum ein anderer Begriff ist in den letzten Jahren mit so vielen unterschiedlichen Bedeutungen verwendet worden wie derjenige des „Geschäftsprozesses". Beispielsweise wird unter einem Prozess im Regelfall ein Vorgang verstanden, welcher der Wertschöpfungskette folgt und die Transformationen von Produkten und Dienstleistungen meistens auf der Makroebene von realen Organisationseinheiten beschreibt. In der virtuellen IT-Welt (z. B. ERP) hingegen beschreibt der Prozess die datenmäßige Transaktion oder den Belegfluss meistens auf der Mikroebene der Datenverarbeitung. Auch in der betriebswirtschaftlichen Theorie besteht bis heute keine Übereinstimmung.

Nach unserem Verständnis *erbringt* der Geschäftsprozess kundenorientiert und durchgängig verantwortlich die Wertschöpfung. Der Geschäftsprozess bildet somit die *modulare Plattform*, welche alles umfasst, was zur Erledigung eines Auftrags nötig ist. Die Steuerung der Wertschöpfung wird ebenso in den Geschäftsprozess integriert und die durchgängige Verantwortung für die qualitativ einwandfreie und ressourcenoptimale Wertschöpfung wird der Plattform zugeordnet. Solche modulare Plattformen lassen sich untereinander mit einfachen Auftraggeber-Auftragnehmer-Beziehungen zu kompletten Prozessmodellen verknüpfen. Mit diesem Verständnis des Geschäftsprozesses ist es möglich, Unternehmen hoch effizient, flexibel und zugleich gegen Störungen robust zu entwickeln.

 Institutionelles Begriffsverständnis des Grazer Ansatzes

Geschäftsprozess: Wertschöpfende Plattform (bzw. produktive Blackbox), welche durch einen Auslöser angestoßen definierte Leistungen erbringt und über alle dafür notwendigen Ressourcen und Informationen verfügt.

Unterscheidung des Leistungsumfangs

Geschäftsprozess: Prozess, welcher durchgängig *eine oder mehrere* (Markt-)Leistungen erbringt.

Unternehmensprozess: Integraler wertschaffender Prozess, welcher *alle* (Markt-)Leistungen erbringt. Der Unternehmensprozess integriert alle wertschaffenden Leistungsprozesse.

Leistungsprozess: Prozess, welcher *eine* definierte (Markt-)Leistung erbringt.

Prozessphase: Teilprozess mit einer klar definierten (Zwischen-)Leistung, welche in der Folgephase weiterbearbeitet wird.

Unterscheidung von Prozesstypen nach der Rolle im Unternehmen

Wertschaffender Geschäftsprozess: Erbringt direkt die Wertschöpfung, welche vom Kunden honoriert wird.

Wertdefinierender Geschäftsprozess: Definiert die Wertschöpfung und versetzt das Unternehmen in die Lage, marktgerechte Wertschöpfung zu erbringen.

Supportprozess: Unterstützt die Geschäftsprozesse.

Managementprozess: Steckt den Rahmen ab, in welchem die Wertschöpfung erbracht wird.

■ 5.1 Geschäftsprozess als wertschöpfende Plattform

Geschäftsprozesse basieren auf der *sachlich und zeitlich logischen Abfolge der betrieblichen Aktivitäten*, welche zwischen einer Anfrage, Bestellung oder Reklamation und der Beantwortung der Anfrage, der Lieferung oder Reklamationserledigung notwendig sind. Der Geschäftsprozess ist dabei eine Abstraktion des betrieblichen Geschehens. Durch Vereinfachen und Weglassen von unwesentlichen Einzelheiten lässt sich das betriebliche Geschehen verallgemeinern und auf Geschäftsprozesse verdichten. Dazu bedarf es als Erstes eines Verständnisses der *physischen Abfolge* der betrieblichen Aktivitäten. Dieses kann beispielsweise durch das physische Abschreiten des Weges von der Kundenberatung und Bestellabnahme bis zur Auslieferung gewonnen werden. Zweitens werden der *logische Ablauf* und die Zusammenhänge bestimmt (in ERP-Systemen wird diese logische Abfolge auch als „logistische" bezeichnet). Dabei sind auch – wo notwendig – Ablaufvarianten zu beachten. Daraus lassen sich dann drittens die Geschäftsprozesse als Plattformen für die Wertschöpfung entwickeln (siehe auch Kapitel 15).

Als Beispiel wollen wir eine reale, leicht vereinfachte Situation verfolgen, wie sie bei einer Lieferung von kundenspezifisch konfigurierten Computersystemen anzutreffen ist. Stellen wir uns zunächst alle betrieblichen Aktivitäten vor, welche zwischen der Kundenberatung und Auslieferung der Computersysteme beim Systemlieferanten geschehen. Folgen wir dem Aktivitätenprotokoll mit einem typischen Kunden (siehe Abbildung 5.1). Der Kunde ruft um 12:32 Uhr an, um sich noch betreffend einiger technischer Details sowie des aktuellen Preises und der Lieferkonditionen informieren zu lassen. Rund 20 Minuten später erhält der Verkaufsinnendienst die definitive Bestellung. Sofort wird mit deren Bearbeitung begonnen. Die bearbeitete Bestellung wird dann in einer Datenbank hinterlegt. Um 13:11 Uhr wird automatisch im Lagerbereich des Unternehmens ein

Packzettel mit allen Bestellpositionen und den Instruktionen für Konfiguration und Test ausgedruckt. Aufgrund des Packzettels werden zunächst die Komponenten aus dem Regallager gepickt und zur Montagestelle befördert. Dort werden um 14:08 Uhr die Komponenten kundenspezifisch zusammengesteckt und mechanisch-elektrisch überprüft. 50 Minuten später erfolgt die Abnahme mit Systemtest. Um 15:03 Uhr wird die Bestellung um Anschlusskabel, System-Software auf CD, Bedienungshandbücher, Garantieerklärungen sowie allenfalls zusätzliche Bestellartikel ergänzt. Die fertig kommissionierte Bestellung wird anschließend verpackt, umreift und für die Auslieferung vorbereitet. In diesem Moment erfolgt auch die www-Anbindung, womit dem Kunden die Auslieferung visuell bestätigt wird. Um 16:43 Uhr wird die Ware schließlich ausgeliefert. Soweit der physische Ablauf – weitgehend typisch für alle Bestellabwicklungen beim Systemlieferanten.

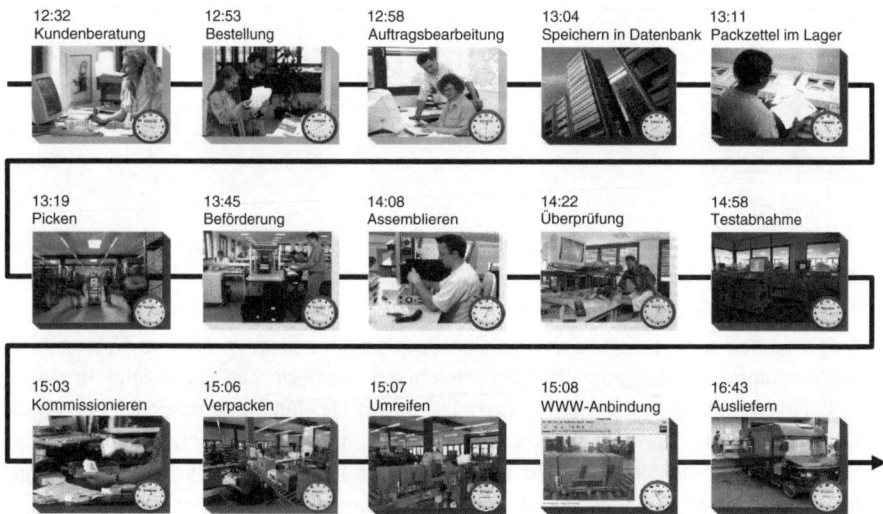

Abbildung 5.1 Aktivitätenfolge (Beispiel: Systemlieferant)

Die logische Abfolge der Aktivitäten basiert auf dem beschriebenen physischen Ablauf. Der physische Ablauf ist, was die sachliche und zeitliche Abfolge betrifft, in sich schon weitgehend schlüssig, jedoch noch nicht vollständig. In der Analyse der Abfolge hinsichtlich der zeitlichen und sachlichen Logik wird ersichtlich, dass erstens eine wesentliche Aktivität noch nicht dargestellt ist, und zwar das Inkasso, jene Tätigkeit, welche den Geschäftsfall – zumindest vorläufig – abschließt. Die Rechnungsstellung mit Inkasso wird durch die Auslieferungsmeldung ausgelöst. Zweitens besteht zwischen der Auftragsbearbeitung durch die Hinterlegung des Auftrags in der Datenbank einerseits und dem Inkasso andererseits eine Auftragsverfolgung. Diese implizite Auftragsverfolgung ermöglicht zum einen die Überwachung, ob die Auslieferung tatsächlich erfolgt, zum anderen die eindeutige, datenmäßige Verbindung zwischen Bestellung, Auslieferung und Rechnungsstellung bzw. Inkasso. Drittens ist im physischen Ablauf die Bewirtschaftung des Lagers nicht ersichtlich. Diese muss offensichtlich vor irgendwelchen Entnahmen aus dem Lager („Picken") erfolgen. Diese Materialbewirtschaftung stellt die rechtzeitige und mengenmäßig optimale Belieferung durch die externen Zulieferer sicher (siehe Abbildung 5.2).

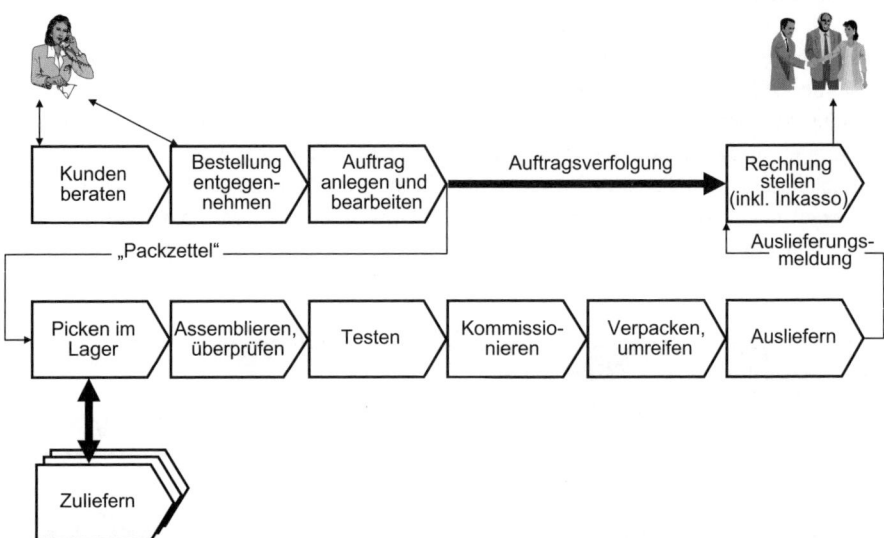

Abbildung 5.2 Logischer Ablauf (Beispiel: Systemlieferant)

Aufgrund des nun vorliegenden, sachlich und zeitlich logischen Ablaufs können beim Systemlieferanten die Geschäftsprozesse einfach identifiziert werden (siehe Abbildung 5.3). Ein erster Geschäftsprozess – hier als „Auftragsgewinnung" bezeichnet – ist für die Geschäftsbeziehungen mit den Kunden zuständig. In diesem werden Kunden beraten, beim zweiten Geschäftsprozess mit dem Packzettel wird die Auftragserfüllung ausgelöst, verfolgt, dem Kunden die Lieferung in Rechnung gestellt und der Zahlungseingang sichergestellt. Der zweite Geschäftsprozess – hier als „Auftragserfüllung" bezeichnet – ist für die physische Auftragserfüllung zuständig. Aufgrund des Packzettels, der gleichwertig einer (internen) Bestellung ist, werden die Komponenten und Systembausteine im Lager zusammengepickt, aufgrund der kundenspezifischen Konfiguration assembliert, getestet, verpackt und die bestellte Ware schließlich geliefert. Die Auslieferung wird am Ende dem Geschäftsprozess „Auftragsgewinnung" gemeldet. Durch optimale Materialbewirtschaftung stellt der Geschäftsprozess „Auftragserfüllung" vorausgehend zur tatsächlichen Auftragserfüllung die Lieferbereitschaft sicher. Er löst auch die notwendigen Materiallieferungen der externen Lieferanten aus. Zu den Lieferanten besteht eine ähnlich einfache Schnittstelle wie zwischen den beiden genannten Geschäftsprozessen.

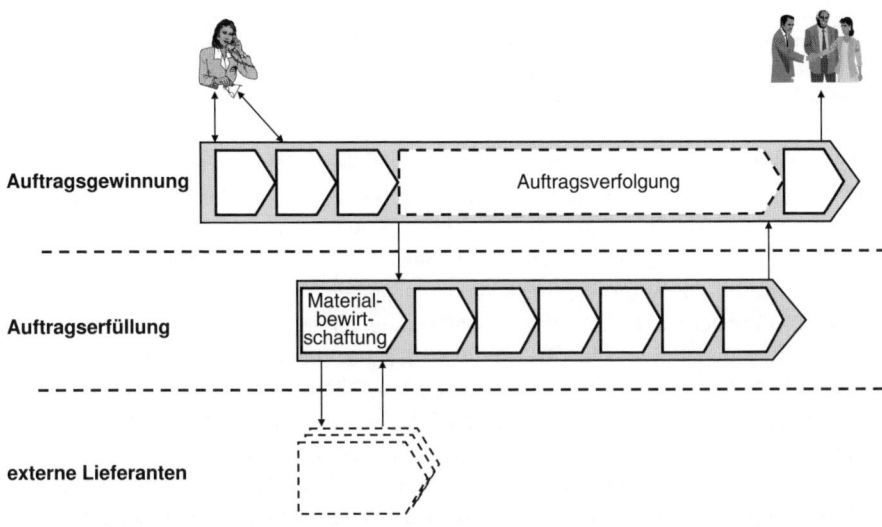

Abbildung 5.3 Prozessmodell (Beispiel: Systemlieferant)

 TIPP Lösen Sie sich von physischen Begebenheiten. Fokussieren Sie sich bei der Analyse von konkreten Prozessen auf die Informationsflüsse – am besten vom Kunden zum Kunden.

Dem Beispiel des Systemlieferanten folgend, besteht der Geschäftsprozess aus einer strukturierten Menge von betrieblichen Aktivitäten. Diese stehen in einer sachlich und zeitlich logischen Folgebeziehung mit dem Ziel, eine bestimmte Aufgabe zu erfüllen. Als *Geschäftsprozess* bezeichnen wir demnach eine *sachlich und zeitlich logische Abfolge von betrieblichen Tätigkeiten* bzw. Aktivitäten mit dem Ziel eines klar festgelegten Outputs zur *Erzeugung von Kundennutzen*.

Der Geschäftsprozess nach unserem Verständnis ist jedoch mehr als eine Tätigkeitsabfolge: Der Geschäftsprozess besitzt einen bestimmten Leistungsumfang, ist durch einen *spezifischen Auslöser* als Input (z. B. Beauftragung) und ein *entsprechendes Ergebnis* als Output (z. B. Lieferung) bestimmt, ist wiederholbar, fügt Mehrwert am Prozessobjekt hinzu, hat einen durchgängig verantwortlichen Prozesseigner und *verfügt über alle notwendigen Ressourcen und Informationen.*

Über alle notwendigen Ressourcen und Informationen zu verfügen, bedeutet, dass sich sowohl die aufwendige Prozesssteuerung als auch die konfliktträchtige Ressourcenkoordination vereinfachen lassen. Beide finden innerhalb des Geschäftsprozesses und in unmittelbarer Nähe zur Wertschöpfung statt. Dadurch wird der Geschäftsprozess von den Aufgaben der auftragsbezogenen Ressourcen- und Informationsbeschaffung (Stichwort: „Bittsteller") entlastet; er kann sich somit auf die wertschöpfenden Prozesstätigkeiten fokussieren.

Prozessautobahn, Prozesskaskade, Wertschöpfungsmaschine

Der hier beschriebene *Geschäftsprozess* ist ein abstrakter Begriff, der gerade dadurch an universeller Verwendbarkeit gewinnt. Sprachliche Bilder und Metaphern dienen dazu, solche abstrakten Gebilde zu illustrieren und damit verständlich zu machen.

Ein erstes Bild ist jenes von *Prozessautobahnen*. Der ungestörte Fluss in Geschäftsprozessen lässt sich mit geregelten Zu- und Abfahrten von Autobahnen vergleichen (siehe Abbildung 5.4). Die Erfahrung mit Autobahnen zeigt, dass ein hoher Verkehrsfluss dann erreicht wird, wenn sich alle Verkehrsteilnehmer gleich und regelmäßig verhalten. Störungen entwickeln sich zu Unfällen, wenn ein sich ungleich verhaltender Verkehrsteilnehmer den plötzlichen Spurwechsel oder die abrupte Geschwindigkeitsänderung anderer Verkehrsteilnehmer verursacht. Offensichtlich wäre es für den Verkehrsfluss günstiger, wenn den Verkehrsteilnehmern mit ähnlichem Verhalten je eine eigene Fahrbahn zugewiesen würde, welche von derjenigen der anderen Teilnehmer getrennt ist – also je eine Autobahn für „Schnellfahrer", „Lastenträger" und „Langsamfahrer". Analog werden unterschiedliche Geschäftsfälle in getrennten, sogenannten *segmentierten* Geschäftsprozessen bearbeitet. Im Bild von Prozessautobahnen stellt das optimierte Unternehmen ein vollständiges Hochleistungsverkehrsnetz dar. Dieses Hochleistungsverkehrsnetz kontrastiert mit dem Bild von vielfach verzweigten und teilweise unterbrochenen Prozessen.

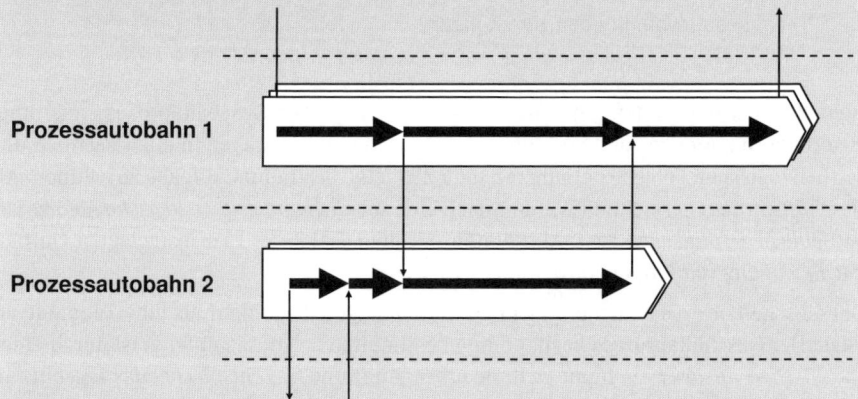

Abbildung 5.4 Geschäftsprozesse als Prozessautobahnen mit parallelen Fahrbahnen für unterschiedliche Verkehrsteilnehmer

Das Bild der Prozessautobahnen sollte nicht mit der verbreiteten Darstellung der Schwimmbahnen („Swimlanes", siehe beispielsweise Abbildung 4.18) verwechselt werden. Letztere visualisiert üblicherweise den Prozessablauf mit funktionalen Zuständigkeiten. Unser Verständnis unterscheidet sich darin, dass die „Schwimmbahnen" nicht Bereiche, Abteilungen oder Stellen, sondern die *Geschäftsprozesse* selbst repräsentieren. Diese sind zwingend mit vollständigen *Bestellung-Lieferung-Beziehungen* untereinander verbunden.

Ein zweites Bild sind die sogenannten *Prozesskaskaden*, welche durch die systematische Anwendung der Auftraggeber-Auftragnehmer-Beziehung entstehen. Im Beispiel des Systemlieferanten stellen die beiden Geschäftsprozesse „Auftragsgewinnung" und „Auftragserfüllung" je eine Prozesskaskade dar. In der Prozessindustrie entspricht diese Prozesskaskade einer Abfolge von Plattformen, wie sie in Raffinerien zur Gewinnung von höherwertigen Mineralölprodukten verwendet werden. Analog wird im Unternehmen bis zur vom Kunden geforderten Marktleistung wertgeschöpft. Der *auftragnehmende* Geschäftsprozess wird darin durch eine Bestellung seitens des *auftraggebenden* Geschäftsprozesses angeschoben. Damit wird der Wertschöpfungsfluss von unten nach oben in Gang gesetzt.

Ein drittes Bild ist die *Wertschöpfungsmaschine*, welche entlang der Wertschöpfungskette hoch effizient arbeitet. Unter Ressourcenzugabe erfüllt sie Kundenaufträge und wandelt Vorleistungen in Marktleistungen um. Je geringer der Ressourcenbedarf dabei ist, desto höher ist der Wirkungsgrad der Wertschöpfungsmaschine. Hierfür werden die Geschäftsprozesse in der Wertschöpfungsmaschine so verknüpft, dass möglichst wenig Reibungsverluste oder Leckagen bzw. Verschwendung entstehen. Damit die Wertschöpfungsmaschine möglichst störungsfrei arbeitet, wird die Steuerung vereinfacht und zum überwiegenden Teil dezentral angeordnet. Aufgrund dieser geschaffenen Rahmenbedingungen genügt der Kundenauftrag als Steuerungssignal, alle sonst noch notwendigen Informationen liegen vor, die Regelung der Prozessqualität sowie Performance erfolgt am Ort des Geschehens und die übergeordnete Koordination kann sich auf die Überwachung beschränken.

■ 5.2 Vollständige Prozesseinheit

Durch die Integration und Verzahnung von Wertschöpfung und Prozesssteuerung stellt der Geschäftsprozess also grundsätzlich mehr dar als nur einen Ablauf, eine definierte Abfolge von Tätigkeiten oder einen Workflow: Der Geschäftsprozess, wie er hier verstanden wird, ist zunächst eine produktive Einheit, eine *Blackbox* – gleich einem Unternehmen im Unternehmen – mit klaren Schnittstellen zum Umfeld und bestimmten Eigenschaften. Dessen innere Ausgestaltung ist unerheblich. Der Geschäftsprozess wird durch einen „Auftrag" angestoßen und durch die Auftragserfüllung beendet. Alle Ressourcen und Informationen, die zur Auftragserfüllung nötig sind, sind im Geschäftsprozess entweder schon vorhanden oder können durch einfache Beauftragungen zugänglich gemacht werden. Damit die Prozessabfolge optimal erfolgt, regelt sich der Geschäftsprozess hinsichtlich vorgegebener Performanceziele selbst (siehe Abbildung 5.5).

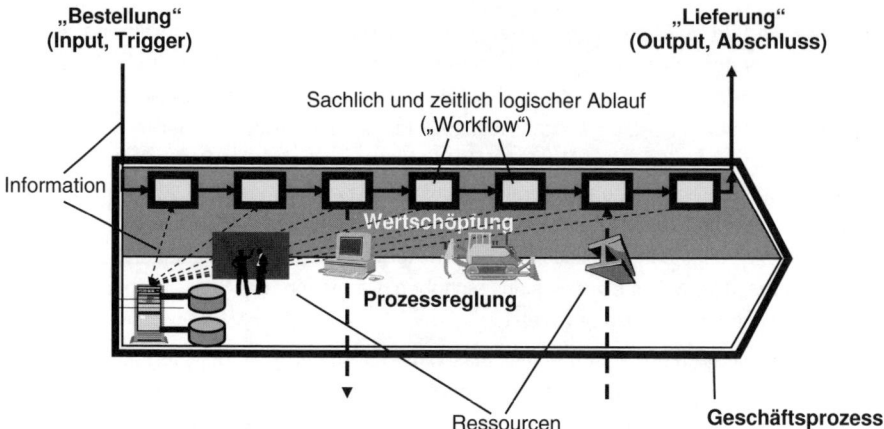

Abbildung 5.5 Angewandtes Geschäftsprozessverständnis

Im Folgenden sollen einige Merkmale des Geschäftsprozesses kurz hervorgehoben werden:

- *Aktivitäten in einer logischen Folgebeziehung:* Ein Geschäftsprozess besteht aus einer bestimmten Anzahl von Aktivitäten, Verrichtungen oder Tätigkeiten, die in einer sachlich und zeitlich logischen Folgebeziehung stehen, mit dem Ziel, eine bestimmte Aufgabe zu erfüllen. Die Folgebeziehungen legen fest, wann welche Aktivität durchzuführen ist, insbesondere welche Aktivität vorausgehend auszuführen ist. Die einzelnen Aktivitäten und deren Folgebeziehung bestimmen den Erfüllungsgrad und die Erfüllungsqualität der gesamten Prozessaufgabe. Darauf beruht die Leistungsfähigkeit des Geschäftsprozesses.

- *Wiederholbarkeit:* Die Wiederholbarkeit einer betrieblichen Aktivitätenfolge setzt zunächst die Strukturierung und *Standardisierung* der Tätigkeits*abfolge* voraus, d. h., eine bestimmte Tätigkeit folgt auf eine andere bestimmte Tätigkeit. Es wird in diesem Zusammenhang auch von sogenannten *„Standard-Operating-Procedures"* gesprochen. Darüber hinaus setzt Wiederholbarkeit auch die Standardisierung der Tätigkeiten selbst voraus, d. h., die einzelnen Tätigkeiten werden jeweils nach denselben Methoden und Vorschriften verrichtet. Der Detaillierungsgrad der Vorschriften und Methoden ist frei wählbar und hängt einerseits von der erforderlichen Vielfalt der zu erbringenden Leistungen ab. Je geringer die Vielfalt ist, desto detaillierter können die Vorschriften und Methoden festgelegt sein. Der erforderliche Detaillierungsgrad hängt andererseits auch von der zu vermeidenden (Qualitäts-)Varianz der Leistungen ab. Je geringer die Varianz der Leistungen sein soll, desto detaillierter sind die Methoden und Vorschriften festzulegen.

- *Input und Output:* Ein Prozess benötigt einen oder mehrere Inputs in Form von sogenannten „Prozessobjekten" und liefert ein oder mehrere bestimmte Ergebnisse als Output. Dabei fließen die Prozessobjekte durch den Geschäftsprozess und werden durch Aktivitäten in den gewünschten Output überführt. Es werden primäre und sekundäre Inputs und Outputs unterschieden. Ein *primärer Input* bildet den Auslöser oder Anstoß eines Prozesses – sei es in Form einer Anfrage, Angebotseinholung, Bestellung oder Reklamation. Der primäre Input steht damit immer am Anfang eines Geschäftsprozesses. Analog gilt für den *primären Output,* dass dieser das Ende eines Geschäftsprozesses bestimmt – sei es als Beantwortung der Anfrage, als Angebot, als Lieferung des Bestellten oder als Erledigung der Reklamation. Sekundärer Input und Output stellen Objekte dar, die im Prozessverlauf zu- oder abgeführt werden. Dies können beispielsweise Informationen oder Zwischenprodukte sein. Ein sekundärer Input oder Output tritt zwar im Prozessverlauf auf, beeinflusst aber den primären Input oder Output des Geschäftsprozesses nur indirekt. Ein primärer Input stellt eine Bestellung für beispielsweise eine Maschine dar, der sekundäre Output die daraus abgeleitete Bestellung einer Komponente für diese Maschine. Der sekundäre Input entspricht dann der Lieferung der Komponente und der primäre Output der Lieferung der fertigen Maschine an den Besteller.

- *Prozesskunden:* Jedes (primäre) Input-Objekt stammt von einem Kunden und ist als Output-Objekt für ihn bestimmt; ihm wird der Output geliefert. Dadurch, dass der Kunde nicht nur der Empfänger, sondern auch der Besteller oder Auftraggeber ist, kann eine eindeutige Kundenbeziehung sichergestellt werden. Der Kundenbegriff ist in diesem Zusammenhang weitreichend zu verstehen. Er umfasst sämtliche Empfänger von primären Output-Objekten. Es ist dabei unerheblich, ob für die Leistungen Vergütungen in irgendeiner Form erhalten bzw. gegeben werden. Eine Differenzierung nach unternehmens*externen* und *-internen* Prozesskunden ist hier nicht relevant, da aus Sicht des Geschäftsprozesses kein Unterschied darin besteht, ob sich der Empfänger des Outputs innerhalb oder außerhalb des Unternehmens befindet.

- *Transformation und Transfer:* Am Prozessobjekt werden Verrichtungen durchgeführt, um es in den gewünschten Output zu überführen. Die Transformationen verändern den Zustand des Prozessobjekts in seiner Beschaffenheit. Dagegen stellt der Transfer eine Verrichtung ohne Veränderung des Prozessobjekts dar. Ob nun Transformationen oder Transfer, sie erfolgen mit dem Ziel, den Wert des Prozessobjekts für den Kunden zu steigern. Innerhalb eines Geschäftsprozesses sind letztlich nur jene Aktivitäten von Bedeutung, die aus Sicht des Kunden wert- oder nutzensteigernd sind. Durch die klare Orientierung am Prozesskunden lässt sich der Wertschöpfungsbeitrag des Geschäftsprozesses festlegen.

- *Prozessverantwortung:* Für die Abwicklung eines Auftrags werden in funktionalen Organisationsstrukturen die andersartigen Arbeitsschritte meist von verschiedenen Mitarbeitern durchgeführt, die unterschiedlichen organisatorischen Einheiten zugehören. Aufgrund dieser funktionalen oder „fließbandartigen" Arbeitsteilung decken die beteiligten Stellen nur einen geringen Aufgabenbereich ab bzw. führen nur einen geringen Anteil der im Prozess definierten Aktivitäten durch, häufig ohne den gesamten Ablauf zu überblicken. Dies führt zu einer Zersplitterung der Verantwortung (siehe Abbildung 5.6). Infolge der vielen Schnittstellen und Übergänge in unterschiedliche Verantwortungsbereiche werden Fehler und Informationsverluste provoziert. Diese machen es schwierig, eine aus Kundensicht einwandfreie Leistung zu erbringen (siehe hierzu auch Box „Ineffizienzen von langen Ablaufketten" in Kapitel 2 und „Selbsterzeugende Prozesskomplexität" in Kapitel 4).

Um dies zu vermeiden, wird der Geschäftsprozess einem durchgängigen Verantwortungsbereich zugeordnet. Der Geschäftsprozess wird so von Anfang bis Ende von einem einzigen Verantwortungsbereich betreut und koordiniert (siehe Abbildung 5.7). Dank der durchgängigen Verantwortung können die Aktivitäten des Geschäftsprozesses wirkungsvoll koordiniert werden – wesentlich effizienter, als wenn diese Koordination zwischen mehreren Bereichen mit unterschiedlichen Verantwortlichen erfolgt. In diesem Zusammenhang wird auch von „Case-Management" gesprochen.

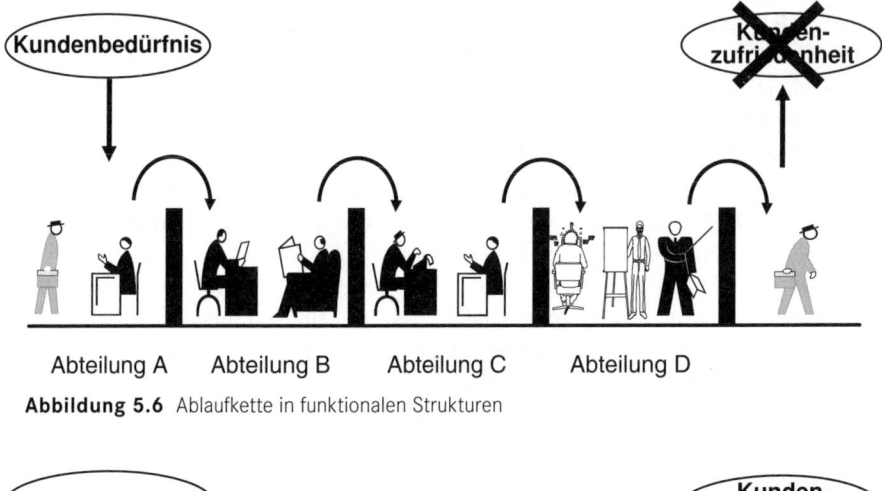

Abbildung 5.6 Ablaufkette in funktionalen Strukturen

Abbildung 5.7 Durchgängige Prozessverantwortung (z. B. mit „Case-Management")

- *Prozessressourcen und Informationen:* Sämtliche Prozessaktivitäten benötigen Ressourcen und Informationen. Erstere umfassen alle Sachmittel und menschliche Arbeitskraft, Letztere schließen auch Erfahrungen und Wissen ein. Für die effiziente Abwicklung eines Auftrags ist es entscheidend, ob der Geschäftsprozess über die notwendigen Ressourcen und Informationen tatsächlich verfügt. Ist dem nicht so, entstehen Unterbrechungen und vor allem ineffiziente Informationsbeschaffungsvorgänge, welche zwar notwendig sind, aber vom Kunden nicht als wert- oder nutzensteigernd wahrgenommen werden.

- *Performanceziele:* Der Geschäftsprozess ist auf die Erreichung von Performancezielen ausgerichtet, die in der Leistungserfüllung eine, strategisch betrachtet, wesentliche

Rolle spielen. Das heißt, insbesondere die in der Strategie identifizierten Erfolgsfaktoren und notwendigen Kernfähigkeiten werden in den Geschäftsprozessen operationalisiert. Kernfähigkeiten entstehen durch die überragende Beherrschung der Geschäftsprozesse, gemessen an wettbewerbsentscheidenden Performancegrößen. Die Performanceziele werden aus den Erfolgsfaktoren abgeleitet. Sie beurteilen die Produktivität der Transformationen und Transfers zwischen Input und Output und werden mittels einfacher Performancegrößen wie Prozesskosten, Durchlaufzeit, Kapitalumschlag, Fehlerraten, Marktanteile usw. gemessen.

- *Prozesseigner:* Der Geschäftsprozess hat einen Eigner (auch „Process Owner" genannt), welcher über den gesamten Lebenszyklus des Geschäftsprozesses für dessen Gestaltung, Umsetzung, Betrieb und Optimierung zuständig ist. Der Prozesseigner gestaltet den Prozess innerhalb der definierten Prozessgrenzen, ist für die Prozessdokumentation verantwortlich, schult die Mitarbeiter, bestimmt die Arbeitsorganisation oder arbeitet sogar mit, stellt die Leistungserbringung sicher, überwacht die Erreichung der definierten Performanceziele und leitet gegebenenfalls Maßnahmen ein. In der prozessbasierten Organisation fällt diese Aufgabe mit der Führungsverantwortung der organisatorischen Prozesseinheit zusammen, dazu zählen auch Personalführung und Budgetverantwortung (siehe auch „Die Rolle des Prozesseigners" in Kapitel 12).

 TIPP Definieren Sie die Geschäftsprozesse aus Kundensicht durchgängig sowie bereichs- und abteilungsübergreifend. Denn nur in Ausnahmefällen sind die bestehenden Bereichs- oder Abteilungsgrenzen schon geeignete Prozessgrenzen.

▪ 5.3 „End-to-End"-Durchgängigkeit der Geschäftsprozesse

Bei der Gestaltung der Geschäftsprozesse kommt der *Identifizierung* von deren Anfängen und Enden eine ausschlaggebende Rolle zu. Sind die Geschäftsprozesse nicht richtig identifiziert, besteht das hohe Risiko, dass sie nicht ausreichend kundenorientiert, nicht genügend effizient und nicht durchgängig sind sowie zudem gegen die Geschäftsstrategie verstoßen. Deshalb soll dieser Vorgang am Beispiel des weltweit tätigen Anlagenbauers noch einmal veranschaulicht werden:

Der Anlagenbauer gehörte als Geschäftseinheit zu einem größeren Elektronikkonzern. Mit einem Umsatz von rund 150 Millionen Euro erzielte dieser Anlagenbauer über Jahre nur negative Resultate. Zum Teil war die Ergebnissituation auf den intensiven Wettbewerb zurückzuführen, bei dem auch die Konkurrenten, alles große Elektrokonzerne, in den vergangenen Jahren ausschließlich negative Resultate erarbeiteten. Die erwirtschafteten Verluste waren beim Anlagenbauer untragbar, da sie – anders als bei den Konkurrenten – nicht mit Gewinnen anderer Geschäftsbereiche kompensiert werden konnten.

Die Analyse der Situation zeigte, dass ein Teil der schlechten Resultate auf interne Ineffizienz zurückzuführen war. Durch die funktionale und auch geografisch verzettelte Organisation hatte ein Kundenauftrag eine unüberschaubare Odyssee durch das Unternehmen zu absolvieren (siehe Abbildung 5.8). Üblicherweise wurde ein Kundenauftrag (durchschnittlich rund 1 Million Euro) durch eine Tochtergesellschaft akquiriert, welche den Auftrag dann zur Abwicklung an das Stammhaus weitergab. Der Tochtergesellschaft oblag auch die Aufgabe, den Kundenkontakt während der Auftragsabwicklung zu koordinieren. Im Stammhaus wurde der Auftrag zunächst in der Verkaufsadministration bearbeitet und danach an die zentrale Administration zur Registrierung im zentralen Auftragsverwaltungssystem weitergeleitet. Nach der Erfassung begann die Bearbeitung in der Projektabteilung. Je nach Spezifikation wurden Teile des Auftrags an die Forschungs- und Entwicklungsabteilung weitergereicht, andere wurden intern im Anlagen- und Modulengineering vertieft. Nachdem die Detailspezifikationen feststanden, wurde der Fabrikbereich mit der Lieferung der Hardwarekomponenten beauftragt. Ein Teil der Softwarekomponenten wurde im Stammhaus maßgeschneidert, ein anderer Teil in einer Konzerngesellschaft in Übersee. In der Anlagenprüfung wurden die verschiedenen Anlagenkomponenten und Systemteile integriert und die Gesamtfunktion geprüft. Von dort wurde einerseits die Anlage an den Kunden geliefert, anderseits wurde in der zentralen Administration die Rechnungsstellung an den Kunden vorgenommen. Die verkaufende Tochtergesellschaft erhielt eine Kommission für die Verkaufsanstrengungen.

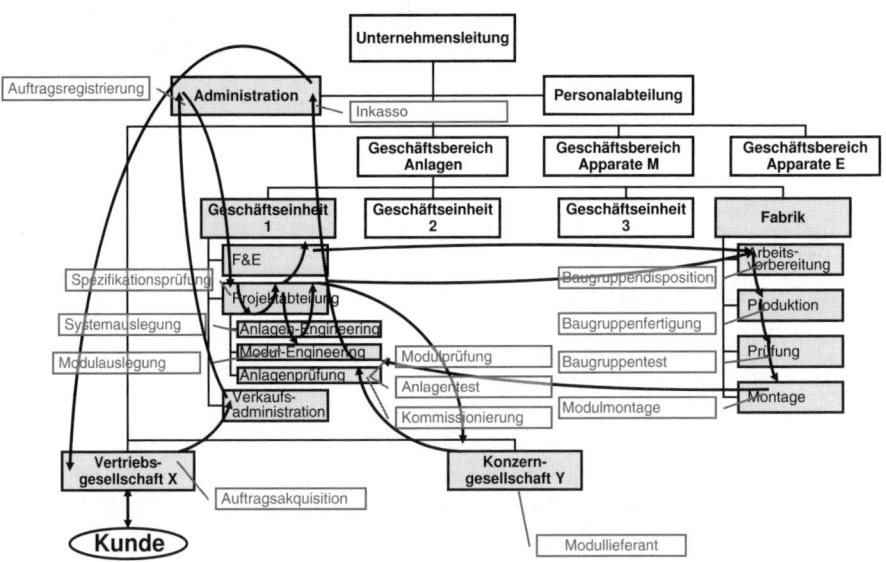

Abbildung 5.8 Odyssee eines Kundenauftrags (Beispiel: Anlagenbauer)

Das Problem entstand dadurch, dass die durchschnittliche Projektdauer zwischen einem und vier Jahren betrug. Während dieser Zeit hatte der Kunde keinen kompetenten Gesprächspartner, da auch dem Stammhaus verborgen blieb, wo sich konkret der Auftrag oder Auftragsteile in Bearbeitung befanden. Auch die Einführung eines Projektverfolgungssystems verschaffte keine Abhilfe. Das neue System konnte zwar die Odyssee aufzeichnen und feststellen, an welcher Stelle die Projektbearbeitung kürzlich abgemeldet worden war. Wo sich das Projekt oder Teile davon aktuell befanden, war jedoch nicht ersichtlich, da jedes Projekt seinen individuellen Ablauf durch die Organisation nahm. Ebenso konnten keine Margenverbesserungen erzielt werden.

Die Vielfalt der Aufträge verhinderte eine klare Sicht auf die Abläufe. Eine Systematisierung schien unmöglich, weil für jeden Regelfall auch unzählige Ausnahmefälle festgestellt wurden. Trotzdem konnte durch vergleichende Analyse verschiedener Projektaufträge eine generische Prozesskette identifiziert werden. Nachdem die Besonderheiten der Aufträge abstrahiert waren, wurde ein grobes Ablaufmuster ersichtlich, das allen Aufträgen gemeinsam war: Nach der Auftragsakquisition erfolgte immer die Detaillierung des Pflichtenhefts, meistens in enger Zusammenarbeit mit dem Kunden. Darauf wurden das System ausgelegt und die Systemmodule festgelegt. Dem Systemengineering folgte das Modulengineering mit der Spezifikation der Baugruppen (in den meisten Fällen elektronischen Steuerkarten) und diesem wiederum die Auftragsbearbeitung in der Fabrik mit der Baugruppendisposition gemäß der Teileliste, die Baugruppenfertigung und der Baugruppentest. Danach wurden die Baugruppen in Schränken zu Modulen montiert und geprüft. Nach der Modulprüfung wurden die Module zur Gesamtanlage zusammengebaut, geprüft und an den Kunden ausgeliefert. Hier fand dann die Inbetriebsetzung mit den Abnahmetests unter realen Bedingungen statt. Hatte der Kunde der Abnahme zugestimmt, konnte die Rechnungsstellung ausgelöst werden.

Auf einem hohen Abstraktionsniveau konnte mit der Prozesskette die sachlich und zeitlich logische Abfolge bestimmt werden. Den Aktivitäten entlang der Prozesskette entsprachen verschiedene Abteilungen und Bereiche, welche im Unternehmen verteilt waren; teilweise im Stammhaus selbst, teilweise in Tochter- und Konzerngesellschaften. So war die traditionell funktionale Arbeitsteilung entlang der Prozesskette unverkennbar.

Durch die Betrachtung der Prozesskette in durchhängender Form konnte zunächst festgestellt werden, dass das unterste Glied der Prozesskette die tiefste Wertschöpfung betraf, welche gerade noch im Unternehmen wahrgenommen wurde. Weiter konnte festgestellt werden, dass der erste und linke Teil der zunehmenden Detaillierung des Auftrags entsprach, der zweite und rechte Teil der Integration mit den entsprechenden Tests (siehe Abbildung 5.9). Durch diese Darstellung war zudem erkennbar, dass sich gegenüberliegende Aktivitäten ergänzen: Auf der linken Seite der Prozesskette wird spezifiziert, was auf der rechten Seite später integriert und getestet wird – allerdings von unterschiedlichen Stellen.

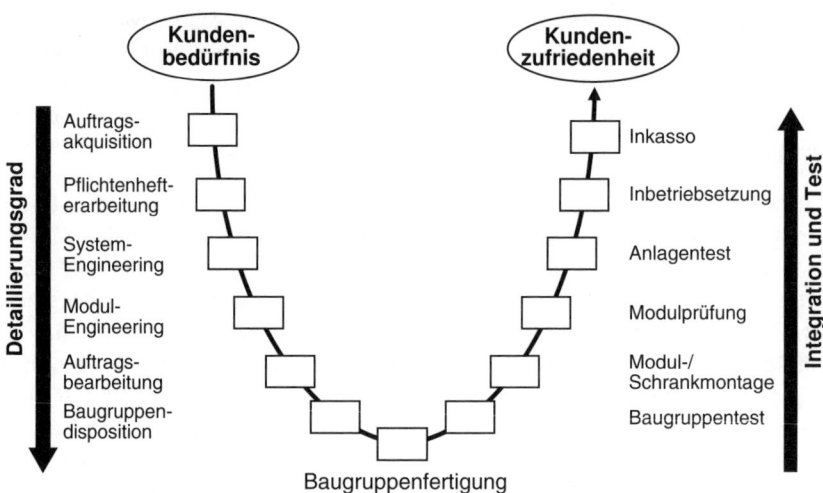

Abbildung 5.9 Vereinfachte Prozesskette (Beispiel: Anlagenbauer)

Die große Anzahl von involvierten Stellen lädt dazu ein, eine Zusammenlegung in Betracht zu ziehen. Eine funktional orientierte Zusammenlegung würde die Unübersichtlichkeit jedoch noch vergrößern, da durch die Abstraktion die Verzweigungen, zum Beispiel nach dem System- bzw. Modulengineering, unbeachtet geblieben sind. Dagegen ist eine prozessorientierte Zusammenlegung von Detaillierung und Integration je Stufe zweckmäßig (siehe Abbildung 5.10). Dadurch kann die durchgängige Verantwortung für die Detaillierung und deren Überprüfung bei der Integration bzw. beim Test sichergestellt werden. Der Verkäufer erhält so beim Inkasso jeweils die Rückmeldung, ob er den Auftrag richtig mit dem Kunden ausgehandelt hatte, der Systemingenieur beim Anlagentest und der Inbetriebsetzung, ob er das System richtig ausgelegt hatte, der Modulingenieur beim Modultest, ob das Modul richtig ausgelegt worden ist usw.

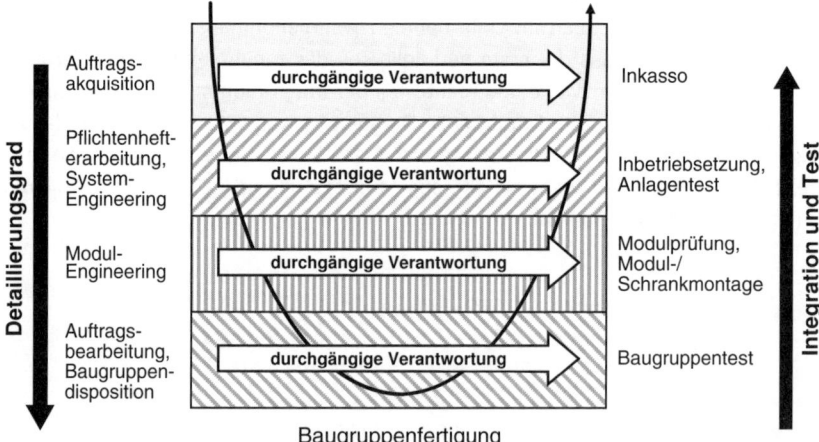

Abbildung 5.10 Zusammenfassung von nachfolgenden und „gegenüberliegenden" Tätigkeiten (Beispiel: Anlagenbauer)

Die Überprüfung der Stufen führte dazu, dass auch die Schnittstellen direkt den nachfolgenden Abteilungen angepasst wurden. So wurde etwa die bisherige Stelle, welche das Pflichtenheft detaillierte, mit dem Systemengineering zusammengelegt, da das in der Erarbeitung des Pflichtenhefts erworbene Detailwissen direkt in der Systemauslegung verwendet werden konnte. Umgekehrt bildeten fundierte Systemkenntnisse die Basis, ein Pflichtenheft zu erstellen, welches auch unter wirtschaftlichen Bedingungen realistisch war. Ebenso wurde ein Bereich geschaffen, der umfassend für die Auftragsbearbeitung, Disposition, Fertigung und Austestung der Baugruppen verantwortlich wurde.

Zwischen den neu festgelegten Bereichen konnte eine einfache Auftraggeber-Auftragnehmer-Beziehung (die Prozesskaskade) definiert werden (siehe Abbildung 5.11). So bestellte von nun an beispielsweise der Bereich Kundengewinnung und -betreuung das System beim Systemlieferanten, dieser wiederum die nötigen Module beim Modullieferanten und Letzterer die nötigen Baugruppen beim Baugruppenlieferanten. Die Schnittstellen wurden so definiert, dass auch externe Modullieferanten (beispielsweise von Computern) oder externe Baugruppenlieferanten (beispielsweise von leeren Steuerschränken oder Prozessorkarten) einbezogen werden konnten.

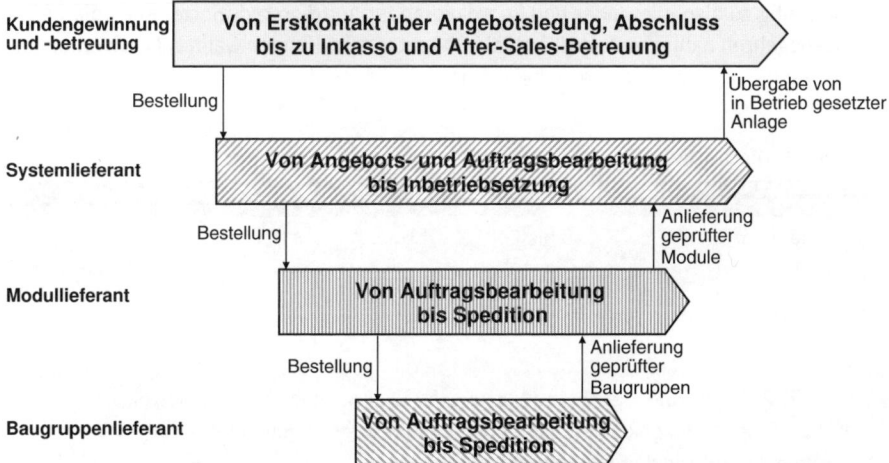

Abbildung 5.11 Abfolge von Auftraggeber-Auftragnehmer-Beziehungen (Beispiel: Anlagenbauer)

Alle Bereiche verfügten über die für ihre Aufgaben erforderlichen Ressourcen und Informationen. Beispielsweise wurde der Bereich „Kundengewinnung und -betreuung" so festgelegt, dass er für die Kundenbetreuung vom Erstkontakt über die Angebotslegung, Auftragsverhandlung, Schlüsselübergabe bis zur Rechnungslegung und Inkasso verantwortlich war. Obwohl der „Systemlieferant" in direktem Kundenkontakt für die technische Spezifikation oder die Inbetriebsetzung vor Ort stand, agierte er als Unterlieferant des Kundenbetreuers. Damit oblag dem Kundenbetreuer auch die Verantwortung, allenfalls Nachforderungen für Mehrleistungen durchzusetzen.

Wie in der Ausgangslage dargelegt, war die miserable Ergebnissituation darauf zurückzuführen, dass neben der geschilderten Odyssee die Projekte viel zu lange dauerten. Eine Projektdauer von mehreren Jahren führte oft dazu, dass der Projektleiter lieferantenseitig (aber auch kundenseitig) wechselte und damit keine Gesamtverantwortung für das Projekt wahrgenommen wurde. Die lange Projektdauer hatte die Kunden zudem dazu eingeladen, die funktionalen und technischen Anforderungen im Verlaufe des Projekts zu verändern oder zu Beginn einige wesentliche Details ungeklärt zu lassen. Die notwendigen Anpassungen konnten auch das ursprüngliche Lösungskonzept, das im Systemengineering entstand, betreffen und bedeuteten deswegen massive Eingriffe und Veränderungen, vielfach in Teilen, welche schon weitgehend fertig waren.

Die klare Zuordnung der Verantwortlichkeiten führte gleichzeitig auch zur Vereinbarung von Performancezielen mit den Bereichen. Mit den internen Lieferanten wurden neben den Kostenzielen (Nullabweichung von der ursprünglich geplanten Marge) maximale Durchlaufzeiten für ihre Lieferteile vereinbart. Dadurch, dass jede Stufe nicht nur für Detaillierung, sondern auch für die zugeordnete Integration zuständig war, entstand ein regelrechter Zug in der Organisation: Was intern bestellt wurde, sollte auch bald geliefert werden! Mit dem neuen Unternehmensdesign konnte die Durchlaufzeit um rund 70 % verkürzt werden. Die kürzeren Durchlaufzeiten hatten zur Folge, dass sich die Anzahl gleichzeitig zu disponierender und koordinierender Aufträge reduzierte. Auch die Änderungsbegehren nahmen ab, weil sich die Situation beim Kunden während der verkürzten Lieferzeit weniger veränderte (Tabelle 5.1).

Tabelle 5.1 Durchlaufzeiten vor und nach dem Unternehmensdesign in Wochen

Stufe	Vorher	Nachher
Systemlieferant	40 bis 200	10 bis 60
Modullieferant	12 bis 20	ca. 6
Baugruppenlieferant	ab Lager	3

 TIPP Legen Sie die Verantwortung für einen Kundenauftrag jeweils in eine Hand. Bei geklärten Zuständigkeiten werden – wenn überhaupt – nur wenige Aufträge liegenbleiben. ∎

■ 5.4 „Case-Management" für durchgängige Prozessverantwortung

Die konsequenteste Form der durchgängigen Prozessverantwortung stellt das sogenannte „Case-Management" dar. Dabei ist eine *einzige Person* (als sogenannter *„Case-Manager"*) oder eine *kleine Gruppe als Team* (als *„Case-Management-Team"*) durchgängig mit der Abwicklung des Auftrags betraut – von der Auftragsannahme bis zur -übergabe. Sämtliche Aktivitäten, die zur Erstellung einer Leistung notwendig sind, können dadurch selbstständig geplant, gesteuert, betreut und weiterentwickelt werden. Damit liegt die fallabschließende Bearbeitung in der Hand des „Case- Managements". Üblicherweise umfasst das „Case-Management" ein breites, mehrere Funktionen umfassendes Aktivitätenspektrum. Dieses Spektrum gilt es *in einer Hand* zu integrieren. Zudem bearbeitet das „Case-Management" einen Geschäftsprozess mit einem *geschlossenen Rückmeldungskreis*, etwa von der Bestellung bis zu der vom Kunden akzeptierten Auslieferung eines Produkts oder bis zum erfolgreichen Abschluss einer Dienstleistung (siehe Abbildung 5.12).

Case-Manager   **Case-Management-Team**

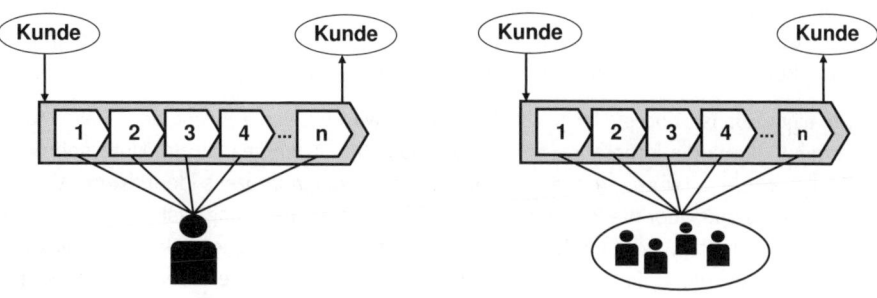

Abbildung 5.12 Ausprägungen von „Case-Management"

Mit „Case-Management" lassen sich folgende Vorteile erzielen:

- Die durchgängige Prozessverantwortung von der Entgegennahme des Kundenbedürfnisses bis zur Lieferung der erforderlichen Leistung an den Kunden führt zu einer verbesserten Kundenorientierung.

- Der Prozesskunde als Auftraggeber und Leistungsempfänger hat im „Case-Management" – sei es als Einzelperson oder als Team – für seine Anliegen eine einzige Ansprechstelle. Aus Sicht des Kunden ergibt sich damit ein Minimum an Kontaktstellen („One-Face-to-the-Customer").

- Durch die Integration mehrerer Funktionen im „Case-Management" finden keine Bereichs-, Abteilungs- und Teamwechsel statt; Schnittstellen und Abstimmungspunkte im Prozessverlauf werden minimiert bzw. eliminiert.

- Die prozessbasierte Arbeitsorganisation führt zu einer potenziell verbesserten Leistungsmotivation. So erhöhen funktionsübergreifende Geschäftsprozesse die Chancen einer abwechslungsreichen Beschäftigung. Durch die starke Output-Orientierung sowie die Verantwortung für den Kunden und den Prozess erhöhen sich die Möglichkeiten für den Mitarbeiter, sich mit der Arbeit zu identifizieren. Schließlich ermöglicht die Messbarkeit der Ergebnisse (Output, Prozessperformance) eine klare Rückmeldung an die Mitarbeiter, welche nun „ihren" Geschäftsprozess weiter optimieren können.

- „Case-Management" vermindert erheblich den Koordinationsbedarf zwischen unterschiedlichen Stellen, weil diese im „Case-Management" integriert sind. Damit wird auch ein großer Teil der organisationsbedingten Komplexität reduziert (siehe „Verzettelte Organisation" in Kapitel 4).

- „Case-Management" reduziert die Notwendigkeit von Überwachungs- und Kontrollmechanismen, die nichts zur Wertschöpfung beitragen, sondern Missbrauch verhindern sollen. Die erweiterten Entscheidungsbefugnisse sowie eindeutige Zuordenbarkeit von Prozessleistung und Output schaffen eine Basis für Selbstkontrolle, welche eine Fremdkontrolle weitgehend ersetzen kann.

Die abschließende Abwicklung eines Geschäftsfalls bzw. Auftrags erfordert ein ausreichendes Maß an Entscheidungskompetenzen, welche auch vom Prozessumfeld abhängig sind. Während sich in einem stabilen Umfeld der Handlungsspielraum standardisieren und allenfalls automatisieren lässt, erfordert ein dynamisches Umfeld hohe Flexibilität des „Case-Managements", um auf die kundenspezifischen Anforderungen adaptiv reagieren zu können. Entsprechend ist das „Case-Management" mit Planungs-, Entscheidungs- und Kontrollbefugnissen auszustatten. Damit es wirklich prompt und kompetent wirken kann, ist es auch mit geeigneten Informationsmitteln zu unterstützen.

Bei einem Baustoffhersteller mit vielen Werken wurde beispielsweise das „Case-Management" durch die Integration von Supportaufgaben sichergestellt. Im Unternehmensdesign wurde unter anderem ein durchgängiger Geschäftsprozess identifiziert, welcher von der Planung über die Produktion bis zur Versandbereitstellung zuständig war. Damit dieser Geschäftsprozess im Sinne des „Case-Managements" agieren konnte, oblag ihm zunächst die autonome Steuerung der internen und externen Lieferanten für Rohstoffe, Veredelungsstoffe, Energie und Verpackungsmaterialien (siehe Abbildung 5.13). In den Geschäftsprozess wurde darüber hinaus auch der Teil der Qualitätssicherung integriert, welcher die technische Prozessqualität regelte. Ein Laborbetrieb für sporadische Spezialuntersuchungen blieb als Supportprozess bestehen und wurde werksübergreifend, zentral organisiert. Damit verfügte der Geschäftsprozess über alle erforderlichen Ressourcen, um die Aufträge qualitativ einwandfrei und zeitgerecht zu erfüllen. Letzteres wäre nicht möglich gewesen, wenn ein Dritter mit der Qualitätskontrolle in den Produktionsablauf eingegriffen hätte.

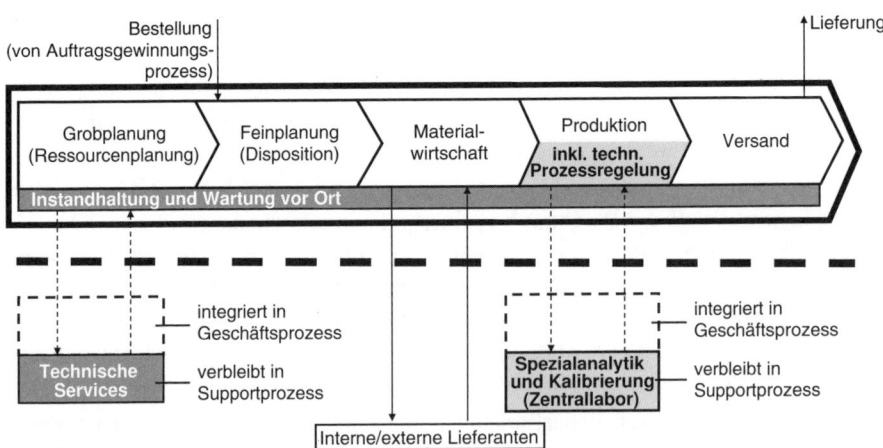

Abbildung 5.13 „Case-Management" durch Integration von Supportaktivitäten (Beispiel: Baustoffhersteller)

Ebenso wurden die Wartung und die Instandhaltung in den Geschäftsprozess integriert. Dies stellte einen bedeutenden Hebel zur Erreichung der Produktivitätsziele dar, da nun die Stillstandzeiten vom Geschäftsprozess bestimmt werden konnten. Zentral, einem Supportprozess zugeordnet, verblieben technische Services, welche für die Instandhaltung und Wartung vor Ort nicht nötig waren. Mit der Integration der Instandhaltungsaufgaben ließ sich der Ressourceneinsatz optimieren. Die Prozessbearbeitenden verfügten über die besten Informationen bezüglich des Anlagenzustands. Indem sie sowohl die Produktions- als auch Instandhaltungsaufgabe wahrnahmen, waren sie nicht nur noch besser informiert, sondern darüber hinaus vor allem kontinuierlich beschäftigt.

 TIPP Etablieren Sie multifunktional zusammengesetzte „Case-Management-Teams". Schon nach kurzer Zeit entwickeln sich die Teammitglieder zu Multifunktionären.

„Case-Management" birgt nicht nur Chancen, sondern auch Risiken für das Unternehmen. Es kann vorkommen, dass ein „Case-Manager" die Befriedigung von Kundenbedürfnissen über die Gesamtinteressen des Unternehmens stellt und diese Zufriedenheit durch unverhältnismäßigen Mitteleinsatz schafft. Moderne Informationsmittel ermöglichen es heute jedoch, den Zeit- und Ressourceneinsatz, Deckungsbeiträge bei Vertragsabschlüssen, gewährte Konditionen usw. zu messen bzw. zu dokumentieren. Auch „Case-Management"-Teams verhindern eigennütziges Verhalten, da es dem einzelnen Individuum auf diese Weise erschwert wird, Handlungen entgegen den Teaminteressen vorzunehmen. Damit kann das „Mehr-Augen"-Prinzip *im* Prozess selbst umgesetzt werden. Ein anderer Ansatz zur Risikominderung ist die Realisierung des „Mehr-Augen"-Prinzips durch Kaskadierung (siehe auch „Sonderfall „Mehr-Augen"-Prinzip" in Kapitel 6).

Typen von Geschäftsprozessen

Jedes Unternehmen hat die unterschiedlichsten Geschäftsprozesse. Diese können nach verschiedenen Gesichtspunkten kategorisiert werden. Möglich wäre eine Unterscheidung nach Kundengruppen oder nach Produktionsprozessen und unterstützenden Prozessen. Hier wird eine Typisierung nach der Rolle im Unternehmen, insbesondere der zeitlich-logischen Erbringung und Wirkung der Geschäftsprozesse vorgeschlagen: in sogenannte wertschaffende und wertdefinierende Geschäftsprozesse (siehe Abbildung 5.14) sowie Management- und Supportprozesse (siehe Abbildung 5.15).

Wertschöpfung besteht immer aus einem *vorangehenden* wertdefinierenden Teil und einem *auftragsspezifischen* wertschaffenden Teil. Entsprechend wird auch zwischen wertdefinierender Innovations- („Innovation-Machine", siehe Kapitel 11) und wertschaffender Verkaufs- („Sales-Machine") bzw. Erbringungsmaschine („Delivery-Machine") unterschieden. Methodisch bestehen große Ähnlichkeiten zwischen diesen Geschäftsprozesstypen (siehe auch Kapitel 17). Aufgrund der Anschaulichkeit und praktischen

Fragestellungen liegt der Schwerpunkt der weiteren Darstellung bei der sogenannten „Delivery-Machine". Die in den Kapiteln 5 und 6 dargestellten Methoden und Ansätze der Erbringungsmaschine können aufgrund der Analogie zwischen Marktleistung, Kundenbindung und Innovationsleistung auf die Verkaufs- bzw. Innovationsmaschine übertragen werden (siehe auch „Erweiterte modulare Plattform" und „Unternehmensarchitektur" in Kapitel 15).

- *Wertschaffende Geschäftsprozesse:* Diesen Geschäftsprozessen werden alle operativen Geschäftsprozesse zugeordnet, die das Tagesgeschäft des Unternehmens abwickeln („daily business"). Aufgabe dieser Prozesse ist die *ertragsorientierte Erbringung all derjenigen Leistungen*, welche für den externen Kunden bestimmt sind. Sie führen alle notwendigen Transformationen und Transfers zur Gewinnung, Abwicklung und Erbringung eines Kundenauftrags durch. Die effektive und effiziente Erfüllung der Kundenbedürfnisse steht dabei im Vordergrund. Der Output ist durch konkrete Transaktionen zu letztlich immer *externen* Kunden bestimmt. Als Beispiel für wertschaffende Geschäftsprozesse sind Kundengewinnung und -betreuung, Leistungserbringung in der Produktion usw. zu nennen. Die wertschaffenden Geschäftsprozesse werden wegen der hier verwendeten Darstellungsweise auch horizontale Geschäftsprozesse genannt.

- *Wertdefinierende Geschäftsprozesse:* Diese Prozesse definieren und konkretisieren die angebotenen Sach-, Dienst- und Informationsleistungen – die eigene Wertschöpfung – entsprechend der Strategie. Sie haben eine längerfristige Auswirkung auf das Unternehmensgeschehen und sind nicht unmittelbar für den externen Kunden bzw. Markt bestimmt. Ihre Hauptaufgabe besteht in der *Definition und Konkretisierung der Leistungen*, welche in den wertschaffenden Prozessen zukünftig erstellt werden sollen. Ihre wichtigste Rolle dabei ist die Umsetzung der Strategie in den Alltag. Zum Aufgabenbereich zählt auch die *Befähigung des Unternehmens*, diese Leistungen marktgerecht zu erbringen. Wertdefinierende Geschäftsprozesse wirken den wertschaffenden Geschäftsprozessen zeitlich-logisch voraus, denn sie legen neue oder verbesserte Marktleistungen, Verfahren, Prozesse und Ressourcen für die Leistungserbringung fest. Der Output ist zunächst von *beschreibender* Art und umfasst Produktpläne und -formeln, Standardsoftware, Verfahrens- und Beschaffungsvorschriften, Markteinführungskonzepte, Niederschriften von neuen Forschungserkenntnissen usw. Des Weiteren kann der Output auch von *befähigender* Art sein, wenn all jene Stellen, welche an der konkreten Leistungserbringung beteiligt sein sollen, instruiert, geschult, in die Lage versetzt werden, die festgelegten Werte zu schaffen. Dies beinhaltet auch die Bereitstellung aller spezifischen Werkzeuge oder Hilfsmittel (zum Beispiel Verkaufs- oder Produktionsunterlagen), welche zur Leistungserbringung notwendig sind. Als Beispiele für wertdefinierende Geschäftsprozesse sind der Innovationsprozess sowie die Forschungs-, Entwicklungs- und Markteinführungsprozesse zu nennen. Die Darstellung von wertdefinierenden Geschäftsprozessen ist vertikal zu den wertschaffenden Geschäftsprozessen. Entsprechend dieser Darstellungsweise werden die wertdefinierenden Geschäftsprozesse auch als vertikale Geschäftsprozesse bezeichnet.

Durch die vertikale bzw. orthogonale Darstellung wird die asynchrone und festlegende Wirkung der wertdefinierenden Geschäftsprozesse auf die wertschaffenden

Geschäftsprozesse hervorgehoben. Diese „Vertikalität" bzw. „Orthogonalität" setzt sich zwischen den zugrunde liegenden Innovations- bzw. Marktleistungsarchitekturen fort (siehe Kapitel 11).

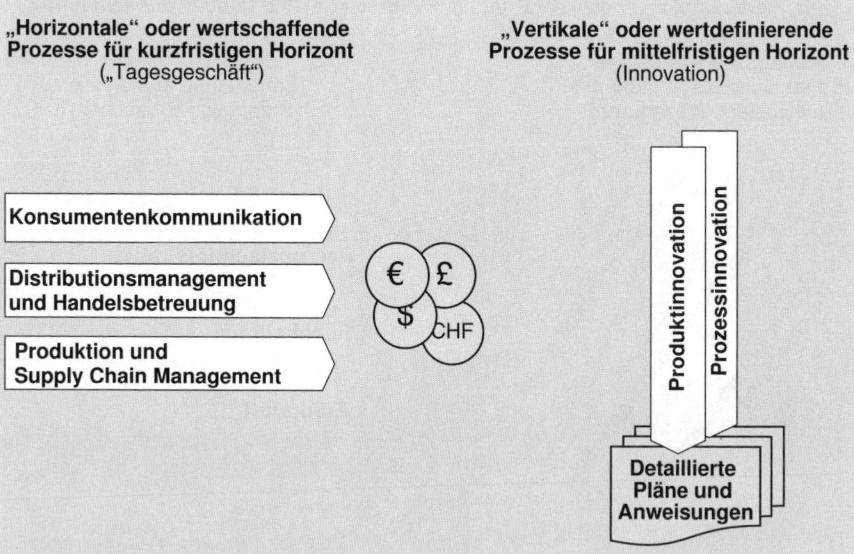

Abbildung 5.14 Verschiedene Geschäftsprozesse für unterschiedliche Zeithorizonte

Managementprozesse definieren die Randbedingungen und Vorgaben, während die Supportprozesse alle anderen Prozesse unterstützen:

- *Managementprozesse:* Sie führen die Erarbeitung der Strategie und deren Umsetzung. Des Weiteren steuern und koordinieren sie die Bereitstellung von Ressourcen, die Führung und Entwicklung von Mitarbeitern sowie die Pflege der Unternehmenskulturentwicklung. Output der Managementprozesse sind die *Bereitstellung von geeigneten Strukturen und Systemen sowie die Vorgaben von rechtlichen, finanziellen und sozialen Rahmenbedingungen*, in denen das operative Geschäft betrieben werden kann. Diese Managementprozesse werden von der Unternehmensleitung getragen und stellen die Klammer zwischen wertdefinierenden und wertschaffenden Geschäftsprozessen dar. Beispiele für Managementprozesse sind Finanzplanung, Budgetierung und Controlling oder Personalentwicklung. Managementprozesse sind definierend und laufen ihrerseits asynchron – und orthogonal – zu den wertdefinierenden und wertschaffenden Geschäftsprozessen ab. Entsprechend werden die Managementprozesse diagonal dargestellt.

- *Supportprozesse:* Die Supportprozesse betreffen die Leistungen, welche an die drei zuvor erwähnten Prozesstypen geliefert werden, damit diese in ihrer Leistungserbringung unterstützt bzw. erst ermöglicht werden. Dazu zählen beispielsweise die Wartung und Instandhaltung von Produktionsanlagen in den wertschaffenden Geschäftsprozessen, die laufende Betreuung von Kommunikations- und Informationstechnologien, die Buchhaltung oder Personaladministration. Die Supportprozesse haben nur indirekt Einfluss auf den Unternehmenserfolg. Aus diesem Grund und da oft Dritte darauf spezialisiert sind, bieten sie auch Potenzial für eine Auslagerung („Outsourcing"). Bei den Dritten stellen die *ausgelagerten* Supportprozesse wiederum wertschaffende Geschäftsprozesse dar (siehe auch „Verlagerungen, Auslagerungen, Wertschöpfungsnetzwerke" und Box „Shared-Service-Center" in Kapitel 7).

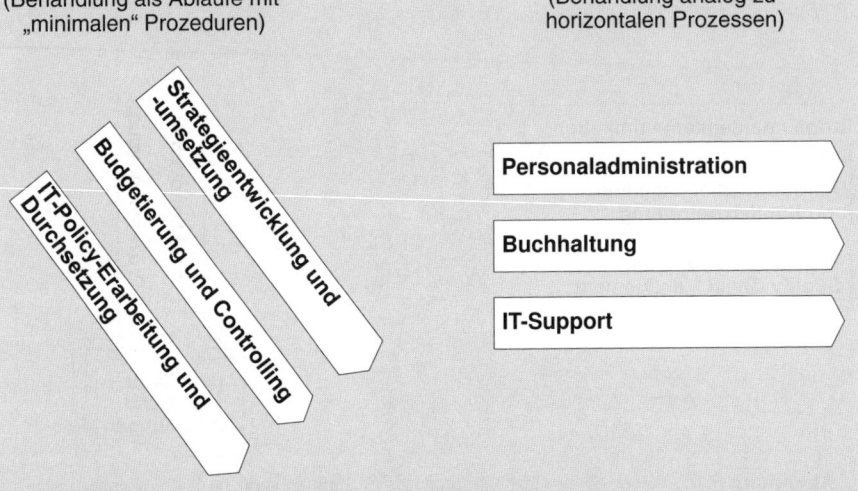

Managementprozesse
(Behandlung als Abläufe mit „minimalen" Prozeduren)

Supportprozesse
(Behandlung analog zu horizontalen Prozessen)

Strategieentwicklung und -umsetzung

Budgetierung und Controlling

IT-Policy-Erarbeitung und Durchsetzung

Personaladministration

Buchhaltung

IT-Support

Abbildung 5.15 Management- und Supportprozesse (Auswahl)

Die Unterscheidung dieser Prozesstypen ermöglicht eine saubere Trennung unterschiedlicher Aufgaben bzw. eine *Klärung der grundlegenden Rollen* im Unternehmen. Während die Trennung von wertschaffenden Prozessen und Supportprozessen eher gradueller Natur ist, so ist jene in wertdefinierende und wertschaffende Geschäftsprozesse sowie Managementprozesse von grundsätzlicher Bedeutung. Ein Beispiel in diesem Zusammenhang wäre die unbestrittene Auslagerung der Personaladministration in einen Supportprozess, der alle anderen Geschäftsprozesse unterstützt. Im Falle eines Outsourcings würde die Personaladministration wiederum von einem wertschaffenden Geschäftsprozess des übernehmenden Unternehmens erbracht.

Nicht nur der Prozessoutput, sondern auch die Methoden und Ressourcenanforderungen sind grundsätzlich unterschiedlich zwischen wertdefinierenden und wertschaffenden Geschäftsprozessen. Stellt der Output des wertschaffenden Geschäftsprozesses eine konkret erbrachte Markt- oder Vorleistung dar, so handelt es sich beim Output des wertdefinierenden Prozesses um eine Beschreibung der Marktleistung mit etwaigen Prozessanweisungen, welche in den wertschaffenden Geschäftsprozessen zur Anwendung kommen. Der Output der Managementprozesse besteht in Vorgaben der strategischen und operativen Führung.

Die „Vertikalität" des wertdefinierenden Geschäftsprozesses kann am Beispiel des Anlagenbaus illustriert werden, denn die Trennung von wertdefinierenden (beispielsweise der Entwicklung von Standardmodulen) und wertschaffenden Aktivitäten (beispielsweise die Entwicklung von kundenspezifischen Anforderungen) ist im Anlagenbau besonders wichtig. Oberflächlich betrachtet, handelt es sich in beiden Fällen um Entwicklungstätigkeiten, welche üblicherweise mit denselben Ressourcen und Methoden erbracht werden. Bei genauerer Hinsicht handelt es sich jedoch um zwei völlig unterschiedliche Entwicklungsaktivitäten: um ein direkt ertragswirksames Engineering im Auftrag eines bestimmten Kunden und um eine Standardentwicklung im Auftrag der Geschäftsleitung. Die Problematik der Vermischung dieser unterschiedlichen Entwicklungsaktivitäten zeigt sich sowohl im alltäglichen Ressourcenkonflikt als auch im undifferenzierten Einsatz von Engineeringmethoden bzw. -verfahren. Der Ressourcenkonflikt führt dazu, dass die zwar notwendigen Standardentwicklungen als sehr wichtig erklärt, aber bezüglich der kurzfristig ertragswirksamen Kundenentwicklungen hintenangestellt werden. Der undifferenzierte Methodeneinsatz verkennt die unterschiedlichen Anforderungen. Bei der Standardentwicklung werden hohe Ansprüche an die erweiterbare Produktarchitektur und die Dokumentation gestellt. Im Gegensatz dazu stehen bei der Kundenentwicklung die lokale Integration und rasche Implementierung im Vordergrund.

Folgerichtig wurden beim Anlagenbauer Standardentwicklung und Kundenentwicklung in zwei unterschiedlichen Geschäftsprozessen mit je eigenen Ressourcen und abgestimmten Methoden erbracht. Der wertdefinierende Geschäftsprozess, hier als Innovationsprozess bezeichnet, wirkte asynchron zu den Kundenaufträgen (siehe Abbildung 5.16). Je mehr Standardentwicklungen vorlagen, desto eher konnten diese in den konkreten Kundenaufträgen berücksichtigt und desto mehr konnten kundenspezifische Entwicklungen vermieden werden. Zudem wirkte der Innovationsprozess nicht nur auf einen einzigen horizontalen Geschäftsprozess, beispielsweise auf den Modullieferanten, sondern auch auf alle horizontalen

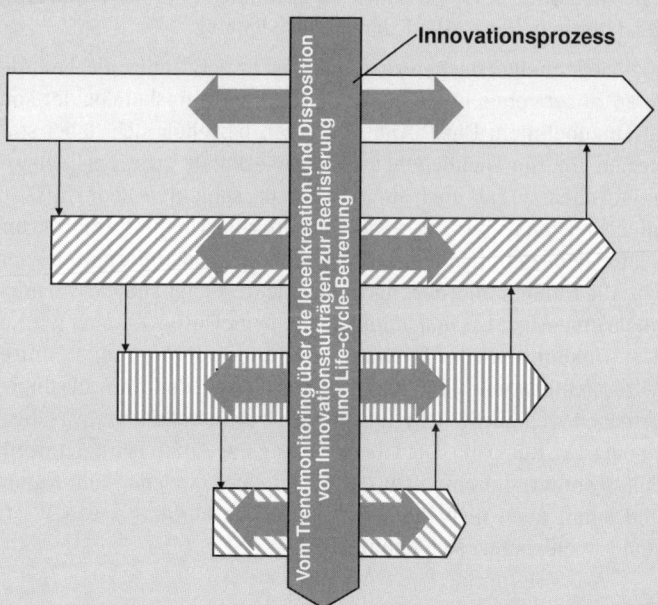

Abbildung 5.16 Unternehmensdesign mit Innovationsprozess (Beispiel: Anlagenbauer)

Geschäftsprozesse. So wurden durch die Erweiterung oder Anpassung des Produktprogramms die Aktivitäten in allen horizontalen Geschäftsprozessen verändert. Eine Umgestaltung im Produktprogramm stellte veränderte Anforderungen an die Kundengewinnung und -betreuung, den Systemlieferanten, den Modullieferanten oder den Baugruppenlieferanten. Eine Änderung in der Architektur der Systeme hätte ihrerseits sogar die Schnittstellen zwischen System-, Modul- und Baugruppenlieferant verändert.

Allgemein bestimmt die Produktarchitektur den Ort, wo eine Schnittstelle zwischen zwei wertschaffenden Geschäftsprozessen liegen kann (siehe auch „Produktarchitektur und Kaskadenstaffelung" in Kapitel 8).

■ 5.5 Prozessqualität

Die kürzeste und prägnanteste Definition von Qualität stammt von Joseph M. Juran (1988), der diese als „fitness for use" bezeichnete. Dieses Verständnis besagt, dass eine materielle oder auch immaterielle Prozessleistung dann genügende Qualität ausweist, wenn der Output frei von Mängeln ist und dessen Merkmale die jeweiligen Anforderungen des Prozesskunden erfüllen. In dem Sinne wird Qualität auch als *Übereinstimmung* oder *Konformität mit den Anforderungen* verstanden – und zwar jenen, welche zwischen auftraggebenden Prozesskunden und auftragnehmendem Geschäftsprozess vereinbart wurden (siehe Abbildung 5.17). Je höher der Erfüllungsgrad der Erwartungen des Prozesskunden ist, desto höher ist die Kundenzufriedenheit.

Um Kundenzufriedenheit erreichen zu können, ist es notwendig, die Anforderungen des Prozesskunden zu verstehen und diese in den Anforderungskatalog der konkreten Prozessleistung aufzunehmen. Diese Anforderungen beziehen sich dabei sowohl auf objektive Kriterien für die sachlichen Leistungsmerkmale (wie beispielsweise Menge, Maßtoleranz, Termin usw.) als auch auf individuelle, subjektive Bedürfnisse des Kunden. Letztere gehen meistens über die nutzenorientierten Qualitätsanforderungen hinaus (wie beispielsweise Beziehungspflege, Unterhaltung, Zusatzinformationen über Wettbewerber usw.). Alle Kundenanforderungen, ob objektive oder subjektive, müssen in Leistungsmerkmale umgesetzt werden, damit genau jener Output erzeugt wird, welchen der Kunde fordert. Unkenntnis oder Ignoranz der Kundenanforderungen führen entweder zu einer Prozessfehlleistung oder einer Übererfüllung der Anforderungen. Bei Fehlleistungen ergeben sich zusätzliche Kosten durch Reklamationen, Nachbearbeitungen, Reparaturen oder gar Rückrufe. Bei Übererfüllung der Anforderungen werden Ressourcen übermäßig genutzt, um einen Output zu erzeugen, welcher vom Kunden nicht angefordert und damit auch nicht honoriert wird. Das Verhältnis von Wertzuwachs zu Prozesskosten verschlechtert sich dadurch.

TIPP Konkretisieren Sie das Qualitätsverständnis durch die Kunden-anforderungen. Sie werden nicht nur bei Ihren Kunden Zufriedenheit aus-lösen.

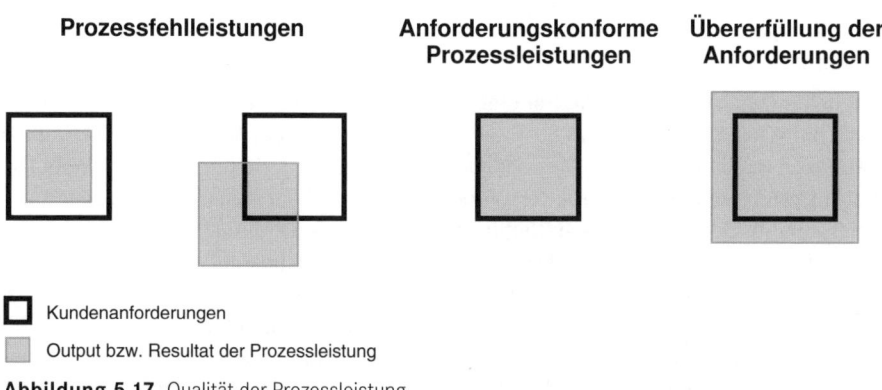

Kundenanforderungen

Output bzw. Resultat der Prozessleistung

Abbildung 5.17 Qualität der Prozessleistung

Kundenzufriedenheit steht somit in einem direkten Zusammenhang mit der Prozess-leistung: Je höher die Übereinstimmung des tatsächlichen Prozessergebnisses mit den Anforderungen des Kunden, desto höher ist dessen Zufriedenheit. Präzise Erfüllung der Markt- bzw. Kundenanforderungen macht sich bezahlt, denn die Unzufriedenheit des Kunden verursacht Zusatzkosten für Korrekturen oder – schlimmer noch, falls sich der Kunde einem Wettbewerber zuwendet – hohe Abwerbungskosten. Bei Prozessfehlleis-tungen entstehen, genauso wie bei Übererfüllung, zusätzlich Opportunitätskosten durch entgangene Erträge, weil die Ressourcen nicht optimal eingesetzt werden. Die umfas-sende Prozessverantwortung – ergänzt um Performanceziele – setzt daher voraus, dass die Regelung der Prozessqualität in den Geschäftsprozess integriert ist.

■ 5.6 Strukturierbarkeit und Wiederhol-barkeit von Geschäftsprozessen

Vorausgesetzt, dass die Prozessqualität konform mit den Anforderungen erbracht wird, stellt sich die Frage, wie mit dem Geschäftsprozess wettbewerbsentscheidende Vorteile gewonnen werden. Grundsätzlich gilt: *Um möglichst hohe Lernkurven- und Volumenef-fekte zu erzeugen, ist ein möglichst hoher Durchsatz von möglichst artgleichen Geschäfts-fällen erforderlich.* Artgleich bezieht sich hier auf Geschäftsfälle, welche identische Pro-zessaktivitäten mit identischen Prozessanforderungen auslösen. Durch Artgleichheit wird die Variation der Aktivitäten im Geschäftsprozess vermieden, was nicht nur die Realisierung der *Lernkurven- und Volumeneffekte* erleichtert, sondern auch die Prozessregelung vereinfacht und die Prozesssicherheit erhöht. Letzteres führt immer zu zuverlässigerer Prozessqualität und höherer Prozessperformance. Während sich die Prozessqualität auf den Prozessoutput (Konformität mit den Anforderungen) bezieht, betrifft die Prozessperformance den Zeit- oder Mitteleinsatz, also die Leistungsfähigkeit des Geschäftsprozesses generell. Beide, die Prozessqualität und die Prozessperformance, lassen sich durch das Durchschreiten der Lernkurve steigern. Durch Wiederholung wird gelernt, Fehler sowie Leerläufe werden vermieden und Prozesssicherheit wird gewonnen.

Ein hoher Durchsatz setzt nicht nur eine *große Menge artgleicher Geschäftsfälle,* sondern auch die Wiederholbarkeit und Strukturierbarkeit, vor allem jedoch geringe Varianz in den Prozessabläufen voraus. Dies bedeutet, die Prozessaktivitäten, deren Reihenfolge, die angewandten Methoden, die verwendeten Mittel und der belassene Entscheidungsspielraum im Detail festzulegen. Damit ergeben sich sowohl ein *hoher Grad an Strukturiertheit* des Prozesses als auch viele Standards. Der Entscheidungsspielraum wird auf diese Weise entsprechend klein und gleichzeitig verringert sich der Freiraum für Flexibilität, aber auch Fehlerquellen. Hochstrukturierte Geschäftsprozesse sind dort erforderlich, wo einerseits durch vielfache Wiederholung und andererseits trotz der einhergehenden Flexibilitätsreduktion Wettbewerbsvorteile erzielt werden können.

Der Durchsatz impliziert neben der Menge artgleicher Geschäftsfälle auch *hohe Geschwindigkeit in der Bearbeitung.* Mit hoher Prozessgeschwindigkeit wird für den Kunden die Warte- und Lieferzeit verkürzt. Ferner wird das Unternehmen auf diese Weise in die Lage versetzt, bedarfsgerecht und rasch auf die Kundenbedürfnisse zu reagieren. Infolge der raschen Bearbeitung der Geschäftsfälle wird zudem der nicht wertschöpfende Aufwand für die Prozessregelung, Planung, Disposition und Koordination verringert. Dies liegt darin begründet, dass durch die Beschleunigung bei gleichem Durchsatz weniger Geschäftsfälle parallel bearbeitet und verfolgt werden müssen. Gleichzeitig können die Ressourcen auf diese wenigen Geschäftsfälle fokussiert werden. Damit entstehen weniger Fehler und die Aufwendungen für Qualitätskontrolle sowie Nachbearbeitung lassen sich minimieren.

Die Geschäftsprozesse eignen sich in unterschiedlichem Maße zur Strukturierung (siehe Abbildung 5.18). Die wertschaffenden Geschäftsprozesse, insbesondere Auftragsabwicklung bzw. Leistungserbringung, sind besonders geeignet für starke Strukturierung. Ebenso geeignet sind Supportprozesse. Dagegen eignen sich die Managementprozesse wie Strategieentwicklung und -umsetzung nur für eine sehr lose Strukturierung, da die erforderlichen Methoden und Hilfsmittel häufig situationsgerecht bestimmt werden müssen; die Phasen sind allenfalls noch gleich. Zudem ist eine einjährige (beispielsweise Budgetierung) oder allenfalls monatliche Wiederholung (beispielsweise Reporting und Controlling) unzureichend. Eine Zwischenstellung nehmen die wertdefinierenden Geschäftsprozesse ein. Obwohl die wertdefinierenden Prozesse wie Innovation Neues schaffen – und deswegen gemeinhin als kreativ gelten – lassen sie sich strukturieren. Allerdings bezieht sich die Strukturierung eher auf die planenden, disponierenden und steuernden Tätigkeiten im Innovationsprozess. Durch die Strukturierung des Innovationsprozesses wird dieser steuerbar und damit auch führbar (siehe auch Kapitel 11).

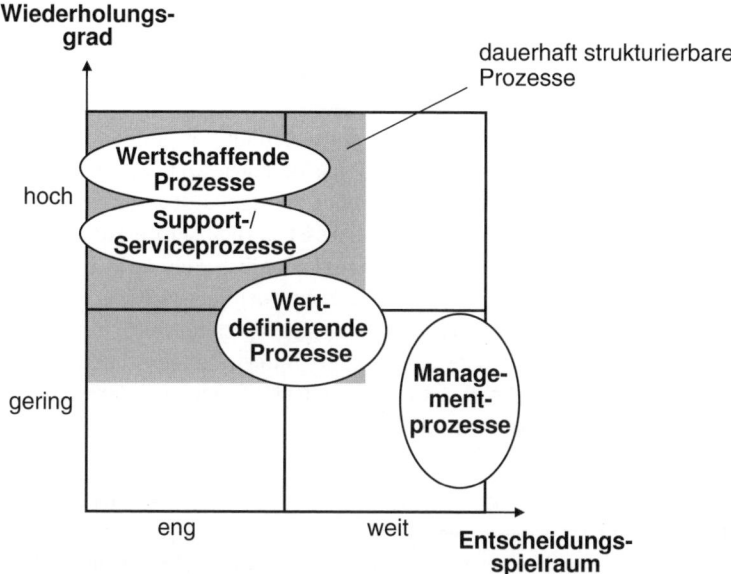

Abbildung 5.18 Strukturierbarkeit von Geschäftsprozessen

Die Standardisierung scheitert oft an der Akzeptanz, sie steht in vermeintlichem Widerspruch zum freien und ungebundenen Wirken, wie es oft in den sogenannten *freien* und *kreativen* Berufen, insbesondere von Wissenschaftlern, Ärzten, Ingenieuren, Beratern, Verkäufern, Managern, Lehrern usw. betont wird. Personen dieser Berufsgruppen wehren sich gegen die Standardisierung ihrer Tätigkeit und streichen jeweils die Besonderheit ihrer Tätigkeiten und die Notwendigkeit des flexiblen Handelns heraus. Zuwider ist ihnen die verlangte Akzeptanz von „Standard-Operating-Procedures" oder Checklisten, an deren disziplinierte Anwendung ist schon gar nicht zu denken.

Als Beispiel betrachten wir einen Technologiekonzern, der im Anlagenbau für die Halbleiterindustrie zur technologischen Weltspitze gehörte. Jede Anlage wurde als Prototyp erstellt. Der technologische Fortschritt war jeweils so einzigartig und der Kunde war jeweils so beeindruckt von den eingesetzten Technologien, dass die beteiligten Physiker und Ingenieure motiviert zur Entwicklung der nächsten Anlage schritten. Damit verpasste das Unternehmen jede Chance, mittels Lernkurven- und Volumeneffekten positive Erträge zu erarbeiten. Innerlich wehrten sich die Entwickler gegen jegliche Industrialisierung ihres Wirkens und die Standardisierung von Tätigkeiten sowie Anlageteilen (zum Beispiel von Modulen) lehnten sie offen ab; so war jedes Werk in ihren Köpfen als Unikat entstanden. Verschiedene Versuche, die Vielfalt der Anlagetypen zu standardisieren bzw. zu modularisieren, schlugen fehl. Ebenso verfehlten jene Bemühungen ihr Ziel, die Entwicklungstätigkeiten zu systematisieren, zu strukturieren bzw. zu standardisieren. Solches Ansinnen bekämpften sie als Einschränkung der Kreativität, welche für die Technologieentwicklung nötig war.

In einem Unternehmen, in welchem die Zweckmäßigkeit der Wiederholbarkeit durch das Schlüsselpersonal nicht anerkannt und die Standardisierung von ausgewählten

Tätigkeiten nicht akzeptiert wird, sind Geschäftsprozesse nicht bestimmbar, nicht strukturierbar, schon gar nicht einführbar. In solchen Unternehmen ist zunächst das grundsätzliche Verständnis für die Notwendigkeit von Vorschriften, Wiederholbarkeit und Standardisierung von Prozessen zu schaffen – sei es aus Gründen der Qualität, Performance oder gar Sicherheit. Dabei ist der Detaillierungsgrad der Methoden und Vorschriften zunächst noch offen und richtet sich danach, wo die größten Vorteile aus der Wiederholung entstehen werden. Im Detail zu standardisieren sind jene ausgewählten Tätigkeiten, wo Vorteile für die Prozesssicherheit, Prozessqualität bzw. Prozessperformance gewonnen werden. Diese Tätigkeiten betreffen nicht immer die *direkt* wertschöpfenden Aktivitäten (hier verfügt ein Unternehmen vielfach schon über ausreichende Fähigkeiten), sondern die *indirekt* wertschöpfenden Aktivitäten, welche die direkten steuern, koordinieren oder überwachen. Im erwähnten Anlagenbau sind dies vorwiegend Tätigkeiten, welche die Abwicklung der Aufträge bzw. der Kundenprojekte betreffen und die Auftragsrisiken minimieren.

 TIPP Verzichten Sie bewusst darauf, sich selten wiederholende Vorgänge als Prozesse auszugestalten und zu dokumentieren. Die Prozessdokumentation soll jene Vorgänge beschreiben, welche häufig ausgeführt werden.

■ 5.7 Projektplanung und Prozessgestaltung

Es gibt viele Branchen, in denen die Abwicklung von Kunden*projekten* wichtig ist. Verallgemeinert handelt es sich dabei um die Abwicklung von sogenannten „komplexen Aufträgen" bzw. um die Erbringung von „komplexen Produkten oder Dienstleistungen" (siehe auch Kapitel 9). Ebenso findet sich auch in der Welt der Innovation das Thema „Projekte". Dabei wird die Einmaligkeit des jeweiligen Kundenprojekts bzw. des Innovationsprojekts hervorgehoben. Trotzdem erfolgt die Abwicklung von Kundenprojekten oder von Innovationsprojekten in Geschäftsprozessen, in denen der Ablauf strukturiert ist und die Ressourcen weitgehend bestimmt sind. Als *Projekt* bezeichnen wir in der Regel ein Vorhaben, das *zeitlich befristet* ist und ein *definiertes* – oder allenfalls zu definierendes – *Ziel* im Sinne eines Ergebnisses verfolgt. Projekte sind oft einmalig, aber auch umfangreich und komplex; vielfach sind mehrere Personen und Stellen im Unternehmen involviert.

Der wesentliche Unterschied zwischen „Projekt" und „Geschäftsprozess" besteht in der vorangehenden Projektplanung bzw. Prozessgestaltung (siehe Abbildung 5.19). Idealtypisch lässt sich Folgendes feststellen:

- Für jedes einzelne Projekt wird eine Projektplanung vorgenommen, die Projektphasen werden bestimmt und die Projektorganisation wird aufgesetzt. Dabei wird jedes Projekt auf die spezifischen Bedingungen individuell zugeschnitten, die Phasen werden detailliert geplant und die Projektorganisation wird für die Dauer des Projekts gebildet. Gegebenenfalls wird einem generischen Grundmuster für Projektplanung gefolgt. Im Allgemeinen ist aber die Projektplanung nicht (beliebig) multiplizierbar.

- In der Prozessgestaltung wird einmalig der Prozess geplant. Dabei hängt der Detaillierungsgrad vom Strukturierungsbedarf ab. Danach wird jeder Prozessauftrag ausschließlich im geplanten Prozessablauf – oft nach „Standard-Operating-Procedures" – abgewickelt. Der Prozessablauf ist somit wiederholbar.

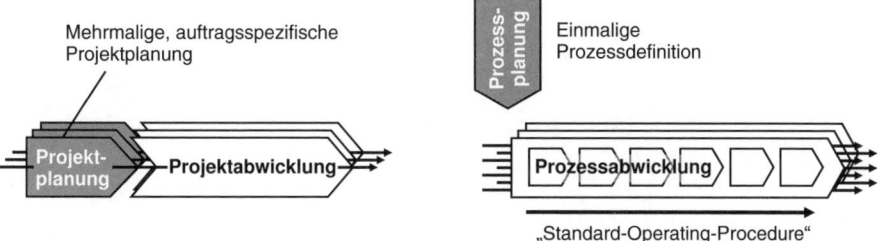

Abbildung 5.19 Projekte versus Geschäftsprozesse

In der Praxis lassen sich auch „Projekte" innerhalb von Geschäftsprozessen abwickeln, indem der Geschäftsprozess den Rahmen für den Ablauf der Projekte vorgibt. Insbesondere werden die Projektplanung, der Projektstart, die Abwicklungsphasen, die Fortschrittskontrolle und Berichterstattung sowie die Projektbeendigung durch den Geschäftsprozess strukturiert. In dem Sinne durchlaufen Projekte bestimmte Phasen, befolgen Ablaufvorgaben oder „Standard-Operating-Procedures" und greifen auf bestimmte und – vom Projektumfang und -fortschritt abhängig – variierende Ressourcen zurück. Kritische Projekttätigkeiten wie die Klärung des Auftrags, die Fortschrittskontrolle oder die Behandlung von Änderungsbegehren werden klar geregelt. Dagegen bleibt die inhaltliche Projektbearbeitung von der Geschäftsprozessplanung unberührt und situativ offen. Ein Beispiel von generischen „Standard-Operating-Procedures" für Projekte findet sich in „Abwicklung von komplexen Aufträgen" in Kapitel 9.

Für die Projektplanung und -bearbeitung innerhalb von (wertschaffenden) Geschäftsprozessen eignen sich insbesondere Kundenprojekte des Lösungsgeschäfts, wie sie beispielsweise im professionellen Dienstleistungsbereich, Anlagenbau oder Immobiliengeschäft auftreten. Genauso eignen sich auch Planung und Bearbeitung von Forschungs- und Entwicklungsprojekten für die Abwicklung im (wertdefinierenden) Geschäftsprozess. Beim Innovationsprozess wird von „Abwicklung von klar definierten Innovationsaufträgen" gesprochen (siehe auch Kapitel 11).

Durch die Standardisierung der Projektabläufe werden Projektrisiken minimiert und vor allem Lernkurveneffekte mobilisiert. Wird zusätzlich die Projektdauer verkürzt, etwa durch Aufgliederung in Teilprojekte, entsteht die Chance für die Projektbeteiligten, an den Lernmöglichkeiten direkt zu partizipieren. Umgekehrt haben mehrjährige Kunden- oder Entwicklungsprojekte zur Folge, dass die Involvierten ungenügend Erfahrungen sammeln können; damit entgehen ihnen persönliche Lernchancen.

TIPP Bearbeiten Sie Kunden- und Entwicklungsprojekte im Geschäftsprozess. Anstelle von detaillierten Prozessschritten verwenden Sie Checklisten und legen Sie überprüfbare Phasenergebnisse fest. ∎

Reflexionsfragen 5

- Warum wird die Wiederholbarkeit (besser noch: Wiederholung) des Geschäftsprozesses betont?
- Durch welche Merkmale zeichnet sich das erweiterte Geschäftsprozessverständnis aus? Welche Konsequenzen ziehen Sie daraus für die Prozessgestaltung? Welche Praxisprobleme können mit diesen Merkmalen gelöst werden?
- Welche Metaphern verbinden Sie mit Geschäftsprozessen? Was erklären Sie damit?
- Was bedeutet „durchgängige Zuständigkeit" bzw. „Case-Management" für Sie? Was nicht?
- Wie autonom sollen Prozesse sein?
- Warum werden wertdefinierende von wertschaffenden Prozessen unterschieden? Wie hängen sie voneinander ab?
- Worin unterscheiden sich die sogenannten „Managementprozesse" von den anderen Prozesstypen? Inwiefern erfüllen sie überhaupt das vorliegende Prozessverständnis?
- Unter welchen Annahmen lässt sich ein Projekt als wiederholbarer Prozessvorgang realisieren? ∎

∎ 5.8 Literatur

Hammer, M. (1997). Beyond reengineering: How the process-oriented organization is changing our work and our lives. New York, NY: Harper Business.

Juran, J. M. & Gryna, F. M. (1988). Quality control handbook. New York, NY: McGraw-Hill.

Schantin, D. (2004). Makromodellierung von Geschäftsprozessen: Kundenorientierte Prozessgestaltung durch Segmentierung und Kaskadierung. Wiesbaden: Gabler.

Schmelzer, H. J. & Sesselmann, W. (2013). Geschäftsprozessmanagement in der Praxis: Kunden zufrieden stellen – Produktivität steigern – Wert erhöhen. München: Hanser.

Wagner, K. W. & Käfer, R. (2010, 2013). PQM – Prozessorientiertes Qualitätsmanagement: Leitfaden zur Umsetzung der ISO 9001. München: Hanser.

6 Geschäftsprozesse richtig festlegen

Damit die Geschäftsprozesse nicht zufällig oder opportunistisch (z. B. um Abteilungen oder Personen herum) bestimmt werden, bestehen für das Unternehmensdesign einfache Gestaltungsprinzipien und Gestaltungsmöglichkeiten (auch Werkzeuge genannt). Diese stellen sicher, dass die Geschäftsprozesse systematisch – insbesondere strategiegerecht und komplexitätsreduzierend – festgelegt werden. Ohne diese Gestaltungsprinzipien und Werkzeuge könnte zum einen wiederum eine Kette von zu kurz geratenen Geschäftsprozessen entstehen, da bestehende Bereichs- und Abteilungsgrenzen die durchgängige Sicht versperrten. Zum anderen könnte die durchgängige Verantwortung eines Geschäftsprozesses zu Komplexität führen, welche – verursacht durch das breite Spektrum nötiger Aktivitäten und die hohen Anforderungen an die Leistungsträger sowie an die Sachmittel – nicht mehr handhabbar wäre. Stellen wir uns jenen Geschäftsprozess vor, der, durch ein konkretes Kundenbedürfnis angestoßen, alle Aktivitäten erbringen müsste, um den Kunden zufriedenzustellen. Dies würde die Kundenberatung, etwaige Beschaffung, konkrete Leistungserstellung, Anlieferung, Rechnungsstellung und sogar die „After-Sales"-Betreuung umfassen. Ein solcher Geschäftsprozess wäre nicht mehr effizient und aus Kundensicht wahrscheinlich auch nicht mehr effektiv.

Das Unternehmensdesign erfordert daher neben der Anbindung an die Strategie zugleich Durchgängigkeit und eine grundsätzliche Reduktion der Komplexität. Durch prozessbasierte Arbeitsteilung, Mengenteilung und Spezialisierung (und nur durch solche, niemals durch funktionale Teilung) wird die Komplexität auf ein handhabbares Maß reduziert und gleichzeitig die jeweilige Prozessleistung auf die spezifischen Anforderungen der Prozesskunden ausgerichtet. Durch die Anwendung der drei Werkzeuge Kaskadierung, Segmentierung und horizontale Integration von Geschäftsprozessen wird das Unternehmensdesign entwickelt. Die so entstandenen Geschäftsprozesse bilden, wie im vorherigen Kapitel beschrieben, die Geschäftsprozesse, welche durch Auftraggeber-Auftragnehmer-Beziehungen verknüpft sind.

■ 6.1 Kundenorientierung, Wertschöpfungs- orientierung, Prozessorientierung

Damit das Unternehmen wettbewerbs- und leistungsfähiger wird, reicht die alleinige Anbindung des Unternehmensdesigns an die Strategie nicht aus. Das Design muss auch explizit auf den Gestaltungsprinzipien Kundenorientierung, Wertschöpfungsorientie- rung und Prozessorientierung beruhen:

- *Kundenorientierung:* Wer ist der „Kunde" des Unternehmens? Welche Leistungen er- wartet der „Kunde" vom Unternehmen? Wann, wo, in welcher Aufbereitung? Wie kann eine optimale Schnittstelle zum Kunden über die gesamte Geschäftsbeziehung sicher- gestellt werden?

  Anmerkung: Es sei nochmals darauf hingewiesen, dass es sich aus Sicht der Schnitt- stellengestaltung um einen externen Kunden oder einen internen „Prozesskunden" handeln kann, denn die Schnittstelle wird gleich behandelt. Trotzdem soll – wenn möglich – eine Orientierung am externen Kunden erfolgen, damit die Designparame- ter, wie beispielsweise Reaktionszeit, Servicegrad oder Prozesskosten, marktgerecht festgelegt werden.

- *Wertschöpfungsorientierung:* Welche unternehmerischen Aktivitäten erbringen die vom Kunden erwarteten Leistungen? Welche zusätzlichen Aktivitäten (z. B. planende und disponierende) sind – wenn überhaupt – zur optimalen Erbringung der Leistung notwendig? Welche Aktivitäten werden vom Kunden nicht als wertschöpfend erkannt und sind deshalb zu meiden? Welche Aktivitäten müssen im Lichte der Kundenanfor- derungen sogar als wertvernichtend bezeichnet werden?

  Anmerkung: Gerade im wirtschaftlich schwierigen Umfeld (aber nicht nur dort) ist eine rigorose Hinterfragung der Aktivitäten nach dem Wertschöpfungsbeitrag wich- tig. In welchem Umfang sich ein Unternehmen wertneutrale oder gar wertvernich- tende Aktivitäten leisten kann, ist auch unter dem Gesichtspunkt der Opportunitäts- kosten zu entscheiden. Sowohl wertneutrale als auch wertvernichtende Aktivitäten binden Ressourcen, welche für wertschöpfende Aktivitäten nicht mehr zur Verfügung stehen.

- *Prozessorientierung:* Wie kann durchgängige Verantwortung sichergestellt werden? Wie müssen die wenigen, aber notwendigen Schnittstellen zwischen Prozessen gestal- tet werden? Wie kann „Selbststeuerung" gewährleistet werden?

  Anmerkung: Das „Case-Management" und die Gestaltung der Schnittstellen entschei- den, in welchem Ausmaß die Geschäftsprozesse ihre Aufgaben effizient erfüllen kön- nen. Lange oder unterbrochene Ablaufketten, Ineffizienz an den Schnittstellen und „Fremdsteuerung" deuten auf Optimierungspotenzial hin.

Diese Gestaltungsprinzipien gehen von der *Einzigartigkeit jedes Unternehmens* aus. In jedem Fall individuell und unterschiedlich von anderen Unternehmen sind die folgen- den Aspekte: die wirtschaftliche Ausgangslage, die Unternehmensziele, der Geschäfts- auftrag, der Marktauftritt, die wettbewerbliche Positionierung, das Set notwendiger und vorhandener Kernfähigkeiten und nicht zuletzt die Geschäftsstrategie. All dies verlangt ein maßgeschneidertes Unternehmensdesign. Es wird auch von sogenannten „situativen", im Gegensatz zu „Standard"-Unternehmensdesigns gesprochen. Letztere sind vor allem als „Branchenmodelle" oder „best practices" in Informationssystemen bekannt.

Aus der Kombination von Kundenorientierung und Prozessorientierung stellen sich zunächst die nachstehenden Fragen: Welcher (maßgeschneiderte) Geschäftsprozess ist für die Kundengewinnung und -betreuung entlang der gesamten Kundenbeziehung zuständig? Welche Leistungen sind zu erbringen? Wie kann dabei durchgängige Verantwortung, beispielsweise mit „One-Face-to-the-Customer", sichergestellt werden? Nach der Festlegung der Außenbeziehung ist zu klären, wie die Schnittstelle nach innen, zu den internen oder externen Lieferanten gestaltet werden soll. Damit ist das zentrale Thema der Kaskadierung angesprochen. Am folgenden Beispiel aus dem Retail-Banking werden die Gestaltungsprinzipien illustriert.

Eine Großbank stellte fest, dass sie im Retail-Bereich in den vergangenen Jahren massiv Marktanteile verloren hatte. Zehn Jahre zuvor hatte sie noch mit über 40 % eine dominante Marktstellung. Diese Marktposition war aufgrund sehr aktiver Wettbewerber und (zumindest teilweise) geschwundener Kundenzufriedenheit auf knapp 30 % geschwächt worden. Offensichtlich war die Kundenorientierung ungenügend. Die Bank war weitgehend traditionell in einem dezentralen Filialnetz und in zentralen Spezialbereichen organisiert. Zwischen den zentralen und dezentralen Bereichen bestand ein Kompetenzgerangel, welches durch ein umfangreiches Regelwerk im Organisationshandbuch eher verstärkt als geklärt wurde. Die Zuständigkeitskonflikte verärgerten viele Kunden, insbesondere dann, wenn diese mehr als eine Kontobewegung veranlassen wollten und nach Anlage- oder Kreditmöglichkeiten fragten. So war es üblich, dass die Kunden vorerst in einer Filiale nach mehr oder weniger intensiven Gesprächen – je nach Kompetenz des Kundenberaters – an eine zentrale Stelle weiterverwiesen wurden. In der zentralen Stelle erfolgte die Bedürfnisklärung ein zweites Mal, gegebenenfalls auch eine Weiterleitung an eine andere zentrale Stelle. Wollte ein Kunde einen Hypothekarkredit, wurde er intensiv examiniert, weil der zuständigen Stelle seine Einkommens- und Vermögensverhältnisse nicht bekannt waren (auch wenn er ein langjähriger Kunde der Bank war!). Der Kunde erlebte keine durchgängige Betreuungsverantwortung. Darüber hinaus hatten die Zuständigkeitskonflikte zu weiteren internen Sicherheitsmechanismen geführt, welche die Zustimmungsbefugnisse auf hierarchisch hoher Stufe ansiedelten. Damit gelangte der Kreditantrag noch einmal in die prüfenden Hände der Stabsstellen. Dieses langwierige Zustimmungsprozedere mit häufigen Rücksprachen konnte nicht als wertschöpfend bezeichnet werden.

Um die frühere Marktpräsenz zurückzuerlangen, entschloss sich die Bank für ein grundlegendes Neudesign des Unternehmens. Kundenorientierung, Wertschöpfungsorientierung sowie Prozessorientierung wurden explizit als Gestaltungsprinzipien für die Neuorganisation genannt. Ausgehend von einem durchgängig verantwortlichen Geschäftsprozess, welcher für die Kundengewinnung, -beratung und -betreuung über die gesamte Geschäftsbeziehung mit dem Kunden zuständig ist, wurde ein Makrodesign entworfen, welches die grundlegenden Rollen prozessorientiert neu regelte (siehe Abbildung 6.1). Der Geschäftsprozess „Kundengewinnung, -beratung und -betreuung" war nicht nur für Empfang und Bedürfnisklärung, Kontobewegungen oder Entgegennahme von Zahlungsverkehrsaufträgen zuständig, sondern verfügte auch über die Kompetenz, alle Geschäfte mit dem Kunden im Rahmen von Zielvorgaben abzuschließen. Dem Geschäftsprozess oblag des Weiteren auch die Aufgabe, den Kunden zusätzliche Finanzdienstleistungen zu empfehlen. Dieser Geschäftsprozess ist nicht nur durchgängig gestaltet, sondern auch auf Kundengruppen wie Jugendliche, Studierende und Jungakademiker, Familien, Senioren usw. zugeschnitten worden. Damit konnte ein kundenorientiertes „One-Face-to-the-Customer" sichergestellt werden. Selbstverständlich waren im Makrodesign auch zentrale Stellen für die Beratung und Abwicklung von komplexen Finanzdienstleistungen notwendig. Diese agierten im Auftrag des kundenbetreuenden Geschäftsprozesses und erbrachten zunächst eine Spezialberatung für komplexere Veranlagungs-, Versicherungs- und Kreditprodukte. Diese Spezialberatung wurde mit einer Margenempfehlung an den für die Kundenbetreuung zuständigen Geschäftsprozess beendet. Kam es zum Abschluss mit dem Kunden, wurde die Stelle für die Abwicklung wieder hinzugezogen. Auf diese Weise wurde eine durchgängige Verantwortung auch auf dieser Stufe sichergestellt. Zwischen den Geschäftsprozessen konnte durch die einfachen Schnittstellen das Kompetenzgerangel geklärt werden und wertvernichtende Sicherheitsmechanismen ließen sich auf ein notwendiges Minimum reduzieren. Die Teamorganisation in den Geschäftsprozessen einerseits und das Zusammenwirken der beiden Geschäftsprozesse anderseits ermöglichten es, das aus Sicherheitsgründen notwendige „Mehr-Augen"-Prinzip umzusetzen, ohne langwierige Instanzenwege mit Stäben aktivieren zu müssen. Den Stäben oblag im neuen Unternehmensdesign nicht mehr die Prüfung des Einzelfalls, sondern das übergeordnete Performance-Controlling.

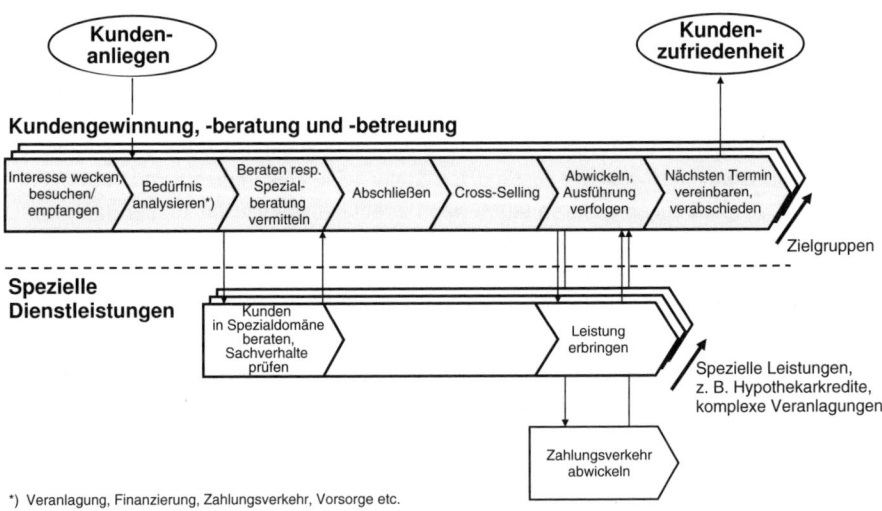

*) Veranlagung, Finanzierung, Zahlungsverkehr, Vorsorge etc.

Abbildung 6.1 Makrodesign (Beispiel: Retail-Bank)

6.2 Werkzeug 1: Anwendung des Auftragszyklus durch Kaskadierung

Die Kaskadierung ist ein Werkzeug, welches unter Berücksichtigung der dargestellten Gestaltungsprinzipien eine Arbeitsteilung bzw. leistungsbezogene Spezialisierung ermöglicht. Dabei gilt es, Aktivitäten als Teilprozesse auszugliedern, indem Subaufträge an andere Geschäftsprozesse erteilt werden. Es handelt sich dabei zunächst um generische Aufträge. Diese „Bestellungen" können beispielsweise Anfragen, Aufträge, Beauftragungen oder Reklamationen umfassen, welche durch „Lieferung", d.h. Antwort, Anlieferung, Ausführung oder Erledigung, quittiert werden (siehe Abbildung 6.2).

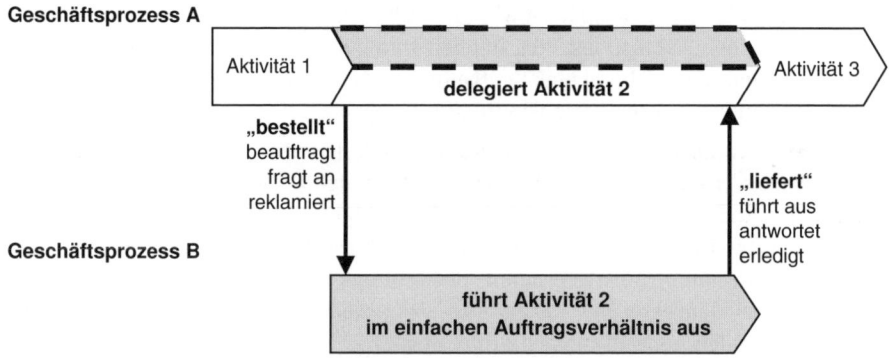

Abbildung 6.2 Delegation in der Prozesskaskade

Die Ausgliederung einer Aktivität bzw. die Erteilung eines Subauftrags kann grundsätzlich irgendeine Aktivität im Geschäftsprozess betreffen. Für die Entscheidung, ob ein Geschäftsprozess einen Subauftrag erteilt oder nicht, ist es vorerst unerheblich, ob dieser unternehmensintern oder -extern abgewickelt wird. Viel bedeutsamer ist, dass diese Subaufträge entlang einer eindeutig definierten und einfachen Schnittstelle gemäß dem generischen Auftragszyklus erfolgen.

Der generische Auftragszyklus besteht aus einer sachlich und zeitlich logischen Abfolge von Tätigkeiten über die Schnittstelle von zwei Geschäftsprozessen hinweg. Der Zyklus beginnt zunächst mit der Erteilung eines Auftrags beim Auftraggeber, setzt sich über dessen Übernahme, Ausführung sowie Übergabe beim Auftragnehmer fort und kehrt mit der Übernahme und Akzeptanz wieder zum Auftraggeber zurück. Über den gesamten Auftragszyklus verbleibt die Auftragsüberwachung bzw. -verfolgung beim Auftraggeber, denn dieser bleibt trotz Delegation übergeordnet verantwortlich (siehe Abbildung 6.3):

- *Auftragserteilung:* Im ersten Schritt übermittelt der Auftraggeber die Auftrags- oder Bestellinformation an die auftragnehmende Stelle bzw. den auftragnehmenden Geschäftsprozess (es könnte sich auch um einen Supportprozess handeln). Die Auftragserteilung umfasst auch vorbereitende Tätigkeiten wie die Auftragsaufbereitung. Die Art der Auftragserteilung – schriftlich, mündlich, elektronisch usw. – ist dabei irrelevant.

- *Auftragsannahme:* Die Auftrags- bzw. Bestellinformationen werden vom Auftragnehmer auf ihre Vollständigkeit und Richtigkeit hin überprüft, gegebenenfalls mit dem Auftraggeber zusammen korrigiert oder ergänzt, im schlimmsten Fall zurückgewiesen. Bei Annahme werden die zur Erbringung der Leistung nötigen Ressourcen auf ihre quantitative und qualitative Verfügbarkeit sowie die Lieferfähigkeit zum geforderten Termin hin geprüft. Eventuell erfolgt eine explizite Auftragsbestätigung an den Auftraggeber; die Auftragsannahme stellt an sich bereits eine implizite Auftragsbestätigung dar.

- *Auftragsübergabe:* Nach der Auftragsausführung (welche zwar effizienter, aber grundsätzlich ähnlich erfolgt, als wenn sie der Auftraggeber erbracht hätte) ist der Auftrag bereit zur Übergabe an den Auftraggeber. Der Auftrag wird durch Zusammenstellung seiner Komponenten kommissioniert und durch Transport zum Auftraggeber erfüllt. Bei der Spedition von Sachgütern wird die Auftragsübergabe oft durch den begleitenden Lieferschein explizit bestätigt, implizit würde die Auftragsübergabe allein schon genügen. Sofern es sich um einen entgeltlichen Auftrag handelt, wird auch die Rechnungsstellung mit anschließendem Inkasso angestoßen.

- *Auftragsübernahme:* Der Auftraggeber übernimmt den übergebenen Auftrag im Rahmen der Lieferung, vergleicht die „Lieferung" mit den zu Beginn getroffenen Vereinbarungen und bestätigt die Einhaltung der qualitativen und quantitativen Anforderungen. Letzteres erfolgt entweder explizit durch Quittierung der Lieferpapiere oder implizit einfach durch die Übernahme des Auftrags. Im Falle von quantitativem oder qualitativem Mangel reagiert der Auftraggeber gegebenenfalls, indem er die Auftragsübergabe an den Auftragsnehmer zurückweist.

- *Auftragsverfolgung:* Nach der Auftragserteilung an den Auftragnehmer verbleibt beim Auftraggeber die Pflicht, die Auftragserledigung zu verfolgen. Diese Auftragsverfolgung kann bedeuten, dass Informationen betreffend des Bearbeitungsstatus, Verzögerungen, Änderungen usw. eingeholt werden. Im Regelfall wird der Auftrag nach der Erteilung eingefroren, d. h., die Vereinbarungen betreffend der zu liefernden Leistung bleiben über die Auftragsabwicklung unverändert; Auftragsänderungen sind nicht vorgesehen. Diese Bedingung erfordert allerdings Disziplin auf Auftraggeber- wie auch Auftragnehmerseite. Die Aufgaben in der Auftragsverfolgung reduzieren sich damit auf eine „Weckerfunktion" sowie eine „Alarmfunktion". Mit der „Weckerfunktion" wird der Auftrag wieder hervorgeholt und die auftragsseitige Übernahme und Weiterbearbeitung werden vorbereitet. Mit der „Alarmfunktion" erfolgt eine Reaktion auf unvorhersehbare Ereignisse wie sich abzeichnende Verspätungen, Qualitätsprobleme usw. Die frühzeitige Information betreffend inhaltlichen oder terminlichen Abweichungen gegenüber dem Auftrag ist mit einer Bringschuld des Auftragnehmers verbunden. Die Auftragsverfolgung ist daher eine „schlafende" Tätigkeit, die entweder zu definierten Zeitpunkten oder bei Unvorhergesehenem vorzeitig aktiviert wird. Paul Schönsleben spricht in diesem Zusammenhang vom „Schlupf" eines Systems, welcher zur Sicherstellung der Systemfunktionalität erforderlich ist.

Dieser generische Auftragszyklus wiederholt sich ausnahmslos bei jeder Auftragsart. Demnach spielt es keine Rolle, ob es sich um eine Bestellung eines Buchs bei einem Versandspezialisten, um einen Abruf einer Komponente aus einem Lager, um eine persönliche Dienstleistung oder schlicht um Informationsnachfrage betreffend Preise oder Termine handelt.

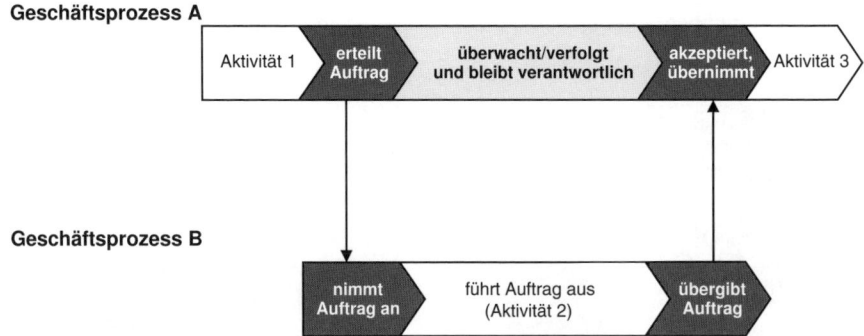

Abbildung 6.3 Einfacher Auftragszyklus mit minimalem Overhead

Im Auftragszyklus werden allerdings seitens des Auftraggebers bzw. Auftragnehmers zusätzliche Tätigkeiten erbracht, welche infolge der Beauftragung anfallen. Diese Tätigkeiten stellen den minimal erforderlichen Overhead eines Auftragszyklus bei einfachen Aufträgen (bei komplexen Aufträgen wird der Overhead noch erweitert) dar. Dieser Overhead ist nicht wertschöpfend und verursacht folglich einen Mehraufwand. Demgegenüber müssen Einsparungen stehen, welche durch die Delegation entstehen, indem entweder ein Spezialist die Aktivität besser und günstiger erbringt, d. h. Einsparungspotenziale realisiert, oder Ressourcen für wertschöpfende Aktivitäten freigespielt, d. h. Opportunitätskosten vermindert werden (siehe auch Box „Mehr Vorteile oder Aufwand durch Delegation?").

Beruhend auf dem Auftragszyklus wird zunächst ein „kaskadisches" Lieferantensystem bzw. ein Wertschöpfungsverbund geschaffen, in dem Geschäftsprozesse irgendwelche Aktivitäten an andere Geschäftsprozesse delegieren. Durch die Delegation wird im Auftrag das auszuführende Was festgelegt. Das auszuführende Wie obliegt immer dem auftragnehmenden Geschäftsprozess (siehe Abbildung 6.4).

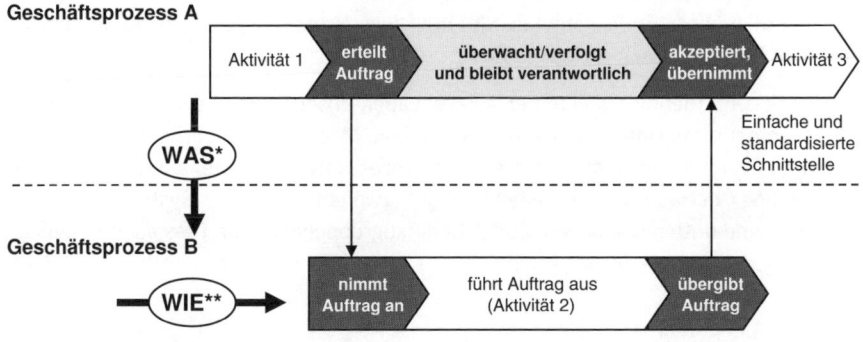

* Inklusive bis wann und wo
** z. B. zu welchem Zeitpunkt (innerhalb Zeitfenster), mit welchen Detailabläufen, Ressourcen und Methoden

Abbildung 6.4 Delegation in der Prozesskaskade

Diese Delegation kann (beliebig) fortgesetzt werden, indem die Auftragnehmer ihrerseits zu Auftraggebern werden und Aufträge an weitere Geschäftsprozesse erteilen. Auf diese Weise entsteht eine zwei- oder gar mehrstufige Prozesskaskade. Der Auftragszyklus ist rekursiv über beliebig viele Prozesskaskaden anwendbar (siehe Abbildung 6.5).

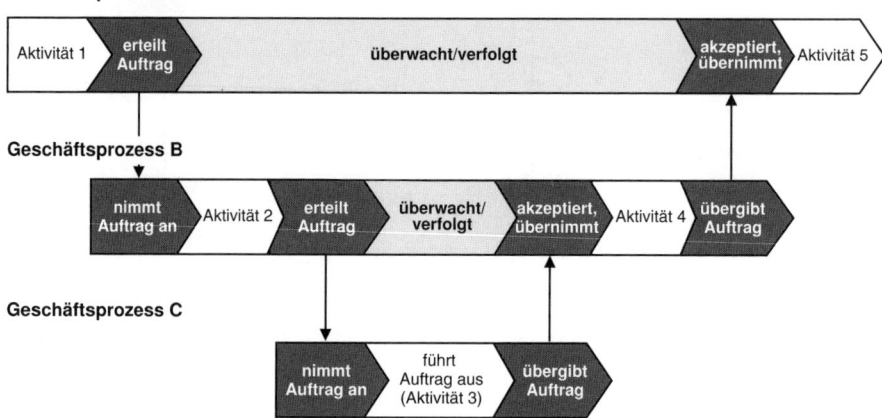

Abbildung 6.5 Zweifache Prozesskaskade mit Auftragszyklen

Das Prinzip des mehrstufig rekursiven Auftragszyklus besteht grundsätzlich in jeder Branchen-Wertschöpfungskette, auch dort, wo ein Produkt bzw. eine Dienstleistung mehrere Stufen bis zum Endkunden zu durchlaufen hat. In der verarbeitenden Industrie beginnt eine Wertschöpfungskette bei der Gewinnung von Rohstoffen als erste Stufe. Unternehmen dieser Stufe versorgen die nächste mit Rohstoffen wie zum Beispiel Rohöl, Eisenerz oder Silizium. Auf der zweiten Stufe werden aus diesen Rohstoffen standardisierte Vorprodukte erzeugt, beispielsweise Erdölderivate, Stahlbleche oder integrierte Schaltkreise, die von den nächsten Stufen zu weiteren Zwischenprodukten (Kunststoffkomponenten, Computergehäuse, System-Hardware) verarbeitet werden. Zwischen den Unternehmen zweier benachbarter Stufen finden typischerweise Markttransaktionen in Form von Aufträgen an die nächstniedrigere Stufe statt (außer bei hoch integrierten Unternehmen, diese umfassen viele Stufen). Diese Transaktionen erfolgen in der Regel nach dem beschriebenen Auftragszyklus.

Wie viele Unternehmen stellte der Anlagenbauer, unser Beispiel aus Kapitel 4, ein teilweise integriertes Unternehmen mit Systembau, Modul- und Baugruppenfertigung dar. Bei ihm bestand zunächst eine dreifache Prozesskaskade: erstens zwischen Kundengewinnung/-betreuung und Systemlieferant, zweitens zwischen System- und Modullieferant und drittens zwischen Modul- und Baugruppenlieferant. Dies stellte sozusagen den Regelfall dar, wenn der externe Kunde eine Gesamtanlage bestellte (siehe Abbildung 6.6).

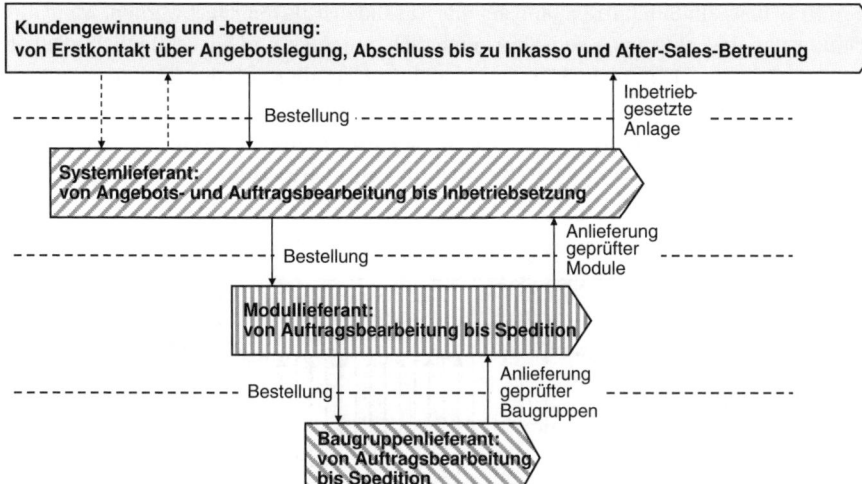

Abbildung 6.6 Kaskadisches Lieferantensystem für den Regelfall zur Lieferung des Gesamtsystems (Beispiel: Anlagenbauer)

Zwecks Erweiterung oder Ersatz konnte der Kunde auch ein Modul oder eine Baugruppe
bestellen. In diesem Fall beauftragte die Kundengewinnung/-betreuung jeweils direkt
den zuständigen Modul- bzw. Baugruppenlieferanten. Damit entstanden beim Anlagen-
lieferanten weitere Kaskadenverhältnisse, die sich jedoch streng an den bestehenden
Schnittstellen des Regelfalls (Lieferung eines Gesamtsystems) orientierten (siehe Abbildung 6.7).

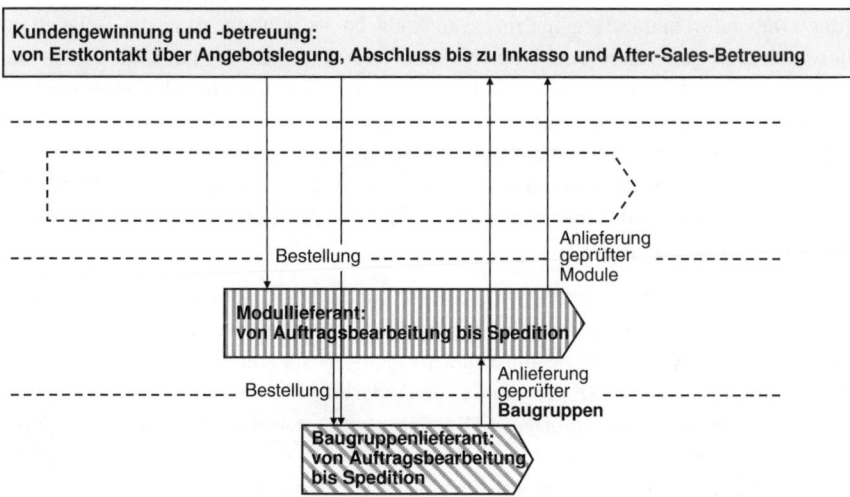

Abbildung 6.7 Kaskadisches Lieferantensystem für die Lieferung eines Moduls bzw. einer
Komponente (Beispiel: Anlagenbauer)

Ein Auftrag bzw. ein Subauftrag kann an eine Kaskadenstufe delegiert werden, wenn die Formulierung des Auftrags – so weit wie möglich – einfach und ausschließlich explizit erfolgt. Aufträge, welche nicht klar und eindeutig formulierbar oder über- bzw. unterbestimmt sind, führen zu Missverständnissen und Abstimmungsschwierigkeiten (siehe Abbildung 6.8). Der Aufwand für Klärungen, Nachbearbeitungen und Korrekturen kann ein erhebliches Ausmaß annehmen und stellt ein greifbares Potenzial für Effizienzverbesserungen dar.

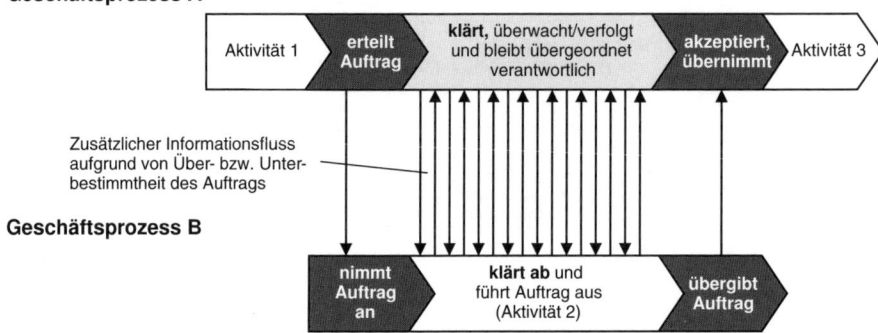

Abbildung 6.8 Auswirkung von über- bzw. unterbestimmten Aufträgen im Kaskadenmodell

 TIPP Haken Sie als Auftragnehmer nach, wenn das Was unklar ist. Fragen Sie nicht nach dem Wer oder gar Wie der Leistungserbringung.

Bei der zwei- oder mehrstufigen Prozesskaskade ist es wichtig, dass die Delegation immer nach dem generischen Auftragszyklus erfolgt und dass die kaskadische Struktur – auch in Ausnahmesituationen – strikt eingehalten wird. Kaskadische Schwierigkeiten, wie etwa Über- und Unterbestimmung des Auftrags, Missverständnisse und Abstimmungsschwierigkeiten, sind jeweils von den direkt beteiligten, den auftraggebenden bzw. auftragnehmenden Geschäftsprozessen zu klären. Auch Auftragsänderungen sind entlang der Kaskadenstufen vorzunehmen, da sie die Auftragsvereinbarungen unterschiedlichster Stufen betreffen.

Beim Anlagenbauer kam es häufig vor, dass der Kunde eines bestellten Gesamtsystems im Verlaufe der Bestellabwicklung Ergänzungsforderungen einbrachte. Deshalb war es wichtig, dass zunächst der gesamtverantwortliche Geschäftsprozess „Kundengewinnung/-betreuung" miteinbezogen wurde, da Änderungen auch die vertraglichen, insbesondere terminlichen und preislichen Vereinbarungen betrafen. Danach war der „Systemlieferant" an der Reihe, der klärte, inwiefern das Gesamtsystem von der gewünschten Änderung beeinflusst wurde und welche Module und Bauteile betroffen waren. Durch ihn waren die betroffenen Modullieferanten zu involvieren usw.

Mehr Vorteile oder Aufwand durch Delegation?

Delegationsvorteile: Aus langfristiger Perspektive ergeben sich die Delegationsvorteile erstens aus *Volumeneffekten* aufgrund von Bündelung beim Auftragnehmer, zweitens aus *Lernkurveneffekten* aufgrund vielfacher Erfahrungen des Auftragnehmers, aber drittens auch aus der *Komplexitätsreduktion* beim Auftraggeber, indem delegierte Tätigkeiten nicht ausgeführt werden müssen. Auch lange Wege zu Betriebsmitteln, welche nicht einfach verschiebbar sind, können eine Delegation begünstigen. Möglicherweise werden zusätzlich kurzfristige Ersparnisse beim Auftraggeber erzielt, da er nicht über die Ressourcen oder Kompetenzen verfügt, die Aufgabe professionell selbst zu erfüllen, und diese erst aufbauen müsste.

Schnittstellen- bzw. Delegationsaufwand: Bei den Aufwänden lassen sich wiederkehrende und einmalige unterscheiden. Der *wiederkehrende Aufwand* umfasst zum einen die Vereinbarung des konkreten Auftrags, d. h. auftraggeberseitig klar zu spezifizieren und auftragnehmerseitig zu verstehen. Diese Vereinbarung kann aus einem einfachen Zuruf, einem kurzen Auftragszettel oder sogar einer umfangreichen Leistungsbeschreibung mit Termin und Lieferbedingungen bestehen. Zum andern gehört zur Delegation, auftragnehmerseitig die erbrachte Leistung zu übergeben bzw. auftraggeberseitig zu übernehmen. Dabei wird auch überprüft, ob die Leistung tatsächlich der Vereinbarung entspricht. Darüber hinaus entsteht noch der *einmalige Aufwand*, die Arbeit zu „organisieren" bzw. zu teilen, d. h., die Schnittstelle mit den Austauschmodalitäten muss vereinbart und ebenso der Auftragnehmer dazu qualifiziert werden. Je nachdem fällt beim Auftraggeber noch Aufwand zur Auftragsüberwachung an, auch wenn es sich dabei um qualitätssichernde Vorkehrungen handelt.

■ 6.3 Echte und unechte Delegation

Eine Prozesskaskade setzt *echte Delegation* der Aktivität, d. h. ein *einfaches Auftragsverhältnis* mit jeweils durchgängiger Verantwortung und Teilautonomie für den auftragnehmenden Geschäftsprozess voraus. Durch die Delegation wird eine konkrete Aktivität übergeben, die übergeordnete Verantwortung bleibt jedoch beim Auftraggeber. Im Auftrag werden deswegen primär Was, bis wann, wo zu übergeben und die Konditionen festgelegt; das Wie im Rahmen des Auftrags obliegt dem Auftragnehmer (siehe Abbildung 6.9).

Echte Prozesskaskade

Unechte Prozesskaskade

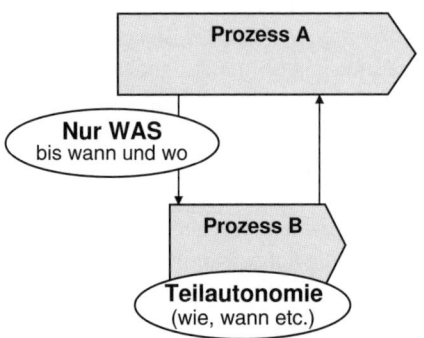
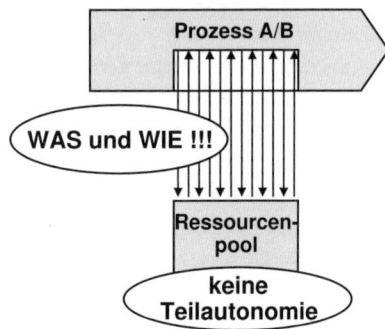

Abbildung 6.9 Echte und unechte Delegation

Der auftragnehmende Geschäftsprozess entscheidet im Rahmen seiner Autonomie über den Methoden- und Ressourceneinsatz. In diesem Sinne wird auch von einer *echten Prozesskaskade* gesprochen. Merkmale der echten Prozesskaskade sind:

- Einfaches Auftragsverhältnis mit klarer Schnittstelle

- (Teil-)Autonomie der auftragnehmenden Kaskadenstufe mit durchgängiger Verantwortung für den eigenen Output

- Integration von Planung, Steuerung, Ausführung und Kontrolle im Geschäftsprozess

  Diese Integration kontrastiert mit der tayloristischen Arbeitsteilung, bei der durch die organisatorische Separation von planenden, ausführenden und kontrollierenden Tätigkeiten ineffiziente Schnittstellen geschaffen werden. Das Verdienst von Frederick W. Taylor sind Produktivitätssteigerungen im ausführenden Bereich durch Professionalisierung und Standardisierung in der Arbeitsplanung. Die berichteten Produktivitätssteigerungen waren deswegen hoch ausgefallen, weil damals eine industrielle Organisation weitgehend fehlte und vorwiegend Arbeitskräfte ohne spezifische Berufsbildung eingesetzt wurden. Eine Gesamtproduktivität, welche auch die planenden und kontrollierenden Tätigkeiten einschließt, fällt dagegen weit geringer aus. Wie mit dem Beispiel des Elektroinstallateurs in Kapitel 4 gezeigt, werden vielfach Produktivitätsgewinne im direkt-produktiven Bereich durch den Aufwand im indirekten Bereich wieder kompensiert.

- Überschaubare Einheiten mit einfacher Führung und einfachen Messgrößen

Eine *unechte Prozesskaskade* liegt dann vor, wenn der aufraggebende Geschäftsprozess die Autonomie des auftragnehmenden Geschäftsprozesses verletzt, etwa in die Ressourcenplanung oder Steuerung eingreift. Merkmale der unechten Prozesskaskaden sind:

- Schwierige Auftragsformulierung

- Unscharfe und ineffiziente Schnittstellen

- Komplexes Auftragsverhältnis ohne Verantwortungsdelegation

- Organisatorische Trennung zwischen Steuerung/Regelung und Ausführung

- Keine Autonomie des Ressourcenpools

- Hoher Interventions- und Koordinationsbedarf
- Tendenziell große und unüberschaubare Einheiten

Ein Komponentenhersteller stellte kundenindividuelle Antriebslösungen für Maschinenbauer her. Reichte die technische Expertise in der Tochtergesellschaft nicht aus, gelangten die Techniker ans Stammhaus, wo ein „Kümmerer" sich der Problemstellung annahm. Dieser „Kümmerer" war Ansprechpartner für „alle" Fragen der Tochtergesellschaft, agierte als multilateraler Informationsübermittler inkl. sprachlicher Übersetzer, klärte die Anforderungen beim Kunden ab, ließ eine Lösung erarbeiten oder sich von den Entwicklungsspezialisten beraten. Er koordinierte gelegentlich externe Lieferanten und die Fertigung im Stammhaus. Des Weiteren sah er sich als Repräsentant der Tochtergesellschaft im Stammhaus und verstand sich gleichwohl auch als deren „Überwacher". Zudem intervenierte er, wenn die dezentralen Kundenbetreuer oder Lösungsengineers nicht so arbeiteten, wie er es sich vorstellte. Das Rollenverständnis des „Kümmerers" war zwar bequem für die Tochtergesellschaft, da sie Schwierigkeiten wegschieben konnte, schaffte gleichzeitig aber auch eine ineffiziente Schnittstelle, die Ungeklärtes und Unverbindliches zuließ. Ferner blieben die Rollen und Verantwortlichkeiten der Tochtergesellschaft unklar (siehe Abbildung 6.10).

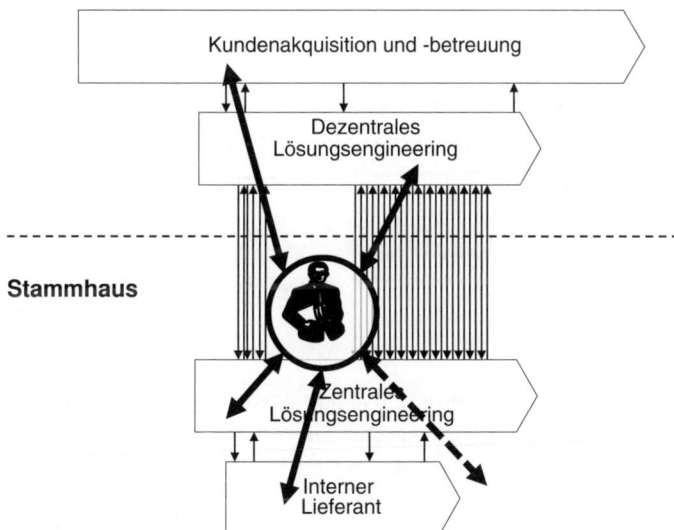

Abbildung 6.10 Ineffiziente Rolle des „Kümmerers" (Beispiel: Komponentenhersteller)

 TIPP Behandeln Sie den internen Zulieferanten wie einen externen und prüfen Sie nur das Prozessergebnis: Qualität, Termin, Verrechnungspreis. Damit werden Doppelspurigkeiten und Leerläufe vermieden.

Echte Delegation setzt voraus, dass zwischen den Kaskadenstufen möglichst einfache und definierte Schnittstellen für die Transaktionen bestehen. Dabei sind die Transaktionsbedingungen soweit wie möglich im Voraus festzulegen. Durch die Festlegung im Voraus wird die Aushandlung im konkreten Einzelfall auf den Abruffall reduziert. Bedingungen, welche an der Schnittstelle zu klären sind, umfassen folgende Vereinbarungen:

- „Standardisierter" Lieferumfang: In vielen Fällen handelt es sich dabei um einen Leistungskatalog von Sach-, Dienst- und Informationsleistungen. Ebenso zählen dazu Gewährleistungs-, Ersatz-, Wartungs- oder Unterstützungsverpflichtungen nach Abschluss der Transaktion.
- Bestell- oder Abrufvorgang bzw. Auslösung der Transaktion inklusive der notwendigen Form (Medium, Protokoll, Format)
- Servicegrad wie Reaktionszeit oder minimale Lieferfrist für den Standardfall, ergänzt um Beschleunigungsoptionen (beispielsweise Express)
- Transferpreis mit Zahlungsbedingungen
- Häufigkeit der abzugebenden Bedarfsprognosen, welche ein Optionsrecht auf bevorzugte Belieferung definieren können
- Allgemeine Lieferbedingungen mit den handelsrechtlichen Klauseln (Eigentumsvorbehalte, Gewährleistungen, Haftungsausschluss für Folgeschäden, Konventionalstrafen, Gerichtsstand)

Die Vereinbarung im Voraus zwischen zwei Prozessen regelt ähnlich wie in einem Rahmenvertrag den generischen Lieferumfang sowie Bestell- und Abrufvorgang, Servicegrad usw. Insofern entspricht sie auch dem im IKT-Umfeld verbreiteten Service-Level-Agreement.

 TIPP Lassen Sie möglichst viel offen, wie etwas erbracht werden soll. Die Ausführenden werden den Freiraum schätzen und ihre Professionalität einbringen.

Die ideale Situation, dass der Auftrag auf einfache Weise erteilt wird und zum vereinbarten Termin die Leistung genauso übernommen wird, lässt sich nicht immer realisieren. Vielmehr treten Fälle auf, bei denen der Auftrag Änderungen unterworfen oder unklar ist (siehe Abbildung 6.11). Beides bedarf einer erhöhten Koordination zwischen dem auftraggebenden und dem auftragnehmenden Geschäftsprozess. Die Änderungen betreffen die Auftragsvereinbarung (beispielsweise Termine, Spezifikationen, Mengen oder Konditionen), welche entsprechend angepasst werden muss. Handelt es sich um ein Geschäft, wo Auftragsänderungen häufig vorkommen (wie zum Beispiel im Anlagenbau), sind Abläufe vorzusehen, die Auftragsänderungen in formelle Änderungen der Vereinbarungen überführen. Ähnlich verhält es sich, wenn der Auftrag ungenügend spezifiziert ist. Dann ist der Input durch intensive Abklärungen des Auftrags zu ergänzen, bevor mit der Abwicklung gestartet wird. Entsprechend hoch fällt der Aufwand an der Schnittstelle zwischen Auftraggeber und Auftragnehmer aus (siehe auch Box „Was für die Arbeitsteilung aus der Kaskadierung geschlossen werden kann").

Fall: Auftragsänderung

Fall: Auftragsklärung

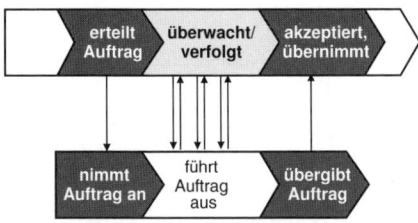
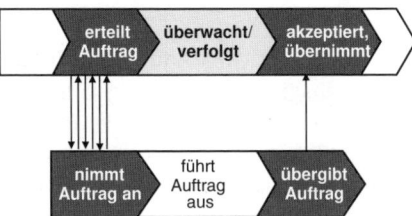

Abbildung 6.11 Auftragsänderung und Auftragsklärung

Was für die Arbeitsteilung aus der Kaskadierung geschlossen werden kann

- Arbeitsteilung lohnt sich dort, wo der wiederkehrende Schnittstellen- bzw. Delegationsaufwand gering ist, d. h. die Auftragsübergabe an den Auftragnehmer und die Leistungsübernahme möglichst einfach sind. *Die einfache Auftraggeber-Auftragnehmer-Beziehung* erfüllt diese Bedingung. Interessanterweise sind gerade hier die Vorteile maximal, da Auftragnehmer und Auftraggeber unabhängig und entkoppelt voneinander ihre Vorteile aus der Zusammenarbeit optimieren können.

- Umgekehrt gilt: Ist die *Leistungsvereinbarung aufwendig, lohnt sich die Arbeitsteilung selten*. In diesem Fall sollte die Zusammenarbeit so verändert werden, dass der Schnittstellenaufwand soweit wie möglich reduziert wird.

- *Unklare Aufträge, Auftragsänderungen, wechselseitige Störungen usw. erhöhen den Schnittstellenaufwand* und unterlaufen die Vorteile der Arbeitsteilung.

- Nur regelmäßig wiederholte Arbeitsteilungen rechnen sich wirklich. Ohne Wiederholung übersteigt der *Aufwand, eine Schnittstelle einzurichten, meistens die Vorteile*, da die Lernkurveneffekte, häufig aber auch die Volumeneffekte ausbleiben. Nicht umsonst wird von „eingespielter Zusammenarbeit" bei langjährig funktionierender Arbeitsteilung gesprochen.

- Der erstmalige und der wiederkehrende Schnittstellen- bzw. Delegationsaufwand entsprechen dem minimalen Koordinationsaufwand, der in jeder arbeitsteiligen Organisation entsteht. *Arbeitsteilung resultiert also auch in unproduktivem Overhead*, welcher durch die Delegationsvorteile in der Wertschöpfung erst kompensiert werden muss.

■ 6.4 Sonderfall „Mehr-Augen"-Prinzip

Ein besonderer Anlass für Kaskadierung besteht, wenn sie aus regulatorischen oder Sicherheitsgründen zu erfolgen hat. Hier wird durch die Kaskadierung ein „Mehr-Augen"-Prinzip realisiert. In der Pharmaindustrie sind Qualitätsprüfungen entlang der Aktivstoffproduktion vorgesehen, welche nur durch intern unabhängige Stellen durchgeführt werden dürfen. Im Finanzdienstleistungsbereich sind hingegen bestimmte Transaktionen sensibel und bedürfen eines speziellen Genehmigungsverfahrens.

Im angesprochenen Retail-Banking lässt sich die Kreditgewährung an Privatkunden anführen. Bis zu einer bestimmten Obergrenze verblieb die Kompetenz für die Gewährung und Abwicklung in einem Geschäftsprozess. Überstieg ein Kredit diese Limits, wurde ein zusätzliches Prüfverfahren als Subauftrag an einen weiteren Geschäftsprozess ausgelöst. Ohne die explizite Zustimmung durch diesen zweiten Geschäftsprozess „Sonderprüfung" konnte der erste Prozess den Kredit nicht gewähren. Durch die Kaskadierung wurde das Delegationsprinzip nicht verletzt. Der Auftrag löste eine Sonderprüfung aus, welche bei der Übernahme nicht die Ergebnisse, sondern nur die ordentliche Abwicklung fokussiert. Die Ergebnisse flossen erst danach in die Entscheidungsprozedur für bzw. gegen die Kreditgewährung ein. Durch diese Kaskadierung wurde auch die Betreuung des kreditantragstellenden Kunden nicht berührt, denn dieser sollte die eingesetzten Sicherheitsmechanismen aufgrund der Kaskadierung nicht feststellen können (siehe Abbildung 6.12).

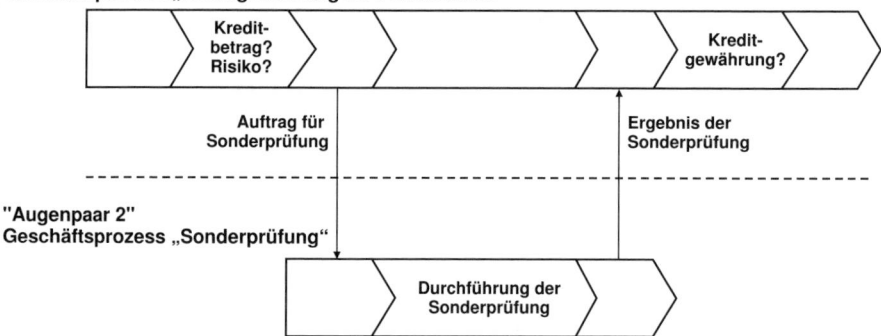

Abbildung 6.12 Kaskadierung aus Sicherheitsgründen (Beispiel: Kreditgewährung)

Bei der Entwicklung und Produktion von Medikamenten werden hohe regulatorische Ansprüche gestellt. Um beispielsweise die Anforderungen der sogenannten „Good-Manufacturing-Practice" zu erfüllen, hatte ein Pharmahersteller das erforderliche „Mehr-Augen"-Prinzip wie folgt umgesetzt. Die Verantwortung für die qualitativ einwandfreie Produktion von Aktivsubstanzen verblieb durchgängig beim Geschäftsprozess „Produktion". Dieser Geschäftsprozess durfte nicht – wie in manch anderer Branche üblich – die Stoffreinheit selbst kontrollieren, sondern musste nach jedem Syntheseschritt auf die Prüfergebnisse des unabhängigen Geschäftsprozesses „Qualitätsanalyse" zurückgreifen. Dieser stellte fest, ob Reinheit und Qualität innerhalb der Spezifikation lagen. Vor der definitiven Freigabe musste noch die regulatorische Korrektheit und Vollständigkeit der Produktionsdokumente durch ein weiteres Augenpaar, den Geschäftsprozess „Qualitätsmanagement", bestätigt werden. Erst nach positivem Bescheid konnte der Geschäftsprozess „Produktion" die Charge freigeben und an seinen internen Auftraggeber weiterleiten (siehe Abbildung 6.13).

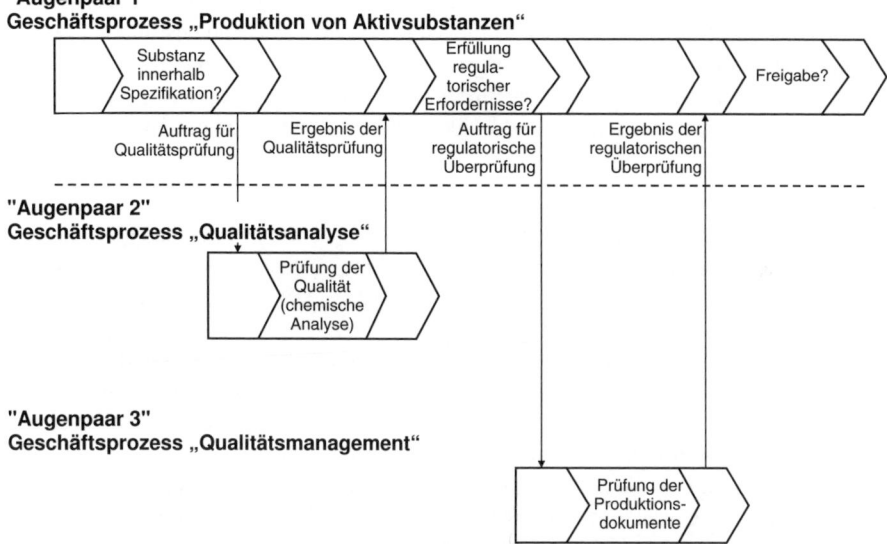

Abbildung 6.13 Zweimalige Kaskadierung aus Sicherheitsgründen (Beispiel: Pharmaproduktion)

■ 6.5 Werkzeug 2: Fokussierung und Bildung von Prozessvarianten durch Segmentierung

Die Anforderungen an einen Geschäftsprozess mögen oberflächlich gesehen homogen erscheinen, doch das heterogene Spektrum von Geschäftsfällen macht oft unterschiedliche Prozessvarianten erforderlich. Um die Anforderungen des Prozesskunden optimal zu erfüllen, ist eine vom Standardfall abweichende Bearbeitung im Prozess nötig. Unterschiedliche Leistungsanforderungen entstehen beispielsweise aus heterogenen Kundensegmenten, breiten Produktpaletten, unterschiedlichen Auftragscharakteristika, geografischen Besonderheiten, unterschiedlichen Beauftragungsformen, unterschiedlichen Dringlichkeiten oder verschiedenen Standardisierungs- und Automatisierungspotenzialen, die von der Auftragsvielfalt abhängig sind.

Theoretisch wäre es möglich, alle Auftragsvarianten bzw. Geschäftsfälle – unabhängig von den Anforderungen – in einem „Universalprozess" abzuwickeln. Allerdings entsteht dann die Gefahr, dass durch die Gleichbehandlung bzw. die ungenügende Differenzierung zum einen die Prozessqualität und damit die Kundenzufriedenheit beeinträchtigt werden und zum anderen die Prozessperformance ungenügend ist. Dies ergibt sich aus dem Umstand, dass durch die Vielzahl geschäftsfallspezifischer Verfahren und Möglichkeiten die Beherrschbarkeit durch die Leistungsträger abnimmt, die Komplexität zunimmt und der Koordinationsaufwand steigt. Des Weiteren besteht die Gefahr, dass der Geschäftsprozess auf bestimmte Geschäftsfälle hin optimiert wird und deshalb für andere Fälle suboptimal ist. Bestimmte Aktivitäten, welche für eine bestimmte Gruppe von Geschäftsfällen notwendig sind, werden dadurch auch auf Fälle angewendet, bei denen sie nicht zweckmäßig oder gar unnötig sind. In der Praxis richten sich häufig (suboptimale) Prozesse an den Sonderfällen aus und Normalfälle werden vernachlässigt.

 TIPP Separieren Sie Sonderfälle von den häufigen Normalfällen. In jedem Geschäft gilt die 80/20-Regel der Pareto-Verteilung.

Durch Segmentierung der Geschäftsprozesse können die Prozessleistung differenziert und die Prozesskomplexität reduziert werden. Dabei werden explizite Prozessvarianten gebildet, denen sich die Geschäfts- bzw. Auftragsfälle zuordnen lassen. Festzuhalten ist, dass die Segmentierung jeweils den gesamten Geschäftsprozess umfasst, niemals nur einen Teil. Allein durch die Segmentierung des gesamten Geschäftsprozesses kann die Prozessorientierung gewährleistet werden. Sollte eine Aktivität segmentiert werden, ist es zwingend, diese Aktivität zuerst auszugliedern, indem eine Prozesskaskade gebildet wird. Damit ist ein Geschäftsprozess entstanden, der diese zu segmentierende Aktivität umfasst und für die Segmentierung bereit ist. Die Zuordnung der Geschäfts- bzw. Auftragsfälle erfolgt konsequenterweise schon auf Seite des Auftraggebers mittels einer entsprechenden Entscheidungsprozedur, welche das auftragnehmende Prozesssegment bestimmt (siehe Abbildung 6.14).

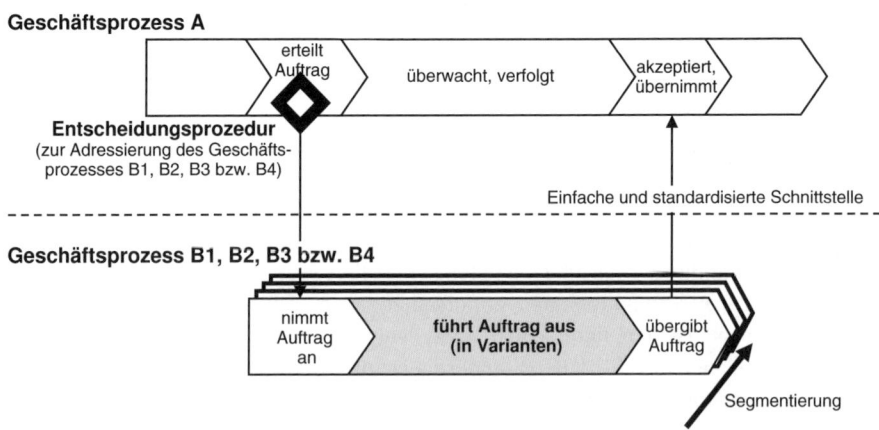

Abbildung 6.14 Prozesssegmentierung

Die Segmentierung nach verschiedenen Prozessanforderungen bzw. Leistungskriterien entspricht einer Mengenteilung mit Spezialisierung auf ausgewählte Fälle. Ökonomisch betrachtet müssten durch die Mengenteilung Nachteile aufgrund entgangener Volumeneffekte entstehen; allerdings wurden diese – falls überhaupt vorhanden – durch die Komplexität, welche angesichts der Vielzahl unterschiedlicher Geschäftsfälle entstand, wieder wegkompensiert. Die mit der Segmentierung erfolgende Mengenteilung hat demnach so zu erfolgen, dass Segmente von kritischer Größe geschaffen werden, in denen einerseits die Komplexität eingeschränkt wird, andererseits auch Lernkurven- und Volumeneffekte tatsächlich realisiert werden können.

Die Segmentierung der Geschäftsprozesse kann nach beliebigen Kriterien je Kaskadenstufe erfolgen. Zunächst ist eine nach außen gerichtete Segmentierung zu prüfen. Kriterien können in diesem Fall sein:

- Markt- und Kundensegmente, welche Volumina, Beschaffungsverhalten, kundenseitige Entscheidungsträger und die unterschiedlichen kaufentscheidenden Faktoren berücksichtigen
- Produktsegmente, welche Funktionsanforderungen und Preisklassen berücksichtigen
- Vertriebskanäle
- Wettbewerbsintensität
- Geografie, welche Sprachen und Kulturräume, klimatische Bedingungen usw. berücksichtigt (z. B. für Kundenbetreuung, Marketing und Services)

Eine nach außen gerichtete Segmentierung eignet sich im besonderen Maße bei den markt- und kundennahen Geschäftsprozessen, etwa beim Kundengewinnungs-/Kundenbetreuungsprozess. Hier ergibt sich bei Firmen, welche multinational oder in verschiedenen Geschäften tätig sind, besonderer Koordinationsbedarf zwischen den Segmenten (siehe auch Box „Key-Account-Management").

Eine nach innen gerichtete Segmentierung drängt sich besonders bei den nachgelagerten Geschäftsprozessen in den Kaskaden auf. Nach innen gerichtete Segmentierungskriterien betreffen:

- Komplexität der Marktleistung, welche die Problemhaltigkeit, den Schwierigkeitsgrad, die Abwicklungs- oder Verfahrenskomplexität, die Routinisierbarkeit oder Automatisierbarkeit betrifft
- Auftragsvarianz, welche die Auftragsgröße oder die Lieferzeiten berücksichtigt
- Technologien und Verfahren
- Produktions- und Logistikstandorte
- Einbezug von Dritten

Im Falle der Komplexität der Marktleistung empfiehlt es sich, eine Unterscheidung zwischen einfachen, mittelschweren und schwierigen Fällen vorzunehmen. Diese berücksichtigt Kriterien wie Routinisierbarkeit und Automatisierbarkeit genauso wie die Prozesskomplexität. Im Maschinenbau beispielsweise stellt das Kataloggeschäft andere Anforderungen an die Geschäftsprozesse als das kundenindividuelle Lösungsgeschäft. Mit Segmentierung nach Problemhaltigkeit oder Schwierigkeitsgrad werden zunächst die Routinisierungs- und Automatisierungspotenziale ausgenutzt. Darüber hinaus lässt sich eine umfangreiche Prozessvarianz mit vielen Ausnahmeregelungen vermeiden und Spezialisten werden nur für jene Fälle eingesetzt, bei denen sie auch benötigt werden.

Greifen wir nochmals das Beispiel des Kreditgenehmigungsprozesses auf. Hier ergaben sich beispielsweise Möglichkeiten, einfache, mittelschwere oder schwierige Fälle zu unterscheiden. Dabei wurde von der Auffassung abgerückt, dass jeder einzelne Kreditantrag einzigartig und grundsätzlich schwierig zu bearbeiten sei und das Wissen von Experten benötige. Aus einem solchen Verständnis heraus hätte sich ein Geschäftsprozess ergeben, dessen Aktivitäten, Abläufe und Ressourcen so ausgelegt wären, dass er alle erdenklichen Spezialfälle behandeln könnte. Stattdessen konnten für segmentierte Auftrags- bzw. Geschäftsfälle klare Prozessvarianten mit Aktivitäten, Abläufen und Ressourcen aufgesetzt werden, welche auf die speziellen Segmentanforderungen abgestimmt waren. Für die zahlreicheren einfachen Fälle ergab sich ein hoher Automatisierungsgrad; diese Routinefälle konnten von Sachbearbeitern durchschnittlicher Qualifikation mit Unterstützung von Computersystemen abgewickelt werden. Für die selteneren Fälle mit hohem Schwierigkeitsgrad waren spezielle Detailkenntnisse und umfassende Abklärungen erforderlich; hier wurden Experten als Berater hinzugezogen, damit der Ermessungsspielraum professionell genutzt wurde.

Die bisherigen Ausführungen zur Segmentierung gingen davon aus, dass die Segmentierung über den gesamten Geschäftsprozess erfolgt. Dies bedeutet, dass eine einzige Segmentierung von der Auftragsannahme bis zur Auftragsübergabe (siehe Auftragszyklus) angewandt wird. Diese Segmentierung kann mehrdimensional sein und mehrere Kriterien umfassen.

Beim Anlagenbauer zeigte es sich, dass je Geschäftsprozess eine Segmentierung nach unterschiedlichen Kriterien zweckmäßig war (siehe Abbildung 6.15). Auf der obersten Stufe, dem Prozess für Kundengewinnung und -betreuung, war eine Orientierung nach Kundentypen sowie nach geografischen Märkten zweckmäßig. Insbesondere für die rund zehn Großkunden mit speziellen Anforderungen an die Betreuung wurde ein maßgeschneiderter Geschäftsprozess geschaffen. Die anderen Kunden wurden in geografische Räume mit vergleichbaren Kulturen zusammengefasst (Süd- und Westeuropa, Mittel-/Ost- und Nordeuropa, Nordamerika sowie Fernost). Der Systemlieferant differenzierte zwischen Groß- und Kleinanlagen. Beide „Systemlieferanten" griffen wiederum auf gemeinsame wie auch unterschiedliche Module zurück. Diese wurden nach Funktionalität in Modulreihen segmentiert. Ein Teil der Module wurde von extern beschafft. Die internen Modullieferanten wiederum griffen auf intern oder extern gefertigte Baugruppen zurück. Intern wurden nur Einschubkarten gefertigt, welche nicht nach Typen weiter segmentiert wurden. Dagegen wurde ein Baugruppenlieferant ausgegliedert, welcher ausschließlich Ersatzeinschubkarten in kleinen Expressaufträgen abwickelte.

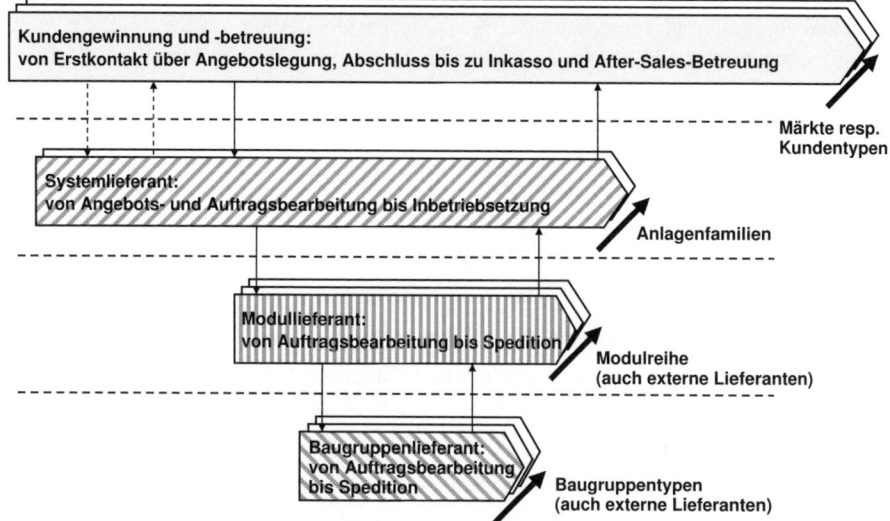

Abbildung 6.15 Segmentierung des Kaskadensystems (Beispiel: Anlagenbauer)

Key-Account-Management

Großkundenakquise und -betreuung erfordern in vielen Fällen eine von den übrigen Kunden differenzierte Vorgehensweise. Häufig wird dazu eine individuelle Account-Strategie mit detailliertem Plan erarbeitet. Entsprechend ist zu prüfen, ob ein spezifisches Prozesssegment für die Großkundenbetreuung definiert werden soll.

Eine besondere Herausforderung stellt die Betreuung von *„Multi-Nationalen"*- oder *„Multi-Businesses"*-Großkunden dar. Diese erfolgte bisher durch verschiedene Prozesssegmente bzw. Ressourcen, weshalb deren Bedeutung für das eigene Unternehmen erst durch die Summierung aller Geschäftsbeziehungen erkennbar wird.

Je nach Organisation des Kunden entstehen auf der Seite des Anbieters unterschiedliche *Abstimmungsaufgaben* zwischen den für den Kunden zuständigen Prozesssegmenten, welche durch ein sogenanntes *Key-Account-Management* wahrgenommen werden. In der Praxis hat sich Folgendes bewährt:

- Key-Account-Management ist ein generisches Konzept und bedeutet nicht zwingend eine personelle 1:1-Beziehung (im Sinne von „One-Face-to-the-Customer"). Vielmehr handelt es sich um eine *situative Abstimmung* aller für den Großkunden erbrachten Akquise- und Betreuungsaktivitäten.

- Die Abstimmung ist immer *kundenindividuell* aufzusetzen und soll dem Betreuungsbedarf, dem Beschaffungsverhalten sowie der Beschaffungsorganisation des Kunden folgen.

- Der Abstimmungsbedarf hängt vom *Zentralisierungsgrad des Kunden in der Beschaffung* ab. Nur in seltenen Fällen sind Großkunden über einen „Single-Point-of-Contact" erreichbar, sondern sie müssen vertrieblich an mehreren (internationalen) Standorten und/oder in verschiedenen Geschäftssparten betreut werden. Neben der unkoordinierten und dezentralen Beschaffung sind zwei Fälle von besonderem Interesse: zum einen *zentrales* Lieferantenmanagement (z. B. Listung, Rahmenverträge) verbunden mit dezentraler Beschaffung; zum anderen Spezifikation und Lieferantenevaluation (z. B. Engineering) an einem Standort, Produktion und Beschaffung an einem anderen Standort (z. B. Offshore).

- Die Rolle des Key-Account-Managers ist situativ zu definieren. Entsprechend groß ist die Spanne möglicher Aufgaben des Key-Account-Managers:

  - Moderation des Informationsaustauschs innerhalb des Anbieters

  - Erarbeitung und Vereinbarung eines Account-Plans (Ziele, Vorgehen usw.)

  - Vereinheitlichung der kundenspezifischen Angebote (z. B. Nettopreisliste, Leistungskatalog)

  - Verhandlung der Rahmenverträge

  - Abstimmung von operativen Kundenkontakten und Kundenkommunikation

  - Führung aller Akquise- und Betreuungsaktivitäten

- Lassen sich Erstere noch als koordinierende Aufgaben (z. B. zwischen Prozesssegmenten durch einen „Primus-inter-Pares" [Erster unter Gleichen]) gestalten, bedingt Letztere, dass alle vertrieblichen Ressourcen dem Key-Account-Manager als Case-Team zugeordnet sind. In dieser starken Rolle wird der Key-Account-Manager zum „Intrapreneur", einem Unternehmer im Unternehmen.

- Die Rolle des Key-Account-Managers soll zudem jenem Prozesssegment (bzw. Kundenverantwortlichen) zugewiesen werden, wo der größte Betreuungshebel und Einfluss auf die Kaufentscheidungen bestehen. Bei multinationalen Kunden ist dies oft der Ort der operativen Zentrale bzw. des (divisionalen) Stammhauses.

- Das Anreizsystem soll dem Abstimmungsbedarf angepasst werden. Zuweilen ist eine Schattenrechnung zu erstellen, bei der die zur Incentivierung berechtigten Umsätze bzw. Deckungsbeiträge nach dem Prinzip der Kundenbetreuungsleistung (und nicht der Verrechnungsleistung) den Anspruchsberechtigten zugeordnet werden. Zumindest der Key-Account-Manager soll auf Basis des Gesamtgeschäfts mit dem Großkunden incentiviert werden.

■ 6.6 Werkzeug 3: Optimierung des Geschäftsbeziehungszyklus und Sicherung von Lernchancen durch horizontale Integration

Mit der bisher behandelten Kaskadierung und Segmentierung stand vor allem die fokussierte Leistungserbringung und Reduktion von Komplexität im Vordergrund. Bei der horizontalen Integration sollen zum einen der Geschäftsbeziehungszyklus optimiert und zum anderen die Lernchancen gesichert werden, denn zwischen den bisher aus Kaskadierung und Segmentierung entstandenen Geschäftsprozessen bestehen oft horizontale Schnittstellen. Letztere entstehen nicht durch die Auftragsbeziehungen (in denen wir vertikale Schnittstellen vorfinden), sondern durch Abhängigkeiten von Ressourcen und Informationen horizontal bzw. zeitlich getrennter Geschäftsprozesse. So sind manchmal detaillierte Kenntnisse aus einer früheren Phase der Geschäftsbeziehung notwendig, um die momentan erforderliche Prozessleistung optimal erbringen zu können. Hier kann es zweckmäßig sein, die Prozessverantwortung auf den gesamten Geschäftsbeziehungszyklus mit mehreren Austauschbeziehungen mit dem Kunden auszudehnen. Die einzelnen Auftragszyklen bleiben davon unberührt (siehe Abbildung 6.16).

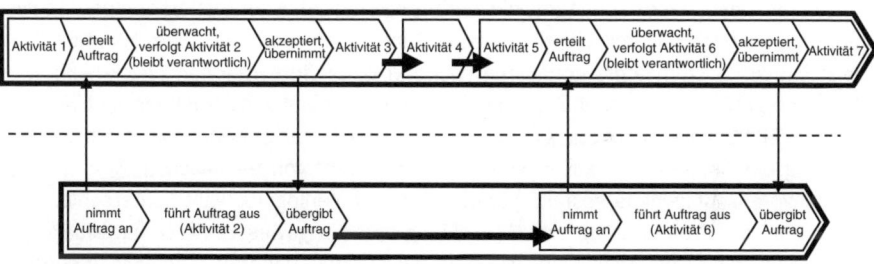

Abbildung 6.16 Horizontale Integration

Im Verkaufsbereich gilt für dauerhafte Kundenbeziehungen die kontinuierliche und kompetente Rundumbetreuung als selbstverständlich und wird vielerorts auch bereits praktiziert. So kann die Vorgeschichte in allen aktuellen Vereinbarungen mit dem Kunden optimal berücksichtigt werden. In Wertschöpfungsverbunden mit Beschaffung auf Basis von Bedarfsprognosen ist es essenziell, dass der prognosegetriebene Bezug mit dem effektiven Kundenbedarf minutiös abgeglichen und gegebenenfalls Umdisponierungen veranlasst werden. Im Anlagenbau fließen zwischen Kunden und Kundenbetreuer lange vor der Verhandlung eines konkreten Projekts Informationen, die für die Angebotslegung und Projektierung, aber auch die spätere Ausführung wertvoll sind. Kundenspezifische Systeme können dann effizient realisiert werden, wenn die technischen Überlegungen während der Projektierung direkt in die Abwicklung einfließen. Die effiziente Wartung der Systeme erfordert, dass die Konfiguration und der Entwicklungsstatus eingehend bekannt sind. Dazu sind die Detailkenntnisse aus der vorangegangenen Projektabwicklung nötig.

TIPP Nutzen Sie die Erfahrungen und das Know-how, welches Sie in früheren Phasen der Geschäftsbeziehung gewonnen haben. Der Kunde wird dies honorieren.

In vielen Austauschbeziehungen zeigt sich erst lange nach Abschluss des Auftragszyklus – also auch nach der akzeptierten Übernahme durch den Prozesskunden – wie einwandfrei der Auftrag erledigt worden ist. Auswirkungen von frühen Fehlern können erst viel später offensichtlich werden. Beispielsweise hat eine falsche Kalkulation, welche die Basis für ein verbindliches Angebot bildet, fatale Folgen. Ist die Kalkulation zu günstig ausgefallen, wird der Kunde das (zu) günstige Angebot akzeptieren, wodurch Gewinneinbußen, meistens sogar Verluste, entstehen. Umgekehrt führt eine überhöhte Kalkulation zu einer entgangenen Auftragschance. Ein ungenügendes technisches Lösungskonzept, welches schon in der Projektierungsphase festgelegt wird, kann zwar zu einer tadellosen Projektabwicklung führen, das System lässt sich dann aber nur unter erschwerten Bedingungen warten oder mit teuren Aufwendungen erweitern. Durch die Prozessverantwortung über den unmittelbaren Auftragszyklus hinaus entstehen Rückmeldungen für die Beteiligten, welche Lernchancen begründen.

Beim Anlagenbauer drängten sich mehrere horizontale Integrationen auf (siehe Abbildung 6.17). Zunächst wurde der Kundenbetreuer für die Kundenbeziehung über den gesamten Geschäftsbeziehungszyklus vom Erstkontakt bis zur Systemerneuerung verantwortlich erklärt. Damit war die besagte Rundumbetreuung aus einer Hand gewährleistet. Beim Systemlieferanten waren zwei horizontale Integrationen zweckmäßig. Die erste Integration betraf die horizontale Zusammenfassung von Projektierung (während der Angebotsphase) und von Abwicklung (vom Systemengineering bis zur Inbetriebsetzung der Anlage). Mit dieser wurde die Kontinuität von technischem Konzept und Kostenvoranschlag sichergestellt. Vor dieser Zusammenlegung waren unterschiedliche Stellen an der Projektierung bzw. Abwicklung beteiligt gewesen. Diese hatte dazu geführt, dass der für die Abwicklung verantwortliche Projektleiter das technische Konzept verwarf und die Kostenvorgaben nicht akzeptierte. In der Folge erodierten die Margen und die Inbetriebnahmen verzögerten sich erheblich. Die zweite Integration schloss noch die Wartungs- und Supportaufgaben für das gelieferte System mit ein. Im System-

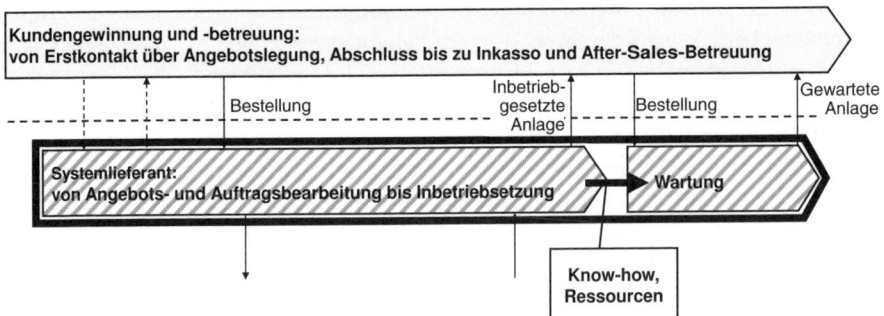

Abbildung 6.17 Horizontale Integration von Systemengineering und Wartung (Beispiel: Anlagenbau)

geschäft ist die ungenügende Dokumentation des Systems immanent vorhanden, weshalb Wartung und Support durch Dritte schwierig werden. Durch die Integration lässt sich dies vermeiden.

Ein Maschinenbauer entwickelte und produzierte spezifische Komponenten für Anlagen. Der Kundenstamm bestand aus OEM-Kunden, welche die Komponenten in ihren Anlagen verwendeten, sowie Betreibern, welche die Anlagen kauften und betrieben (OEM: Original Equipment Manufacturer). Wegen Verschleiß und Betriebsunterstützung war das Folgegeschäft umsatz- und margenmäßig bedeutsamer als das Erstgeschäft. Deshalb betrieb der Maschinenbauer ein feinmaschiges Netz von weltweiten Servicestützpunkten. Das Besondere an den hergestellten Komponenten war, dass sie auf die speziellen Betriebsbedingungen jeweils angepasst werden mussten. Es war entscheidend, dass der Servicetechniker vor Ort die Historie der Betriebsbedingungen von der initialen Auslegung über Betriebsänderungen hinweg kannte, deswegen den Betreiber beraten und vor Ort die Komponenten während des Einbaus anpassen konnte. Das Makrodesign bestand daher aus den Kaskaden regionaler Kundenbetreuung und der technischen Beratung mitsamt Service vor Ort sowie aus dem divisionalen Lösungsengineering bzw. der Auftragsabwicklung und dem Produktionsverbund (siehe Abbildung 6.18).

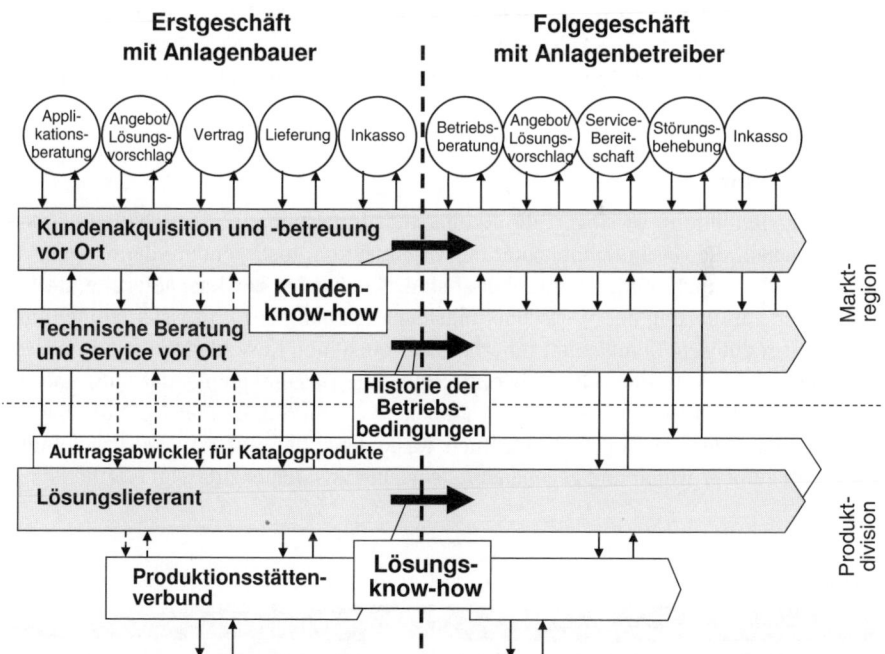

Abbildung 6.18 Horizontale Integration in der Kundenbetreuung, in der technischen Beratung und Service vor Ort sowie Lösungserstellung (Beispiel: Maschinenbauer)

Für den Maschinenbauer ergaben sich drei horizontale Integrationen: erstens jene in der Kundenbetreuung, um die kommerzielle Durchgängigkeit vom Erstkontakt an sicherzustellen; zweitens jene in der technischen Betreuung und Service vor Ort, um die opti-

male Funktion der Komponenten zu gewährleisten; und drittens jene in der Lösungs-
entwicklung, um bei der Entstehung und Optimierung von Varianten auf die Betriebserfahrungen zurückgreifen zu können.

■ 6.7 Anwendungshinweise für Kaskadierung, Segmentierung und horizontale Integration

Im Folgenden sollen einige Hinweise gegeben werden, was für und was gegen eine Kaskadierung, eine Segmentierung oder eine horizontale Integration spricht. Die genannten Faktoren sind als Indikatoren zu verstehen (siehe auch Schantin (2004)). Jeweils ist
eine Gesamtoptimierung im Makrodesign zu befolgen. Ein filigranes Makrodesign mit
sehr vielen Kaskadenstufen und Segmenten ist zu meiden, weil damit zusätzliche betriebliche Komplexität geschaffen wird. Ein Makrodesign mit mehr als fünf Kaskadenstufen deutet auf eine zu intensive Kaskadierung oder allenfalls eine zu große Wertschöpfungstiefe hin. Ebenso könnte eine Segmentierung mit mehr als fünf Varianten in
einer Kaskadenstufe auf eine zu intensive Segmentierung oder allenfalls zu heterogene
Anforderungen weisen.

Kaskadierung

Die Kaskadenbildung verringert die Komplexität innerhalb eines Geschäftsprozesses,
erhöht jedoch die Gesamtkomplexität der Organisation, insbesondere dann, wenn die
Auftragszyklen nicht optimal ausgebildet sind. So sind bei der Kaskadierung die Vorteile einer Verkürzung der Wertschöpfungslänge (Umfang der Prozessaktivitäten) und
die damit reduzierte Komplexität innerhalb der einzelnen Kaskadenstufen gegen Overheadkosten der Auftragszyklen sowie die steigende Gesamtkomplexität aufgrund der
vielen Kaskadenübergänge abzuwägen (Tabelle 6.1). Im Sinne einer Optimierung des
Unternehmensdesigns sind die einzelnen Kaskadenstufen auf ihre Wertschöpfungslänge hin zu überprüfen und gegebenenfalls wieder zusammenzufassen (vertikale Integration).

Tabelle 6.1 Argumente für und gegen eine Kaskadierung

Für Kaskadierung	Gegen Kaskadierung
• Hohe Wertschöpfungslänge bzw. -tiefe, viele Aktivitäten	• Geringe Wertschöpfungslänge bzw. -tiefe, wenige Aktivitäten
• Geringe Ressourcenverflechtung zwischen den Aktivitäten	• Starke Ressourcenverflechtung zwischen den Aktivitäten
• Hohe Spezifität der zu kaskadierenden Teilleistung (z. B. spezielles Know-how, spezielle Anlagen und Standorte)	• Geringe Spezifität der zu kaskadierenden Teilleistung

Für Kaskadierung	Gegen Kaskadierung
▪ Hohe Standardisierbarkeit des Subauftrags ▪ Wechsel des Logistiktyps (z. B. von Make-to-Order zu Make-to-Stock)	▪ Geringe Standardisierbarkeit des Subauftrags ▪ Kein Wechsel des Logistiktyps

Bloße Steuer- und Hilfsfunktionen einer Kaskadenstufe sind nicht zu rechtfertigen, verursachen Schnittstellenprobleme und übersteuern nachfolgende Kaskadenstufen. Gegebenenfalls sind die Segmentierungskriterien zu überprüfen.

Bei einer international tätigen Gruppe, welche an verschiedenen Werksstandorten Baustoffe erzeugte, stellt sich die Frage nach der Notwendigkeit einer Logistikplattform. Die Logistikplattform (Variante A in Abbildung 6.19) wurde mit drei Hauptaufgaben bedacht: Erstens obliegt ihr die Steuerung der Werke mit dem Ziel der optimalen Kapazitätsauslastung. Zweitens erfüllte sie die Triage-Funktion mit der Aufteilung von Kundenaufträgen in Fertigungsaufträge sowie deren Zuweisung auf die einzelnen Werke. Drittens kam die Plattform der Speditionsbereitstellung mit der Zusammenfassung der einzelnen Fertigungsaufträge zum Kundenauftrag nach. Auch wenn der Wertschöpfungsgehalt dieser Aufgaben aus Kundensicht beschränkt war, blieb – solange das Primat der optimalen Kapazitätsauslastung bestand – die Logistikplattform faktisch unverzichtbar. Mit der klaren Ausrichtung der Werke auf ausgewählte Sortimentsteile mit bestimmten Leistungsmerkmalen fiel die Aufgabe der Kapazitätsauslastung weg. Ferner vereinfacht sich die Triage- und Bündelungsfunktion und verbleibende Dispositionsaufgaben konnten in die ausführenden Werke integriert werden. Damit wurden die Werke verstärkt auf den Markt ausgerichtet und die Kaskadenstufe mit der Logistikplattform erübrigte sich (Variante B).

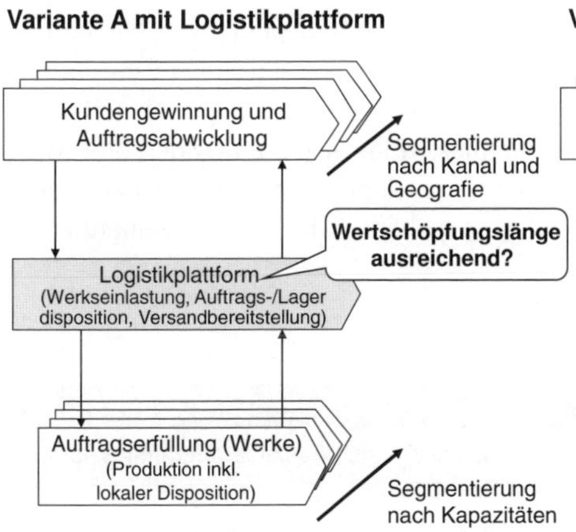

Variante A mit Logistikplattform   **Variante B ohne Logistikplattform**

Abbildung 6.19 Kaskadenstufen in Varianten (Beispiel: Baustoffhersteller)

Segmentierung

Die Variantenbildung verringert die Komplexität innerhalb des Geschäftsprozesses, erhöht jedoch die Gesamtkomplexität der Organisation. Bei der Bildung der Prozesssegmente sind die Vorteile einer nach außen oder nach innen orientierten Differenzierung und die reduzierte Komplexität innerhalb der einzelnen Varianten gegen die steigende Gesamtkomplexität aufgrund vieler Prozesssegmente abzuwägen (Tabelle 6.2). Im Sinne einer Optimierung sind einzelne Segmente auf ihre Relevanz hin zu überprüfen, gegebenenfalls mittels „Clusterbildung" zusammenzufassen und durch eine neue Prozessvariante abzudecken.

Tabelle 6.2 Argumente für und gegen eine Segmentierung

Für Segmentierung	Gegen Segmentierung
• Hohe Vielfalt von Marktsegmenten und Kundengruppen	• Geringe Vielfalt von Marktsegmenten und Kundengruppen
• Breite geografische Kundenverteilung	• Nahe geografische Verteilung der Kunden
• Breites Spektrum von Produkten und Dienstleistungen	• Schmales Spektrum von Produkten und Dienstleistungen
• Hohe Unterschiedlichkeit in den Prozessanforderungen	• Geringe Unterschiedlichkeit in den Prozessanforderungen
• Unterschiedlicher Schwierigkeitsgrad der Geschäftsfälle	• Ähnlicher Schwierigkeitsgrad der Geschäftsfälle
• Viele unterschiedliche Methoden und Technologien	• Geringe Unterschiedlichkeit in den Methoden und Technologien

Horizontale Integration

Mit der horizontalen Integration werden Ressourcen- und Informationsbrüche entlang eines Geschäftsbeziehungszyklus aufgehoben. Bei der horizontalen Integration sind die Vorteile des optimierten Ressourceneinsatzes und des verbesserten (horizontalen) Informationsflusses entlang des Geschäftsbeziehungszyklus gegen eine überhöhte Wertschöpfungslänge abzuwägen (Tabelle 6.3). Für eine horizontale Integration ist zwingend, dass eine gemeinsame Segmentierung vorliegt; gegebenenfalls ist die Segmentierung entsprechend anzupassen.

Tabelle 6.3 Argumente für und gegen eine horizontale Integration

Für eine horizontale Integration	Gegen eine horizontale Integration
• Hoher Leistungszusammenhang aus Kundensicht	• Geringer Leistungszusammenhang aus Kundensicht
• Geringe Wertschöpfungslänge	• Hohe Wertschöpfungslänge
• Hohe Aufgabenähnlichkeit	• Geringe Aufgabenähnlichkeit
• Große Synergien, bezüglich Ressourcen und horizontalem Informationsfluss	• Geringe Synergien, insbesondere betreffend Ressourcen und horizontalem Informationsfluss

■ 6.8 Überprüfung des neuen Unternehmensdesigns

Nach Abschluss von Kaskadierung, Segmentierung und horizontaler Integration liegt das Makrodesign vor, welches es in Folge zu überprüfen gilt. Eine Prüfung in drei Schritten sei hier vorgeschlagen:

- **Erster Schritt:** Zunächst wird kontrolliert, ob die strategische Anbindung gewährleistet ist. Dazu werden die Erfolgsfaktoren und Kernfähigkeiten den Geschäftsprozessen zugeordnet und die erfolgskritischen Tätigkeiten in den Geschäftsprozessen identifiziert.

- **Zweiter Schritt:** Die einzelnen Geschäftsprozesse werden anhand der genannten Gestaltungsprinzipien Kundenorientierung, Wertschöpfungsorientierung und Prozessorientierung noch einmal hinterfragt:

  - *Kundenorientierung:* Sind die Geschäftsprozesse auf die Kunden des Unternehmens ausgerichtet? Erbringen die Geschäftsprozesse alle Leistungen, welche von den Kunden gefordert werden? Werden die Kunden über den gesamten Geschäftsbeziehungszyklus hin betreut?

  - *Wertschöpfungsorientierung:* Sind die aus Kundensicht zu erbringenden Leistungen durch Aktivitäten abgedeckt? Sind diese Aktivitäten den Geschäftsprozessen eindeutig zugeordnet? Erbringen die einzelnen Geschäftsprozesse eine Wertschöpfung in genügendem Ausmaß, um jeweils den Geschäftsprozess als solchen zu rechtfertigen? Werden nichtwertschöpfende – oder gar wertvernichtende – Aktivitäten möglichst vermieden?

  - *Prozessorientierung:* Sind die Rollen der Geschäftsprozesse eindeutig geklärt? Ist die durchgängige Verantwortung des Geschäftsprozesses sichergestellt? Sind die kaskadischen Schnittstellen zwischen den Geschäftsprozessen einfach und klar? Ist die „Selbststeuerung" der Geschäftsprozesse gewährleistet? Sind mögliche Prozessvarianten in der Segmentierung der Geschäftsprozesse berücksichtigt? Sind unnötige horizontale Schnittstellen behoben?

- **Dritter Schritt:** Die Funktionstüchtigkeit des Unternehmensdesigns lässt sich mittels einer Simulation prüfen, in der eine Auswahl von realistischen Geschäftsfällen durchgespielt wird. Bei der Simulation von Geschäftsfällen sind vor allem die Übergänge zwischen den Geschäftsprozessen zu beachten:

  - Sind die Auftragszyklen zwischen den Geschäftsprozessen konsequent angewendet? Bestehen keine offenen oder zirkulären Auftraggeber-Auftragnehmer-Beziehungen?

  - Sind die „Aufträge" klar und einfach formuliert? Führen die „Aufträge" auch zum geforderten Output? Sind die Transferbedingungen an den Schnittstellen geklärt (Lieferumfang, Bestellvorgang, Lieferfrist, Transferpreis, Bedarfsprognosen usw.)? Kann die Auftragsüberwachung zweckmäßig wahrgenommen werden, ohne den Auftragnehmer zu übersteuern und in dessen Selbststeuerung zu beeinträchtigen?

- Sind die Entscheidungsprozeduren für die Zuweisung an die Segmente eindeutig und beim auftraggebenden Geschäftsprozess hinterlegt?
- Beeinträchtigen horizontale Schnittstellen den Geschäftsbeziehungszyklus bzw. den Wissens- und Erfahrungsaustausch?

 TIPP Vereinfachen Sie die Schnittstellen immer so, dass einfache Auftraggeber-Auftragnehmer-Beziehungen entstehen. Mit der Auftraggeber-Auftragnehmer-Beziehung werden die Abläufe beschleunigt und die Qualität inhärent gesichert.

Offene und zirkuläre Beziehungen

Eine offene Auftraggeber-Auftragnehmer-Beziehung besteht, wenn die Lieferung nicht an die direkt und unmittelbar auftraggebende Prozesskaskade erfolgt, sondern an einen Dritten. Offene Beziehungen bestehen in einer funktionalen Organisation immer. Kein Beteiligter kann in einer solchen Konstellation die durchgängige Verantwortung wahrnehmen. Stark verbreitet ist die offene Beziehung in der Softwarebranche, wo Systeme nach der Methode des „Wasserfall"-Modells konzipiert, entwickelt und getestet werden (siehe Abbildung 6.20).

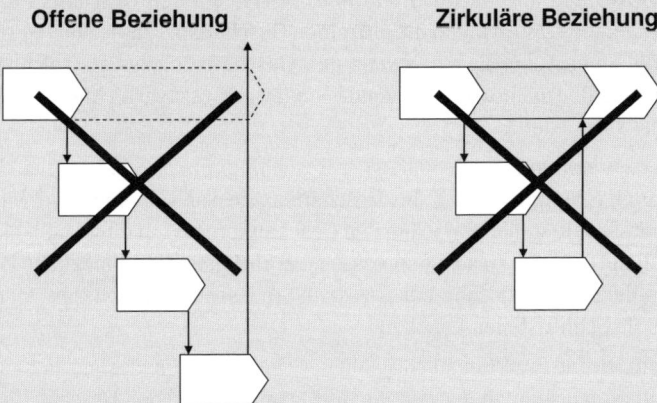

Abbildung 6.20 Offene und zirkuläre Kaskadenbeziehungen

Eine zirkuläre Beziehung besteht, wenn die Lieferung indirekt und mittelbar an die auftraggebende Kaskadenstufe erfolgt. Im Immobilienbau beispielsweise übernimmt jemand die Rolle des treuhänderischen Bauherrenvertreters, ein zweiter plant und ein dritter baut. Zumindest die oberste Kaskade bleibt durchgängig verantwortlich; die Verantwortlichkeit für eine etwaige Fehllieferung ist allerdings nicht offensichtlich. Planende und bauende Lieferanten agieren in offenen Beziehungen und ihre Lieferung wird nicht auf die Konformität mit ihrem jeweiligen Auftrag überprüft. In Netzwerkkooperationen bestehen oft zirkuläre Beziehungen.

Offene bzw. zirkuläre Beziehungen sind zu vermeiden. Sie lassen sich einfach korrigieren. Bei offenen Beziehungen ist zunächst die durchgängige Verantwortung durch horizontale Integration gegenüber dem (externen oder internen) Kunden sicherzustellen. Für beide Fälle bestehen im Wesentlichen zwei Alternativen, jene der Doppelkaskade und jene der seriellen Beauftragung (siehe Abbildung 6.21). In der Doppelkaskade entsteht aus dem Subauftrag ein zweiter Subauftrag, der dann in den ersten Auftrag integriert wird; erst jetzt kann Ersterer abgeschlossen werden. Auf das Beispiel im Immobilienbau bezogen würde dies bedeuten, dass der Planer zusätzlich die Totalunternehmer-Rolle übernähme und dem Bauherrenvertreter das fertige Bauwerk übergäbe. So würde das Bauunternehmen gegenüber dem Totalunternehmer gemäß dessen Planung und der getroffenen Vereinbarungen verantwortlich sein. Mit der seriellen Beauftragung werden die Subaufträge nacheinander, unverschachtelt abgewickelt und jeweils von der oberen Kaskadenstufe integriert. Im Beispiel aus dem Immobilienbau würde der Bauherrenvertreter dem Planer die Planung übertragen, diese wieder übernehmen und überprüfen, anschließend wird das Bauunternehmen vom Bauherrenvertreter mit der Ausführung beauftragt. Damit übernimmt der Bauherrenvertreter explizit die Scharnierfunktion zwischen Planung und Ausführung. Welche Kaskadenbeziehung vorteilhafter ist, hängt von der konkreten Situation ab. Insbesondere ist bei der seriellen Beauftragung der Zwischenschritt zu beachten, welcher von der obersten Stufe aktiv wahrgenommen wird.

Doppelkaskaden-beziehung   Serielle Beauftragung

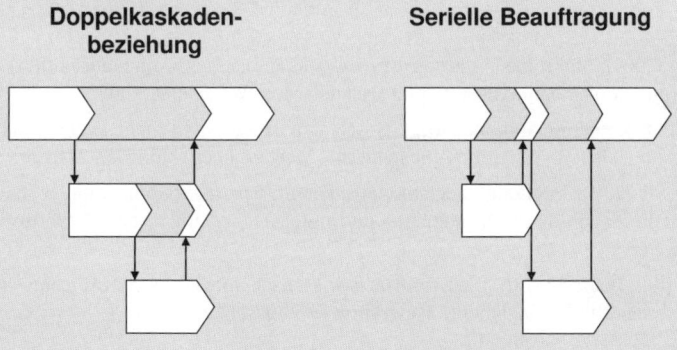

Abbildung 6.21 Doppelkaskadenbeziehung und serielle Beauftragung

---

 Reflexionsfragen 6

- Wie erklären Sie Kundenorientierung, Wertschöpfungsorientierung und Prozessorientierung anhand eines konkreten Geschäftsprozesses Ihrer Wahl?
- Warum sind scheinbare Selbstverständlichkeiten wie Kundenorientierung, Wertschöpfungsorientierung oder Prozessorientierung noch nicht überall realisiert?

- Was zeichnet in Ihren Augen eine komplette Aufgabendelegation aus? Unter welchen Bedingungen schafft sie tatsächlich Vorteile?
- Wie entsteht durch die Kaskadierung eine inhärente Qualitätssicherung?
- Welcher Zusatznutzen wird durch die Prozesssegmentierung geschaffen?
- In welchem Zusammenhang stehen Prozesskaskaden, Prozessvarianten und die Gesamtkomplexität des Unternehmens?
- Welche Vorteile sehen Sie durch die Zuständigkeit über den gesamten Geschäftszyklus?
- Welche Rolle hat ein „Kümmerer"? Was unterscheidet ihn vom „Case-Manager"?
- Woran liegt es, dass in der Praxis sogenannte offene Kaskadenbeziehungen bestehen?

■ 6.9 Literatur

Schantin, D. (2004). Makromodellierung von Geschäftsprozessen: Kundenorientierte Prozessgestaltung durch Segmentierung und Kaskadierung. Wiesbaden: Gabler.

Schmelzer, H.J. & Sesselmann, W. (2013). Geschäftsprozessmanagement in der Praxis: Kunden zufrieden stellen – Produktivität steigern – Wert erhöhen. München: Hanser.

Schönsleben, P. (2011). Integrales Logistikmanagement: Operations und Supply Chain Management innerhalb des Unternehmens und unternehmensübergreifend. Berlin Heidelberg: Springer.

Taylor, F. W. (1911, Deutsch: 2011). Die Grundsätze wissenschaftlicher Betriebsführung (The principles of scientific management). Paderborn: Salzwasser.

7 Zum Wertschöpfungs- verbund verketten

Mit dem Ansatz des modularen Geschäftsprozesses lassen sich nicht nur einzelne Unternehmen gestalten, sondern über die Unternehmensgrenze hinweg ganze Wertschöpfungsverbunde, „Supply-Chains" und „Demand-Chains", modellieren. Durch die mehrfache Anwendung der Auftraggeber-Auftragnehmer-Beziehung entstehen ein branchenweiter oder branchenüberschreitender Wertschöpfungsverbund, ein umfangreiches Kaskadensystem und ein übersichtliches Netzwerk von Unternehmen, welche untereinander durch den Auftragszyklus verkettet sind.

Mit dieser Modellierung lässt sich jedes Unternehmen in seiner branchenweiten Wertschöpfungskette eindeutig positionieren. Genauso lässt sich die Schnittstelle für Verlagerungen und Auslagerungen bestimmen. Entscheidend dabei ist, dass die Grenze zwischen zwei Unternehmen jeweils genau an der Schnittstelle zweier Kaskadenstufen gezogen wird. Damit kann verhindert werden, dass unnötige Komplexität über die Schnittstelle ins Unternehmen hineingeführt wird. An der Unternehmensgrenze sind auch die logistischen Verknüpfungen zu bestimmen, insbesondere die Regelungen, wie beispielsweise Planung, Bedarfsprognose, Disposition, Auftragserfüllung oder Übergabe zu erfolgen haben.

■ 7.1 Alternative Darstellung zur Wertschöpfungskette

Mit dem Unternehmensdesign wird ein Ausschnitt aus der branchenweiten Wertschöpfungskette abgebildet. Michael Porter sieht ein Unternehmen zu Recht als eine Ansammlung von Aktivitäten, die zum Ziel haben, ein Produkt oder eine Dienstleistung zu entwickeln, herzustellen, zu liefern, zu erbringen usw. Diese Aktivitäten können in Form einer Wertschöpfungskette dargestellt werden, die ein Unternehmen in seine strategisch relevanten Aktivitäten gliedert und die einzelnen Wertschöpfungsstufen festlegt. Hier wird auch von der „Unternehmenswertkette" (siehe Abbildung 7.1) gesprochen (Porter 1998a).

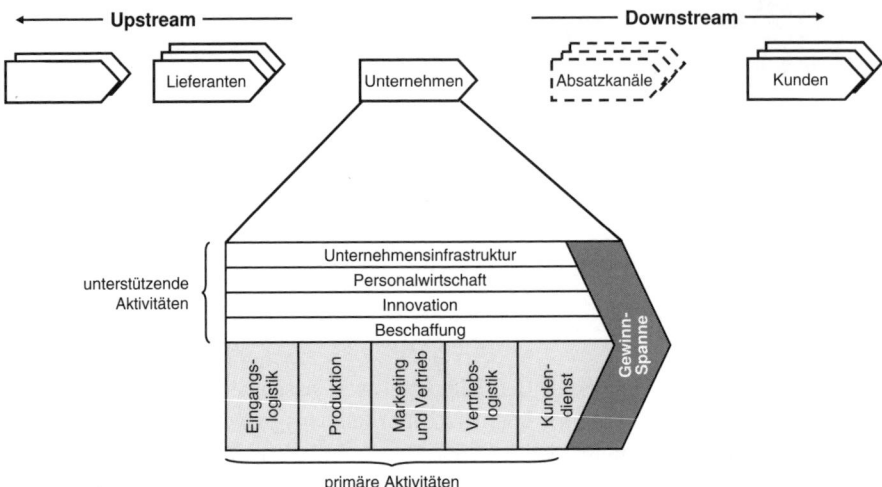

Abbildung 7.1 Darstellung der Wertschöpfungskette nach Michael Porter (1998a)

Die Theorie der Wertschöpfungskette, wie sie von McKinsey & Company sowie Michael Porter entwickelt worden ist, stellt ein wertvolles Instrument dar, um die strategische Positionierung eines Unternehmens sowie die Erfolgsfaktoren im Wettbewerb zu analysieren. In der Optimierung und Koordination der einzelnen Aktivitäten sehen auch sie zwei Instrumente, um Wettbewerbsvorteile zu realisieren. Die Kosten einer Aktivität und deren Qualität hängen oft davon ab, wie eine andere Aktivität ausgeführt wird. So können beispielsweise bedarfsgerechte Direktbelieferungen (unter Umgehung des üblichen Materiallagers) die kundenseitigen Gesamtkosten optimieren. Wir werden darauf noch zurückkommen und das Thema des unternehmensübergreifenden Designs vertiefen.

In der traditionell eindimensionalen Darstellung, welche horizontal, von links nach rechts die Wertschöpfungskette von der Beschaffungs- zur Marktseite abbildet, liegt allerdings eine Problematik: In welcher zeitlichen Abfolge die Aktivitäten tatsächlich erfolgen, bleibt durch diese eindimensionale Darstellungsform offen und lässt sich nur aus dem ablauflogischen Zusammenhang erschließen (siehe Abbildung 7.2).

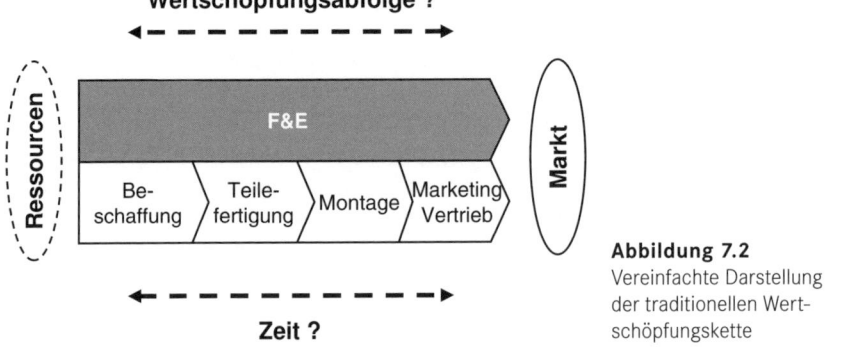

Abbildung 7.2
Vereinfachte Darstellung der traditionellen Wertschöpfungskette

Beispielsweise erfolgt im einfachen Anlagenbau zuerst der Kundenkontakt, dann, nach der eingehenden Detaillierung, die Beschaffung und die Herstellung von – zumindest allen kundenspezifischen – Komponenten mit anschließenden Montagestufen und der Inbetriebsetzung beim Kunden. Damit läuft der Prozess weder wertschöpfungsmäßig einfach von links nach rechts noch informationsflussmäßig von rechts nach links, denn Teile der Komponenten, genauer gesagt die Standardkomponenten, können unabhängig von einem konkreten Kundenauftrag, auf Prognose hin, schon im Voraus beschafft bzw. hergestellt werden. Diese differenzierende Abhängigkeit von Aktivitäten wird in der traditionellen Wertschöpfungskette nicht abgebildet.

Die tatsächliche, zeitliche Abfolge von Aktivitäten ist – im positiven wie auch im negativen Sinne – erfolgsentscheidend. Gerade im Lichte von Zeitwettbewerb und „Just-in-Time"-Strukturen ist sie sehr wichtig, weil damit auch die logistische Kopplung an der Schnittstelle bestimmt wird. So werden erstens nicht alle Produktkomponenten im „Just-in-Time"-Verfahren beschafft oder hergestellt und zweitens findet irgendwo in der Wertschöpfungskette ein Wechsel von der auftragsgesteuerten „Just-in-Time"-Beschaffung zur prognosegetriebenen Beschaffung statt. Die zeitliche Dimension der Aktivitätenabfolge ist deswegen gesondert zu beachten, d. h., dass der Zeitfaktor als unabhängige Dimension zur sachlogischen Abfolge in der Wertschöpfungskette dargestellt werden muss. Das Makrodesign bildet – im Sinne einer alternativen Darstellung – die zeitliche Dimension horizontal (von links nach rechts), die Wertschöpfungstiefe dagegen vertikal (von oben nach unten) ab. Die Kaskadenstufen entsprechen den optimalen Wertschöpfungsstufen (siehe Abbildung 7.3).

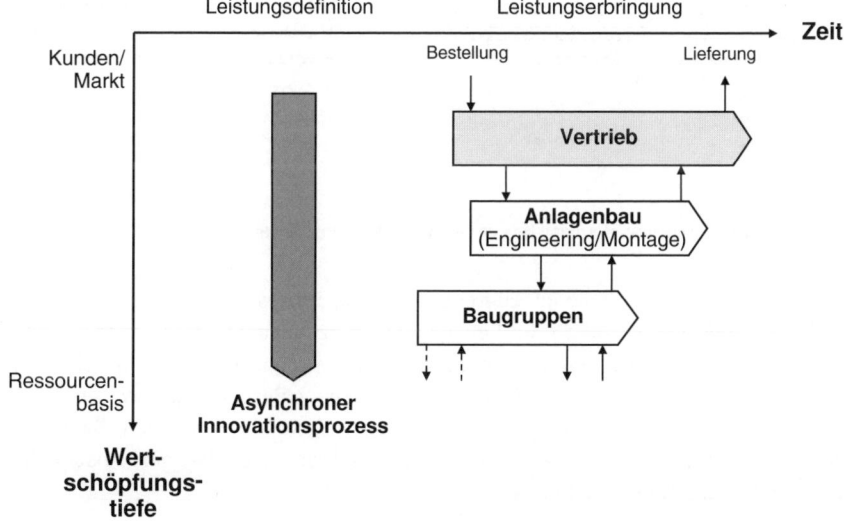

Abbildung 7.3 Neue Sicht der Wertschöpfungskette als Kaskadenmodell mit Zeit- und Wertschöpfungsdimension

Die exakte Darstellung der Informations- und Wertschöpfungsflüsse ist beim Aufbau des Wertschöpfungsverbunds von hoher Relevanz. So wird im Grazer Ansatz deutlich ersichtlich, welche Wertschöpfungsanteile auftragsgesteuert bzw. prognosegetrieben beschafft werden können, was bei der Wertschöpfungskette nur bedingt der Fall ist (siehe Abbildung 7.4). Prognosegetriebene Wertschöpfung bedingt immer eine Bevorratung – sei es beim Anbieter oder Empfänger. Die konsequente Unterscheidung von Wertschöpfungsstufen, welche auftragsgesteuert arbeiten, und jenen, die prognosegetrieben agieren, ist eine Voraussetzung für die gesamtlogistische Optimierung. Die Vermischung von auftragsgesteuerter und prognosegetriebener Beschaffung führt zu Ineffizienzen im Wertschöpfungsverbund (siehe „Logistische Prototypen").

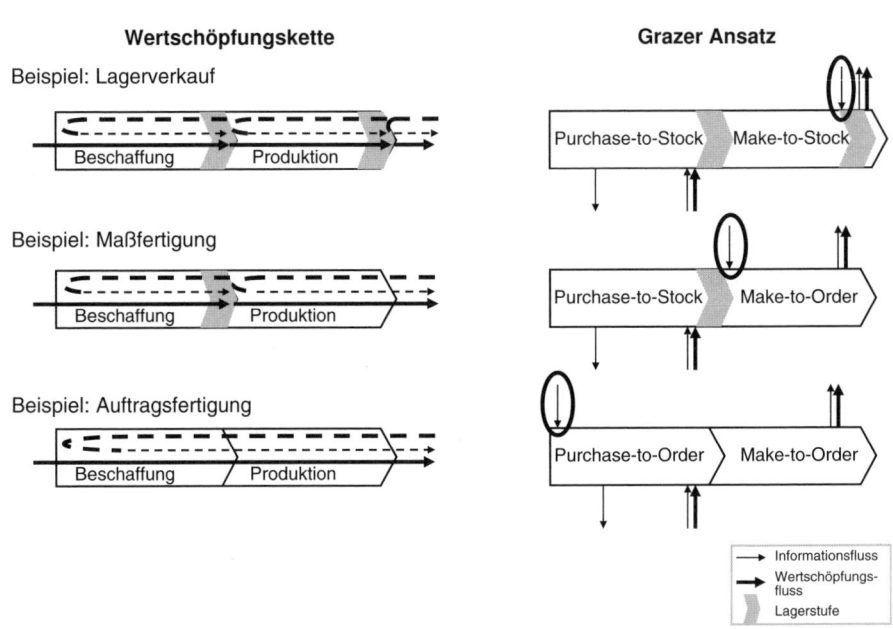

Abbildung 7.4 Darstellung der Logistik mit der Wertschöpfungskette bzw. dem Grazer Ansatz

Auch die dem Kaskadenmodell zugrunde liegende Prozesskette bildet die Zeit- und Wertschöpfungsdimension ab. Im Beispiel des Anlagenbauers ist erkennbar, dass ein Teil der Baugruppen nicht auftragsgesteuert, sondern prognosegetrieben beschafft bzw. gefertigt wird (siehe Abbildung 7.5). Prognosegetriebene Beschaffung bzw. Fertigung ist möglich, wenn es sich um standardisierte und häufig wiederverwendete Baugruppen handelt, im schlimmsten Fall erhöhen sie die Lagerbestände, aber eine Abschreibung wegen Obsoleszenz ist nicht nötig.

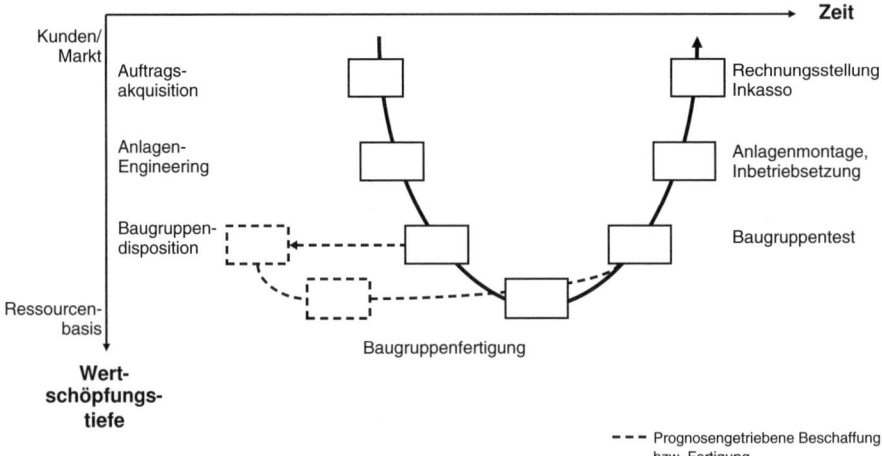

Abbildung 7.5 Darstellung der Prozesskette (Beispiel: Anlagenbau)

 TIPP Trennen Sie Zeit- und Wertschöpfungsdimension. Damit eröffnen sich neue Freiheitsgrade in der Gestaltung des Wertschöpfungsverbunds.

■ 7.2 Unternehmensübergreifendes Design

Nicht nur die Verknüpfungen der einzelnen Aktivitäten entlang der Wertschöpfungskette spielen innerhalb eines Unternehmens eine wichtige Rolle. Genauso bedeutsam sind auch jene Verbindungen zwischen Unternehmen, welche typischerweise als Lieferanten und Kunden in Geschäftsbeziehung stehen. Diese Verknüpfungen werden in der Modellierung von branchenweiten Wertschöpfungsverbunden ersichtlich. Dabei werden die einzelnen Unternehmen zunächst als „Blackbox" betrachtet, da nur die Verknüpfung zwischen den Unternehmen erheblich ist.

Die Modellierung nach dem Prinzip der rekursiven Auftragszyklen führt zunächst zur Darstellung von möglichen Rollen und zur Klärung von optimalen Unternehmensgrenzen (siehe Abbildung 7.6). Die Anzahl der Kaskadenstufen, welche sich durch die Modellierung ergeben, ist je nach Branche höchst unterschiedlich. Wie viele Kaskadenstufen das jeweilige Unternehmen umfasst, ist eine Frage der Positionierung und strategischen Wahl.

Kunde

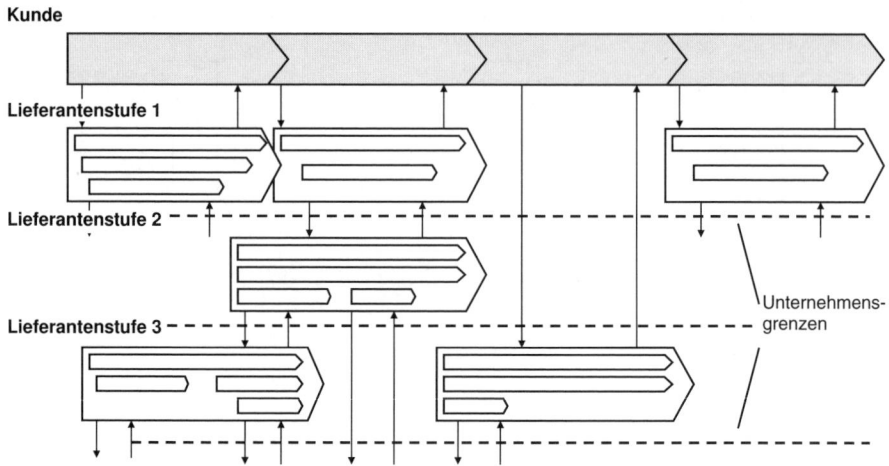

Abbildung 7.6 Modellierung einer branchenweiten Wertschöpfungskette

Die Grenze zwischen den Unternehmen sollte grundsätzlich nur dort liegen, wo auch innerhalb eines Unternehmens eine Kaskadenstufe unter Anwendung des Auftragszyklus zweckmäßig wäre. Mit anderen Worten ausgedrückt ist *die Schnittstelle zwischen zwei Unternehmen dann optimal, wenn sie genau dort liegt, wo die Prozesskaskade innerhalb jenes hypothetischen Unternehmens zu liegen käme, welches beide Unternehmen umfassen würde.* Auf diese Weise lässt sich die unternehmensüberschreitende Geschäftsbeziehung auch auf den rekursiven Auftragszyklus zurückführen. Verlagerungen und Auslagerungen sind oft deswegen nicht erfolgreich, weil sie diese Bedingung nicht erfüllen.

Einer der wenigen Unterschiede zwischen der Schnittstelle im Unternehmen und jener zwischen Unternehmen besteht im Zahlungsaustausch. Innerhalb eines Unternehmens beruht der Zahlungsaustausch auf interner Verrechnung, zwischen Unternehmen dagegen meistens auf einem Zahlungsverkehr, welcher durch Rechnungsstellung ausgelöst und durch Inkasso abgeschlossen wird. Dieser Zahlungsverkehr entspricht einem „umgekehrten" Auftragszyklus, bei dem Auftraggeber und Auftragnehmer ihre Rollen vertauscht haben. Ein weiterer Unterschied betrifft die Gewährleistung und Produkthaftung sowie deren rechtliche Konsequenzen, welche unternehmensintern nicht in dem Maße relevant sind wie bei unternehmensexternen Aufträgen.

In der Modellierung von unternehmensübergreifenden Geschäftsbeziehungen steht zunächst die Frage nach den Bedürfnissen des Kunden im Vordergrund. Dabei ist von einem durchschnittlichen Kunden (eines Kundensegments) auszugehen. Um die Bedürfnisse und die Anforderungen an die Marktleistungen zu verstehen, ist der Lebenszyklus der Marktleistung beim Kunden zu betrachten. Die Marktleistung – ob als Produkt-, Dienst- oder Informationsleistung – schafft nicht nur Mehrwert, sie wird genutzt oder verbraucht, gelagert oder gespeichert, vervielfacht, weitergereicht usw. Dazu sind oft auch Überlegungen zum Kunden des Kunden oder sogar zum Kunden des Kunden des Kunden nötig.

Ausgehend von den Kundenbedürfnissen und gegebenenfalls deren Abfolge werden die Marktleistungen bestimmt, welche zur Zufriedenstellung des Kunden führen. Diese Leistungen sind nicht notwendigerweise von einem einzigen Unternehmen zu erbringen. Es können sowohl gleichzeitig als auch zeitlich abfolgend Geschäftsbeziehungen mit unterschiedlichen Unternehmen bestehen. Im Wertschöpfungsverbund wird ersichtlich, wo allenfalls Verflechtungen bestehen und eine horizontale Integration zwischen Unternehmen zweckmäßig wäre. Diese Positionierung ist schon in der Strategieentwicklung – unterstützt von der Methodik des Unternehmensdesigns – zu klären.

Beispielsweise konnte die Frage der strategischen Positionierung eines Bauunternehmens anhand eines Branchenmodells geklärt werden (siehe Abbildung 7.7 bis Abbildung 7.9). Aus Sicht des Bauherren (Kunden) erstreckt sich der Lebenszyklus einer Immobilie über zehn Phasen: (1) die Problemstellung mit der Bedarfsklärung und Festlegung von Nutzungsmix und Lastenheft, (2) die Projektierung, (3) die Realisierung von Rohbau und Innenausbau, (4) die Inbetriebsetzung, (5) die Nutzung, (6) den werterhaltenden Unterhalt, (7) die Renovation, (8) die erneute Nutzung, (9) den Unterhalt und (10) den späteren Rückbau. Entlang dieser Lebensphasen sind die unterschiedlichsten Dienstleister involviert. Hierzu zählen Promotoren, entwerfende Architekten, Ausführungsplaner, Generalunternehmer, Bauunternehmen des Haupt- und Nebengewerbes, Gebäudeinstallateure für Telecom und Sicherheit, Immobilienverwalter, Facility Manager, Reinigungsinstitute sowie Entsorger.

Zur Optimierung der Baukosten ist ein frühzeitiger Einbezug des Bauunternehmens zweckmäßig, da durch die Abstimmung der Objektplanung auf die Bauweise erhebliche Einsparungen entstehen. Die ersten problematischen Schnittstellen ergeben sich für das Bauunternehmen, wenn es in die Projektierung sowie Ausführungsplanung einbezogen werden soll. Diese Aktivitäten gehören entweder zu den Domänen der projektierenden Architekten und Planer oder jenen des General- bzw. Totalunternehmers. Eine beratende Rolle des Bauunternehmens wäre im Rahmen von unentgeltlichen Beratungsleistungen während der Auftragsakquisition denkbar; eine intensive Beratung hingegen würde voraussetzen, dass schon in der Projektierungsphase das ausführende Bauunternehmen bestimmt würde. Hier kollidieren jedoch die Interessen.

Für die Generalunternehmer ist es zweckmäßig, wenn sie frühzeitig, zumindest zur Planung in der Projektierungsphase, beigezogen werden. Damit können sie eine Gesamtverantwortung übernehmen. Dagegen ist ihr Interesse gering, sich frühzeitig auf ausführende Bauunternehmen festzulegen, da ein Großteil der ihnen zustehenden Margen durch die auktionsähnlichen Auftragsvergaben in der Ausführungsphase entsteht.

Planer und Generalunternehmer sind an sich prädestiniert dazu, auch die Renovationsphase zu begleiten, da sie über die nötigen Detailkenntnisse verfügen. Allerdings erfolgt die Renovation erst viele Jahre nach der ersten Inbetriebsetzung. Die bautechnischen Erfahrungen durch Nutzung und Unterhalt werden aber meist nicht systematisch gesammelt und aufbereitet – es sei denn, der Planer bzw. Generalunternehmer hätte auch eine Rolle als Facility-Manager wahrgenommen.

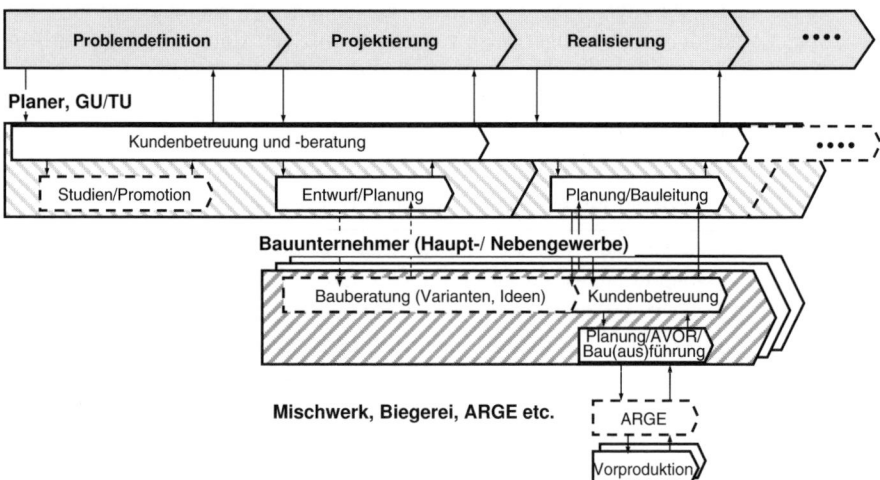

Abbildung 7.7 Branchenmodell entlang des Lebenszyklus im Immobilienbereich (Teil 1)

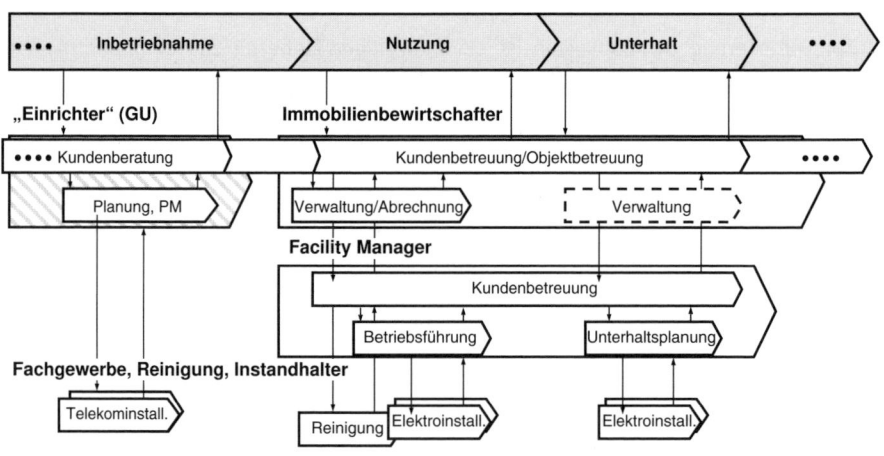

Abbildung 7.8 Branchenmodell entlang des Lebenszyklus im Immobilienbereich (Teil 2)

Diese Kurzanalyse anhand des Branchenmodells zeigt, dass vertikale Vorwärts- oder Rückwärtsintegrationen im Falle des Bauunternehmens kritisch durchdacht werden müssten. Auf der Stufe der Planer und Generalunternehmer wäre dagegen eine horizontale Integration im Sinne einer am Lebenszyklus orientierten Objektbetreuung überlegenswert. Sowohl die Rundumbetreuung des Bauherrn oder seines Treuhänders als auch die Nutzung von Erfahrung über die horizontalen Schnittstellen entlang der Lebensphasen der Bauten würden dadurch vereinfacht.

Bauherr, Treuhänder

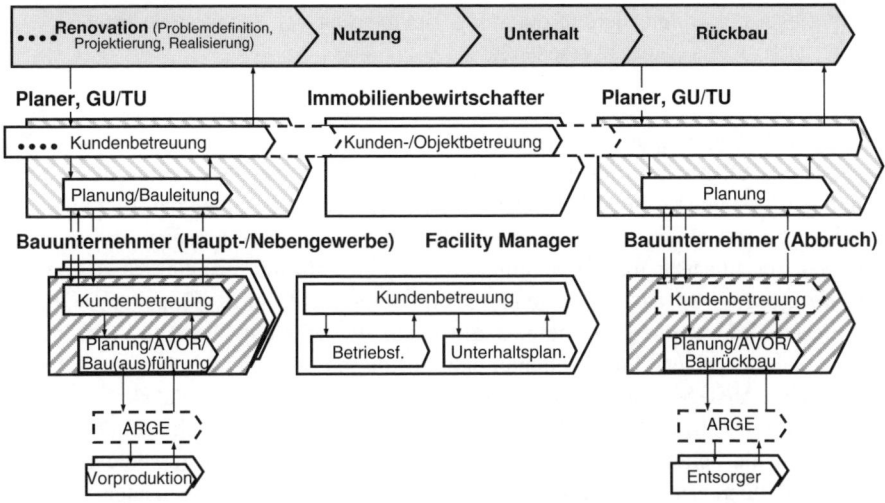

Abbildung 7.9 Branchenmodell entlang des Lebenszyklus im Immobilienbereich (Teil 3)

■ 7.3 Verlagerungen, Auslagerungen, Wertschöpfungsnetzwerke

Verlagerungen, Auslagerungen und Wertschöpfungsnetzwerke sind zentrale Anwendungsfelder des unternehmensübergreifenden Designs bzw. Branchenmodells. Wenige Eingriffe haben Unternehmen in den letzten Jahren so verändert wie die Verlagerung von Unternehmensteilen an alternative Standorte (Off- und On- bzw. Far- und Near-Shoring) oder deren Auslagerung an Dritte (Outsourcing). Die Konzentration auf Kernfähigkeiten hat sogenannte Wertschöpfungsnetzwerke entstehen lassen – nicht nur im Support-, sondern auch im Wertschöpfungsbereich. Deren Vorteile hatten in der Planrechnung noch überwogen. Der betriebliche Aufwand, welcher mit jeder Transaktion und dem koordinierenden Management durch die Verlagerung bzw. Auslagerung entstand, wurde jedoch in vielen Fällen unterschätzt. Dies ist darauf zurückzuführen, dass bei der Planung die Faktorkosten dominierten, dagegen die mit der Verlagerung bzw. Auslagerung entstehenden Logistik- und Komplexitätskosten nicht oder nur ungenügend berücksichtigt wurden. Sehen wir von den Transport- oder Lagerkosten als Teil der Logistikkosten ab, so ist es vor allem der administrative Mehraufwand, der ins Gewicht fallen kann. Insbesondere in Situationen, wo sich kein einfaches Auftragsverhältnis realisieren lässt, ist er immens und kann die einkalkulierten Einsparungen bei Weitem übersteigen. Nicht gezählt sind dabei noch jene Kosten, die durch den ungenügenden Servicegrad in Form von Opportunitätskosten anfallen. Ursache dieses Mehraufwands ist die Ineffizienz der Schnittstelle – eine strukturbedingte Folge des ungenügenden Designs.

TIPP Klären Sie die Schnittstelle, bevor Sie eine Verlagerung oder Auslagerung prüfen. Bereits durch die Optimierung der Schnittstelle lässt
sich großes Potenzial erschließen.

Die Schnittstellenproblematik wird bei Verlagerungen bzw. Auslagerungen regelmäßig
unterschätzt; allenfalls wird sie als technologisches, aber nicht als strukturelles Thema
behandelt. Problematisch ist beispielsweise der Versuch, ausschließlich Ausführungs-
tätigkeiten ohne die zugehörigen Planungs- und Beschaffungskompetenzen zu verlagern bzw. auszulagern, um den administrativen Mehraufwand vermeintlich zu begrenzen. Vergessen wird dabei, dass dadurch die Schnittstelle nicht effizienter, sondern
komplexer wird und der Koordinationsaufwand an der Schnittstelle steigt. Vielfach entstehen dadurch die erwähnten offenen bzw. zirkulären Beziehungen, indem die Verlagerung bzw. Auslagerung wiederum eine Bearbeitungskette mit Spezialisten zur Folge
hat. Offene oder zirkuläre Beziehungen bestehen auch bei Wertschöpfungsnetzwerken,
in denen keine Generalunternehmerrolle wahrgenommen wird. Nicht weniger problematisch ist die unechte Delegation bei Nutzung von externen Ressourcen oder bei Lohn-
fertigung an kostengünstigen Standorten. Als Beispiel können an dieser Stelle ausge-
lagerte Supportbereiche angeführt werden, wo die Datenerfassung nicht mehr an der
Quelle erfolgt.

Voraussetzung für Verlagerung bzw. Auslagerung ist die echte Delegation, wie sie mit
einer durchgängig verantwortlichen Kaskadenstufe mit zugehörigem Auftragszyklus
realisiert wird. Dafür eignen sich nur jene Betriebsteile, welche entweder schon durch
eine einfache Auftraggeber-Auftragnehmer-Beziehung im Unternehmen eingebunden
sind oder sich im Branchenmodell als vollständige Kaskadenstufen darstellen. Anders
ausgedrückt lassen sich nur vollständige Kaskadenstufen, welche über einfache und
geklärte Schnittstellen im Branchenmodell verfügen, verlagern bzw. auslagern – oder
noch allgemeiner: desintegrieren. Im Unterschied zur in Kapitel 6 behandelten *horizontalen* Integration handelt es sich hier um die *vertikale* (Des-)Integration entlang der
Wertschöpfungsdimension.

Umgekehrt gilt jedoch auch, dass die (Re-)Integration der Bearbeitungsschritte vollzogen werden sollte, wenn eine Kaskadenbildung mit echter Delegation nicht möglich ist.
Trotz vorausgesetzter echter Delegation ermöglicht die Kaskadenbildung, die Unternehmensgrenze variantenreich zu gestalten.

„Shared-Service-Center"

Häufig werden gleichartige Prozesse in mehreren Organisationseinheiten eines Unternehmens parallel durchgeführt – insbesondere gilt dies im administrativen Support-
bereich (z. B. Buchhaltung, Personaladministration und Lohnabrechnung, Spesen-
abrechnung). Der Ressourceneinsatz gestaltet sich dadurch meistens suboptimal für
das Unternehmen. Steigende Qualitätsansprüche und Kostendruck zwingen heute
viele Unternehmen, die Ausgestaltung der Supportprozesse zu überdenken, sie letztlich kostengünstiger und in einer effizienteren Form anzubieten.

Das „Shared-Service-Center" ist eine Organisationsform, bei der eine eigenständige Organisationseinheit Leistungen im Bereich der Supportprozesse für mehrere Organisationseinheiten erbringt. Die Geschäftsbeziehung zwischen dem Leistungserbringer und -bezieher wird dabei jeweils durch spezifische Dienstleistungsvereinbarungen über die geklärte Kaskadenschnittstelle geregelt.

Dahinter steht die Absicht, bestimmte Supportprozesse innerhalb einer spezialisierten Organisation zusammenzufassen, welche genau diese Prozesse als ihr Kerngeschäft versteht und entsprechend professionell betreibt. Supportprozesse, die sich im Allgemeinen für die Bündelung innerhalb eines „Shared-Service-Centers" eignen, sind wiederkehrende und regelmäßige, standardisierbare Aktivitäten mit hohem Volumen und administrativem Anteil.

Die Vorteile eines „Shared-Service-Centers" sind:

- Harmonisierung und Standardisierung der Prozesse durch einheitliche Anforderungen und vereinfachte Abläufe, unterstützt durch IT-Systeme und Kontrollmechanismen

- Qualitätssteigerung durch Spezialisierung und Professionalisierung der Leistungserbringer

- Kostensenkung durch effiziente und gemeinsame Nutzung von Ressourcen, durch Lernkurven- und Volumeneffekte sowie günstigere Standorte

Es existiert kein Standardmodell eines „Shared-Service-Centers". Jedes Unternehmen muss sich sein eigenes Konzept maßschneidern und die Entscheidung darüber fällen, welche Prozesse und Aktivitäten innerhalb eines oder mehrerer „Shared-Service Centers" konzentriert werden sollen. Folgende Punkte sollen dabei beachtet werden:

- Einfache und einheitliche Auftraggeber-Auftragnehmer-Beziehung zwischen Leistungsbezieher und Leistungserbringer

- Möglichst standardisierte Dienstleistungen mit vereinbartem „Minimal-Standard-of-Performance"

- Vorsicht bei der Verlagerung von individuellen oder komplexen Dienstleistungen

- Eskalationsorganisation zur raschen Klärung von Unstimmigkeiten, z. B. auf beiden Seiten je ein „Liaison-Officer" und ein „rotes Telefon"

- Gezielter Aufbau von Spezifikationskompetenz beim Leistungsbezieher für die Leistungs- und Qualitätsdefinition

■ 7.4 Variantenreiche Gestaltung der unternehmensübergreifenden Schnittstelle

Aus dem unternehmensübergreifenden Design bzw. Branchenmodell ergeben sich nicht nur Hinweise, wie das Unternehmen positioniert, sondern auch wie die Marktleistung und die Schnittstelle zum Kunden optimal gestaltet werden sollen. Die Marktleistung und die Schnittstelle hängen eng voneinander ab. An der Schnittstelle wird in der Regel nicht nur eine einzige Sach-, Dienst- und Informationsleistung erbracht. Vielmehr wird ein umfangreiches Bündel ausgetauscht. Dieses entsteht aufgrund vielfältiger Kundenbedürfnisse über den gesamten Geschäftsbeziehungszyklus hinweg (siehe auch Kapitel 8).

Logistisch betrachtet umfassen Marktleistungen nicht nur die Lieferung eines Produkts (Prozessoutput), sondern neben Speditions- und Transportleistungen vor allem auch Vereinbarungs-, Planungs- und Dispositionsleistungen (Prozessinput), welche für den Kunden erbracht werden. Dabei lassen sich unterschiedlichste Schnittstellen realisieren, wie das Beispiel des Detailhandels zeigt. Zwischen Detailhandel (als Kunde) und den Herstellern (als direkte Lieferanten) von Konsumgütern finden sich verschiedene Zusammenarbeitsformen. Konzeptionell lässt sich diese Vielfalt auf *Kombinationen von logistischen Leistungen und den Eingriffspunkt in die Wertschöpfungskette* des Herstellers reduzieren. Der Leistungsumfang kann rein die Lieferung von Waren betreffen („Offer-to-Purchasing"), zusätzlich aber auch Bestandsdisposition („Offer-to-Inventory-Management") oder sogar Sortimentsplanung („Offer-to-Planning") im Rahmen des „Category-Managements" umfassen (siehe Abbildung 7.10). Die Ware kann dabei ab Lager („Ship-to-Order"), speziell kommissioniert („Pack-to-Order") oder auch kundenspezifisch hergestellt („Produce-to-Order") zum Kunden geliefert werden (siehe Abbildung 7.11).

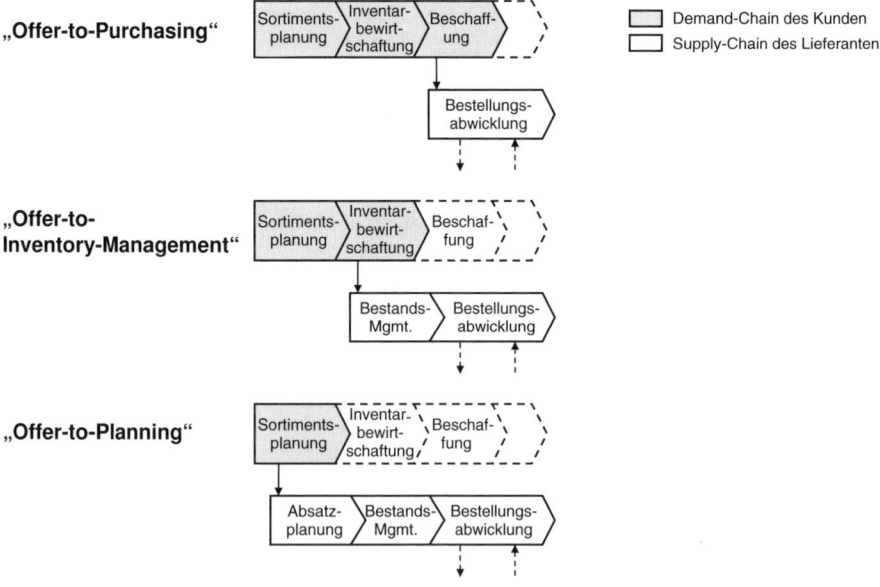

Abbildung 7.10 Festlegung der Unternehmensgrenze 1 Inputseitiger Ausschnitt (Beispiel: Detailhandel)

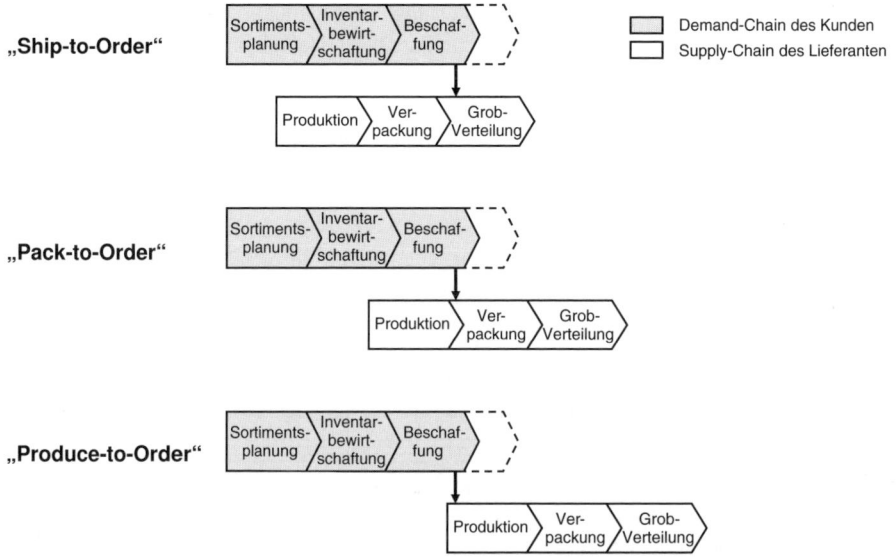

„Ship-to-Order"

„Pack-to-Order"

„Produce-to-Order"

Abbildung 7.11 Festlegung der Unternehmensgrenze 2 Outputseitiger Ausschnitt
(Beispiel: Detailhandel)

Ein weltweit tätiger Süßwarenhersteller war mit der Vielfalt an Schnittstellenanforderungen des Detailhandels konfrontiert. Es bestanden sehr unterschiedliche Vorstellungen über die optimale Anbindung der Lieferanten. So gab es Detailhändler, welche die Warenbestände zentral disponierten, andere wiederum disponierten dezentral und erwarteten filialgerechte Belieferung. Ferner gab es auch Händler, welche nicht nur die Feindistribution, sondern auch die Bewirtschaftung der Bestände oder sogar die längerfristige Planung den Lieferanten überließen. Unabhängig davon verlangten einige Händler spezielle Aufdrucke, andere gar speziell verpackte Wareneinheiten.

Für den Süßwarenhersteller stellte sich die Frage, wie trotz dieser Vielfalt an logistischen Anforderungen eine anforderungsgerechte wie auch effiziente Bedienung des Handels möglich wäre. Zusätzlich wurden für die Bestellungen unterschiedliche Medien verwendet. Darüber hinaus wurden mit den einzelnen Händlern vielfältige Zusatzleistungen wie Regalbewirtschaftung, Sonderaktionen, Altwarenrücknahme, Boni und Vergütungsauswertungen vereinbart. Die Standardisierung der Schnittstelle zum Kunden war faktisch unmöglich.

Trotz der unterschiedlichen Kundenanforderungen konnte ein zwar sehr grober, aber allen Detailhändlern gemeinsamer Ablauf mit den Phasen Sortimentsgestaltung, Bestandsdisposition und interne Distribution sowie Präsentation und Verkauf in den Filialen festgestellt werden. Entsprechend wurde der lieferantenseitige Geschäftsprozess mit Jahresvereinbarung, Logistik sowie Verkaufsunterstützung und Betreuung festgelegt (siehe Abbildung 7.12). Die Ausgestaltung im Detail konnte nur für Prozesssegmente erfolgen, welche jeweils auf eine ausgewählte Kundengruppe mit gemeinsamen logistischen Anforderungen ausgerichtet waren. Damit übernahm der Geschäftsprozess „Customer Relations" eine logistische Adapterfunktion gegenüber den Kunden, denn die Schnittstelle war nur je Kundengruppe standardisiert. Nach innen war die Schnittstelle zur nächsten Kaskadenstufe (genannt „Logistik") dagegen für alle Kundengruppen standardisiert. Der Geschäftsprozess „Logistik" erbrachte im Auftrag des Geschäftsprozesses „Customer Relations" Verpackungs-, Kommissionierungs- und Speditionsleistungen, welche als Leistungsmodule standardisiert waren.

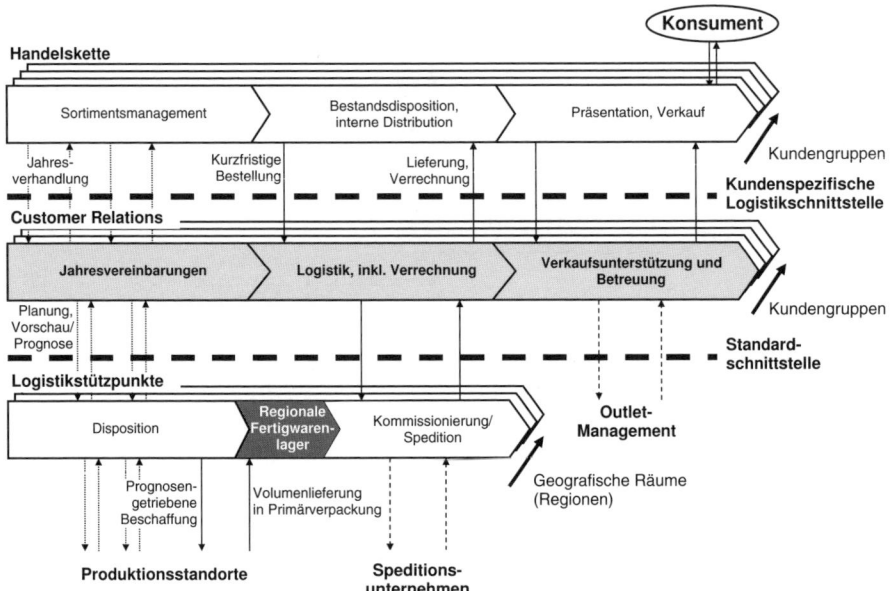

Abbildung 7.12 Nachfrageseitiges Unternehmensdesign (Beispiel: Süßwarenhersteller)

■ 7.5 Logistische Prototypen

Die Logistik, welche sich in der Auftraggeber-Auftragnehmer-Beziehung ergibt, ist stets aus der Gesamtperspektive zu optimieren. Dabei sind Vertriebs-, Erbringungs- und Beschaffungslogistik jeweils aufeinander und je Kaskadenstufe abzustimmen (siehe auch Kapitel 15). Vor allem sind Komplexität, Prozess- und Informationsfluss, Kapitalbindung sowie Obsoleszenzrisiko zu beachten. In der Vielfalt von logistischen Ansätzen und Konzepten können vier Prototypen identifiziert werden, welche eine Schnittstelle zwischen zwei Kaskadenstufen charakterisieren. Die Bedarfsdefinition und die Auslösung der Wertschöpfung können jeweils auf zwei vereinfachte Varianten zurückgeführt werden.

Bei der Bedarfsdefinition handelt es sich um die Frage, ob der Kunde oder ob der Lieferant den konkreten Bedarf in quantitativer und qualitativer Hinsicht spezifiziert:

- *Kundenseitige Bedarfsdefinition:* Der Geschäftsfall wird in quantitativer sowie qualitativer Hinsicht vom Kunden definiert bzw. die auftragsauslösende Bedarfsmeldung wird in quantitativer sowie qualitativer Hinsicht vom Kunden erstellt. Der Bedarf an Katalog- oder Standardprodukten wird vom Kunden meistens ohne Unterstützung durch den Lieferanten definiert. Auch der häufige Fall, bei dem der Anbieter den Kunden vor dessen Bestellung eingehend berät, fällt in diese Kategorie.

- *Lieferantenseitige Bedarfsdefinition:* Der Geschäftsfall wird in quantitativer und/oder qualitativer Hinsicht vom Lieferanten definiert bzw. die auftragsauslösende Bedarfsmeldung wird in qualitativer und/oder quantitativer Hinsicht vom Lieferanten erstellt. Bei komplexen Produkten und Dienstleistungen erfolgt häufig lieferantenseitig die *qualitative* Bedarfsdefinition. Bei Standardprodukten wird der quantitative Bedarf dann vom Lieferanten festgelegt, wenn der Kunde die Bedarfsplanung und Inventarbewirtschaftung an den Lieferanten delegiert hat.

 TIPP Gehen Sie verantwortungsvoll bei der Bedarfsermittlung für den Kunden vor. Ihr Kunde wird Ihnen dies mit besonderem Vertrauen danken.

Bei der Auslösung der Wertschöpfung handelt es sich um die Frage, wann in Bezug zur konkreten Auftragserteilung wertschöpfende Aktivitäten ausgelöst werden. Diese Frage ist oft auf die Verfügbarkeit und die (Wieder-)Beschaffungszeit zurückzuführen:

- *Prognosegetriebene Wertschöpfung:* Die Wertschöpfung wird *vor* dem konkreten Bedarfsereignis erbracht und beruht auf Bedarfsprognosen. Die Möglichkeit, prognosegetriebene Wertschöpfung zu erbringen, hängt davon ab, ob es sich um eine Sach-, Dienst- oder Informationsleistung handelt. Bei standardisierten Sachleistungen ist die prognosegetriebene Erbringung auf Vorrat möglich. Das Risiko, dass das Produkt nicht gebraucht wird, ist beschränkt. Die *verbrauchsorientierte* Bereitstellung von Kleinteilen gehört dazu. Dagegen lassen sich jene Sachleistungen, welche kundenspezifisch sind, nicht auf Vorrat erbringen, da das Risiko hoch ist, dass sie nie bestellt werden. Dienstleistungen lassen sich – per definitionem – nur auftragsbezogen erbringen. Informationsleistungen sind einerseits wie Dienstleistungen auftragsbezogen zu erbringen, andererseits lässt sich Information analog einer Sachleistung vor dem Auftragsereignis aufbereiten und dann durch Auftrag abrufen.

- *Auftragsgesteuerte Wertschöpfung:* Die Wertschöpfung wird nach der Auslösung des Geschäftsfalls auftragsgerecht erbracht. Prognosen dienen der Kapazitätsbereitstellung oder der Beschaffung von Vorleistungen. So werden Dienstleistungen und komplexe Sachleistungen immer auftragsbezogen erbracht. Auch die auftragsbezogene Erbringung von standardisierten Sachleistungen ist zweckmäßig, wenn die Vorteile aus einer Reduktion der Kapitalbindung größer sind als jene aus Volumeneffekten und Prozessvereinfachungen.

Kundenseitige bzw. lieferantenseitige Bedarfsdefinition und prognosegetriebene bzw. auftragsgesteuerte Wertschöpfung lassen sich zu vier logistischen Prototypen kombinieren (siehe Abbildung 7.13):

- *„Sell-from-Stock":* Für den Fall, dass die Durchlaufzeit für die Leistungserstellung größer ist als die Lieferfrist, kann die Liefertreue nur über die Bevorratung erreicht werden. Jede Bevorratung beinhaltet jedoch Risiken, die sich aus Bedarfsänderungen, technischen Änderungen oder Alterung ergeben. Die Bevorratung ist mit Bestandskosten und Obsoleszenzkosten verbunden. Damit „Sell-from-Stock" zweckmäßig ist, sollte kontinuierlicher Bedarfsfluss gegeben sein und durch geeignete Prognoseinstrumente ergänzt werden. Für „Sell-from-Stock" sind standardisierte Produkte (z. B. in der Serienfertigung) oder Vorleistungen (z. B. Normteile) geeignet. Verbrauchsorientierte Bereitstellung von Kleinteilen oder „Kanban" stellen eine Variante von „Sell-from-Stock" mit niedrigem Pufferlager beim Zulieferer und Abnehmer dar. Bei Kanban handelt es sich um eine aus Japan stammende Methode zur inner- und überbetrieblichen Materialflusssteuerung. Sie orientiert sich am tatsächlichen Verbrauch am Bereitstellungs- bzw. Verbrauchsort.

- *„Make-to-Order":* Die Wertschöpfung erfolgt auftragsgesteuert. Dieser Fall setzt voraus, dass die Durchlaufzeit kürzer als die vom Markt geforderte Lieferfrist ist. „Make-to-Order" ist ein geeignetes Mittel zur Senkung des Umlaufkapitals. Im Falle von hohen Bedarfsschwankungen oder hoher Artikelvarianz ist „Make-to-Order" zu bevorzugen, damit die Planungsunsicherheit nicht zu unkontrolliertem Aufbau des Umlaufkapitals oder gar zu hohen Obsoleszenzkosten führt. Die Bevorratung von Ausgangsmaterial ergibt sich aus der Planungssicherheit, der Beschaffungsfrist und der Möglichkeit der Standardisierung von Modulen, welche dann zur Maßschneiderung des Endprodukts verwendet werden. Beispiele für „Make-to-Order" sind Katalogware mit vielen Varianten oder individuelle Kundenfertigungen (z. B. Sondermaschinen mit Optionen), einfache Dienstleistungen wie Verpflegung, Druckaufträge oder Standardreisen.

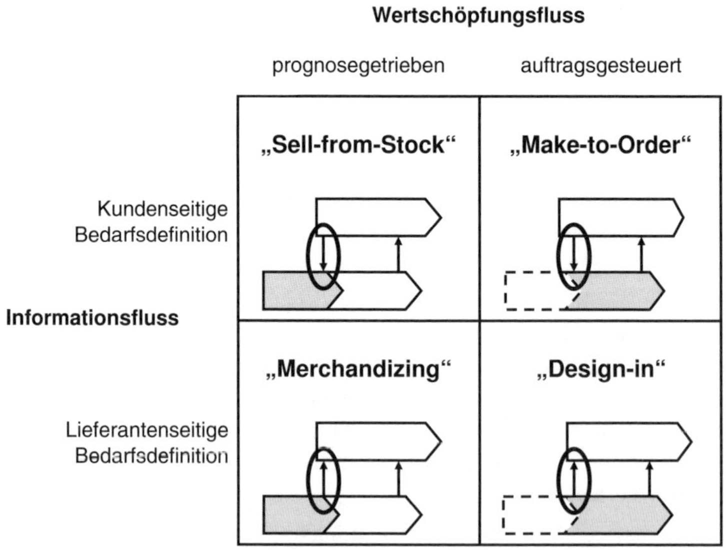

Abbildung 7.13 Logistische Prototypen

- *„Merchandising":* Die Bevorratung der Fertigwaren liegt beim Zulieferer, der zudem auch die Aufgabe der verbrauchsgerechten Disposition für den Kunden übernommen hat. Dieser Typ optimiert die Bestände sowohl kundenseitig als auch lieferantenseitig und greift direkt oder indirekt auf Abverkaufs- bzw. Verbrauchsdaten des Kunden zurück. Beispiele für „Merchandising" sind „Efficient Consumer Response" bzw. „Collaborative Planning, Forecasting & Replenishment" in der Konsumgüterbranche oder Konsignationslager in der Fertigungsindustrie.

- *„Design-in":* In diesem Fall wird die Wertschöpfung (Marktleistung) auftragsbezogen spezifiziert, vor allem in qualitativer Hinsicht. Die Durchlaufzeit bestimmt weitgehend die Lieferfrist – von den Beschaffungsfristen abgesehen. Der Rückgriff auf standardisierte Module ist durch eine geeignete Architektur der Marktleistung möglich (wobei „Mass-Customization" eine Kombination von „Design-in" und „Sell-from-Stock" darstellt). Die Bevorratung von Ausgangsmaterial ergibt sich, wie im Fall von „Make-to-Order", aus der Planungssicherheit, der Beschaffungsfrist und der Möglichkeit der Standardisierung von Modulen. Beispiele von „Design-in" sind Anlagen- und Systembau (hier wird auch von „Engineer-to-Order" gesprochen) oder komplexe Dienstleistungen wie Beratung und ärztliche Leistungen.

Die Wurzeln des Konzepts von „Mass-Customization" gehen in die 1980er-Jahre zurück, wo mit neuen Technologien (z. B. Computer Aided Design & Manufacturing) die kundenspezifische Auftragsfertigung im Apparatebau eingeführt wurde. Joseph B. Pine II (1993), damals bei IBM tätig, gilt als einer der Autoren des Konzepts. Ein Beispiel für ein Unternehmen, welches eine solche Strategie verfolgt, ist der Computerhardwarehersteller Dell.

Die logistischen Prototypen lassen sich beliebig kombinieren. Dabei ist zu beachten, dass zur Abwicklung jeweils unterschiedliche Methoden und Hilfsmittel eingesetzt werden. Um die Methodenvielfalt zu beschränken und die Ressourcen bzw. Hilfsmittel nicht zu überfordern, sind die Logistikprototypen zu entflechten. Damit können auch aus logistischer Sicht Prozessautobahnen gestaltet werden. Gestattet zum Beispiel der Produktaufbau die Kombination von auftragsgesteuerter und prognosegetriebener Wertschöpfung, so werden die Abwicklungen durch eine dazwischen geschaltete Bevorratung entflochten. Auf diese Weise kommen nur die Methoden und Hilfsmittel zur Anwendung, welche jeweils für die auftragsgesteuerte bzw. prognosegetriebene Abwicklung optimal sind (siehe Abbildung 7.14).

 TIPP Richten Sie ein besonderes Augenmerk auf den Zeitpunkt der Kundenbestellung. Auftragsgesteuerte und prognosegetriebene Handlungen haben unterschiedliche Anforderungen ans betriebliche Geschehen.

Ein Motorenbauer belieferte zum Beispiel Baumaschinen- und Spezialfahrzeughersteller mit kundenindividuellen Motoren und Antriebssystemen. Konnten früher die Lieferzeiten mit den Kunden verhandelt werden, so waren die Kunden nun nur noch bereit, eine Lieferzeit von maximal vier Wochen zu akzeptieren – tendenziell weiter sinkend. Aufgrund der langjährigen Kundenbeziehungen konnten zwar rollende Bedarfsprognosen vereinbart werden, diese erfolgten jedoch auf der Stufe von Baureihen und waren nur für die zeitnahe Beschaffung von Gleichteilen (z. B. variantenneutralen Rohlingen und Halbzeugen) verwendbar.

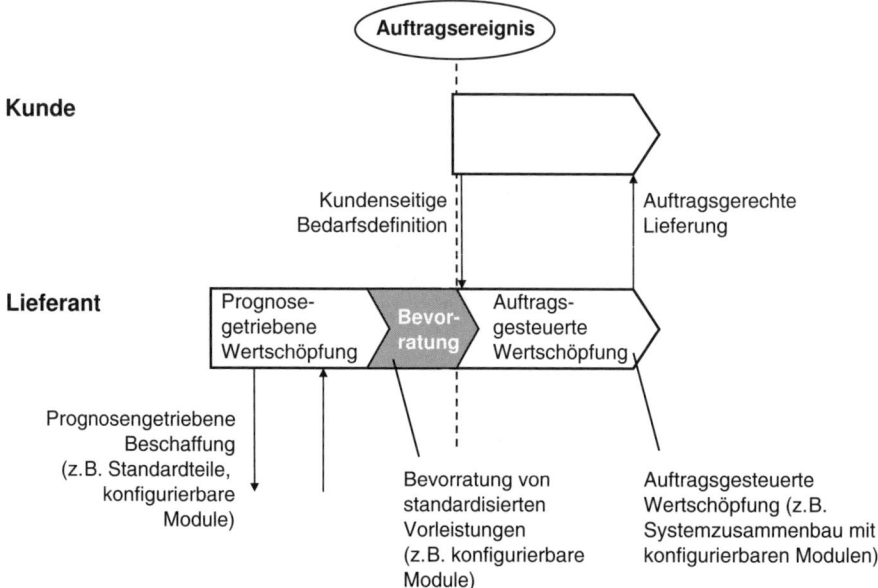

Abbildung 7.14 Kombination von auftragsgesteuerter und prognosegetriebener Wertschöpfung

Mit der Verkürzung der Lieferzeiten wurden immer mehr der bisher auftragsgesteuerten Wertschöpfungsanteile prognosegetrieben beschafft. Diese Verschiebung erfolgte nicht geplant und strukturiert, sondern schleichend. Dies hatte gravierende Folgen: Die Verfügbarkeit der Komponenten sank trotz steigender Lagerbestände, die ungenügende Lieferperformance wurde mit verlängerten Wiederbeschaffungszeiten und höheren Sicherheitsbeständen bekämpft – allerdings mit mäßigem Erfolg.

Für den Motorenbauer stellte sich daher die Frage, wie die interne und externe Lieferkette grundlegend neu auszurichten war, insbesondere wie sie zeitlich auszulegen war. Es war klar, dass die Vielfalt an kundenindividuellen Motorvarianten nur durch einen hohen Anteil an auftragsgesteuerter Wertschöpfung beherrschbar war. Dieser Wertschöpfungsanteil wurde so definiert, dass zwei Wochen für die auftragsgesteuerte Beschaffung bzw. mechanische Fertigung von kundenindividuellen Komponenten ausreichten. Der Rest der Lieferzeit blieb für die Montage verfügbar (siehe Abbildung 7.15).

Die mechanische Fertigung fand ausschließlich im eigenen Haus statt und beschränkte sich auf die Bearbeitungsschritte für die variantenspezifische Formgebung. Dazu musste auf die prognosegetriebenen Vorleistungen Rohlinge und Halbzeuge zurückgegriffen werden. Diese waren als „Langläufer" deklariert und wurden rund ein bis zwei Monate im Voraus aufgrund der gefestigten Prognose beschafft. Diese Prognose bezog sich

zwar auf eine Baureihe, doch sie war zuverlässig genug, um die Rohlinge, welche innerhalb einer Baureihe identisch waren, zu beschaffen. Die Rohlingfertigung selbst griff auf
Rohmaterialien zurück, welche verbrauchsorientiert bewirtschaftet und auf Lager gelegt
wurden.

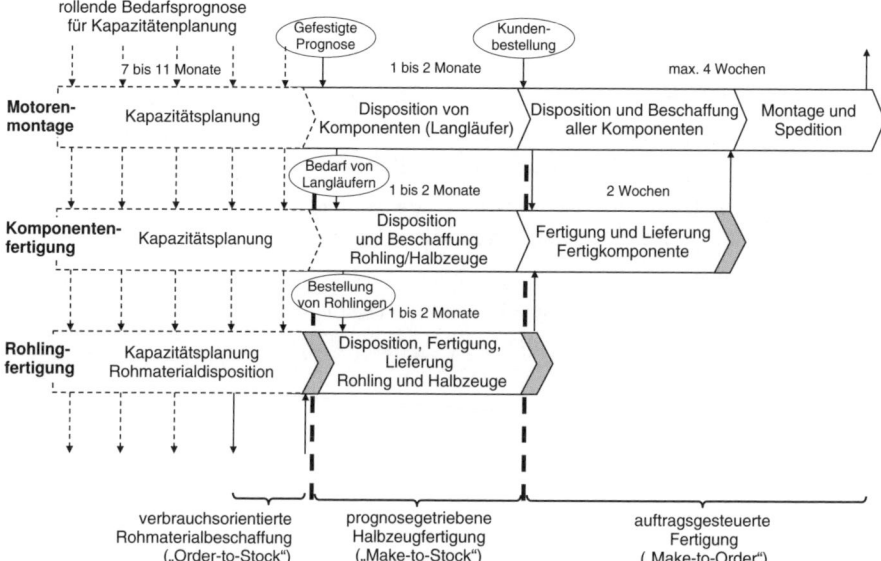

Abbildung 7.15 Wertschöpfungsverbund mit getrennter prognosegetriebener und auftragsgesteuerter Komponentenfertigung bzw. Montage (Beispiel: Motorenbauer)

Auch die externen Lieferanten von Komponenten erhielten die gefestigte Bedarfsprognose. Es oblag ihrer Entscheidung, wann sie prognosegetrieben mit der Fertigung von
variantenunabhängigen Komponenten starteten und Pufferbestände anlegten. In jedem
Fall musste die Lieferung termingenau zum Montageort erfolgen.

Diese Festlegungen schafften Ordnung und reduzierten die Komplexität in der internen
und externen Beschaffungslogistik. Sie wirkten sich auch auf die Baustrukturen der
Motoren und Fertigungsverfahren, die Stücklisten und Arbeitspläne, die zulässigen Wiederbeschaffungszeiten und potenziellen internen oder externen Lieferanten im Besonderen aus. Der Motorenbauer lernte, dass immer auch die Lieferanten – allenfalls noch
deren Lieferanten – in die Auslegung des Wertschöpfungsverbunds einbezogen werden
mussten. Nur auf diese Weise hatten sich die Ineffizienzen, wie lange Wiederbeschaffungszeiten sowie hohe Sicherheits- und Pufferbestände, vermeiden lassen. Verbesserte Ersteres direkt die Reaktionsfähigkeit, spiegelten sich Letztere in geringeren Kapitalkosten – letztlich in niedrigeren Material- und Verrechnungspreisen – wider.

Reflexionsfragen 7

- Welche Vorteile bzw. Nachteile hat die hier vorgestellte Modellierungs-
  methodik gegenüber jener der herkömmlichen Wertschöpfungskette?
- Warum und wie lassen sich gleichzeitig unternehmensinterne wie auch
  unternehmensübergreifende Wertschöpfungsverbünde entwickeln? Worauf ist dabei besonders zu achten?
- Was wird bei Auslagerungen oder Verlagerungen oft vernachlässigt?
- Wie würden Sie die Darstellung des unternehmensübergreifenden Wertschöpfungsverbunds im Kontext einer Strategieentwicklung verwenden?
- Was bedeuten für Sie prognosegetriebene bzw. auftragsgesteuerte
  Beauftragungen? Mit welchen Ansätzen lassen sich diese voneinander
  trennen?
- Was bedeutet für Sie „Key-Account-Management"? In welchen Varian-
  ten lässt es sich gestalten?

■ 7.6 Literatur

Pine II, B.J. (1993). Mass customization: The new frontier in business competition. Boston, MA:
  Harvard Business School Press.

Porter, M. (1985, 1998b). Competitive advantage: Creating and sustaining superior performance.
  New York, NY: Free Press.

8 Wertschöpfungs-
strukturen abstimmen

Regelmäßig ist zu überprüfen, ob das Unternehmen den Anforderungen der aktuellen Geschäftsstrategie noch genügt und das Unternehmensdesign mit ihr kompatibel ist. Geschäftsausweitungen und Veränderungen im Katalog der Marktleistungen führen im Allgemeinen zu Ineffizienzen, wenn das Unternehmensdesign nicht beachtet und gegebenenfalls auch angepasst wird. Kompatibilitätsprobleme sind insbesondere eine Begleiterscheinung von Diversifikationen. Erschwerend ist, dass diese Ineffizienzen erst nach einer Wachstumsphase offensichtlich werden, weil die erwarteten Ergebnissteigerungen ausbleiben. Ebenso wenig lassen sich bei Akquisitionen und Unternehmenszusammenschlüssen die operativen Synergien realisieren, wenn die Unternehmensdesigns nicht kompatibel sind. Erst nachdem die Kompatibilität wiederhergestellt ist, können die Ineffizienzen abgebaut werden. Hier besteht vielfach der wichtigste Hebel zur nachhaltigen Performancesteigerung.

Die Abdeckung des Geschäftsbeziehungszyklus und die Abbildung der Marktleistungsarchitektur sind im Unternehmensdesign mit besonderer Aufmerksamkeit zu prüfen. Das Unternehmensdesign erfüllt die Anforderungen der Strategie nur dann, wenn zwei Bedingungen erfüllt sind. Erstens muss es die effiziente Erbringung aller Marktleistungen *über den gesamten Geschäftsbeziehungszyklus* unterstützen. Ist diese Abdeckung ungenügend, entstehen Ineffizienzen oder sogar Lücken an der Schnittstelle zum Kunden. Solche Fehlleistungen werden unmittelbar durch den Markt abgestraft. Zweitens muss die *Architektur der Marktleistungen* bzw. die Abhängigkeit der Marktleistungen voneinander wie auch von Teil- und Vorleistungen eindeutig im Unternehmensdesign abgebildet sein. Ist sie es nicht oder nur in ungenügendem Maß, entstehen Ineffizienzen an falsch definierten Schnittstellen im Unternehmen oder zu Dritten.

Obwohl die Bedeutung der (Produkt-)Architektur von jeher in der industriellen Produktentwicklung bekannt ist, findet sie in der Managementlehre erst in den letzten 20 Jahren, beispielsweise durch Joseph Pine (1993), Ron Sanchez (2001) oder Günter Schuh (2005), Beachtung.

■ 8.1 Wertschöpfungsbündel entlang des Geschäftsbeziehungszyklus

Aus Sicht des Kunden erbringen die meisten Unternehmen einen breiten Mix von Sach-, Dienst- und Informationsleistungen. Manchmal werden bereits Teile davon oder erst der umfassende Mix vom Kunden als Mehrwert honoriert. Wir sprechen hier von einem Wertschöpfungsbündel, das all diejenigen Leistungen umfasst, welche im Rahmen einer typischen Geschäftsbeziehung für den Kunden erbracht werden.

Das Wertschöpfungsbündel eines beispielhaften Anlagenbauers ist sehr umfangreich. Es besteht aus der Etablierung des Kundenkontakts, Beratung und kundenspezifischen Bedürfnisklärung, der Angebotslegung und vertraglichen Vereinbarung, der Projektierung, der Realisierung, der Lieferung, der Installation, der Integration in den Gesamtbetrieb und der Inbetriebsetzung der kundenspezifischen Anlage. Des Weiteren umfasst das Wertschöpfungsbündel die Schulung des Kundenpersonals, den Hotline-Support sowie die Verpflichtungen für zweijährige Gewährleistungen und für langfristige Lieferbereitschaft von Ersatzteilen. In diesem Fall honoriert der Kunde erst die makellose Erbringung des kompletten Wertschöpfungsbündels mit voller Zufriedenheit – und dies erst nach vielen Betriebsjahren (siehe Abbildung 8.1).

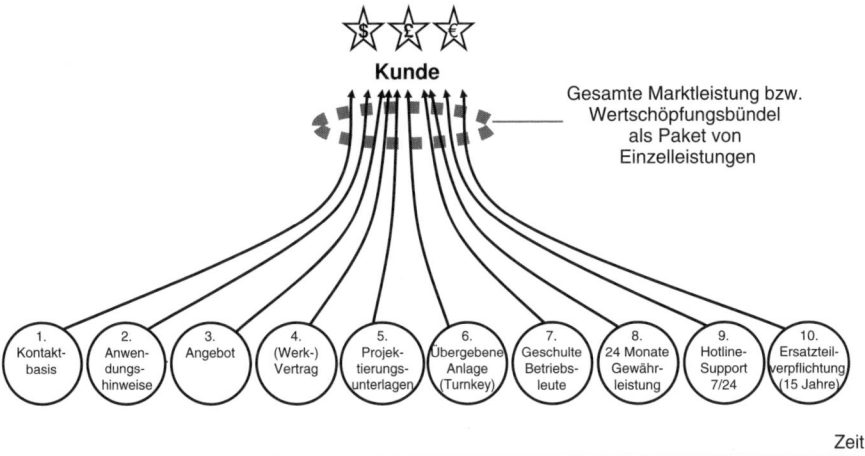

Abbildung 8.1 Wertschöpfungsbündel in der zeitlich und sachlich logischen Reihenfolge der Leistungserbringung im Rahmen des Geschäftsbeziehungszyklus (Beispiel: Anlagenbau)

Wie auch das Beispiel zeigt, umfasst das Wertschöpfungsbündel nicht nur sogenannte *Hauptleistungen*, die der Kunde meistens sogar direkt bezahlt. Es schließt auch manche *Nebenleistungen* ein, welche vom Kunden oft einfach erwartet werden. Gerade die Nebenleistungen werden vielfach als Differenzierungsmerkmal im Wettbewerb verwendet, wenn die Hauptleistung nur noch wenige Differenzierungsmöglichkeiten zulässt. Im Flugverkehr kann beispielsweise ein Unternehmen neben der Hauptleistung des

Transports von A nach B – aufgrund seiner Strategie – auch eine Auswahl von Nebenleistungen wettbewerbsentscheidend erbringen. Dabei kann es sich um Leistungen wie etwa Sitzreservierung, Annullierungs- und Umbuchungsmöglichkeiten, Lounge-Service, Verpflegung an Bord, Anschlussflüge und „Interlining" in Allianzen handeln.

Vielfach ist der Übergang zwischen Haupt- und Nebenleistungen fließend und es bestehen Abhängigkeiten unter den verschiedenen Leistungen. So ist beim Anlagenbauer die Trennung in Haupt- und Nebenleistungen schwerlich auszumachen. Die Realisierung und Lieferung der kundenspezifischen Anlage ist zwar eine Hauptleistung, aber stellen die Installation, die Integration in den Gesamtbetrieb und die Inbetriebsetzung der Anlage Nebenleistungen dar? Für unsere Betrachtung des Wertschöpfungsbündels ist die Trennung in Haupt- und Nebenleistungen nicht nötig. Vielmehr ist die umfassende Sicht entlang des Geschäftsbeziehungszyklus bedeutsam. Auch die jeweilige qualitative Ausprägung stellt zwar eine weitere Differenzierungsmöglichkeit dar, für die Festlegung des Wertschöpfungsbündels und der Architektur ist sie jedoch nicht bestimmend. Allerdings sind die Ausprägungen bei der Segmentierung und Ausgestaltung der Geschäftsprozesse zu beachten.

Ein Blick auf den zeitlichen Verlauf einer Geschäftsbeziehung zeigt, dass zu unterschiedlichen Zeitpunkten unterschiedliche Marktleistungen (Haupt- oder Nebenleistung) für den Kunden erbracht werden. Es ist dabei jedoch nicht zwingend, dass ein Kunde immer alle Marktleistungen bezieht. Trotzdem ergibt sich in der Regel eine bestimmte Reihenfolge, in welcher sie verlangt werden, weil zwischen ihnen ein zeitlich und sachlich logischer Zusammenhang besteht.

Dieser Zusammenhang lässt sich erkennen, wenn der *Geschäftsbeziehungszyklus* betrachtet wird. Im Allgemeinen durchläuft eine Geschäftsbeziehung drei generische Phasen: die *„Pre-Sales"*-, die *„Execution"*- und die *„After-Sales"*-Phase. In diesen drei Phasen finden grundsätzlich unterschiedliche Aktivitäten statt, welche jedoch teilweise voneinander abhängen. So beeinflusst der in der „Pre-Sales"-Phase vereinbarte Leistungsmix die spätere Abwicklung in der „Execution"-Phase substanziell. Bekannt sind Situationen, in denen dem Kunden unmittelbar vor dem Verkaufsabschluss noch Versprechungen gemacht werden, die später nur unter erschwerten Bedingungen einzuhalten sind. In einer langwährenden Kundenbeziehung wiederholen sich diese Phasen – mit möglichst geringem „Pre-Sales"-Anteil (siehe Abbildung 8.2):

- Die *„Pre-Sales"-Phase* geht dem Geschäftsfall voraus und umfasst alle Aktivitäten auf der Seite des Lieferanten von Identifikation und Erstkontakt über die Angebotslegung bis zum Verkaufsabschluss. Zunächst sind die Kaufinteressen des Kunden zu wecken und die Gunst des Kunden zu erlangen, beides allenfalls auf Kosten der Mitbewerber. In der „Pre-Sales"-Phase werden Kundenbedürfnisse geklärt und die Vereinbarungen getroffen, welche den Geschäftsfall betreffen. Der zu erbringende Leistungsmix, Lieferdaten und Lieferorte, Preise, Lieferkonditionen, Garantien usw. sind an dieser Stelle besonders hervorzuheben. Diese Vereinbarungen bestimmen die Aktivitäten und Abläufe in den anschließenden zwei Phasen, nicht nur im Geschäftsprozess mit direktem Kundenkontakt, sondern auch in den Kaskaden der „Supply-Chain" bzw. „Delivery-Chain".

- In der *„Execution"-Phase* (anderswo auch „Order-Processing" genannt) wird die in der „Pre-Sales"-Phase vereinbarte Leistung erbracht. Diese Leistung kann eine einfache Sach-, Dienst- oder Informationsleistung oder einen komplexen Mix umfassen. Die Lieferung (bzw. Erbringung oder Erledigung) kann in einem einfachen oder komplexen Transfer stattfinden. Ferner kann der Kunde in der „Execution"-Phase mehr oder weniger intensiv beteiligt sein. Die Phase beginnt mit der Bestellung bzw. Beauftragung durch den Kunden und wird in der Regel mit dem Inkasso und den Gewährleistungen des Lieferanten abgeschlossen. In dieser Stufe des Geschäftsbeziehungszyklus sind neben dem Geschäftsprozess mit direktem Kundenkontakt vor allem die Prozesse der Kaskaden der „Supply-Chain" bzw. „Delivery-Chain" beteiligt.

- Die *„After-Sales"-Phase* schließt an die „Execution"-Phase an. Neben der Erbringung von Supportleistungen geht es hier darum, die Geschäftsbeziehung zu vertiefen und wenn immer möglich durch neue Geschäftsfälle zu erneuern – im günstigsten Fall unter Ausschluss von mitbietenden Wettbewerbern. In dieser Phase ist insbesondere der Geschäftsprozess mit direktem Kundenkontakt gefordert, jedoch auch jene Prozesse der Kaskaden der „Supply-Chain" bzw. „Delivery-Chain", welche Supportleistungen für den Kunden zu erbringen haben.

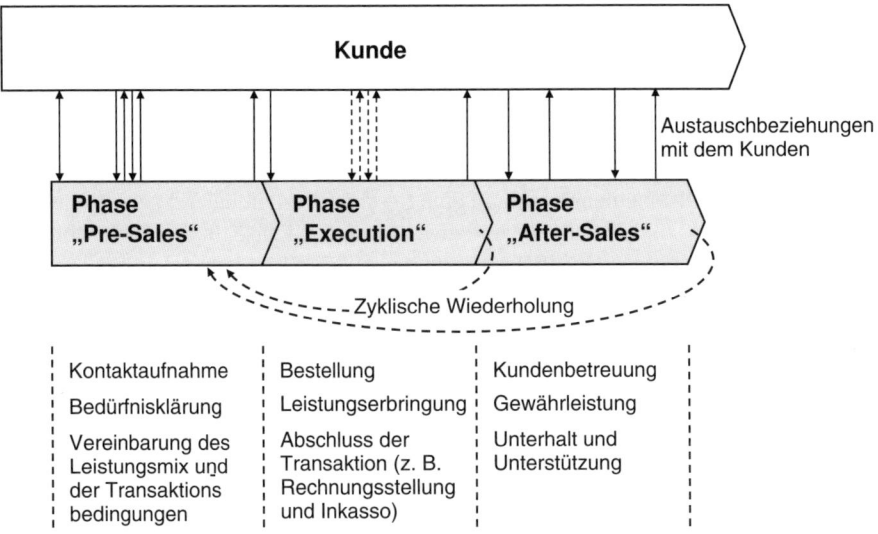

Abbildung 8.2 Generischer Geschäftsbeziehungszyklus

Mit diesem Ansatz lassen sich die Marktleistungen nicht nur im Wertschöpfungsbündel zusammenfassen, sondern den einzelnen Phasen im Geschäftsbeziehungszyklus zuordnen. Damit ist auch die Reihenfolge der wertschöpfenden Prozessaktivitäten bestimmt.

Beim Anlagenbauer ergibt sich folgende Situation: Die Anwendungsberatung ist ein Teil der Bedürfnisklärung und wird vom Kunden nur indirekt honoriert, indem er das Unternehmen allenfalls zu einer Anlagenlieferung oder -ergänzung beauftragt. Dagegen werden in dieser Branche im Allgemeinen die Projektierungsleistungen abgegolten, weil die Anlage in eine bestehende Infrastruktur integriert werden muss. Die „Turnkey"-Übergabe der Anlage, welche die Realisierung und Lieferung der kundenspezifischen Anlage, die Installation, die Integration in den Gesamtbetrieb und die Inbetriebsetzung der Anlage zusammenfasst, schließt mit der Schulung die Phase „Execution" ab. Der Phase „After-Sales" sind die Gewährleistung, der Hotline-Support und die langjährige Ersatzteillieferverpflichtung zugeordnet (siehe Abbildung 8.3).

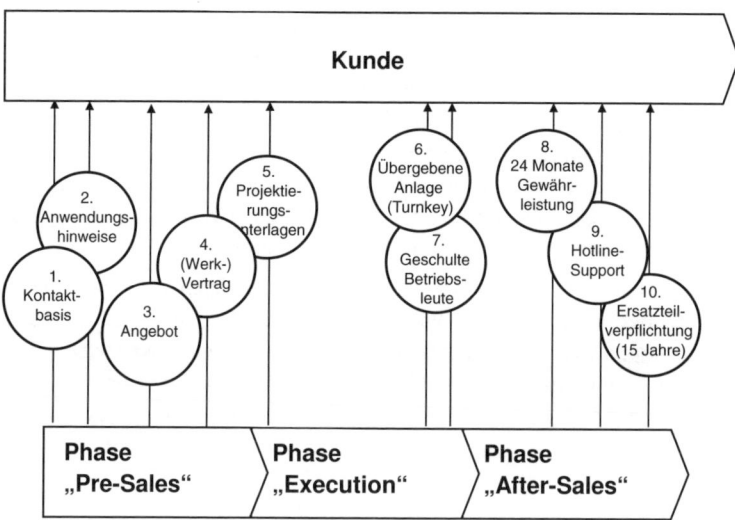

Abbildung 8.3 Leistungserbringung entlang des Geschäftsbeziehungszyklus (Beispiel: Anlagenbau)

 TIPP Orientieren Sie sich am Kundenprozess über alle Phasen der Geschäftsbeziehung. Der Kunde honoriert die Vollständigkeit des Wertschöpfungsbündels.

Was kauft der Kunde?

Ist es die Genialität des Projektvorschlags, die Überlegenheit der Lösung, die überzeugende Beratung, die günstige Projektfinanzierung, das Serviceversprechen, der kompetente Auftritt des Vertriebsteams oder einfach die Reputation des Unternehmens? Für den konkreten Fall lassen sich vielleicht die kaufentscheidenden Faktoren beim Kunden erfragen, doch im Allgemeinen bleiben sie unbekannt, denn der Kunde erwirbt ein *umfangreiches Bündel von Leistungen*. Bei einem Anlagenbauer reicht dieses beispielsweise von der initialen Anwendungsberatung, dem Lösungskonzept und der vertraglichen Leistungszusicherung über die Detailprojektierung, die integrierte Lösung, Betriebsoptimierung, Schulung bis zu lebenslangem Hotline-Support, Wartung und Ersatzteilverpflichtung.

Dieses Mehrwertbündel erstreckt sich über alle Phasen der Kundenbeziehung. Als Ganzes generiert das Bündel den vom Kunden letztlich honorierten Mehrwert. Wann und wie der Kunde dafür bezahlt, ist davon unabhängig. Vielmehr entscheidend ist, dass all diese Leistungen – egal ob es sich um Haupt- oder Nebenleistungen handelt – kundenindividuell erbracht und aufeinander fein abgestimmt sind. Die perfekte Beherrschung dieser Herausforderungen bringt große Chancen für den Anbieter mit sich:

- *Keine Vergleichbarkeit:* Je umfassender das Gesamtpaket, desto schwieriger ist es für den Kunden, die Gesamtleistung verschiedener Anbieter untereinander zu vergleichen. Die Kaufentscheidung basiert dann mehr auf der wahrgenommenen Erfüllung der Kundenerwartungen als auf dem Vergleich von Preis zu Leistung unter Wettbewerbern. Was wirklich zählt, ist der Mehrwert.

- *Kein „Cherry-Picking":* Je abgestimmter das Gesamtpaket, desto unmöglicher wird es für den Kunden, einzelne Leistungen herauszugreifen und diese von unterschiedlichen Anbietern zu erwerben. Der Abstimmungs- und Integrationsaufwand der Teilleistungen zur Gesamtleistung („System") wäre zu hoch. Aus diesem Grund kauft der Kunde alles aus einer Hand, z. B. vom Generalunternehmer.

- *Kein „Free-Lunch":* Je mehr nachfolgende auf vorangehende Leistungen bauen, desto weniger gelingt es dem Kunden, Vorleistungen unentgeltlich zu beziehen und dann zu wechseln. Sowohl der Wechselaufwand als auch die Risiken wären zu hoch. Darum bleibt der Kunde auf hoher Stufe loyal. Dies ermöglicht es dem Anbieter, sein Erlösmodell freier zu gestalten und auf den Cashflow des Kunden auszurichten, z. B. „Pay-per-Use".

■ 8.2 Horizontale Architektur der Marktleistungen

Die einzelnen Marktleistungen hängen mehr oder weniger voneinander ab. Diese Abhängigkeit wird in der sogenannten *horizontalen* Architektur beschrieben, welche im Allgemeinen festhält, woraus eine Marktleistung besteht und wie sie sich zusammensetzt.

Die Architektur betrachtet die Art und Weise, wie die (Teil-)Leistungen zusammengesetzt werden, damit daraus die Gesamtleistung entsteht. Unterschieden werden horizontale und vertikale Architektur. Die *horizontale Architektur* beschreibt die Abhängigkeiten zwischen den (Teil-)Leistungen, die *vertikale Architektur* hingegen aus welchen Bestandteilen sich die (Teil-)Leistung zusammensetzt (oft wird eine hierarchische Struktur verwendet). Dabei wird jeweils zwischen der *funktionalen, strukturellen und prozessbezogenen Sicht* unterschieden. Die funktionale Sicht beschreibt die Teilfunktionen, welche eine (Teil-)Leistung beinhaltet, um eine übergeordnete Funktion sicherzustellen. Die strukturelle Sicht, auch Baustruktur genannt, umfasst die physischen Beziehungen der unterschiedlichen Komponenten. Die prozessbezogene Sicht beschreibt die zeitlich-sachlich logische Abfolge der Entstehung der (Teil-)Leistungen.

Diese Abhängigkeiten zwischen den einzelnen Marktleistungen umfassen sowohl *straffe* als auch *lose Kopplungen zwischen den Leistungen*. Kann eine Leistung nur erbracht werden, wenn eine andere Leistung maßgeschneidert und spezifisch auf diese abgestimmt ist, wird von straffer Kopplung gesprochen. Kann eine Leistung weitgehend unabhängig davon erbracht werden, wie und mit welchem Resultat eine andere Leistung erbracht wird, handelt es sich entsprechend um eine lose Kopplung (siehe Abbildung 8.4):

- Bei *straffer Kopplung* erfüllt eine Leistung ihre Aufgabe nicht mehr, wenn andere Leistungen nur schon leicht variiert erbracht werden. Beispielsweise besteht eine straffe Kopplung zwischen zwei Zutaten einer Speise genauso wie zwischen dem Rohbau und Innenausbau eines Gebäudes oder zwischen zwei formgepassten Teilen einer Maschinenanlage. Straffe Kopplungen bestehen oft auch unter Forschungs- und Entwicklungsprojekten, wo ein nachfolgendes auf den Erkenntnissen eines früheren Projekts aufsetzt. Beim Anlagenbauer besteht zwischen der installierten Anlage und der Schulung eine straffe Kopplung.

- Bei *loser Kopplung* erfüllt eine Leistung ihre Zielsetzung dagegen auch dann, wenn andere Leistungen stark variieren und einfach austauschbar sind. Eine schwache Kopplung besteht zwischen zwei Speisegängen genauso wie zwischen einem Innenausbau und der Möblierung oder zwischen Anlagenteilen, die durch Standardschnittstellen definiert sind. Beim Anlagenbauer besteht eine schwache Kopplung zwischen der Anlagenlieferung und der Ersatzteilverpflichtung, wenn diese Standardteile betrifft, welche auch von Dritten bezogen werden können. Ebenfalls existiert zwischen den als „Pre-Sales"-Leistung abgegebenen Anwendungshinweisen und der installierten Anlage eine lose Kopplung. Genauso verhält es sich mit einem Forschungs- und Entwicklungsprojekt, welches auf zwischenzeitlich verbreitete Erkenntnisse der Grundlagenforschung zurückgreifen kann.

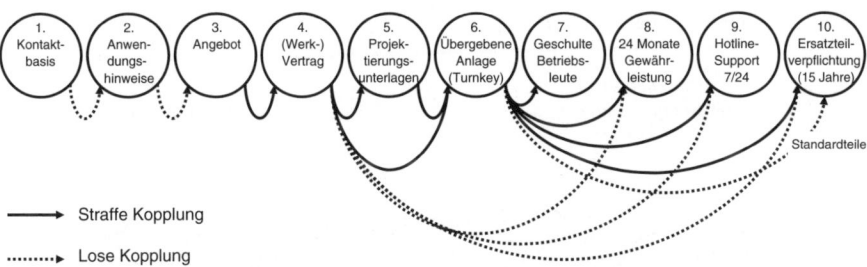

```
Straffe Kopplung
```
```
Lose Kopplung
```

Abbildung 8.4 Kopplung der Leistungen entlang des Geschäftsbeziehungszyklus (Beispiel: Anlagenbau)

Die Kopplung zwischen den Leistungen gibt Hinweise darauf, inwiefern eine horizontale Integration der Geschäftsprozesse nötig ist (siehe „Werkzeug 3: Optimierung des Geschäftsbeziehungszyklus und Sicherung von Lernchancen durch horizontale Integration" in Kapitel 6). Dort, wo eine starke Kopplung besteht, soll auch eine horizontale Integration vorgenommen werden.

Beispielsweise besteht beim Anlagenbauer zwischen der Anlage und der Schulung der Betriebsleute eine starke Kopplung. Der Schulungsauftrag ist dann erfüllt, wenn die Betriebsleute in der Lage sind, die Anlage selbstständig zu betreiben. Für die Instruktion sind detaillierte Kenntnisse über die Eigenschaften der kundenspezifischen Anlage nötig. Beide Leistungen, die Realisierung der Anlage und die Schulung, sind deswegen von einem horizontal integrierten Geschäftsprozess zu erbringen, welcher über die einschlägige Fach- und Sachkompetenz verfügt.

Die Frage nach der Kopplung lässt sich auch auf strategische Allianzen anwenden. Strategisch betrachtet impliziert eine starke Kopplung der Leistungen der Allianzpartner einen Zusammenschluss, wogegen eine schwache Kopplung auch eine Partnerschaft mit klaren Rollenzuweisungen zulässt. Beispielsweise ist das Servicegeschäft im Markt für Hausgeräte wegen der hohen Margen so attraktiv, dass einige OEMs große Serviceorganisationen betreiben. Aus Sicht der horizontalen Architektur ist dies nicht notwendig, denn die Wartungs- und Reparaturleistungen an den Geräten sind stark standardisiert, die Geräte selbst modular und Gerätespezifisches ist für Fachleute ausreichend dokumentiert. Deshalb bestehen auch in vielen Ländern Servicenetze, die unabhängig von den OEMs sind.

Beim Maschinenbauer waren dagegen das Erst- und das Folgegeschäft stark gekoppelt (siehe Abbildung 8.5; Beispiel in „Werkzeug 3: Optimierung des Geschäftsbeziehungszyklus und Sicherung von Lernchancen durch horizontale Integration" in Kapitel 6). Das attraktive Folgegeschäft ließ sich nur aufgrund der Kenntnis der installierten Basis aktiv angehen. Ohne Kenntnis der technischen Betriebsbedingungen in der initialen Auslegung konnten auch die technische Unterstützung und der Service vor Ort für die Komponenten nicht kompetent erbracht werden. Die lückenlose Dokumentation der Historie der Betriebsbedingungen stellte allerdings eine große Herausforderung für den Maschinenbauer dar, weil zwischen Erst- und Folgegeschäft kundenseitig ein Handwechsel stattfand. Im Erstgeschäft wurde die Komponente an den Anlagenbauer geliefert, doch in vielen Fällen wurden vom Erstkunden weder der spätere Betreiber der Anlage noch die Betriebsbedingungen offengelegt.

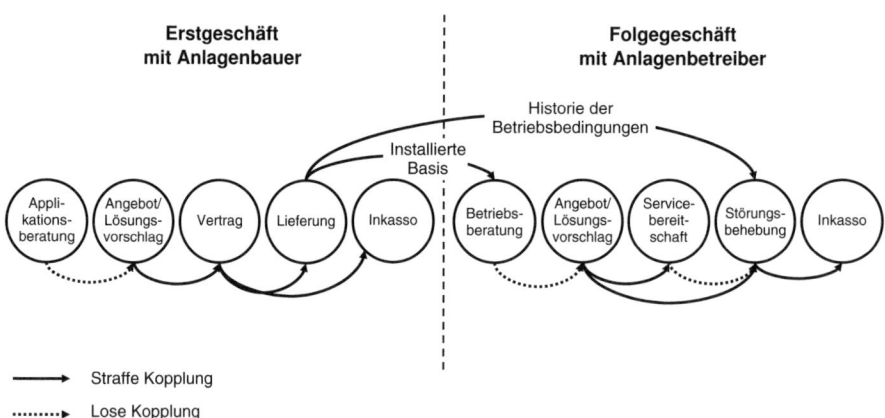

Abbildung 8.5 Kopplung der Leistungen entlang des Geschäftsbeziehungszyklus (Beispiel: Maschinenbauer)

 TIPP Nutzen Sie gezielt die Abhängigkeiten zwischen den Marktleistungen und richten Sie Organisation und Prozesse danach aus.

■ 8.3 Vertikale Architektur der Marktleistung

Das optimale Unternehmensdesign bildet zudem auch die vertikale Architektur der Marktleistung ab. Unter vertikaler Architektur, auch Produktarchitektur genannt, verstehen wir die Zusammensetzung einer Marktleistung aus Teilen und deren funktionale, strukturelle und prozessbezogene Zuordnung untereinander. Nicht nur das Wertschöpfungsbündel besteht aus einzelnen Marktleistungen (Produkt-, Dienst- oder Informationsleistungen), sondern die einzelne Marktleistung entsteht aus einzelnen oder mehreren Vor- oder Teilleistungen, welche voneinander mehr oder weniger abhängen und meistens in einer hierarchischen Beziehung zueinander stehen (siehe Abbildung 8.6). Eine Immobilie besteht aus einem Grundstück, einem Rohbau und einem Innenausbau, welche voneinander abhängen. Genauso wie zu einer Immobilie eine Architektur gehört, verfügt jede Marktleistung auch über eine Architektur, also über einen bestimmten Zusammenhang der einzelnen Vor- und Teilleistungen.

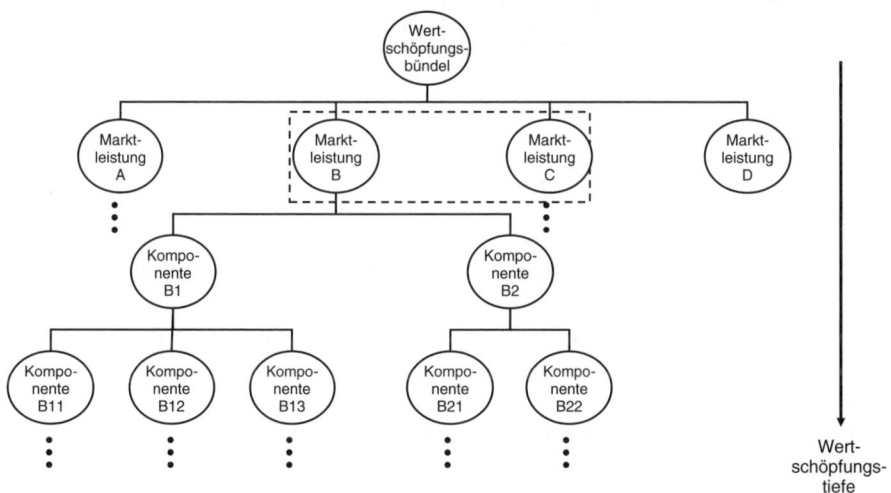

⌐ ⌐ ⌐ ⌐ ⌐⌐ Hauptleistungen, direkt vom Kunden als wertschöpfend honoriert

Abbildung 8.6 Hierarchische Architektur der Marktleistung

Entlang der Architektur lässt sich eine Marktleistung hierarchisch in ihre Bestandteile, Vor- und Teilleistungen, entsprechend den unterschiedlichen Wertschöpfungsstufen aufbrechen. Eine sinnvoll gestaltete vertikale Architektur zielt darauf ab, eine *funktionale* Zerlegung der Komponenten und deren *prozessbezogene* Unabhängigkeit zu erhalten, um Konfigurierbarkeit und Kombinierbarkeit zu verbessern. Dabei wird auch von *Modularisierung* gesprochen (siehe auch Box „Modularisierung"). Und um die Vielfalt der Komponenten einzuschränken und gleichzeitig das funktionale Spektrum zu erweitern, werden Varianten geplant geschaffen (siehe auch Box „Variantenbildung").

So konnte beim Anlagenbauer beispielsweise die übergebene Anlage über die in Betrieb gesetzte und zuvor installierte bzw. gelieferte Anlage auf die realisierte Anlage zurückgeführt werden. Die realisierte Anlage war dann ihrerseits auf Teilsysteme oder Module aufzusplitten und diese lassen sich wiederum auf Teile hierarchisch tieferer Stufen aufbrechen. Bis auf die konfigurierbaren Module waren alle Leistungen kundenindividuell maßgeschneidert. In Umkehrung der Reihenfolge ließen sich diese Leistungen schrittweise zu solchen höherer Wertschöpfungsstufen integrieren (siehe Abbildung 8.7).

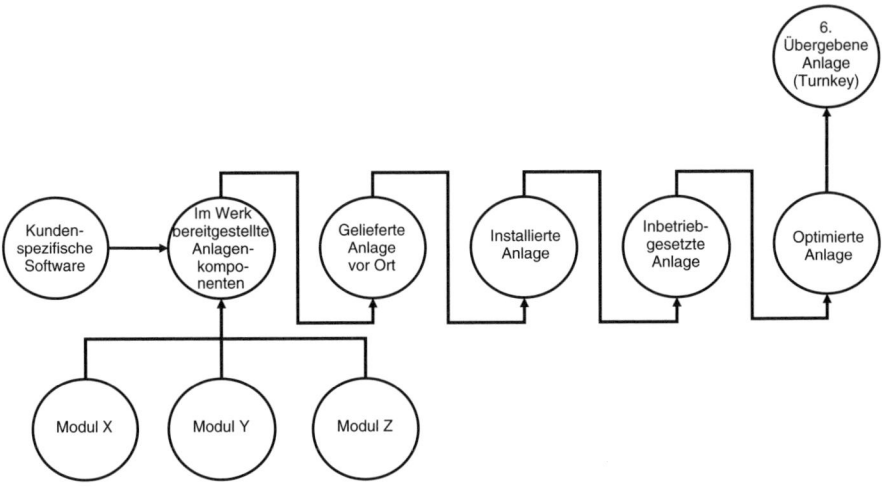

Abbildung 8.7 Aufbruch der Marktleistung in Vorleistungen (Beispiel: Anlagenbau)

An dieser Stelle sei auf einen wichtigen Zusammenhang hingewiesen: In der vertikalen Produktarchitektur sind jene Bereiche, welche kundenindividuell gestaltet werden („Design-to-Order" bzw. „Engineer-to-Order"), erstens konsequent von den wiederverwendeten Teilen zu trennen und zweitens hierarchisch möglichst hoch anzusiedeln. Eine solche Produktarchitektur gestattet es, einen hohen Anteil von Komponenten wiederzuverwenden und diese vor kundenindividueller Maßschneiderung zu schützen. Der geschützte Bereich – in der Softwarebranche auch als „Frozen-Kernel" bezeichnet – ist klar zu definieren, mit einem sogenannten „Product-Firewall" (siehe Abbildung 8.8) auszustatten und auch so abzusichern, dass ausschließlich organisatorisch Berechtigte den geschützten Bereich anpassen (dürfen). Das Geschäft mit kundenindividuellen Lösungen basiert auf solchen vertikalen Architekturen. Typischerweise ist der Lösungsverantwortliche *nicht* berechtigt, in den wiederzuverwendenden Bereich einzugreifen (siehe Kapitel 9).

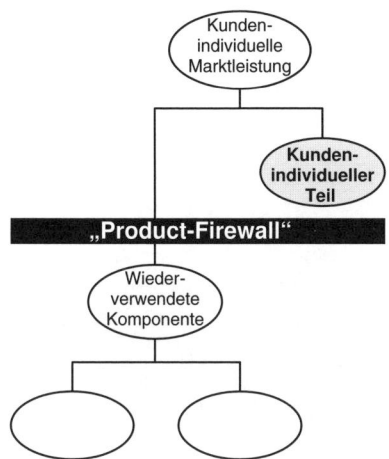

Abbildung 8.8
Trennung von wiederverwendbaren und kundenindividuellen Anteilen durch „Product-Firewall"

Modularisierung

Eine Architektur wird als *modular* bezeichnet, wenn die Zuordnung von Funktionen zu den Komponenten eineindeutig ist und *lose Kopplungen* zwischen den Komponenten bestehen, das heißt, dass das Ganze trotz hoher Variationen unter den Teilen funktioniert.

Im Gegensatz zur modularen werden bei der *integralen* Architektur einer physischen Komponente mehrere Teilfunktionen zugeordnet. Durch die Zusammenfassung mehrerer (Teil-)Funktionen in einer Komponente ist es möglich, Vorteile hinsichtlich Packungsdichte oder Einsparung von Prozessschritten zu erzielen. Bei einer integralen Strukturierung sind die unterschiedlichen Komponenten sehr stark gekoppelt. Nachteil hierbei ist, dass durch integrale Produktstrukturen eine individuelle Kombination von Komponenten nur äußerst schwer möglich ist, da die einzelnen Komponenten für mehrere unterschiedliche Funktionen zuständig sind.

Modulare Architekturen erhöhen die Flexibilität erheblich und bilden die Grundlage für ein Volumengeschäft trotz kundenspezifischer Maßanforderungen – unabhängig davon, ob es sich dabei um Sach-, Dienst- oder Informationsleistungen handelt.

Bei der Wiederverwendung bestehen zwei grundsätzliche Fälle: die *Vielfachverwendung* von Modulen in derselben Marktleistung (beispielsweise gleiche Schrauben, siehe Abbildung 8.9) und die *Wiederverwendung* bei anderen Marktleistungen (beispielsweise typengleicher Prozessor, siehe Abbildung 8.10). Diese Fälle sind deswegen zu unterscheiden, da im Fall 1 unter „Make-to-Order"-Bedingungen sowohl Lernkurven- als auch Volumeneffekte erzeugt werden können. Im Fall 2 können unter „Make-to-Order"-Bedingungen hingegen nur begrenzte Lernkurveneffekte erzeugt werden, da die Wertschöpfung X variiert. Es könnten – sofern es sich um eine Sach- oder Informationsleistung handelt – auch im Fall 2 Volumeneffekte realisiert werden, wenn vorzeitig auf Lagerrisiko hin („Make-to-Stock") die Vorleistung B1 schon erbracht wird.

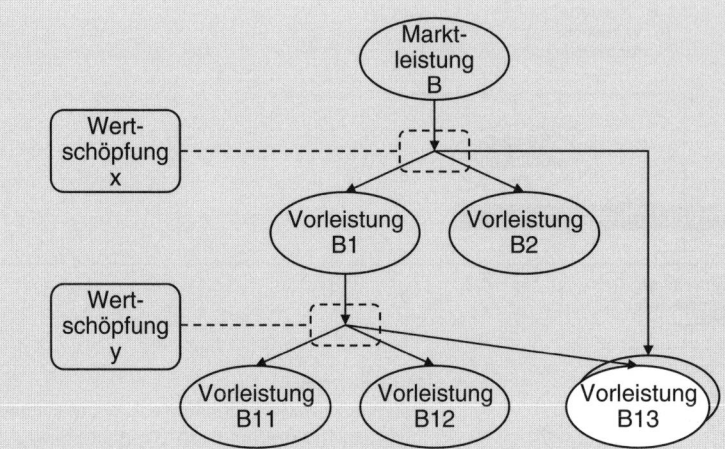

Abbildung 8.9 Modulare Architektur mit vielfach verwendetem Modul B13 (Fall 1)

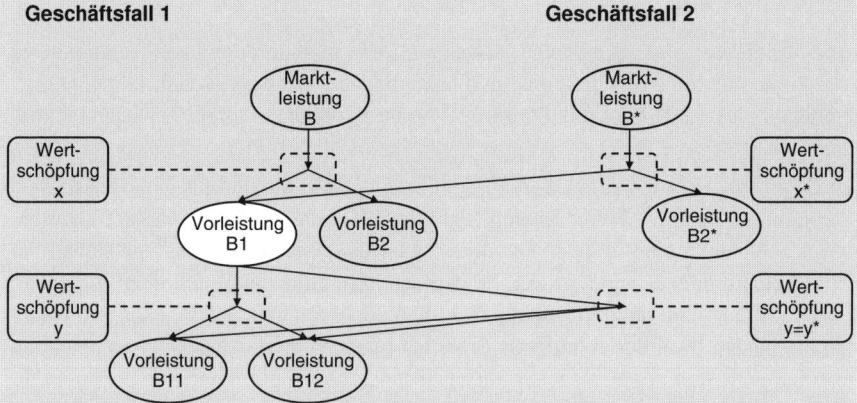

Abbildung 8.10 Modulare Architektur mit Wiederverwendung von B1 im Geschäftsfall 2

Die Modularisierung von Produkten schafft viele Vorteile im Lebenszyklus eines Produkts, insbesondere für die Produktentwicklung, -herstellung und -nutzung, welche die einhergehenden Nachteile meistens überwiegen (siehe Tabelle 8.1).

Tabelle 8.1 Potenziale und Risiken modularer Produktarchitekturen

Effekt der Modularisierung	Potenziale in der Entwicklung	Potenziale in der Herstellung	Potenziale in der Nutzung	Risiken
Hierarchisierung	Komplexitätsreduktion Vereinfachte Dokumentation	Zusammensetzung aus vorgefertigten Modulen	Transparente Produktarchitektur vereinfacht das Produktverständnis	Insgesamt aufwendigere Produktgestaltung durch redundante Funktionen
Entkopplung	Reduzierung der Schnittstellen Parallelisierung der Entwicklung	Reduzierter Montageaufwand wegen einfacheren Schnittstellen	Montage/ Demontage durch Nutzer möglich	Aufwendige Konstruktion, Spezifikation und Realisierung der Schnittstellen
Wiederverwendbarkeit	Reduzierter Entwicklungsaufwand durch Rückgriff auf bereits entwickelte Module	Kostenreduktion und geringere Fehlerrate durch Volumen- und Lerneffekte	Weiterverwendung einzelner Module in anderen Produkten	Geringe Produktdifferenzierung
Austauschbarkeit	Einfache Veränderung des Produkts durch Austausch einzelner Module	Einfachere Verwendung von Ersatzmodulen in der Produktion (Beschaffungsalternativen)	Vereinfachte Reparatur durch Austausch defekter Module	Beschränkung der Reparaturmöglichkeiten auf Modulaustausch
Erweiterbarkeit	Erweiterung der Produktfunktionalität durch Hinzufügen von neuen Modulen	Keine produktionstechnische Veränderungen wegen Produkterweiterung	Möglichkeit nachträglicher Produkterweiterungen	Fehlende Produktintegrität
Standardisierbarkeit	Verwendung existierender Lösungen durch Vereinheitlichung von Modulen und Schnittstellen	Reduktion der Komponentenvielfalt Verwendung am Markt verfügbarer Komponenten	Bessere Verfügbarkeit und günstigere Preise durch konkurrierende Modulanbieter (z. B. ET)	Geringe Originalität Substituierbarkeit Suboptimale Produktleistung
Kontrollierbarkeit	Vereinfachte Funktionstests	Vereinfachte Prüfung durch Vorprüfung der Module vor dem Einbau	Vereinfachte Identifikation defekter Module	Einzelkontrolle von Modulen garantiert nicht Funktion des Gesamtprodukts

Tabelle 8.1 Potenziale und Risiken modularer Produktarchitekturen *(Fortsetzung)*

Effekt der Modulari- sierung	Potenziale in der Entwicklung	Potenziale in der Herstellung	Potenziale in der Nutzung	Risiken
Stabilität	Stabiles Gesamtprodukt trotz Verände- rung einzelner Module	Fehler bleiben i. R. auf einzelne Module begrenzt	Erhöhte Zuver- lässigkeit des Gesamtprodukts	Späte Ent- deckung von Fehlfunktionen
Kombinier- barkeit	Kombination von Modulen im Baukasten- prinzip	Einfache Herstellung von Produkt- varianten und Produktfamilien	Individuelle Zu- sammenstellung und Gestaltung des Produkts	Aufwendige Erstellung von Baukästen kombinierbarer Module

Eine Marktleistung lässt sich in drei Schritte modularisieren. Dabei ist der Fokus auf die Funktionalität zu legen. *Im ersten Schritt* geht es darum, die Variabilität der Funktionen zu bestimmen und den passenden *Modulbautyp* festzulegen. Der Modulbautyp bestimmt die Kopplung zwischen den modularen Teilen. Dabei ist ein weites Spektrum von Vererben, Austauschen, Ablängen, Mischen, Stecken usw. denkbar (siehe Abbildung 8.11). Für jede hierarchische Stufe in der Architektur kann der Modulbautyp neu gewählt werden.

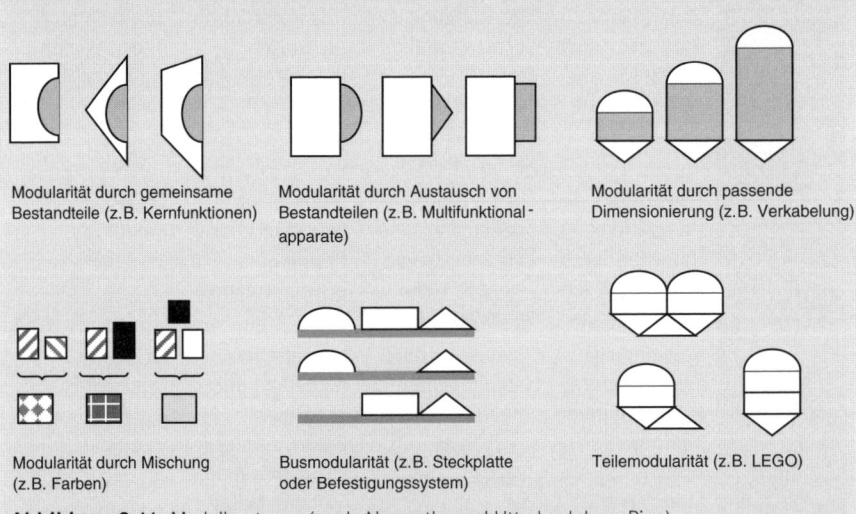

Modularität durch gemeinsame Bestandteile (z. B. Kernfunktionen)

Modularität durch Austausch von Bestandteilen (z. B. Multifunktional- apparate)

Modularität durch passende Dimensionierung (z. B. Verkabelung)

Modularität durch Mischung (z. B. Farben)

Busmodularität (z. B. Steckplatte oder Befestigungssystem)

Teilemodularität (z. B. LEGO)

Abbildung 8.11 Modulbautypen (nach Abernathy und Utterback bzw. Pine)

Ist der Modulbautyp bekannt, sind *im zweiten Schritt* zwischen zwei hierarchischen Stufen die jeweiligen Wertschöpfungsinhalte zu bestimmen. Zwischen den Stufen findet zumindest eine wertschöpfende Aktivität statt. Im Fall einer konvergierenden Architektur umfasst diese Wertschöpfung immer auch eine *Integration*, im Falle einer divergierenden Architektur immer auch eine *Separation* (siehe Abbildung 8.12). Im klassischen Apparategeschäft und Anlagenbau oder im Dienstleistungsgeschäft finden sich beispielsweise vorwiegend konvergierende, in der Petrochemie dagegen vorwiegend divergierende Architekturen. Konvergierende und divergierende Architekturen können auch gemischt vorkommen. Dies erhöht allerdings die betriebliche Komplexität. Ein Maschinenbauer kann beispielsweise in spanabnehmenden Verfahren Komponenten aus speziellen Legierungen als Teil einer konvergierenden Architektur herstellen und den anfallenden Rest der Wiederverwertung als Teil einer divergierenden Architektur zuführen.

Als dritter Schritt erfolgt die Abstimmung der Modularisierung auf das Unternehmensdesign. Grundsätzlich könnte auch das Unternehmensdesign auf die Architektur abgestimmt werden, allerdings wäre dabei zu berücksichtigen, dass andere Marktleistungen von der Veränderung des Unternehmensdesigns auch betroffen wären. Dieser Abgleich wird im übernächsten Abschnitt besprochen. Zunächst wird noch die Variantenbildung vertieft, weil sie die Einsatzmöglichkeiten der Modularisierung erweitert.

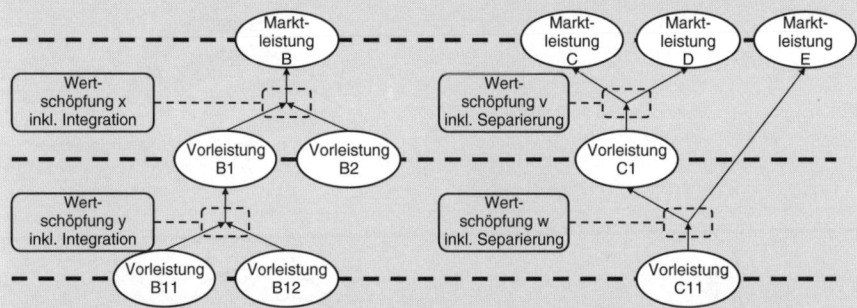

Abbildung 8.12 Konvergierende und divergierende Marktleistungsarchitekturen (idealtypische Darstellung der Entstehung)

Variantenbildung

Die Modularisierung beschränkt sich nicht nur auf möglichst ähnliche Leistungen, um Wiederholbarkeit zu ermöglichen, sondern schließt auch unterschiedliche Teilleistungen ein. Diese Spektren von unterschiedlichen Teilleistungen werden durch die Variantenbildung in wiederholbare und standardisierte Leistungsvarianten aufgelöst. Damit ist es möglich, Lernkurven- und Volumeneffekte bei Spektren von Teilleistungen – insbesondere auch von modularen Teilleistungen – zu erzeugen.

Für die Variantenbildung werden ebenso drei Schritte empfohlen (siehe Abbildung 8.13). *Im ersten Schritt* werden durch „Clustering" der Funktionen und Leistungsmerkmale die *variierenden* Eigenschaften zusammengefasst. Aus den festgelegten Eigenschaften wird in Folge das relevante Leistungsspektrum identifiziert. Beispielsweise stellen bei einer Fertigungsanlage Verarbeitungsgeschwindigkeit und Durchsatzmenge variierende Spezifikationen dar. Durch geeignete Modularisierung sind von diesen variierenden Eigenschaften nur wenige Module betroffen, welche gemäß den Spezifikationen auszulegen sind. Die übrigen Module werden so ausgelegt, dass sie das gesamte Leistungsspektrum erfüllen. *Im zweiten Schritt* wird für die variierenden Module das Leistungsspektrum in Leistungsreihen aufgebrochen. Je nach den identifizierten „Clustern" sind die Leistungsreihen einfach oder schwierig zu bilden. Diese Leistungsreihen bilden Teilspektren ab und können – müssen aber nicht – überlappungsfrei sein. Beispielsweise können bei der Fertigungsanlage einerseits Verarbeitungsgeschwindigkeit und Durchsatzmenge völlig unabhängig voneinander variiert werden. Andererseits lassen sich auch ausgewählte Variationen in den Leistungsreihen miteinander kombinieren.

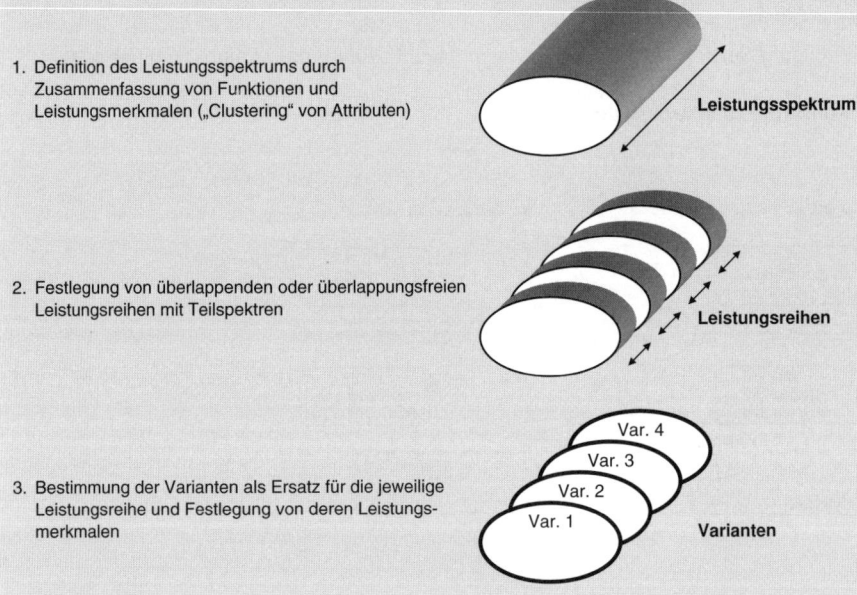

1. Definition des Leistungsspektrums durch Zusammenfassung von Funktionen und Leistungsmerkmalen („Clustering" von Attributen) — **Leistungsspektrum**

2. Festlegung von überlappenden oder überlappungsfreien Leistungsreihen mit Teilspektren — **Leistungsreihen**

3. Bestimmung der Varianten als Ersatz für die jeweilige Leistungsreihe und Festlegung von deren Leistungsmerkmalen — Var. 4 / Var. 3 / Var. 2 / Var. 1 — **Varianten**

Abbildung 8.13 Vorgehen bei der Variantenbildung

Im dritten Schritt wird die Variante bestimmt, welche jeweils eine Leistungsreihe repräsentiert. Deren Leistungsmerkmale werden zugeordnet. Beispielsweise repräsentiert der Typ HP989 das Spitzenmodell, welches sehr hohe Verarbeitungsgeschwindigkeit bei mittlerer Durchsatzmenge erbringt. Entsprechend sind die betroffenen Module ausgelegt.

Je nach Austauschbarkeit und Kombinierbarkeit der Varianten lassen sich in einer modularen Architektur verschiedene Markt- und Teilleistungen erzeugen. Nicht alle Kombinationen von Teilleistungsvarianten sind möglich. *Variantenbeschränkung* besteht, wenn die Kombinierbarkeit von Vorleistungen und Wertschöpfung auf irgendeiner Kaskadenstufe eingeschränkt ist. Beispielsweise stellt die Kombination von mittlerer Verarbeitungsgeschwindigkeit und hohem Durchsatz ein weiteres Modell des Anlagenbauers dar. Dagegen wird die Kombination von hoher Geschwindigkeit und hohem Durchsatz wegen Materialüberlastung ausgeschlossen. Damit Austauschbarkeit bzw. Kombinierbarkeit von Varianten gegeben ist, bedingt die Variantenbildung die präzise Festlegung der Kaskadenschnittstellen (siehe Abbildung 8.14).

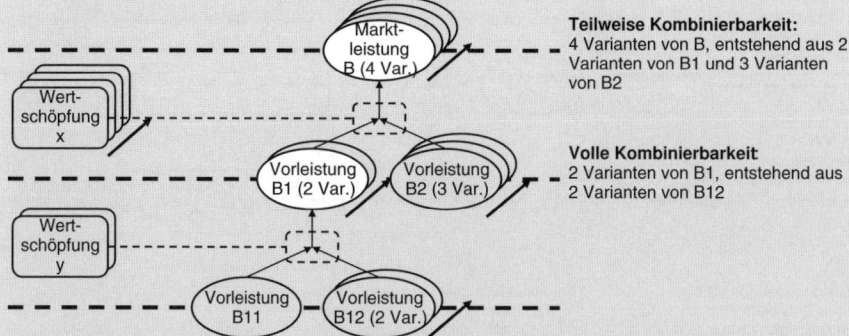

Abbildung 8.14 Kombination von Varianten in der modularen Architektur

Die Variantenbildung lässt sich nicht nur auf Teilleistungen anwenden, sondern durch die Segmentierung von Geschäftsprozessen ebenso auf Aktivitäten. Damit werden auch innerhalb eines Geschäftsprozesssegments die Varianz von Aktivitäten eingeschränkt und die Wiederholbarkeit erhöht, was aufgrund der Lernkurven- und Volumeneffekte wiederum Performancesteigerungen und gegebenenfalls auch Automatisierung ermöglicht.

■ 8.4 Produktarchitektur und Kaskadenstaffelung

Mit der Architektur der Marktleistung werden nicht nur Modularisierung und Variantenbildung festgelegt, welche die Basis für Wiederholbarkeit bzw. Lernkurven- und Volumeneffekte in den Plattformen bilden. Gleichzeitig wird auch die *Struktur der Kaskadenstaffelung* im Unternehmensdesign definiert. Die Teil- bzw. Vorleistungen in der Marktleistungsarchitektur entsprechen den an den Schnittstellen übergebenen Leistungen in der Kaskadenstaffelung. So entspricht etwa die Marktleistung B dem Output der Kaskadenstufe X, die Teilleistungen B1 und B2 den Vorleistungen, welche von Geschäftsprozessen der Kaskadenstufe Y bezogen werden. Zwischen zwei Stufen einer modularen Architektur erfolgen wertschöpfende Aktivitäten – im Minimum eine Integration bzw. Separierung. Diese Aktivitäten sind Bestandteil eines Geschäftsprozesses bzw. einer Kaskadenstufe. So werden beispielsweise B1 und B2 in der Kaskadenstufe X wertschöpfend bearbeitet und zumindest zu B integriert. Analoges gilt für B11 und B12, welche in der Kaskadenstufe Y bearbeitet und zu B1 integriert werden (siehe Abbildung 8.15).

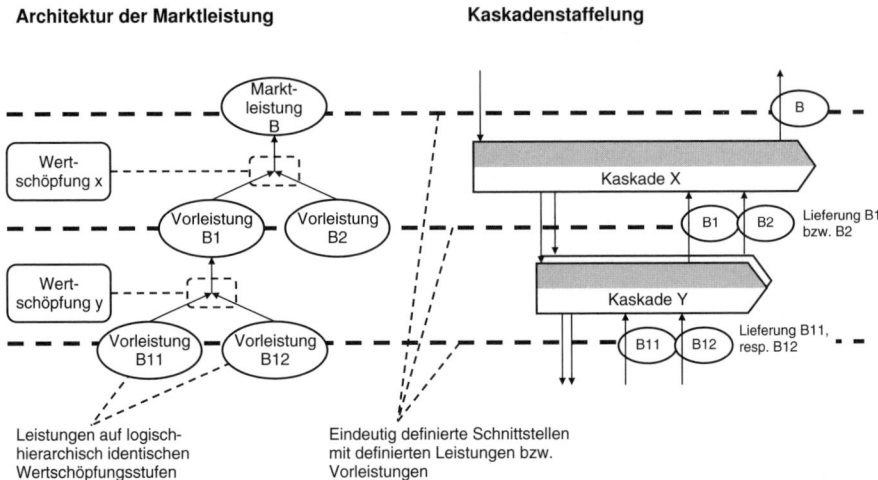

Abbildung 8.15 Ableitung der Kaskadenstaffelung aus der modularen Marktleistungsarchitektur

Leistungen auf hierarchisch identischen Stufen in der Architektur werden auch an derselben eindeutig definierten Schnittstelle im Kaskadenmodell ausgetauscht. B1 und B2 werden zum Beispiel von Kaskadenstufe X als Vorleistungen über eine eindeutig definierte Schnittstelle bezogen.

Umgekehrt kann auch aus der Kaskadenstaffelung auf die Architektur der Marktleistung geschlossen werden. Der Output bzw. die bezogenen Vorleistungen einer Kaskadenstufe stellen unterschiedliche Stufen in einer modularen Marktleistungsarchitektur dar. Die Vorleistungen werden stufengerecht als Teilleistungen in der Architektur abgebildet. Stufengerecht bedeutet hier, dass Vorleistungen nicht zwangsläufig von der gleichen Kaskadenstufe stammen und deswegen auch nicht zur selben Stufe in der modularen Architektur gehören. Beispielsweise werden zwei Anlagenteile durch eine Schraube miteinander fixiert. Diese Schraube stellt eine Vorleistung der entsprechenden Kaskadenstufe dar. Dieselbe Schraube kann jedoch auch zur Verbindung von anderen Modulteilen beliebiger Stufe verwendet werden, weshalb die Schraube zu einer hierarchisch niedrigeren Stufe in der Architektur gehört als zwei höher aggregierte Module, welche ihrerseits Schrauben enthalten.

Hier sei auf einen bedeutsamen Zusammenhang hingewiesen: *In dem Maße, in welchem eine bestehende Marktleistungsarchitektur die Kaskadenstaffelung bestimmt, ist der gestalterische Freiheitsgrad im Unternehmensdesign begrenzt.* Insbesondere komplexe Architekturen haben auch komplexe Kaskadenstaffelungen zur Folge. In solchen Fällen drängt sich eine Überarbeitung der Marktleistungsarchitektur auf. Umgekehrt beschränkt eine bestehende Kaskadenstaffelung die realisierbaren Marktleistungsarchitekturen und legt die Möglichkeiten der Modularisierung und Variantenbildung fest. Dies ist vor allem bei der Erneuerung des Marktleistungsportfolios zu beachten. Würde die bestehende Kaskadenstaffelung missachtet, entstünden Kompatibilitätsprobleme. Von der Architektur unberührt ist der gestalterische Freiheitsgrad betreffend der logistischen Verknüpfungen in der Kaskadenstaffelung.

TIPP Pflegen Sie Leistungsarchitekturen behutsam. Veränderungen in der Leistungsstruktur erfordern oft größere Eingriffe in die Organisation der Supply-Chain.

Varianz, Flexibilität und Qualität

Obwohl sich die Architektur und die Kaskadenstaffelung wechselseitig bedingen, wird durch die modulare Struktur das Spektrum der Markt- und Vorleistungen nicht limitiert, sondern vielmehr flexibilisiert. Dem Leistungsspektrum (gegebenenfalls dem Variantenumfang) entspricht die Aktivitätenvarianz in der jeweiligen Kaskadenstufe bzw. im jeweiligen Geschäftsprozess (siehe Abbildung 8.16). Beispielsweise erfordert ein umfangreiches Produktspektrum mit vielen Varianten nicht nur große Flexibilität in der Fertigung, sondern auch von den Mitarbeitern hohe Kompetenz und Aufmerksamkeit, um die Übersicht über die Vielfalt zu wahren. Ab einem bestimmten Ausmaß von Aktivitätenvarianz – und damit auch betrieblicher Komplexität – drängt sich dann die Bildung von Prozessvarianten bzw. die Segmentierung des Geschäftsprozesses auf. Hierdurch soll die Aktivitätenvarianz des Prozesses eingeschränkt werden.

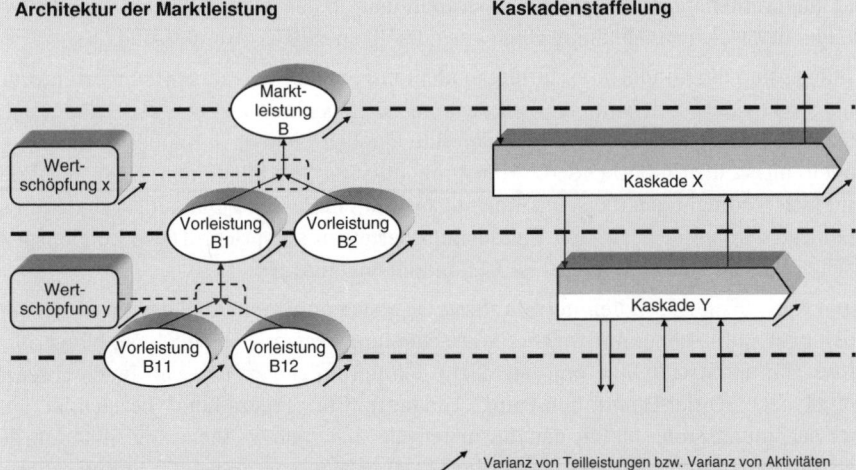

Abbildung 8.16 Spektren von Teilleistungen und Aktivitätenvarianz von Kaskaden

Aus diesem Zusammenhang von Leistungsspektren und Aktivitätenvarianz lassen sich auch Überlegungen zu den nicht den Anforderungen entsprechenden Lieferungen, zu Nichtqualität bzw. Mängeln ableiten: Mängel sind die direkte Folge von – ungeplanter und unkorrigierter – Aktivitätenvarianz in einer Kaskadenstufe. Über die Varianz der gelieferten Leistung führen Mängel unmittelbar zu einer aufgezwungenen Aktivitätenvarianz in der nächsthöheren Kaskadenstufe, welche die Mängel auskorrigiert oder wiederum die Varianz an die nächste Kaskadenstufe weitergibt. Auf eine Kurzformel reduziert, erhöhen Mängel die Varianz in einer Auftraggeber-Auftragnehmer-Beziehung und damit zwangsläufig auch die betriebliche Komplexität. Variantenbildung und Segmentierung sind hier Instrumente, um die Prozesssicherheit zu erhöhen und die ungeplante Aktivitätenvarianz in Schranken zu weisen. Die Kaskadierung mit der Auftraggeber-Auftragnehmer-Beziehung verhindert dabei ihre Verschleppung über Kaskadenstufen hinweg.

8.5 Auftragsspezifizierung und „Freeze-Line"

In der Marktleistungsarchitektur werden vor allem auch jene (Vor- bzw. Teil-)Leistungen identifiziert, welche standardisiert und wiederholbar sind. Darunter verstehen wir reproduzierbare Leistungen, für welche die Spezifikationen, der (Transfer-)Preis, die Lieferzeiten usw. im Voraus bestimmt sind. In diesem Sinne lässt sich eine Standardleistung aus einem Leistungsspektrum als Variante auflösen. Zum Beispiel stellen Geräte, einfache Apparate, Kompaktpersonenwagen, Reise- und Hausratversicherungen, Zahlungsverkehrsdienstleistungen, Sparkonti usw. in den meisten Fällen Standardleistungen dar, welche unabhängig vom Geschäftsfall spezifiziert worden sind.

Vielfach sind die Kundenanforderungen nicht mit Standardleistungen, sondern nur mit maßgeschneiderten Leistungen – oft auch als Lösungen bezeichnet – abdeckbar (siehe auch Box „Maßschneiderung der kundenindividuellen Lösung" in Kapitel 9). In solchen Fällen muss die erforderliche Marktleistung, mitsamt Spezifikationen, (Transfer-)Preis und Lieferbedingungen (beispielsweise Lieferfrist), umfassend und auftragsbezogen so definiert werden, dass sie den Kundenanforderungen entspricht. Diese kundenspezifischen Vorschriften sind integraler Bestandteil des Auftrags.

Jeder kundenspezifisch definierte Auftrag lässt sich auf standardisierte Vor- bzw. Teilleistungen aufbrechen. Auf welcher Wertschöpfungsstufe dies möglich ist, hängt allerdings von der Architektur und der darin definierten „Freeze-Line" ab (auch „Freeze-Point" oder „Order-Penetration-Point" genannt). Die „Freeze-Line" bezeichnet jene Wertschöpfungsstufe, bis zu der die materielle und raum-zeitliche Spezifikation der Leistung durch einen Kundenauftrag im Detail erfolgt bzw. ab wo die Spezifikationen von Vorleistungen standardisiert sind. Die „Freeze-Line" ist somit eine Linie in der Kaskadenstaffelung bzw. in der Wertschöpfungskette, jenseits derer eine zuvor standardisierte Vorleistung nach speziellen Kundenvorschriften weiterbearbeitet wird. Frühestens hier kann auch der Übergang von auftragsbezogener Logistik zur prognosegetriebenen Logistik stattfinden. Die „Freeze-Line" gibt den Freiheitsgrad vor, über den das Unternehmen hinsichtlich logistischer Konzepte verfügt. Je höher die „Freeze-Line" in der Kaskadenstaffelung liegt, desto größer ist der Freiheitsgrad für die logistische Gestaltung und Optimierung im Unternehmen.

In der traditionellen Güterindustrie sind unterschiedlichste Fälle für die „Freeze-Line" zu finden (siehe Abbildung 8.17). Im Fall A handelt es sich um ein Katalogprodukt, das schon spezifiziert ist. Die „Freeze-Line" befindet sich an der Schnittstelle zum Kunden. Das Katalogprodukt könnte direkt ab Versand- oder Vertriebslager zum Kunden gelangen („Ship-to-Order") oder auch unter „Make-to-Order"-Bedingungen erst auftragsbezogen gefertigt werden. Im Fall B handelt es sich um ein Standardprodukt, das auftragsbezogen zu kommissionieren ist („Finish-to-Order"), im Fall C um einen Kundenauftrag, der sich auf Standardmodule aufbrechen lässt. Die Fertigstellung ist ohne Kundenauftrag nicht mehr möglich („Configure-to-Order" oder „Assemble-to-Order"). Allerdings könnten, wie im Fall B, die Komponenten auftragsspezifisch gefertigt werden. Im Fall D handelt es sich um ein kundenspezifisches Produkt („Engineer-to-Order"), welches auftragsbezogen über alle Stufen gefertigt wird. Die „Freeze-Line" befindet sich tief in der Wertschöpfung – oft sogar außerhalb der Unternehmensgrenze in der Kaskadenstaffelung der Lieferanten des Unternehmens.

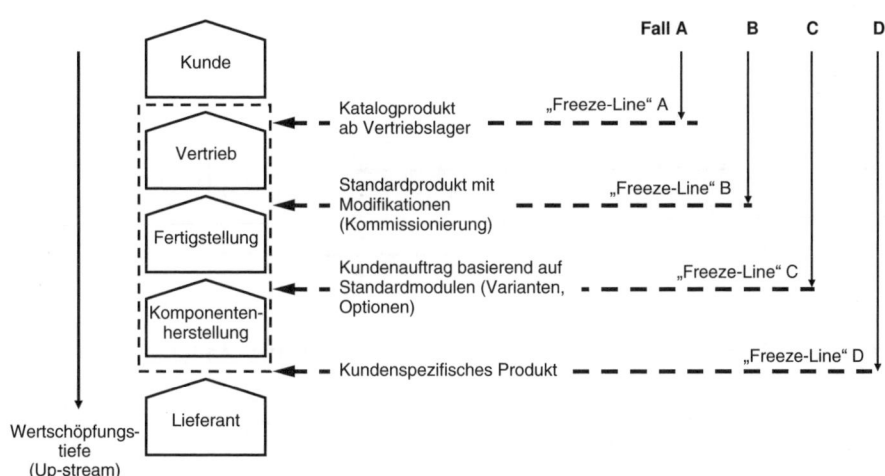

Abbildung 8.17 „Freeze-Line" bzw. Eindringtiefe der Auftragsspezifikation in die Wertschöpfungskette

Am Beispiel eines Automobilkonzerns, wo sowohl massengefertigte Kompakt-Personenwagen als auch kundenspezifisch assemblierte Limousinen der Luxusklasse oder sogar einzeln gefertigte Rennwagen bzw. Konzeptfahrzeuge hergestellt werden, wird das gesamte Spektrum von hoch bis tief gelegener „Freeze-Line" illustriert (siehe Abbildung 8.18). Der Kompakt-Personenwagen ab Platz bedarf keiner Auftragsspezifikation. Mit der Übergabe zu Pauschalkonditionen ist die Transaktion abgeschlossen. Selbst ein optionales Leasing würde die Transaktion nicht wesentlich komplizierter gestalten. Wünscht ein Kunde noch Sonderzubehör, wie eine spezielle HiFi-Musikanlage, Freisprechanlage, Anhängerkopplung, Sportauspuff usw., dann wird die Auftragsspezifikation nur leicht aufwendiger. In der Regel wird das Sonderzubehör vom Autohaus eingebaut. Beim Mittelklassewagen müssen Optionen wie Farben, Sitzverkleidung, HiFi-Anlagentyp usw., spezifiziert werden, welche das Finishing beim Automobilhersteller betreffen. In diesem Fall wird die einfache Bestellung mit einer Liste von Optionen ergänzt. Aufwendig wird die Auftragsspezifikation bei der Luxuslimousine, die kundenspezifisch ausgestattet wird. Gegebenenfalls werden auch ausgefallene Sonderwünsche erfüllt. Die kundenspezifische Ausstattung ist zwar mit einer langen Liste von Optionen beschreibbar, die Sonderwünsche erfordern jedoch detaillierte Beschreibungen mit Einbauvorschriften für die Konstruktion. Der nicht serientaugliche Formel-1-Wagen wird spezifisch entwickelt. Auch die einzelnen Komponenten und Teile werden individuell vorgegeben.

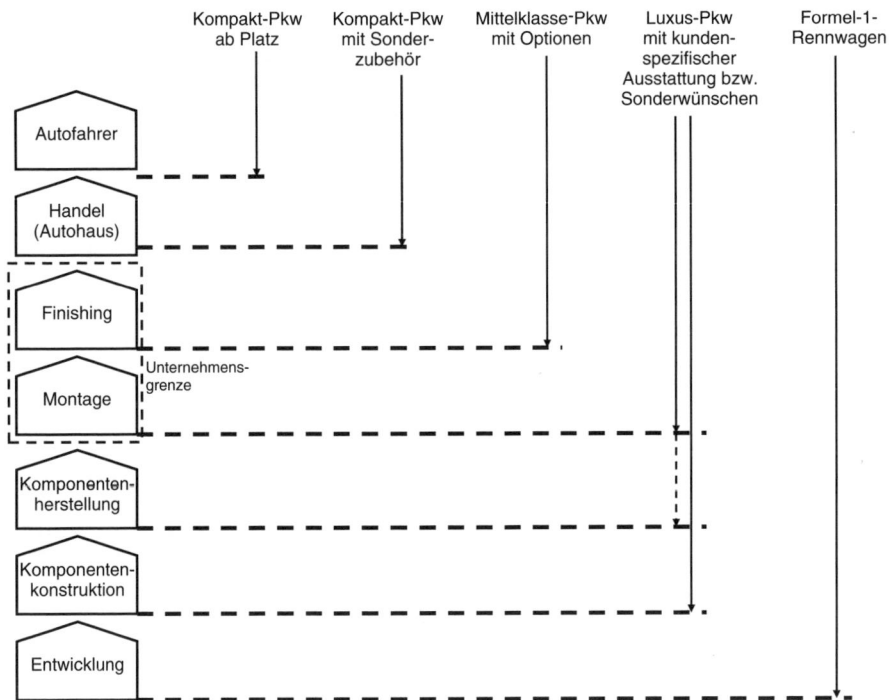

Abbildung 8.18 „Freeze-Line" in der Automobilbranche (illustrativ, vereinfacht)

Die „Freeze-Line" gibt folglich nicht nur den logistischen Freiheitsgrad vor, sondern bestimmt auch die Datenmenge, welche für die Spezifikation eines Kundenauftrags nötig ist und sich auftragsbezogen über die Kaskadenstufen im Unternehmen bewegt (siehe Abbildung 8.19). Es gilt die einfache Regel: Je tiefer die „Freeze-Line" in der Architektur der Marktleistung und damit in der Kaskadenstaffelung liegt, desto größer ist die auftragsbezogene Datenmenge, welche zur Spezifikation erforderlich ist.

Im Fall A umfasst die minimal nötige Auftragsspezifikation nur wenige Daten wie Artikelnummer (fakultativ auch die Artikelbezeichnung), Menge, Preis, Liefertermin und Lieferort. Trotzdem ist der Auftrag eindeutig spezifiziert. Im Fall B sind zusätzliche Daten erforderlich, welche die Modifikationen beschreiben. Im Fall C wächst die Datenmenge weiter an, weil auch die Modulkonfigurationen beschrieben werden müssen. Die Datenmenge im Fall D ist umfassend und hat die Marktleistung mit den Komponenten im Detail so zu dokumentieren, dass sie auch erbracht werden kann. Im kundenspezifischen Anlagengeschäft, wo allenfalls die Komponenten und einige Kernmodule standardisiert sind, kann der Umfang der Auftragsspezifikation Hunderte oder gar Tausende von Textseiten betragen.

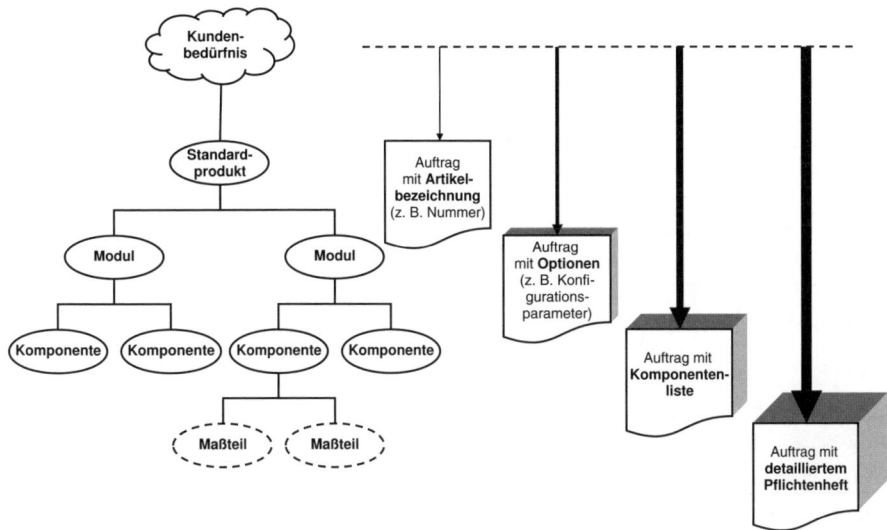

Abbildung 8.19 Auftragsspezifikation in der Architektur der Marktleistung

Die Spezifikation von Marktleistungen, welche keine Katalogprodukte sind, wird von kundennahen Geschäftsprozessen in enger Absprache mit dem Kunden entwickelt. In den Fällen A und B wird die Spezifikation des Auftrags durch den Geschäftsprozess für die Kundengewinnung und -betreuung beigebracht, da der Spezifikationsaufwand beschränkt ist. Reicht die Spezifikationskompetenz des Vertriebs nicht mehr aus, werden andere Ressourcen beigezogen, beispielsweise vertriebsnahe Produktspezialisten. In den Fällen C und D ist ein zusätzlicher Geschäftsprozess nötig, welcher mit dem Kunden zusammen den Auftrag spezifiziert, indem ein Pflichtenheft erstellt wird, welches die zu erbringende Leistung beschreibt (siehe Abbildung 8.20). Im Fall C kann die Datenmenge in dem Ausmaß beschränkt bleiben, in welchem konfigurierbare Standardmodule eingesetzt werden. Im Fall D ist auch jede einzelne Komponente im Detail zu beschreiben, damit der Auftrag bedürfnisgerecht ausgeführt werden kann. Im Anlagenbau ist beispielsweise das Projektengineering, welches die technisch-funktionalen Eigenheiten der Anlagen im Detail beherrscht, für die Spezifikation zuständig (siehe auch „Vereinbarung eines komplexen Leistungsmix" in Kapitel 9). Es arbeitet die Spezifikationsunterlagen so detailliert aus, dass nicht nur der Kundenauftrag, sondern auch die intern und extern zu erbringenden Vorleistungen spezifiziert sind.

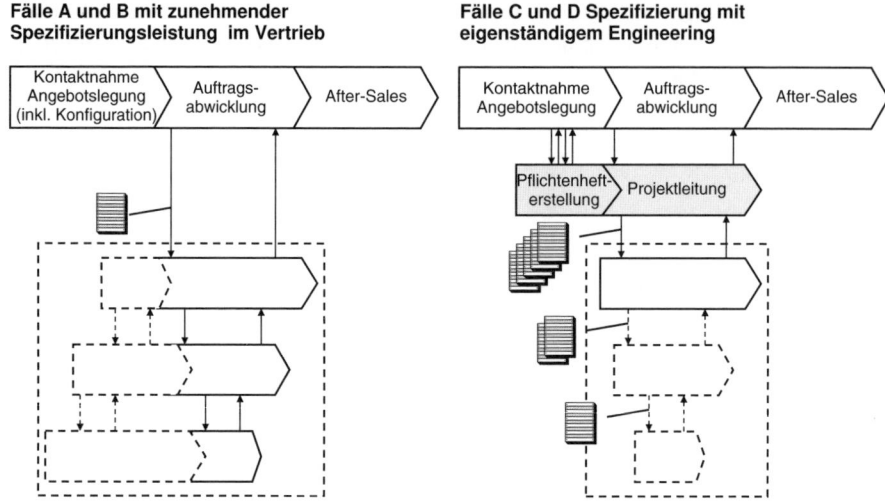

Abbildung 8.20 Auftragsspezifikation in der Kaskadenstaffelung

Im Fall des vielfach zitierten Anlagenbauers lag die „Freeze-Line" zwischen dem System- und dem Modullieferanten. Die Architektur des Gesamtsystems definierte konfigurierbare Module aus eigener Entwicklung wie auch von Dritten, welche kundenspezifisch vom Systemlieferanten ausgelegt, konfiguriert und zum Gesamtsystem integriert wurden. Die konfigurierbaren Module waren standardisiert und Bestandteil eines Katalogs, welcher die Leistungen der Modullieferanten und gegebenenfalls der Baugruppenlieferanten festhielt (siehe Abbildung 8.21).

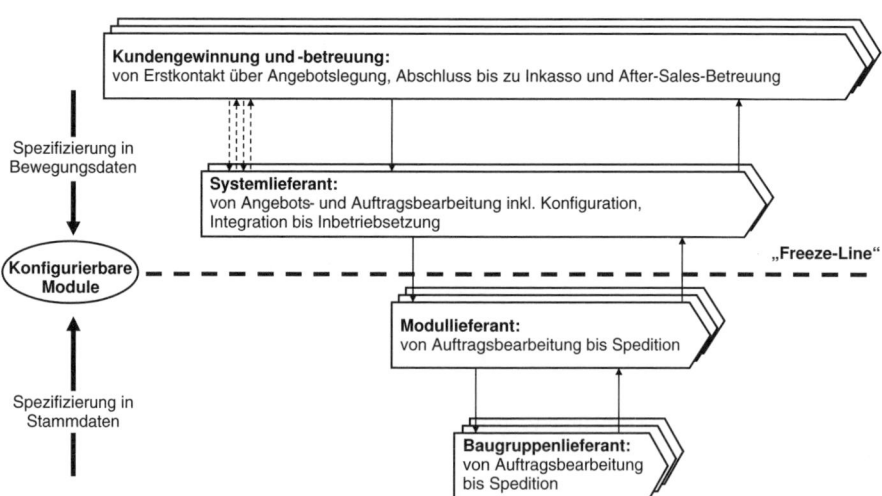

Abbildung 8.21 „Freeze-Line" in der Kaskadenstaffelung (Beispiel: Anlagenbau)

Mit der zunehmenden Tiefe der „Freeze-Line" nehmen die Abwicklungskosten über-proportional zu (siehe Abbildung 8.22). Diese Zunahme ist nicht nur im Spezifikations-aufwand begründet, sondern ebenso durch die Unsicherheit in der Planung und Dis-position von solchen Aufträgen. Ferner nimmt auch die Wahrscheinlichkeit zu, dass Spezifikationsfehler oder Missverständnisse bei der Interpretation der Spezifikationen entstehen, welche aufwendig zu beheben sind. Mit tief liegender „Freeze-Line" steigt zudem das Risiko, dass solche Spezifikationsfehler oder Interpretationsmissverständ-nisse über Kaskadenstufen wirken und erst spät bemerkt werden. Darüber hinaus ent-stehen Opportunitätskosten, weil bei tiefer „Freeze-Line" die Lernkurven- und Volumen-effekte nur beschränkt realisiert werden können.

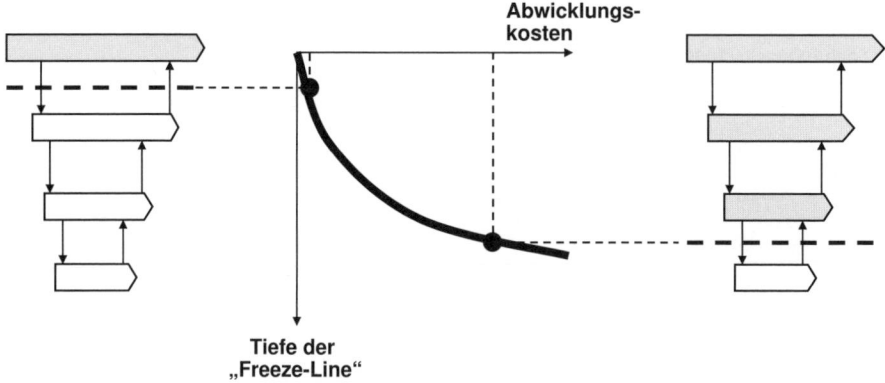

— — — „Freeze-Line"

Abbildung 8.22 „Freeze-Line" und Abwicklungskosten

 TIPP Profitieren Sie von einer möglichst hohen „Freeze-Line". Sie wer-den überrascht sein, wie flexibel und günstig Standardisiertes beschafft und integriert werden kann.

Durch die Modularisierung der Marktleistungsarchitektur lässt sich die „Freeze-Line" nach oben bewegen. Neben den Lernkurven- und Volumeneffekten wird der logistische Freiheitsgrad für den Bereich unterhalb der „Freeze-Line" erhöht. Somit besteht nicht mehr der Zwang, nur auftragsbezogen zu arbeiten, sondern auch prognosegetriebene Verfahren sind zugänglich. In Bereichen, welche oberhalb der „Freeze-Line" liegen, ist dagegen die prognosegetriebene Beschaffung immer problematisch.

In der in Kapitel 2 geschilderten Konstellation von Tochtergesellschaft und Stammhaus hatte die Tochtergesellschaft frühzeitig – als noch kein Kundenauftrag mit den Spezifi-kationen vorlag – interne Aufträge mit fiktiven Spezifikationen ausgelöst (siehe Abbil-dung 8.23 und „Rollenklärung zwischen den Unternehmensteilen" in Kapitel 2). Da die „Freeze-Line" der Apparate sehr tief lag, wurde die fiktive Spezifikation auch auf der

Stufe von einzelnen Komponenten und Teilen wirksam. Die spätere Anpassung der fiktiven Spezifikation auf die tatsächlichen Kundenanforderungen löste eine Bestelländerung aus, welche nicht nur die Menge oder den Termin, sondern zusätzlich die technischen Spezifikationen des gesamten Apparats sowie von einzelnen Komponenten und Teilen betraf. Hätte die „Freeze-Line" zwischen der Tochtergesellschaft und dem Kunden gelegen, dann hätte es sich um ein standardisiertes Katalogprodukt gehandelt, welches intern prognosegetrieben beschafft und gegebenenfalls für die Tochtergesellschaft auf Lager gelegt worden wäre.

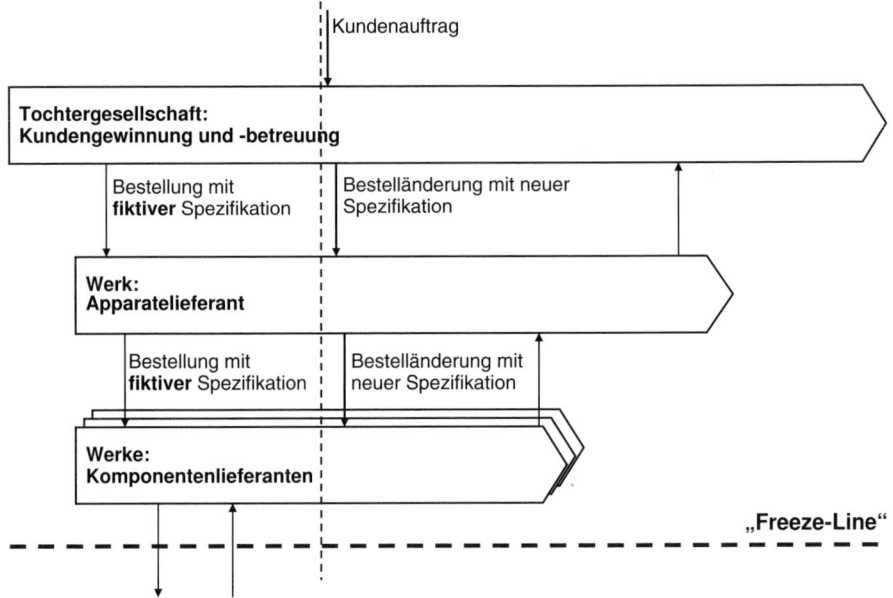

Abbildung 8.23 Prognosegetriebene Beschaffung bei tiefer „Freeze-Line" (Beispiel: Apparatebauer)

■ 8.6 Vielstufige Kaskadenstaffelungen

Eine direkte Konsequenz ungeeigneter Marktleistungsarchitekturen sind neben der relativ tief liegenden „Freeze-Line" unübersichtliche Kaskadenstaffelungen, wo sich standardisierte und maßgeschneiderte Vorleistungen vermengen. Die jeweilige Auftragsspezifikation ist aufwendig. Die Auftragsverfolgung ist schwerfällig, da mehrere Stufen in die Erbringung von kundenspezifischen Leistungen involviert sind und sich prognosegetriebene und auftragsbezogene Logistikverfahren vermischen. Die sich daraus ergebenden Nachteile sind struktureller Art und können nur durch die Veränderung der Marktleistungsarchitektur bzw. der kongruenten Kaskadenstaffelung behoben werden. Die Darstellung der bestehenden „Freeze-Line" ergibt oft erhellende Hinweise auf die Hebel der nachhaltigen Performancesteigerung, zum Beispiel durch die strikte

Trennung von auftragsbezogener und prognosegetriebener Beschaffung. Ohne Veränderungen in der Architektur sind strukturelle Nachteile nicht zu beheben und die Kaskadenstaffelung lässt sich kaum vereinfachen.

Bei einem Hersteller von Präzisionsmessgeräten erstreckte sich die Leistungserbringung über fünf Stufen hinweg, wenn weitere interne und externe Zulieferanten als eine Stufe zusammengefasst wurden (siehe Abbildung 8.24). In der Realität waren einige der Zulieferanten von kundenspezifisch maßgeschneiderten Teilen auch selbst wieder mehrstufig. Diese Vielstufigkeit war direkt auf die Produktarchitektur zurückzuführen, in welcher nicht nur Standardmodule oder -komponenten definiert, sondern auch kundenspezifisch maßgeschneiderte Module, Komponenten und Einzelteile vorgesehen waren. In der Tat war jedes Präzisionsgerät, welches den Kunden geliefert wurde, unterschiedlich. Selbst derselbe Kunde variierte seine Anforderungen von Auftrag zu Auftrag.

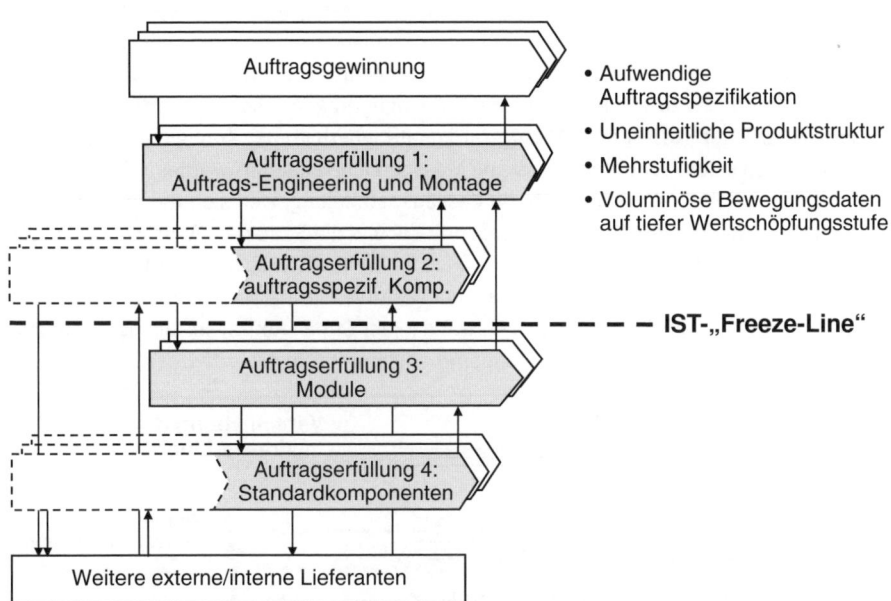

Abbildung 8.24 Vielstufige Kaskadenstaffelung (Beispiel: Messgerätehersteller)

In der Stufe „Auftragserfüllung 1" wurde jeder Auftrag nach Rücksprache mit dem Kunden technisch spezifiziert. Gemäß diesen Spezifikationen wurden entweder Standardmodule (in Varianten) intern in der „Auftragserfüllung 3" oder auftragsspezifische Komponenten in der „Auftragserfüllung 2" bestellt. Die auftragsspezifischen Komponenten wurden dann mit den Standardmodulen zu Endgeräten zusammengebaut. In einer Marktsituation, in der der Messgerätehersteller noch eine dominante Marktstellung innehatte, waren die langen Lieferzeiten von über sechs Monaten unproblematisch. Diese Lieferzeiten gestatteten eine zwar nicht einfache, aber routinierte Abwicklung der Aufträge.

Schwierig wurde die Situation, als die Kunden eine massive Verkürzung der Lieferzeiten auf rund einen Monat erwarteten. Damit wurde die Disposition von Zulieferungen kritisch, denn die Zulieferanten waren nicht in der Lage, auftragsspezifische Teile innerhalb von maximal einer Woche zu liefern. Die verbleibenden drei Wochen waren schon für Auftragsspezifikation und die Wertschöpfungen in den Stufen 1 bis 4 knapp bemessen. Regelmäßige Verspätungen waren die Folge, welche auch durch eine verstärkte Auftragsüberwachung in der „Auftragserfüllung 1" nicht behoben werden konnten. Die Auftragsabwicklung war kompliziert und kostspielig, denn die Probleme waren struktureller Art: Die tief liegende „Freeze-Line" in der Produktarchitektur und die damit nötige vielstufige Kaskadenstaffelung stellten das Hindernis dar, den neuen Kundenanforderungen entsprechen zu können. Die bestehende Architektur war folglich ungeeignet, die unterschiedlichen Kundenanforderungen effizient zu erfüllen.

Die Lösung bestand darin, Leistungsreihen festzulegen, welche den größten Teil der Kundenanforderungen abdeckten und darin konfigurierbare Module als Varianten zu bestimmen. Ein Teil der Module musste zwar neu entwickelt werden, um die geforderte Konfigurierbarkeit zu erbringen, doch die Konfigurierbarkeit schaffte auch für die Kunden zusätzlichen Nutzen: Ein Messgerät konnte innerhalb der Konfigurierungsgrenzen vom Kunden selbst auf unterschiedliche Messbereiche adaptiert werden. Für den Messgerätehersteller vereinfachte sich die Kaskadenstaffelung, weil sich die Auftragsspezifikation auf konfigurierbare Module beschränkte und die Stufe der „Auftragserfüllung 2" künftig wegfiel (siehe Abbildung 8.25). Für die Weiterentwicklung wurde vorgesehen, dass durch die Verwendung neuer Technologien die Geräte vom Kunden selbst konfiguriert werden. Damit war auch der Aufwand in der Stufe „Auftragserfüllung 1" auf eine einfache Zusammenstellung von Standardmodulen reduziert worden.

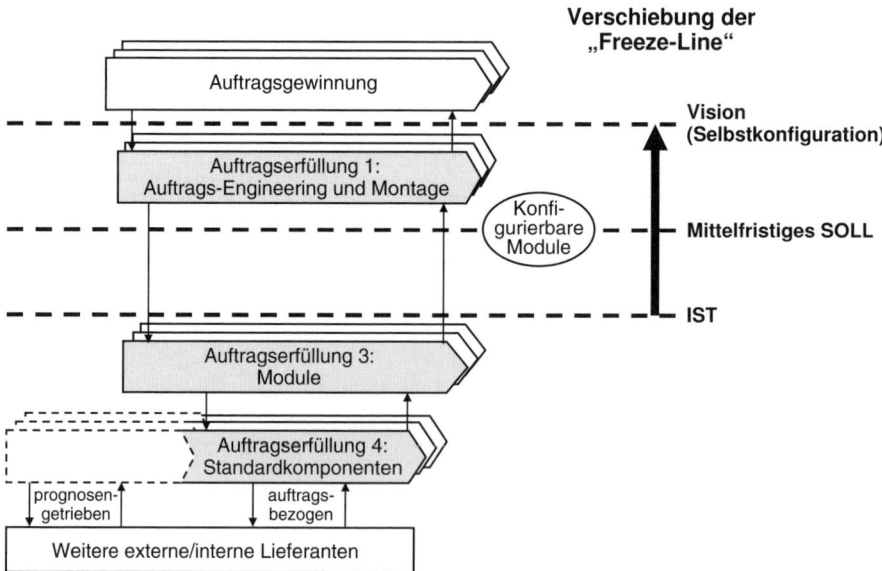

Abbildung 8.25 Verschiebung der „Freeze-Line" in der Kaskadenstaffelung (Beispiel: Messgerätehersteller)

■ 8.7 Verträglichkeit von unterschiedlichen Geschäftstypen

Viele Unternehmen wachsen organisch oder über Zukäufe. Dabei lässt sich Folgendes feststellen: Üblicherweise hat sich das Leistungsspektrum erweitert, doch – trotz des Wachstums – wurde die Gesamtperformance geschwächt. Aus Marktsicht hatte sich die Spektrumserweiterung noch vielfach als synergetisch dargestellt. Aus Sicht der operativen Auftragserfüllung stieg vor allem die Komplexität, weil es sich um unverträgliche Geschäftstypen mit zwangsläufig unterschiedlichen Unternehmensdesigns handelte.

Die beste Verträglichkeit zwischen bestehenden und neuen Marktleistungen ist gegeben, wenn die Marktleistungsarchitekturen identisch sind, d. h., wenn die unterschiedlichen Marktleistungen – wie heute in der Automobilbranche üblich – auf einer gemeinsamen Plattform beruhen. Damit sind zum einen die Kaskadenstaffelung bzw. die Schnittstellen identisch, zum anderen kann den unterschiedlichen logistischen Anforderungen wie Erzeugungsverfahren, Volumina, Lieferzeiten, Beschaffungsmechanismen usw. durch Segmentierung der Geschäftsprozesse entsprochen werden. Problematisch wird es, wenn die zusätzliche Marktleistung auf einer unterschiedlichen Architektur beruht und wenn als Folge davon die notwendige Kaskadenstaffelung nicht identisch ist. Die konsequente Separierung der Kaskadenstaffelungen ist dann im „Supply-Chain"-Bereich vorzusehen, mit Ausnahme der Auftragsgewinnung, wo die Marktsynergien realisiert werden.

Ähnlich stellte sich die Situation bei einem Gerätehersteller dar, der in den Verbrauchsmaterialienbereich diversifizierte. Gemeinsam war den separierten Kaskadenstaffelungen nur noch die Schnittstelle zur Auftragsgewinnung (siehe Abbildung 8.26).

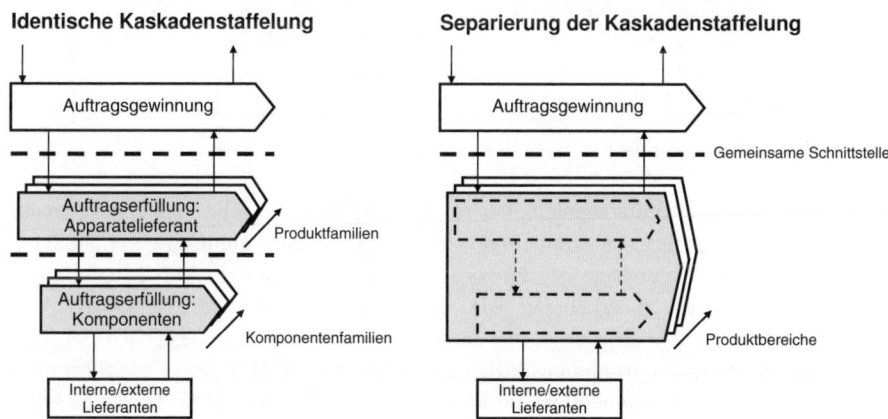

Abbildung 8.26 Erweiterung des Leistungsspektrums (Beispiel: Apparategeschäft)

Noch unverträglicher werden Kaskadenstaffelungen, wenn durch die Diversifikation die Vielfalt der Geschäftstypen erhöht wird. Häufig ergänzen beispielsweise Apparatehersteller, deren Produkte in Anlagen integriert werden, das Sortiment nicht nur durch andere Apparate, sondern sie übernehmen auch nachfolgende Wertschöpfungsstufen, setzen also eine Vorwärtsintegration in das Systemgeschäft um.

System- und Apparateherstellung stellen zwei unterschiedliche Geschäftstypen dar und erfordern unterschiedliche Unternehmensdesigns, welche im Modulbereich steckkompatibel, im Frontbereich dagegen separiert sind (siehe Abbildung 8.27). Die Separierung der Geschäftsprozesse für die Kundengewinnung und -betreuung ist in zweifacher Hinsicht gerechtfertigt. Erstens handelt es sich im Apparate- und Systemgeschäft selten um die gleichen Kunden bzw. kundenseitigen Ansprechpartner. Vielmehr sind die Kunden des „Apparategeschäfts" oft gleichzeitig die Konkurrenten zum eigenen Systemgeschäft. Zweitens sind die Aktivitäten in der Kundengewinnung und -betreuung unterschiedlich – sowohl zum Kunden als auch in das Unternehmen hinein. Insbesondere beim Systemgeschäft handelt es sich um sogenannte komplexe Marktleistungen, welche nur in intensiver Zusammenarbeit mit einem zusätzlichen Geschäftsprozess für die kundenspezifische Auftragserfüllung erbracht werden können.

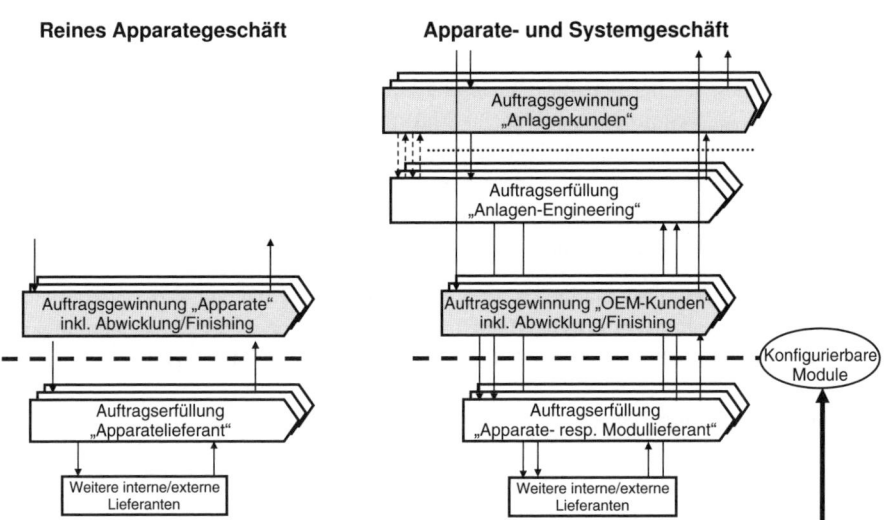

Abbildung 8.27 Vorwärtsintegration (Beispiel: Apparate- und Systemgeschäft)

Vorwärtsintegrationen entstehen oft eher zufällig aufgrund spezieller Gelegenheiten als strategisch geplant. Diese Gelegenheiten werden dann als Bestätigung verwendet, dass das Unternehmen in der Lage ist, die zusätzlichen Leistungen zur Zufriedenheit von ausgewählten Kunden zu erbringen. Die Vorwärtsintegration wird erst nachträglich strategisch begründet. Dann ist es meistens nicht opportun, die Frage nach der Verträglichkeit mit dem Unternehmensdesign zu stellen, weil Abläufe schon etabliert sind und die Weiterentwicklung nicht gefährdet werden soll. Trotzdem wäre dies der richtige Moment, das Unternehmensdesign entsprechend zu gestalten.

Beispielsweise hat ein Baumarktunternehmen zufällig ins gewerbliche Dienstleistungsgeschäft diversifiziert. Ursprünglich erkannte der Baumarkt, dass das Geschäft mit Badausrüstungen und Einbauküchen gefördert werden kann, wenn der Kunde nicht nur fachlich beraten, sondern gleichzeitig bei der Installation professionell unterstützt wird. So entwickelte sich aus der kulanten Fachberatung ein vom Kunden bezahltes Komplettinstallationsgeschäft. Die Einzigartigkeit dieser Dienstleistung bestand darin, dass dem Kunden ein Komplettangebot gemacht wurde, welches alle Gewerbe wie Maurer- und Schreinerarbeiten, Sanitär- und Elektroinstallation, Maler- und Gipserarbeiten sowie Bodenlegen vereinte. Solange solche Aufträge für Komplettinstallationen über die Baumärkte akquiriert wurden, stellte sich kein Verträglichkeitsproblem: Es handelte sich um eine Unterstützungsleistung für das Hauptgeschäft. Im Unternehmensdesign wurde diese Unterstützungsleistung von einem Supportprozess erbracht.

Die Bedeutung änderte sich schlagartig, als strategisch entschieden wurde, unabhängig von den Baumärkten das Komplettinstallationsgeschäft als Bad- und Küchenerneuerungsgeschäft zu betreiben. Damit musste auch für dieses Erneuerungsgeschäft ein Unternehmensdesign entwickelt werden, welches jedoch mit dem Unternehmensdesign für die Baumärkte nur partiell verträglich war (siehe Abbildung 8.28). Es entstanden Konflikte in der Materialbeschaffung sowie in der Auftragsgewinnung. Die Auftragsgewinnung wurde separiert, um Aufträge unabhängig von den Baumärkten in neuen Aktionsräumen zu akquirieren. Der neue Geschäftsprozess für die Auftragsgewinnung arbeitete eng mit jenem für das Installationsmanagement zusammen. Die Beschaffungskompetenz für Komplettinstallationen wurde direkt in das Installationsmanagement integriert, dieses konnte – abgesehen von Küchenaufbauten und dem Standardsortiment des Handels – die Materialien auftragsbezogen bei Dritten beschaffen. Damit wurde die Explosion des Sortiments im Handel vermieden. Der Hebel für Performancesteigerungen im Dienstleistungsbereich bestand nicht in günstigeren Materialbeschaffungspreisen, sondern in der Preisfindung von Komplettinstallationen, Kostenverfolgung im Auftragsmanagement sowie der Kapazitätsauslastung. Der Handel konnte sich hingegen auf klassische Aktivitäten wie das einkaufsseitige Sortimentsmanagement, Filialgestaltung sowie die Kundenbetreuung in den Baumärkten fokussieren.

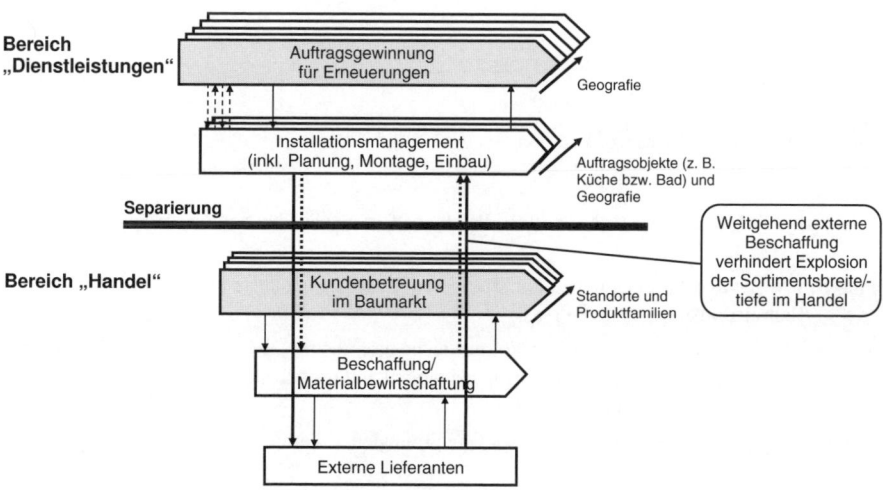

Abbildung 8.28 Vorwärtsintegration (Beispiel: Baumarkt)

TIPP Vermeiden Sie, Synergien zwischen inkompatiblen Geschäftsmodellen zu realisieren. Die entstehenden Komplexitäts- und Opportunitätskosten übersteigen die vermeintlichen Synergievorteile bei weitem.

 Reflexionsfragen 8

- Warum will der Kunde zur Hauptleistung noch manche Nebenleistungen? Inwiefern lassen sich diese überhaupt voneinander unterscheiden?
- Welche Vorteile entstehen für den Kunden bzw. den Lieferanten, wenn der Kunde „alles aus einer Hand" erhält? Welche Nachteile muss dabei der Kunde bzw. der Lieferant hinnehmen?
- Welche Konsequenzen hat die starke Kopplung von Leistungen für die Prozessgestaltung?
- Warum werden Produkte modularisiert, obwohl damit oft große Aufwände verbunden sind?
- Welche Konsequenz hat ein breites Produktspektrum auf die Geschäftsprozesse? Was bedeuten Produktvarianten für die Prozessgestaltung?
- Was bedeutet „Freeze-Line" im Kontext von kundenspezifischen Beauftragungen? Welcher Zusammenhang besteht zwischen der „Freeze-Line" und der Leistungsarchitektur? Erläutern Sie das Konzept der „Freeze-Line" anhand eines Beispiels Ihrer Wahl.
- Wie würden Sie die Aussage „möglichst hoch, aber nicht ganz oben liegende Freeze-Line" erklären?
- Wie hängen Marktleistungsarchitektur und Kaskadenstaffelung zusammen?

■ 8.8 Literatur

Abernathy, W. J. & Utterback, J. M. (1978). Patterns of industrial innovation. Technology Review, 80 (7), 40 – 47.

Pine II, B. J. (1993). Mass customization: The new frontier in business competition. Boston, MA: Harvard Business School Press.

Sanchez, R. (2001). Product, process, and knowledge architectures in organizational competence. In R. Sanchez (Hrsg.), Knowledge management and organizational competence (227 – 250). Oxford: Oxford University Press.

Schuh, G. (2005). Produktkomplexität managen: Strategien – Methoden – Tools. München: Hanser.

9 Lösungsgeschäft profitabel gestalten

Häufig finden sich in der Praxis Geschäftssituationen, in denen zumindest Teile der Marktleistungen gemeinsam mit dem Kunden zu spezifizieren sind. Sie werden auch als *Lösungsgeschäft* bezeichnet. Vielfach wird dabei nicht auf einen Leistungskatalog zurückgegriffen, sondern die Leistungen werden als „Lösung des Kundenproblems" auf die Kundenbedürfnisse hin spezifiziert und „maßgeschneidert" erbracht. Davon sind mehrere Geschäftsprozesse betroffen, die gemeinsam und aufeinander abgestimmt die Marktleistung zu erbringen haben. Wir sprechen hier vom sogenannten *KAM/PEM*-Ansatz, in dem zwei Geschäftsprozesse parallel aktiv sind: der erste als *Kundenverantwortlicher*, der zweite als *Lösungsverantwortlicher*. Die Bezeichnung KAM/PEM stammt ursprünglich aus dem Anlagenbau und bedeutet: Key-Account-Management (kundenverantwortlicher KAM) bzw. Project-Engineering-Management (lösungsverantwortlicher PEM).

Trotz intensiver Zusammenarbeit haben diese beiden Geschäftsprozesse unterschiedliche Rollen und Verantwortungen. Das Geschäft kann aber nur wegen ihrer gegenseitigen Ergänzung (Komplementarität) erfolgreich betrieben werden. Zur sicheren Abwicklung sind darüber hinaus auch „Standard-Operating-Procedures" bei komplexen Aufträgen bzw. Projekten zu befolgen.

■ 9.1 Das Besondere am Lösungsgeschäft

Das Lösungsgeschäft hat viele Namen. Es wird *Projektgeschäft* genannt, da die Abwicklung in Projekten erfolgt, *Werkvertragsgeschäft*, weil dem Kunden ein Werk zu Fixpreisen geschuldet wird, *Planungsgeschäft*, weil Planung- und Projektierung wichtig sind, *Generalunternehmergeschäft*, weil das Management von Unterlieferanten im Vordergrund steht, *Systemgeschäft*, weil unterschiedliche Geschäftsbestandteile aufeinander abgestimmt werden, Geschäft mit *„hybriden" Produkten*, weil sich die klassische Grenze zwischen Produkten mit Dienstleistungen auflöst, Geschäft mit *„komplexen" Produkten bzw. Leistungen*, weil Spezifikationen vielfältig sowie nicht planbar sind und sich noch während der Realisierung verändern, *Mehrwertgeschäft*, weil – verglichen zum Standardgeschäft – zusätzlicher Mehrwert geschaffen wird, oder *Lösungsgeschäft*, weil das Kundenproblem individuell gelöst wird.

Unter dem Wettbewerbsdruck wird die Einzigartigkeit einer Marktleistung oft dahingehend interpretiert, dass die Marktleistung nicht nur kundenspezifisch erbracht (damit beträfe sie „nur" das logistische Thema „Make-to-Order"), sondern auch kundenspezifisch – sozusagen auf *Maß* – gestaltet wird („Design-to-Order" bzw. „Engineer-to-Order"). Gerade in fragmentierten Märkten mit heterogenen Kundenbedürfnissen müssen die Marktleistungen – zumindest ein Teil – auf die spezifischen Anforderungen maßgeschneidert werden. Als Beispiele hierfür sind u. a. Bauten, Fertigungsanlagen, Informationssysteme, Vermögensanlagen, Pensionsversicherungen, Sachversicherungen für industrielle Risiken und Partyservice zu nennen. Auf den einzelnen Geschäftsfall bezogen entstehen spezielle Marktleistungen, welche vom einzelnen Kunden geschätzt werden. Die Maßschneiderung beschränkt sich dabei nicht auf kundenspezifische Aufbereitung oder geringe Anpassungen einer Standardleistung, sondern umfasst auch eine Neugestaltung von Grund auf (siehe auch Box „Maßschneiderung der kundenindividuellen Lösung"). In diesem Zusammenhang wird auch vom Geschäft mit Lösungen oder *komplexen Leistungen* (Produkte und Dienstleistungen) gesprochen.

Den komplexen Leistungen sind Standardleistungen entgegengesetzt, die *einfach reproduzierbar* sind und für welche die Spezifikationen, Beschaffungskosten (Transferpreis) und die Lieferbedingungen zwischen zwei Kaskadenstufen (z. B. Kundenbetreuung- und Auftragserfüllungsprozess) *im Voraus definiert* worden sind (Tabelle 9.1). Im Gegensatz dazu, muss bei komplexen Leistungen zuerst in einem Verhandlungs- und Einigungsvorgang die zu erbringende Leistung mit Spezifikationen, Preis und Lieferbedingungen definiert werden. Komplexe Leistungen stellen beispielsweise der Bau einer Immobilie, die Automatisierung eines Lagers, die Einführung eines neuen Betriebswirtschaftssystems, eine technische Beratung, die Veranlagung von größeren Vermögen, die Verwaltung einer Pensionskasse, eine Transportdienstleistung usw. dar.

Tabelle 9.1 Einfache und komplexe Leistungen (Beispiele)

Branche	Einfache Leistungen („Katalog"-Leistungen)	Komplexe Leistungen (Lösung)
Maschinenbau	Standardmotor	Antriebssystem
	Engineering-, Wartungsstunde	Performance-Kontrakt
Komponentenhersteller	Standard-, Normteile	„Design-in"-Teile
Chemie	Katalogsubstanz	Auftragsentwicklung, -produktion (CRAMS)
Bauhauptgewerbe	Regieleistung (z. B. Arbeitsstunden, Gerätestunden)	Totalunternehmerleistung im Werkvertrag
Ausbaugewerbe	Küchengerät, Montagestunde	Komplett-Küche
Inneneinrichtung	Katalogmöbelstück	Auftragsdesign, Einbaumöbel
Gütertransport	Strecke	Feinverteilung
Sachversicherung	Privathaftpflichtversicherung	Betriebshaftpflichtversicherung
Bank	Börsentransaktion, Kleinkredit	Portfolio-Verwaltung, strukturierte Projektfinanzierung
Handel	Katalogware	Auftragsbeschaffung
Gastronomie	Menü gemäß Speisekarte	Party-Service

Lösungen: sind *Leistungspakete* aus aufeinander abgestimmten Sach-, Dienst- oder Informationsleistungen, die ein *spezifisches Kundenproblem* lösen und deren *Gesamtwert* daher den Wert der einzelnen Teilleistungen übersteigt.

In vielen dieser Fälle erkennt der Kunde am gelieferten Produkt kaum etwas Komplexes, denn er erwartet einzig eine auf seine Bedürfnisse hin gestaltete Lösung. Aus Sicht des Leistungserbringers ist die maßgeschneiderte Lösung dagegen höchst komplex: Sie ist unvorhersehbar und gehört zu einer breiten Spanne von denkbaren Lösungen, welche zudem raschen Veränderungen unterworfen sind; die betrieblichen Abläufe lassen sich daher kaum im Voraus strukturieren. Daraus ergeben sich jedoch einige Probleme. Die entstehende Vielfalt im Leistungsspektrum erschwert die Erzeugung von Lernkurven- und Volumeneffekten und erhöht die betriebliche Komplexität erheblich. Darüber hinaus entstehen Opportunitätskosten, da die Maßschneiderung mehr Ressourcen bindet als eine Standardleistung. Diese zusätzlichen Ressourcen stehen für andere wertschöpfende Aktivitäten nicht mehr zur Verfügung. Der Nutzen von kundenspezifisch gestalteten Lösungen wird zudem oft überschätzt, weil der Kunde mit der Einzigartigkeit auch das Risiko der Erst- und Einmaligkeit eingeht. Nicht jeder Kunde schätzt die Rolle des „Pilotkunden".

 TIPP Profilieren Sie sich durch die Einzigartigkeit Ihres gesamten Leistungsbündels. Der Kunde schätzt es, dass sich darin auch getestete Standardleistungen befinden.

Nur wenige Produktlieferanten und Dienstleister haben sich zum erfolgreichen Lösungsanbieter mit nachhaltigem Gewinnwachstum weiterentwickelt. Viele dagegen sind mit volatilen Ergebnissen auf durchschnittlich tieferem Niveau konfrontiert. Warum? Im Einzelfall mögen die Gründe unterschiedlich sein, doch in den meisten Fällen wurde vernachlässigt, dass die Eigenheiten im „Produktgeschäft" und „Lösungsgeschäft" fundamental verschieden sind (Tabelle 9.2):

- Im *Produktgeschäft* ist der Leistungsumfang standardisiert und wiederholbar, es gibt keine Individualisierung. Die Wiederholbarkeit ermöglicht eine beständige Performance in der Wertschöpfungskette. Die Sicherheit wird aus der Vergangenheit mit konsistenten Zeitreihen und Trendanalysen gewonnen. Die Produktionsplanung kann sich für Vorgaben auf Zeitwerte aus der Vergangenheit stützen. Darum sind auch zukünftige Kosten bzw. Margen durch Extrapolation prognostizierbar und durch gezielte Maßnahmen ist die betriebliche Produktivität justierbar. Typischerweise haben sich im Produktgeschäft auch zentrale Ansätze durchgesetzt, z. B. der Produktionschef mit seiner zentralen Produktionsplanung und -steuerung sowie dem Produktions-Controlling. Zudem verfügt das Produkt über eine bekannte und getestete Funktionalität, die Qualität ist einfach beurteilbar und die Gewährleistungsrisiken sind gering.

- Im *Lösungsgeschäft* ist der Leistungsumfang dagegen auftragsspezifisch und mit einem hohen Grad an Individualisierung verbunden. Schon die Spezifikation der zu liefernden Lösung ist aufwendig und auch der Lösungsvorschlag ist dem Kunden vielfach schwierig zu erklären. Da es sich immer mehr oder weniger um einen Einzelfall handelt, ist das Unternehmen mit hohen Performanceschwankungen konfrontiert. Aus der Vergangenheit lassen sich wenige Schlüsse ziehen, erst nach Abschluss der Gewährleistungsphase stellt sich heraus, wo das Unternehmen ergebnismäßig gelandet ist. Jeder Auftrag muss als Einzelfall geplant und budgetiert werden. Vom Endtermin retropolierend sind für die Meilensteine und Reportingtermine die jeweiligen Soll- bzw. Ist-Kosten zu bestimmen sowie Teilmargen abzugrenzen. Bei der Lösung handelt es sich zumeist um neue, vor allem noch unerprobte Funktionalitäten. Die Qualität ist mit hohen Unsicherheiten verbunden. Entsprechend hoch sind folglich auch die Gewährleistungsrisiken. Rein zentrale Ansätze zum Management des Lösungsgeschäfts sind ungeeignet, vielmehr werden dezentrale Rollen und Verantwortlichkeiten für den Einzelfall benötigt, z. B. den Projektleiter, welcher den einzelnen Auftrag betreut und periodisch berichtet. Für das Lösungsgeschäft sind also Rollen und Verantwortlichkeiten sowie das Berichtwesen anders als im Produktgeschäft aufzusetzen. Ohne fundamentale Änderungen wird das Lösungsgeschäft im „Blindflug" betrieben.

Tabelle 9.2 Unterschiede zwischen Lösungsgeschäft und Produktgeschäft

	Produktgeschäft	Lösungsgeschäft
Markt-leistung	- Klar definierte Sach-, Dienst- oder Informationsleistung - Leistungsspektrum oft – zumindest intern – katalogisiert	- Auftragsspezifisch abgestimmtes Bündel von teilweise maßge-schneiderten Sach-, Dienst- oder Informationsleistungen - Veränderliche Auftragsspezifika-tionen
Kunden-kontakt	- Einfache Kunden-Lieferanten-Beziehung - Auch indirekte Vertriebskanäle	- Vernetzung von Kunden- und Anbieterteams - Immer längerfristige Kunden-Lieferanten-Beziehungen - Kein indirekter Vertrieb
Verkauf	- Relativ stabile Kundenbedürfnisse - Geringer Erklärungsbedarf des Produkts - Relativ kurze Produkt-/Angebots-evaluation - Klassischer Kaufentscheid basierend auf Preis- Leistungs-Verhältnis	- Dynamische Kundenbedürfnisse - Hoher Erklärungsbedarf der Lösung - Intensive Anbieter- bzw. Lösungs-evaluation - Vertrauensentscheid
Leistungs-erbringung	- Außer Produktvertrieb keine Kundennähe erforderlich (Aus-nahme Service) - Vielfalt von Marktversorgungsmo-dellen, Bevorratung auf allen Stufen	- Hoher Anteil kundennaher Wert-schöpfung, ggf. sogar kunden-spezifisches Set-up - Großteil der Leistungen nur auftragsspezifisch erbringbar

	Produktgeschäft	Lösungsgeschäft
Ergebnis-mechanik	• Volumen- und Lernkurveneffekte • Erfolg aufgrund des abgeschlossenen Preises vorhersehbar, seltene auftragsspezifische Kostenabweichungen	• In der Regel nur Lernkurveneffekte • Häufige Margenverluste in der Ausführung • Oft Abrechnungsperioden übergreifende Margenentwicklung
Anforderungen an die Organisation	• Direkter oder indirekter Vertrieb vor Ort • Globalisierte Supply-Chain	• Hohe Lösungskompetenz in der Nähe des Kunden, greifbar für Kunden • Evtl. globale Organisationsteile für Lieferung von Standardleistungen
Mitarbeitertyp	• Aufgabenspezialisten • Hoher Wiederholungsgrad der Aufgaben • Integriert in „Maschinerie"	• Lösungsspezialisten • Hohe Flexibilität und Eigenverantwortung erforderlich • „Unternehmer"

Maßschneiderung der kundenindividuellen Lösung

Um die Kundenanforderungen zu erfüllen, bestehen sehr viele Lösungsansätze (siehe Abbildung 9.1). Werden die verschiedenen Ansätze einer Maßschneiderung miteinander verglichen, dann erfüllen aus Kundensicht die meisten die Anforderung der *Einzigartigkeit*. Dies liegt daran, dass der Kunde nur jenen Teil, welcher ihm direkt zugänglich ist, als kundenspezifisch und einzigartig wahrnimmt. Aus Sicht des Leistungserbringers stellt sich die Situation hingegen nur oberflächlich reziprok dar: Je größer der kundenspezifische Anteil ist, desto geringer müsste der standardisierte Anteil sein. Das ist aber nicht immer der Fall.

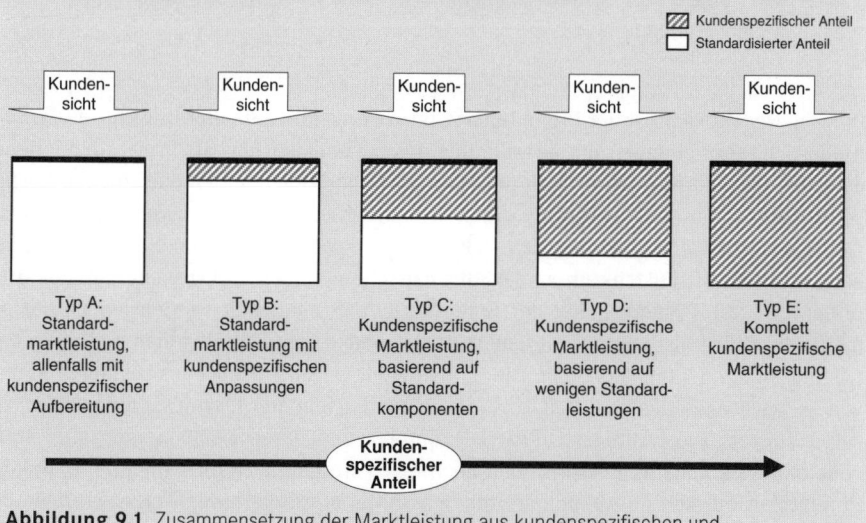

Abbildung 9.1 Zusammensetzung der Marktleistung aus kundenspezifischen und standardisierten Anteilen

Eine geeignete vertikale Architektur der Marktleistung ermöglicht eine vom Kunden honorierte Leistung, welche auf einem hohen Anteil von standardisierten Vorleistungen beruht. Die Architektur definiert jene Teile der Marktleistung, welche kundenspezifisch und jene, welche standardisiert erbracht werden. Die standardisierten Teile sind den Lernkurven- und Volumeneffekten zugänglich. Sie sind vielfach auch für den Kunden von hohem Wert, weil sie ausgereift sind und Zuverlässigkeit versprechen. ∎

■ 9.2 Riskanter Projektansatz im Lösungsgeschäft

Wie sollen kundenspezifische Marktleistungen erbracht werden, die noch nicht erprobt oder getestet und zum Zeitpunkt der vertrieblichen Akquise noch gar nicht spezifiziert sind? Als Abhilfe gegen die mangelnde Strukturierbarkeit und fehlende Wiederholbarkeit von komplexen Leistungen wird häufig der Projektansatz verwendet: Es wird ein Projekt gestartet und eine Projektleitung bestellt, welche für die Abwicklung des Lösungsauftrags verantwortlich ist. Dabei besteht die Vorstellung, dass der Projektleiter die mit dem Projekt verbundene sachlich und zeitlich logische Abfolge der Tätigkeiten und deren Abhängigkeiten identifiziert und in einem maßgeschneiderten Projektplan für alle Beteiligten verbindlich festlegt. Soweit ist nichts einzuwenden, denn auch die nachfolgenden Überlegungen entsprechen diesen Annahmen.

 Unter einem „Projekt" wird allgemein die zeitlich befristete Organisation von Abläufen zur Bewältigung komplexer – und vor allem einmaliger – Vorhaben verstanden. ∎

In zweierlei Hinsicht ist der Projektansatz im Lösungsgeschäft allerdings für den Erfolg hinderlich. Zum einen ist das Verständnis des Lösungsauftrags als Projekt irreleitend, da es die Einmaligkeit hervorhebt und das sich wiederholende Gemeinsame der Lösungen in den Hintergrund verdrängt. Abstrakt betrachtet und losgelöst von der konkreten Auftragsspezifikation, könnten sich viele Lösungen sehr ähnlich sein. Sie könnten einer gemeinsamen Grundstruktur von Lösungsbausteinen folgen und sich „nur" in den Ausprägungen unterscheiden. Mit der Betonung der Einmaligkeit werden jedoch die gemeinsamen Grundstrukturen aufgelöst, insbesondere die Schnittstellen zwischen den Lösungskomponenten verwischt. Die Einmaligkeit verleitet dazu, dass Lösungen immer wieder „neu erfunden" werden, anstatt sie auf bestehende Lösungskomponenten zurückzuführen. Die Lösungsstruktur ist komplex und deren Komponenten sind stark voneinander abhängig. Entsprechend beeinflusst werden auch die Projektteile, was im Projektplan durch eine Ablaufkette mit schwierig koordinierbaren Verzweigungen dokumentiert wird (siehe Abbildung 9.2).

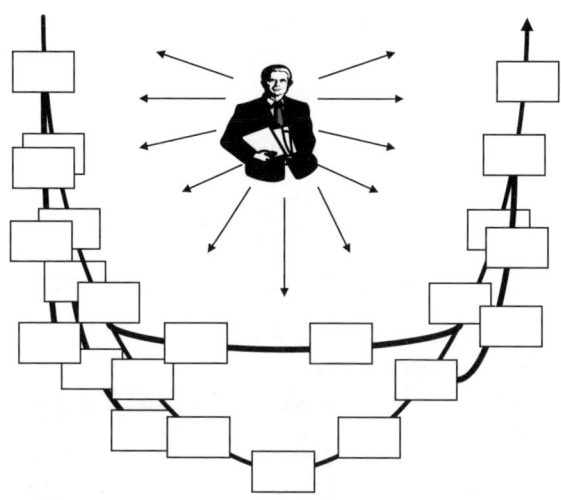

Abbildung 9.2
Koordinierendes Projekt-
management entlang der
komplexen Ablaufkette

Zum anderen wird mit dem Projektansatz die Rolle des Projektleiters geschaffen, der die gesetzten Erwartungen – wenn überhaupt – nur eingeschränkt erfüllen kann. Zunächst steht der beauftragte Projektleiter im Konflikt zwischen Individualisierung und Standardisierung: Er soll einerseits eine kundenindividuelle Lösung kreieren, andererseits möglichst schon erfolgreich erprobte und getestete Standardleistungen verwenden und den Geschäftserfolg hinsichtlich Qualität, Termin und Kosten sicherstellen. Er steht – meistens als „Bittsteller" – vor der praktisch nicht erfüllbaren Koordinationsaufgabe, die Beiträge innerhalb und außerhalb des Unternehmens trotz unterschiedlicher Interessen sachgerecht und termingenau einzufordern. Ohne durchgreifendes Mikromanagement kann er den Projekterfolg nicht sicherstellen, denn die zeitlichen, aber auch inhaltlichen Planabweichungen wären zu groß. Als Mikromanager agiert der Projektleiter auch an ineffizienten Schnittstellen; in der Regel plant er, was andere ausführen sollten – ein Verstoß gegen klare Auftraggeber-Auftragnehmer-Beziehungen. Die Abwicklungs- und Koordinationsaufwendungen nehmen deshalb Dimensionen an, welche die Kapazitäten des einzelnen Projektleiters übersteigen. Dadurch geht zwangsläufig die Übersicht verloren; Steuerungs- und Koordinationsfehler entlang der komplexen Ablaufkette sowie massive Verspätungen und Budgetüberschreitungen werden unvermeidlich. Um den Projektkollaps zu vermeiden, sind im Extremfall für die Abwicklungssteuerung und Koordination Ressourcen in ähnlichem Ausmaß wie für die wertschöpfende Bearbeitung nötig.

Bauprojekte stellen beispielsweise solch komplexe Vorhaben dar. In der traditionellen Arbeitsteilung übernimmt der Bauleiter die Aufgaben des Projektmanagements und delegiert die Ausführung an die Bautrupps vor Ort, welche von einem Polier oder Vorarbeiter geführt werden. Ein Bauvorhaben kann nur in den seltensten Fällen auf modulare Bauteile aufgebrochen werden, wenn der Architekt oder Planer dem Entwurf eine modulare Architektur zugrunde gelegt hat. Als erste Folge davon, dass keine modulare Architektur verwendet wird, sind die planenden und dispositiven Tätigkeiten für das komplette Vorhaben integral auszuführen. Als weitere Folge lässt sich zwischen dem

Bauleiter und dem Bautrupp kein einfacher Auftragszyklus anwenden; zwischen diesen sind viele Detailvereinbarungen nötig, welche vielfach noch mit Dritten (z. B. Zulieferern) koordiniert werden müssen (siehe Abbildung 9.3).

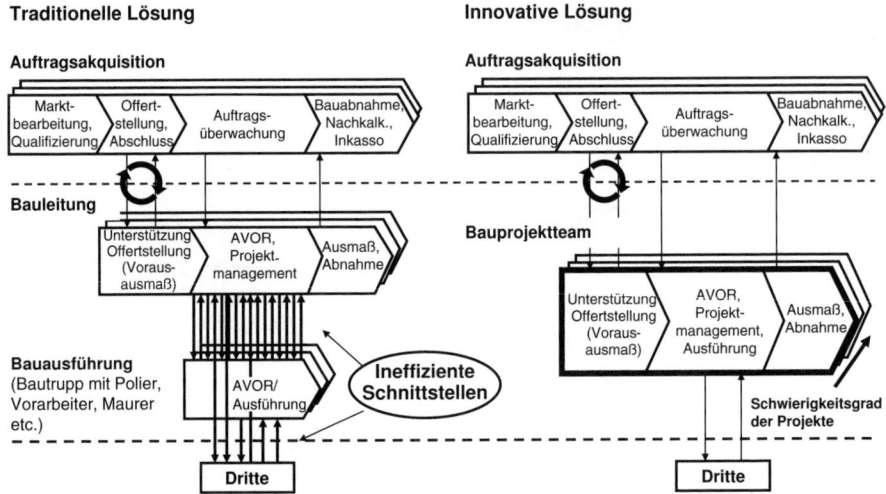

Abbildung 9.3 Bereinigung ineffizienter Schnittstellen bei komplexen Vorhaben (Beispiel: Bauhauptgewerbe)

Ein großes Bauunternehmen hatte diesen Zusammenhang erkannt und die Aufgaben der Bauleitung und der Bauausführung in einen einzigen Geschäftsprozess integriert. Die Planungs- und Dispositionsaufgaben konnten nun effizient wahrgenommen werden, da sie innerhalb der integrierten Einheit erfolgten und zu Dritten keine Dreiecksbeziehungen mehr bestanden. Aufgrund der unterschiedlichen Schwierigkeitsgrade der Bauvorhaben wurde der neue Geschäftsprozess segmentiert sowie mit entsprechenden Methoden und Ressourcen ausgerüstet. Offensichtlich war, dass sich hochqualifizierte Bauleiter vor allem Großbauten annahmen, wohingegen einfachere Bauten vom Bautrupp alleine abgewickelt werden konnten.

Lösungsverantwortung in einer Hand

Ist ein Projektmanagement notwendig, welches die Lösungserstellung steuert? Grundsätzlich soll die Auftragsabwicklung von der zu erstellenden Lösung bestimmt werden, denn wie abgewickelt wird, hängt zunächst von der Struktur der Lösung ab. Besteht die Lösung aus rein modularen und standardisierten Bausteinen, ist die Abwicklung einfach. Die Arbeitspakete werden durch die modularen Bausteine festgelegt. Letztere werden intern oder extern beschafft, bereitgestellt und zur Gesamtlösung integriert. Besteht die Lösung jedoch aus abhängigen, d. h. stark gekoppelten Bausteinen, ist die Abwicklung anspruchsvoller und setzt vertiefte Kenntnisse über die konkrete Lösung und das Zusammenwirken der Bausteine voraus. Bereits kleinere Veränderungen an einem Baustein wirken sich auf andere aus. Die Abwicklungskomplexität hängt von den sachlich-logischen Zusammenhängen unter den Lösungsbausteinen sowie deren kundenindividuellen Veränderungen ab. Da die Lösung nicht von Beginn an fixiert ist, entsteht zusätzlich noch eine dynamische Komponente. Folglich gilt: Die Abwicklungskomplexität nimmt mit der Lösungskomplexität zu.

Die Lösungs- und Abwicklungskomplexität stellen hohe Anforderungen an die Mitarbeiter, welche an der Lösungserstellung beteiligt sind. Dies könnte zur falschen Schlussfolgerung führen, dass die beiden Rollen der Auftragsabwicklung und Lösungserstellung getrennt werden müssten. Beispielsweise gibt es Unternehmen, in denen das Projektmanagement und Systemengineering organisatorisch getrennt sind. Die gegenseitige Abhängigkeit der Rollen lässt jedoch die Trennung von Auftragsabwicklung und Lösungserstellung nicht zu, ohne dass eine ineffiziente Schnittstelle geschaffen würde. Denn auch die Abwicklung bestimmt die Lösung. Welche Lösung entsteht und wie die Bausteine zeitlich variieren, hängt wesentlich von der Vorgangsweise ab. Nötigenfalls muss auf dem Weg zur finalen Lösung die Lösungsstruktur noch angepasst werden. Entsprechend gilt auch: Die Lösungskomplexität nimmt durch die Abwicklungskomplexität zu.

Um die Lösungs- bzw. Abwicklungskomplexität zu reduzieren, sind beide Rollen zu vereinen. Bei komplexen Aufträgen sollen demnach die Lösungserstellung und Auftragsabwicklung *aus einer Hand* erfolgen. Dies bedeutet, dass die Rolle des Lösungsverantwortlichen (z. B. PEM-Prozess) beide Aufgaben – sowohl die Abwicklung als auch die Lösungserstellung – umfasst (siehe Abbildung 9.4).

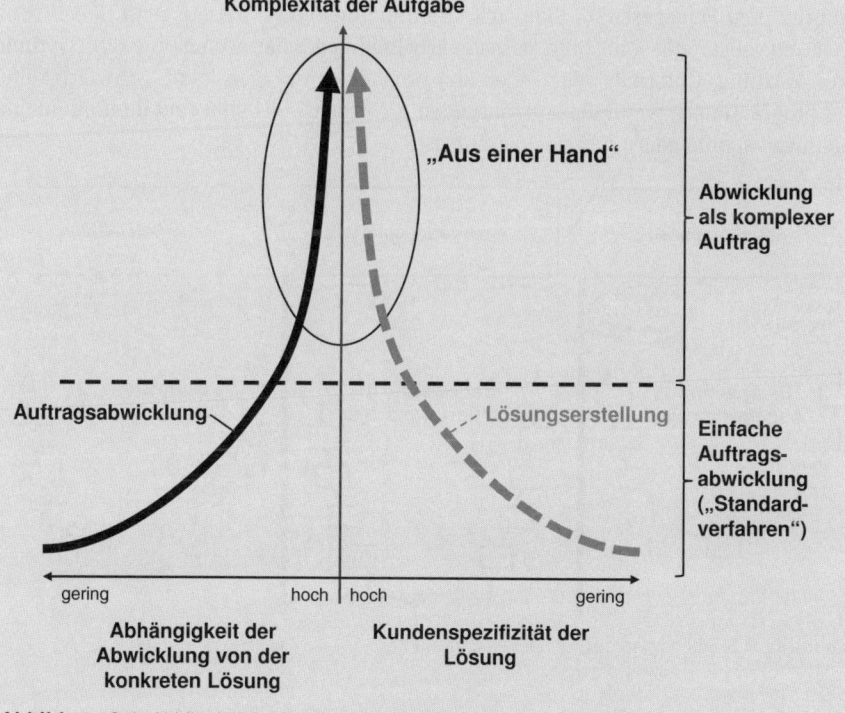

Abbildung 9.4 Abhängigkeit von Lösungs- und Abwicklungskomplexität

■ 9.3 Problematische Übergaben

Besonders problematisch ist der Projektansatz, wenn er riskante Übergaben zwischen beteiligten Bereichen und Abteilungen einfach kaschieren sollte. Im Lösungsgeschäft finden sich immer problematische Übergaben, wenn die beiden Gestaltungsprinzipien „Kundenorientierung" und „Prozessorientierung" (siehe „Kundenorientierung, Wertschöpfungsorientierung, Prozessorientierung" in Kapitel 6) nicht über den *gesamten Lebenszyklus einer Geschäftsbeziehung* umgesetzt worden sind. Hierfür prädestiniert sind Übergaben an den Phasengrenzen des Geschäftsbeziehungszyklus, insbesondere von der Angebots- zur Ausführungsphase sowie von der Ausführungs- zur After-Sales-Phase. Dabei wird bis zu dreimal spezifiziert bzw. detailliert. Dieser Zusammenhang wird wegen der Prozessketten, welche sich nur im Detaillierungsgrad unterscheiden, auch Phänomen der „doppelten Badewanne" genannt (siehe Abbildung 9.5). Die erste „doppelte Badewanne" entsteht im Initialgeschäft. In der Angebotsphase wird in einem Angebotsprojekt die im Auftragsfall zu erbringende Leistung spezifiziert, im Ausführungsprojekt wird die beauftragte Leistung im besten Fall noch detailliert. Optimaler Weise baut also Letzteres auf Ersterem auf. Der Unterschied liegt einzig im Detaillierungsgrad. In der Praxis ist dies jedoch nicht der Fall, wenn die Angebotsspezifikation unzureichend ist oder die Lösung im Ausführungsprojekt noch einmal erarbeitet wird. Wechseln die beteiligten Personen beim Phasenübergang, ist es höchstwahrscheinlich, dass die „Lösung noch einmal erfunden" wird. Eine zweite „doppelte Badewanne" entsteht mit dem Folgegeschäft. Sie betrifft die Dokumentation der ausgeführten Lösung, welche so vollständig sein sollte, dass die Erbringung der Serviceleistung (z. B. Optimierung, Wartung, Unterhalt oder Teilersatz) problemlos erfolgen kann. Schwierigkeiten sind programmiert, wenn die Ausführenden nicht instruiert sind und die Dokumentation unvollständig oder nicht nachgeführt ist.

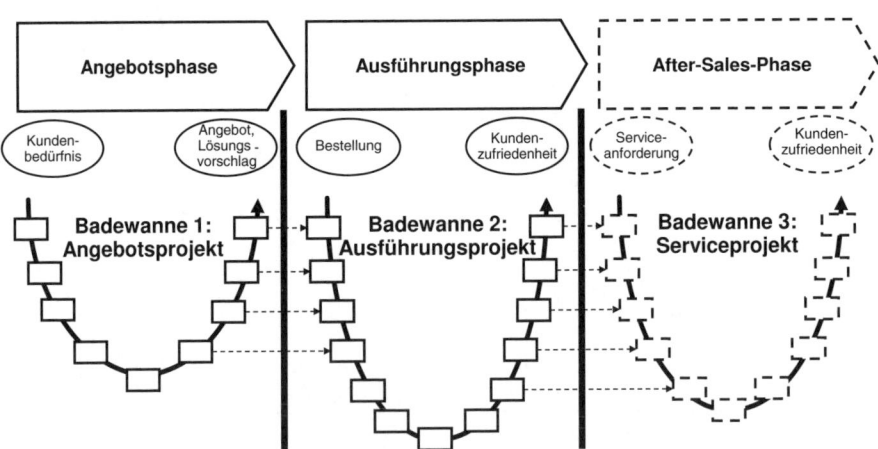

Abbildung 9.5 Phänomen der „doppelten Badewanne"

Ein weltweit tätiger Lieferant von Parkleitsystemen musste trotz steigender Umsätze Jahr für Jahr zunehmende Verluste registrieren. Obwohl ein Projektmanagement mit strengem Projekt-Controlling eingeführt worden war, erodierten regelmäßig die Margen über den mehrjährigen Projektverlauf. Branchenüblich waren Fixpreisgebote. Schon eine kurze Situationsanalyse zeigte auf, dass verschiedene Projektübergaben einen Großteil der Probleme verursachten (siehe Abbildung 9.6).

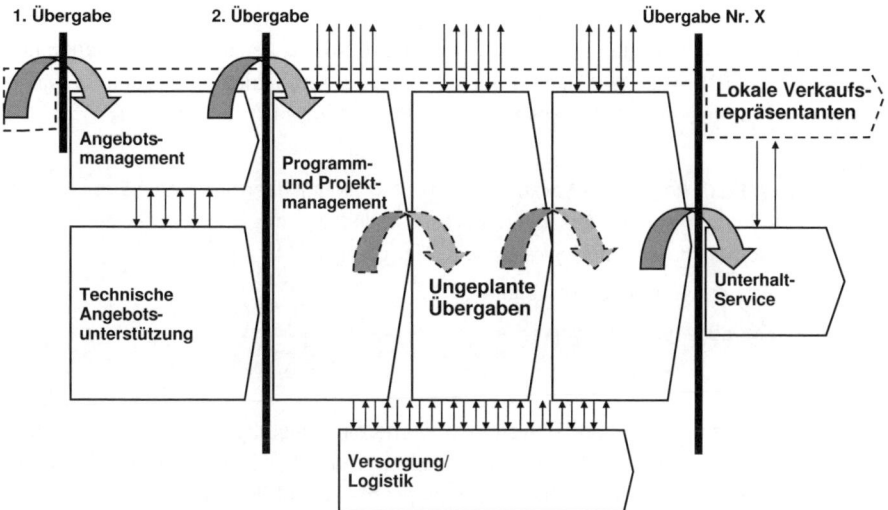

Abbildung 9.6 Ursprünglicher Projektablauf (Beispiel: Lieferant von Parkleitsystemen)

Die erste Schnittstelle wurde mit der Übergabe vom lokalen Kundenakquisiteur zum zentralen Verantwortlichen geschaffen, welchem wertvolles Kundenverständnis für die Erarbeitung der kundenspezifischen Lösung fehlte. Diese Problematik verursachte die niedrige Trefferrate in der Akquise, aber auch die ungenügende Detailschärfe in der Projektierung, welche im Falle eines Auftrags zu technischen Schwierigkeiten bei der Inbetriebsetzung führte. Die zweite Schnittstelle, die Übergabe vom Angebotsmanagement an das Programm- und Projektmanagement, war weit problematischer. Das verhandelte Angebot wurde vom verantwortlichen Projektleiter nur mit Vorbehalt akzeptiert. Schon nach der ersten Analyse der lokalen Kundenverhältnisse verwarf er das technische Konzept, die Kosten und die Terminvorgaben. Damit war der Damm gegen die Margenerosion eingebrochen. Eine weitere Quelle für Projektverspätungen und Margenerosion bestand in den ungeplanten Wechseln in der Projektleitung während der Projektabwicklung. Eine letzte Übergabe betraf die interne Übergabe nach der Inbetriebsetzung an die Service-Abteilung. Mit dieser letzten Schnittstelle gingen wertvolle Detailkenntnisse der installierten Gesamtanlage verloren; entsprechend schwierig und aufwendig war die Unterstützung des Kunden bei auftauchenden Schwierigkeiten während des Betriebs. Damit konnte auch aus dem Service-Geschäft keine Ertragsperle entwickelt werden.

Das Gestaltungsprinzip *„Kundenorientierung"* gewährleistet eine nahtlose Betreuung des Kunden und vor allem auch Transparenz betreffend aller Vereinbarungen mit dem Kunden über den Geschäftsbeziehungszyklus. Das Gestaltungsprinzip *„Prozessorientierung"* bedeutet hier, dass durchgängige Abwicklungsverantwortung nur übernehmen kann, wer bei der Spezifikation der komplexen Lösung beteiligt ist. Kundenorientierung und Prozessorientierung führen allerdings zu substanziellen Neudefinitionen der Rollen und Verantwortlichkeiten im Unternehmensdesign. Insbesondere sind zwei Geschäftsprozesse zu etablieren: der erste mit der Rundum-Verantwortung für den Kunden und der zweite mit der Verantwortung für die zu erbringende Leistung. Da die wahrgenommenen Aufgaben des ersten Geschäftsprozesses sehr ähnlich dem klassischen „Key-Account-Management" sind, wird der Geschäftsprozess *KAM*-Prozess genannt. Die Aufgaben des zweiten Geschäftsprozesses weisen in manchen Fällen Ähnlichkeiten mit dem „Project-Engineering-Management" auf, weshalb er als *PEM*-Prozess bezeichnet wird.

KAM/PEM: Rollen und Verantwortlichkeiten zweier über den Geschäftsbeziehungszyklus durchgängigen Prozesse des Lösungsgeschäfts. Dabei werden die Verantwortlichkeiten wie folgt geregelt:

- *KAM:* Kundenverantwortlicher
- *PEM:* Lösungsverantwortlicher

Für den Lieferanten von Parkleitsystemen wurde ein dreistufiges Makrodesign entwickelt (siehe Abbildung 9.7). In der ersten Stufe war ein über den gesamten Geschäftsbeziehungszyklus verantwortlicher Geschäftsprozess (KAM-Prozess) etabliert worden, welcher für die langfristige Beziehung zum Kunden und alle kommerziellen Vereinbarungen verantwortlich war. Da er alle Kundenvereinbarungen kannte, wurde ihm auch die Kompetenz übertragen, zu entscheiden, welche Änderungswünsche zu Zusatzforderungen führen bzw. aus Kulanz abgewickelt wurden.

Auf der zweiten Stufe war ein weiterer Geschäftsprozess eingeführt worden, welcher parallel zum ersten Geschäftsprozess ebenfalls über den gesamten Zyklus der Geschäftsbeziehung im Auftragsverhältnis des Ersteren wirkte. Dieser zweite Geschäftsprozess (PEM-Prozess) war vor allem für alle technischen Belange mit der entsprechenden Verantwortung für die Kosten und die Termine zuständig. Diese Kostenverantwortung umfasste auch die Margenentwicklung über den Verlauf der Projektabwicklung.

Ein dritter Geschäftsprozess entlastete den zweiten, indem er im Auftragsverhältnis konfigurierbare oder leicht anpassbare Module bereitstellte. Damit wurde die Wertschöpfungstiefe für den zweiten Geschäftsprozess (nach unten) begrenzt, was diesem die Wahrnehmung der horizontalen Verantwortung von der technischen Angebotsausarbeitung, über die Realisierung bis zum Unterhaltsservice ermöglichte.

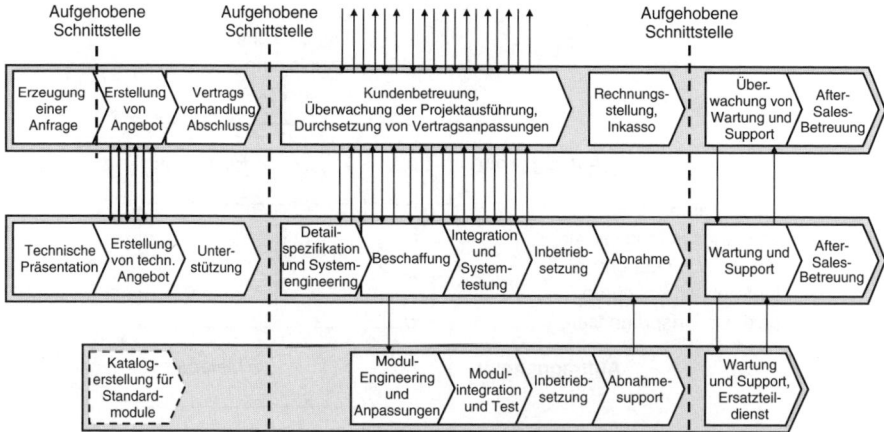

Abbildung 9.7 Neues Makrodesign für die Abwicklung komplexer Aufträge
(Beispiel: Lieferant von Parkleitsystemen)

Die Festlegung von Geschäftsprozessen, welche durchgängig und entlang der gesamten Geschäftsbeziehung verantwortlich sind, führt einerseits dazu, dass problematische Übergaben aufgehoben oder in die Geschäftsprozesse integriert werden. Damit wird auch das Phänomen der „doppelten Badewanne" vermieden. Andererseits bleiben dadurch die horizontalen Schnittstellen, vor allem jene zum Kunden, stabil. Auf diese Weise können auch im Geschäft mit komplexen Produkten eindeutige Rollen und Verantwortlichkeiten, insbesondere an den KAM- bzw. PEM-Prozess, zugewiesen werden. Zwischen KAM und PEM entsteht ein wechselbezügliches Rollenverständnis, welches später in diesem Kapitel noch erläutert wird. Hierfür ist zunächst die Vertiefung des Themas der Vereinbarung eines komplexen Leistungsmix entlang der gesamten Geschäftsbeziehung nötig.

■ 9.4 Vereinbarung eines komplexen Leistungsmix

Im KAM/PEM-Ansatz sind sowohl der KAM-Prozess als auch der PEM-Prozess an der Auftragsakquise beteiligt. Insbesondere der PEM-Prozess übernimmt bei der Vereinbarung der zu erbringenden Leistungen eine Schlüsselrolle. Die Vereinbarung des Leistungsumfangs sowie der Bestellungs-/Lieferungsprozeduren (inkl. Bedarfsprognosen) in der „Pre-Sales"-Phase sind für den Erfolg der Geschäftsbeziehung entscheidend (siehe Abbildung 9.8). Werden in dieser Phase falsche Erwartungen geweckt oder enthalten die Vereinbarungen Missverständnisse oder Unklarheiten, dann sind später aufwendige, teilweise aufreibende und vor allem teure Korrekturen notwendig. In den Vereinbarungen werden neben dem zu erbringenden Leistungsmix und den Konditionen die Bestellungs- und Lieferungsprozeduren, gegebenenfalls auch Prognoseverpflichtungen, festgelegt.

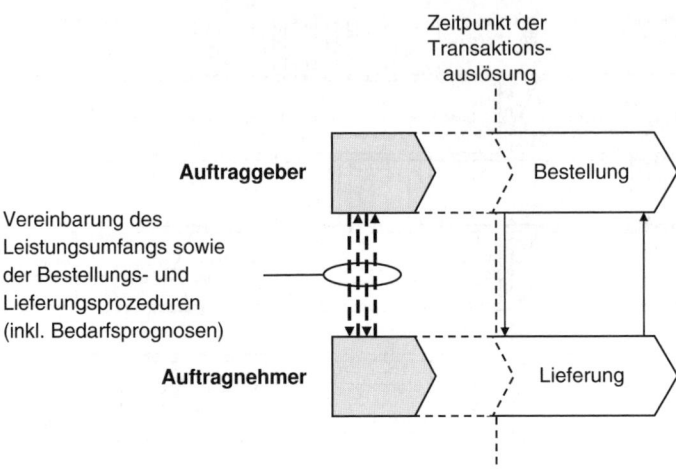

Abbildung 9.8 Vereinbarung des Leistungsmix

Bei der Vereinbarung sind zwei Extremfälle auszumachen (siehe Abbildung 9.9): Im ersten Fall sind die Leistung sowie das Austauschprozedere standardisiert und es sind keine kundenspezifischen Vereinbarungen mehr zu treffen; im zweiten Fall werden der Leistungsmix und/oder die Austauschbedingungen kundenspezifisch definiert.

Fall 1:

Marktähnlicher Austausch von „Standard"-Produkten zu Standardbedingungen

Fall 2:

Geschäftsfallspezifischer Austausch
- kundenspezifische Produkte und/oder
- spezifische Bedingungen und/oder
- spezifische Bestell- oder Abrufprozeduren

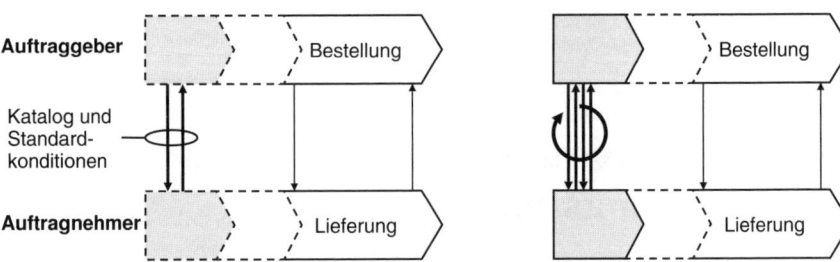

Abbildung 9.9 Standardisierter und geschäftsfallspezifischer Austausch

Im ersten Extremfall ist das Vereinbarungsverfahren einfach und mit wenig Aufwand verbunden. Die Vereinbarung einer Katalogleistung zu Standardaustauschbedingungen ermöglicht eine ebenso standardisierte Lieferung bzw. Erbringung der Leistung. Typischerweise fallen Katalogprodukte und einfache Dienstleistungen (beispielsweise Transportleistungen) darunter. Entsprechend kann die Auftragsausführung nach im Voraus festgelegten Prozeduren erfolgen. Dies schafft günstige Voraussetzungen für Performancesteigerungen, welche auf Lernkurven- und Volumeneffekten beruhen. Allerdings können einfach imitierbare Produkte auch durch einen Mix von Dienstleistungen, z. B.

Transportleistungen, Inbetriebnahme oder Finanzierungen, ergänzt werden, um eine ausreichende Differenzierung zu erzielen.

Dies ist vor allem durch die Tertiarisierung der Wirtschaft sowie die zunehmende Digitalisierung immer stärker zu beobachten. Produkte, die Träger des ursprünglichen Kundennutzens der Unternehmen des sekundären Wirtschaftssektors, werden mittlerweile fortwährend durch verschiedenste Dienstleistungen ergänzt. Um Ergänzungspotenziale zu identifizieren, werden sämtliche Phasen des Produktlebenszyklus in Betracht gezogen. In diesen Produkt-Dienstleistungs-Bündeln wird vielfach die einzige Chance gesehen, zusätzliche Vorteile gegenüber den Mitbewerbern am Markt zu erlangen.

Die Kombination von Produkt- und Dienstleistung erfordert jedoch nicht nur eine komplexe Vereinbarung mit dem Kunden, sondern oft eine noch komplexere Auftragsabwicklung. Damit sind wir beim anderen Extrem angelangt.

Im zweiten Fall handelt es sich um *komplexe Leistungen* und letztlich *komplexe Austauschbeziehungen* mit dem Kunden. Schon die Vereinbarung mit dem Kunden ist aufwendig. Welchen Mehrwert der Kunde mit der Lösung einkauft, ist für jeden einzelnen Geschäftsfall zu klären und kundenindividuell, oft sogar geschäftsfallspezifisch als Lösungsvorschlag aufzubereiten (siehe auch Box: „Warum der Kunde Lösungen will"). Die komplexe Leistung wird in den meisten Fällen detailliert umschrieben und mit dem Kunden ausgehandelt. Die Ausführung selbst, aber auch die Prozessperformance in der Ausführung hängen in entscheidender Weise von den Leistungsversprechungen und getroffenen Vereinbarungen ab. Deshalb ist die Aushandlung der Vereinbarungen von komplexen Leistungen mit dem Kunden in den meisten Fällen mit internen Aushandlungen zu ergänzen. So hat der Kundenbetreuer die einschlägig versierten Fachspezialisten schon in die Aushandlung mit dem Kunden mit einzubeziehen. Und wenn der Fachspezialist jener ist, der später für die Ausführung verantwortlich ist, lernt der Kunde ihn schon kennen – ein in den meisten Fällen positives Argument für den Zuschlag.

Bei der Vereinbarung von komplexen Leistungen – unabhängig, ob sie Sach-, Dienst- oder Informationsleistungen betreffen – ist die *Eindeutigkeit* der Auftragsspezifikationen besonders zu beachten. Sie ist weit schwieriger zu realisieren, als gemeinhin angenommen wird. Vor allem bei erstmaligen Geschäftsbeziehungen sind die kundenspezifischen Verhältnisse oft unbekannt. Die Versuchung ist jedoch groß, durch vorschnelle Eingeständnisse (beispielsweise für Mehrleistungen, besonders günstige Konditionen oder besonders kurze Termine) den Kundenauftrag zu gewinnen. Damit werden Risiken mit nicht kalkulierten, aber auch später nicht verrechenbaren Aufwendungen eingegangen, insbesondere wenn die Leistung unter Werkvertragsbedingungen zu erbringen ist.

Aber auch Absicherungen sind riskant. Verbreitet hat sich die Lieferantentaktik, die komplexe Lösung im Werkvertrag durch eine Vielzahl von (einfachen) Teillösungen zu beschreiben. Beispielsweise werden im Baugewerbe Bauleistungen auf eine lange Liste von Meterleistungen und Tonnagen oder in der Softwarebranche Systementwicklungen auf sehr umfangreiche Funktionskataloge reduziert. Es ist folglich kein Wunder, dass der Kunde dabei den Durchblick verliert und schon geringe Abweichungen durch margenträchtige Zusatzzahlungen abgelten muss. Als Reaktion auf dieses Gebaren verlangen Kunden vermehrt Performance-Garantien für das Werk oder haben ihrerseits Planer und Berater engagiert.

 TIPP Lenken Sie bei kundenspezifischen Lösungen Ihre Aufmerksamkeit zuerst auf die Vermeidung von Fehlern in der Angebotsphase. Hier wird 80 % über Erfolg und Misserfolg des Kundenauftrags entschieden.

Im Geschäft mit kundenspezifischen Leistungen stellt sich auch die Frage nach der *Kompatibilität* mit der bestehenden „Supply-Chain" bzw. „Delivery-Chain". Sehr oft werden Leistungen vereinbart, die im bestehenden Makrodesign nicht berücksichtigt werden. Stellvertretend seien zwei Beispiele angeführt: Drittleistungen einzubeziehen, kann sehr teuer werden, wenn dies zu weiteren Schnittstellen im Makrodesign führt, welche kaskadisch nicht vorgesehen sind; Drittleistungen können technische Randbedingungen festlegen, welche ungenügend bekannt sind. Der daraus resultierende Mehraufwand wird oft unterschätzt.

Ein Schlüssel zur Risikominderung und Aufwandreduktion ist eine Leistungs*architektur,* welche zwar einerseits kundenspezifische Lösungen unterstützt, andererseits aber ebenso die *Wiederverwendung* von konfigurierbaren Bausteinen oder Modulen gestattet (siehe „Vertikale Architektur der Marktleistung" in Kapitel 8 bzw. Box „Modularer Aufbruch der komplexen Aufgabe" in Kapitel 9).

Die Lösung hat dabei kundenspezifische Teile nur soweit zu umfassen, als sie zur Erfüllung der spezifischen Kundenbedürfnisse nötig sind. Die übrigen, nichtkundenspezifischen Bedürfnisse sind durch Standardteile abzudecken. Durch den Rückgriff auf standardisierte Bausteine werden nicht nur Volumeneffekte mit dem jeweiligen Baustein erzielt, sondern durch die Lernkurveneffekte auch die Risiken reduziert, verspätet, mit Qualitätsproblemen und zu hohem Aufwand den Auftrag zu erbringen.

Beim Dienstleister für Netzwerkbau ergab die Situationsanalyse, dass kein Modell der frühzeitigen Einbindung des internen Auftragnehmers praktiziert wurde (siehe auch „Abbildung komplexer Prozessstrukturen" in Kapitel 4). Anstelle durchgängiger Geschäftsprozesse folgte der Ablauf den funktional organisierten Bereichen, welche entlang der Geschäftsbeziehung jeweils nur abschnittsweise zuständig waren. Entsprechend stellte sich der Ablauf im Kaskadenmodell wie ein Wasserfall dar (siehe Abbildung 9.10). Die notorischen Verluste waren direkte Folge von mangelhafter Ergebnisverantwortung, offenen Geschäftsprozessen sowie von hohen betrieblichen Koordinationskosten, welche durch die geschäftsfallbezogenen Interventionen entstanden.

In der „Pre-Sales"-Phase wurde zwar die technische Lösung von einem Verkaufssupportbüro („Pre-Sales-Support" genannt) im Auftrag des Verkaufs entworfen, die Kosten und Risiken wurden aber jeweils systematisch unterschätzt. Dies war darin begründet, dass das Verkaufssupportbüro niemals in die Ausführung involviert war und somit nicht zu jenen Erfahrungen gelangte, welche für eine realistischere Projektierung nötig gewesen wären. Im Gegenteil verstand sich der Verkaufssupport als Stabsbereich des Verkaufs und legte den Schwerpunkt eher auf die technologische Brillanz als auf die damit einhergehenden Risiken. Dem Verkauf oblag die Verantwortung für den kommerziellen Abschluss, wobei dieser in den weiteren Verlauf der Geschäftsbeziehung nicht mehr involviert war. Die Rechnung an den Kunden wurde von der zentralen Verkaufsadministration nach Auftragsabschluss gestellt. Damit entstand eine offene – anstatt durchgängige – Verantwortung für den Kunden. Von „One-Face-to-the-Customer" konnte bei Weitem nicht die Rede sein.

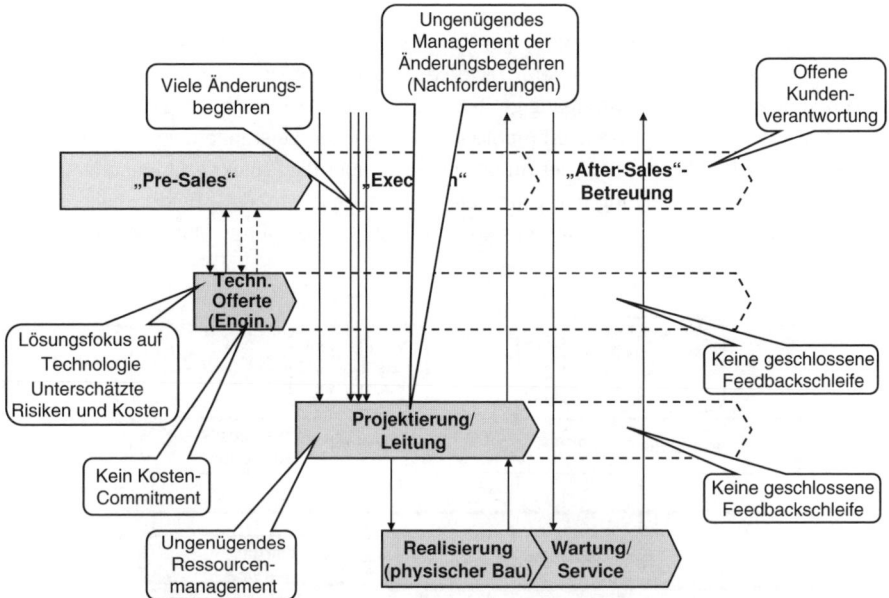

Abbildung 9.10 Problembereiche im praktizierten Modell (Beispiel: Netzwerkbau)

Entschied sich der Kunde für das Unternehmen, wurde die Auftragsbearbeitung einem Projektierungsbüro im „Customer Service" übertragen. Dem Projektierungsbüro oblag die Aufgabe des Kundenkontakts in der „Execution"-Phase. Es überarbeitete das technische Lösungskonzept, insbesondere wenn seitens des Kunden noch Anpassungen gewünscht wurden. Darauf basierend erarbeitete es die technischen Details, löste Materialbeschaffungen aus und nahm die Softwarekonfiguration vor. Anschließend wurde die Servicemannschaft mit der physischen Installation beauftragt. Da weder das Projektierungsbüro noch die Servicemannschaft in der „Pre-Sales"-Phase zur Ausarbeitung des Angebots hinzugezogen wurden, akzeptierten sie keine Termin- oder Kostenvorgaben. Mit der Übergabe an den Kunden war für das Projektierungsbüro die eigene Aufgabe erledigt. Die Verkaufsadministration stellte die Rechnung. Änderungsbegehren waren während der Ausführung nicht systematisch erfasst worden, sodass Zusatzforderungen nicht geltend gemacht werden konnten. Auch das Projektierungsbüro fühlte sich eher für eine reibungslose technische Inbetriebsetzung als für eine kommerzielle Vorgabe verantwortlich.

Gewährleistungsverpflichtungen sowie Unterhaltsservice wurden von der Servicemannschaft erbracht. Waren Fehler in der Softwarekonfiguration vorhanden, konnten sie die Probleme erst nach langwierigen Rückfragen im Projektierungsbüro beheben. Die Reaktionsfähigkeit des Service war deswegen eingeschränkt, was die Kundenzufriedenheit wieder senkte. Da das Projektierungsbüro nicht systematisch in die „After-Sales"-Phase einbezogen war, entgingen auch ihm wertvolle Betriebserfahrungen, welche für eine permanente Verbesserung der Dienstleistungen nötig gewesen wären.

Im neuen Unternehmensdesign waren für den Netzwerkbauer zwei durchgängige Geschäftsprozesse definiert worden. Der erste Geschäftsprozess war für die Gewinnung von Kunden und deren durchgängige Betreuung (KAM-Prozess genannt) verantwortlich. Der zweite Geschäftsprozess erbrachte alle technischen Leistungen, von der Erstellung des technischen Konzepts in der Angebotsphase, über die Projektierung und Netzwerkinstallation bis zu Wartung und Unterhalt (PEM-Prozess genannt). Beide Geschäftsprozesse waren somit entlang des gesamten Geschäftsbeziehungszyklus beteiligt (siehe Abbildung 9.11).

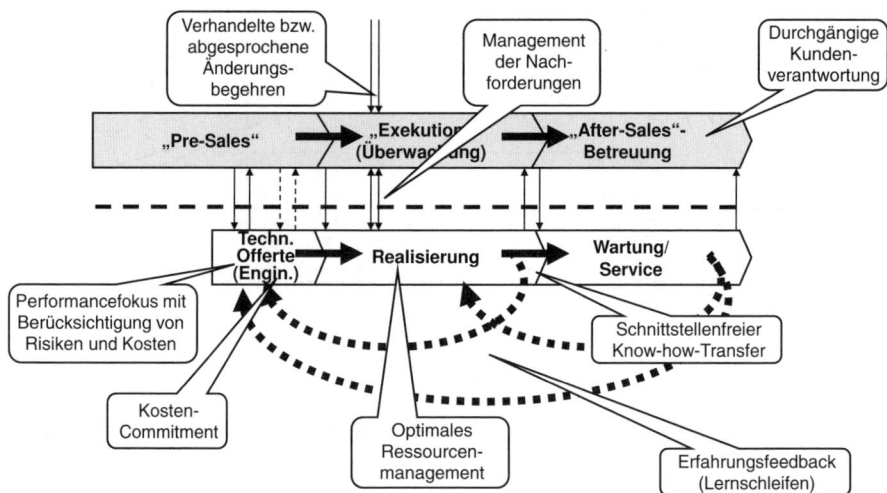

Abbildung 9.11 Sicherstellung der durchgängigen Verantwortung mit dem KAM/PEM-Ansatz (Beispiel: Netzwerkbau)

Mit diesem neuen Makrodesign ist zunächst eine durchgängige Verantwortung für die Kundenbetreuung gewährleistet. Ein einziger Geschäftsprozess betreut den Kunden vom Erstkontakt über den ersten Abschluss und die Ausführung bis zur Vereinbarung von Unterhalts- und Serviceleistungen. Ihm obliegt auch die Aufgabe, Nachforderungen aufgrund von Änderungsbegehren des Kunden zu verhandeln – oder gegebenenfalls aus Kulanz darauf zu verzichten. So ist sichergestellt, dass diese Änderungsbegehren dokumentiert sind und der übliche kulante Umgang der Techniker eingeschränkt wird.

Die technische Konzeption in der „Pre-Sales"-Phase, die Projektierung und Installation in der „Execution"-Phase sowie die Wartungs- und Unterhaltsservices in der „After-

Sales"-Phase wurden in einem weiteren Prozess zusammengefasst. Dies schaffte wichtige Voraussetzungen für die Performanceverbesserung: Erstens entstanden die Lösungskonzepte vermehrt unter Berücksichtigung von Kosten und Risiken, denn im Auftragsfall musste das Konzept effizient realisiert werden. Zweitens verpflichtete sich der PEM-Prozess bezüglich Termin und Aufwandschätzung. Verstärkt wurde diese Verpflichtung dadurch, dass die Verantwortung für das optimale Ressourcenmanagement dem PEM-Prozess oblag. So war sichergestellt, dass der Auftrag sowohl qualitativ wie auch terminlich und kostenmäßig richtig erfüllt wurde. An der termingetreuen Fertigstellung wurde er genauso gemessen wie an der Abweichung von den tatsächlich realisierten Kosten zu den geplanten, im Angebot hinterlegten Kosten. Und drittens wurde auf diese Weise nicht nur ein Feedback aus der Inbetriebsetzung des Netzwerks, sondern auch aus Betriebspraxis, Wartung und Unterhalt sichergestellt. Damit wurde das Lernen aus konkreten Erfahrungen über den gesamten Lebenszyklus eines Netzwerks möglich und der kontinuierliche Verbesserungsprozess für technisch wie auch kommerziell bessere Lösungen angestoßen.

Warum der Kunde Lösungen will

Lösungen bestehen immer aus einer beliebigen Kombination von Sach-, Dienst- und Informationsleistungen. Aus Sicht des Kunden entsteht der Mehrwert einer Lösung durch folgende Wertschöpfungsmechanismen:

- *Bündelung:* Durch die Bündelung wird eine Auswahl von (Standard-)Leistungen aufeinander abgestimmt. Beispielsweise wird zusätzlich zur Hauptleistung noch eine maßgeschneiderte Kauffinanzierung erbracht. Auch Komplett- und Turnkey-Lösungen fallen darunter. Typische Beispiele sind Total- und Generalunternehmerleistungen im Bau, Montagesets mit Komponenten von Dritten in der Industrie, Factoring-Dienstleistung mit Rechnungsstellung, Debitorenüberwachung, Inkasso und Ausfallversicherung oder Portfoliomanagement für wohlhabende Kunden der Banken.

- *Integration:* Bei der Integration handelt es sich um das Zusammenführen von Komponenten und Modulen zu einem kundenindividuellen System. Vielfach sind bereits *kundenseitig bestehende Systeme* einzubinden oder die Leistungen in *kundenseitige Prozesse* zu integrieren. Dazu zählt auch die Integration ins Erlösmodell des Kunden. Typische Beispiele sind Druckversorgung mit Industriegasen, auftragsspezifische Kommissionierungsleistungen für Kunden, Vertriebslogistik für Süßwarenhersteller, Versandlogistik für Versandhäuser oder mit Cashflow des Kunden synchronisierte Finanzierungsmodelle (z. B. Pay-per-Use).

- *Innovation:* Mit der Neukonzeption bzw. Neugestaltung einer Lösung erhält der Kunde etwas Neues. Dabei kann es sich um die Entwicklung und Realisierung neuer, noch nicht am Markt erhältlicher Lösungen handeln. Als Beispiele können die Entwicklung von Komponenten wie Motorsteuerungen oder effizienten Getrieben im Automobilbau, von neuen Fertigungsverfahren für Chip-Hersteller, von chemischen Syntheseschritten für Pharmaunternehmen oder von neuartigen Finanzabsicherungsinstrumenten genannt werden.

- *Transformation:* Bei der Transformation sollen kundenseitige Prozesse optimiert oder bestehende Systeme abgelöst, migriert und angepasst werden. Darunter fallen auch alle Maßnahmen zur Werterhaltung und -steigerung von Lösungen über deren Lebenszyklus. Typische Beispiele sind kundenindividuell aufgebaute Abwicklungs- organisationen, integrierte Produktionslinien, Outsourcing-Lösungen für Support- bereiche oder IT-Lösungen.

■ 9.5 Abwicklung von komplexen Aufträgen

Komplexe Vorhaben – ob kundenspezifische Lösungen, Projekte oder Produktentwick- lungen – lassen sich *als komplexe Aufträge prozessbasiert abwickeln.* Da das übliche Projektverständnis Einmaligkeit einschließt, der Geschäftsprozess jedoch die Wieder- holbarkeit voraussetzt, wird nicht von Projekten, sondern von komplexen Aufträgen mit prozessbasierter Planung, Ablaufstrukturierung und Abwicklung gesprochen. Die klare Regelung der Zuständigkeiten nach der Auftraggeber-Auftragnehmer-Beziehung stellt dabei eine Voraussetzung dafür dar, dass Ablaufregelungen realisiert werden können, welche ein genügendes Maß an Wiederholbarkeit unter komplexen Aufträgen gestatten. Der KAM/PEM-Ansatz wird nicht zwingend vorausgesetzt, da gegenüber einem auftrag- nehmenden Geschäftsprozess ein externer Kunde oder irgendein (interner) Geschäfts- prozess an die Stelle des KAM-Prozesses treten kann.

Auch wenn sich jeder Kunde immer anders verhält, bestehen in der Regel genügend Ähnlichkeiten, welche – *ablaufmäßige,* aber nicht notwendigerweise inhaltliche – Wie- derholungen zulassen und damit Risiken verringern sowie Lernkurveneffekte ermög- lichen. Um dies zu realisieren, ist vorab eine konsequente und *wiederverwendbare Struk- turierung der Abläufe* notwendig. Gelingt es zudem, die Lösungen in standardisierbare und wiederverwendbare – also *inhaltliche* – Module oder Komponenten aufzubrechen, lassen sich sogar Volumeneffekte erzielen. Letzteres hängt von der gewählten Leistungs- architektur ab, welche der Lösung zugrunde liegt (siehe Box „Modularer Aufbruch der komplexen Aufgabe").

Im Folgenden sei eine vielfach verwendbare und rekursive Ablaufstrukturierung oder *„Standard-Operating-Procedures" für komplexe Aufträge bzw. Projekte* hergeleitet. Aus- gangspunkt ist der Auftragszyklus, welcher die Zusammenarbeit zwischen zwei Ge- schäftsprozessen allgemein regelt. Er ist zwar für *einfache Aufträge* dargestellt worden, gilt jedoch mit wenigen Ergänzungen auch für *komplexe Aufträge* (siehe „Werkzeug 1: Anwendung des Auftragszyklus durch Kaskadierung" in Kapitel 6). Diese Erweiterun- gen betreffen einige planende und dispositive Tätigkeiten, die auftragsspezifisch vor- zunehmen sind. Diese werden nicht in genügendem Maße befolgt, wenn der komplexe Auftrag nicht erfolgreich abgeschlossen werden kann.

Aus Sicht des ausführenden Geschäftsprozesses (hier auch PEM-Prozess) findet zu- nächst eine Übernahme des Auftrags statt. Es schließen sich drei zusätzliche planende bzw. dispositive Tätigkeiten – falls keine Meilensteine vorgesehen sind – an: das Aufbrechen des Auftrags in Teilaufträge, die Identifikation von internen oder externen Leistungserbringern und die Einplanung der Ressourcen (siehe Abbildung 9.12):

- Das *Aufbrechen des komplexen Auftrags* in Teilaufträge sollte nach zeitlich wie auch sachlich logischen Gesichtspunkten erfolgen und immer abschließbare Arbeitspakete umfassen. Liegt dem komplexen Auftrag eine modulare Lösungsarchitektur zugrunde, so sollten die Bruchstellen entlang dieser Architektur erfolgen. Vorteilhaft ist eine objektorientierte Architektur.

- Die *Identifikation der Leistungserbringer* schließt prozessinterne wie auch prozessexterne Möglichkeiten ein. Prozessextern wird es sich meist um eine umfassende Suche sowie Evaluierung der Qualifikationen und Konditionen handeln, im Wiederholungsfall um deren Bestätigung.

- Bereits bei der *Einplanung der internen oder externen Leistungserbringer* bzw. Ressourcen ist die terminliche Lieferbereitschaft sicherzustellen. Der Zeitplan muss eine gegenseitig verpflichtende Terminvereinbarung und nicht einen einseitigen Terminwunsch darstellen.

Diese drei planenden bzw. dispositiven Tätigkeiten sind nicht direkt wertschöpfend, aber notwendig, damit die Wertschöpfung erfolgreich erbracht werden kann (sie werden deshalb auch als wert*neutral* bezeichnet). Diesen folgt erst die ausführende, direkt wertschöpfende Tätigkeit. Die *Ausführungstätigkeit* ist in jedem Fall auftragsspezifisch. Sie umfasst bei einer prozessexternen Leistungserbringung eines Subauftrags immer auch dessen Integration in den (übergeordneten) Auftrag. Im Falle eines Anlagenbaus kann es sich je nach Auftragsstruktur um die Lastenheftanalyse, die Systemkonzeption, die Modulintegration oder die Inbetriebsetzung handeln.

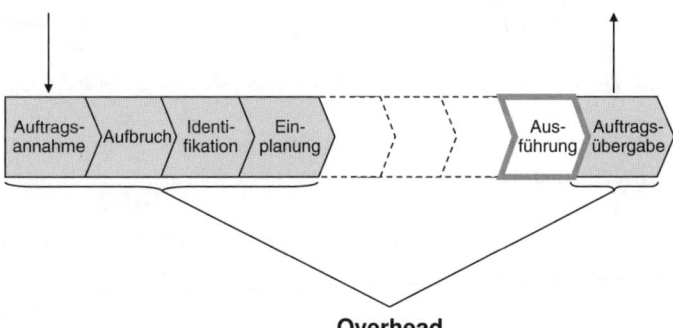

Overhead

Abbildung 9.12 Generische Planungs- und Dispositionsschritte bei komplexen Aufträgen (ohne Meilensteine)

Nach der Ausführung wird – falls keine (weiteren) Meilensteine vorliegen – der Auftragszyklus mit der Auftragsübergabe bzw. der Abnahme durch den Auftraggeber abgeschlossen. Die Schritte Auftragsannahme, Aufbruch, Identifikation, Einplanung und Übergabe stellen zusammen den minimal notwendigen Overhead eines Auftragszyklus bei komplexen Aufträgen dar. Gegenüber dem Overhead von einfachen Aufträgen ist er um die Tätigkeiten Aufbruch, Identifikation und Einplanung erweitert. Er scheint formalistisch und im Vergleich zur nachfolgenden wertschöpfenden Ausführung aufwendig, doch zum einen kann durch konsequente und wiederholte Anwendung Sicherheit und Routine erlangt werden und zum anderen wird mit den erzielten Lernkurveneffekten der Overheadaufwand reduziert.

Werden Leistungen prozessextern erbracht, kommt vor deren Ausführung rekursiv der Auftragszyklus für einfache Aufträge vollständig zur Anwendung. Dem (externen) Erbringer des Subauftrags steht es grundsätzlich frei, wie die planenden und dispositiven Tätigkeiten innerhalb des Auftragszyklus erbracht werden. Durch die Schnittstellen des Auftragszyklus sind die planenden und dispositiven Tätigkeiten vom Umfeld isoliert und nur prozessintern, zur Steuerung der eigenen Aktivitäten, wirksam (siehe Abbildung 9.13). Innerhalb eines Unternehmens sollte allerdings eine einzige und standardisierte Abwicklungsfolge – im Sinne einer *Standard-Operating-Procedure* – angewendet werden. Damit werden Ressourcenaustausch, aber auch Schulung und betriebliche Kommunikation wesentlich vereinfacht.

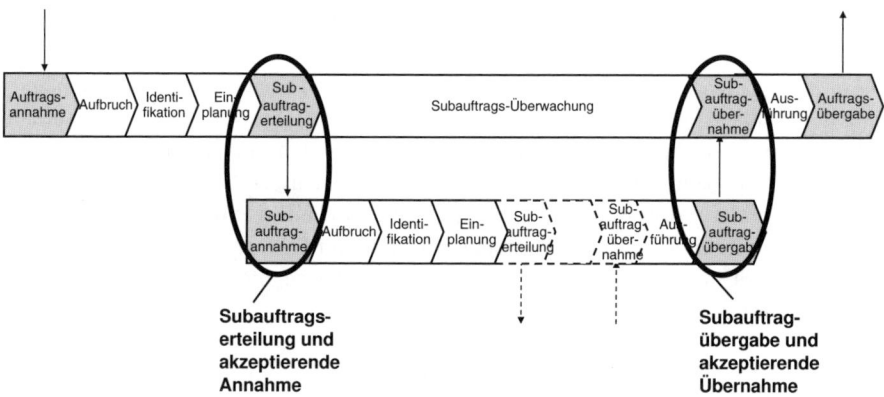

Abbildung 9.13 Rekursive Auftragszyklen bei komplexen Aufträgen (ohne Meilensteine)

Der Einfachheit halber ist bisher von einer Abwicklung ohne Meilensteine ausgegangen worden. Die zusätzlichen planenden Tätigkeiten für Meilensteine lassen sich einfach in das vorliegende Grundgerüst einbauen, indem einerseits eine Meilensteinplanung und andererseits ein Meilensteinreview sowie eine Auftragsabschlussüberprüfung vorgesehen werden (siehe Abbildung 9.14):

- Die *Meilensteinplanung* umfasst die zeitliche Auflösung eines (Teil-)Auftrags in sequenziell abzuarbeitende und prüfbare Arbeitspakete und erfolgt nach dem Aufbrechen des Auftrags. Zwischen den Meilensteinen sollten kürzere Zeitintervalle liegen. Beispielsweise sind in der Softwareentwicklung, in der die Fortschrittskontrolle wegen des immateriellen Charakters des zu erstellenden Guts schwierig ist, positive Erfahrungen mit ein- oder zweiwöchentlichen Meilensteinen gemacht worden. Kurze Meilensteinintervalle schränken zum einen die Ungenauigkeit bei der Aufwandschätzung ein und ermöglichen im Falle von Abweichungen Korrekturen mit noch übersichtlichem Aufwand. Zum anderen führen kurze Meilensteinzyklen zu erheblichen Lerneffekten aufgrund der wiederholten Einschätzung von Aufwand und verbundenem Risiko.

▪ Der *Meilensteinreview* dient der Prüfung, ob Vorgaben, welche mit dem Meilenstein verbunden sind, erfüllt sind. Gegebenenfalls sind Korrekturmaßnahmen unmittelbar einzuleiten, damit die übergeordneten Auftragsziele und Vorgaben doch noch erreicht werden. Mit der Methodik des „Fast-Programming" wird beispielsweise in der Softwareentwicklung die Vorgabenerfüllung (zwei-)wöchentlich überprüft. Abweichungen werden dabei durch Wochenendarbeit behoben, damit zeitgerecht zu Wochenbeginn mit dem nächsten Meilenstein gestartet werden kann.

▪ Die *Auftragsabschlussüberprüfung* stellt fest, ob alle Meilensteine bereits erledigt sind und der gesamte Auftrag erfüllt ist. Im positiven Fall findet anschließend die Übergabe an den Auftraggeber statt. Ist der Auftrag hingegen noch nicht vollständig ausgeführt, setzt er bei der Planung der Meilensteine wieder ein. Falls notwendig, ist aufgrund der Ergebnisse der Meilensteinreviews der Meilensteinplan anzupassen. Die Funktion dieser Abschlussüberprüfung wird durch die Behandlung von Änderungsbegehren noch erweitert (siehe unten).

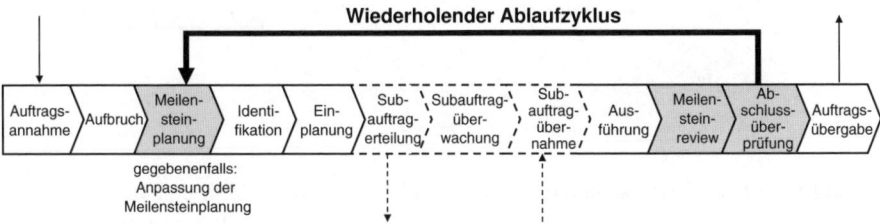

Abbildung 9.14 Generische Meilensteinprozedur

Bei der Abwicklung von komplexen Aufträgen bzw. Projekten ist der Umgang mit *Änderungsbegehren* des Auftraggebers besonders problematisch (wie bereits mehrfach betont). Werden Änderungsbegehren als gegeben vorausgesetzt, verliert jede Planung an Verbindlichkeit. Vielfach werden Änderungsbegehren aus Kulanz akzeptiert. Sie werden aber auch zum willkommenen Anlass genommen, um Planungs- und Dispositionsdefizite (genauso wie auch die Fehler in der Lösungskonzeption) beheben zu können. Ein Mechanismus, der die Akzeptanz von unverhandelten Änderungsbegehren verhindert, ist deshalb besonders wichtig. Als Regel gilt: *Vor der Ausführung des Änderungsbegehrens ist der Auftrag anzupassen.*

Mit dieser Regel wird auch dem KAM/PEM-Ansatz entsprochen, in dem zuerst der KAM-Prozess ein Änderungsbegehren – mit oder ohne Verhandlung mit dem (externen) Kunden – zu genehmigen hat, bevor es durch den PEM-Prozess ausgeführt wird. Um die vorzeitige Ausführung von Änderungsbegehren zu vermeiden, ist – prozedural (!) – deren Entgegennahme erst nach Beendigung eines Ausführungszyklus vorzusehen (siehe Abbildung 9.15). Damit wird verhindert, dass zugleich mit der Entgegennahme, welche typischerweise während einer konkreten und geplanten Ausführung erfolgt, bereits die Ausführung des Änderungsbegehrens begonnen wird und damit eine Vermengung mit dem ursprünglichen Auftrag stattfindet. Zuerst muss die Auftragslage geklärt bzw. der Auftrag angepasst werden. Die spontane Vermengung von geplanter Auftragsbearbeitung und Änderungsbegehren führt zu Intransparenz und Situationen, in denen es schwierig wird, die nötigen Nachforderungen gegenüber dem Kunden bzw. dem Auftraggeber durchzusetzen.

Bei einem Anlagenhersteller wurde im Rahmen eines internen Reviews festgestellt, dass kundenseitige Zusatzbegehren im Umfang von rund 5 Millionen Euro oder mehr als 100 % des ursprünglichen Auftrags akzeptiert und mehrheitlich schon ausgeführt worden sind. Diese wurden weder nachverhandelt noch mittels einer einfachen Aktennotiz festgehalten.

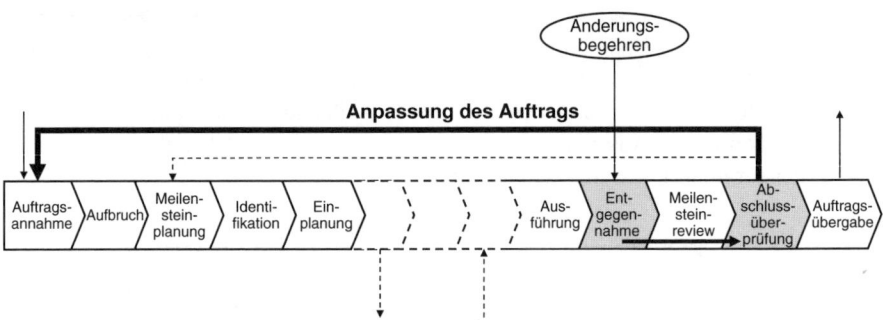

Abbildung 9.15 Einbettung von Änderungsbegehren

Der auftragnehmende Geschäftsprozess (hier PEM-Prozess) hat mit dem auftraggebenden Geschäftsprozess (hier KAM-Prozess) zunächst die materiellen, terminlichen und kommerziellen Auftragsanpassungen aufgrund des Änderungsbegehrens auszuhandeln. Hierfür ist eine realistische Abschätzung der zusätzlichen Aufwendungen und der terminlichen Vorgaben nötig, welche auch die betroffenen Unterlieferanten einbezieht (siehe Abbildung 9.16). Ist die Auftragsanpassung erfolgt, sind die Anpassungen im Auftragsablauf, in der Meilensteinplanung, in den Aufträgen an die Unterlieferanten, in den vorgesehenen eigenen Ausführungen und in den Meilensteinreviews vorzunehmen. Mit der konsequenten Befolgung der „Standard-Operating-Procedure" wird offensichtlich, warum Änderungsbegehren nicht beiläufig und ohne Auftragsanpassung vorgenommen werden sollten, denn die finanziellen Konsequenzen eines Änderungsbegehrens können ein enormes Ausmaß annehmen.

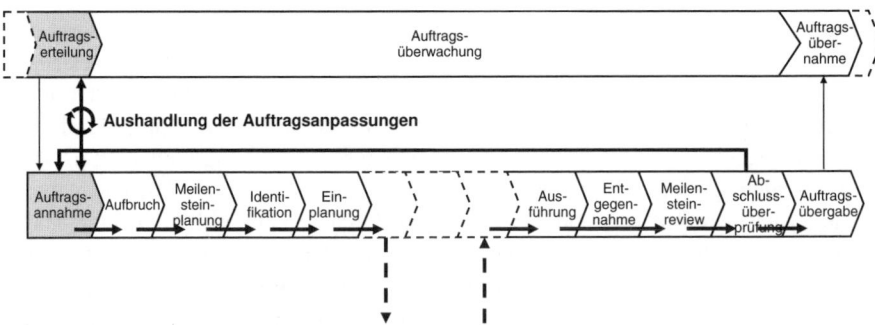

Abbildung 9.16 Aushandlung und Umsetzung des Änderungsbegehrens

TIPP Sammeln Sie Änderungsbegehren und bieten Sie diese als konkrete Bestellanpassungen an. Konsequentes Management der Änderungsbegehren während der Ausführung ist ein wichtiger Erfolgsfaktor im Lösungsgeschäft. Hier zeigt sich, wie tragfähig die ursprüngliche Auftragsspezifikation war.

Modularer Aufbruch der komplexen Aufgabe

Ganz nach dem Prinzip „teile und herrsche" bedarf die effiziente Bearbeitung eines komplexen Vorhabens des *modularen Aufbruchs* und der Anwendung des *einfachen Auftragszyklus*. Dabei ist die innere Architektur des Vorhabens so zu bestimmen, dass der Aufbruch modulare Teilvorhaben ergibt, welche lose zueinander gekoppelt sind (siehe Abbildung 9.17). Die Teilvorhaben gelten dann als *lose gekoppelt*, wenn die Bearbeitung eines Teilvorhabens von jener der anderen nicht beeinflusst wird, also unabhängig voneinander erfolgen kann (siehe auch „Horizontale Architektur der Marktleistungen" in Kapitel 8). Die Module selbst können sich wiederum aus modularen oder – was sehr häufig der Fall ist – gleichzeitig aus wiederkehrenden und kundenspezifischen Bestandteilen zusammensetzen. Die Bestimmung der modularen Architektur ist eine kreative Handlung, welche zu Beginn eines Vorhabens, unmittelbar nach der Vorhabendefinition, vorzunehmen ist. Im Lösungsgeschäft zählt dieser Aufbruch zur Lösungskonzeption in der Angebotsphase und berücksichtigt wiederverwendbare Module aus dem Lösungsbaukasten. Der Lösungsbaukasten wird in der Regel unabhängig vom einzelnen Lösungsgeschäft durch den Innovationsprozess bereitgestellt (siehe „Erneuerung des Baukastens" in Kapitel 11).

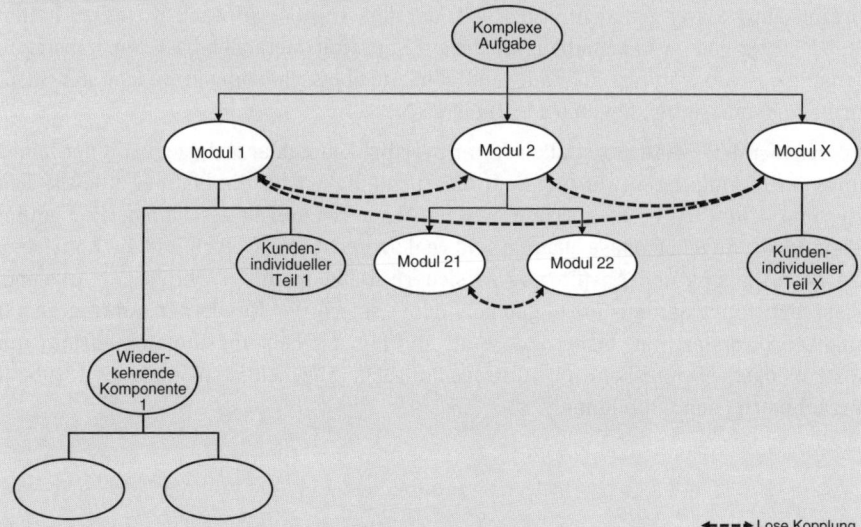

Abbildung 9.17 Modularer Aufbruch einer komplexen Aufgabe

Ist das komplexe Vorhaben auf einfache und lose gekoppelte Teilvorhaben – allenfalls hierarchisch über Stufen – aufgebrochen, kann in Folge der einfache Auftragszyklus angewendet werden. Dadurch werden die planenden und dispositiven Tätigkeiten stufengerecht an den Auftragnehmer für das jeweilige Modul delegiert. Ohne diesen Aufbruch lässt sich der einfache Auftragszyklus *nicht* anwenden und eine kaskadische Auftraggeber-Auftragnehmer-Beziehung kann nicht etabliert werden.

■ 9.6 Konsistenz von Planung und Realisierung

Die Planung von komplexen Aufträgen ist durch Schwerpunktbildung in der Angebotsphase zu verstärken, denn wesentliche Vorgaben und Einschränkungen für die Abwicklung von komplexen Aufträgen erfolgen schon durch die Lösungskonzeption und Projektierung in der Angebotsphase. Diese Tatsache wird allerdings in der Praxis oft nicht beachtet. In der Baubranche bestimmt beispielsweise schon der Entwurf des Architekten oder Planers die Bauausführung. Dabei werden durch das Lösungskonzept nicht nur Bauverfahren und Lieferanten festgelegt, sondern auch wesentliche Planungsvorgaben wie etwa der Aufbruch in Teilaufträge, der quantitative und qualitative Ressourcenbedarf oder die Zeitplanung. Schon während der Lösungskonzeption wäre eine vertiefte Auseinandersetzung mit der Ausführung erforderlich. Trotzdem wird die Lösungskonzeption pauschalisiert, der Aufwand oberflächlich abgeschätzt und eine Planung der Auftragsabwicklung gar nicht aufgesetzt, um den Angebotsaufwand gering zu halten. Grobschätzungen im Anlagenbau, welche auf Kapazitätsmethoden basieren, haben eine Genauigkeit von ± 30 bis 50 %; aufwendigere Angebotsschätzungen, welche auf Strukturmethoden basieren, liegen bei ± 10 bis 15 %.

Mit dem KAM/PEM-Ansatz sind die Verantwortlichkeiten klar festgelegt. Mit der Zuordnung der Lösungsverantwortung liegt die Zuständigkeit für die Planung und die Realisierung beim PEM-Prozess. Damit sind die Voraussetzungen geschaffen, die Planung schon in der Angebotsphase adäquat und risikogerecht aufzusetzen und die Konsistenz zwischen Planung und Ausführung zu sichern. Dabei stellt der Output der Angebotsphase den Input der Ausführungsphase dar – sofern der Kunde den Auftrag gemäß Angebot akzeptiert hat, insbesondere als Auftrag mit Leistungsumfang, Termin und Kostenbudget, Lösungskonzept, Auftragsaufbruch, Abwicklungsplanung und Subauftragnehmern (siehe Abbildung 9.18).

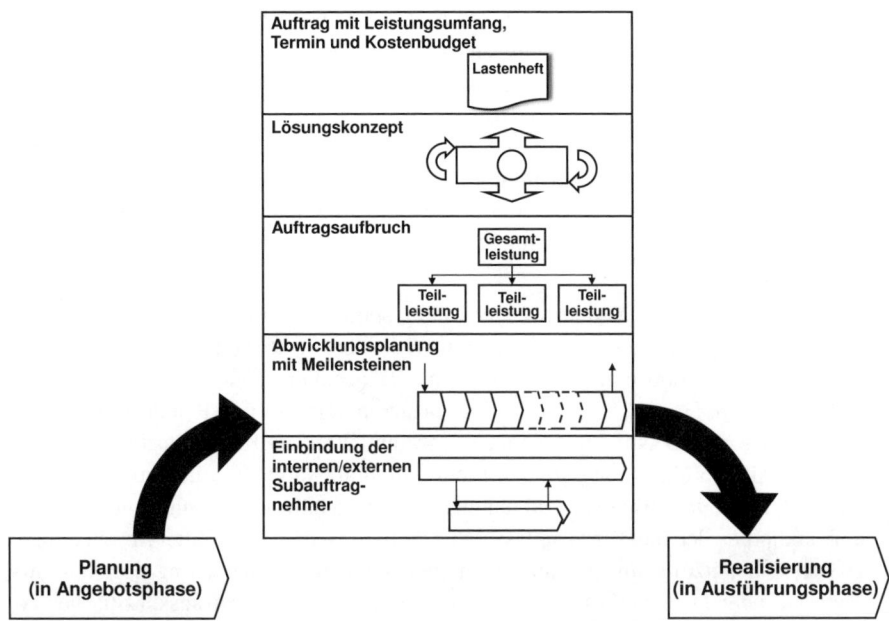

Abbildung 9.18 Konsistenz in der Planung und Ausführung von komplexen Aufträgen

Je besser die Planung in der Angebotsphase ist, desto geringer ist der Planungsaufwand in der Ausführungsphase. In dieser ersten Planung ist auf folgende Punkte besonders zu achten:

- *Präzise Festlegung des gesamten Lieferumfangs:* Kundenseitig wird der Lieferumfang bei komplexen Aufträgen selten genügend präzise beschrieben (ausgenommen im öffentlichen Beschaffungswesen, wo der Angebotsumfang präzise definiert ist, mit dem Lieferumfang aber nicht zwingend übereinstimmen muss). Um spätere Streitigkeiten zu vermeiden, ist der Lieferumfang anbieterseitig präzise festzuhalten und Interpretationsspielraum – auch gegen die eigene Verkaufstaktik – zu verringern.

- *Lösungskonzeption mit wiederverwendbaren Bausteinen:* Mit der Wiederverwendung von Bausteinen, Modulen und Komponenten werden in erster Linie die Risiken minimiert, welche mit dem Auftrag verbunden sind. Darüber hinaus verschafft die Wiederverwendung Vorteile über die Lernkurven- und Volumeneffekte, welche vor allem anderen Projekten zugutekommen.

  In der Praxis steht der Wiederverwendbarkeit nicht nur die unkontrollierte Kreativität des Projektanten im Wege, sondern auch die Überschätzung der Nachteile, wie etwa der scheinbar höheren Plankosten, bzw. die Unterschätzung der Vorteile, wie etwa die geringere Margenerosion.

- *Abwicklungsplanung gemäß Auftragszyklus bzw. „Standard-Operating-Procedures":* Die Abwicklung des komplexen Auftrags ist in der Angebotsphase schon vorzudenken. Dabei sind die im Unternehmen praktizierten „Standard-Operating-Procedures" einzubeziehen.

- *Aufbruch in modulare Teilaufträge (Auftragsarchitektur):* Schon in der Angebotsphase ist der komplexe Auftrag in Teilaufträge aufzubrechen. Der Aufbruch des Auftrags in modulare Teilaufträge soll nicht funktional (beispielsweise in Hardware und Software), sondern entlang der Bausteine des Lösungskonzepts erfolgen (siehe Box „Modularer Aufbruch der komplexen Aufgabe"). Damit kann der Koordinations- und Integrationsaufwand optimiert werden. Beruht der Aufbruch auch auf wiederholbaren Teilaufträgen, wie das Lösungskonzept auf wiederverwendbaren Bausteinen, werden die Abweichungen bei der Aufwandschätzung ebenso reduziert wie die Risiken bei der späteren Realisierung.

- *Aufwandschätzung für gesamten Lieferumfang sowie Teilaufträge:* Der Aufwand ist je Teilauftrag abzuschätzen. Dazu ist der übergeordnete Aufwand für deren Koordination bzw. Integration einzukalkulieren. Auf Pauschalierungen sollte möglichst verzichtet werden. So sind Schätzungen mit bizarren Formeln und Risikozuschlägen zu meiden, wie zum Beispiel mit einem Kilogrammfaktor die Herstellkosten einer Gasturbine, mit den Materialkosten den Programmieraufwand einer industriellen Steuerung oder mit den arbeitsplatzabhängigen Lizenzgebühren den Implementierungsaufwand eines Betriebswirtschaftssystems zu berechnen. Die größten Abweichungen zwischen Schätzung und Realität entstehen nicht in der Schätzung des Gewichts, Material- oder Lizenzaufwands, sondern in derjenigen des auftragsspezifischen Arbeitsaufwands.

- *Identifikation von internen und externen Auftragnehmern:* Mögliche Auftragnehmer sind schon in der Angebotsphase zu identifizieren, insbesondere sind die Fähigkeiten und die Verfügbarkeit der Ressourcen sowie Lieferfristen zu evaluieren. Die Lieferkonditionen („Transaction-Terms") sind mit den externen Lieferanten verbindlich zu vereinbaren. Damit bleiben im Falle einer Auftragserteilung Überraschungen erspart.

- *Freigabe des Angebots:* Ein Angebot stellt eine Verpflichtung für den Fall dar, dass der Kunde das Angebot akzeptiert und den Auftrag erteilt. Der KAM/PEM-Ansatz sieht inhärent eine Freigabe des Angebots nach dem Vier-Augen-Prinzip vor: Sowohl der KAM- als auch der PEM-Prozess müssen dem Angebot zustimmen. Je nach Umfang und Risiken des Auftrags reicht dieses Vier-Augen-Prinzip nicht aus und eine weitergehende, hierarchische Autorisierung ist notwendig.

Die Realisierung ist um jenen Planungsaufwand entlastet, welcher schon in der Angebotsphase geleistet worden ist. Im Grenzfall sind keine Details mehr zu planen. Die Planung muss lediglich überprüft bzw. aktualisiert (z.B. Termine) werden und der Fokus von der Planung auf die konsistente Abwicklung verlagert werden. Bei der Abwicklung sind folgende Punkte besonders zu beachten:

- *Projektstart mit strukturierter Erteilung bzw. Annahme der definierten und vorstrukturierten Aufträge:* Bei der Erteilung bzw. Annahme des komplexen Auftrags geht es darum, ein gemcinsames Verständnis betreffend des Auftrags (Leistungsumfang, Termin, Budget) sicherzustellen. Je tiefer dieses Verständnis ist, desto einfacher sind später berechtigte Nachforderungen auszuhandeln.

- *Aufbruch und Integration von Teilaufträgen gemäß Lösungsarchitektur:* Je nach Detaillierungsgrad der Projektierung in der Angebotsphase ist ein weiterer Aufbruch in modulare Teilaufträge nötig. Dieser Aufbruch soll (wie bereits in der Planung dargelegt) entlang der Architektur, welche der Lösung zugrunde liegt, erfolgen. Eine Änderung der Lösungsarchitektur kommt einer Konzeptänderung gleich, was in der Regel zu Mehraufwand und Verspätungen führt.

▪ *Systematische Abwicklung und Fortschrittkontrolle:* Die Planung in der Angebotsphase legt die Rahmenbedingungen für die Abwicklung fest. Gegebenenfalls sind weitere Detaillierungen notwendig. Sind diejenigen, welche für die Realisierung zuständig sind, auch schon zur Planung in der Angebotsphase hinzugezogen worden, dürfte es leicht fallen, die Planung zu akzeptieren. Die „Standard-Operating-Procedures" für die Abwicklung von komplexen Aufträgen sind genauso in der Ausführungsphase wie auch in der Angebotsphase zu befolgen. Die Planung enthält ebenso einfache Zielvorgaben wie beispielsweise vollständig erledigte Arbeitspakete bis zu einem bestimmten Termin; dadurch wird eine Fortschrittskontrolle ermöglicht. Von einer Teilerledigung sollte abgesehen werden, da der tatsächliche Erfüllungsgrad oft schwierig zu beurteilen ist. In der Informatik wird beispielsweise oft eine Erledigung von 95 % proklamiert, was in der Realität 50 % oder gar weniger entspricht.

▪ *Auftragsüberwachung durch Auftraggeber:* Bei der Auftragserteilung bzw. Annahme sind Vereinbarungen zu treffen, welche eine Statusüberwachung durch den Auftraggeber ermöglichen. Beispielsweise kann die Erledigung von Leistungspaketen entsprechend den in der Planung festgelegten Meilensteinen beurteilt und der Fortschrittsstatus erhoben werden. Gleichermaßen kann der Auftraggeber Abweichungen aufgrund von Änderungsbegehren feststellen.

▪ *Konsequentes Management von Änderungsbegehren:* Änderungsbegehren sollen nur im Rahmen der beschriebenen „Standard-Operating-Procedure" für die Abwicklung komplexer Aufträge behandelt werden. Vor deren Ausführung muss die Auftragsanpassung mit dem Auftraggeber ausgehandelt worden und in einer aktualisierten Planung eingearbeitet sein. Damit wird die schleichende Abweichung von der ursprünglichen Planung verhindert.

▪ *Auftragsbeendigung durch Akzeptanz-Check:* Ein ordentlicher und bestätigter Akzeptanz-Check ist erforderlich, um den Auftrag auftragnehmerseitig zu übergeben bzw. auftraggeberseitig zu übernehmen. Im traditionellen Anlagenbau wie auch in der betrieblichen Informatik haben sich beispielsweise mehrstufige Akzeptanz-Checks durchgesetzt. Nicht zu vergessen ist, dass der endgültige Akzeptanz-Check erst bestanden ist, wenn der Kunde allen mit dem Auftrag verbundenen Zahlungsverpflichtungen nachgekommen ist und keine Vorbehalte (z. B. Restpunkt) mehr bestehen.

Konsistenz bedeutet also phasenübergreifende Durchgängigkeit, das heißt Verstärkung der Planung in der Angebotsphase und konsequente Abwicklung in der Ausführungsphase. Erfolgen Planung und Abwicklung diszipliniert nach festgelegten Prozeduren, wird zum einen verhindert, dass in der Angebotsphase durch Abkürzungen vermeintlich Aufwand gespart wird. Zum anderen wird die Basis gelegt für Routinisierung. Letzteres ist eine Voraussetzung dafür, substanzielle *Lernkurveneffekte* in der Erbringung von komplexen Aufträgen zu erzielen – einer der wenigen Performancehebel im Lösungsgeschäft.

■ 9.7 KAM/PEM – wechselseitige Abhängigkeit von Geschäftsprozessen

Die Vereinbarung von komplexen kundenspezifischen Leistungen in der „Pre-Sales"-Phase setzt nicht nur einen intensiven Austausch mit dem Kunden, sondern vor allem auch intern zwischen all denjenigen Kaskadenstufen voraus, welche an der Erbringung solcher Leistungen direkt beteiligt sind. Die interne Abstimmung versetzt einerseits den Kundenbetreuer in die Lage, sich dem Kunden gegenüber für spezifische Leistungen zu verpflichten, andererseits bindet sie den intern auftragnehmenden Geschäftsprozess, im Auftragsfall diese Leistungen gemäß der Vereinbarung zu erbringen. Deshalb hat die interne Vereinbarung zwischen KAM und PEM immer zu erfolgen, *bevor* gegenüber dem Kunden Verbindlichkeiten eingegangen werden.

In die interne Aushandlung sind alle Kaskadenstufen einzubeziehen, welche von der kundenspezifischen Spezifikation betroffen sind (siehe Abbildung 9.19). Die Aushandlung sollte dabei stufenweise erfolgen, niemals im Dreieck, um zugleich die Verantwortung für die Gesamt-, Teil-, Teil-Teil-Lösung usw. und die Auftraggeber-Auftragnehmer-Beziehungen zu wahren.

Beispielsweise werden bei einem Informationssystemlieferanten wesentliche Module kundenspezifisch entwickelt. Es ist dort Aufgabe des Systemlieferanten (als System-PEM-Prozess), seine Modullieferanten (als Modul-PEM-Prozesse) schon in der „Pre-Sales"-Phase adäquat einzubeziehen und neben deren Lösungskonzepten je auch eine verbindliche Budgetofferte mit Lieferfristverpflichtung einzufordern. Damit kann der System-PEM-Prozess die Module in das Gesamtkonzept genauso integrieren wie Budgetkosten und Lieferfristen in die Planung übernehmen. Gegenüber dem KAM-Prozess vertritt der Systemlieferant die kundenspezifische Gesamtlösung mit Gesamtkosten und Lieferfrist.

Beim Lieferanten von Parkleitsystemen besteht dagegen ein (nur) einstufiger Aushandlungsprozess. Der PEM greift auf vorkonfigurierte Standardmodule zurück, deren Spezifikation, Kosten und übliche Lieferfristen bekannt und in einem Katalog hinterlegt sind.

Kundenbetreuung

| „Pre-Sales" | „Execution"-Überwachung | „After-Sales"-Betreuung |

Auftragnehmender Lieferant
des komplexen Produkts
(z. B. System)

| „Pre-Sales"-Unterstützung | „Execution" | Wartung und Support |

Auftragnehmender Lieferant
von Teilleistungen
(z. B. Modul)

| „Pre-Sales"-Unterstützung | „Execution" | Wartung und Support |

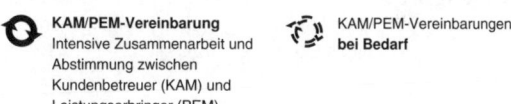

KAM/PEM-Vereinbarung
Intensive Zusammenarbeit und
Abstimmung zwischen
Kundenbetreuer (KAM) und
Leistungserbringer (PEM)

KAM/PEM-Vereinbarungen
bei Bedarf

Abbildung 9.19 Wechselseitige Abhängigkeit der KAM/PEM-Prozesse über den Geschäftsbeziehungszyklus

Auch in der Elektrizitätswirtschaft werden Lösungen erbracht. Insbesondere in der
Betreuung von Großkunden ist unter den heutigen Wettbewerbsbedingungen eine Aufgabenteilung geradezu zwingend. Neben günstigen Energiepreisen und einem Preis,
welcher auch die Versorgungsqualität spiegelte, erwartete der Großkunde eines großen
Verteilunternehmens vor allem rasche Reaktion auf zusätzlichen Leistungsbedarf. Innerhalb von wenigen Tagen wollte er vom Energieversorger einen Lösungsvorschlag erhalten, wie und bis wann die Leistungserhöhung umgesetzt wird. Großkunden sind öfter
über verschiedene Standorte verteilt, welche von unterschiedlichen Netzteilen versorgt
werden. Wäre der Kundenberater für den Kunden nicht umfassend zuständig und auf
eine Kundengruppe spezialisiert, wäre er nicht in der Lage, den Kunden adäquat zu betreuen. Zu fremd wären ihm ansonsten das Energiebedarfsprofil und die Investitions-
pläne seiner Kunden. Hingegen war der Kundenberater in der Regel nicht in der Lage,
die örtliche Netzbelastung bzw. die Netzreserven zu kennen, um dem Kunden einen
verbindlichen Vorschlag zu unterbreiten, bis wann eine Leistungserhöhung realisierbar
war und zu welchen Kosten. Dazu benötigte er die Unterstützung der zuständigen Netz-
spezialisten. Der Netzspezialist konnte seine Aufgabe nur erfüllen, wenn er einen umfassenden Überblick über den Netzteil besaß, für welchen er zuständig war. Er musste in
seinen Überlegungen auch die Verbrauchsentwicklung von anderen Großkunden, den
Privathaushalten sowie kleineren Gewerbe- und Dienstleistungsunternehmen berücksichtigen. Konsequenterweise wurden die beiden Prozesse auch nach unterschiedlichen
Kriterien segmentiert: die Kundenbetreuung nach Kunden, das Netzmanagement nach
Versorgungsgebieten (siehe Abbildung 9.20).

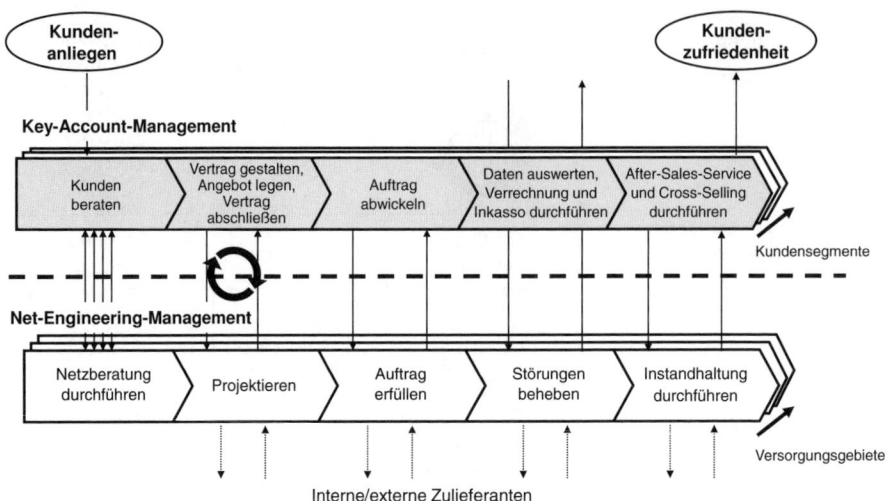

Abbildung 9.20 Unterschiedliche Aufgaben von KAM- bzw. PEM-Prozess, Letzterer „Net-Engineering-Management" genannt (Beispiel: Großkundenvertrieb eines Energieversorgers)

Beim erwähnten Komponentenhersteller beinhaltete das Marktleistungsbündel zwei kundenindividuell gestaltete Leistungen: maßgeschneiderte Komponenten sowie eine maßgeschneiderte Zulieferlogistik zum Kunden, welche ein breites Spektrum von Konsignationslager beim Kunden bis hin zur montagegerechten Kommissionierung von Montagesets inklusive Drittprodukten umfasste (siehe „Selbsterzeugende Prozesskomplexität" sowie „Reduktion der Komplexität an der Schnittstelle" in Kapitel 4). Konsequenterweise waren zwei Lösungsverantwortliche unabhängig voneinander zuständig: einer für die Logistiklösung und einer für die Produktlösung (siehe Abbildung 9.21).

Die Abstimmung erstreckt sich nicht nur auf die „Pre-Sales"-Phase, sondern kann auch während der „Execution"- oder „After-Sales"-Phase erfolgen. Insbesondere kundenseitige *Änderungsbegehren* sind Anlassfälle, die vertraglichen Verpflichtungen anzupassen bzw. neu zu verhandeln. Sie lösen wieder eine analoge interne Vereinbarung aus, welche es dem kundenbetreuenden Geschäftsprozess gestattet, die Änderungsbegehren mit Nachforderungen auszuhandeln und vertraglich festzuhalten. Das konsequente Management von Änderungsbegehren stellt im Geschäft mit komplexen Produkten einen wichtigen Erfolgsfaktor dar.

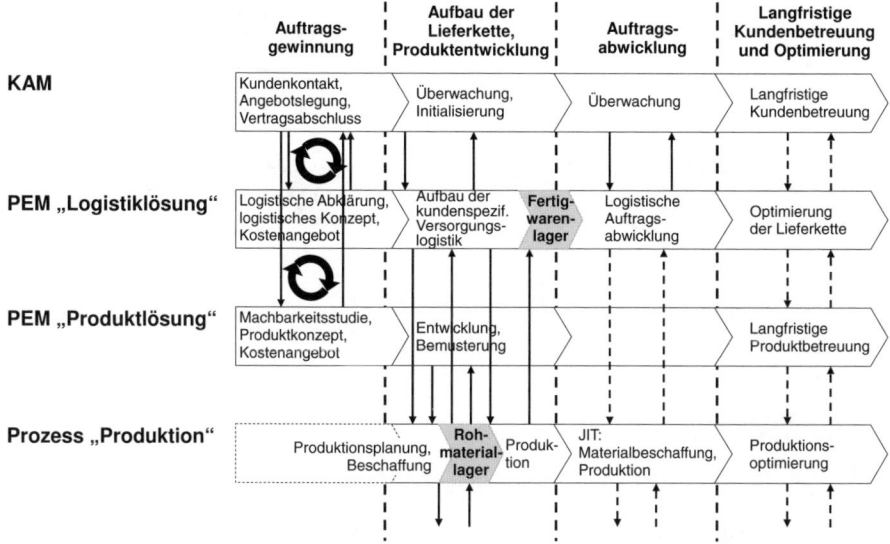

Abbildung 9.21 Lösungspaket aus „Produktlösung" und „Logistiklösung"
(Beispiel: Komponentenhersteller)

 TIPP Lassen Sie den vorgesehenen Projektleiter das Angebot mitgestalten und unterschreiben. Zusagen an den Kunden ohne Einverständnis aller an der Ausführung beteiligten Stellen werden damit verhindert.

■ 9.8 Geregelte Zuständigkeiten im KAM/PEM-Ansatz

Der Koordinationsaufwand zwischen den KAM- und PEM-Prozessen ist gering, da die geschäftsfallbezogenen Interaktionen durch die Auftraggeber-Auftragnehmer-Beziehung klar geregelt und die Zuständigkeiten geklärt sind. Schwerpunkt der Zuständigkeit von KAM ist die Kundenbeziehung mit allen kommerziellen Verpflichtungen, jener von PEM die Lösungskompetenz und die Auftragserfüllung. Gegenüber dem Kunden treten KAM und PEM als Team auf. Im Sinne eines *Primus-inter-Pares* übernimmt in der „Pre-Sales"-Phase der KAM, in der „Execution"-Phase der PEM-Prozess die koordinierende Führungsrolle. Diese Rollenzuweisung ist durch die Bedeutung der Auftragsgewinnung in der „Pre-Sales"-Phase und jener der Auftragserfüllung in der „Execution"-Phase erklärbar. In der „After-Sales"-Phase steht die Führungsrolle wieder dem KAM-Prozess zu (siehe Abbildung 9.22).

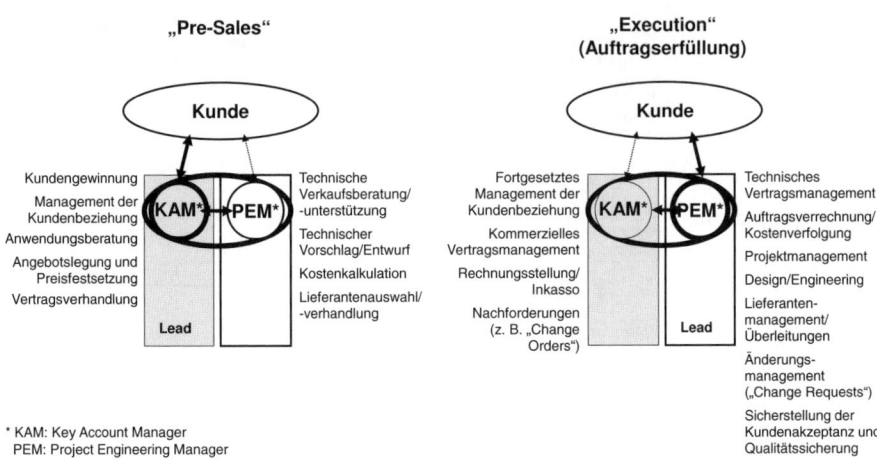

Abbildung 9.22 Regelung der Zuständigkeiten im KAM/PEM-Ansatz (Beispiel: Netzwerkbau)

Sollte der Kunde Änderungsbegehren während der Ausführungsphase äußern, werden Interaktionen zwischen KAM- und PEM-Prozess ausgelöst. In der Praxis werden die Änderungsbegehren häufig dem PEM-Prozess direkt vermittelt. Es liegt dann am PEM-Prozess, zuerst den zusätzlichen Aufwand sowie mögliche Terminverschiebungen abzuschätzen und dann den KAM-Prozess zu kontaktieren, der die nötigen Vereinbarungen mit dem Kunden trifft. Erst nach Freigabe durch den KAM-Prozess sollte der PEM-Prozess die Änderungen umsetzen.

Die Ergebnisverantwortung ist im KAM/PEM-Ansatz so geregelt, dass sie vom jeweiligen Verantwortungsnehmer im Wesentlichen auch beeinflusst werden kann. In herkömmlichen Ansätzen, in denen entweder der Kundenbetreuer oder der Systemlieferant als umfassend verantwortlich bezeichnet wird, kann die Verantwortung gar nicht wahrgenommen werden, da sie wesentlich vom Gegenüber beeinflusst wird. Der Kundenbetreuer handelt zwar mit dem Kunden den Preis aus und bestimmt damit die Auftragsmarge, auf die in der Ausführung entstehenden Kosten kann er jedoch praktisch nicht einwirken. Umgekehrt kann der Systemlieferant die Kostenentwicklung während der Ausführung im großen Ausmaß beeinflussen. Er handelt allerdings weder den Lieferumfang noch den Preis bzw. die Ausgangsmarge mit dem Kunden aus.

Nur durch eine phasenbezogene Verantwortungsteilung kann eine klare Zuständigkeit mit Einflussmöglichkeiten auf das Ergebnis geschaffen werden. Der mit dem Kunden durch KAM verhandelte Preis bestimmt die Soll-Marge, welche vom PEM mit der Ausführung erreicht werden soll. Dies dürfte dem PEM-Prozess umso leichter fallen, je seriöser er die Kostenschätzung für das Angebot vorgenommen hat. Damit übernimmt PEM die Verantwortung für die Kosten, gemessen als Abweichungen von den (kalkulierten oder budgetierten) Soll-Kosten. KAM ist seinerseits für die Marge, gemessen als Abweichung einer unternehmensspezifischen Zielvorgabe und der verkauften bzw. ausgehandelten Marge, verantwortlich (siehe Abbildung 9.23). Diese Logik lässt sich auch auf ein mehrstufiges Kaskadensystem anwenden. Ein einschlägiges Kalkulationsschema befindet sich in „Verrechnungsmethoden zur Stärkung von Verantwortlichkeit und Transparenz" in Kapitel 10.

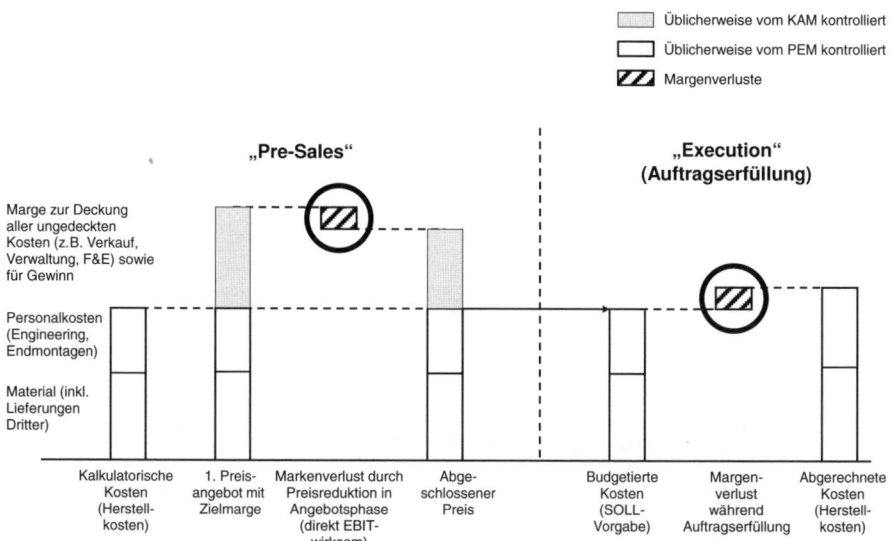

Abbildung 9.23 Margen- und Kostenverantwortung über den Lebenszyklus eines Geschäftsfalls (Beispiel: Netzwerkbau)

Mit dem Mechanismus der vollen Kostenverantwortung ist der PEM-Prozess einerseits dazu angehalten, eine hohe verrechenbare Auslastung der Ressourcen zu erzielen. Andererseits sollte er die Kosten in der Angebotsphase weder unterschätzen noch überschätzen. Hat er sie unterschätzt, werden wegen erhöhtem Aufwand sofort Mehrkosten auf dem Auftrag sichtbar. Hat er sie hingegen überschätzt und einen Sicherheitsfaktor in die Kalkulation mit eingerechnet, wird der Auftrag mit großer Wahrscheinlichkeit vom Kunden nicht erteilt, die Auslastung sinkt und wegen den steigenden Stundensätzen nehmen auch die Kosten in anderen Aufträgen zu, d. h. wiederum, dass deren Margen erodieren.

Durch diese komplementäre Zuordnung der Ergebnisverantwortung wird mit der Schnittstelle zwischen KAM- und PEM-Prozess auch die *Profitlinie* des Geschäfts mit komplexen Produkten eindeutig festgelegt (siehe Abbildung 9.24). Positive Ergebnisse können mit komplexen Produkten nur dann erarbeitet werden, wenn die Kundenverantwortung und die Lösungsverantwortung klar und eindeutig zugeordnet sind.

Selbst wenn die Profitlinie zwischen KAM und PEM klar festgelegt ist, sind negative Überraschungen nicht vermeidbar. Die individuellen Lösungsergebnisse liegen nicht (wie theoretisch und aufgrund der Kalkulationsunsicherheit erwartet) um den Planwert normalverteilt, sondern entweder nahe dem Planwert oder deutlich negativ daneben. Es gibt viele Ursachen dieser asymmetrischen Ergebnisverteilung, eine Ursache liegt im „Kulturellen" der Organisation. Verbreitet ist die Angst der Lösungsverantwortlichen aufzufallen. So lange wie möglich wird durch den Lösungsverantwortlichen „immer noch auf Kurs" berichtet; erst spät – und wenn nicht mehr vermeidbar – wird die negative Projektentwicklung eingestanden. Negative Berichterstattungen werden vermieden, indem Kostenbudgets voll ausgeschöpft und noch ausschöpfbare Budgets anderer Projekte oder von Gemeinkostenstellen wie „Ausbildung", „Produktpflege" oder „Entwicklung" belastet werden. Hier handelt es sich um den verbreiteten „Glättungseffekt". Erst wenn alle Möglichkeiten ausgeschöpft sind, werden die Kostenabweichungen mit der Bemerkung „unrealistische Planvorgabe" oder „Margenabgabe unter Verkaufsdruck" berichtet. Diese fallen dann massiv negativ aus; häufig werden auf den Krisenprojekten noch die Mehrkosten anderer negativen Projekte gesammelt – auch „Schütteffekt" genannt.

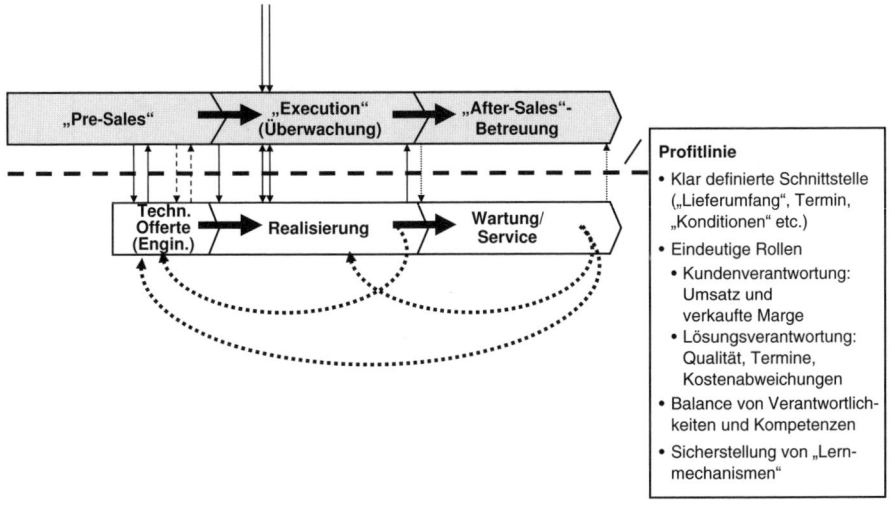

Abbildung 9.24 Profitlinie im KAM/PEM-Ansatz (Beispiel: Netzwerkbau)

Scharfe KAM/PEM-Schnittstelle

Scheinbar entsteht durch den KAM/PEM-Austausch eine unscharfe Schnittstelle, welche unübersichtlich ist. Vorausgesetzt, dass die Rollen eindeutig geklärt sind, handelt es sich auch hier um eine *einfache Auftraggeber-Auftragnehmer-Beziehung* – allerdings mit dem Unterschied, dass zur Konsensbildung manchmal Iterationen nötig sind. So fragt beispielsweise der Kundenbetreuer beim Systemlieferanten nach einem Lösungsvorschlag mit technischem Konzept, Aufwandschätzung und Plantermin. Der Kundenbetreuer wird die Antwort des Systemlieferanten in sein Angebot an den Kunden integrieren, gegebenenfalls wird er den Vorschlag für eine Überarbeitung an den Systemlieferanten zurückweisen. Solange der Kundenbetreuer den Systemlieferanten nicht aussteuert und sich nicht gegenüber dem Kunden zu etwas verpflichtet, was den Vorschlägen des Systemlieferanten widerspricht, sind die Rollen eindeutig geklärt und die Auftraggeber-Auftragnehmer-Beziehung ist intakt.

Die Schnittstelle in der individuellen Zusammenarbeit eines Kundenbetreuers mit der technischen Unterstützung scheint offensichtlich zu sein, weil sie komplementäre Kompetenzen verbindet. Trotzdem wird sie in der Praxis oft opportunistisch festgelegt. Je nach technischer Kompetenz des Kundenbetreuers – im einen Extremfall ist er mehr Kontakter als Berater des Kunden (Fall B oder D in Abbildung 9.25), im anderen

Extremfall könnte er auch die Lösung realisieren, wenn er Zeit zur Verfügung hätte (Fall C) – wird die Schnittstelle verschieden und individuell festgelegt.

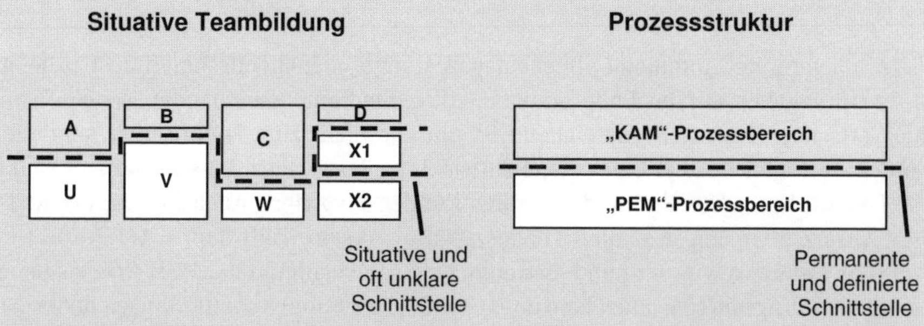

Situative Teambildung

Prozessstruktur

Abbildung 9.25 Situative oder temporäre Teambildung versus KAM/PEM-Prozessstruktur

Die Teambildung findet dann vor allem unter dem Gesichtspunkt der individuellen Komplementarität von Kundenbetreuer und Lösungsvertreter (beispielsweise spezialisierten Technikern) statt. So werden Teams je nach Werdegang der Individuen gebildet. Die individuelle Festlegung der Schnittstelle mag aus personeller Sicht optimal sein, aus Prozesssicht ist sie jedoch weder geklärt noch sind eine Strukturierung der Prozesse bzw. deren Optimierung möglich. Je nach Geschäftsfall und beteiligten Individuen ist die Schnittstelle temporär, das heißt, eine klare Zuordnung von KAM- bzw. PEM-Rolle ist nicht möglich. Aus Sicht des Grazer Ansatzes handelt es sich hier nicht um die Zusammenarbeit von zwei Prozessen, sondern um das Zusammenfallen beider Rollen und die Bildung von „Case-Management-Teams" in *einem* Geschäftsprozess (siehe auch „Case-Management für durchgängige Prozessverantwortung" in Kapitel 5). Damit ist die Differenzierung der beiden Rollen wie die Fokussierung des KAM auf Kundensegmente oder des PEM auf Lösungsbereiche nicht mehr möglich.

Im KAM/PEM-Ansatz werden Kompetenz- und Wertschöpfungstiefe den beiden Rollen KAM bzw. PEM eindeutig zugeordnet. Die Schnittstelle zwischen KAM und PEM wird nicht situativ, temporär oder individuell, sondern systematisch, unabhängig von Individuen, permanent festgelegt. Die Bildung von „Case-Management-Teams" erfolgt zunächst *im* Geschäftsprozess selbst, beispielsweise zwischen senioren und junioren Kundenbetreuern sowie zwischen senioren und junioren Lösungsvertretern, um *als Prozess* Rolle und Verantwortung vollumfänglich wahrnehmen zu können.

■ 9.9 Durchgängigkeit über den Produktlebenszyklus

Viele Zulieferer der Automobil-, Telekomausrüstungs- oder chemischen Industrie liefern maßgeschneiderte, auf das Endprodukt abgestimmte Komponenten oder Module. Damit ihr Wertschöpfungsanteil ausreichend ist und sie nicht zum Lohnfertiger degradiert werden, verfügen sie über eine eigene Entwicklungskompetenz. Diese Zulieferer sind in alle Lebensphasen des Endprodukts ihres Kunden involviert. Auch hier ist der KAM/ PEM-Ansatz über den gesamten Lebenszyklus wirksam. Fällt dem KAM-Prozess die Rolle der Kundengewinnung und -betreuung zu, so übernimmt der PEM-Prozess neben der Entwicklungsaufgabe auch jene des Logistik- oder Supply-Chain-Managements. Nur durch die horizontale Integration von Entwicklungs- und Supply-Chain-Management lässt sich die durchgängige Verantwortung auch in kommerzieller Hinsicht eindeutig zuordnen.

Beispielsweise übernahm ein Spezialist für „Electronic-Packaging" für seine Kunden in der Computer- und Telekomausrüstungsbranche nicht nur die Lieferung von maßgeschneiderten bzw. angepassten Gehäusen, sondern neben der Lieferung der Stromversorgung, Verkabelungen und Lüftungssysteme auch die Endmontage und Testung des Endprodukts im Auftrag seiner Kunden. Dieser Zulieferant hatte erkannt, dass er in der Produktentstehungsphase beim Kunden beteiligt sein musste, wenn er sowohl die Lösung – vor allem jedoch die Herstellkosten – beeinflussen wollte. Früher war er aus Tradition ein kompetenter Ansprechpartner des Produktionsbereichs seiner Kunden. Mit dem Produktionsbereich musste er um den Preis feilschen, da dieser dem angebotenen Preis immer seine eigenen Herstellungskosten gegenüberstellte. Tragfähige Margen waren selten realisierbar. Beim Zulieferer spielten die Fertigungsplaner eine dominierende Rolle. Die Entwicklungskompetenz konnte der Zulieferer allerdings nicht einbringen, denn die Produktpläne lagen schon mit detaillierten Fertigungsvorschriften vor. Die vorhandenen Entwicklungskapazitäten waren konsequenterweise in einem technischen Büro als Unterstützung der Fabrikation zusammengefasst.

Nachdem der Zulieferer seine Strategie und den Marketingansatz änderte, musste auch das Unternehmensdesign angepasst werden (siehe Abbildung 9.26). Die durchgängige Kundenbetreuung blieb bestehen; als KAM-Prozess oblag ihm die Betreuung des Kunden über alle Geschäftsbeziehungen hinweg. Der Bereich der eigenen Fabrikation und der technischen Entwicklungsunterstützung musste allerdings neu gestaltet werden. Im neuen Unternehmensdesign war nicht mehr die dominierende Rolle der Fertigungsplaner gefragt, sondern jene der Entwicklung, welche mit der Kompetenz von Beschaffung und Logistik ergänzt wurde. Diesem PEM-Prozess oblag im Sinne von „Case-Management" sowohl die technische als auch die logistische Abwicklung eines Auftrags von dessen Gewinnung bis zum Abschluss. Die Herstellung, welche intern oder extern erfolgen konnte, stellte eine weitere Kaskadenstufe dar.

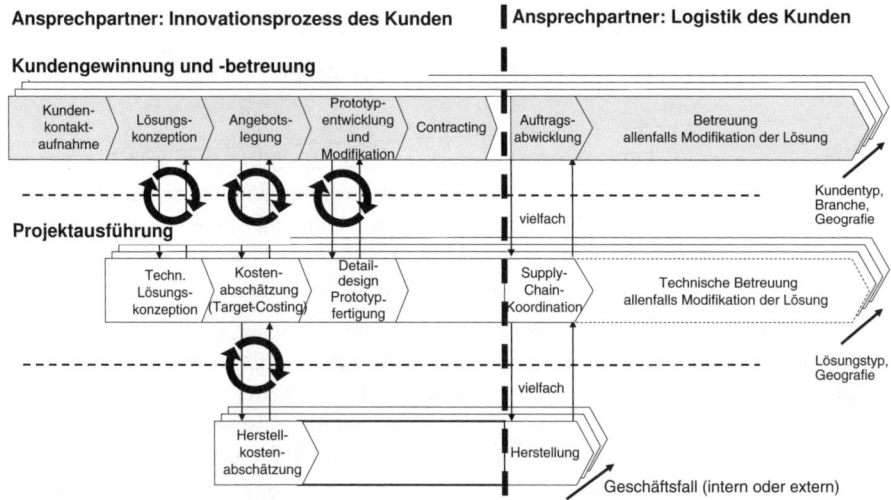

Abbildung 9.26 KAM/PEM-Modell in der Zulieferindustrie (Beispiel: Zulieferer von Electronic-Packaging)

Mit dem Innovationsbereich des Kunden zusammen wurde zuerst das Lösungskonzept entworfen und mit einem verbindlichen Richtangebot für die spätere Massenfertigung unterlegt. In die Erstellung des Richtangebots waren auch die vorgesehenen (internen oder externen) Lieferanten involviert. Darauf beruhend wurde zunächst der Prototyp entwickelt, gefertigt und getestet. Sofern die Prototypentests positiv verliefen, wurde der kommerzielle Vertrag ausgehandelt, welcher auch logistische Aspekte wie beispielsweise Nachfrageprognosen, Lieferbereitschaftsgrad und -fristen oder Ersatzteilverpflichtungen regelte. Erst nach erfolgter Vertragsaushandlung begann die Lieferphase mit den Abrufen. Mit der Beendigung der Prototypenphase wechselte seitens des Kunden der tägliche Ansprechpartner, involviert war nun seine Logistik. Die Herausforderung für den Zulieferer bestand nun darin, die Nachfrage ohne Verzögerung und ohne Überbestände beim Kunden zu erfüllen. Je nach Produktlebensdauer und Vertragsmodalitäten konnte diese Phase mehrere Monate bis zu mehreren Jahren dauern.

Erst nach Abschluss eines Lieferprogramms über den Lebenszyklus eines Modells war die kommerzielle Auftragsbeurteilung möglich. Volumen- und Lernkurveneffekte wurden im Angebot bzw. Vertrag zwar einkalkuliert, inwiefern sie jedoch tatsächlich realisiert wurden, war erst nach Abschluss aller Lieferungen offenbar. Der KAM-Prozess war für die Generierung der Umsätze und die Planmarge verantwortlich, der PEM-Prozess für die tatsächlich realisierten Kosten über den gesamten Lebenszyklus. Mit dieser Zuordnung der Verantwortlichkeiten wurde die Profitlinie wiederum eindeutig in die Schnittstelle von KAM- und PEM-Prozess gelegt.

◼ 9.10 Isolation der Komplexität des Kunden durch „Business-Firewall"

Das Geschäft mit Lösungen entsteht, wenn der Kunde die Bündelung und Integration von Standardleistungen nicht selbst vornimmt oder von der Innovation und (Prozess-) Transformation nutznießen will. Er fokussiert sich folglich auf die eigenen Kernaufgaben seines Geschäfts. Im Grunde genommen entledigt er sich damit eines Teils seiner betrieblichen Komplexität, indem er diese auf seinen Lieferanten abschiebt.

Der Kunde reduziert den internen Planungsaufwand, wenn er Fertigungsstufen und Supportaufgaben auslagert. Ebenso reduziert er die Koordination der Kontakte, wenn er im Sinne von „One-Face-to-the-Customer" einen Ansprechpartner beim Lieferanten vorfindet. Er verringert die Vielfalt der Geschäftsbeziehungen, wenn er bündelt und die Produkte, Dienstleistungen und Informationen aus einer Hand erhält. Er reduziert die interne Koordination, wenn er den gesamten Geschäftsvorgang in einem einzigen Klick-Vorgang erledigt. Er vermindert seine Medienbrüche, wenn er vom Lieferanten jede Unterstützung erhält und mit Medien seiner Wahl wie persönlich, per Computer, per Mobiltelefon, per Fax usw. kommunizieren kann. Er erspart sich den Planungsaufwand sowie die interne Lager- und Verteillogistik, wenn er die Leistungen überall und jederzeit erhält, wo und wann er sie braucht. Ferner erspart er sich den Integrationsaufwand, wenn er die Leistung maßgeschneidert auf seine Bedürfnisse erhält – vorzugsweise ohne großen Spezifizierungsaufwand. Und nicht zuletzt holt sich der Kunde mit der Auslagerung der Komplexität jenen Handlungsspielraum zurück, den er braucht, um sein eigenes Geschäft zu optimieren und dort Volumen- sowie Lernkurveneffekte zu realisieren (siehe Abbildung 9.27).

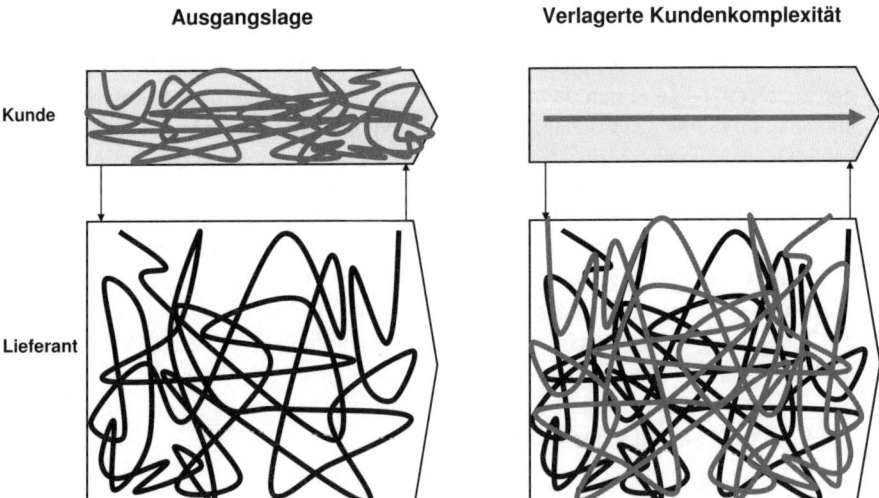

Abbildung 9.27 Verlagerung der Kundenkomplexität zum Lieferanten

Im Anlagenbau war diese Entwicklung offensichtlich, als die Betreiber dazu übergingen, schlüsselfertige Anlagen mit Performancezusagen zu beschaffen. Damit verlagerten sie das Risiko, dass wegen inkompatiblen Anlagenkomponenten die Betriebsperformance nicht erreicht wurde.

Medizinische Labors waren noch einen Schritt weiter gegangen. Nachdem die Lieferanten der teureren Diagnostikgeräte die „Bezahlung pro Befund – all inclusive" eingeführt hatten, bezahlten die Labors die Gerätebenutzung über den Verbrauch von Reagenzien. Mit dem „all inclusive" wurden alle wesentlichen Serviceleistungen über den gesamten Geschäftsbeziehungszyklus unverrechnet erbracht. Faktisch bedeutete dies, dass die Labors ihre Laborspezialisten durch ungelerntes Personal für die Chargenaufbereitung ersetzt hatten, um die Lohnkosten zu senken. Dafür hatte der Gerätelieferant einen Laborspezialisten weitgehend permanent vor Ort abgestellt, der den Kunden im Betrieb wie auch in der Befundung unentgeltlich beriet. Aus Sicht des Labors war die Prozesskomplexität, welche sich aus diagnostischen Befundungsproblemen und technischen Bedienungsschwierigkeiten ergab, an den Lieferanten verlagert worden.

Lässt sich ein Unternehmen von der Übernahme von Kundenkomplexität treiben, bewirken die kundenindividuellen Lösungen nicht nur Zusatzvarianten im Sortiment, sondern zusätzliche Prozessvarianten sowie Arbeitsmittel und verstärken zudem die betriebliche Hektik. Durch die Zusatzleistungen wird die Anpassungsfähigkeit der eingespielten Strukturen bis zum Stress beansprucht.

Zum Beispiel berieten die Laborspezialisten des Diagnostiklieferanten nicht wie geplant online, sondern waren permanent beim Kunden vor Ort und damit für die Supportorganisation des Kundendienstes nicht mehr verfügbar. Damit litt die Servicebereitschaft und die Kosten liefen aus dem Ruder, da weitere Laborspezialisten eingestellt werden mussten.

Die Servicetechniker eines Anlagenbauers konnten akute Einsätze nicht mehr zeitgerecht erbringen, weil sie die Betriebsführung von bestimmten Kundenanlagen rund um die Uhr übernehmen mussten, um die Performanceversprechen zu erfüllen.

Betroffen von der übernommenen Kundenkomplexität ist nicht nur der Kundendienst, sondern alle Geschäftsprozesse von der Angebotserstellung über die Beschaffung und Leistungserbringung, die Gewährleistungen und Dienstleistungen im After-Sales bis hin zum Personalmanagement und Controlling.

Aus ihrer Not heraus hatten die Verkäufer beim Diagnostiklieferanten beispielsweise die Aufgaben im Support übernommen. Für fachkundige Beratungen mussten sie allerdings noch die Entwicklungsleute involvieren. Beim Anlagenbauer hingegen musste sogar die Geschäftsleitung die Serviceeinsätze koordinieren.

Damit nicht die gesamte Organisation infolge der übernommenen Kundenkomplexität aus dem Lot gerät, ist sie zu schützen. In der Feuerwehr hat sich „Schützen vor Löschen" bewährt. Auf unsere Situation übertragen bedeutet dies, nicht die Kundenkomplexität zu bekämpfen, sondern den Großteil der Organisation vor der Kundenkomplexität zu bewahren. Zu diesem Zweck wird ins Makrodesign eine *„Business-Firewall"* eingebaut, welche die Kundenkomplexität im Frontbereich vom Rest des Unternehmens isoliert. Die „Business-Firewall" wird dabei – analog zur Firewall in IT-Netzwerken – so an eine interne Schnittstelle gelegt, dass über die Auftraggeber-Auftragnehmer-Beziehung keine Kundenkomplexität ausgetauscht wird (siehe Abbildung 9.28).

Wird über die Auftraggeber-Auftragnehmer-Beziehung keine Kundenkomplexität ausgetauscht, fallen die „Business-Firewall" mit der „Freeze-Line" bzw. dem „Order-Penetration-Point" zusammen (siehe Abschnitt „Auftragsspezifizierung und Freeze-Line" in Kapitel 8). Aus Sicht der horizontalen Produktarchitektur fällt sie auch mit der „Product-Firewall" zusammen, welche die kundenindividuelle Gestaltungsfreiheit limitiert und beispielsweise im Softwarebereich einen „Frozen-Kernel" definiert (siehe auch „Vertikale Architektur der Marktleistung" in Kapitel 8).

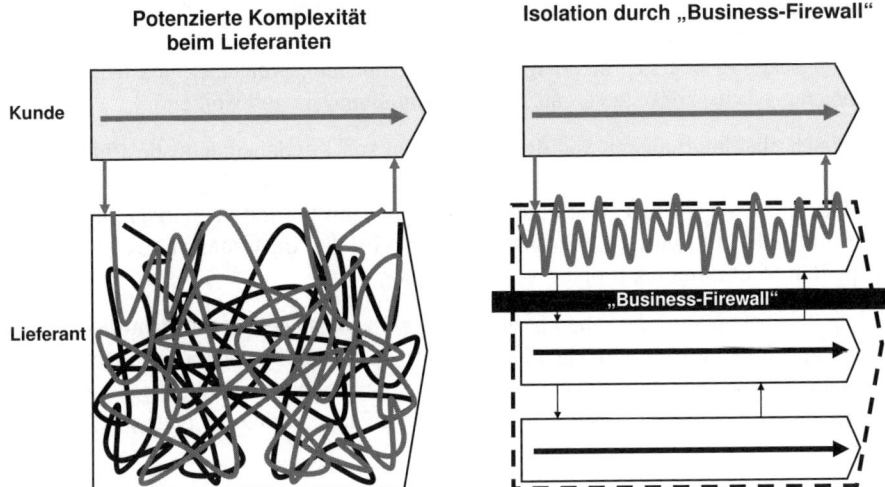

Abbildung 9.28 Schutz vor Kundenkomplexität durch „Business-Firewall"

Zum Frontbereich zählen sowohl der KAM- als auch der PEM-Prozess. Beide beschäftigen sich mit der Kundenkomplexität. Der KAM-Prozess befasst sich primär von der Beziehungsseite her mit der betrieblichen Komplexität des Kunden. Es ist seine Hauptaufgabe, die Beziehungskomplexität zu nutzen, die Integration in die Kundenorganisation zu verstärken, die Präsenz über den gesamten Produktlebenszyklus sicherzustellen und letztlich das „Lock-in" beim Kunden zu optimieren.

Der PEM-Prozess widmet sich hingegen von der Lösungsseite her der betrieblichen Komplexität des Kunden. Ihm obliegt es, eine kundenindividuelle Lösung zu gestalten und die übernommene Komplexität zu meistern. Über das Management des individuellen Einzelfalls hinaus nimmt er die Schlüsselaufgabe an der „Business-Firewall" wahr und agiert als „Komplexitätsfilter", indem er die Lösung auf möglichst wiederholbare Standardfälle zurückführt (siehe auch „Der Komplexitätsfilter an der Prozess- und Organisationsgrenze" in Kapitel 4). Insbesondere identifiziert und nutzt der PEM-Prozess bestehende Bausteine (z. B. Standardkomponenten bzw. Module) aus seinem möglichst umfangreichen Baukasten. In jedem Fall spezifiziert er Unteraufträge so eindeutig, dass die Kundenkomplexität nicht zu den internen oder externen Unterauftragnehmern gelangt (siehe Abbildung 9.29).

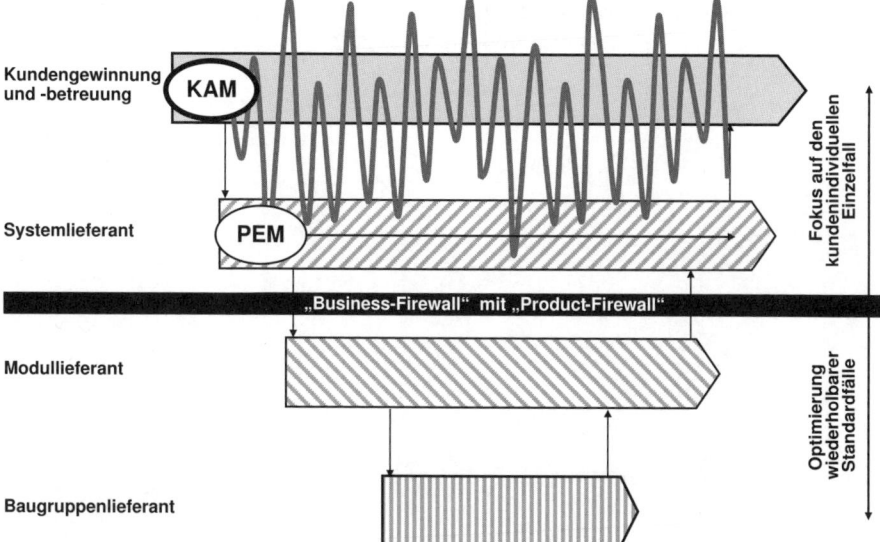

Abbildung 9.29 PEM-Prozess unmittelbar an der „Business-Firewall" aktiv (Beispiel: Anlagenbauer, Ausführungsphase)

 TIPP Betrachten Sie die Kundenkomplexität als Geschäftsopportunität. Der Kunde wird Ihre einfache Lösung honorieren.

 Reflexionsfragen 9

- Worauf lässt sich der viel beobachtete Trend zu kundenspezifischen Lösungen zurückführen? Welche Chancen bzw. Risiken sehen Sie darin?
- Warum sind für das Lösungsgeschäft andere Managementsysteme als im Produktgeschäft nötig?
- Was verursacht die Margenerosion im Lösungsgeschäft?
- Worin liegen die Herausforderungen des „Angebotsprojekts"?
- Was sagen Sie zur Aussage „Für das Lösungsgeschäft braucht es vor allem Prozess- statt Projektmanagement"?
- Welche Rollen haben Sie im Lösungsgeschäft schon beobachtet? Wie haben diese die Kunden- und Lösungsverantwortung verteilt? Wie wurde die Umsatz- und Margenverantwortung wahrgenommen?
- Wo würden Sie personelle Ressourcen im Lösungsgeschäft verstärken, wenn Sie freie Hand hätten? Warum?

- Warum ist gerade im Lösungsgeschäft eine scharfe Rollenklärung zweckmäßig?
- Was bedeutet für Sie die „Business-Firewall" hinsichtlich Organisation, Prozessen, Systemen und Produktarchitektur?

10 Kostentransparenz schaffen

Gemeinhin gilt Kostentransparenz als wichtiges Steuerungsmittel und als Entscheidungshilfe für Investitionen und Optimierungsmaßnahmen. Hierfür haben sich vielerorts prozentuale Zuschlagskalkulationen etabliert. Dort, wo solche Zuschlagskalkulationen wenig zur Kostentransparenz beitragen, setzt die prozessorientierte Kostenrechnung an. Insbesondere bei hohen Gemeinkostenanteilen ist die Kostenzuweisung nach der effektiven Beanspruchung zweckmäßiger als die Zuschlagskalkulation. Die prozessorientierte Kostenrechnung verwendet die klassischen Instrumentarien der Kostenrechnung. Sie ist einfach implementierbar, sofern sich die Kostenstellen nicht an den Stellen, sondern an den Geschäftsprozessen orientieren.

■ 10.1 Transparenzbedarf

Kaum ein Unternehmen kann sich heute noch dem Verlangen der Kunden nach neuen kundenspezifischen Lösungen und zusätzlichen Dienstleistungen entziehen. Um sich im Wettbewerb hervorzuheben, müssen diese Leistungen kostengünstiger, schneller, qualitativ besser und bedarfsgerechter als von der Konkurrenz hergestellt werden. Um dabei den Überblick zu behalten, braucht es eine transparente Steuerung des operativen Geschäfts, welche auf den Gewinnmargen der einzelnen Leistungen basiert. Doch der Aufbau einer aussagekräftigen finanziellen Steuerung wird immer schwieriger, je mehr die Produkt- und Dienstleistungspalette sowie Fixkostenintensivität zunehmen. Steigende interne Komplexität erhöht die Schwierigkeit, Kostentransparenz zu schaffen oder gar eine transparente Kosten- und Leistungsrechnung zu implementieren. Zugleich wachsen die Aufwände jener Bereiche der Organisation, welche diese betriebliche Komplexität im Alltag „meistern" und als Gemeinkosten gesehen werden.

So auch bei einem international tätigen Maschinenbauer mit rund 5 000 Mitarbeitern. Dieser produzierte neben seinen Katalogprodukten immer mehr kundenspezifische Lösungen. Jedoch gab es für die Erstellung der anwachsenden Leistungspalette kein einheitliches und strukturiertes Prozessmodell. Vielmehr zeichnete sich die Leistungserbringung durch eine Vielzahl unterschiedlicher Prozessabläufe und -varianten aus. Im Tagesgeschäft führte dies zu zahlreichen Schnittstellen zwischen den Abteilungen während der Abwicklung eines Geschäftsfalls. Die Folge: Die Werteflüsse variierten von Geschäftsfall zu Geschäftsfall, was die Implementierung einer Kostenkalkulation nach dem Beanspruchungsprinzip sowie einer transparenten Steuerung des Geschäfts erschwerte.

Um Transparenz über die Kosten bzw. Ressourceninanspruchnahme zu schaffen, gibt es verschiedene Ansätze. Im Folgenden werden drei Verfahren unterschieden, die alle auf den Grundgedanken der Prozesskostenrechnung beruhen.

Die „Prozesskostenrechnung" basiert auf dem im angelsächsischen Raum entwickelten *Activity-Based-Costing*. Eine verständliche Einführung ins Activity-Based-Costing haben John Shank und Vijay Govindarajan (2006) geschrieben. Da die Prozesskostenrechnung sämtliche Kosten in Abhängigkeit der Ressourceninanspruchnahme auf Prozesse verrechnet, stellt sie ein Kostenrechnungssystem auf *Vollkostenbasis* dar. Die praktische Umsetzung der Prozesskostenrechnung gilt als umstritten bzw. kompliziert, da sie zur klassischen Kostenrechnung mit der Kostenstellen und Kostenträgerrechnung als zusätzliche Prozesssicht implementiert wird. Im Gegensatz dazu wird hier die Kosten- und Leistungsrechnung *den Geschäftsprozessen folgend* aufgesetzt. Deshalb wird sie *prozessorientierte Kostenrechnung* genannt.

Die drei Verfahren variieren in ihrer Aussagekraft, Genauigkeit, Aktualität und dem benötigten Aufwand:

- *Schätzverfahren* zur Bestimmung von Komplexitätskosten: Diese Methode besteht darin, die noch verbleibenden Kosten zu bestimmen, welche *bei Wegfall* einer bestimmten Komplexitätsursache entstehen würden. Diese Schätzung ist rasch, innerhalb weniger Tage erstellt. Dabei werden sämtliche Kostenstellen auf deren Abhängigkeit von der Komplexität untersucht. Als Basis reichen meistens die Plankosten. Die Genauigkeit ist eingeschränkt, aber in der Größenordnung ausreichend, um Aussagen hinsichtlich der Kosten je Produktvariante usw. treffen zu können. Solche Schätzungen dienen hauptsächlich dazu, grobe Potenziale aufzuzeigen wie beispielsweise: „Beim Maschinenbauer sind rund ein Viertel der Selbstkosten durch die Sortimentsvielfalt bestimmt." Für das methodische Vorgehen siehe Box „Abschätzung der Komplexitätskosten".

- *Bestimmung von Prozesskostensätzen* für Prozessanalysen, Performancevergleiche oder Begründung von Investitionsentscheidungen: Diese Methode bestimmt für ein ausgewähltes Prozessobjekt (z. B. Erarbeitung eines neuen Arbeitsplans oder Änderung der Produktstammdaten) die Prozesskostensätze aller beteiligten Kostenstellen. Als Basis hierfür dienen ebenfalls Plankosten und Planmengengerüste, gegebenenfalls korrigiert um realistischere Erkenntnisse aus der laufenden Abrechnungsperiode. Die Bestimmung der Prozesskostensätze setzt eine Aktivitätenanalyse aller beteiligten Kostenstellen voraus. Entsprechend ist mit einem Aufwand von ein bis drei Wochen zu rechnen. Die resultierende Genauigkeit ist ausreichend für Prozessanalysen (bei welchen Prozessschritten ist anzusetzen?), für Vergleiche (wo steht das Unternehmen im Vergleich zu Dritten oder anderen Technologien?) oder für die Begründung von Investitionsentscheidungen (was könnte eingespart werden?). Eine typische Aussage ist auch: „Die Selbstkosten der Produktgruppe C mit kundenindividuellen Lösungen werden in der Zuschlagskalkulation um 39 % zu tief ausgewiesen." Für das methodische Vorgehen siehe Box „Prozesskostenanalyse".

▪ *Prozessorientierte Kosten- und Leistungsrechnung* für das automatisierbare Controlling: Mit der Prozesskostenrechnung, *welche sich der Instrumentarien der Kostenrechnung bedient,* kann für mehr Transparenz im Tagesgeschäft gesorgt werden. Voraussetzung hierfür sind transparente und einfache Geschäftsprozesse, denen die Prozessressourcen eindeutig zugeordnet werden können und die über einfache Auftraggeber-Auftragnehmer-Beziehungen im Leistungsaustausch stehen. Mittels des Blackbox-Ansatzes bzw. des Unternehmensdesigns wird die Ressourceninanspruchnahme im Wertschöpfungssystem prozessorientiert erhoben. Das Unternehmensdesign sorgt für eindeutige Entsprechungen zwischen Prozess- und Kostensicht, wodurch sich der Wertzuwachs am Prozessobjekt einfach ermitteln und die echte Profitabilität der Leistungen – auch im zeitlichen Verlauf – errechnen lässt. Als Basis dienen die klassischen Instrumentarien der Kosten- und Leistungsrechnung, welche situativ, d. h. hinsichtlich der spezifischen Anforderungen des Unternehmens, angewendet werden. Auf diese Weise lässt sich beispielsweise Folgendes feststellen: „Der effektive Aufwand für das Lösungsengineering pro Auftrag ist 2,5 % höher als geplant." Oder: „Im Bereich Lösungsengineering sind die Kostenabweichungen im letzten Monat zu 40 % auf Überkapazitäten zurückzuführen." Für eine theoretisch fundierte und gleichsam praktisch nützliche Darstellung der Kosten- und Leistungsrechnung siehe Heinz L. Grob und Frank Bensberg (Grob/Bensberg 2005).

 TIPP Seien Sie sich über die Genauigkeit der Controlling-Größen im Klaren. Im Zweifelsfall soll gelten: besser ungefähr richtig als präzise falsch.

Abschätzung der Komplexitätskosten

Exakt sind die Komplexitätskosten oft nur mit großem Aufwand bestimmbar. Mit geringem Aufwand lassen sie sich jedoch ausreichend genau abschätzen. Diese Methode besteht darin, die noch verbleibenden Kosten zu bestimmen, welche *bei Wegfall* einer bestimmten Komplexitätsursache (beispielsweise Artikelvielfalt oder ineffiziente Schnittstellen) entstehen würden. Dieses Schätzverfahren beruht auf den Ansätzen der Prozesskostenrechnung, indem davon ausgegangen wird, dass die Komplexität (z. B. Vielfalt) alleiniger Kostentreiber der Gemeinkosten ist. Dabei wird von der hypothetischen Situation ausgegangen, dass im Unternehmen keine Komplexität vorhanden ist und demnach auch keine komplexitätsbedingten Zusatzkosten entstehen würden. Aus der Differenz zu den bestehenden Ist-Kosten ergeben sich die gesuchten Komplexitätskosten. So konnte für einen Hersteller von Feuerfestmaterialien mit rund 12 000 Artikeln ein Kostennachteil von 48 % gegenüber dem hypothetischen „Ein-Artikel"-Unternehmen abgeschätzt werden. In allen von uns untersuchten Fällen haben die variantenbedingten Komplexitätskosten immer mehr als 20 % der Gesamtkosten betragen.

Diese Komplexitätskosten sind in allen Kostenstellen unter allen Kostenpositionen versteckt. Sie finden sich unter Marketing- und Vertriebskosten, Bereitschafts- und Lagerkosten (inkl. Obsoleszenzkosten), Materialgemeinkosten, Bestellabwicklungs- und Administrationskosten, Qualitätskosten, direkten Fertigungskosten (Materialkosten, Umrüstaufwand, Wartezeiten, Lernkurvenverluste, Ausschuss, Volumennachteil), Entwicklungskosten für die Variantenentstehung und -pflege, Dokumentation, EDV-Kosten usw. Nicht zu vergessen sind auch die Opportunitätskosten, welche durch die Leistungsbeschränkung entstehen. Beispiele für Opportunitätskosten sind Mindererträge aus entgangenem Absatz wegen verspätetem Markteintritt, zu langen Lieferfristen, fehlenden Kapazitäten oder falschen Prioritäten. Diese Mindererträge können darüber hinaus auch auf ungenügende Marktsegmentierung und Produktdifferenzierung, undifferenzierte Preisbildung, blockierte Produktivitätssteigerungen oder verhinderte Unternehmensentwicklung zurückgehen. Letztere betreffen vor allem verpasste Chancen, welche sich aus der Nutzung der Lernkurven- und Volumeneffekte ergeben hätten.

Die so abgeschätzten Komplexitätskosten können dazu verwendet werden, um die einmaligen sowie wiederkehrenden *Mehrkosten* zu bestimmen, die dem Unternehmen durch eine *zusätzliche Variante* entstehen. Auf diese Weise lässt sich der minimale *Mehrnutzen* quantifizieren, der durch die Erzeugung einer neuen Variante zwingend vorhanden sein muss, damit sich diese auch rechtfertigt.

Außerdem könnten auf diese Weise ebenso die *Einsparungen* identifiziert werden, welche sich ergäben, wenn das Unternehmen die Variantenzahl um beispielsweise 30 % senken würde. Das Einsparungspotenzial, das sich durch einen linearen Dreisatz errechnet, ist eine konservative Schätzung. Trotz linearer Betrachtung stellte im obigen Beispiel die 14-prozentige Kostenersparnis aufgrund der Variantenreduktion um 30 % eine attraktive Größe dar. Die Komplexitätskosten je Variante steigen mit der Variantenzahl überproportional an – theoretisch wegen der Selbsterzeugung von Komplexität sogar exponentiell. Umgekehrt nehmen sie je reduzierter Variante entsprechend ab. Mit der Reduktion der Variantenanzahl müssen die effektiv eingesparten Komplexitätskosten höher als die linearen Einsparpotenziale sein.

Analog lassen sich auch die Komplexitätskosten von ineffizienten Prozess- und Organisationsschnittstellen als Differenz zwischen Ist und dem hypothetischen Fall abschätzen, dass die Schnittstellen effizient wären. Als effizient gilt eine Schnittstelle dann, wenn keine Abklärungs- und Koordinationsaufwände, keine Doppelspurigkeiten, keine Wartezeit, keine Qualitätsfehler usw. entstehen.

Prozesskostenanalyse

Mit der Prozesskostenanalyse sind Vergleichsaussagen – beispielsweise zu Geschäftseinheiten, Prozessvarianten oder kritischen Wertschöpfungselementen – möglich. Die Prozesskostenanalyse beruht auf der Bestimmung der Prozesskostensätze aller Kostenstellen, welche an einem Prozessvorgang beteiligt sind. Dabei ist es unerheblich, ob die Kostenstellen einer funktionalen Organisation folgen, denn die Prozesskostensätze werden als Teilprozesskosten bestimmt und entlang der Prozesskette aggregiert (siehe Abbildung 10.1). Es wird vorausgesetzt, dass sich die Prozesskosten auf eine Planperiode (z. B. ein Jahr) mit ausgeglichener Auslastung beziehen und auf Vollkostenbasis berechnet werden.

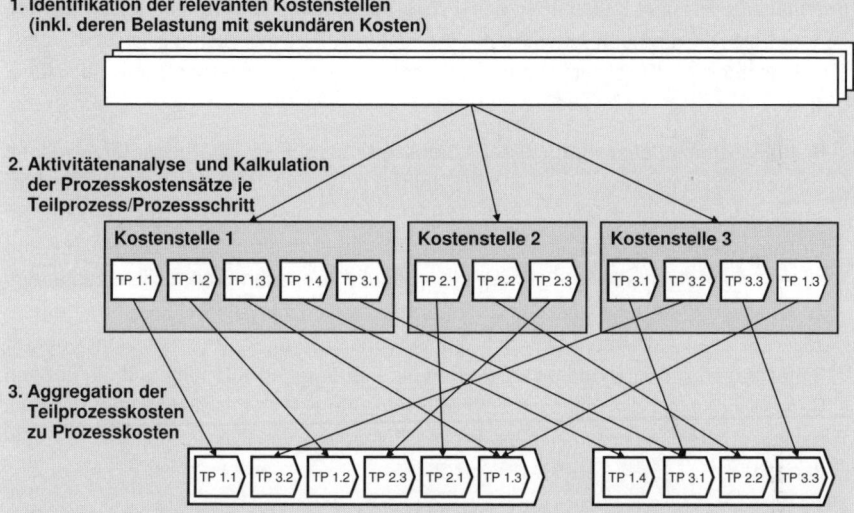

Abbildung 10.1 Vorgehen bei der Prozesskostenanalyse

Zu Beginn werden der Prozess und die Kostentreiber (häufig die Anzahl der Vorgänge) bestimmt. Anschließend werden alle Kostenstellen identifiziert, welche eine (Teil-)Leistung zum Prozessergebnis erbringen. Diese (primären) Kostenstellen werden mit den sekundären Kosten (z. B. Umlagen der unterstützenden Kostenstellen wie IT, Personalabteilung, Geschäftsführung) belastet.

Im zweiten Schritt werden die Aktivitäten jeder identifizierten Kostenstelle analysiert. Dies gibt Aufschluss über die von der Kostenstelle erbrachten, Aktivitäten bzw. Prozessleistungen. Hierfür ist es erforderlich, die erbrachten Aktivitäten als Teilprozesse oder Prozessschritte zu identifizieren, die dazugehörigen Mengengerüste zu erheben sowie die entsprechenden Jahresaufwände – wo möglich – direkt zuzuweisen bzw. abzuschätzen. Da die Prozesskostensätze schwerpunktmäßig in personalintensiven Bereichen bestimmt werden, erfolgt in der Praxis zunächst die beanspruchungsgerechte Verteilung der Personalkapazitäten auf die Aktivitäten. Allerdings sollten die geschätzten Aufwandsanteile auf ihre Plausibilität hin hinterfragt werden (z. B. durchschnittlicher Stundenaufwand für die Bearbeitung einer Kundenreklamation), da in einem funktional organisierten Unternehmen eine Kostenstelle zumeist Leistungen für verschiedene Prozesse erbringt.

Der den Teilprozessen direkt zuweisbare Aufwand hängt von der Prozessmenge ab und wird als *leistungsmengeninduzierter* (lmi) Aufwand bezeichnet. Bei den leistungsmengeninduzierten Aufwänden wird eine proportionale Abhängigkeit von der realisierten Leistungsmenge angenommen; zumindest mittelfristig lassen sie sich der tatsächlichen Auslastung anpassen.

Ein anderer Teil des Kostenstellenaufwands (z. B. die Führung der Abteilung) kann nicht direkt den Prozessaktivitäten zugeordnet werden. Dieser wird als *leistungsmengenneutraler* (lmn) Aufwand bezeichnet und ist von der Auslastung der Kostenstelle unabhängig. Für die Kalkulation des Prozesskostensatzes wird der leistungsmengenneutrale Aufwand den Aktivitäten – im besten Fall beanspruchungsgerecht, meistens jedoch proportional zum leistungsmengeninduzierten (Personal-)Aufwand – zugeordnet.

Beim Maschinenbauer waren in der Arbeitsvorbereitung 16 Mitarbeiter tätig, welche sich ein Stellenpensum von 14,9 FTE teilten (FTE: Full Time Equivalent). Die Personalkosten betrugen jährlich EUR 820 000, die übrigen Kosten EUR 780 000. Im Wesentlichen war die Arbeitsvorbereitung für die Erarbeitung der Arbeitspläne und deren Änderungen sowie die Pflege der produktbezogenen Stammsätze zuständig. Zudem wurde sie fallweise bei der Bearbeitung von Kundenreklamationen einbezogen. Diesen Aktivitäten ließ sich der Personalaufwand mittels nachvollziehbarer Schätzungen zuweisen; dagegen wurden die Führung der Abteilung und die übrigen Gemeinkosten auf die Teilprozesse proportional umgelegt. Für die Erarbeitung eines neuen Arbeitsplans ergab sich ein Prozesskostensatz von EUR 954,50 (siehe Abbildung 10.2).

Im dritten Schritt werden die Prozesskostensätze der einzelnen Teilprozesse bzw. Prozessschritte zum vollständigen Prozess aggregiert. Dabei gilt es zu beachten, dass die Prozesskostensätze sich jeweils auf ein und denselben Vorgang beziehen! Folglich sind bei Prozessvarianten die jeweiligen Vorgänge zu differenzieren.

Maschinenbauer

Aktivitätenanalyse
Angaben in Anzahl bzw. EUR

Kostenstelle: Arbeitsvorbereitung

Teilprozess	Aktivitäten	Mengengerüst		Aufwandsanteil		Jahresaufwände			Prozesskostensätze		
		Art	Anzahl pro Jahr	Personal (in FTE)	Zuweisbarer Aufwand (in '000 EUR)	Leistungsmengenneutral	Leistungsmengenabhängig	Total	lmn	lmi	Total
X.1	Erarbeitung von neuen Arbeitsplänen	Anzahl neue Pläne	900	7,7		462'553,96	423'500,00	886'053,96	513,95	470,56	984,50
X.2	Änderung von Arbeitsplänen	Anzahl Pläne	3780	2,6		156'187,05	143'000,00	299'187,05	41,32	37,83	79,15
X.3	Bearbeitung von Beanstandungen	Anzahl Reklamationen	350	1,4		84'100,72	77'000,00	161'100,72	240,29	220,00	460,29
X.4	Pflege von Stammdatensätzen	Anzahl Stammsätze	5500	2,2		132'158,27	121'000,00	253'158,27	24,03	22,00	46,03
	Führung der Abteilung			1,0							
	Personalaufwand total			14,9	819'500,00						
	Übrige Gemeinkosten (Miete, IT, HR, etc.)				780'000,00						
	Total Kosten				1599'500,00			1599'500,00			

Abbildung 10.2
Aktivitätenanalyse und Kalkulation der Prozesskostensätze (Beispiel: Maschinenbauer)

■ 10.2 Verzerrtes Bild mit prozentualen Zuschlagskalkulationen

Ein gängiger Versuch der Unternehmen, Kostentransparenz zu schaffen, ist die Kalkulation mittels prozentualer Zuschläge. Dabei werden die Gemeinkosten linear proportional zu einer Wertbasis (z. B. Materialeinzelkosten, Fertigungseinzelkosten, Herstellkosten) und der Produktmenge den Produkten zugerechnet. Jedoch verzerren derartige Kalkulationen das Bild. Denn sie ignorieren, ob es sich um eine einfache oder komplexe Material- und Teilstruktur, einen hohen oder niedrigen Wertschöpfungsanteil, ein Großserienprodukt oder eine exotische Variante, ein Standardprodukt oder eine kundenindividuelle Lösung, einen Groß- oder Kleinauftrag oder einen aufwendigen oder weniger aufwendigen Vertriebskanal handelt. Die echten Kosten und die Profitabilität lassen sich auf diese Weise nicht ermitteln.

Auch im Falle des Maschinenbauers wurde mit aufwandsunabhängigen Zuschlagskalkulationen versucht, das Geschäft zu steuern. Bestellte beispielsweise eine Vertriebs- oder Serviceeinheit ein Katalogprodukt bei den divisionalen Produktionsstätten, wurde der gleiche Zuschlag wie bei der Bestellung einer kundenindividuellen Lösung verrechnet. Der Bestellvorgang des Katalogprodukts beschäftigte nur die Auftragsabwicklung in der Division, die das bestellte Produkt ab Lager lieferte. Bei der kundenindividuellen Lösung mussten hingegen Produktexperten, Konstrukteure sowie Arbeitsvorbereitung und Einkauf mit in die Erstellung der Sonderlösung eingebunden werden. Hinzu kam auch ein erhöhter Aufwand in der Angebotserstellung, der durch die Zuschlagskalkulation ebenfalls nicht differenziert betrachtet wurde.

Abbildung 10.3 zeigt die Kalkulation verschiedener Produktgruppen mittels Zuschlagskalkulation (das Servicegeschäft wird an dieser Stelle ausgeklammert). Zur Illustration wurde die Auswahl auf drei Produktprogramme beschränkt und die Zahlen wurden gerundet:

- Produktgruppe A enthält Massenartikel mit relativ einfachen Funktionsmerkmalen, die in großen Stückzahlen gefertigt (120 000 Stück) werden.
- Produktgruppe B enthält höherwertige Produkte (15 000 Stück pro Jahr).
- Produktgruppe C enthält hinsichtlich Funktion und Qualität die Spitzenprodukte des Unternehmens und wird kundenindividuell ausgelegt bzw. gefertigt (900 Stück pro Jahr).

Das Problem der Zuschlagskalkulation ergibt sich daraus, dass in der Ergebnis- bzw. Deckungsbeitragsrechnung vermeintliche Margen ausgewiesen werden, die zu falschen Schlüssen verleiten. Im operativen Alltag zeigt sich dies darin, dass aufgrund der gezeigten Margen die Preise nicht angepasst werden oder unter den Selbstkosten verkauft wird. Aus strategischer Sicht können falsche Schlussfolgerungen dazu führen, dass verlustbringende Produktlinien favorisiert statt saniert werden oder in die Gewinnbringer nicht ausreichend investiert wird.

Maschinenbauer
Kalkulationsbeispiel
Angaben in EUR/Stk.

Kaskade		prozessorientierte Kalkulation	A (120000 Stk.)	B (15000 Stk.)	C (900 Stk.)
		Materialkosten	38,00	640,00	7'567,00
	+	Materialprozesskosten	8,50	179,00	3'776,00
	+	Materialgemeinkostenzuschlag 15,5%	5,89	99,20	1'172,89
	=	**Materialkosten**	**52,39**	**918,20**	**12'515,89**
1	+	Fertigungslohn bzw. Maschinenkosten	110,00	1'500,00	5'220,00
	+	Fertigungsunterstützungsprozesskosten	105,00	2'500,00	13'000,00
	+	Fertigungsgemeinkostenzuschlag 13.7%	15,07	205,50	715,14
	+	Sondereinzelkosten der Fertigung	4,50	5,00	6,25
	=	**Fertigungskosten**	**234,57**	**4'210,50**	**18'941,39**
		Herstellkosten	**286,96**	**5'128,70**	**31'457,28**
2	Segment 1 +	Prozesskosten Auftragsabwicklung	34,00	78,00	0,00
	Segment 2 +	Prozesskosten Lösungslieferant	0,00	0,00	2'498,20
	+	Gemeinkosten 10%	3,40	7,80	249,82
3	+	Auslegungsprozesskosten	7,50	93,00	1'843,00
	+	Gemeinkosten 10%	0,75	9,30	184,30
4	+	Vertriebsprozesskosten	120,00	1'390,00	6'000,00
	+	Vertriebsgemeinkostenzuschlag 9.9%	30,85	551,34	3'381,66
	+	Sondereinzelkosten des Vertriebs	13,60	155,00	750,00
	+	Verwaltungsgemeinkostenzuschlag 30%	86,09	1'538,61	9'437,18
	=	**Selbstkosten (Stückkosten)**	**583,15**	**8'951,75**	**55'801,43**

Abbildung 10.3 Zuschlagskalkulation (Beispiel: Maschinenbauer)

Bei einem Apparatebauer wurde über zehn Jahre hinweg in sein Spezialitätengeschäft investiert. Dieses wies gemäß der Zuschlagskalkulation überdurchschnittliche Margen aus. Dagegen wurde das Standardgeschäft als unattraktiv betrachtet und entsprechend vernachlässigt. In Wirklichkeit war das Geschäft mit Spezialitäten massiv defizitär. Dies blieb unbemerkt, da die Kosten für das auftragsbezogene Engineering, die Arbeitsvorbereitung und Fertigungssteuerung der Spezialitäten durch die Zuschlagskalkulation auch dem hochvolumigen Standardgeschäft verrechnet wurden. Trotz dieser Belastung schloss das Standardgeschäft noch positiv ab. Wie würde es prosperieren, wenn in die Erneuerung des Standardgeschäfts regelmäßig investiert worden wäre.

10.3 Nachhaltige Transparenz mittels prozessorientierter Kostenrechnung

Ein Ansatz, um für mehr Transparenz im Tagesgeschäft zu sorgen, ist die prozessorientierte Kostenrechnung. Diese versucht, auch die Aufwände der indirekten Bereiche nach dem Beanspruchungs- bzw. dem Verursachungsprinzip zu verrechnen. Dazu bedient sie sich der klassischen Perspektiven der Kostenarten-, Kostenstellen- und Kostenträgerrechnung. Die Einzelkosten sind auch hier nach wie vor den Kostenträgern direkt zuzuordnen und die Gemeinkosten werden über die Kostenstellenrechnung auf die Kostenträger verrechnet. Allerdings werden die Gemeinkosten von einer stellenorientierten in eine prozessorientierte Aufteilung überführt, sodass die (üblichen) Kostenstellen als Orte der Kostenverursachung in den Hintergrund treten. Die Verrechnung der Gemeinkosten erfolgt nicht mehr anhand einer Schlüsselungsgröße proportional auf die Kostenträger. Vielmehr werden sie anhand der tatsächlich in Anspruch genommenen Ressourcen auf die Prozesse verteilt, unabhängig davon, ob es sich um variable oder fixe Kosten handelt. Aus diesen Überlegungen ergeben sich eindeutige Äquivalente zwischen Prozess- und Kostensicht (siehe Abbildung 10.4). Die innerhalb eines Prozesses in Anspruch genommenen Ressourcen entsprechen den jeweiligen Kostenarten (z. B. Personalkosten, Wartungs- und Betriebsmittelkosten, Zinsen). Diese werden auf die Kostenstellen verteilt, welche der Struktur der (Teil-)Prozesse folgen. Kostenträger innerhalb der (Teil-) Prozesse ist der Prozessauftrag (Prozessinput bzw. Prozessobjekt), mit dem der jeweilige Prozess beauftragt wurde. Mit diesen Entsprechungen lässt sich das Instrumentarium der (klassischen) Leistungs- und Kostenrechnung auch in der prozessorientierten Kostenrechnung nutzen.

Prozesssicht

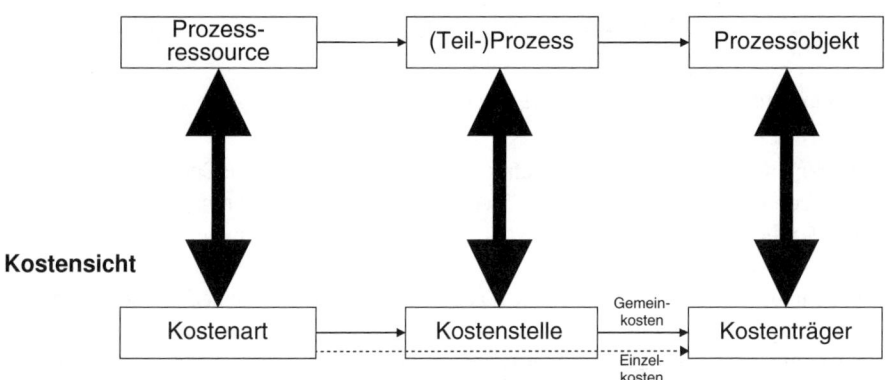

Abbildung 10.4 Entsprechung der Prozesssicht in der Kostensicht

Im Falle des Maschinenbauers wurden vier horizontale Prozesskaskaden für das Tagesgeschäft definiert (siehe Beispiel unter „Werkzeug 3: Optimierung des Geschäftsbeziehungszyklus und Sicherung von Lernchancen durch horizontale Integration" in Kapitel 6). Jeder Prozesskaskade ist eine klare Rolle in der Leistungserstellung mit eindeutigen Verantwortlichkeiten zugeordnet. Die erste Prozesskaskade ist für die Kundenbetreuung vom Erstkontakt bis zur Sicherstellung der langfristigen Kundenzufriedenheit (Marge, Marktanteil, Market Development) verantwortlich. Die zweite Prozesskaskade trägt die Verantwortung für die technische Machbarkeit der Lösung (technischer Fit) sowie für die Installation bis zur langfristigen Gewährleistung der Funktion. Bei der dritten Prozesskaskade wurde den unterschiedlichen Geschäftsfällen Rechnung getragen, indem zwei Prozesssegmente gebildet wurden. Während die „Auftragsabwicklung" lediglich angesprochen wird, wenn es sich um Katalogprodukte handelt, wird der „Lösungslieferant" adressiert, wenn Sonderlösungen zu spezifizieren sind. Letztere zeichnet sich also für die Erstellung der Baureihen- und Auftragskonstruktion sowie die Variantenumsetzung verantwortlich. Die vierte Prozesskaskade verantwortet schließlich die Beschaffung und die termingerechte Erstellung der beauftragten Produkte. Beauftragt wird sie durch die beiden Prozesssegmente auf Ebene drei. Die Kommunikation zwischen den Prozesskaskaden ist auf einfache Auftraggeber-Auftragnehmer-Beziehungen reduziert.

Im Hinblick auf die Implementierung einer prozessorientierten Kostenrechnung lassen sich folgende Schlussfolgerungen ziehen (siehe Abbildung 10.5):

- Der Geschäftsprozess ist die Wertschöpfungsbasis und legt die *frei wählbare Struktur der Kostenstellen entlang der Teilprozesse* fest.

- Die notwendige *Differenzierung der Kostensätze bestimmt die Granularität der Kostenstellen* entlang der Geschäftsprozesse.

- Der Prozessauftrag ist *Wert- und Kostenträger,* d. h., der Prozessauftrag besitzt einen internen Verrechnungspreis mit zugeordneten Kosten.

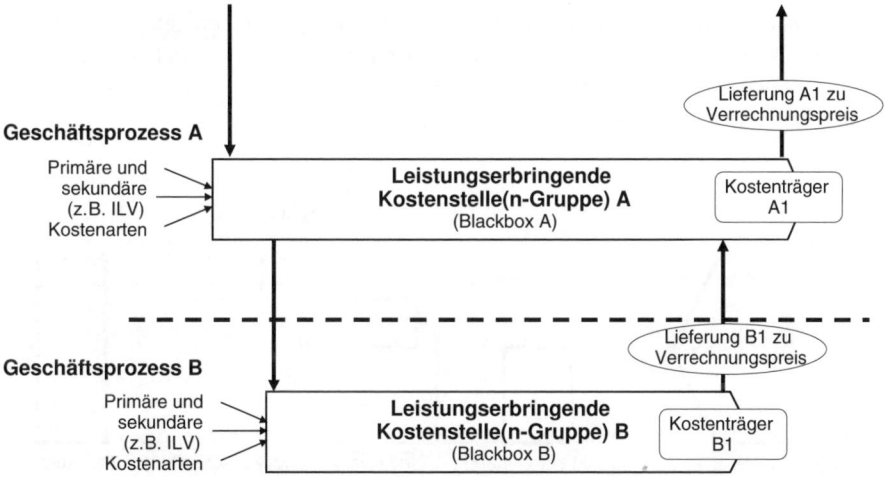

Abbildung 10.5 Geschäftsprozess mit eindeutig zugewiesenen Kostenstellen und Kostenträgern zur Belastung von Prozessaufträgen

Dies bedeutet, dass die primären und sekundären Kosten den Geschäftsprozessen über die eindeutig zugeordneten, sogenannten „leistungserbringenden" Kostenstellen zugeordnet werden. Dabei ist zunächst offen, ob es sich jeweils um eine einzige oder mehrere Kostenstellen je Geschäftsprozess handelt. Entscheidend sind zum einen der Differenzierungsbedarf der Kostensätze sowie der Controlling-Bedarf nach Abweichungsanalysen (Ursachen für Unter- oder Überdeckungen).

In der Praxis wird die Einführung der prozessorientierten Leistungs- und Kostenrechnung erschwert, wenn die Kostenstellen den Geschäftsprozessen nicht eindeutig zugeordnet sind. Dies ist beispielsweise dann der Fall, wenn die Kostenstelle nur selektiv entlastet wird oder mehreren Geschäftsprozessen mit artverschiedenen Leistungen zudient, aber auch, wenn resultierende Abweichungen den Ergebnisrechnungen unterschiedlicher Leistungsträger zugewiesen werden müssen. Artverschiedene Leistungen – und seien es nur Prozessvarianten – sind in differenzierten Kostensätzen, d. h. durch unterschiedliche Kostenstellen zu berücksichtigen.

■ 10.4 Fit von Prozess- und Wertfluss

Jeder (Teil-)Prozess führt in der betrieblichen Praxis zu Ressourceneinsatz, wie etwa Maschinenzeiten, Arbeitsstunden und Rohstoffverbrauch. Der Ansatz des prozessorientierten Kostenmodells verfolgt das Ziel, jeden (Teil-)Prozess innerhalb der jeweiligen Prozesskaskade monetär mit den jeweiligen Ressourceneinsätzen zu bewerten und die Plankostensätze zu ermitteln. Diese setzen sich aus dem direkt zuweisbaren Aufwand, den Umlagen gemäß Plan sowie den kalkulatorischen Kapitalkosten (z. B. für Ware in Arbeit, Lagerbestände, Betriebsmittel) zusammen. Die Kapitalkosten orientieren sich an den Refinanzierungskosten des Unternehmens und berücksichtigen ggf. die speziellen Verlustrisiken. In diesem Sinne kann die Berücksichtigung der Kapitalkosten auch als Ansatz verwendet werden, Plangewinne in einem Wertschöpfungsverbund verursachungsgerecht zu allozieren (siehe Abbildung 10.6).

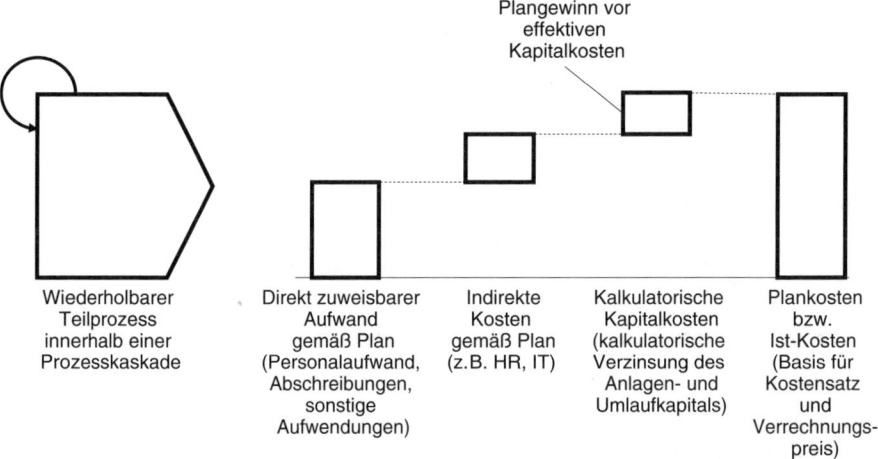

Abbildung 10.6 Plankostensätze als Basis für die prozessorientierte Kostenrechnung

Auf Basis der errechneten Plankostensätze lassen sich anschließend die prozessorientierten Kosten ermitteln. Diese ergeben sich aus der Summe der zur Wertschöpfung erforderlichen Teilprozess-Kostenstellen mit deren Kostensätzen (siehe Abbildung 10.7).

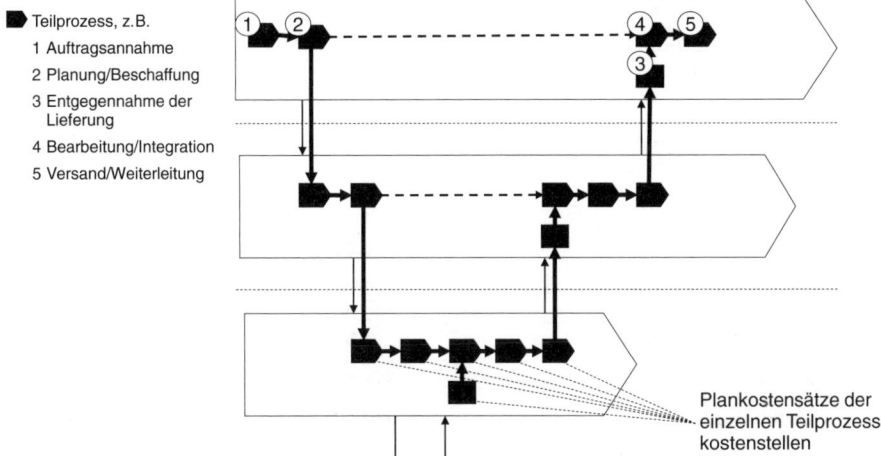

Teilprozess, z.B.

1 Auftragsannahme
2 Planung/Beschaffung
3 Entgegennahme der Lieferung
4 Bearbeitung/Integration
5 Versand/Weiterleitung

Plankostensätze der einzelnen Teilprozess-kostenstellen

Abbildung 10.7 Prozessorientierte Kosten als Summe von Teilprozesskosten

Somit lassen sich mit Hilfe transparenter und einfacher Prozesskaskaden der Prozess- und der Wertefluss konsistent aufeinander abstimmen. Darüber hinaus besteht die Möglichkeit, die entstandenen Prozesskaskaden als Profit-Center zu definieren. Dies bringt zwei Vorteile mit sich: Zum einen kann der Controller die Plankostenabweichungen den jeweiligen Kaskaden klar zuweisen. Zum anderen lässt sich aus der Konsolidierung der Profit-Center-Rechnungen die Erfolgsrechnung für das Unternehmen einfach ermitteln.

Auch der Maschinenbauer detaillierte die Prozesskaskaden in Teilprozesse sowie die entsprechenden Werteflüsse. Insbesondere die Unterscheidung der Prozesssegmente „Auftragsabwickler" und „Lösungslieferant" versetze das Unternehmen in die Lage, die beiden Geschäftsfälle – Katalogprodukt und kundenindividuelle Lösung – kostenrechnerisch auseinanderzuhalten und verursachungsgerecht die Leistungen auf den Auftrag zu verrechnen (siehe Abbildung 10.8).

Durch die Verrechnung der Kosten nach dem Beanspruchungsprinzip konnten beim Maschinenbauer die Zuschlagssätze drastisch reduziert werden, da für einen Großteil der anfallenden Prozesskosten Produktbezug hergestellt werden konnte. Beispielsweise sank dadurch der Fertigungsgemeinkostenzuschlag von 180 % auf 13,7 %. Durch die Einführung der zweiten und dritten Prozesskaskaden konnte zudem dem unterschiedlichen Auslegungs- und Konstruktionsaufwand der verschiedenen Produkte Rechnung getragen werden. Lediglich der Zuschlagssatz für die Verwaltungsgemeinkosten blieb unverändert (30 %). Hierunter wurden die Kosten für die Geschäftsführung, Controlling und weitere allgemeine Funktionen zusammengefasst. Der Vergleich der jeweiligen Stückkosten ergab folgendes Bild (siehe Abbildung 10.9).

Maschinenbauer
Kalkulationsbeispiel
Angaben in EUR/Stk.

Differenzierte Zuschlagskalkulation	A (120000 Stk.)	B (15000 Stk.)	C (900 Stk.)
Materialkosten	38,00	640,00	7'567,00
+ Materialgemeinkostenzuschlag 75%	28,50	480,00	2'587,50
= **Materialkosten**	**66,50**	**1'120,00**	**10'154,50**
+ Fertigungslohn bzw. Maschinenkosten	110,00	1'500,00	5'220,00
+ Fertigungsgemeinkostenzuschlag 180%	198,00	2'700,00	9'396,00
+ Sondereinzelkosten der Fertigung	4,50	50,00	187,50
= **Fertigungskosten**	**312,50**	**4'250,00**	**14'803,50**
Herstellkosten	**379,00**	**5'370,00**	**24'958,00**
+ Vertriebsgemeinkostenzuschlag 40%	151,60	2'148,00	8'336,40
+ Sondereinzelkosten des Vertriebs	13,60	155,00	750,00
+ Verwaltungsgemeinkostenzuschlag 30%	113,70	1'611,00	6'252,30
= **Selbstkosten (Stückkosten)**	**657,90**	**9'284,00**	**40'296,70**

Abbildung 10.8 Prozessorientierte Kostenrechnung (Beispiel: Maschinenbauer)

Maschinenbauer
Selbstkostenvergleich
Angaben in EUR/Stk.

Vergleich Methoden	A (120000 Stk.)	B (15000 Stk.)	C (900 Stk.)
Zuschlagskalkulation	657,90	9'284,00	40'296,70
prozessorientierte Kalkulation	583,15	8'951,75	55'801,43
Veränderung in EUR	**-74,75**	**-332,25**	**15'504,73**
Veränderung in %	**-11,4%**	**-3,6%**	**38,5%**

Abbildung 10.9 Vergleich der beiden Kostenrechnungsverfahren (Beispiel: Maschinenbauer)

Die prozesskalkulierten Kosten für die Produktgruppen A bzw. B waren wesentlich geringer als jene, die mittels differenzierter Zuschlagskalkulation errechnet wurden. Demgegenüber waren die kalkulierten Kosten für die Produktgruppe C nun wesentlich höher. Insbesondere bei den Produktgruppen A und C waren die Abweichungen dramatisch. Es wurde deutlich, dass die durch die Zuschlagskalkulation ermittelten Zahlen die Ergebnisse verzerrten und somit für eine transparente Steuerung des Geschäfts ungeeignet waren. Sie verschleierten die reale Profitabilität der Geschäfte und führten zu Fehlallokationen von Ressourcen (z. B. für Geschäftsentwicklung oder Investitionen). Mit der prozessorientierten Kostenrechnung wurde die Kalkulation insgesamt deutlich verursachergerechter und damit hinsichtlich ihres Informationsgehalts verbessert.

Durch die Definition der Prozesskaskaden als Profit-Center war der Mittelständler zudem in der Lage, Abweichungen bei den Plankosten klar zuzuordnen und nach Gründen zu suchen. Ferner ermöglichten die eindeutigen Prozesskaskaden, dass die Ergebnisrechnung dem Prozessmodell folgt und lokale Gewinne ausweist.

 TIPP Verschaffen Sie sich Kosten- bzw. Margentransparenz im Sortiment. Produktvarianten verursachen überraschend hohe Mehrkosten im Overheadbereich.

■ 10.5 Verrechnungsmethoden zur Stärkung von Verantwortlichkeit und Transparenz

Mit dem Blackbox-Ansatz werden mit den Geschäftsprozessen nicht nur die Rollen und Verantwortlichkeiten im Wertschöpfungsverbund geklärt, beispielsweise die Erzeugung von Kundennutzen. Der Beitrag und die Verantwortlichkeiten in der Erzeugung von Unternehmenswert werden ebenfalls festgelegt. Insbesondere geht es um die Frage, wer welchen Beitrag zum Unternehmensergebnis leistet und wer gegebenenfalls welche Abweichungen verantwortet. Die auftragsbezogene Leistungsverrechnung zwischen den Geschäftsprozessen schafft hierfür die nötige Transparenz (siehe Abbildung 10.10).

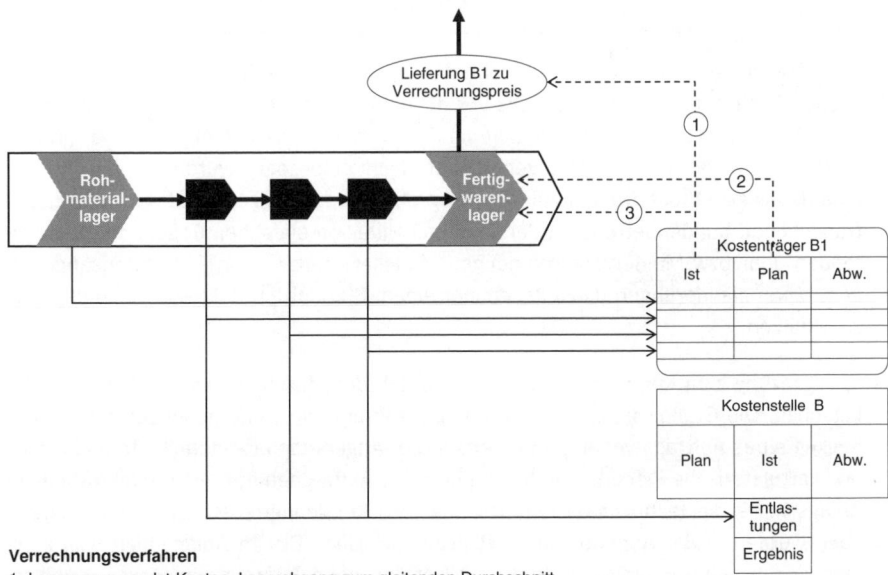

Verrechnungsverfahren
1 Lagerzugang zu Ist-Kosten, Lagerabgang zum gleitenden Durchschnitt
2 Lagerzugang und -abgang zu Planherstellkosten, Abrechnung der Abweichung in Ergebnisrechnung
3 Verrechnung der Ist-Kosten zur Lieferung

Abbildung 10.10 Belastung und Verrechnung der Prozessaufträge

Für die Leistungsverrechnung zwischen zwei Geschäftsprozessen stehen grundsätzlich drei praxistaugliche Wertansätze zur Verfügung: der Planwert aus der Kalkulation, der effektive Ist-Wert (zu Standardkostensätzen) und der gleitende Durchschnitt. Je nach geschäftlichem Kontext wirken sie sich unterschiedlich auf die Rollenteilung und Verantwortlichkeiten zwischen „Auftraggeber" und „Auftragnehmer" aus. Die Wahl des Verrechnungsverfahrens ist ein Mittel, um die Verantwortlichkeit für das Prozessergebnis zu schärfen. Plan-Ist-Abweichungen in den Kosten lassen sich grundsätzlich dem Auftraggeber bzw. Auftragnehmer anlasten (siehe Tabelle 10.1).

Tabelle 10.1 Prozessrelevanz der Verrechnungsverfahren

Fall	Verrechnungsverfahren	Prozessrelevanz	Typische Situation
1	Verrechnung der Ist-Kosten zur Lieferung	Abweichungen werden an Auftraggeber weitergegeben (Auftraggeberrisiko)	Lösungsgeschäft ohne detaillierte Planung in der Angebotsphase, z. B. kundenspezifisch angepasste Komponenten
2	Lagerzugang und -abgang zu Planherstellkosten, Abrechnung der Abweichung in der Ergebnisrechnung	Abweichungen verbleiben beim Auftragnehmer (Auftragnehmerrisiko)	Lösungsgeschäft mit detaillierter Planung in der Angebotsphase durch Auftragnehmer, z. B. Anlagenbau
3	Lagerzugang zu Ist-Kosten, Lagerabgang zum gleitenden Durchschnitt	Abweichungen verbleiben beim Auftragnehmer zwecks Nutzung zur Prozessoptimierung (KVP)	Produktgeschäft z. B. Katalogkomponenten oder Verwendung von Standardkomponenten

Beim Maschinenbauer war das Komponentengeschäft mit sehr häufigen kundenspezifischen Anpassungen verbunden. Die Verrechnung der Ist-Kosten (Fall 1) war ein geeigneter Ansatz, um die Ist-Kosten dem Verkaufserlös direkt zuzuordnen, zumal das (intern) auftragnehmende Werk in der Angebotsphase nicht einbezogen wurde. Der Aufwand für eine detaillierte (Kosten-)Planung wäre zu groß gewesen. Dagegen ist der (intern) auftraggebende Kundenbetreuer in der Lage, mit Hilfe von einfachen Regeln die zu erwartenden Mehr- bzw. Minderkosten kundenindividueller Anpassungen (Dimensionsänderungen, Materialänderungen usw.) gegenüber einem Standardprodukt ausreichend genau zu schätzen.

In Ergänzung zum Komponentengeschäft betrieb der Maschinenbauer auch einen Anlagenbau. Die Größe, die technische Komplexität und die einhergehenden finanziellen Risiken eines Auftrags verlangten bereits in der Angebotsphase detaillierte technische und kalkulatorische Planung durch den (internen) Auftragnehmer. Die Komplexität einer Anlage hätte die technischen Kompetenzen des Kundenbetreuers überstiegen. Demnach wurden in der Angebotsphase Plankosten fixiert. Die im Anlagenbau häufig anfallenden Ist-Abweichungen hatten grundsätzlich beim Auftragnehmer zu verbleiben. Mit dieser Regelung wurde der interne Auftragnehmer analog zu einem externen Lieferanten behandelt (Fall 2). Ein Teil der Abweichungen war darauf zurückzuführen, dass die Plankalkulation selbst oder das zugehörige technische Konzept ungenügend waren; ein anderer Teil entfiel auf nicht verrechnete Änderungsbegehren des Kunden. Infolge des auftragnehmerseitigen Risikos war der Auftragnehmer motiviert, vor Ausführung eines Änderungsbegehrens einen Zusatzauftrag, welcher auf einer erneuten Plankalkulation basierte, einzufordern.

Im Lösungsgeschäft werden Angebote nicht immer mit der nötigen Tiefe erstellt und die Kalkulation wird nicht als Vorgabe für die Ausführung verwendet. Ein Grund ist die fehlende Durchgängigkeit von Angebot und Ausführung. Mit einem Kalkulationsschema, in dem das durchgängige und kaskadische Unternehmensdesign abgebildet ist, lässt sich gleichwohl das Angebot durch die vorgesehenen Auftragnehmer mitkalkulieren als auch die Plantreue während der Ausführung überwachen.

Der Anlagenbauer entwickelte ein Kalkulationsschema auf Basis seines kaskadischen Unternehmensdesigns (siehe „End-to-End-Durchgängigkeit der Geschäftsprozesse" in Kapitel 5 sowie als fortlaufendes Beispiel in Kapitel 6). Mittels dieses Schemas (siehe Abbildung 10.11) wurden die Angebote kalkuliert und im Auftragsfall für die Soll-Ist-Vergleiche verwendet. Zu den bezogenen Vorleistungen kalkulierte jede Kaskadenstufe ihre Prozesskosten hinzu, welche die Prozessleistung betraf. In den Prozesskosten waren kalkulatorische Zinsen als Teil des konsolidierten Plangewinns inkludiert. Margen für die Deckung von Innovationsausgaben, Management-Fee sowie zusätzlicher Plangewinn wurden einzig in der obersten Kaskade einkalkuliert. Dadurch verhinderte der Anlagenbauer, dass Margen in den internen Zulieferungen versteckt und dadurch die Selbstkosten nicht transparent waren. Ohne die Kenntnis der geplanten Selbstkosten waren preisliche Vertragsverhandlungen schwierig. Konsequenterweise wurden preisliche Nachlässe, ohne Anpassungen im Lieferumfang, alleinig der obersten Kaskade zugeordnet.

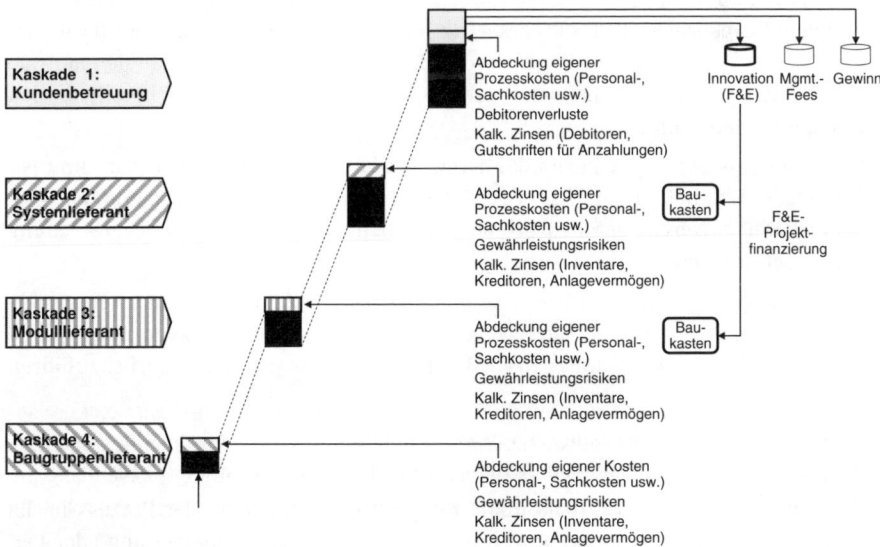

Abbildung 10.11 Kalkulationsschema (Beispiel: Anlagenbauer)

Die Kalkulation diente als Basis für die Verrechnungen bzw. internen Transferpreise, d. h., Plan-Ist-Abweichungen verblieben grundsätzlich beim Auftragnehmer. Dies bedeutete, dass Mehrleistungen nur weiterverrechnet werden konnten, wenn dazu eine entsprechende Vereinbarung vorlag. Damit war jede Kaskadenstufe, insbesondere der Systemlieferant, motiviert, mögliche Mehrkosten, welche durch Änderungsbegehren entstanden, durch entsprechende interne bzw. externe Vertragsanpassungen abgelten zu lassen. Mit den kalkulatorischen Zinsen wurde ein Anreiz geschaffen, um auch mit dem Kapitaleinsatz haushälterisch umzugehen.

■ 10.6 Abweichungen zum Aufzeigen von Optimierungspotenzialen

Mit den Verrechnungspreisverfahren alleine werden die Ursachen und Hebel für Performanceoptimierungen noch nicht ausreichend bestimmt. Die Analyse der Plan-Ist-Abweichungen dient der Identifikation der Kostendifferenzen und der Aufdeckung von Optimierungspotenzialen im Wertschöpfungsverbund bzw. Geschäftsprozess. Dabei werden Ist-Werte den Plan-Werten gegenübergestellt und auf die Ursachen aufgeschlüsselt und kompensatorische Effekte wie beispielsweise tiefere Einsatzpreise und geringere Beschäftigung oder höhere Verrechnungspreise und geringere Beanspruchungsmengen werden möglichst transparent gemacht. Aus Sicht der prozessorientierten Kostenrechnung sind folgende Abweichungen von besonderem Interesse (siehe Tabelle 10.2):

- *Beanspruchungs- oder Mengenabweichungen* erfassen die Differenzen zwischen Ist- und Plan-Beanspruchung des Prozesses (z. B. der Anzahl oder Volumen der Bestellungen in einer Periode). In der Regel werden die Planbeanspruchungen an den auftragnehmenden vom auftraggebenden Prozess – etwa in Jahresbudget oder in rollierenden Prognosen – bestimmt.

- *Einsatzpreisabweichungen* liegen dann vor, wenn Unterschiede in den Plan- und Ist-Preisen der Inputfaktoren (z. B. Material, Personal) vorliegen. Eine Einsatzpreisabweichung kann im Wertschöpfungsverbund auch auf eine Verrechnungspreisabweichung zurückgeführt werden.

- *Einsatzmengenabweichungen* betreffen den Mehr- oder Minderverbrauch von variablen und fixen Prozessressourcen (z. B. Ausschuss oder Effizienzverbesserungen), welche nicht auf die Auslastung- bzw. Beschäftigungsabweichungen zurückzuführen sind.

- *Auslastungs- und Beschäftigungsabweichungen* sind zusätzliche oder fehlende Fixkostenabweichungen aufgrund von Beanspruchungs- oder Mengenabweichungen.

- *Struktur-, Verfahrens- und Prozessabweichungen* treten auf, wenn der Prozess im Ist gegenüber dem Plan geändert wird (z. B. externe statt interne Bearbeitung oder Vereinfachungen in administrativen Prozessschritten).

- *Verrechnungspreisabweichungen* umfassen Änderungen im Verrechnungsverfahren bzw. Wertansatz (z. B. Plan-Kosten oder gleitender Durchschnitt) oder in den Verrechnungspreisen (z. B. Transferpreisen) selbst.

Tabelle 10.2 Typische Quellen für Abweichungsanalysen

Abweichung	Kostenstellen-rechnung	Kostenträger-rechnung	Ergebnis-rechnung
Beanspruchungs- oder Mengen-abweichungen	Ja	–	Summiert
Einsatzpreisabweichungen	Ja (Gemeinkosten)	Ja (Einzelkosten)	Summiert
Einsatzmengenabweichungen	Ja (Ist-Aufwand)	Ja (Plan)	Summiert
Auslastungs- und Beschäftigungs-abweichungen	Ja	–	Summiert
Struktur-, Verfahrens- und Prozess-abweichungen	–	Ja	Summiert
Verrechnungspreisabweichungen	–	Ja	Summiert

Beim Maschinenbauer wurde das laufende Jahr auf Basis der Ist-Daten des Vorjahres geplant. Anstelle der aufwendigen (und oft missbrauchten) Stundenverrechnung entschied das Unternehmen, nur die Anzahl der kundenindividuellen Lösungen im Lösungsengineering (Typ C) zu verwenden. Der Soll-Ist-Vergleich bzw. die Abweichungsanalyse für den Monat März ergaben folgendes Bild: Insgesamt war die Prozessmenge um 8 % unter Plan, das Ergebnis aber nur um 4,7 % schlechter als geplant. Ein minimaler Teil ließ sich durch Preiskorrekturen bei den Einsatzpreisen bzw. Verrechnungspreisen erklären. Die Lohnkostensteigerung aufgrund der Tarifvereinbarung war im Plan genauso wenig berücksichtigt worden wie die pauschale Verrechnungspreiserhöhung. Der große Rest von 4,5 % war jeweils rund zur Hälfte auf Mengenabweichung und ungenügende Auslastung zurückzuführen (siehe Abbildung 10.12). Die Kapazität konnte also nur partiell angepasst werden, indem Nachbesetzungen verschoben wurden. Die Vermutung lag nahe, dass der Stundeneinsatz je Lösung entsprechend gestiegen sein dürfte.

Abweichungen in der Kapitalbindung sind aus der Kostenrechnung nur bedingt ersichtlich (z. B. in geringeren Abschreibungen bei nicht getätigten Investitionen). Der Mehr- bzw. Minderbedarf an Umlaufkapital (Lagerbestände, Waren in Arbeit, Debitoren und Kreditoren) wird in der Kostenrechnung „nur" über kalkulatorische Zinsen sichtbar. Umso mehr sind eindeutige Zuordnungen von Bruttowerten zu den Geschäftsprozessen von besonderem Interesse.

Maschinenbauer
Kostenstellenplanung und Soll-Ist-Vergleich
Angaben in EUR

Kostenstellenplanung

Kostenstelle: Lösungslieferant	Planperiode: 3.20XX

Planbeanspruchung der Kostenstelle (Stk.):	75
Plankosten fix:	46'841.25
Plankosten variabel:	140'523.75
Plankostenverrechnungssatz fix:	624.55
Plankostenverrechnungssatz variabel:	1'873.65
Plankostenverrechnungssatz gesamt:	2'498.20

Soll-Ist-Vergleich

Lösungsengineering   Abrechnungsperiode: 3.20XX

	Ist	Plan		Abweichung	
Beanspruchung (Stk.)	69		75	-8.0%	
Ist-Entlastung	174'099.56				
Soll-Entlastung	172'375.80		187'365.00	-14'989.20	-8.0%
Soll-Kosten zu Planeinsatzkosten		fix	46'841.25		
		variabel	129'281.85		
		gesamt	176'123.10		
Ist-Kosten	182'952.40				
Ist-Kosten zu Planeinsatzkosten	180'783.00				
Gesamtabweichung				-8'852.84	-4.7%
Mengenabweichung				-4'659.90	-2.5%
Einsatzkostenabweichung				-2'169.40	-1.2%
Auslastungsabweichung				-3'747.30	-2.0%
Verrechnungspreisabweichung				1'723.76	0.9%

Abbildung 10.12 Soll-Ist-Vergleich und Abweichungsanalyse für das Lösungsengineering
(Beispiel: Maschinenbauer)

Beim Anlagenbauer war es üblich, einen Teil der Ware in Arbeit durch die Kunden vorfi-
nanzieren zu lassen. In einer Nettobetrachtung war das gebundene Umlaufkapital relativ
gering und hätte nur im geringen Maß zum effizienteren Kapitaleinsatz angeregt. Durch
die Zuordnung von Bruttowerten war der Kundenverantwortliche (erste Prozesskaskade) für den kundenseitigen Zahlungsfluss verantwortlich, der Lösungslieferant (zweite
Kaskade) für die Ware in Arbeit und die Kreditoren gegenüber den externen Lieferanten.
So wurde der Kundenverantwortliche motiviert, einen Zahlungsplan mit möglichst frühen Zahlungen auszuhandeln. Der Lösungslieferant war seinerseits dazu angehalten, ein
Vorgehen mit möglichst kurzer Durchlaufzeit und später Kapitalbindung sowie späten
Zahlungen an die Lieferanten zu wählen.

■ 10.7 Fundiertes betriebswirtschaftliches Konzept

Die Analyse von Abweichungen aus der Leistungs- und Kostenrechnung ist ein zentrales Thema des Controllings. Daher ist die Erfassung von möglichst unverfälschten, aber auswertbaren Ist-Daten essenziell. Ohne entsprechende Plan-Daten als Referenzwerte sind Ist-Werte jedoch nicht aussagekräftig. Damit ein Unternehmen die aus Sicht ihrer Strategie maßgeblichen Abweichungen beobachtet, sind die vorausgehende Identifizierung und Konkretisierung der Datenobjekte im sogenannten „betriebswirtschaftlichen Konzept" erforderlich. In Letzterem soll ebenso festgehalten werden, auf welche Controlling-Aussagen verzichtet werden kann. Beispielsweise sind Auslastungsabweichungen von geringer Bedeutung in Unternehmen, für welche Geschwindigkeit und Ressourcenflexibilität entscheidend sind.

 TIPP Verfolgen Sie nur wenige, ausgewählte Controlling-Größen. Deren Abweichungen haben einen direkten Bezug zum Unternehmensergebnis und werden von den Beteiligten nicht kleingeredet.

Das betriebswirtschaftliche Konzept stellt somit die Basis für die prozessorientierte Leistungs- und Kostenrechnung dar. Es fokussiert die Datenerhebung bzw. beschränkt die Granularität auf ein in der Praxis vertretbares Ausmaß und synchronisiert den Mengen- und Wertefluss bzw. integriert die Prozess- und Kostensicht. Das betriebswirtschaftliche Konzept beantwortet die Fragen nach den Kosten- und Ergebnistreibern sowie den Analysebedarf bezüglich der Planabweichungen. Dabei wird von der Einzigartigkeit jedes Unternehmens ausgegangen.

 Inhalte des betriebswirtschaftlichen Konzepts

Im betriebswirtschaftlichen Konzept werden die unternehmensspezifischen Controlling-Schwerpunkte und Abweichungsanalysen (z. B. als Basis für die Balanced Scorecard) festgelegt. Zugleich wird der Weg beschrieben, wie im Rahmen der Prozessvorgänge die Kosten den Leistungen automatisch zugeordnet werden.

Das betriebswirtschaftliche Konzept baut auf dem Unternehmensdesign, dem Organisations- und Prozessmodell, auf und soll folgende Inhalte klären:

- Ergebnisverantwortliche Unternehmensbereiche mit zugehörigem Leistungskatalog von Produkten und Dienstleistungen (z. B. Standardleistungen, konfigurierbare Varianten oder kundenindividuelle Lösungen) sowie Erlösmodell

- Wertschöpfungsstruktur mit Produktstrukturen mit Wertschöpfungstiefe, Wertschöpfungsverlauf (von den Vorleistungen über Zwischenstufen zu den Marktleistungen); anonyme und kundenindividuelle Beschaffungs- und Wertschöpfungsanteile; ggf. Vorgaben zur Chargenpflicht, Serialisierung usw.

- Bewertungsrichtlinien (z. B. Abschreibungen, Vorschriften zur Inventarbewertung, Konzern-Clearing, kalkulatorische Zinsen, ggf. auch Transferpreismodell)

- Maßgeschneiderte Konzeption des prozessorientierten Berichtsmodells bzw. Berichtswesens, insbesondere

  - die Treiber der Controlling-Größen für das Bereichs-, Produkt-, Produktions-, Ergebnis-Controlling (z. B. Bedarfs- und Mengengrößen, zweckmäßige Abweichungsanalysen)

  - die Auslegung, Strukturierung und Verknüpfung der Kostenstellen- und Kostenträger- sowie (Betriebs-)Ergebnisrechnung (Granularität, Bewertungsansätze, Perioden)

  - die Anforderungen an Arbeitspläne und Stücklisten

- Umsetzungsplan mit den Muss- und Kann-Anforderungen an das ERP-System sowie mit den Controlling-Themen, welche außerhalb des ERP weiterverfolgt werden sollen

Das in sich schlüssige und maßgeschneiderte betriebswirtschaftliche Konzept ist eine zwingende Voraussetzung für ein aussagefähiges Controlling. Über die mögliche Aussageschärfe soll schon von Beginn an ein gemeinsames Verständnis mit der Unternehmensführung bestehen, denn mit den Genauigkeitsanforderungen entstehen auch Aufwände. Deswegen muss die Unternehmensführung das betriebswirtschaftliche Konzept nicht nur verabschieden, sondern sich aktiv an dessen Entstehen beteiligen. Vor drei gängigen Irrtümern sei hier explizit gewarnt:

- *Irrtum 1:* Kennzahlenvielfalt und hohe Granularität in der Kostenerfassung bzw. -verrechnung ermöglichen hohe Transparenz. Im Gegenteil schafft hohe Granularität Komplexität, welche zu überproportional wachsendem Controlling-Aufwand und vermehrten Fehlschlüssen führt.

- *Irrtum 2:* Das Berichtswesen lasse sich evolutiv entwickeln. Im Gegenteil sind Anpassungen und Erweiterungen am betriebswirtschaftlichen Konzept hinterher schwierig umsetzbar. Insbesondere implementierte Zusammenhänge lassen sich in der Kostenstellen-, Kostenträger- sowie Ergebnisrechnung später nur mit großem Aufwand ändern.

- *Irrtum 3:* Das ERP-System lege das Berichtswesen als Standard weitgehend fest. Im Gegenteil lässt sich in einem modernen ERP-System praktisch jedes beliebige betriebswirtschaftliche Konzept abbilden. Allerdings sind die konzeptionellen Festlegungen schon in einem sehr frühen Stadium der Implementierung zu treffen.

Grundsätzlich soll das betriebswirtschaftliche Konzept unabhängig von der Einführung eines ERP-Systems erarbeitet werden. Trotzdem ist ein ERP-Vorhaben eine zeitlich einmalige Chance, die automatische Erzeugung der relevanten Controlling-Informationen aus der prozessorientierten Kostenrechnung zu konzipieren. In jedem Fall soll das betriebswirtschaftliche Konzept vor der Auslegung des ERP-Systems erarbeitet und als Teil des Lastenhefts für die ERP-Auswahl verwendet werden. Für die produktbereichs-, organisations- oder grenzüberschreitenden Geschäftstransaktionen eignen sich die ERP-Systeme aufgrund ihrer jeweiligen Stärken und Schwächen unterschiedlich gut.

Reflexionsfragen 10

- Worin sehen Sie den Nutzen von optimaler Kostentransparenz?
- Woher kommt die Aussage „besser ungefähr richtig als präzise falsch"?
- Für welche Managemententscheidungen empfehlen Sie, das Instrument „Komplexitätskostenabschätzung", „Prozesskostenanalyse" oder „prozessorientierte Kostenrechnung" einzusetzen? Welche Erwartungen verknüpfen Sie jeweils damit?
- Worin liegt häufig die Problematik der Zuschlagskalkulation?
- Welche Unterschiede und Gemeinsamkeiten weisen die „prozessorientierte Kostenrechnung" und die traditionelle Kostenrechnung in der Umsetzung auf?
- Welches sind in der prozessorientierten Kostenrechnung die Controlling-Objekte? Wie sollen sie bewertet werden? Welche Schlüsse lassen sich aus der Abweichungsanalyse ziehen?
- Warum ist die Wahl der richtigen Wertansätze bzw. Verrechnungsmethode für die Stärkung der Verantwortlichkeit so entscheidend?
- Wie denken Sie über die Aussage „Zum Controlling gehört zur betriebswirtschaftlichen Kompetenz noch das logistische Verständnis"?

■ 10.8 Literatur

Grob, H. L. & Bensberg, F. (2005). Kosten- und Leistungsrechnung: Theorie und SAP-Praxis. München: Vahlen.

Hammer, M. (2007a). The 7 deadly sins of performance measurement and how to avoid them. MIT Sloan Management Review, 48 (3), 19 – 28.

Kueng, P. (2000). Process performance measurement system: A tool to support process-based organizations. Total Quality Management, 11 (1), 67 – 85.

Schmelzer, H. J. & Sesselmann, W. (2013). Geschäftsprozessmanagement in der Praxis: Kunden zufrieden stellen – Produktivität steigern – Wert erhöhen. München: Hanser.

Shank, J. K. & Govindarajan, V. (1993, 2006). Strategic cost management: the new tool for competitive advantage. New York, NY: Free Press.

11 Innovationen ins Ziel bringen

Richtig strukturiert, lassen sich mit dem *Innovationsprozess* die Innovationen zuverlässig planen und steuern. Dabei handelt es sich mehr um einen Fluss von kleineren als um einzelne große Innovationen. Solche Innovationen sind zeitlich eng getaktet, haben einen eingeschränkten Innovationsumfang und sind mit reduzierten Risiken behaftet. Zudem sind die Rollen der Auftraggeber und Auftragnehmer im Innovationsbereich klar geregelt.

■ 11.1 Gemanagter Innovationsbereich

Wer noch vor wenigen Jahren von einem *„Innovationsprozess"* gesprochen hat, wurde von seinem Gegenüber nur schief angesehen. Verbreitet war die Meinung, dass Innovation nicht steuerbar wäre oder gar wie eine Produktionsstraße Schritt für Schritt kontrolliert und in Bahnen gelenkt werden könnte. Vielmehr sei Innovation das Ergebnis von außerordentlichen Leistungen kreativer Persönlichkeiten. Die Schwierigkeiten und Risiken mit Innovationsvorhaben müssten notgedrungen hingenommen werden. Zu fern war die Vorstellung, von einem gemanagten Innovationsbereich – nicht im Nachhinein, sondern vorbeugend.

Denken wir beispielsweise an ein Chemieunternehmen, das erfolglos für die Suche neuer „Blockbuster" jährlich zwar rund 200 Millionen Euro ausgab, aber die letzte Durchbruchinnovation lag trotzdem bereits 40 Jahre zurück. Ein Unternehmen des elektrotechnischen Apparatebaus startete die Erneuerung einer Produktlinie. Nach vier Jahren und kumulierten Ausgaben von zwei nicht allzu knapp bemessenen Jahresgewinnen (vor Steuern!) stellte es jedoch fest, dass die Markteinführung verschoben werden musste und das Herstellkostenziel um 50 % verfehlt wurde. Ein anderes Unternehmen aus der Süßwarenbranche beklagte, dass die Innovationsvorhaben rund zwei Jahre dauern und damit der optimale Zeitpunkt für den Markteintritt regelmäßig verpasst wird. Bei einem Elektronikunternehmen verzögern sich Produkteinführungen regelmäßig um zwei bis vier Jahre, da die Entwicklungspipeline mit rund 80 parallelen Projekten verstopft ist und die Entwickler selbst die Prioritäten setzen. Ein Komponentenhersteller weiß hingegen nicht mehr, wo er ansetzen muss, weil er nach mehr als zwei Millionen kundenspezifischen Lösungen den Überblick verloren hat.

 Typische Schwierigkeiten mit Innovationsvorhaben

- Verspätungen gegenüber Soll-Termin
- Grundsätzlich lange „Time-to-Market" (oder gar „Time-to-Use"), insbesondere in Relation zur Zyklizität des Geschäfts
- Kein zeitlicher Handlungsspielraum für die strategische oder taktische Abstimmung bzw. das „Timing" von Innovationen
- Veränderte Marktanforderungen bei Markteinführung gegenüber dem Start des Innovationsvorhabens
- Unterschätzte technische Entwicklungsrisiken z. B. durch Verwendung von unausgereiften oder durch das Unternehmen noch nicht beherrschten Technologien
- Ungenügende Innovationstreffer (unerfüllte Funktionalität, Zielkosten etc.)
- Verfrühter Transfer der Innovation in Produktion und Markt durch unausgereifte Entwicklungen und ungeklärte Serienreife: Dadurch entstehen hohe Folgekosten in der Produktion aufgrund von hohen Anlaufkosten oder im Markt aufgrund von Rückrufen, Reparaturen und Betriebsunterbrechungen, Reputationsschäden usw.
- Enorme Kostenüberschreitungen des Innovationsbudgets
- Verzögerungen aufgrund ungenügend vorhandener Ressourcen und verstopfter Entwicklungspipeline: Faktisch werden die Prioritäten durch die „Ressourcen"-Engpässe und nicht durch das Management bestimmt.
- Prioritätenkonflikte wegen Einbezug vieler Fachdisziplinen und Funktionen des Unternehmens
- Viele Übergaben entlang des Innovationsprozesses und damit kritische Informationsverluste, Verzögerungen und Quasi-Neustarts
- Ungeklärte Verantwortlichkeiten sowie „Management-by-Excuse" bei Misserfolgen und damit verpasste Lernchancen
- Unausgelotetes „Buy"-Potenzial im Innovationsbereich wegen verbreitetem „Not-Invented-Here"-Syndrom
- Sprach- und Kulturprobleme, insbesondere bei standortübergreifenden Innovationsvorhaben
- Abhängigkeit von Einzelpersonen im eigenen Haus (interne „Gurus")

Letztlich geht es beim Innovationsgeschehen um die Schlüsselfrage, ob (und wie) sich die Zufälligkeit durch Plan- und Steuerbarkeit ersetzen lässt. Bei der „Innovation" handelt es sich schließlich nicht um einen Vorgang, der von der zufälligen Kreativität von

„Erfindern" abhängt, sondern um einen *mit modernen Managementmethoden weitgehend berechenbaren und steuerbaren Prozess.* Mittlerweile hat sich durchgesetzt, dass Innovationsvorhaben zumindest halbwegs einem festgelegten Ablauf mit überprüfbaren Meilensteinen folgen, sonst aber als intensiv beobachtete Projekte mit Ausstiegsmöglichkeiten behandelt werden.

Unser Verständnis geht weiter: Bei Innovation handelt es sich um einen – wie die wertschaffenden und „horizontalen" Geschäftsprozesse – *steuerbaren Prozess, welcher mit hoher Wahrscheinlichkeit vorhersehbare Ergebnisse erzeugt.* Die verbreitete Planungsaversion muss dabei überwunden werden, denn die Innovationsrate ist grundsätzlich genauso planbar wie der Produktionsausstoß oder der Verkaufserfolg. Wenn überhaupt ausgestiegen werden soll, dann möglichst früh und bevor größere Innovationsaufwände angefallen sind.

Für dieses Innovationsverständnis müssen wesentliche Erkenntnisse aus der Praxis zusammengeführt und konsistent in die Gestaltung von Organisation und Prozessen im Innovationsbereich übertragen werden. Dabei handelt es sich um

- Prozesssystematik mit Fluss von inkrementellen Innovationen,
- Baukasten zur Befähigung des Unternehmens,
- Risikoreduktion durch rigoroses Zeitmanagement.

■ 11.2 Weniger Kreativität, dafür mehr Systematik

Den Unternehmen fehlen selten neue, erfolgsversprechende Ideen, sondern es mangelt ihnen am Verständnis für zielgerichtetes und effizientes Vorgehen sowie die Einordnung neuer Ideen in das Ganze der Geschäftstätigkeit. Ähnliches postulieren auch Birkenmeier und Brodbeck: „Innovation ist führbar!" (2010, S. 13). Zudem werden zu viele Ideen parallel verfolgt – es wird zu spät selektiert!

 Kreativität: Erzeugen von neuartigen Ideen zur Lösung konkreter Probleme.

Innovation: Schaffen und Umsetzen von Neuheiten, welche für Kunden nützlich sind. ■

Innovation hängt nur eingeschränkt von der Erfindergabe einzelner Mitarbeiter ab. Im Start-up- oder Kleinunternehmen dominieren zwar meistens noch Gründer und Inhaber das Innovationsgeschehen, doch im Mittelstand oder in Großunternehmen reicht die Personenorientierung nicht mehr aus. Eine von Einzelpersonen unabhängige, breite Verankerung der Innovationsfähigkeit macht das Unternehmen erfolgreicher.

Der erforderliche Anteil an kreativer Arbeit in der Produkt- und Dienstleistungsentstehung wird von Außenstehenden regelmäßig überschätzt. Bei Innovation handelt es sich weniger um Kreation, als vielmehr um die zielstrebige Umsetzung von wenigen, oft sogar „kleinen", Ideen und dies häufig unter widrigen Rahmenbedingungen. Die Analyse berühmter Innovationen wie jene von Henry Ford zeigt, dass Ideen aus bereits Existierendem, wie etwa die Austauschbarkeit von Komponenten aus der Landtechnik, die kontinuierliche Produktion aus der Lebensmittelabpackung oder das Montageband aus Schlachthäusern, entnommen und von seinen Ingenieurteams durch systematische und akribische Detailarbeit in die Automobilproduktion übertragen wurden.

Thomas Edisons Aussage von 1929 „Genialität besteht zu einem Prozent aus Inspiration und zu 99 Prozent aus Transpiration" (zitiert in Newton 1987, S. 24) dürfte die heutigen Verhältnisse in der Innovationsarbeit eher noch zu positiv darstellen. Die vielfach zitierten kreativen Einfälle, wie die Erfindung des Rads, der Dampfmaschine, der Telefonie, des Transistors, des Internets usw., welche die Welt massiv verändert haben, sollten jeweils als außerordentlicher Glücksfall gewertet werden. Ohne die Millionen von kleinen, nicht minder wichtigen, Innovationen hätten sie allerdings niemals den Durchbruch geschafft und spezialisierten Unternehmen zum Erfolg verholfen.

Das wenige, noch notwendige Kreativpotenzial wird vielerorts falsch zugeordnet. Wenn Kreativität die Entwicklungsarbeit dominiert, führt dies vor allem zur Verspieltheit und zu Verzögerungen, aber nicht zu besseren, schon gar nicht effizienten, Innovationslösungen. Wenn wie beim Komponentenhersteller schon zig-tausend Varianten bestehen, ist die Gefahr groß, dass das Rad zweimal, aber nicht besser erfunden wird. Zwar kann das Suchen eines passenden Ansatzes unter bestehenden Lösungen mühsam sein, doch die Innovationsleistung, welche schon auf Bestehendem aufbaut, ist meistens besser. Zudem wird noch das Variantenwachstum gestoppt. Kreativität ist jedoch in einer Frühphase des Innovationsprozesses notwendig. Dies betrifft beispielsweise die Ideenfindung und -selektion, die Machbarkeitsstudie oder Festlegung von Produkt-, Dienstleistungs- und Systemarchitekturen, die Sortimentsplanung oder die Abstimmung der Innovationsvorhaben innerhalb der „Road-Map" aller Neueinführungen.

Unter „Road-Maps" werden Produkt- und Technologiekalender verstanden, welche die zukünftigen Neuerungen und deren Abhängigkeiten im Zeitverlauf aufzeigen.

■ 11.3 Fluss von inkrementellen Innovationen

Große, diskontinuierliche Innovationen scheinen auf den ersten Blick als besonders attraktiv. Schumpeter (1912, S. 157) sprach bei Innovationen auch von Mitteln „schöpferischer Zerstörung" bestehender Marktstrukturen und Wettbewerbsverhältnisse. Dagegen gelten die kleinen, inkrementellen Innovationen als langweilig und unbedeutend.

Entsprechend berichten Unternehmen bevorzugt von einzelnen großen Durchbrüchen statt von vielen kleinen Innovationen. Der Fokus auf große (auch: „radikale" oder „explorative") Innovationen verzerrt jedoch die Realität. Zum einen sind kleine (auch: „inkrementelle") zwar um Größenordnungen häufiger als große Innovationen, allerdings werden sie ausgeblendet. Schrittweise Wirkungsgradverbesserungen, Funktionalitätszuwächse oder perfektionierte Dienstleistungen erzielen kumuliert betrachtet meistens mehr Kundennutzen als ein vollständig neues Maschinenkonzept, eine neue Software oder ein neues Dienstleistungskonzept, welche ihre Reife erst noch entwickeln müssen. Zum anderen geschehen große Innovationen eher zufällig, sie sind einmalig und deswegen nicht planbar. Vielfach ist erst nach Jahren erkennbar, dass es sich um eine große oder gar Durchbruchinnovation handelte.

Ganz ähnlich verhält es sich mit sogenannten „Nachholinnovationen". Solche stellen sich ein, nachdem das Unternehmen erkannt hat, dass gegenüber Wettbewerbern Nachholbedarf entstanden ist, da in vergangenen Jahren unterdurchschnittlich in Innovation investiert oder neue Markt- und Technologieentwicklungen ungenügend beachtet wurden. Solche Nachholinnovationen sind wegen des oft sehr beachtlichen Umfangs genauso wenig planbar wie obige Großinnovationen: Sie erfüllen weder die inhaltlichen Ziele noch stehen sie zum geplanten Termin bereit.

Ein Systemhaus für prozessleittechnische Anwendungen setzte viele Jahre auf ein proprietäres Betriebssystem. Damit konnte es die Kunden mit einer überragenden Systemleistung zu einem relativ günstigen Preis überzeugen. Das Systemhaus verkannte allerdings Signale im Markt, dass die Kunden ein Anwendungssystem auf Basis eines inzwischen günstig verfügbaren und ebenso performanten Industriestandards bevorzugen. Die Migration stellte sich als schwierig, letztlich als Neuentwicklung des Komplettsystems heraus. Eine Verspätung um mindestens zwei Jahre sowie eine Kostenüberschreitung um rund 150 % gegenüber Plan waren die Folge. Nicht quantifizierbar, aber erheblich war der Reputationsschaden, da das neue System trotz Verspätung die Erwartungen der Kunden nicht auf Anhieb erfüllte.

Der wesentlichste Mangel von großen Innovationen ist folglich ihre Zufälligkeit. Als einmalige Ereignisse sind sie für Prozessmanagement nur wenig geeignet und daher auch nicht steuer- und planbar. Kleine inkrementelle Innovationen treten dagegen häufig auf. Je öfter sie geschehen, desto geeigneter sind sie für Prozessmanagement und desto mehr Nutzen ziehen sie daraus, dass mit Prozessen einerseits qualitative Homogenität sowie Reproduzierbarkeit sichergestellt und andererseits vor allem Plan- und Steuerbarkeit im Innovationsgeschehen hergestellt werden. Deshalb ist ein möglichst *beständiger Fluss von Innovationen bzw. Innovationsvorhaben* die beste Voraussetzung für Prozesse im Innovationsbereich. In ihrer Gesamtheit stärken diese kleinen, inkrementellen Innovationen die Wettbewerbsfähigkeit eines Unternehmens – und aufgrund ihrer Beständigkeit nachhaltig.

Bei einem großen Hersteller von Molkereiprodukten waren die Entwicklungen von Verpackungen inkrementell; zitieren wir den Entwicklungsleiter: „Ich kreiere neue Verpackungen und mache sie maschinell verarbeitbar. Genauso wichtig ist es, Bestehendes zu optimieren. So haben wir zum Beispiel bei den Joghurtbechern das Gewicht reduziert und sparen so über 60 Tonnen Kunststoff im Jahr. Klar müssen auch Lebensmittelsicherheit und Stabilität der Verpackungen stets gewährleistet sein. Ein Becher soll auch nach der Reise im Lkw oder Schiffscontainer und dem Transport in der Einkaufstasche tipptopp aussehen."

Die inkrementellen Innovationen sind von den Produktänderungen (auch genannt: „Engineering-Changes") auseinanderzuhalten. Zwar kommen Produktänderungen sehr häufig vor, haben aber aus Kundensicht keinen oder nur sehr geringen Neuigkeitswert, außer dass sie offensichtliche oder potenzielle Mängel beheben und Reproduzierbarkeit – beispielsweise in der Beschaffung oder Produktion – aufrechterhalten. In der Softwarebranche ist es zwar üblich, Änderungen in einem neuen Release zusammenzufassen und zu vermarkten; ohne zusätzliche Funktionalität sollte trotzdem nicht von einem Innovationsschritt gesprochen werden. Bei Produktänderungen handelt es sich um typische *Produkt- bzw. Innovationspflege*. Produkt- oder Innovationspflege sind typische Aktivitäten in der Phase „Perfektionierung" des Innovationsprozesses (siehe „Abwicklung im definierten Innovationsprozess").

Innovationen betreffen nicht nur die Erneuerung der Marktleistungen (Produkte und Dienstleistungen sowie deren Anwendungen), sondern auch die *Erneuerung der betrieblichen und technischen Prozesse, des Geschäftsmodells oder sogar der Markt- und Wettbewerbsstrukturen.* Indem generisch die Werte festgelegt werden, welche im konkreten Geschäftsfall geschaffen werden sollen, ist der Innovationsprozess *wertdefinierend.* Da davon immer die wertschaffenden oder „horizontalen" Prozesse betroffen sind, wird der Innovationsprozess auch als querliegender oder *„vertikaler" Geschäftsprozess* bezeichnet (siehe auch Box „Typen von Geschäftsprozessen" in Kapitel 5).

■ 11.4 Erneuerung des „Baukastens"

Als wertdefinierender Prozess erbringt der Innovationsprozess – im Gegensatz zu den wertschaffenden Prozessen – *keine Marktleistungen*, sondern er *versetzt das Unternehmen in die Lage, marktgerechte Produkte oder Dienstleistungen zu erbringen.* Der Innovationsprozess schafft Voraussetzungen und stellt den *„Baukasten"* zur Verfügung, mit dem für den konkreten Geschäftsfall die kundengerechten Marktleistungen erzeugt werden. Der „Baukasten" umfasst keine Produkte oder Dienstleistungen, sondern besteht aus ausreichend detaillierten Leistungsbeschreibungen, Anweisungen und Vorschriften für die Leistungserbringung. Der Baukasten beinhaltet sozusagen Speisekarte, Kochrezepte, notwendige Vorschriften, Küchen- und Rüstinstruktionen usw., aber nicht die Rohstoffe oder Speisen selbst. Die wertschaffenden Prozesse greifen auf diesen „Baukasten" immer dann zurück, wenn sie den Kunden und dessen Bedürfnisse verstehen, die dazu passende – nicht notwendigerweise kundenspezifische – Lösung erstellen und diese beim Kunden einsetzen wollen (siehe Abbildung 11.1).

Primäre Aufgabe des Innovationsprozesses ist es, diesen „Baukasten" marktgerecht zu „befüllen" bzw. zu erneuern – und damit den sich verändernden Marktanforderungen und Wettbewerbsbedingungen anzupassen. Die Basis hierfür bilden möglichst kollektive Kundenbedürfnisse; die möglichst kollektive Kundenzufriedenheit stellt dann wiederum das resultierende Markt-Feedback an den Innovationsprozess dar (siehe Abbildung 11.2).

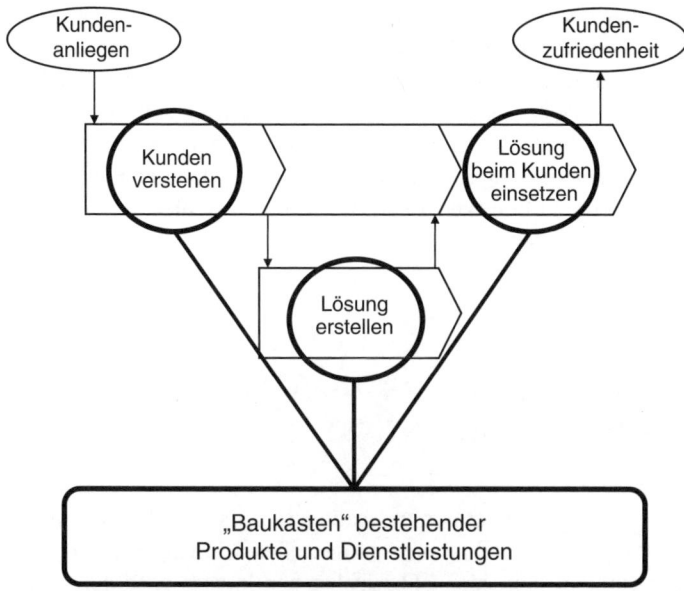

Abbildung 11.1 „Baukasten" als Basis für wertschaffende Prozesse

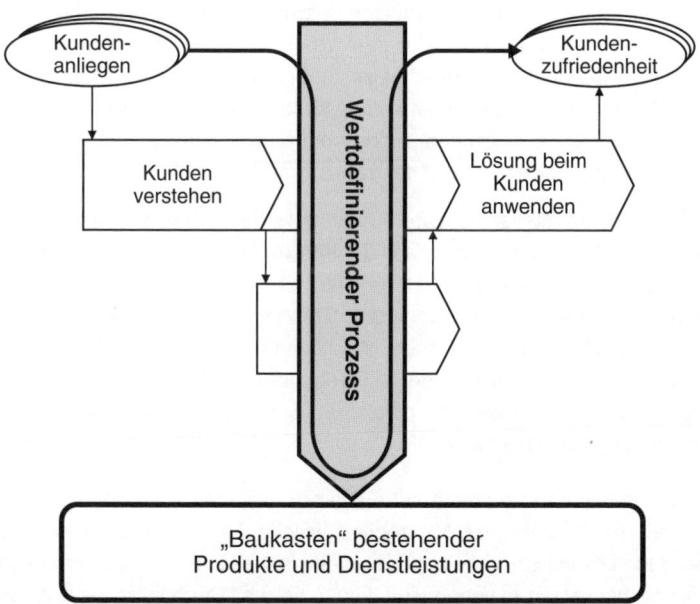

Abbildung 11.2 Erneuerung des „Baukastens" durch wertdefinierenden Innovationsprozess

Der „Baukasten" enthält oft, aber nicht immer, Beschreibungen und Anweisungen für *komplette Produkte oder Dienstleistungen*. In diesem Zusammenhang wird dann auch von „Standardleistungen", „Katalogleistungen" usw. gesprochen. In manchen Fällen bezieht sich der „Baukasten" nur auf ausgewählte Teile bzw. Bausteine sowie Lösungskonzepte, welche als *Bestandteile für kundenspezifische Lösungen* verwendet werden. Je nach Industrie und Ausprägung ist dann auch von „Komponenten", „Modulen", „Kernprodukten" usw. die Rede, welche im „Baukasten" beschrieben werden. Typischerweise greifen Konsumgüterhersteller auf Katalogprodukte aus dem „Baukasten" zurück; Anlagenbauer setzen die kundenspezifische Lösung aus Modulen und Komponenten zusammen; Berater entwickeln hingegen konkrete Lösungsvorschläge, indem sie generische Konzepte wiederverwenden.

■ 11.5 Befähigung des Unternehmens durch Innovation

Mit diesem Baukasten *befähigt* der Innovationsprozess das Unternehmen, Mehrwert zu erzeugen. Diese Befähigung ist nicht immer offensichtlich, doch im Umkehrschluss wird bei noch ausstehenden oder fehlgeschlagenen Innovationen deren Mangelhaftigkeit erkennbar. Sie umfasst mehr als die Bereitstellung des Baukastens, also die Konzeption und Entwicklung von Produkten und Dienstleistungen sowie Produktionsverfahren; sie endet auch nicht mit der detaillierten Dokumentation (z. B. Baupläne, Stücklisten, Materialvorschriften, Rezepturen) oder den Arbeits- und Verfahrensanweisungen (z. B. Checklisten). Die Befähigung beinhaltet zusätzlich noch alle Vorkehrungen, Vorbereitungen und Instruktionen, welche notwendig sind, die Marktleistungen wiederholt und in konstanter Qualität zu erbringen, insbesondere den Transfer der Innovation in die wertschaffenden bzw. „horizontalen" Prozesse.

Beim Schokoladenhersteller bedeutete dies, dass für ein neues Produkt nicht nur die Rezeptur vorhanden war, sondern dass die Beschaffungsquellen der Ausgangsmaterialien geklärt und die Qualitätskriterien definiert waren. Auch die Herstellung und Verpackung mussten einwandfrei funktionieren. Darüber hinaus musste das Konsumentenmarketing in die Lage versetzt werden, das neue Produkt erfolgreich zu bewerben, der Verkauf, das Produkt im Einzelhandel zu listen, das Outlet-Management, die Displays in den Filialen des Einzelhandels zu platzieren, und die Vertriebslogistik, die prompte Marktversorgung sicherzustellen.

Beim Anlagenbauer mussten nicht nur die Fabrik, welche Baugruppen und Module herstellte, sondern vor allem jene Mitarbeiter, welche die Kunden berieten und die kundenspezifische Lösung entwarfen, geschult und in die Lage versetzt werden, den erneuerten Lösungsbaukasten zu verwenden. Fehlte diesen Mitarbeitern diese Anleitung, war wahrscheinlich, dass kundenspezifische Lösungen fernab vom Baukasten entstanden.

Als Befähigung verstanden, resultiert ein Innovationvorhaben also nicht nur in neuen oder veränderten Marktleistungen, sondern trägt auch substanziell zur Prozessbeherrschung und damit zum Aufbau bzw. zur Pflege der Kernfähigkeiten bei (siehe auch

„Prozessverankerung der Kernfähigkeiten" in Kapitel 3). Beim Schokoladenhersteller war dies beispielsweise Vorortpräsenz in den Verkaufspunkten des Einzelhandels; beim Anlagenbauer hingegen die durchgängige Konsistenz von der ersten Anwendungsberatung über die Projektierung bis zur Inbetriebsetzung.

■ 11.6 Mehr Risiko- statt Kostenkontrolle

Innovation wird mit hohen Kosten assoziiert, da die Innovationsbudgets von 3 bis 20 % in Größenordnungen liegen, welche den Betriebsgewinnen entsprechen. Innovationsvorhaben sind eine besondere Form von Investitionen und von ihrer Natur aus mit Risiken verbunden. Dabei stehen die einzelnen Innovationsvorhaben nicht nur untereinander, sondern auch zu alternativen Möglichkeiten der Unternehmensentwicklung, wie beispielsweise Marktentwicklung oder Firmenkäufe im Wettbewerb. Entsprechend müssen alle Innovationsvorhaben auf ihre Chancen und Risiken hin – wie andere Investitionen – eingehend geprüft und betriebswirtschaftlich bewertet werden. Häufig schneiden Innovationsvorhaben besser als Alternativen ab.

Ein Konsumgüterhersteller hatte beispielsweise die Potenziale für die Unternehmenswertsteigerung durch alternative Investitionen untersucht und dabei festgestellt, dass die erfolgreiche Einführung eines neuen Produkts (Produktinnovation) mehr als den zehnfachen Mehrwert im Vergleich zu einem Firmenkauf erzeugte. Selbst gegenüber Markterweiterungen, wie der Bearbeitung neuer Kundensegmente, neuer Vertriebskanäle oder neuer Anwendungsfelder, waren Produktinnovationen noch dreifach überlegen.

Sehen wir von Start-up-Unternehmen ab, benötigen Innovationsvorhaben zwar relativ wenig Kapital (vor allem finanzielle Mittel und Ressourcen für Forschung und Entwicklung, Produktionsvorbereitung, Markteinführung usw.), deren Erfolg ist jedoch unsicher. Je größer das Vorhaben, desto *unsicherer* ist auch das Gelingen. Ungewiss sind Termintreue (etwa für die Markteinführung), Akzeptanz am Markt, Erfüllung der Lastenheftanforderungen und Budgeteinhaltung. Die Unternehmensleitung muss auch ein besonderes Augenmerk auf die Kostenentwicklung des Innovationsbereichs legen. Werden die Kosten als „zu hoch" wahrgenommen, werden in der Regel kurzfristige Maßnahmen ergriffen. Dies äußert sich zumeist in der zeitlichen Streckung der Budgets einzelner größerer Vorhaben.

Doch durch den Fokus auf die Innovationskosten werden die wirklichen Möglichkeiten, den Innovationserfolg gezielt zu steuern bzw. planbar zu machen und damit die Kostenentwicklung tatsächlich zu kontrollieren, verschlossen.

Beispielsweise hatte der Hersteller von medizintechnischen Geräten die Auswirkungen von typischen Innovationsfehlern abgeschätzt, die daraus entstehenden Geschäftsrisiken nach Größe geordnet und nicht überraschend die Termintreue der Innovation als größtes Risiko festgestellt:

- Risiko 1: Verspätung, z. B. um zwölf Monate verspätete Markteinführung einer neuen Produktfamilie

- Risiko 2: Verfehlte Marktakzeptanz, z. B. 20 % weniger Erstinstallationen und damit vermindertes Folgegeschäft mit Verschleißmaterial über die Produktlebensdauer

- Risiko 3: Zielkostenüberschreitung, z. B. 30 % höhere Herstellungskosten als ursprünglich in den Entwicklungszielen geplant

- Risiko 4: Budgetüberschreitung, z. B. 100 % höhere Entwicklungskosten als ursprünglich vorgesehen

Wie auch immer ein Unternehmen die eigenen Risiken reiht, die meisten Risiken lassen sich durch besseres *Zeitmanagement*, d. h. durch Verkürzung der Fristen kontrollieren und reduzieren. Auch Preston Smith und Donald Reinertsen (1991) argumentieren, dass die hohe Entwicklungsgeschwindigkeit ein wichtiges Entwicklungsziel ist, um Opportunitätskosten wegen verspätetem Markteintritt zu vermeiden. Wie es gelingt, die Trefferrate der Innovationen (bezüglich Markterfolg) massiv zu erhöhen, den bisher zufälligen Innovationserfolg vorhersehbar, damit plan- und steuerbar zu machen und das Innovationsbudget nicht außer Kontrolle geraten zu lassen, hängt wesentlich davon ab, wie die Time-to-Market (oder Time-to-Use) drastisch verkürzt wird. Dem Zeitmanagement kommt also eine besondere Bedeutung im Management der Innovationsrisiken sowie im Innovationsmanagement generell zu.

■ 11.7 Kompression der Innovationszeit

Ein grundlegendes Problem mit Innovationen ist die Unschärfe der Voraussagen, welche mit dem zunehmenden Zeithorizont überproportional steigt. Ähnlich dem Wurfscheibenschießen handelt es sich bei der Innovation um ein Treffen eines bewegten Ziels mit abnehmender Vorhersehbarkeit. Beim Tontaubenschießen wird die Taumelbewegung der Wurfscheibe mit der Flugdauer immer unberechenbarer und die Sichtbarkeit nimmt mit der Entfernung ab. *Innovationsvorgaben* verhalten sich ähnlich. Markt- oder Technologieanforderungen verändern sich zunehmend chaotisch und sind mit zunehmendem Zeithorizont schwieriger im Voraus bestimmbar. In vielen Märkten, wie beispielsweise jenem für modische oder technologische Konsumgüter, sind die Marktbedürfnisse über einen Zeitraum von zwölf bis 18 Monaten hinaus kaum mehr in ausreichender Exaktheit bestimmbar. Genauso verändern sich auch im Dienstleistungsgeschäft die Kundenbedürfnisse in zunehmend kürzeren Abständen.

Auf das Wurftaubenschießen zurückkommend bieten sich grundsätzlich zwei Ansätze an, das Problem der zeitlich zunehmenden Marktunschärfe zu lösen: jener des „großkaliberigen Streuschusses" oder jener des „präzisen Einzelschusses" (siehe Abbildung 11.3):

- Beim Ansatz des „großkaliberigen Streuschusses" wird auf einen großen Zielraum gesetzt, der mit einem so breiten Innovationsumfang belegt wird, dass das bewegte Ziel mit hoher Wahrscheinlichkeit auch getroffen wird. Vielfach wird mitten in der

Entwicklungsphase festgestellt, dass nur über Konzeptänderungen und entsprechende Nachentwicklung den neuen Marktanforderungen genüge getan werden kann. Dieser Ansatz setzt voraus, dass sowohl über genügende Mittel und, wegen des breiten Innovationsumfangs, auch über ausreichend Zeit für eine umfangreiche Innovation verfügt werden kann. Trotzdem lassen sich viele Unternehmen von diesem Ansatz leiten (Fall A).

- Beim Ansatz des „präzisen Einzelschusses" wird hingegen auf ein Punktziel (beim Wurftaubenschießen die Laufmündung) gesetzt, um das Ziel mit möglichst geringem Innovationsaufwand und insbesondere vor den fluktuierenden Bewegungen zu erreichen. Dieser Ansatz setzt voraus, dass das Innovationsziel, welches mit einem eingeschränkten Innovationsumfang getroffen werden soll, tatsächlich bekannt ist. Spätere Änderungen an Pflichtenheft, Konzept usw. sind nicht vorgesehen! Diese Alternative setzt insgesamt hohe Reaktionsfähigkeit und Treffersicherheit, letztlich vor allem den neuen Umgang mit dem Faktor „Zeit" voraus (Fall B).

Der Ansatz des „präzisen Einzelschusses" ermöglicht zunächst einen inhärenten Zeitgewinn, da Innovationen mit geringem Umfang schneller und sicherer ins Ziel gebracht werden können als umfangreiche Vorhaben (siehe Abbildung 11.4). Mit dem Start kann abgewartet werden, bis die Markt- oder Technologieanforderungen geklärt sind. Damit wird zusätzlich nicht nur das Innovationsrisiko des Akzeptanzmangels, sondern auch jenes der Verspätung reduziert.

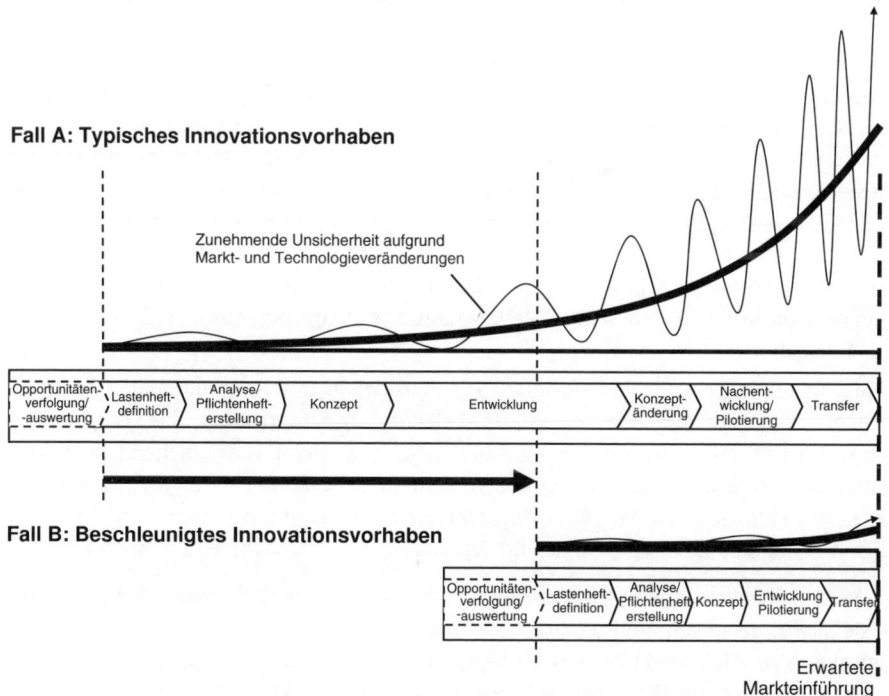

Abbildung 11.3 Wachsende Unsicherheit betreffend der Markt- und Technologieveränderungen

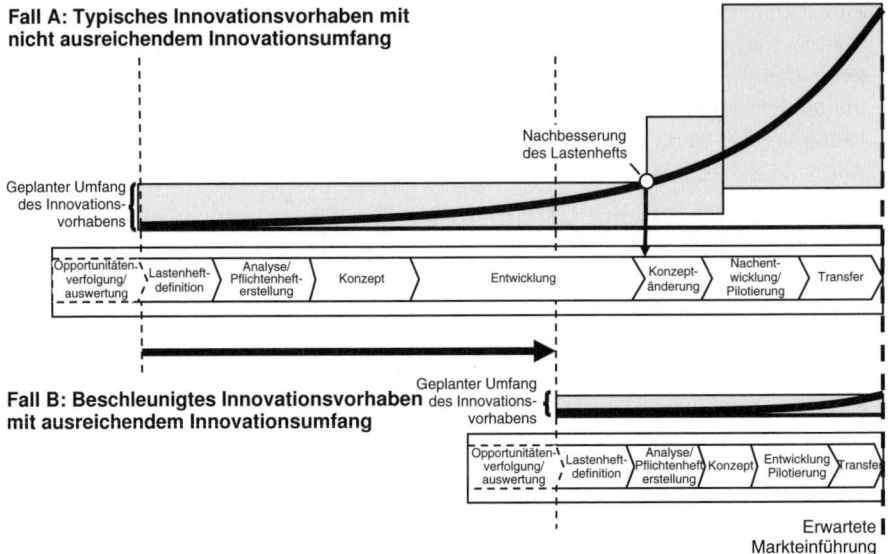

Abbildung 11.4 Erforderlicher Innovationsumfang für typische bzw. beschleunigte Innovationsvorhaben

Auch aus Sicht der Steuerbarkeit der Innovationsergebnisse ist das Zeitmanagement entscheidend. Einen Anhaltspunkt für die verfügbare Zeit zur Realisierung eines Innovationsvorhabens gibt das sogenannte Nyquist-Kriterium aus der Steuerungs- und Regelungstechnik. Dieses besagt, dass Steuerungssignale doppelt so häufig erfolgen müssen, wie sich das Regelobjekt verändert. Angewandt bedeutet dies Folgendes: Die verfügbare Innovationszeit darf maximal die halbe Neuerungs- und Veränderungsrate des externen Umfelds betragen, damit mit einer Folgeinnovation noch korrigierend eingegriffen werden kann. Im saisonalen Süßwarengeschäft bringt dies eine Innovationszeit von maximal drei Monaten mit sich, im Geschäft für Prozessleit- und Steuerungstechnik dagegen maximal ein Jahr. Als Faustregel sollte die Maximalzeit für ein Innovationsvorhaben den halben Zeitabstand eines Messeturnus der Branche nicht übersteigen.

Die Vorstellung, dass sich Innovationen grundsätzlich innerhalb der Hälfte oder gar einem Viertel des üblichen Zeitbedarfs realisieren lassen, bedingt, dass der Umfang einzelner Innovationsvorhaben massiv eingeengt und allenfalls auf mehrere Einzelvorhaben aufgeteilt wird. Dabei ist die Frage zu stellen: *Was kann in einer fix vorgegebenen Zeitdauer entwickelt und im Markt eingeführt werden?* Die übliche Frage nach der benötigten Zeitdauer, um ein gegebenes Innovationsziel zu erreichen, wird damit hinfällig.

Als der Schokoladenhersteller erkannte, dass seine Innovationspipeline verstopft war, definierte er seinen Innovationsprozess grundlegend neu. Das erste neue Vorhaben, welches als Pilotprojekt lanciert wurde, führte er bereits nach vier Monaten mit großem Erfolg im Markt ein. Die nächsten Innovationstreffer folgten bald darauf und waren noch kürzer getaktet.

Durch den Zeitgewinn verkürzt sich auch die übliche Zykluszeit. Damit entsteht die Chance, vorangehende Projekte hinsichtlich der Treffergenauigkeit für nachfolgende Vorhaben auszuwerten und daraus entsprechende Schlussfolgerungen zu ziehen. Beispielsweise kann der Süßwarenhersteller die Erfahrungen aus einer erfolgten Markteinführung wiederverwerten und die nächste Markteinführung genauer ins Ziel führen, da der zeitliche Abstand zur letzten nur noch wenige Monate beträgt.

 TIPP Leiten Sie Innovationszeit und Innovationsumfang aus der Veränderungsgeschwindigkeit Ihres Markts ab und halbieren Sie diese.

■ 11.8 Abwicklung im definierten Innovationsprozess

Ähnlich wie die Marktbearbeitung, die Güterproduktion oder das Erbringen von Dienstleistungen lassen sich Innovationsvorhaben in einem Geschäftsprozess abwickeln. Durch die Bearbeitung in einer vorstrukturierten, wiederholbaren Abfolge von bestimmten Aktivitäten werden Innovationserfolge als Output vorhersehbar, planbar und sind nicht mehr den Zufälligkeiten ausgesetzt. Letztlich sind es konkret festgelegte Prozessvorschriften und Arbeitsanweisungen, welche die Steuerung des Innovationsprozesses durch kurzzyklische Wiederholung ermöglichen. Die Prozessvorschriften und Arbeitsanweisungen betreffen nicht die *Innovationsinhalte*, jedoch die Phasen bzw. Schritte, vor allem die *Innovationsplanung und -steuerung*. Dabei wird der Innovationsprozess genauso wie andere Geschäftsprozesse geschäfts- und unternehmensspezifisch definiert und an der Geschäfts- respektive Innovationsstrategie ausgerichtet.

Klare Prozessphasen bzw. Schritte mit definiertem Input bzw. Output sind ausreichend und detaillierten Arbeitsanweisungen vorzuziehen. Trotz der großen Vielfalt von unternehmensspezifischen Innovationsprozessen lassen sich zumindest *vier Phasen* im durchgängigen Innovationsprozess klar unterscheiden (siehe Abbildung 11.5). Diesen Phasen können jeweils die wesentlichsten Aktivitäten sowie ein jeweils klar definierter Input bzw. Output zugeordnet werden. Dabei wird der Output einer Phase zum Input der darauf folgenden.

■ Phase „Trendmonitoring": Hier handelt es sich um das Ankoppeln des Innovationsprozesses an das Umfeld des Unternehmens. Die Veränderungen im Umfeld werden systematisch erfasst und Trends herausgelesen. Diese Veränderungen treten zunächst oft nur als „schwache Signale" auf und können Markt- bzw. Kundenstrukturen oder Markt- bzw. Kundenbedürfnisse, Wettbewerbsstrukturen, Wertschöpfungsketten, Technologien, Verfahren und Methoden betreffen. Die schwachen Signale müssen zu nachvollziehbaren Trends verdichtet werden, aus denen in Folge Opportunitäten (oder im negativen Sinn auch Gefahren) für das Unternehmen abgeleitet werden.

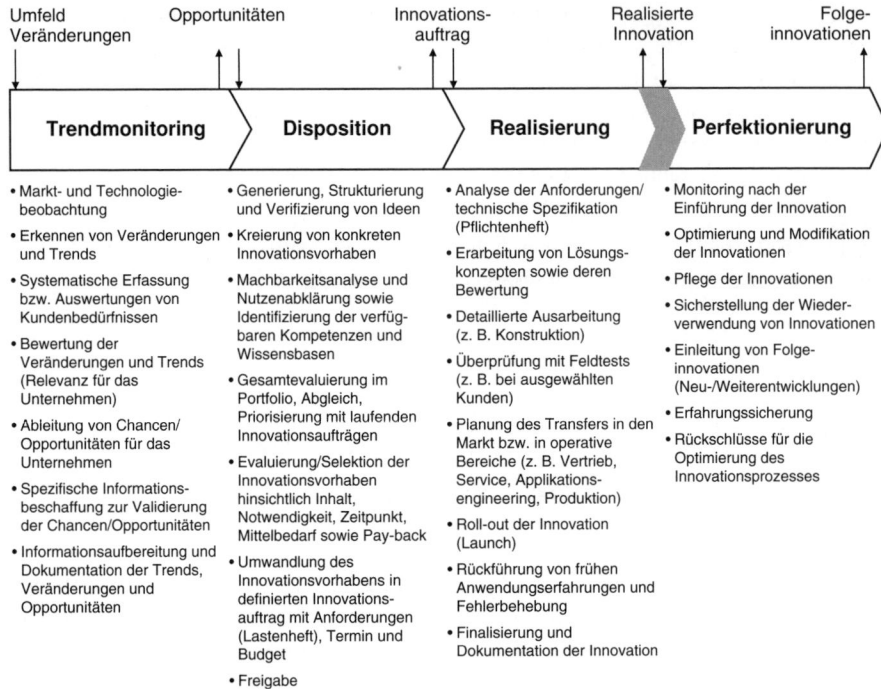

Umfeld Veränderungen	Opportunitäten	Innovations-auftrag	Realisierte Innovation	Folge-innovationen

Trendmonitoring	Disposition	Realisierung	Perfektionierung
• Markt- und Technologie-beobachtung • Erkennen von Veränderungen und Trends • Systematische Erfassung bzw. Auswertungen von Kundenbedürfnissen • Bewertung der Veränderungen und Trends (Relevanz für das Unternehmen) • Ableitung von Chancen/ Opportunitäten für das Unternehmen • Spezifische Informations-beschaffung zur Validierung der Chancen/Opportunitäten • Informationsaufbereitung und Dokumentation der Trends, Veränderungen und Opportunitäten	• Generierung, Strukturierung und Verifizierung von Ideen • Kreierung von konkreten Innovationsvorhaben • Machbarkeitsanalyse und Nutzenabklärung sowie Identifizierung der verfüg-baren Kompetenzen und Wissensbasen • Gesamtevaluierung im Portfolio, Abgleich, Priorisierung mit laufenden Innovationsaufträgen • Evaluierung/Selektion der Innovationsvorhaben hinsichtlich Inhalt, Notwendigkeit, Zeitpunkt, Mittelbedarf sowie Pay-back • Umwandlung des Innovationsvorhabens in definierten Innovations-auftrag mit Anforderungen (Lastenheft), Termin und Budget • Freigabe	• Analyse der Anforderungen/ technische Spezifikation (Pflichtenheft) • Erarbeitung von Lösungs-konzepten sowie deren Bewertung • Detaillierte Ausarbeitung (z. B. Konstruktion) • Überprüfung mit Feldtests (z. B. bei ausgewählten Kunden) • Planung des Transfers in den Markt bzw. in operative Bereiche (z. B. Vertrieb, Service, Applikations-engineering, Produktion) • Roll-out der Innovation (Launch) • Rückführung von frühen Anwendungserfahrungen und Fehlerbehebung • Finalisierung und Dokumentation der Innovation	• Monitoring nach der Einführung der Innovation • Optimierung und Modifikation der Innovationen • Pflege der Innovationen • Sicherstellung der Wieder-verwendung von Innovationen • Einleitung von Folge-innovationen (Neu-/Weiterentwicklungen) • Erfahrungssicherung • Rückschlüsse für die Optimierung des Innovationsprozesses

Abbildung 11.5 Generischer Innovationsprozess (vor Maßschneidern auf unternehmensspezifische Besonderheiten)

- *Phase „Disposition":* In dieser Phase finden die entscheidenden Weichenstellungen statt. Aus den in der Phase „Trendmonitoring" abgeleiteten Opportunitäten werden zunächst Innovationsideen erzeugt, welche oft noch vage sind. Diese werden zerlegt und neu in konkrete Innovationsvorhaben strukturiert. Die Machbarkeit sowie der Nutzen dieser Vorhaben werden verifiziert, ehe sie im Rahmen von Portfolios betreffend ihrer Chancen und Risiken evaluiert, nach Prioritäten und notwendigen Ressourcen geordnet und in definierte Innovationsaufträge mit Budget und zeitlichen Vorgaben übergeleitet werden.

- *Phase „Realisierung":* In dieser Phase wird der Innovationsauftrag realisiert, indem nach den klassischen Methoden des Problemlösens, der Analyse der Anforderungen über die Erarbeitung der Lösungskonzepte, gegebenenfalls Prototyping, die detaillierte Lösung erarbeitet wird. Baupläne, Verfahrensvorschriften oder Arbeitsanweisungen stellen sichtbare Ergebnisse dar. Diese Phase endet mit abgeschlossenem Transfer der Neuerungen beispielsweise in den Markt.

- *Phase „Perfektionierung":* In der letzten Phase wird der Innovationserfolg überwacht, wo nötig optimiert und modifiziert. Bei Bedarf werden Folgeinnovationen eingeleitet und es wird zudem sichergestellt, dass bestehende Innovationen in einem neuen Zusammenhang weiterverwendet werden. Ebenso werden hier diejenigen Maßnahmen eingeleitet, die der Erfahrungssicherung und der Optimierung des Innovationsprozesses selbst dienen.

Durch die Rückführung der Innovationsergebnisse (realisierte oder Folgeinnovationen) in die Phase der „Disposition" entsteht ein geschlossener Kreis. Auf diese Weise kann der Innovationsfluss, insbesondere betreffend Erfolgsquote und Beständigkeit, weiter optimiert werden.

Die bereits diskutierte Kompression der Zeit gestattet Zyklusverkürzung und zeitnahe Wiederholung. Damit lässt sich zum einen Routine im Innovationsprozess aufbauen und damit die Prozessbeherrschung festigen. Aufgrund der kurzen Zyklen sind die jeweiligen Begleitbedingungen bei den Beteiligten noch so präsent, dass allenfalls korrigierende Maßnahmen zur Prozessverbesserung eingeleitet werden können. Zum anderen lässt sich die Prozessbeherrschung messen und bewerten. Globale Messgrößen für den Innovationsprozess sind organisches Wachstum, Vintage (Umsatzanteil der Produkte und Dienstleistungen jünger als ein bestimmtes Alter) oder Innovationskosten ($\leq$% des Umsatzes). Die einzelnen Phasen lassen sich differenziert beurteilen: Bei den Phasen „Trendmonitoring" und „Disposition" sind es Kriterien der Effektivität, bei der Phase „Realisierung" und „Perfektionierung" dagegen Kriterien der Effizienz wie beispielsweise Termintreue oder Budgeteinhaltung.

 TIPP Definieren Sie den Innovationsprozess unabhängig von Personen, Bereichen und Abteilungen über den gesamten Lebenszyklus. Seien Sie sich bewusst, dass die Weichen schon zu Beginn gestellt werden.

■ 11.9 Plan- und Steuerbarkeit durch Verlagerung von Unschärfe in die Frühphase

Die Besonderheit des derart strukturierten Innovationsprozesses liegt darin, dass die im Innovationsgeschehen inhärent vorhandene Unschärfe, Offenheit sowie Kreativität in frühe Prozessphasen verlagert werden, um sie für das Management transparent und kontrolliert einzusetzen (siehe Abbildung 11.6). So wird der Teil der „Inspiration" fokussiert und das Risiko, welches durch wage Ideen, Unbestimmtheit oder unwirksame Kreativität entsteht, frühzeitig reduziert. Entsprechend ist die kostenintensive und zeitrelevante Realisierungsphase vor allem durch „Transpiration" gekennzeichnet, indem ein definierter und terminierter Innovationsauftrag ausgeführt wird.

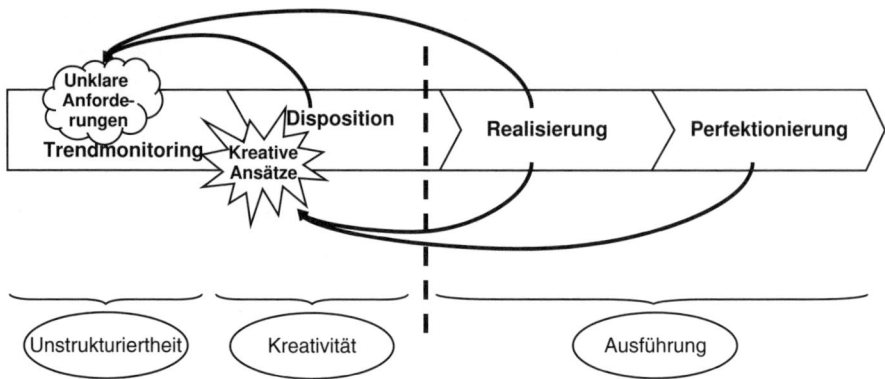

Abbildung 11.6 Verlagerung von Unschärfe und Kreativität in die Frühphasen

In der Phase „Trendmonitoring" müssen Markt- und Technologieinformationen aus einem „Meer von Geräuschen" herausgefiltert werden. Die Herausforderung liegt darin, nicht nur die lauten und offensichtlichen Meldungen des Markts (beispielsweise neue Anforderungen von Großkunden oder Ankündigungen von Wettbewerbern) oder des Technologiebereichs (beispielsweise Ankündigungen von Lieferanten oder Publikationen) wahrzunehmen. Gehört werden sollten vor allem die leisen, unauffälligen und versteckten Informationen, die auf neue, für das Unternehmen relevante Trends hinweisen. Diese „schwachen Signale" stammen vielfach nicht von den herkömmlichen oder naheliegenden, sondern von – für das Unternehmen (!) – neuen Quellen. Deshalb sind die Beobachtungsräume oder Suchfelder regelmäßig zu hinterfragen und neu festzulegen. Manchmal ist es besser, mit den Kunden der Kunden oder den Nutzern zu sprechen, um die Marktbedürfnisse zu verstehen.

Ein Hersteller von gebäudetechnischen Automatisierungsanlagen erkannte, dass er nicht ausschließlich mit den Planern, Heizungs-, Lüftungs- und Klimatechnikern oder Gebäudeeigentümern sprechen sollte. Vielmehr waren die Nutzer der Gebäude entscheidende Quellen für Innovationsideen. In Krankenhäusern waren es zum Beispiel nicht die technischen Betriebsbereiche oder die Verwaltungsdirektion, sondern das medizinische Personal. Letztere arbeiteten in den Räumlichkeiten und waren für die Nichtverbreitung von infizierenden Herden zuständig. Für Flughäfen waren es Brandschutzspezialisten, welche für die Sicherheit der Passagiere zuständig waren. In Shopping-Malls handelte es sich hingegen um Mieter wie Ladenbesitzer und Restaurantbetreiber, welche dank angenehmem Gebäudeklima hohe Umsätze generieren konnten.

Die oft noch unscharfen Trends sind vorurteilsfrei aufzunehmen, zu interpretieren und die unternehmerischen Konsequenzen sind in experimentellen Gedankenspielen oder Szenarien auszuloten. Dazu bedarf es einer breit verankerten Offenheit für Neues. Gefährlich ist hier der interne „Common-Sense" (wie beispielsweise „wir kennen uns aus" oder „wir sind die besten"), ohne den wir das Tagesgeschäft nicht erfolgreich meistern würden, der uns aber daran hindert, sich positiv und rechtzeitig mit etwas Neuem auseinanderzusetzen. Innovationen – auch wenn sie nur für den Markt gedacht sind – bedingen vielfach Veränderungen im Unternehmen selbst. Die grundsätzliche Bereitschaft für solche Veränderungen muss daher bereits im Voraus bestehen – zunächst bei denjenigen, welche direkt für den Innovationsinput zuständig sind, dann jedoch auch bei den Entscheidungsträgern, die sicherstellen müssen, dass Querdenken und Innovationen im Unternehmen möglich sind.

Allerdings wird auch Zeit benötigt, um Unscharfes zu erkennen, Trends richtig zu interpretieren, Irrelevantes auszuscheiden und unternehmerische Opportunitäten abzuleiten. Dieser zusätzliche Zeitbedarf in der Phase „Trendmonitoring" kann durch den Zeitgewinn bei der Realisierung kompensiert werden, da Unschärfe reduziert wird und erste Weichen schon früh gestellt werden.

■ 11.10 Kreativität am richtigen Ort zur richtigen Zeit

Ähnlich verhält es sich mit der schwierig planbaren Kreativität. Diese soll dort eingebracht werden, wo der Hebel zur Verbesserung des Innovationserfolgs noch besteht und mit bescheidenem Mitteleinsatz Weichen richtig gestellt werden können. Dies ist nach der Verabschiedung bzw. Freigabe des Innovationsauftrags nicht mehr der Fall, also konkret in der Phase „Realisierung". Letztlich geht es darum, die Kreativität schon in die Definition der Innovationsaufträge anstatt erst in deren Bearbeitung einzubringen. Kreative Aktivitäten in der Phase „Disposition" zu konzentrieren, bedeutet auch, Unwegsames frühzeitig zu klären und negative Überraschungen in der nachfolgenden Phase „Realisierung" zu vermeiden.

Aus Markt- und Technologietrends oder Opportunitäten innovative Ideen zu Beginn der Phase „Disposition" zu generieren, stellt an sich schon eine kreative Aktivität dar. Dabei handelt es sich weniger um das Erfinden von „großen Durchbrüchen", sondern vor allem um zeitlich und ressourcenmäßig realisierbare Neuerungen. Zu bedenken ist das Paradox, dass Kreativität weniger in der offenen Raum-Zeit als unter dem Druck von zeitlichen und materiellen Einschränkungen entsteht. Nicht zu vergessen ist, dass in den meisten Unternehmen 99,9 % der Innovationen eher inkrementeller, denn diskontinuierlicher Natur sind.

Noch kreativer als die Ideenfindung selbst ist die Entwicklung von Produkt-, Dienstleistungs-, System- und Innovationsarchitekturen, welche es ermöglichen, die innovativen Ideen in der Phase „Disposition" zu entbündeln, zu kanalisieren und unterschiedlichen Portfolios zuzuweisen. Im Rahmen solcher Architekturen werden die Ideen zunächst zerlegt, entflochten und in handhabbare Innovationsvorhaben übersetzt. Danach setzt die kritische Evaluierung und Selektion der Innovationsvorhaben ein. Ähnlich dem „Sales-Funnel" im Vertrieb müssen die Innovationsvorhaben im „Innovation-Funnel" präzisiert, geprüft, allenfalls neu definiert oder sogar ausgeschieden werden. Wichtig ist, dass Weichenstellungen, d. h. die Evaluierung und definitive Selektion, *vor* der Umwandlung in einen konkreten Innovationsauftrag erfolgen. Bis zu diesem Zeitpunkt ist der Mitteleinsatz noch vergleichsweise bescheiden und ein begründeter Ausstieg rechtfertigt stets die aufgelaufenen Kosten (siehe Abbildung 11.7).

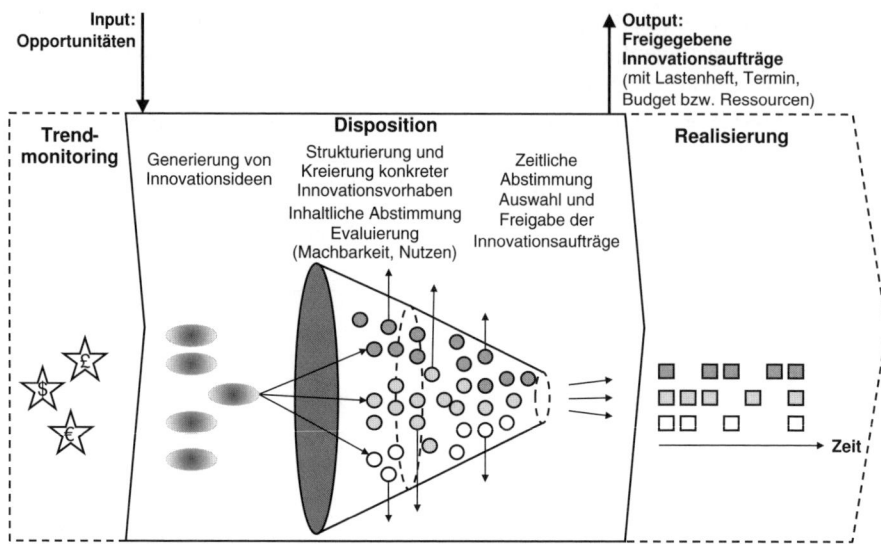

Abbildung 11.7 Entwicklung von Innovationsaufträgen aus Opportunitäten über den „Innovation-Funnel" während der Phase der „Disposition"

Hinter der Entbündelung der Ideen und Übersetzung in Innovationsvorhaben steht der Ansatz getrennter Portfolios. In der Regel sollte ein Unternehmen zumindest über je ein Portfolio von Marktleistungen bzw. von Kompetenzen und angewandten Technologien verfügen. Die systematische Trennung von Innovationsvorhaben, welche die Marktleistung betreffen, und solchen, welche die zu verwendenden Technologien oder Prozesse umfassen, schafft zunächst Transparenz der Vorhaben und deren Risiken. Sie ermöglicht auch die inhaltliche Abstimmung und reduziert den Umfang, Zeit- und Ressourcenbedarf sowie das Risiko jedes einzelnen Vorhabens. Diese Separation bedeutet, dass mit der Innovation der Marktleistung erst begonnen wird, wenn sicher ist, dass die dazu notwendigen Technologien oder Prozesse beherrscht werden. Dagegen würde die Zusammenfassung unterschiedlicher Innovationen zur unberechenbaren Risikokumulierung, jedoch weder zu Zeit- noch Kostenersparnissen führen.

Einmal definiert und positiv bewertet, sind die Innovationsvorhaben noch zeitlich und ressourcenmäßig zu disponieren. Die geplante Abfolge der Innovationsvorhaben kann mittels „Road-Mapping" übersichtlich dargestellt und deren Zweckmäßigkeit rasch beurteilt werden. Unter Rahmenbedingungen von knappen Ressourcen, fehlendem internen Know-how, beschränktem Budget, engem Zeitfenster, markt- oder technologiebedingten Sachzwängen sowie Marktversprechen erfordert die Planung der Innovationsaufträge wiederum kreative Einfälle.

Werden die Hebel in Betracht gezogen, die Innovationen treffsicherer machen, stellen Kreativität, Zeitverlagerung und qualitativer Ressourcenausbau sehr gute Investitionen zugunsten der beiden ersten Phasen dar. Beim Medizingerätehersteller betrugen diese Frühphasen zum Beispiel rund 15 %, beim Anlagenbauer knapp 10 % und beim Süßwarenhersteller noch 7 % des Innovationsbudgets. Im Vergleich zu den Kosten in der Realisierungsphase sind dies geringe Aufwände. Zudem ist diesen Aufwänden der Nutzen entgegenzusetzen, welcher dadurch entsteht, dass nur chancenreiche Vorhaben weiterverfolgt und diese nicht durch risikoreiche Projekte behindert werden.

■ 11.11 Abwicklung von klar definierten Innovationsaufträgen

Die termin- und budgetgerechte Erfüllung des Innovationsauftrags steht in der Phase „Realisierung" im Vordergrund. Voraussetzungen dazu sind, dass der Innovationsauftrag durch das Lastenheft bzw. Pflichtenheft eindeutig beschrieben ist, etwaige Machbarkeits- oder Konzeptfragen schon geklärt wurden und keine Weichenstellungen mehr vorgenommen werden müssen. Diese Prämissen sind allerdings nicht immer gegeben und führen faktisch dazu, dass sich die Entwicklungsabteilung selbst den Auftrag erteilt.

Bei einem Anlagenbauer wurden die Aufträge an die Entwicklung einst von unterschiedlichsten Quellen erteilt: dem Vertrieb, der Projektabteilung und nicht zuletzt der Geschäftsführung. Diesen Entwicklungsaufträgen war gemeinsam, dass sie aus einer Mischung von vage formulierten Marktbedürfnissen und vielen technischen Details bestanden. Im besten Fall lag ein rudimentäres Lastenheft vor. Die interne Klärung der Anforderungen war für den einzelnen Leiter eines Entwicklungsprojekts sehr aufwendig und dauerte insgesamt lange. Aus der Not heraus schrieb sich die Entwicklungsabteilung selbst die Aufträge.

Der Übergang von der Dispositions- in die Realisierungsphase eignet sich bestens für die Überprüfung und gegebenenfalls Klärung des Innovationsauftrags über eine Auftraggeber-Auftragnehmer-Schnittstelle. Typischerweise findet hier eine Übergabe vom definierenden „Produktmanagement" zur ausführenden „Entwicklung" statt, ohne dass Ersteres aus Rolle und Verantwortung entlassen wird (siehe Abbildung 11.8).

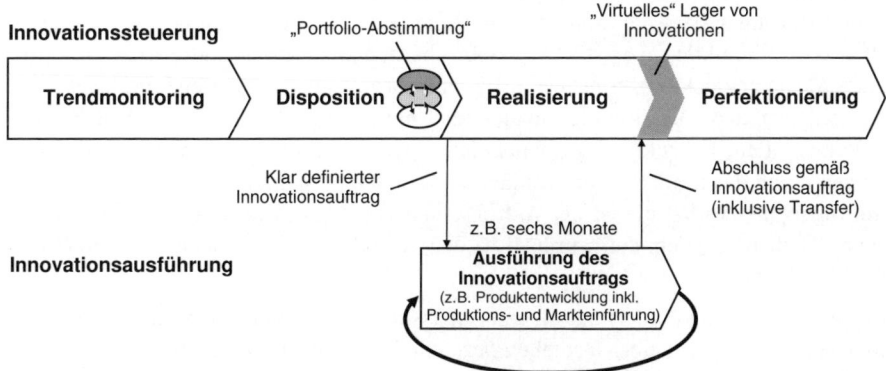

Abbildung 11.8 Ausführung von definierten und terminierten Innovationsaufträgen in der Phase „Realisierung"

Ebenso wie beim Lösungsgeschäft, wo die Auftragsbeschreibung in der Angebotsphase erfolgskritisch ist, empfiehlt es sich, dass die Beauftragung sehr sorgfältig erfolgt. Damit sichergestellt ist, dass der ausführende Auftragnehmer das dem Innovationsauftrag zugrunde liegende Innovationskonzept akzeptiert, soll er bereits in der Phase „Disposition" mit einbezogen werden, um das Konzept zu prüfen, den Aufwand bzw. Zeitbedarf zu schätzen und mit der Erstellung des Pflichtenhefts die Machbarkeit zu bestätigen. Für die Erstellung des Lastenhefts bleibt jedoch der Auftraggeber zuständig (siehe auch Kasten: „Unterschiede von Lasten- und Pflichtenheft").

Damit die Termine und Kostenvorgaben geplant und eingehalten werden, empfiehlt es sich, standardisierte und damit wiederholbare Abläufe mit standardisierten Meilensteinen zu befolgen. Standardabläufe sind bereits in den Phasen „Trendmonitoring" oder „Disposition" vorteilhaft, in der Realisierungsphase allerdings zwingend. Nur aufgrund von standardisierten Abläufen können Erfahrungswerte für die Planung von Prozessschritten (beispielsweise Konzeption, Feldversuche, Serienreife, Markteinführung usw.) sowie dazu notwendigen Ressourcen gewonnen und wiederverwendet werden. Erst durch Wiederholung sind Prozessverbesserungen hinsichtlich Zielsicherheit sowie optimalem Zeit- und Ressourceneinsatz möglich.

Kurze Ausführungszeiten dienen der Risikominimierung sowie der Kontrolle von Fortschritt und aufgelaufenen Kosten. Meilensteine können hier auch sinnvoll sein, solange sie zur Fortschrittskontrolle und nicht zur Weichenstellung im Sinne der „Stage-Gate"-Verfahren verwendet werden. Weichenstellungen sollten in der Realisierungsphase nicht mehr stattfinden, denn diese haben schon früher, in der Phase „Disposition" stattgefunden. Damit unliebsame Überraschungen möglichst vermieden werden, sind relativ kurze Zeitintervalle zwischen den Meilensteinen zweckmäßig. Bei der Festlegung der Meilensteinziele ist zu beachten, dass der Arbeitsfortschritt insbesondere auch für Dritte nachvollziehbar ist. Gerade hier setzt der in der Softwareindustrie praktizierte Ansatz des „Extreme-Programming" an, der von ein- bis zweiwöchentlichen Meilensteinen ausgeht. Ist der Fortschritt nicht gemäß Meilenstein erfüllt, wird die Projektfortsetzung unterbrochen und das Wochenende als Nacharbeitszeit verwendet, damit pünktlich mit der nächsten Meilensteinphase begonnen werden kann.

Die Phase „Realisierung" ist erst mit dem erfolgten Transfer abgeschlossen. Dabei ist darauf zu achten, dass die Innovationsleistung tatsächlich von allen betroffenen Bereichen (z. B. Produktion, Logistik, Vertrieb) übernommen wurde und auch vom Markt erste Akzeptanzmeldungen erfolgen. Die zu erbringende Transferleistung besteht im Wesentlichen in der Befähigung von anderen Unternehmensbereichen durch lückenlose Dokumentation, Instruktion, gegebenenfalls sogar in Anpassungen der betrieblichen Prozesse und der Infrastruktur. Ähnlich zu Bestellung und Lieferung im Auftraggeber-Auftragnehmer-Verhältnis ist der Auftrag dann abgeschlossen, wenn er vom Auftraggeber letztlich abgenommen wurde, d. h., der akzeptierende Handschlag („Hand-Over") tatsächlich stattgefunden hat.

In der Phase „Perfektionierung" stehen Anpassungen an bestehenden Innovationen an, welche gegebenenfalls über formelle *Pflegeaufträge* erfolgen. Dabei handelt es sich beispielsweise um die Behebung von Fehlern, Anpassung von Prüfvorlagen, Änderungen von Toleranzen oder Vermaßungen in Konstruktionszeichnungen, Ersetzung von Kauf-

komponenten, Änderungen von Beschriftungen, Produktbeschreibungen oder Produkt-
beilagen usw. Diese Pflegeaufträge lassen sich in den meisten Fällen von den Innovationsaufträgen klar unterscheiden, da ihr Aufwand selten einen Personentag überschreitet.
Damit sie effizient und mit geringem administrativen Beauftragungs-, Überwachungs-
und Reporting-Aufwand abgewickelt werden können, ist auf vereinfachte Abwicklungs-
prozeduren zu achten. Bei umfangreichen Pflegeaufträgen, welche den intern gesetzten
Grenzwert hinsichtlich des Aufwands übersteigen, ist zu prüfen, ob sie nicht genauso
wie ein normaler Innovationsauftrag disponiert und freigegeben werden sollten.

Unterschiede von Lasten- und Pflichtenheft

Lastenheft

- Im Lastenheft wird definiert, *was wofür* zu lösen ist.
- Das Lastenheft beschreibt die Anforderungen vor allem aus Markt- und Kundensicht.
  Es stellt alle Anforderungen des (internen) Auftraggebers zusammen: Liefer- und
  Leistungsumfang, die Anforderungen aus Nutzersicht, quantifizierbare und prüfbare
  Randbedingungen.
- Das Lastenheft ist vom (internen) *Auftraggeber* vollständig und widerspruchsfrei zu
  erstellen.
- Das Lastenheft kann auch als Ausschreibungs-, Angebots- und/oder Vertragsgrund-
  lage für externe Innovationsaufträge dienen.

Pflichtenheft

- Im Pflichtenheft wird definiert, *wie* und *womit* die Anforderungen zu realisieren sind.
- Im Pflichtenheft werden die Widerspruchsfreiheit und Realisierbarkeit der im Lasten-
  heft genannten Anforderungen überprüft.
- Das Pflichtenheft beschreibt im Detail die Realisierung aller Anforderungen des Lastenhefts und enthält das Lastenheft selbst, wirtschaftliche und technische Rand-
  bedingungen, Abnahme- und Prüfungskriterien im eigenen Unternehmen, detaillierte
  Nutzervorgaben (z.B. in Produktion und Vertrieb) usw.
- Das Pflichtenheft wird vom *Auftragnehmer* unter Beachtung der im Lastenheft
  genannten Anforderungen erstellt.
- Das Pflichtenheft wird unmittelbar *vor oder nach Erteilung des Innovationsauftrags*
  erstellt und bestätigt die Realisierbarkeit des Lastenhefts innerhalb der Termin- und
  Kostenvorgaben.
- Das Pflichtenheft bedarf der *Genehmigung durch den Auftraggeber*.
- Das Pflichtenheft wird zur verbindlichen Vereinbarung für die Realisierung und Ab-
  wicklung des Innovationsauftrags zwischen Auftraggeber und Auftragnehmer.

(in Anlehnung an VDI 3694)

■ 11.12 Modellierung der Innovations-maschine

Die Phasenabfolge und die aufgezeigten Prinzipien beachtend, lässt sich der Innovationsprozess modellieren und auf die Unternehmensstrategie maßschneidern. Wegen der strukturellen Ähnlichkeit mit der wertschaffenden Wertschöpfungsmaschine kann das resultierende Prozessmodell auch *Innovationsmaschine* genannt werden. Für die Modellierung des Innovationsprozesses bestehen ebenso wie bei den wertschaffenden Prozessen die drei Gestaltungsmöglichkeiten bzw. Werkzeuge Kaskadierung, Segmentierung und horizontale Integration (siehe Kapitel 6):

- *Kaskadierung:* Durch die Kaskadierung werden im Sinne einer Arbeitsteilung ausgewählte Schritte im Innovationsprozess ausgegliedert, welche im Auftragsverhältnis zusammenarbeiten (siehe Abbildung 11.8). Voraussetzung für die Kaskadierung sind genau spezifizierte Aufträge. Die Kaskadierung reflektiert die unterschiedlichen Anforderungen an die Verrichtung der Innovationsaufgaben. So wird zum Beispiel aufgrund der unterschiedlichen Tätigkeiten – und auch deren Komplexität – die *Innovationsausführung* häufig ausgegliedert. Die auftraggebende *Innovationssteuerung* verbleibt dagegen in der obersten Kaskade. Letztere repräsentiert den Moderator des Innovationsinputs, Verfasser der Lastenhefte, Eigner der Innovationspipeline, Manager der Innovationsportfolios, Auftraggeber der Innovationsaufträge und Hüter bzw. Pfleger der Innovationen. Die auftragnehmende Kaskade ist jeweils als outputbezogene Einheit so zu gestalten, dass sie über alle für die Ausführung des Innovationsauftrags notwendigen Ressourcen und Informationen verfügt. Über die kaskadischen Schnittstellen lassen sich auf einfache Weise auch externe Partner für die Innovationsausführung beiziehen.

- *Segmentierung:* Mit der Segmentierung werden Prozessvarianten gebildet, um die *Innovationsleistung* thematisch zu differenzieren und die Variantenvielfalt an *Innovationsoutputs* zu kanalisieren. Typischerweise wird die oberste bzw. innovationssteuernde Kaskade – wenn überhaupt – nach Marktsegmenten oder Produktfamilien gegliedert, um adäquat auf die unterschiedlichen Marktanforderungen einzugehen. Dabei steht die Frage im Vordergrund, inwiefern eine segmentierte oder integrale Sicht für die Optimierung des Portfolios zweckmäßiger ist. Je nach Geschäft kann der Abstimmungsbedarf zwischen Portfolioteilen hoch bzw. gering sein. Bezüglich der ausgegliederten Kaskaden stellt sich eine ähnliche Frage: Inwiefern können *output*orientierte – beispielsweise produkt- und technologieorientierte – Segmentierungen bzw. Spezialisierungen die jeweilige Innovationsausführung begünstigen?

- *Horizontale Integration:* Mit der horizontalen Integration werden (Teil-)Prozesse zusammengeführt, um Ressourcen- und Know-how-Synergien zu nutzen und den Lebenszyklus einer Innovation zu optimieren. In diesem Sinne ist es beispielsweise zweckmäßig, die Innovationssteuerung – in manchen Unternehmen auch Markt- oder Produktmanagement genannt – durchgängig über alle vier genannten Phasen des Innovationsprozess zu etablieren. Ebenso sinnvoll ist die horizontale Integration in ausführenden Kaskaden beispielsweise von vorangehender Machbarkeitsstudie, ursprünglicher Ausführung sowie langjähriger Pflege einer Innovation. Damit lässt sich objektbezogenes Know-how entlang des Innovationsprozesses wiederverwenden.

Der Anlagenbauer, welcher maßgeschneiderte Systeme zur Steuerung und Regelung von Hochspannungsnetzen lieferte, definierte seinen Innovationsprozess gemäß dem hier dargelegten Grundmuster mit vier Phasen. Aus Sicht des Markts war offenkundig, dass er einen globalen Ansatz verfolgen musste, welcher die Systeme, Module, Komponenten der drei bisher unabhängig agierenden Standorte vereinheitlichte bzw. aus globaler Sicht erneuerte. Die Marktsegmente ließen sich nicht scharf trennen, weder aus Kunden- noch aus Produkt- oder Systemsicht. Um das Sortiment zu vereinheitlichen, wurde die oberste, innovationssteuernde Kaskade nicht segmentiert und erhielt eine standortübergreifende Rolle. Der Anlagenbauer nannte sie entsprechend auch „Globales Produkt- und Technologiemanagement". Er gliederte je eine ausführende Kaskade für die Entwicklung seiner Systemfamilien, insbesondere die Bereitstellung von konfigurierbaren Modulen und anderen Softwarekomponenten, und für die darauf basierenden rechnergestützten Technologien und Simulationsmodelle aus. Diese beiden Kaskaden wurden nach den beiden technologisch unterschiedlichen Systemfamilien bzw. den angewandten Technologien segmentiert. Darüber hinaus definierte er noch eine dritte ausführende Kaskade, welche mit Hochschulinstituten zusammenarbeitete und für das Unternehmen zukunftssichernde, neue wissenschaftliche Erkenntnisse und Technologien akquirierte. Diese dritte Kaskade stellte im Unternehmen sicher, dass keine technologischen Entwicklungen verpasst wurden (siehe Abbildung 11.9).

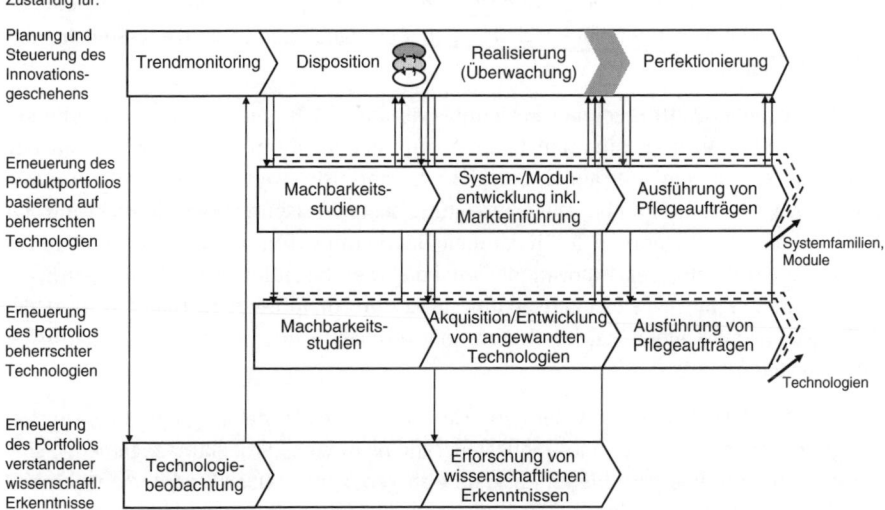

Abbildung 11.9 Kaskadische Grundstruktur des Innovationsprozesses mit Auftraggeber-Auftragnehmer-Beziehung (Beispiel: Anlagenbauer)

Die Trennung von auftraggebender Innovationssteuerung und auftragnehmender Innovationsausführung schafft Transparenz und Nachvollziehbarkeit über das gesamte Innovationsgeschehen. Damit wird verhindert, dass sich die Ausführenden selbst den Auftrag (z. B. Machbarkeitsstudie, Innovations- oder Pflegeauftrag) erteilen. Dies tritt in der Praxis größerer Unternehmen zu Tage, da außer der Geschäftsleitung keine andere auftraggebende Instanz existiert.

> Bei einem großen Maschinenbauer wurde eine elektronische Komponente zur Steuerung der Maschinen entgegen die Anweisung der Geschäftsleitung neu entwickelt, obwohl sie von Dritten zugekauft werden konnte. Diese Entwicklungsarbeiten blieben unentdeckt, da sie als Produktpflege kaschiert wurden. Als Argument wurde die zeitweilige Unterbeschäftigung der Entwickler hervorgehoben.

Die Auftraggeber-Auftragnehmer-Beziehung setzt zudem sauber definierte Aufträge voraus. Der Innovationsauftrag muss soweit im Detail festgelegt werden, dass er eindeutig ist und keine inhaltlichen, terminlichen oder kostenmäßigen Unklarheiten bestehen. Das „Mehr-Augen"-Prinzip zwischen Auftraggeber und Auftragnehmer löst bei Unklarheiten bereits bei der Auftragserteilung einen frühzeitigen Stopp aus – sei es bei der Annahme des Lastenhefts durch den Ausführenden oder bei der Genehmigung des Pflichtenhefts durch den Auftraggeber.

> Beim Anlagenbauer hatte sich die Qualität der Lastenhefte durch die Trennung von Innovationssteuerung und Innovationsausführung markant verbessert, da erstens einzig das innovationssteuernde „Globale Produkt- und Technologiemanagement" für die Verfassung der Lastenhefte zuständig war und zweitens eine Gegenprüfung des Lastenhefts durch den internen Auftragnehmer im Entwicklungsbereich vorgenommen wurde. Dadurch vereinfachte sich für den Auftragnehmer auch die Erstellung des Pflichtenhefts.

Die Auftraggeber-Auftragnehmer-Beziehung verlangt auch eine vorherige Klärung der Termin- und Ressourcensituation beim Ausführenden. Kann beispielsweise ein eng gesetzter Termin vom Auftragnehmer nicht gewährleistet werden, darf er den Innovationsauftrag nicht annehmen. Die Überlastung seiner Ressourcen würde nicht nur zur Verzettelung der Ressourcen durch parallele Bearbeitung führen, sondern vor allem zur zeitlichen Streckung der Innovationsvorhaben. Dies bedeutet letztlich Verspätungen und schlimmer noch: Prioritätensetzung durch die Ausführenden. Damit verliert der Auftraggeber an Kompetenz, das Innovationsgeschehen in zeitlicher und inhaltlicher Sicht zu steuern.

> Bei einem Schokoladenhersteller hatte sich ein anderes Modell als beim Anlagenbauer ergeben. Hier wurde die Innovationssteuerung nicht vom „Produktmanagement", sondern von einer übergeordneten Kaskade wahrgenommen. Das „Produktmanagement" selbst war als Auftragnehmer eine ausführende Kaskade und für die taktische Marktpräsenz zuständig. Im Auftrag der „Innovationssteuerung" erneuerte es den Marktauftritt und die äußere Erscheinungsform der Süßwaren, legte Botschaften fest und initiierte Marktimpulse. Für die Entwicklung neuer Schokoladen und deren Produktionsüberleitung war eine dritte Kaskade verantwortlich, welche wiederum auf Verfahrensent-

wicklungen einer vierten Kaskade zurückgriff. Segmentiert waren nur die dritte (nach der Komplexität der Entwicklungsprojekte) und vierte (nach den verfahrenstechnischen Grundlagengebieten). Da unter den Sortimentsteilen marketingmäßig hohe Abhängigkeiten bestanden, war die zweite Kaskade „Produktmanagement" nicht segmentiert (siehe Abbildung 11.10).

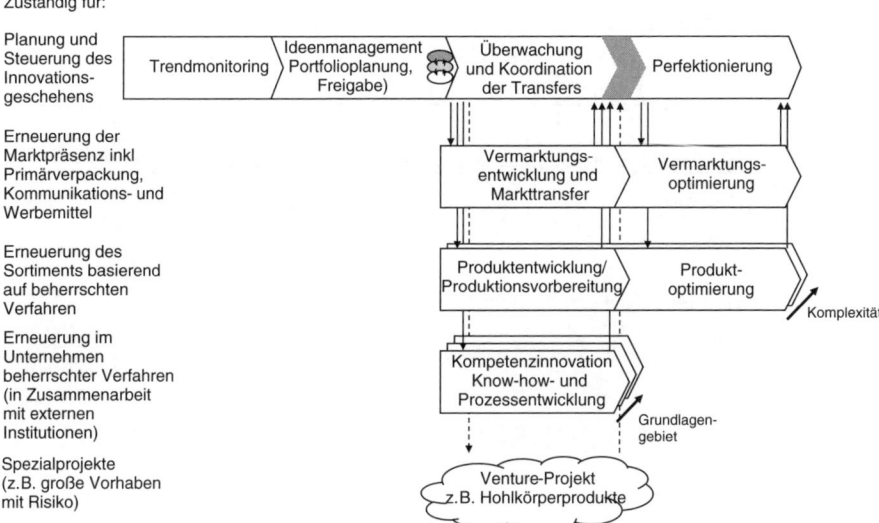

Abbildung 11.10 Kaskadische Grundstruktur des Innovationsprozesses mit Auftraggeber-Auftrag-nehmer-Beziehung (Beispiel: Schokoladenhersteller)

Bei einem Hersteller von elektrotechnischen Komponenten für Fahrzeuge des öffentlichen Verkehrs gestaltete sich die Innovationssteuerung zweistufig, bestehend aus einer ersten Kaskade aus Sicht der Marktsegmente (Güterverkehr, Intercity, Regionalzüge, Straßenbahn, Trolley-Bus) und einer zweiten Kaskade aus Sicht der Produkte oder Komponenten (Stromrichter, Antriebe, Transformatoren und Schalter, Rekuperatoren für die Energierückgewinnung, Zugsteuerungssysteme). Auch zwischen diesen beiden Kaskaden bestand eine Auftraggeber-Auftragnehmer-Beziehung. Die oberste Kaskade steuerte das Innovationsgeschehen global, indem sie den Markt beobachtete, die Anforderungen der Marktsegmente definierte, Prioritäten setzte und das Innovationsbudget freigab. Sie legte jedoch keine Innovationsaufträge fest. Die Innovationsaufträge wurden von der produktorientierten Kaskade festgelegt, an die ausführende, dritte Kaskade erteilt und überwacht. Mit diesem Modell wurden die Eigenheiten dieses Geschäfts widergespiegelt: einerseits klar unterscheidbare und voneinander unabhängige Marktsegmente und andererseits Produkte bzw. Produktreihen, welche sich nicht eindeutig den Segmenten zuordnen ließen (siehe Abbildung 11.11).

Zuständig für:

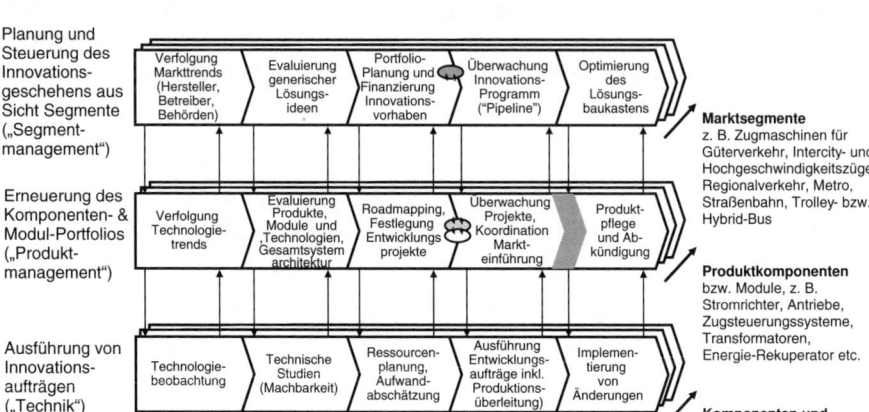

Abbildung 11.11 Zweistufige Innovationssteuerung (Beispiel: Verkehrstechnik)

■ 11.13 Innovationsarchitektur

Die Modellierung und Kaskadierung des Innovationsprozesses folgen *nicht* der bekannten Marktleistungs- und Produktarchitektur, wie sie bei den horizontalen bzw. wertschaffenden Prozessen Anwendung findet, sondern der sogenannten *Innovationsarchitektur*. Die Innovationsarchitektur verbindet das Portfolio der Marktleistungen mit den Technologien bzw. Befähigungen, auf denen Erstere beruhen. Im industriellen Umfeld werden typischerweise je eine Stufe von grundlegenden bzw. angewandten Technologien unterschieden. Im Dienstleistungssektor sind es ähnliche Stufen wie informationstechnische Verfahren oder sogar deren theoretischen Grundlagen. Demgemäß sprechen wir auch von der Erneuerung der Baukästen von bestehenden Produkten und Dienstleistungen, vom Unternehmen beherrschten, angewandten Technologien und Methoden bzw. von global verfügbaren Grundlagentechnologien und Methoden (siehe Abbildung 11.12).

Beim Medizingerätehersteller, der schwergewichtig im Bereich der refraktalen Ophtalmologie mit laserbasierten Operationsgeräten tätig war, gehörten beispielsweise neben der Ophtalmologie die Ergonomie, Kalibrierungstechnik, Systemintegration sowie das FDA-taugliche Dokumentations- und Zulassungs-Know-how zum Baukasten. Optik, Mechatronik und Lasertechnologie waren hingegen Kompetenzbereiche, welche dieser Hersteller von extern integrierte.

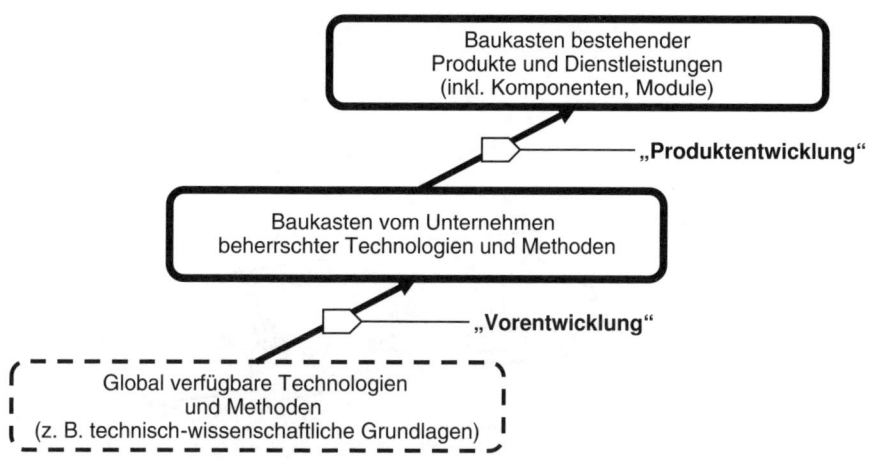

Abbildung 11.12 Typische „Baukasten"-Struktur im industriellen Umfeld

Eigner der Baukästen ist die Innovationssteuerung, welche Innovationsaufträge erteilt. So wird der genau spezifizierte und terminierte Innovationsauftrag von der Kaskade, welche für die Produktentwicklung sowie Produktions- und Markteinführung zuständig ist, als Auftrag übernommen, bearbeitet und nach erfolgtem Transfer wieder an den innovationssteuernden Auftraggeber als erledigt gemeldet. Im industriellen Umfeld wird in diesem Zusammenhang auch von *„Produktentwicklung"* gesprochen. Anwendungs- oder Basistechnologien werden von anderen, jeweils spezialisierten Kaskaden entwickelt. Hier ist auch von *„Vorentwicklung"* die Rede. Mit dieser Trennung von Produkt- und Vorentwicklung lassen sich unterschiedliche Innovationsaufträge verschieden takten und asynchron behandeln.

Beim Schokoladenhersteller stellte sich die Innovationsarchitektur als Kombination von Produktbestandteilen (wie Form, Rezeptur und Verpackung) und Kompetenzdomänen (wie Herstellverfahren oder Ernährungslehre) dar. Letztere waren aus den Produktbestandteilen sozusagen „Top-down" über Funktionen identifiziert worden. Je nach Erneuerungsgrad des Produkts waren auch die zugrunde liegenden Kompetenzdomänen betroffen. Solange nur Geschmacksvarianten erzeugt wurden, variierte vielleicht die Rezeptur, die herstelltechnischen Kompetenzen wurden jedoch bereits beherrscht. Bei der Entwicklung eines völlig neuen Produkts waren dagegen auch Erneuerungen in ausgewählten Kompetenzdomänen, wie Zutatenaufbereitung oder Portionierung, notwendig (siehe Abbildung 11.13).

Diese Trennung bzw. Asynchronität bildet die Basis für die *Risikoteilung*, indem ein umfangreiches Innovationsvorhaben entbündelt und aufgeteilt wird. Daraus resultieren einerseits ein oder mehrere Aufträge, welche die Vorentwicklung betreffen, und andererseits ein Auftrag, welcher die Produktentwicklung umfasst und auf der Vorentwicklung aufsetzt. Damit lassen sich der Zeitbedarf und das Risiko auf vertretbare Größen reduzieren. Dagegen sind kumulierte Innovationsrisiken kaum beherrschbar.

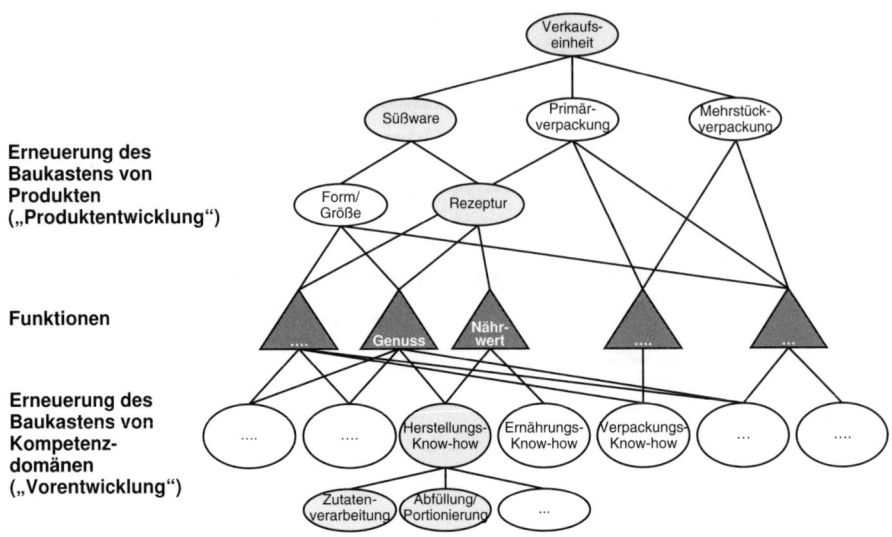

Erneuerung des Baukastens von Produkten („Produktentwicklung")

Funktionen

Erneuerung des Baukastens von Kompetenz-domänen („Vorentwicklung")

Abbildung 11.13 Vereinfachte Innovationsarchitektur (Beispiel: Schokoladenhersteller)

Gerade in Zeiten technologischer Umbrüche ist die Versuchung groß, den Technologie-wechsel mit einer neuen Produktlinie zu verbinden und dazu einen einzigen Innovationsauftrag zu starten.

Ein Apparatebauer wollte das herkömmliche Druckverfahren durch ein Laserdruckver-fahren ersetzen und die Frankiermaschinen gleichzeitig online-fähig machen. Dies war ein zu großer Schritt, da das Unternehmen beim Projektstart weder das Laserdruckver-fahren noch die Online-Schnittstellen-Technik beherrschte. Hätte der Hersteller bereits über eine Innovationsarchitektur verfügt, wäre er frühzeitig zur Erkenntnis gelangt, dass er sich zuerst über Vorentwicklungen das technologische Know-how aneignen müsste. Die Produktentwicklung hätte dann mit minimalen Risiken darauf aufsetzen können. Dieses Vorgehen brächte ihm zudem die Chance, mit der Verabschiedung des Lasten-hefts für die Produktinnovation noch zuzuwarten und die Marktanforderungen weiter zu analysieren und zu präzisieren

Ein weiterer Vorteil der stufenweisen Erneuerung ist, dass Innovationen im Bereich der angewandten Technologien explizit und damit grundsätzlich für andere Produktinno-vationen wiederverwendbar sind. Die Wiederverwendbarkeit ist nicht zwingend ge-währleistet, wenn die Technologieentwicklung sozusagen nebenbei im Rahmen einer Produktentwicklung erfolgt. Voraussetzung für die Wiederverwendbarkeit ist, dass die Technologieentwicklung gesondert dokumentiert und damit transferierbar wird.

 TIPP Lassen Sie Technologie- und Produktentwicklung immer in separaten Innovationsvorhaben bearbeiten.

Die Innovationsarchitektur strukturiert die wertdefinierenden Tätigkeiten des Innovationsprozesses analog zur Produktarchitektur in den wertschaffenden Prozessen (siehe auch Kapitel 8) und ermöglicht es, Effizienzpotenziale im Innovationsbereich zu realisieren. In Branchen mit traditionell intensiven Forschungs- und Entwicklungstätigkeiten, wie beispielsweise die Pharma-, Chemie-, Elektronik- oder auch Automobilindustrie, ist die Wahl der unternehmensspezifischen Innovationsarchitektur von großer Bedeutung. Je nach strategischer Ausrichtung ergeben sich vollkommen andere Innovationsarchitekturen.

In der Spezialitätenchemie standen zwei Firmen in der Marktnische für Datenträger im Wettbewerb. Firma 1 hatte sich auf diese Marktnische spezialisiert. Ihr Ansatz war fokussiert. Der Unternehmenserfolg hing vom Erfolg in einem einzigen Geschäftsfeld ab. Die Erforschung von physikalisch-chemischen Eigenschaften war ihre einzige Vorentwicklungstätigkeit. Basierend auf Erkenntnissen daraus setzte Firma 1 vor allem auf die Modellierung und Simulation von potenziellen Molekülstrukturen. Für ein passendes Molekül wurden eigene Syntheseschritte entwickelt und in Labormenge produziert. Anschließend erfolgte eine anwendungsgerechte Untersuchung der erzeugten Moleküle auf Wirkungsweise und Stabilität. Der Ergebnisrückfluss erfolgte direkt. Gegebenenfalls musste das Molekül angepasst werden (siehe Abbildung 11.14).

Für Firma 2 war die Bedienung des Markts für Datenträger nur eine ertragsreiche Nebenaktivität. Hier stand der Aufbau einer sehr umfassenden Bibliothek von analysierten Molekülen im Vordergrund der Vorentwicklung, weil darin Synergien zwischen den Geschäftsbereichen vermutet wurden. Der schiere Umfang dieser Bibliothek ließ darauf schließen, dass ein synthetisierbares Molekül für sehr viele Anwendungen, hier Aktivsubstanz für optische Datenträger, immer zu finden war. Aus der Bibliothek wurden jeweils chancenreiche Moleküle (auch „Leads" genannt) ausgewählt, produziert, auf Verwendbarkeit getestet und evaluiert. Dieser Schritt war aufgrund der großen Zahl von „Leads" – typischerweise Hunderte oder gar Tausende – aufwendig. Der Innovationsschritt nahm daher bei Firma 2 durchschnittlich mehr Zeit in Anspruch als bei Firma 1.

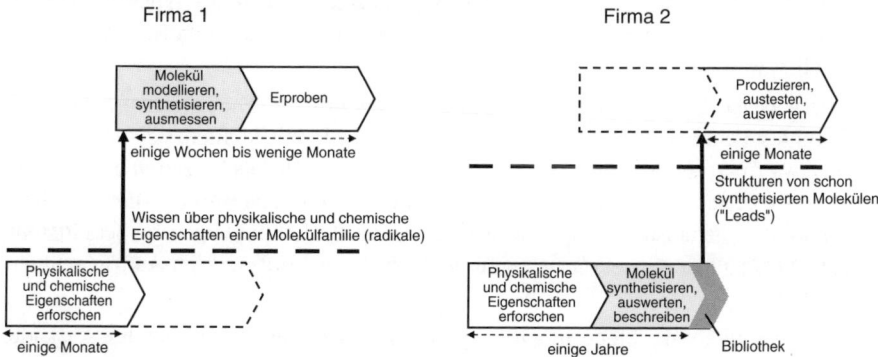

Abbildung 11.14 Unterschiedliche Innovationsarchitekturen zweier Wettbewerber in der Spezialitätenchemie

Durch die Segmentierung wird ein Prozess in spezialisierte Parallelprozesse aufgeteilt. Entspricht also eine Kaskade als Ganzes einem Portfolio, kommen segmentierte Prozesse innerhalb einer Kaskade einzelnen Portfolioteilen gleich. So können etwa verschiedene Kompetenzzentren die Verantwortung für die Entwicklung entsprechender Produktlinien übernehmen. Damit eignet sich das System der Kaskadierung und Segmentierung hervorragend für die klare Definition von Rollen, Zuständigkeiten und Verantwortlichkeiten in einem geografisch und ressourcenmäßig dezentralen Innovationsbereich, welcher jedoch zentral gesteuert wird.

Zudem sind Kaskadierung und Segmentierung auch für die Auslagerung von Teilprozessen an Drittunternehmen nützlich, wenn diese nachhaltiger über die entsprechenden Kompetenzen verfügen. Drittunternehmen sind beispielsweise private und staatliche Think-Tanks, Laboratorien oder universitäre Forschungseinrichtungen. Ähnlich der Produktentwicklung können auch andere Aktivitäten, wie beispielsweise im Trendmonitoring oder in der Innovationspflege, ausgelagert werden. Je nachdem, was noch im (obersten) Innovationsprozess ausdrücklich verbleibt, handelt es sich um eine Aufgabe, die dem vollumfänglich tätigen „Innovator", dem „Produktmanager" oder dem „Innovationssteuermann" entspricht.

Jede der Kaskadenstufen kann frei – je nach Portfoliospektrum – segmentiert und nach den besonderen Erfordernissen gestaltet werden, sofern die Schnittstellen unverändert bleiben. Damit können je nach Anforderungen ausgewählte Portfolioteile, Ressourcen, Methoden und Know-how einander fest zugeordnet werden. Diese Zuordnung schafft eine Basis, auf der in der prozessbasierten Organisation in Folge die Innovationsfähigkeit aufgebaut wird.

Im maßgeschneiderten Modell der Innovationsmaschine entsteht durch die Kaskadierung und Segmentierung also die Möglichkeit, grundsätzliche Rollen und Verantwortlichkeiten differenziert zuzuordnen. Beispielsweise können in Großfirmen zentrale und dezentrale Zuständigkeiten ausgestaltet und Kompetenzzentren sowie Landesgesellschaften differenziert eingebunden werden. Die einzelnen Kaskaden und Segmente lassen sich den unterschiedlich verantwortlichen Einheiten konsistent zuordnen. Genauso kann eine Kaskadenstufe – etwa jene der Grundlagenentwicklung – spartenübergreifend als gemeinsames „Lab" und allenfalls in Kooperation mit externen Forschungszentren geführt werden.

Auf diese Weise lässt sich auch der Sonderfall des großen Innovationsvorhabens als sogenanntes Venture-Projekt ins Modell eingliedern. Damit können risikoreiche Vorhaben etwa zur strategischen Neufokussierung des Geschäfts als Einzelfall und im Rahmen von spezifisch bezeichneten Venture-Projekten abgewickelt werden. Diese Großvorhaben werden genauso geplant und gesteuert; die Bestellung-Lieferung-Schnittstelle ermöglicht auch hier eine einfache und unproblematische Auftraggeber-Auftragnehmer-Beziehung.

In jedem Fall bleibt die Steuerung des Innovationsprozesses in der obersten Kaskade. Hier liegt letztlich auch die umfassende Innovationsverantwortung. Dieser „oberste" Prozess kann und muss deshalb so effizient gestaltet werden, dass die oberste Unternehmensführung selbst diesen Prozess führen könnte. Im Vergleich zu diesem Führungsprozess sind die verbleibenden Kaskaden weitgehend ausführend und teilverantwortlich.

■ 11.14 Innovationsausführung mit durch-gängiger Auftragsverantwortung

Wie bei den wertschaffenden Prozessen gilt auch für den Innovationsprozess, dass die Funktionstüchtigkeit erst dann gewährleistet ist, wenn entlang des Innovationsprozesses die anfallende Arbeit *nicht arbeitsteilig,* beispielsweise nach Phasen oder Schritten, sondern organisatorisch durchgängig strukturiert wird. Die Grundgedanken von „Simultanuous Engineering" wie frühzeitige Einbindung, Parallelisierung und Inter-disziplinarität werden erst realisiert, wenn interdisziplinär tätige Innovationsmanager bzw. -teams – gleich „Case-Manager" bzw. „Case-Management-Team" – durchgängig ver-antwortlich sind (siehe „Case-Management für durchgängige Prozessverantwortung" in Kapitel 5). Gerade in der Ausführung des Innovationsauftrags müssen immer inter-disziplinär bzw. multifunktional zusammengesetzte Kompetenzen die durchgängige Auftragsverantwortung wahrnehmen.

Beim Hersteller von Medizingeräten wurden auftragsbezogen Spezialisten aus den Be-reichen medizinischer Applikationsentwicklung, Produktentwicklung mit Elektronik, Software und mechanischer Konstruktion, Einkauf, Fertigung Kundendienst sowie Mar-keting und Vertriebssupport in einem Projektteam zusammengezogen. Dieses Team war kollektiv für den Erfolg des Innovationsauftrags verantwortlich. Für die Dauer des Vor-habens wurde das Team von einem Projektleiter disziplinarisch geführt.

Die Stoßrichtung der Parallelisierung von Produktentwicklung, Beschaffungs-, Produk-tions- und Marktvorbereitung scheitert in der Praxis vielfach deswegen, weil die in-volvierten Disziplinen aufgrund der Organisationsgrenzen, aber auch von unter-schiedlichen Selbstverständnissen nicht integriert werden konnten. Sie werden zwar projektmäßig koordiniert, jedoch nicht unter einer gemeinsamen Leitung zum Ziel geführt. In den prozessbasierten Innovationsteams werden hingegen die gegensätz-lichen Interessen von funktional organisierten Disziplinen aufgehoben.

 TIPP Schaffen Sie funktionsübergreifend zusammengesetzte Innova-tionsteams, welche den Innovationsauftrag erfüllen und von einem Chef – zumindest auf die Dauer des Vorhabens – nicht nur fachlich, sondern auch disziplinär geführt werden.

In idealerweise permanenten Innovationsteams, die selbstständig die anfallende Inno-vationsarbeit aufteilen, findet im Sinne des Job Enlargement eine interdisziplinäre Wei-terentwicklung der Beteiligten statt. Beispielsweise werden ursprünglich technikorien-tierte Entwickler zu kommerziell denkenden, markt- und produktionsorientierten Innovatoren. Durch diese interdisziplinäre Aufgabenerweiterung wird die Rolle der Beteiligten im unternehmerischen Sinne aufgewertet. Zudem schafft die Rolle als Inno-vator neue Erfolgserlebnisse. Sowohl die Aufgabenerweiterung wie auch die Erfolgs-erlebnisse bilden eine erste Voraussetzung dafür, dass die kulturelle Organisationsinsel der „Techniker" aufgebrochen werden kann.

Die Alternative einer projektorientierten Organisation erbringt aufgrund der Interessensgegensätze, die der Matrixorganisation inhärent sind, nicht dieselbe Performance wie eine prozessbasierte Organisation. Vielmehr verzögern sich aufgrund der Ressourcenkonflikte Innovationsvorhaben gerade während der zeitkritischen „Realisierungsphase", da auftraggebender Produktmanager oder auftragnehmender Projektleiter als Bittsteller an den Fachabteilungen auflaufen. In Unternehmen, die solchen projektorientierten Ansätzen folgen, haben wir auch beobachtet, dass aufgrund dieser Koordinationsschwierigkeiten Projekte zur Angelegenheit des obersten Chefs erhoben wurden. Eine derartige De-facto-Anbindung kann zwar eine hohe Motivation beim Projektleiter auslösen, irritiert aber die Organisation. Auf alle Fälle sollten sogenannte „Chef-Projekte" im Innovationsgeschehen die Ausnahme bleiben und nicht zur Regel werden.

 Reflexionsfragen 11

- Welche Zusammenhänge zwischen Strategie und Innovation lassen sich erstellen?
- Wozu werden im Kontext von Innovation die Metaphern „Baukasten" oder „Innovationslager" verwendet?
- Warum werden vielerorts Innovationsprojekte verspätet abgeschlossen? Wie lässt sich der Teufelskreis von unsicheren Markttrends und mangelhafter Marktakzeptanz durchbrechen?
- Welchen Nutzen sehen Sie in der Strukturierung des Innovationsprozesses?
- Wie lassen sich der Anspruch auf kreative Freiräume und Prozessstrukturen vereinen?
- Worin bestehen die Vorteile einer Trennung von der Innovationssteuerung und der Innovationsausführung? Welche Regelungen sind nötig?
- Welche Einflussmöglichkeiten auf das Innovationsgeschehen sollte das Topmanagement haben? Wie ließen sich diese institutionalisieren?

■ 11.15 Literatur

Birkenmeier, B. & Brodbeck, H. (2010). Wunderwaffe Innovation: Was Unternehmen unschlagbar macht – ein Ratgeber für Praktiker. Zürich: Orell Füssli.

Harrington, H. J. (1995). Continuous versus breakthrough improvement: Finding the right answer. Business Process Re-engineering & Management Journal, 1 (3), 31 – 49.

Newton, J. D. (1987). Uncommon friends: Life with Thomas Edison, Henry Ford, Harvey Firestone, Alexis Carrel & Charles Lindbergh. San Diego, CA: Harcourt Brace Jovanovich.

Reinertsen, D. & Shaeffer, L. (2005). Making R&D lean. Research Technology Management, 48 (4), 51 – 57.

Schumpeter, J. (1912, Nachdruck: 2006). Theorie der wirtschaftlichen Entwicklung. Berlin: Duncker & Humblot.

12 Strategiegerecht organisieren

Vielfach besteht in der Praxis die Vorstellung, dass die Geschäftsprozesse nur die Abläufe, jedoch nicht die Aufbauorganisation eines Unternehmens festlegen. Entsprechend wird der Geschäftsprozess als Orientierungsmittel zur Koordination mehrerer Organisationseinheiten verstanden. Die organisatorischen Schnittstellen entlang des Geschäftsprozesses würden dadurch zwar zu „Nahtstellen", doch die durchgängige Verantwortung für den Geschäftsfall wäre nicht gewährleistet. Klare, am Output orientierte Zuständigkeiten, wie sie die Auftraggeber-Auftragnehmer-Beziehung definiert, könnten nicht festgelegt werden.

Wir vertreten jedoch die Ansicht, dass die organisatorischen Schnittstellen – wie im Unternehmensdesign bestimmt – *zwischen* die Geschäftsprozesse zu verlegen sind. Diese einfachen Schnittstellen definieren nicht nur die Zuständigkeiten und teilen die Aktivitäten zu, sondern dienen auch zur Festlegung von prozessbasierten Organisationseinheiten, welche jeweils einen oder mehrere Geschäftsprozesse umfassen. Durch die Auftraggeber-Auftragnehmer-Beziehung wird dabei kein hierarchisches Unterstellungsverhältnis definiert, vielmehr wird die Zusammenarbeit von zwei hierarchisch gleichgestellten Organisationseinheiten geregelt.

Die so festgelegte organisatorische Einheit eines Geschäftsprozesses schafft die Voraussetzung dafür, dass der Geschäftsprozess durchgängig für die Leistungserbringung zuständig bleibt, seine Zuständigkeiten verantwortlich wahrnehmen und seine Performance optimieren kann. Dies setzt allerdings voraus, dass sich die Prozessmitarbeiter für das eigene Handeln verantwortlich fühlen, das Prozessfeld beherrschen und ihr Wissen und ihre Erfahrungen weitergeben. Diese Mitarbeiter besitzen echte Befugnisse, nutzen diese richtig und lösen so wirksam grundlegende Aufgaben in der prozessbasierten Organisation.

■ 12.1 Über Organisation

Bevor wir in die prozessbasierte Organisation und alternative Formen eintauchen, sollen einige grundsätzliche Überlegungen zur Aufbauorganisation vorangestellt werden. Beim Thema der Aufbauorganisation handelt es sich – im Unterschied zur Ablauforganisation, bei der die sachlich und zeitlich logische Tätigkeitsabfolge im Mittelpunkt steht – primär um Fragen, wie *Aufgaben geteilt und koordiniert* werden. Jedes Unternehmen hat unterschiedlichste Aufgaben zu erfüllen, damit es die erwarteten (Markt-)Leistungen erbringen kann. Es kann dabei von einem umfangreichen Aufgabenpool gesprochen werden, welcher aus Sicht der Effektivität und der Effizienz arbeitsteilig aufgebrochen werden muss (siehe Abbildung 12.1). Neben den vielen direkt wertschöpfenden Aufgaben sind im Unternehmen noch viele planende, dispositive und steuernde Aktivitäten auszuüben. Auch wenn diese Aufgaben nur indirekt wertschöpfend sind, müssen sie trotzdem erfüllt werden, denn sonst können die direkt wertschöpfenden Aktivitäten nicht erbracht und optimiert werden. Zu den indirekt wertschöpfenden Aufgaben zählen beispielsweise „prognostizieren", „planen", „führen", „rekrutieren", „finanzieren", „disponieren", „kontrollieren", „optimieren", „beurteilen" usw.

Vom „unstrukturierten"   ... über die Aufgabenteilung ...   ... zur Aufgabenkoordination
Aufgabenpool ...

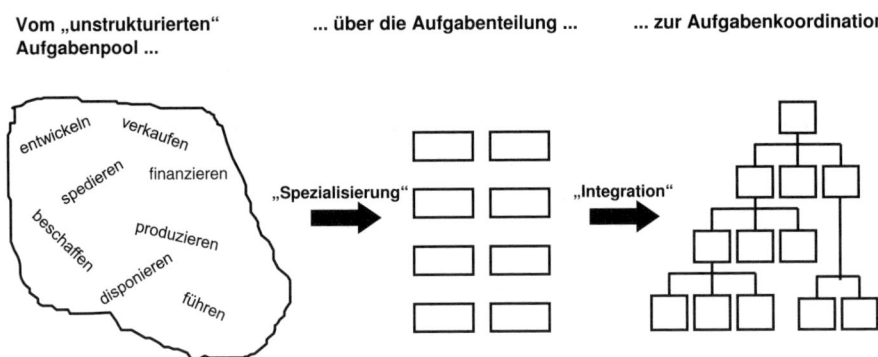

Abbildung 12.1 Grundschema der organisatorischen Strukturierung

Mit der Bestimmung der wahrzunehmenden Aufgaben ist noch nichts darüber ausgesagt, wer was tut und wie die Aufgaben geteilt bzw. koordiniert werden, d. h., wie diese Aufgaben organisatorisch strukturiert werden. Der wichtigste Schritt in der organisatorischen Strukturierung ist die Aufgabenteilung. Unter der Aufgabenteilung wird die Bündelung der einzelnen Aufgaben im Pool zu Aufgabenkomplexen und deren Zuweisung zu organisatorischen Einheiten verstanden. Die Aufgabenteilung kann nach verschiedenen Kriterien, insbesondere nach der Verrichtung oder nach dem Output erfolgen (siehe Abbildung 12.2). Auch Kombinationen von Verrichtung und Output sind möglich. Dies wird im Zusammenhang mit der prozessbasierten Aufgabenteilung noch dargestellt.

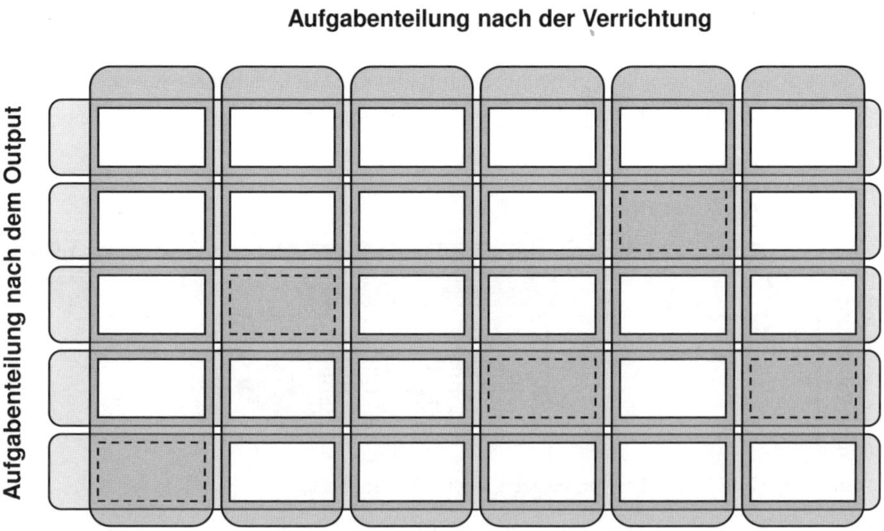

Aufgabenteilung nach der Verrichtung

Abbildung 12.2 Verrichtungs- und outputorientierte Aufgabenteilung (konzeptionell)

Die *Aufgabenteilung nach der Verrichtung* stellt die Art der Tätigkeiten in den Vordergrund und führt zur Schaffung von Funktionsbereichen. In diesem Lichte sind beispielsweise Bereiche für Unternehmensplanung, Einkauf, Disposition, Produktion, Qualitätssicherung, Spedition, Entwicklung, Produktmanagement, Marketing, Verkauf, Buchhaltung, Controlling oder EDV entstanden. Ein Extremfall der Verrichtungsorientierung stellt die tayloristische Arbeitsteilung dar, bei der Planung, Ausführung und Kontrolle einer Aufgabe getrennt werden. Durch die verrichtungsorientierte Aufgabenteilung wird üblicherweise ein Spezialisierungsvorteil bei den eingesetzten Ressourcen personeller oder materieller Art erzielt. Umgekehrt entstehen viele Schnittstellen und lange Informationswege.

Die *Aufgabenteilung nach dem Output* stellt die Art der zu erbringenden Leistungen (Sach-, Dienst- und Informationsleistungen) in den Vordergrund und führt zur Schaffung von Produkt- oder Marktbereichen. Die Aufgabenteilung nach Output setzt voraus, dass Marktleistungen erbracht werden, die sich grundsätzlich unterscheiden, beispielsweise Produktgruppen. Eine besondere Gliederung nach dem Output ist jene nach Kundengruppen, mit welcher eine bessere Abdeckung der Kundenbedürfnisse angestrebt wird. Durch die outputorientierte Aufgabenteilung werden üblicherweise höhere Qualität bei Sach-, Dienst- und Informationsleistungen sowie höhere Reaktionsfähigkeit (z. B. kürzere Durchlaufzeiten) erzielt als bei der verrichtungsorientierten Aufgabenteilung. Dies liegt daran, dass Schnittstellen wegfallen und Informationswege auf ein Minimum verkürzt werden. Umgekehrt entstehen keine Spezialisierungsvorteile.

Die *prozessbasierte Aufgabenteilung* stellt eine spezielle Kombination der output- und verrichtungsorientierten Arbeitsteilung dar. Im Vordergrund der prozessbasierten Aufgabenteilung steht die Einheit des Geschäftsprozesses, der über alle Ressourcen und Informationen verfügt, um den Output zu erzeugen. Entlang der Prozesskette sind durch Kaskadierung verrichtungsorientierte Ausgliederungen möglich. Auf diese Weise kom-

biniert die prozessbasierte Aufgabenteilung die Vorteile der output- und der verrichtungsorientierten Aufgabenteilung: Output-Qualität, Reaktionsfähigkeit und Spezialisierung,
wobei nur wenige, vor allem einfache, Schnittstellen zwischen den Kaskadenstufen entstehen (siehe Abbildung 12.3).

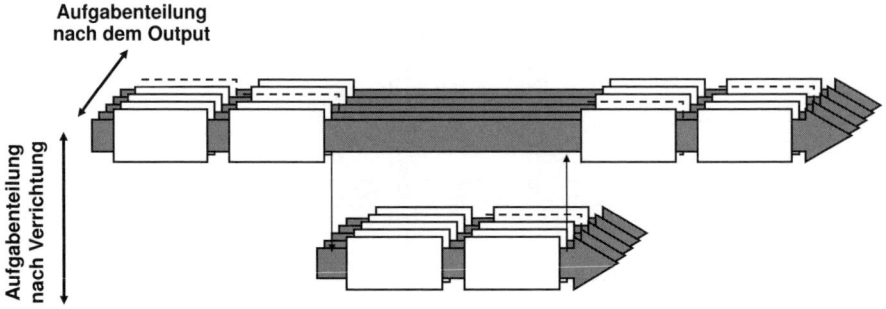

Abbildung 12.3 Prozessbasierte Aufgabenteilung (konzeptionell)

Das Ergebnis der Aufgabenteilung sind mehr oder weniger organisatorisch unabhängige Teilbereiche. Damit ergibt sich die Notwendigkeit der Koordination, welche die verschiedenen Bereiche aufeinander abstimmt und auf die Ziele des Unternehmens ausrichtet. Die Koordination der Teilbereiche wird durch die Aufbauorganisation weitgehend
festgelegt, allenfalls durch (nicht zu empfehlende) Koordinationsgremien oder informelle Netzwerke ergänzt. Bei der Aufbauorganisation geht es darum, wie die Entscheidungsbefugnisse zwischen der obersten und den nachgeordneten Hierarchieebenen
verteilt sind und wie das Weisungs- oder Leitungssystem ausgelegt ist.

Bei der Verteilung der Entscheidungsbefugnisse sind alle Varianten zwischen Entschei-
dungszentralisierung an der Spitze und Dezentralisierung in die wertschöpfende Basis
denkbar. Die prozessbasierte Organisation beruht auf dem Grundsatz, möglichst weitreichende Entscheidungsbefugnisse in den Geschäftsprozess zu delegieren. Dadurch
fließt authentisches Know-how vom Schauplatz des betrieblichen Geschehens in die
Entscheidungsfindung ein und verbessert gleichzeitig die durchschnittliche Entscheidung. Zum Beispiel wird die Verfügbarkeit von Ressourcen oder Informationen direkt
vor Ort sicherer beurteilt als weit weg vom betrieblichen Geschehen. Darüber hinaus
wird die Reaktionsfähigkeit wegen der kurzen Informationswege gesteigert. So ist der
Geschäftsprozess weitgehend autonom und in der Lage, die durchgängige Verantwortung für die Auftragserfüllung wahrzunehmen. Entsprechend steuert und kontrolliert
der Geschäftsprozess Auftragsvergaben an andere Geschäftsprozesse selbstständig.

 TIPP Ermächtigen Sie die Mitarbeiter an der Front mit möglichst vielen
Entscheidungsbefugnissen. Die beteiligten Mitarbeiter werden ihre Erfahrungen aus dem Tagesgeschehen in die Entscheidungen verantwortungsvoll einbringen.

Das Weisungssystem legt die Unterstellungsverhältnisse fest, welche als Ein- oder Mehrliniensystem strukturiert sind. Im ersten Fall wird das Prinzip der Einheit der Auftragserteilung (Unity-of-Command-Principle) angewendet, bei dem jede Stelle nur einer weisungsberechtigten Instanz direkt unterstellt ist. Auf das gesamte Einliniensystem bezogen bedeutet dies, dass die Weisungen vertikal die einzelnen Stufen durchlaufen, da nur zwischen zwei aufeinanderfolgenden Stufen Weisungsrecht und Folgepflicht besteht (Chain-of-Command-Principle). Als Vorteile des Einliniensystems sind die klaren Regelungen der Unterstellungsverhältnisse mit eindeutiger Abgrenzung der Kompetenzbereiche sowie die Transparenz zu nennen.

Bei Mehrliniensystemen besteht entsprechend Doppel- oder Mehrfachunterstellung. Es geht auf das „Funktionsmeistertum" von Taylor zurück, bei dem mehrere fachlich orientierte Instanzen einer organisatorischen Einheit vorstehen. Als Vorteil der Mehrliniensysteme wird die fachliche Qualifikation der Unterweisung gesehen. Zum Problem wird jedoch die Prioritätsregelung bzw. die Abgrenzung von generellem und fachlich spezialisiertem Anordnungsrecht. Doppelt- oder Mehrfachunterstellungen wie in Matrixorganisationen führen zu unklaren Kompetenzabgrenzungen und vor allem zu Weisungskonflikten, welche vom Unterstellten selten gelöst werden können. Langwierige Abstimmungsprozesse auf oberer Stufe werden nötig, was vielfach Handlungsunfähigkeit verursacht. Mit der prozessbasierten Organisation erübrigen sich Doppel- oder Mehrfachunterstellungen.

Checkfragen zur Aufbauorganisation

Jede Aufbauorganisation lässt sich anhand von einigen Organisationsprinzipien auf ihre Wirksamkeit bzw. auf eingebaute Fallstricke hin überprüfen. Zum kurzen Check-up der Aufbauorganisation (jeglicher Art) sollen folgende Fragen beantwortet werden:

- *Division-of-Work-Principle:* Sind die Aufgaben lückenlos und überlappungsfrei geteilt? Oder gibt es unklare Zuständigkeiten?

- *Chain-of-Command-Principle:* Werden Anordnungen über die Hierarchie stufenweise umgesetzt? Oder werden hierarchische Stufen übersprungen?

- *Unity-of-Objective-Principle:* Sind die Ziele von untergeordneten Einheiten vom übergeordneten Gesamtziel abgeleitet bzw. auf dieses ausgerichtet? Oder verfolgen untergeordnete Einheiten Ziele, welche von der übergeordneten Einheit unabhängig sind?

- *Adequacy-of-Authority-Principle:* Stimmen Umfang von Aufgaben, Entscheidungskompetenzen und Verantwortlichkeiten überein?

- *Responsibility-for-Results-Principle:* Bestehen klare Ergebnis- oder Output-Verantwortlichkeiten?

- *Accountability-Principle:* Besteht Rechenschaftspflicht gegenüber dem unmittelbaren Vorgesetzten? Oder besteht die Rechenschaftspflicht gegenüber anderen in der Organisation?

- *Unity-of-Command Principle:* Sind Anordnungen einheitlich? Oder bestehen Doppel- oder Mehrfachunterstellungen, welche zu Weisungskonflikten führen?

■ 12.2 Alternative Organisationsformen

Im Folgenden seien einige grundlegende Organisationsformen, die als Prototypen in der Praxis gelten, diskutiert. Dabei beschränken wir uns auf den direkt wertschöpfenden Teil eines Unternehmens und blenden die indirekt wertschöpfenden Stabs- oder Supportbereiche aus, da diese nach unserer Organisationsauffassung an Bedeutung verlieren. Die Aktivitäten des wertschöpfenden Teils lassen sich in einer mehr oder weniger einfachen Prozesskette darstellen. Die Organisationsformen unterscheiden sich grundsätzlich darin, wie die Prozesskette abgebildet wird, d. h., welche Aktivitäten in einer Organisationseinheit zusammengefasst und wie die Schnittstellen gestaltet sind (siehe Abbildung 12.4 und Abbildung 12.5):

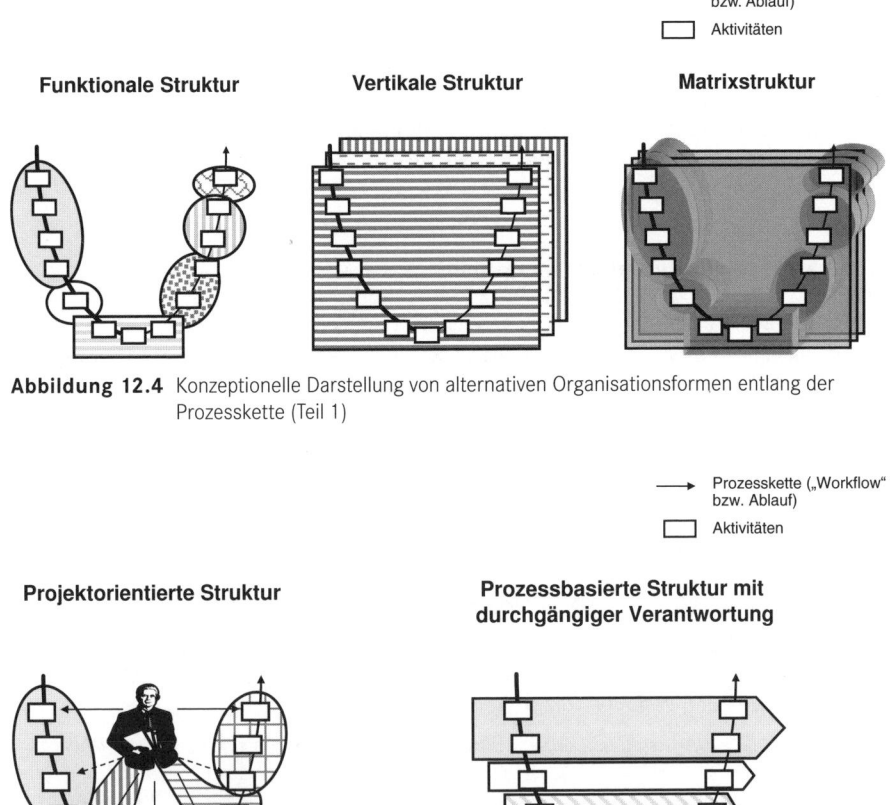

Abbildung 12.4 Konzeptionelle Darstellung von alternativen Organisationsformen entlang der Prozesskette (Teil 1)

Abbildung 12.5 Konzeptionelle Darstellung von alternativen Organisationsformen entlang der Prozesskette (Teil 2)

- Die *funktionale Organisationsform* ist verrichtungsorientiert und bildet die Prozesskette abschnittsweise in den Organisationseinheiten ab, d. h. einzelne Organisationseinheiten sind abschnittsweise für die Erbringung der Wertschöpfung zuständig. Als Spezialisten tendieren diese Einheiten dazu, ihren auf den Abschnitt beschränkten Wertschöpfungsanteil zu optimieren. Dadurch werden lokal Lernkurven- und Volumeneffekte realisiert, jedoch die Chance der Gesamtoptimierung verpasst, da an den Schnittstellen zwischen den Einheiten entlang der Prozesskette Abstimmungsschwierigkeiten bestehen. Diese Abstimmungsschwierigkeiten können prinzipiell nur von übergeordneten Stellen bereinigt werden. Darüber hinaus entstehen an diesen Schnittstellen Übergabefehler, welche wegen der fehlenden durchgängigen Verantwortung nicht frühzeitig, sondern erst am Ende der Prozesskette, bei der Übergabe an den Kunden, entdeckt werden. Funktionale Organisationsformen neigen in der Regel zur Innenorientierung und sind oft pseudo-effizient, da die Leistungsdifferenzierung, beispielsweise von Prozessanforderungen unterschiedlicher Produkte oder Geschäfte, ungenügend erfolgt. Hier entsteht ein grundsätzlicher Konflikt zwischen der Notwendigkeit, einerseits durch Standardisierungen Lernkurven- und Volumeneffekte zu realisieren und andererseits durch Differenzierung die Geschäftsanforderungen optimal zu erfüllen. Zudem steigen durch die vielen Übergaben an den organisatorischen Schnittstellen die betrieblichen Komplexitätskosten.

- Die *vertikale (auch genannt: divisionale) Organisationsform* ist outputorientiert und stellt die Differenzierung bzw. die Besonderheit der Marktleistungen in den Vordergrund. Entsprechend umfasst die vertikale Organisationseinheit die komplette Prozesskette, aber nur einen Abschnitt aus dem Produktespektrum. Die Verantwortung für die Marktleistung – und das Geschäftsergebnis – kann damit auf dieser Hierarchiestufe schnittstellenfrei wahrgenommen werden. Übergabefehler oder Abstimmungsschwierigkeiten entstehen in der Regel nicht, da die Entscheidungsbefugnisse innerhalb der Organisationseinheit liegen. Lernkurven- und Volumeneffekte werden allerdings in ungenügendem Maße realisiert, weil die Produktbereiche unabhängig voneinander sind. Mögliche weitere Synergien (z. B. in der Marktbearbeitung oder in der Beschaffung) werden nicht beachtet. Zudem zeigt sich in der Praxis, dass eine feinstrukturierte vertikale Organisation oft zu produktorientiert ist, sodass die Markt- und Kundenorientierung vernachlässigt und die Marktsynergien zwischen vertikalen Einheiten nicht genutzt werden.

- Bei der *Matrixorganisation* stehen die kombinierten Vorteile der funktionalen und vertikalen Organisationsformen im Vordergrund. Dabei sollen gleichzeitig die Outputleistung und die Kosten optimiert werden. Mit den Dimensionen Output und Verrichtung entsteht eine Doppel- oder gar Mehrfachunterstellung der einzelnen Bereiche entlang der Prozesskette. De facto ist die Matrixorganisation nach innen orientiert, da zur Konfliktbewältigung viel Energie und Zeit absorbiert wird. In der Folge ist die Entscheidungsfreude gering und das Unternehmen verliert an Schlagkraft. Entsprechend dem Koordinationsaufwand fallen hohe Komplexitätskosten und entsprechend der fehlenden Entscheidungsfreude hohe Opportunitätskosten an. Dadurch werden die erwarteten Vorteile mehr als nur wegkompensiert.

- Die *projektorientierte Ad-hoc-Organisationsform* stellt die spezifische Aufgabe bzw. den spezifischen Auftrag in den Vordergrund. Je nach Ausprägung der Projektorganisation koordiniert der Projektleiter nur die Abwicklung oder verfügt sogar über unterstellte Ressourcen, um den Auftrag entlang der Prozesskette auszuführen. Im Vordergrund der projektorientierten Organisation steht die Zeit- und Ressourcenoptimierung. Wegen der inhärenten Einmaligkeit eines Projekts sind Lernkurven- und Volumeneffekte kaum realisierbar – außer die Ressourcen wurden in funktionalen Organisationseinheiten gebündelt. Damit entstehen jedoch massive Konflikte mit den Linienstrukturen, welche andere Prioritäten setzen. Wegen den fehlenden Lernerfahrungen und den Ressourcenkonflikten sind die Projektergebnisse sowohl zeitlich als auch materiell schwierig planbar.

- Die *prozessbasierte Organisationsform* ist primär outputorientiert und stellt die durchgängige Verantwortung entlang der Prozesskette sicher. Durch die kaskadische Aufgabentrennung ist die Prozessleistung differenzierbar und Lernkurven- und Volumeneffekte sind innerhalb der Geschäftsprozesse realisierbar. Im Unternehmensdesign sind die erforderlichen Schnittstellen auf ein Minimum reduziert worden. Die unmittelbare Auftragsübernahme ermöglicht die direkte Überprüfung der Auftragserteilung.

In der Praxis werden diese Organisationsformen bis zur Unkenntlichkeit vermischt. Insbesondere in „gewachsenen" Organisationen sind keine eindeutigen Strukturen erkennbar. Umso mehr hängt die Funktionstüchtigkeit von den Personen ab – sei es durch intensive Abstimmung im Tagesgeschäft, sei es durch passives Arrangement im „Dienst an der Sache".

 TIPP Schaffen Sie personenunabhängige Strukturen. Klare Strukturen funktionieren auch mit Durchschnittsmitarbeitern.

Zum weltweit tätigen Anlagenbauer gehörten vier weitgehend autonom agierende Einheiten, je eine in der Schweiz, in Italien, in Österreich und in den USA (siehe für die hergeleiteten Prozessmodelle Kapitel 4, 5 und 11). Mit Ausnahme der schweizerischen Einheit, welche in das Stammhaus integriert war, waren die übrigen Einheiten unabhängige Konzerngesellschaften. Zudem bestanden noch rund zehn Länderorganisationen in Vertriebsgesellschaften, welche die Anlagen verkauften und lokal Serviceleistungen erbrachten. Allen Einheiten war gemeinsam, dass sie nach teilweise funktionalen, teilweise personellen Gesichtspunkten organisiert waren – jede Gesellschaft jedoch auf ihre Weise. So befanden sich in den vier Haupteinheiten funktional organisierte Ressourcen für Marketing, Verkaufsaußendienst, Verkaufsadministration, Angebotsmanagement, Produktmanagement, Systemengineering, Hardwareentwicklung, Softwareprogrammierung, Baugruppendisposition und Materialbewirtschaftung, Qualitätssicherung, Modulmontage, Systeminbetriebsetzung, Systemwartung und -unterhalt usw. In den Vertriebsgesellschaften waren funktionale Gesichtspunkte dominant, das Anlagengeschäft war untergeordnet. Nirgendwo waren prozessbasierte Strukturen vorhanden (siehe Abbildung 12.6).

Bei der Auftragsabwicklung entstanden an den Schnittstellen innerhalb der Einheiten wie auch zu anderen Einheiten massive Probleme. Doppelspurigkeiten und viele Nachbearbeitungen sowie verzögerte Lieferungen waren die Regel. Zudem musste aufgrund der fehlenden Schnittstellenstandardisierung jede auftragsbezogene Zusammenarbeit neu definiert werden. Die Organisation war mehr mit internem Vereinbaren und Feilschen, Klären und Schuldzuweisen sowie Koordinieren als mit der wertschöpfenden Auftragserbringung beschäftigt.

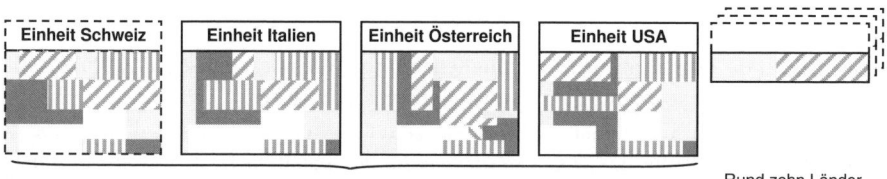

Vier weitgehend autonome Einheiten
mit funktionalen Strukturen

Rund zehn Länder-
organisationen
mit Verkauf und
lokalem Service

Abbildung 12.6 Bisherige Organisation (Beispiel: Anlagenbauer)

■ 12.3 Prozessbasierte Aufbauorganisation

Die prozessbasierte Aufbauorganisation beruht auf dem Ansatz, dass für jedes Geschäft eine organisatorisch eigenständige Geschäftseinheit mit einem strategiegerechten Unternehmensdesign besteht, welches auf die Strategie maßgeschneidert ist. So betrachtet, folgt die *prozessbasierte Organisation* zunächst dem *Primat der Outputorientierung*, indem das Unternehmen in verschiedene Geschäftsbereiche gegliedert wird. Merkmal der Geschäftsbereiche ist, dass sie *unterschiedliche Märkte und Kundengruppen* adressieren sowie über ein *spezielles Unternehmensdesign* verfügen. Die Unterschiedlichkeit der Märkte bzw. Kundengruppen ist nicht immer offensichtlich. Als entscheidendes Kriterium seien hier die kundenseitigen Ansprechpartner bzw. Anwender empfohlen. Öfter bedient ein Unternehmen zwar dasselbe Kundenunternehmen, allerdings werden mit unterschiedlichen Produkten und Dienstleistungen unterschiedliche Ansprechpartner und Anwender adressiert.

Beispielsweise verkaufte ein elektrotechnischer Konzern Stromzähler und regeltechnische Systeme für Hochspannungsnetze. Beim Kunden, einem großen Elektrizitätsversorgungsunternehmen, sind unterschiedliche Ansprechpartner für die beiden Produktgruppen zuständig. Für die Zähler ist es der Vertrieb des Elektrizitätsunternehmens, welcher in direktem Kontakt mit den Stromverbrauchern ist, für die regeltechnischen Systeme ist es hingegen der Netzbau und -betrieb. Entsprechend handelt es sich auch um unterschiedliche Geschäfte. Darüber hinaus unterscheiden sich die Unternehmensdesigns für das Apparategeschäft bzw. für das Systemgeschäft wesentlich in der Kaskadenfolge. Im Apparategeschäft ist die Kundengewinnung durch einen einfachen Auftragszyklus mit der Apparatefertigung verbunden, im Systemgeschäft ist dagegen der KAM/PEM-Ansatz erforderlich (siehe „KAM/PEM – wechselseitige Abhängigkeit von Geschäftsprozessen" in Kapitel 9). Auch wegen diesen unterschiedlichen Unternehmensdesigns sind die beiden Geschäfte organisatorisch zu trennen.

Bei einem Laborgerätehersteller mit Präzisionswaagen und Diagnostikautomaten stellte sich die Situation anders dar. Beide Produktgruppen wurden direkt an den Laborleiter in verschiedenen Industriezweigen verkauft. Es war offensichtlich, dass beide Geräte gemeinsam vertrieben werden mussten. Entsprechend verfügte das Unternehmen auch über ein gemeinsames Unternehmensdesign, welches in der Segmentierung die Unterschiedlichkeit der Produkte berücksichtigte.

Die Basis für die organisatorischen Einheiten innerhalb des Geschäftsbereichs bilden die (kaskadierten und segmentierten) Geschäftsprozesse, welche im Unternehmensdesign definiert wurden. Die prozessbasierte Aufbauorganisation lässt sich aus diesen Prozessen stringent mit Hilfe des *Organisationsdiagramms* ableiten. Dazu werden in einem ersten Schritt alle Geschäftsprozesse (inklusive Supportprozesse) als organisatorische Grundeinheiten im Organisationsdiagramm horizontal aufgestellt (z. B. Prozesse X, Y, Z). Im Mittelpunkt steht die Frage nach deren Beitrag zur Wertschöpfung und Leistungserbringung. Die horizontale Breite kann als Indikator für die Personalstärke genutzt werden. Dabei ist darauf zu achten, dass jeweils eine Organisationseinheit immer *einen oder mehrere vollständige Geschäftsprozesse* umfasst (siehe Abbildung 12.7).

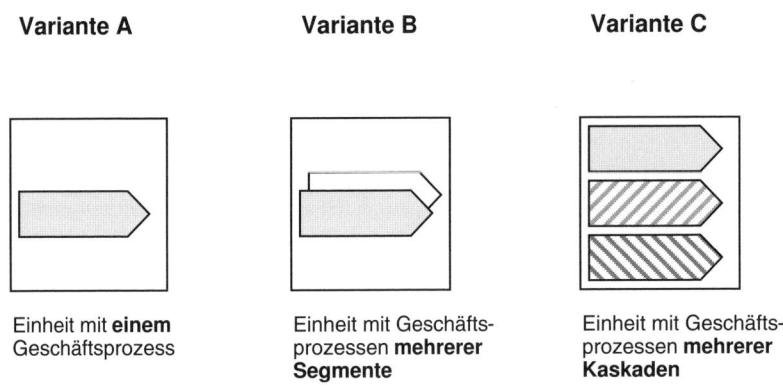

Variante A **Variante B** **Variante C**

Einheit mit **einem** Geschäftsprozess

Einheit mit Geschäftsprozessen **mehrerer Segmente**

Einheit mit Geschäftsprozessen **mehrerer Kaskaden**

Abbildung 12.7 Prozessbasierte Organisation mit vollständigen Prozesseinheiten

Im nächsten Schritt wird für die Prozesschefs die organisatorische Integration und die Rolle im Führungsprozess (z. B. als Team-, Abteilungs-, Bereichsleiter) bzw. die Partizipation an der Macht geklärt, indem die vertikale Ausdehnung als Höhe festgelegt wird. Durch die Bündelung auf einer vertikal höheren Stufe werden die organisatorischen Grundeinheiten zusammengefasst und die hierarchischen Unterstellungsverhältnisse bestimmt (z. B. die Prozesssegmentleiter auf Stufe Abteilung unterstehen einem Chef „Prozess X" auf Stufe Bereich; siehe Abbildung 12.8). Falls notwendig, ließen sich innerhalb der organisatorischen Grundeinheit noch Feinstrukturen definieren (z. B. Teamleiter von Schichtteams). In diesem zweiten Schritt ist darauf zu achten, dass im Organisationsdiagramm von unten nach oben nur Vereinigungen und keine Splittungen entstehen. Damit wird das Prinzip der Einfachunterstellung befolgt. Im letzteren Fall würden hingegen Mehrfachunterstellungen resultieren. Das Organisationsdiagramm lässt sich im dritten Schritt in die vertraute Darstellung des Organigramms überleiten, welches den prozessbasierten Aufbau exakt wiedergibt.

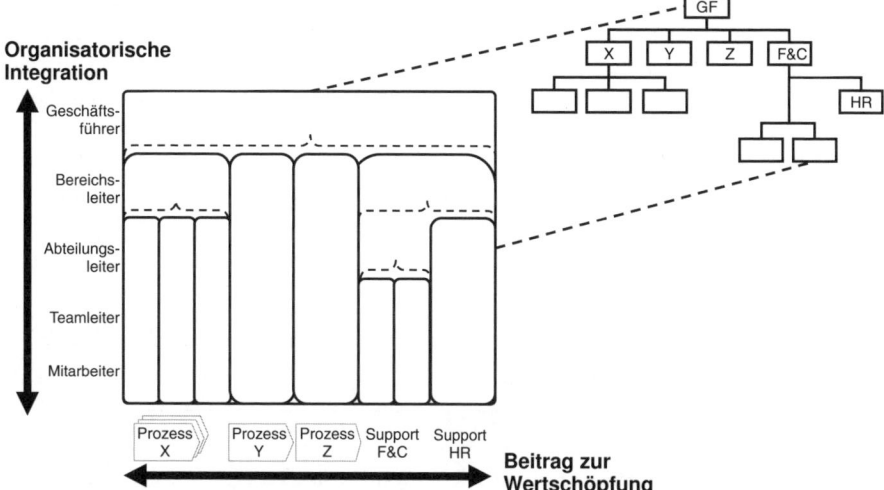

Abbildung 12.8 Ableitung der Aufbauorganisation aus dem Organisationsdiagramm mit dem Beitrag zur Wertschöpfung und der organisatorischen Integration

 TIPP Halten Sie zuerst den Beitrag jeder Organisationseinheit zur Wertschöpfung fest. Die hierarchische Einbettung ergibt sich aus deren Rolle und Verantwortlichkeit im Wertschöpfungsverbund – und zwar von unten nach oben.

Durch die organisatorische Einheit des Geschäftsprozesses wird dessen Teilautonomie gewahrt. Die prozessbasierte Organisationseinheit verfügt über alle notwendigen Ressourcen und Informationen und ist durchgängig verantwortlich. Damit ist die Zuständigkeit für einen Geschäftsfall klar der prozessbasierten Organisationseinheit, dem auftragnehmenden Geschäftsprozess, zugeordnet. Das einfache Auftragsverhältnis mit klaren Schnittstellen bleibt bestehen und Planung, Steuerung, Ausführung sowie Kontrolle sind in den Geschäftsprozess integriert. Die Führungsaufgabe vereinfacht sich dadurch erheblich, da die kurzfristige Planung, Disposition, Steuerung und Koordination direkt an die Prozessmitarbeiter delegiert werden kann. Auf diese Weise wird der Prozesschef entlastet und sehr umfangreiche Führungsspannen sind realisierbar.

Aus Sicht der Führung besteht *zwischen* prozessbasierten Einheiten ein sehr geringer Koordinationsaufwand. Die Zusammenarbeit ist durch die einfachen Schnittstellen so geregelt, dass Unklarheiten im Tagesgeschäft von den Prozessmitarbeitern selbst geregelt werden können. Der Koordinationsaufwand ist so gering, dass die übergeordnete Führung sich aus dem koordinierenden Tagesgeschäft heraushalten und sich auf die Führungsaufgaben wie übergeordnete Planung, Geschäfts-, Ressourcen- und Performanceentwicklung sowie Innovation fokussieren kann. Prozessbasierte Einheiten sind überschaubare Organisationseinheiten und lassen sich mit Zielvereinbarungen und einfachen Messgrößen führen.

Beim Anlagenbauer hatte die vorausgehend durchgeführte Strategieanalyse ergeben, dass in diesem globalen Geschäft die nationalen Strukturen trotz der Marktnähe hinderlich waren. Im Makrodesign, welches aus der Strategie abgeleitet war, wurden die fünf Geschäftsprozesse Kundengewinnung/-betreuung, Systemlieferung, Modullieferung, Baugruppenlieferung sowie Innovation identifiziert (siehe Abbildung 12.9). Die Festlegung der Geschäftsprozesse erfolgte mit globaler Gültigkeit und noch unabhängig von den Standorten. Das Makrodesign regelte die Schnittstellen weltweit. Damit wurde eine effiziente Zusammenarbeit über Organisationsgrenzen bzw. Standorte hinweg erst möglich.

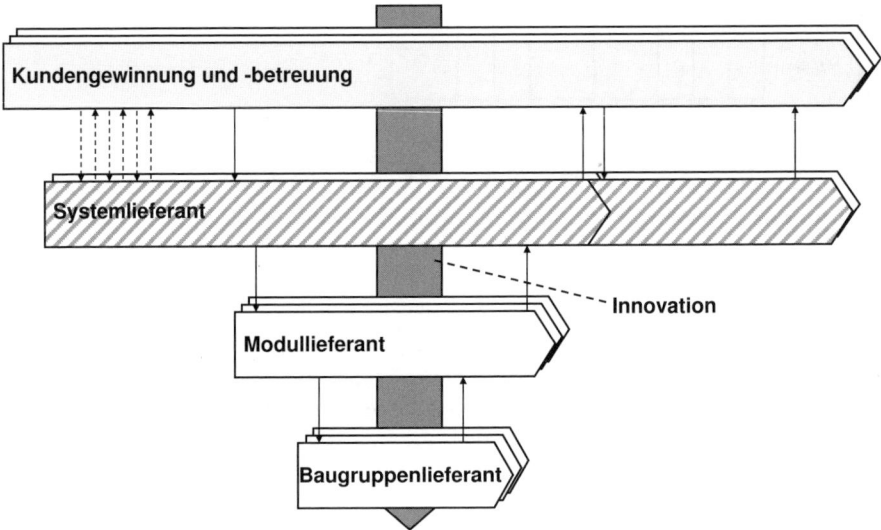

Abbildung 12.9 Makrodesign als Ausgangspunkt der prozessbasierten Organisation (Beispiel: Anlagenbauer)

Die geografische Dimension stellte allerdings unterschiedliche Anforderungen an die Geschäftsprozesse – von lokaler Differenzierung bis zur globalen Vereinheitlichung. Für die Kundengewinnung und -betreuung war die Markt- bzw. Kundennähe ausschlaggebend, entsprechend waren die Organisationseinheiten so lokal wie möglich auszurichten. Anders stellte es sich bei der Systemlieferung dar. Hier war die Balance zwischen lokaler Nähe für die Zusammenarbeit mit den Kunden einerseits und kritischer Masse für die Know-how-Bildung und -Pflege andererseits zu finden. Die Lösung wurde in der Festlegung von Regionen gefunden, welche neu je etwa ein Viertel des Geschäfts abdeckten. Jede Region verfügte über ein Zentrum, einen sogenannten Hub, mit einigen dezentralen Ressourcen in den zugeordneten Ländern; diese wurden vom Hub aus geführt. Zur Region gehörte jeweils eine Auswahl von Marktbereichen mit je einer eigenständigen Kundengewinnung/-betreuung vor Ort. Die intensive Zusammenarbeit von Kundengewinnung/-betreuung und Systemlieferung gemäß dem KAM/PEM-Ansatz wurde in der Bildung von Regionen berücksichtigt, indem Sprachenvielfalt und Distanzen optimiert wurden (siehe Abbildung 12.10).

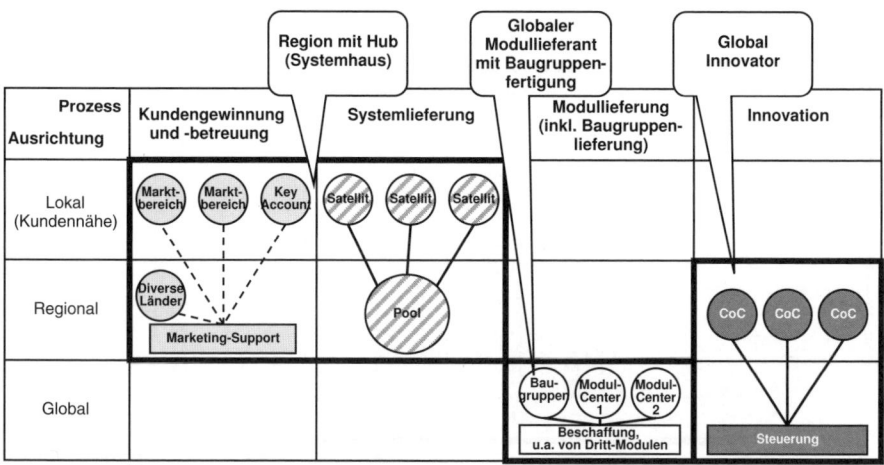

Integrale Verantwortung für die Profitlinie
innerhalb Region mit Hub

Abbildung 12.10 Geografische Ausrichtung der Struktureinheiten (Beispiel: Anlagenbauer; CoC= Center-of-Competence)

Mit der weltweiten Einführung der prozessbasierten Organisation gemäß dem gemeinsamen Unternehmensdesign ist die Zusammenarbeit unter den Regionen insoweit vereinfacht worden, dass diese ihre Ergebnisverantwortung nun auch wahrnehmen konnten. Die Schnittstellen waren einfach und geklärt, die erfolgskritische KAM/PEM-Schnittstelle zwischen Kundengewinnung/-betreuung und Systemlieferung lag innerhalb der Region. Fallweise war eine Region auf Unterstützung durch eine andere angewiesen. Diese Unterstützung erfolgte im einfachen Auftragsverhältnis.

Auch die Schnittstelle zum Modullieferanten war vergleichbar einfach eingerichtet wie jene zu Drittlieferanten. Für die Modullieferung bestanden weder lokale noch regionale Erfordernisse, vielmehr stellte sie eine typisch globale Wertschöpfungsaufgabe dar, welche irgendwo zu optimalen Gesamtkosten erbracht werden konnte. Ebenso war auch die Innovation eine globale Aufgabe. Durch die globale Führung des Innovationsbereichs wurde nicht nur der universale Charakter des Geschäfts gespiegelt, sondern auch die Voraussetzung für die Sortimentsvereinheitlichung geschaffen. Drei Regionen oblag die Aufgabe, die Ressourcen und das Know-how für den Innovationsbereich sicherzustellen, die Innovations- bzw. Entwicklungsaufgaben wurden allerdings auf globaler Stufe festgelegt, gesteuert, verfolgt und auch finanziert (siehe Abbildung 12.11 und Abbildung 12.12). In der Region ergab sich eine einfache Aufbauorganisation. Dem Regionschef waren, ähnlich einem Systemhaus, die als Prozess organisierten Marktbereiche (KAM) sowie je zwei Systemlieferanten, allenfalls noch der der Region zugeordnete Bereich des Innovationsmanagements, unterstellt.

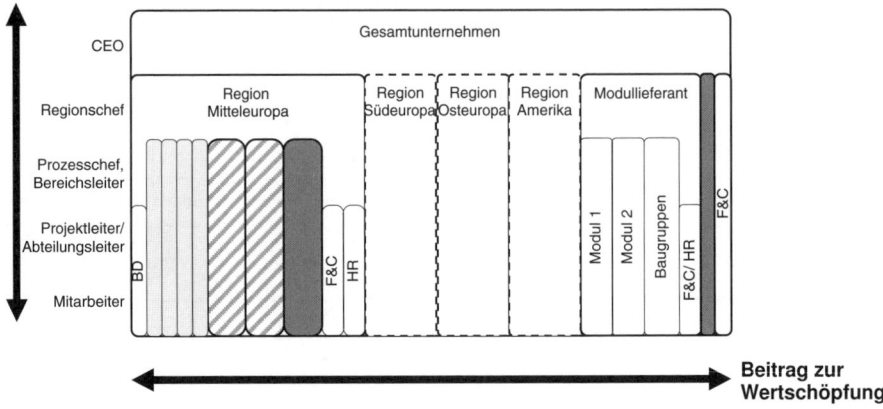

Abbildung 12.11 Organisationsdiagramm mit prozessbasierten Rollen (Beispiel: Anlagenbauer)

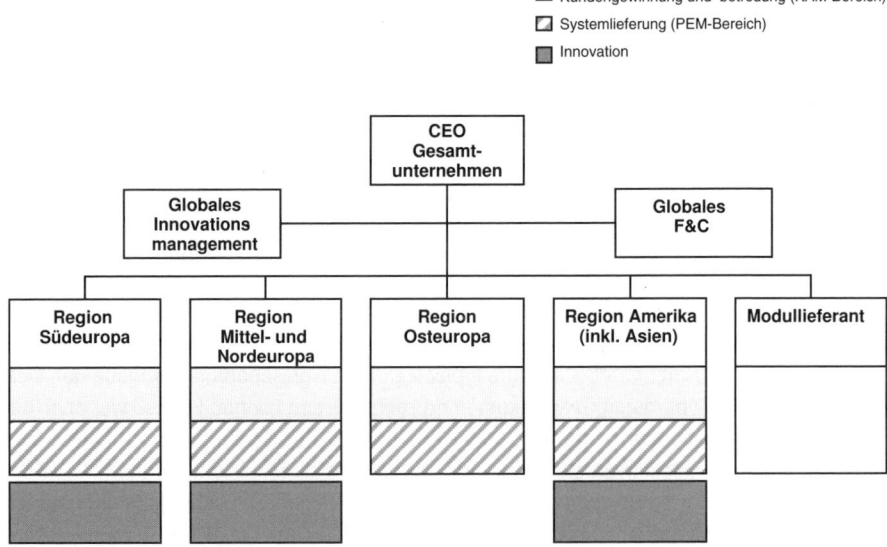

Abbildung 12.12 Prozessbasierte Aufbauorganisation mit marktverantwortlichen Regionen mit je einem Hub und zugeordneten Marktbereichen (Beispiel: Anlagenbauer)

Bei der prozessbasierten Organisation ist es entscheidend, dass die Einheit des Geschäftsprozesses gewahrt bleibt. Es liegt *keine* prozessbasierte Organisation vor, wenn die Organisationsgrenzen die Einheit eines Geschäftsprozesses stören oder gar keine vollständigen Geschäftsprozesse vorliegen (siehe Abbildung 12.13).

Im ersten Fall wird der Geschäftsprozess vertikal getrennt und es entsteht eine organisatorische Schnittstelle. Keine Organisationseinheit kann die durchgängige Prozessverantwortung für den Geschäftsfall wahrnehmen und bei Unstimmigkeiten sind die

Ursachen schwierig zu eruieren. Obwohl die Organisationseinheiten komplette Prozessabschnitte umfassen, handelt es sich hier um eine verrichtungsorientierte oder funktionale Organisation. Der Interventions- und Koordinationsaufwand ist hoch, vielfach sind übergeordnete Hierarchiestufen in die tägliche Koordination eingebunden.

Fall A: Einheiten mit je einem Prozessabschnitt

Fall B: funktional arbeitsteilige Einheiten, z.B. je für Steuerung bzw. Ausführung

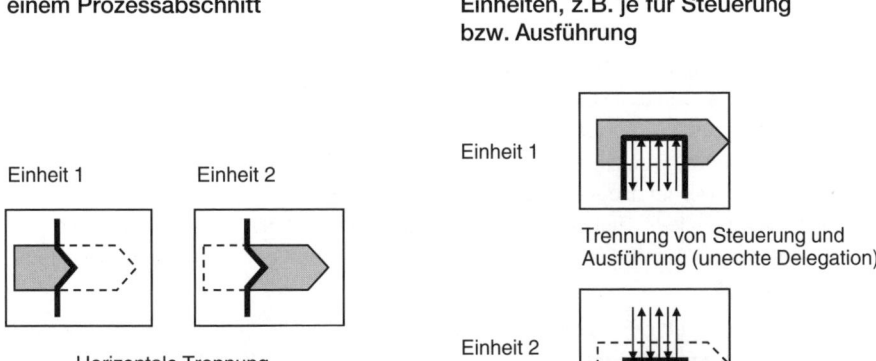

Abbildung 12.13 Organisation mit unvollständigen Prozesseinheiten

Im zweiten Fall handelt es sich ebenfalls um eine verrichtungsorientierte oder funktionale Organisationstrennung, indem Ressourcen an eine andere Organisationseinheit ausgegliedert werden. Damit entsteht zwischen den beiden Organisationseinheiten ein komplexes Auftragsverhältnis ohne Verantwortungsdelegation. Planende und steuernde Tätigkeiten sind von der Ausführung organisatorisch getrennt. Ferner besteht für den Ressourcenträger keine Prozessautonomie.

Aus Sicht der Führung sind in beiden Fällen die Vorgesetzten stark durch Koordination und Abstimmung des operativen Tagesgeschäfts absorbiert. Als Folge davon haben übergeordnete Planung, Ressourcenentwicklung oder Prozessperformance eine geringe Bedeutung. Die Organisationseinheiten sind trotz beschränkter Größe schwer überschaubar, da die betrieblichen Abläufe durch viele – zum großen Teil sogar ungeklärte – Schnittstellen unterbrochen werden. Dementsprechend komplex ist die Arbeitsorganisation innerhalb der Organisationseinheit. In der Regel sind solche Organisationen auch intern hierarchisch organisiert, da die betrieblichen Abläufe stark koordiniert werden müssen. Im Unterschied zur Einheit, welche den *kompletten Geschäftsprozess* umfasst, lässt sich die Performance bei unterbrochenen Geschäftsprozessen nur schwierig beurteilen, da große Abhängigkeiten bestehen. Ist die Über- bzw. Unterperformance auf die andere Organisationseinheit zurückzuführen?

 TIPP Gewähren Sie den Prozesseinheiten Autonomie und überprüfen Sie die Performanceentwicklung. Damit lässt sich auf Doppelspurigkeiten und Leerläufe, wie sie sich durch übergeordnete Überwachungs-, Steuerungs- oder Dispositionsorgane ergeben, verzichten.

Eigenschaften der prozessbasierten Organisation

- *Eindeutige Zuständigkeit für den Geschäftsfall:* Die durchgängige Verantwortung im Geschäftsprozess schafft die Voraussetzung für „Case-Management" bzw. Zuständigkeit für den Geschäftsfall. Diese Zuständigkeit bleibt aufgrund des Auftragszyklus auch dann bestehen, wenn ein Teil der Leistung durch einen anderen Geschäftsprozess oder durch Dritte erbracht wird.

- *Geringer Koordinationsbedarf aufgrund weniger und geklärter Schnittstellen:* Zwischen zwei geschäftsprozessbasierten Organisationseinheiten sind die Tausch- und Abstimmvorgänge durch den Auftragszyklus (gegebenenfalls die KAM/PEM-Beziehung) geregelt (siehe „Geregelte Zuständigkeiten im KAM/PEM-Ansatz" in Kapitel 9). Damit werden Doppelarbeiten und Fehler in der Abstimmung vermieden, welche aufwendige Fehlersuche, Nachbearbeitungen sowie Verzögerungen verursachen würden. Voraussetzung ist jedoch die richtige Definition der Geschäftsprozesse im Makrodesign.

- *Sicherstellung der organisatorischen Einheit des Geschäftsprozesses:* Entlang des Geschäftsprozesses befinden sich keine Schnittstellen, welche zu intensiven Tausch- und Abstimmungsvorgängen zwischen den am Ablauf beteiligten Mitarbeitern und Organisationseinheiten führen. Damit ist die direkte Führung der prozessbasierten Organisationseinheit von der aufwendigen Koordination befreit und kann den Schwerpunkt auf Coaching der Leistungsträger, mittelfristige Planung, Ressourcenentwicklung sowie Performancesteigerung des Geschäftsprozesses verlegen. Ebenso ist die übergeordnete Führung von der aufwendigen Schnittstellenkoordination sowie Konfliktbereinigung befreit und kann sich auf die qualitative und quantitative Geschäftsentwicklung fokussieren.

- *Klare Zuständigkeiten der prozessbasierten Organisationseinheit für die Ressourcen und angewendeten Methoden/Instrumente:* Der Geschäftsprozess verfügt – per Definition – über alle erforderlichen Ressourcen und Methoden sowie Instrumente, um Aufträge effizient abwickeln zu können. Diese Ressourcen, Methoden und Instrumente können spezifisch auf die Anforderungen des Geschäftsprozesses ausgerichtet werden, da durch die Schnittstellenklärung der Bedarf der übergeordneten Abstimmung weitgehend wegfällt.

- *Klare Verantwortlichkeit für Prozessverbesserung und den Aufbau der erforderlichen Kernfähigkeiten:* Durch die eindeutige Zuständigkeit für die Ressourcen, Methoden und Instrumente wird die prozessbasierte Organisationseinheit in die Lage versetzt, die Prozessperformance-Verantwortung wahrzunehmen und die erforderlichen Kernfähigkeiten auf- bzw. auszubauen. Aufgrund der Wiederholung der Geschäftsfälle lassen sich Lernkurveneffekte realisieren. Darüber hinaus sind die Ressourcen, Methoden und Instrumente hinsichtlich der (sich verändernden) Prozessanforderungen weiterzuentwickeln. Dies impliziert auch *organisatorisches Lernen.*

- *Optimale Ausgangssituation für die Implementierung übergreifender IT-Plattformen sowie prozessbasierter Systeme:* Die einfachen und geklärten Schnittstellen ermöglichen eine Entbündelung der IT-Systeme mit eindeutig definierten Interaktionen zwischen den Geschäftsprozessen. Durch die inhärente objektorientierte Architektur, welche im Makrodesign definiert worden ist, sind Voraussetzungen für prozessbasierte Systeme geschaffen worden. Diese prozessbasierten Systeme lassen sich mit einfachen Schnittstellen integrieren und sind trotzdem interoperabel. Im Extremfall könnte je Prozess ein separates betriebswirtschaftliches Transaktionssystem aufgesetzt werden. Für das übergeordnete Controlling auf Geschäftsbereichsstufe wäre nur noch ein einfaches Managementinformationssystem erforderlich. ∎

■ 12.4 Führungsaufgabe in prozessbasierten Organisationseinheiten

In prozessbasierten Organisationen verändert sich das Verhältnis zwischen den Vorgesetzten und den Mitarbeitern, den Leistungsträgern, markant – sowohl in quantitativer als auch in qualitativer Hinsicht. Die Leistungsträger sind als Prozessmitarbeiter die Träger der Wertschöpfung, sie erbringen die Wertschöpfung und beeinflussen direkt deren Qualität. Die Leistungsträger sind auch die Träger der Leistungsfähigkeit. Sie beherrschen die erfolgskritischen Fähigkeiten und vollziehen das betriebliche Mikromanagement vor Ort. Sie sind die „Helden" des Unternehmens, welche den Unternehmenserfolg bestimmen. Üblicherweise umfassen die Leistungsträger inklusive der unzähligen (internen) Dienstleister mehr als 90 % aller Unternehmensangehörigen.

Beispielsweise ergab sich für die Region „Mittel- und Nordeuropa" eine flache Struktur; der Regionschef führte direkt die Prozesschefs (siehe Abbildung 12.14). Mit insgesamt acht (!) Linienvorgesetzten wurde ein Bereich mit rund 240 Mitarbeitern erfolgreich geführt (siehe Tabelle 12.1). In den anderen Regionen wurden ähnlich flache Strukturen realisiert. Diese Verflachung war möglich, weil die prozessbasierten Strukturen die betriebliche Koordination massiv verringerten, indem sie an die wertschöpfenden Leistungsträger delegiert wurde. Die Leistungsträger waren für den kompetenten und professionellen Dienst am Kunden, das Projektmanagement, die Marktentwicklung bzw. Produktmanagement und Produktentwicklung zuständig. Zu den Kernaufgaben des Managements gehörten die Unterstützung der Leistungsträger, das Kapazitäts- und Ressourcenmanagement, die Überwachung der Performanceentwicklung, die Zielvereinbarungen mit den Leistungsträgern, die Mitarbeiterentwicklung sowie die Strategieentwicklung und -umsetzung gemäß den globalen Vorgaben.

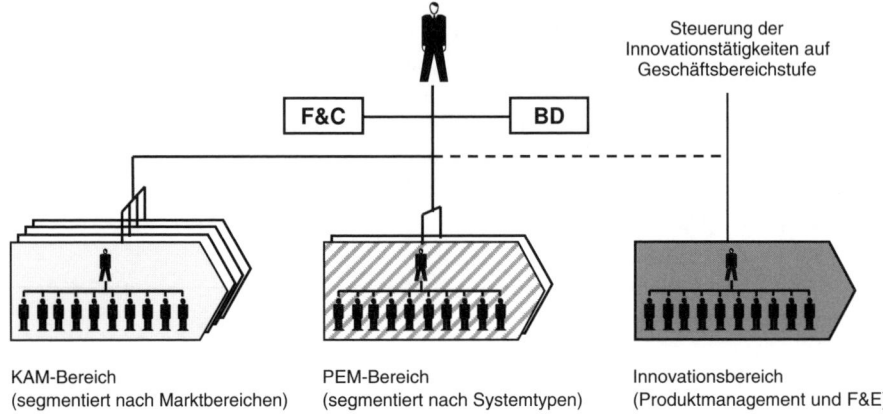

KAM-Bereich
(segmentiert nach Marktbereichen)

PEM-Bereich
(segmentiert nach Systemtypen)

Innovationsbereich
(Produktmanagement und F&E)

Abbildung 12.14 Prozessbasierte Aufbauorganisation (Beispiel: Anlagenbauer, Region „Mittel- und Nordeuropa")

Tabelle 12.1 Bereiche, Führungsspanne und Kernaufgaben (Beispiel: Anlagenbau, Region „Mittel- und Nordeuropa")

Geschäfts-prozess	Anzahl Bereiche	Führungs-spanne (Anzahl Mitarbeiter)	Kernaufgaben der Leistungsträger	Kernaufgaben des Managements
Kunden-gewinnung und -betreuung (KAM)	4	5, 7, 7 bzw. 15	• Kompetenter und professioneller Kundendienst • Projekt-management • Markt-entwicklung	• Unterstützung der Leistungsträger • Kapazitäts- und Ressourcen-management • Performance-Monitoring • Zielvereinbarung mit den Leistungs-trägern • Personal-entwicklung • Strategie-entwicklung und -umsetzung
Projekt-engineering (PEM)	2	40 bzw. 90		
Produkt-manage-ment und -entwicklung (Innovation)	1	70	• Produkt-management und -entwicklung	

Das Management hat in der prozessbasierten Organisation eine veränderte Rolle. Primär ist es Coach und Trainer der Organisation und beeinflusst die unternehmerische Leistung indirekt. Das oberste Management ist für die Strategie verantwortlich, doch die stimmige Strategie ist nur eine Voraussetzung dafür, dass die Leistungsträger ihre Leistung optimal erbringen können. Das Management – als Gesamtheit aller Vorgesetzten verstanden – ist der Träger der Gesamtverantwortung. Es setzt Ziele, ermächtigt die Leistungsträger zu entscheiden und zu handeln und integriert Teilverantwortlichkeiten.

Zum Management gehören in der prozessbasierten Organisation noch 5 % bis maximal 10 % der Unternehmensangehörigen.

 TIPP Schaffen Sie schlanke Strukturen und fokussieren Sie sich auf die Führungsaufgaben. Die ermächtigten Mitarbeiter werden Sie vom Tagesgeschäft entlasten.

Die quantitative Veränderung ist eine direkte Folge veränderter Rollen der Vorgesetzten in der prozessbasierten Organisation. Wegen den einfachen und geklärten Schnittstellen reduzieren sich die Planungs-, Dispositions-, Steuerungs- und Koordinationsaufgaben zwischen und in den Geschäftsprozessen in erheblichem Ausmaß. Damit werden die Linienvorgesetzten, insbesondere auch der unmittelbare Vorgesetzte der Prozesseinheit (hier Prozesschef genannt), vom „Tagesgeschäft" entlastet. Die Führungskräfte können sich vermehrt auf mittelfristige Aufgaben wie die Gestaltung und Entwicklung der Geschäftsprozesse sowie die Führungsaufgabe, die Mitarbeiterführung, konzentrieren. In dem Maß, wie sich die Vorgesetzten nicht mehr zwingend ins „Tagesgeschäft" einbringen müssen, lassen sich die hierarchisch orientierten Führungsansätze durch Teamansätze ersetzen.

Wie weit sich der Prozesschef tatsächlich vom kurzfristigen Tagesgeschäft entlasten kann, hängt wesentlich davon ab, wie die Arbeit innerhalb des Geschäftsprozesses organisiert ist, denn die Arbeitsorganisation im Geschäftsprozess entscheidet über den Tätigkeitsmix des Prozesschefs. Sollte die Arbeitsorganisation innerhalb eines Geschäftsprozesses verrichtungsorientiert sein, dann entstünden interne Schnittstellen entlang der Prozesskette, welche zu Abstimmungsschwierigkeiten und Übergabefehlern führten. Damit stiege wiederum der Planungs-, Steuerungs-, Koordinations- und Kontrollaufwand. Noch mehr stiege dieser nicht wertschöpfende Aufwand, wenn innerhalb des Prozesses Planung, Ausführung und Kontrolle arbeitsteilig (oder tayloristisch) organisiert wären. Funktionale oder tayloristische Arbeitsorganisation *im* Geschäftsprozess hat deshalb dieselben negativen Auswirkungen wie die funktionale oder verrichtungsorientierte Organisation auf übergeordneter Stufe. Letztlich würde sie zu einer hierarchischen Führung mit ausgeprägten Weisungsbefugnissen beim Vorgesetzten und Befolgungspflichten beim unterstellten Mitarbeiter führen (siehe Abbildung 12.15).

Mit der prozessbasierten Arbeitsorganisation wird die Führungsaufgabe auf mittelfristige Aspekte fokussiert. Dem Prozessteam obliegt die kurzfristige Planung, Steuerung und Disposition der Geschäftsfälle, welche es selbstständig und verantwortlich durchführt. Darüber hinaus übernimmt das Team auch einige Aufgaben der direkten Mitarbeiterführung wie Beauftragung, Überwachung, Motivation, Sanktionierung usw. Teamorganisation entlastet folglich die Führungskraft.

Je nach Entwicklungsstand des Geschäftsprozesses und Ressourcenumfang variiert die zeitliche Belastung durch die Führungsaufgabe für den unmittelbaren Prozesschef. Vielfach kann die Führung einer prozessbasierten Einheit sogar in Teilzeit erledigt werden. Für den Rest der Zeit arbeitet der Prozesschef entweder in seinem Team direkt wertschöpfend mit (wie der Kapitän des Fußballteams als sogenannter „Primus-inter-Pares") oder er übernimmt die Verantwortung über weitere prozessbasierte Einheiten. Im Drogeriemarkt ist der Filialleiter zwar lokaler Prozesschef, er arbeitet jedoch im prozessbasierten Filialteam als Verkaufsberater, Kassier, Regalauffüller, Warenlogistiker, Disponent usw. mit. Genauso arbeitet der Schichtleiter in einem Stahlwerk wertschöpfend mit seinen Teamkollegen mit. Nur bei einem Störfall müsste er die Rolle des anordnenden Vorgesetzten übernehmen, bis die kritische Situation überwunden ist. Bei umfangreichen prozessbasierten Organisationseinheiten mit zwanzig oder gar hundert direkt unterstellten Mitarbeitern stellt die Führungsaufgabe ein Vollamt dar.

Funktionale Arbeitsorganisation

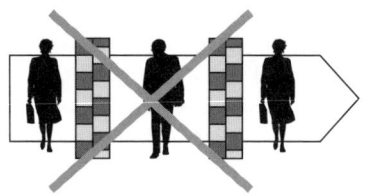

„Case-Manager" mit durchgängiger Prozessverantwortung

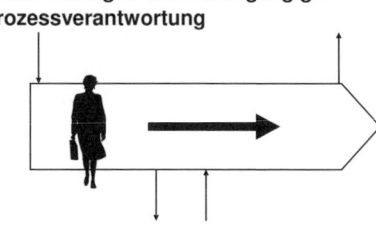

Viele Schnittstellen und weitreichende Einmischung

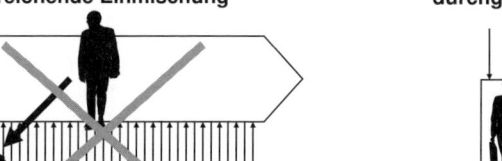

„Case-Management-Team" mit durchgängiger Prozessverantwortung

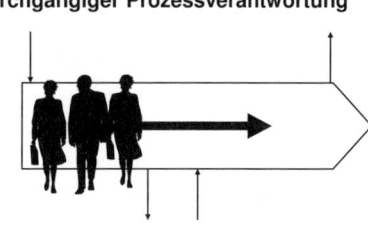

Abbildung 12.15 Prozessorientierte Arbeitsorganisation

Gegen umfangreiche Führungsspannen wird eingewendet, dass die Mitarbeiterführung zu kurz käme. Die Realität zeigt allerdings, dass die Vorgesetzten den Ansprüchen der Mitarbeiterführung erst dann gerecht werden, wenn sie vom zeitintensiven Tagesgeschäft entlastet sind und sich – gerade wegen der umfangreichen Führungsspanne – auf die mittelfristigen Aufgaben konzentrieren müssen. So würden bei einem jährlichen Zeitbudget einer Führungskraft von rund 1 700 Stunden 10 % ausreichen, um mit zahlreichen Mitarbeitern zwei qualifizierte Standort- oder Entwicklungsgespräche pro Jahr zu führen. In manchen Betrieben ist selbst bei steilen Hierarchien und geringen Führungsspannen mit der überwältigenden Mehrzahl der Mitarbeiter noch nie ein Entwicklungsgespräch geführt worden. Wahrscheinlich ist die Seltenheit solcher Gespräche weniger auf den Zeitmangel als auf die Angst der Vorgesetzten zurückzuführen, vom Mitarbeiter mit unangenehmen Fragen und Ansprüchen nach besserem Arbeitsumfeld oder beschleunigter Karriere konfrontiert zu werden.

So wie sich die Aufgaben für die unmittelbaren Vorgesetzten, die *Prozesschefs*, verändern, ändern sich in einer prozessbasierten Organisation auch die Aufgaben der

Leistungsträger. Die Jobinhalte reichern sich massiv an. Hat der Mitarbeiter in der Vergangenheit nur einen Prozessausschnitt beherrscht, wird in der prozessbasierten Organisation von ihm erwartet, dass er sich schrittweise alle Kompetenzen aneignet, welche für die durchgängig verantwortliche Leistungserbringung erforderlich sind.

Bei der Einführung der prozessbasierten Organisation sind nicht nur die betroffenen Mitarbeiter, sondern das gesamte Unternehmen herausgefordert. So kollidiert beispielsweise das erweiterte Tätigkeitsgebiet öfter mit den traditionellen Berufsbildern und die Kompetenzverlagerung zu den Leistungsträgern mit dem Hierarchieverständnis im Unternehmen. Früher genügte es, ein erfahrener Fachmann zu sein, administrative Vorgänge sauber abzuwickeln und sich gegenüber dem Unternehmen loyal zu verhalten, um als guter Mitarbeiter zu gelten. In der prozessbasierten Organisation ist es dagegen entscheidend, ob der Mitarbeiter über Geschäftsverständnis verfügt, wertschöpfungs- und letztlich gewinnorientiert tätig sowie sozial kompetent ist. Solche Persönlichkeiten geraten unweigerlich mit hierarchieorientierten Vorgesetzten in Konflikt, welche ihre Autorität eher aus der besseren Prozessbeherrschung als aus der Management- und Führungskompetenz ableiten. Beispielsweise schaffte eine altgediente Führungskraft den Sprung vom funktional orientierten Vorgesetzten zum Prozesschef nicht mehr. Zu groß war die geforderte Veränderung vom vorschreibenden zum unterstützenden Chef. Trotz intensivem Coaching durch den Vorgesetzten musste dieser Prozesschef abgelöst werden.

Die Rolle des „Prozesseigners"

Ein zentraler Begriff ist die *Rolle*, welche von einer Person, einem Team oder einem Gremium in der Organisation wahrgenommen wird. Mit der Rolle werden Zuständigkeiten und Verantwortlichkeiten in zweifacher Hinsicht verknüpft: zum einen als zu leistender Beitrag zur Wertschöpfung mit dem zugehörigen Aufgabenprofil und der geforderten Qualifikation; zum anderen als organisatorische Integration in die Hierarchie mit den Weisungsbefugnissen und Berechtigungen, bestimmte Entscheidungen zu fällen (siehe Abbildung 12.16).

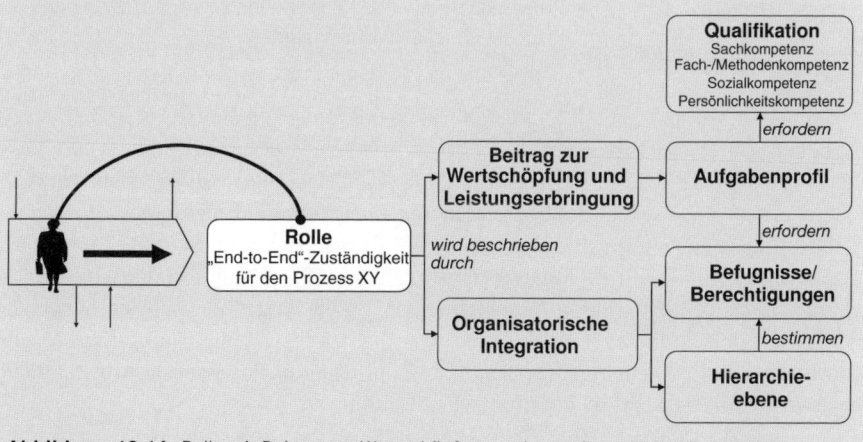

Abbildung 12.16 Rolle mit Beitrag zur Wertschöpfung und organisatorischer Integration

Die Rolle des *Prozesseigners* lässt sich als „End-to-End"-Zuständigkeit für den Prozess festhalten. Die Aufgaben (Tabelle 12.2) umfassen die Wahrnehmung aller direkt wertschöpfenden sowie der indirekt wertschöpfenden, planerisch-dispositiven Tätigkeiten entlang des Prozesses. Dazu gehören auch alle Tätigkeiten, welche sicherstellen, dass die nötigen personellen und sachlichen Ressourcen sowie Informationen vorhanden sind. Zudem ist der Prozesseigner zuständig für die Gestaltung und Pflege des Prozessablaufs innerhalb der gegebenen Schnittstellen. Zu Letzterem gehören auch Prozessoptimierung oder -innovation.

Die Rolle des Prozesseigners umfasst also mehr als die Wahrung des Prozessstandards. Mit der „End-to-End"-Zuständigkeit ist er primär verantwortlich für den Prozessoutput. Indem er direkt wertschöpfend tätig ist, ist er selbst *Prozessmitarbeiter*. Als Prozessmitarbeiter verfügt er über alle personellen und sachlichen Ressourcen sowie die Befugnis, prozessrelevante Entscheidungen zu treffen.

Der Prozesseigner hat gegenüber den unterstellten Prozessmitarbeitern einschlägige Weisungsbefugnisse. So gesehen ist der Prozesseigner auch *Prozesschef*. Als Prozesschef nimmt er die Rolle eines Bereichs- oder Abteilungsleiters wahr und ist der Geschäftsführung direkt unterstellt. Dieses Bild kontrastiert mit dem häufig vorkommenden Fall, wo die Prozesseigner aus Organisations- bzw. Prozessmanagementabteilungen oder gar in den IT-Bereichen agieren. Deren Rolle ist auf Definition und Monitoring von Prozessen beschränkt.

Tabelle 12.2 Typisches Aufgabenspektrum des Prozesseigners

Direkt wertschöpfende Tätigkeiten	Indirekt wertschöpfende bzw. planerisch-dispositive Tätigkeiten
Prozesstätigkeiten gemäß Prozessbeschreibung (selbst ausgeführt oder delegiert)	<ul><li>Mengenplanung und Budgetierung (Personal, Sachmittel)</li><li>Ressourceneinsatzplanung</li><li>Mitarbeiterführung und -entwicklung</li><li>Prozessübergreifende Koordination sowie Vertretung des Prozessbereichs im Unternehmen</li><li>Erarbeiten und Pflege der Prozessvorschriften</li><li>Prozessmonitoring (Überwachung und Auswertung der Performancedaten, ggf. Benchmarking)</li><li>Erarbeiten und Einleiten von Prozessverbesserungen (KVP)</li><li>Sicherstellung von Compliance-Anforderungen</li></ul>

■ 12.5 Lernen in der prozessbasierten Organisation

Lernen ist eine der wichtigsten Quellen für wettbewerbliche Vorteile durch Produktivitätsvorsprung. Ein Unternehmensleiter erklärte: „Wir sind nicht nur Marktführer geworden, weil wir schneller am Markt sind, sondern wir lernen ständig hinzu und werden dadurch noch schneller." Die prozessbasierte Organisation schafft Strukturen, welche das organisatorische Lernen und damit den Aufbau von Kernfähigkeiten fördern.

Von Arie De Geus stammt die Äußerung, dass die Fähigkeit, schneller zu lernen als der Wettbewerber, vermutlich den einzigen nachhaltigen Wettbewerbsvorteil darstellt (zitiert in Senge 2006). In diesem Zusammenhang wird oft auch die Bedeutung des Humanfaktors genannt, beispielsweise auch von Jeffrey Pfeffer (1994). Die prozessbasierte Organisation ist die einzige uns bekannte Organisationsform, welche gleichzeitig dieses Lernen inhärent fördert, ohne die Ausrichtung auf das Geschäft zu verlieren. In der verrichtungsorientierten Organisation spielen zwar Lerneffekte eine wichtige Rolle, doch die Ausrichtung auf das Geschäft ist – wie wir schon festgestellt haben – nicht vorhanden. In der vertikalen Organisation steht die Ausrichtung auf das Geschäft im Vordergrund. Durch das entstehende Generalistentum werden jedoch die entscheidenden Lernchancen verpasst. Das Generalistentum verschafft zwar Orientierungswissen, das für den Wettbewerbserfolg entscheidende Können setzt allerdings prozessbasierte (anstatt funktionale) Spezialisierung voraus.

Beim Aufbau von Kernfähigkeiten sind die Lernmechanismen *Routine und Erfahrung, Reflexion und Überprüfung sowie Experiment und Innovation* (siehe Abbildung 12.17) wirksam:

- *Routine und Erfahrung:* Der durchgängig verantwortliche Leistungsträger bzw. das Prozessteam erhält auf sein Wirken, Tun und Unterlassen ein unmittelbares Feedback beim Abschluss des konkreten Geschäftsfalls. Das Feedback bezieht sich zunächst darauf, inwieweit der Prozessoutput den Erwartungen entspricht, in Folge aber auch auf die Erfüllung von Performancevorgaben wie Prozesskosten, Prozessgeschwindigkeit usw. Falls sie nicht erfüllt werden, sind Korrekturen und Nachbearbeitungen erforderlich. In der Drogeriemarktkette erhält beispielsweise das Verkaufsteam unmittelbar Feedback auf Empfang, Hilfestellungen, Beratungsleistungen usw., wenn der Kunde kauft, sich verabschiedet und gegebenenfalls als loyaler Stammkunde wieder zurückkommt. Im Anlagenbau wirken als Feedback zum Beispiel die Anzahl nachträglicher Konzeptanpassungen, die Dauer der Inbetriebsetzungsarbeiten oder die termingerechte Abnahme durch den Kunden. Das Lernen findet vorwiegend *unbewusst* statt. Resultate dieses Lernens sind Fertigkeiten, Routine und Leistungsfähigkeit aus Gewohnheit. Wegen der unmittelbaren Erfahrungsverarbeitung und der inhärenten Verinnerlichung ist dies das wirksamste Lernen.

- *Reflexion und Überprüfung:* Der Leistungsträger bzw. das Prozessteam erhält auf sein Wirken, Tun und Unterlassen ein mittelbares Feedback durch Prozessexterne, üblicherweise den Vorgesetzten. Die Beobachtung erfolgt in der Regel in längeren Zyklen und bezieht sich auf mehrere Geschäftsfälle. In der Drogeriemarktkette sind dies

Tages- oder Wochenumsätze insgesamt oder spezieller Warengruppen, Regalumschlag oder Kundenbeschwerden. Beim Anlagenbauer ist es die Trefferquote in der Auftragsakquisition oder die Margenentwicklung eines Kundenauftrags. Der direkte Rückschluss von extern wahrgenommener Wirkung auf das Handeln bzw. Verhalten der Prozessmitarbeiter ist selten möglich, da die konkrete Konstellation kaum rekonstruierbar ist. Dafür ist das Feedback transparent, objektiviert und unabhängig von den handelnden Prozessmitarbeitern. Das Feedback soll dazu anregen, die angewandten Verfahren, Methoden und Instrumente zu hinterfragen. Inwiefern diese Reflexion konstruktiv gelingt, hängt nicht nur von der Akzeptanz des Feedbacks, sondern vor allem von der Akzeptanz des Überbringers durch die angesprochenen Leistungsträger ab. Hier handelt es sich um *auferlegtes und bewusstes Lernen* mit externer Sicht. Resultate dieses Lernens sind hinterfragte Gewohnheiten, angepasste Abläufe, Verfahren, Methoden und Instrumente.

- *Experiment und Innovation:* Der Leistungsträger bzw. das Prozessteam erkundet neue Verfahren, Methoden und Instrumente, um die Aufgaben effektiver oder effizienter zu lösen. Bewusst wird der Rahmen, welcher durch den Geschäftsprozess festgelegt wird, erweitert, vielleicht sogar im Sinne von „Out-of-the-Box" gesprengt, um neue Problemlösungswege zu finden oder neue Verfahren und Methoden auszutesten. Bei der Drogeriemarktkette sind dies Versuche eines Filialteams, durch lokale Sortimentserweiterungen oder besondere Annehmlichkeiten wie eine Kaffeeecke für Kunden die Standortnachteile wettzumachen. Beim Anlagenbauer sind es Versuche, mit neuen und strukturierten Methoden die Akquisitionstätigkeiten zu steuern oder die Kundenbedürfnisse zu erfassen. Resultate dieses *explorativen und bewussten Lernens* sind neben Einsichten und Erkenntnissen vor allem Prozessinnovationen, neue Verfahren, Abläufe, Methoden und Instrumente.

Unmittelbare Erfahrung und Routine

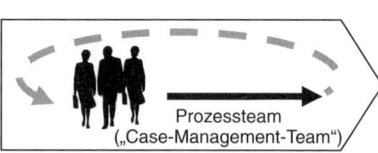

Mittelbare Überprüfung und Reflexion

Experiment und Innovation

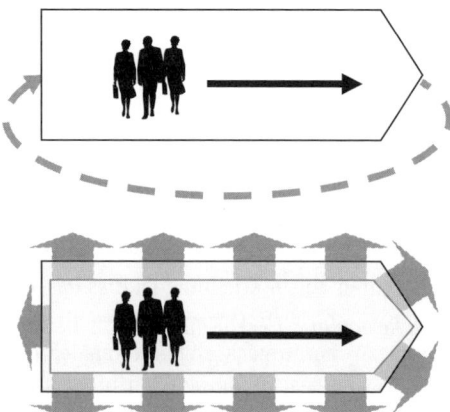

Abbildung 12.17 Mechanismen in der lernenden Organisation

Das Lernen erfolgt in einem Zyklus von Ereignis, Beobachtung, Verwertung und Integration, Transfer (allenfalls Kommunikation zu anderen Prozesskollegen), Übernahme in die Handlung und ins Verhalten, welcher wiederum Ereignisse, beispielsweise Feedback und Soll-Ist-Abweichungen, auslöst (siehe Abbildung 12.18). Entscheidend dabei ist, dass die Lernzyklen durch die Organisation erleichtert und nicht verhindert werden. Typische Hindernisse sind Schnittstellen zwischen Handlung und Beobachtung. Hindernisse sind auch kulturelle Selbstverständnisse, welche verhindern, dass von der Norm Abweichendes wahrgenommen und verwertet wird oder neue Erkenntnisse nicht ins tägliche Handeln übernommen werden.

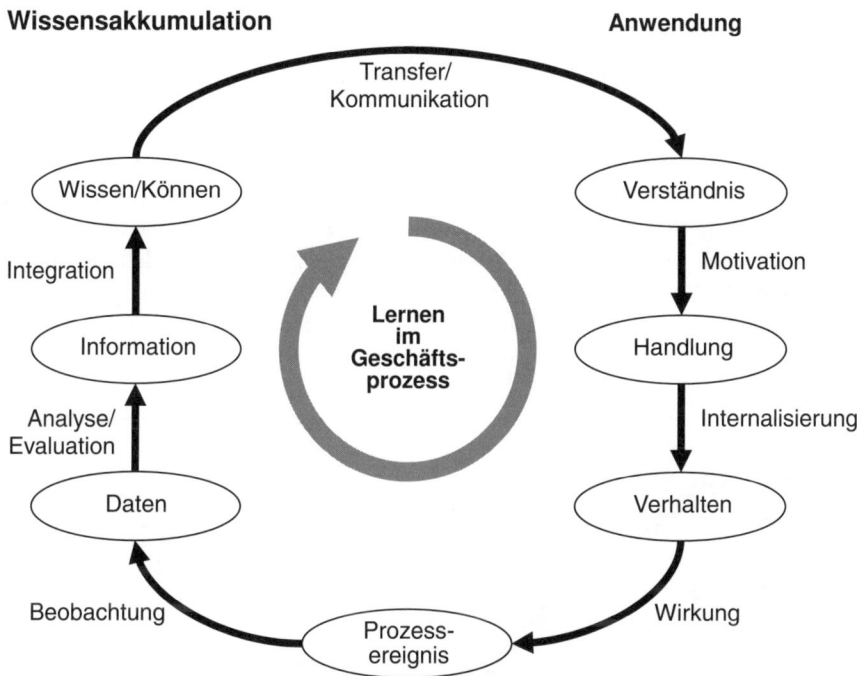

Abbildung 12.18 Lernzyklus zwischen Wissensakkumulation und Anwendung

In der prozessbasierten Organisation wird erstens die unmittelbare Erfahrung durch die durchgängige Zuständigkeit sichergestellt; Ursache und Wirkung sind direkt erlebbar. Zweitens findet der erforderliche Erfahrungsaustausch primär im Prozessteam und nicht notwendigerweise über Organisationsgrenzen hinweg statt; keine Schnittstellen behindern den Erfahrungsaustausch. Drittens schafft das Unternehmensdesign Spielraum für das explorative Lernen, denn die durch Erkundung und Experiment entstehende Variation des einzelnen Geschäftsprozesses hat keinen oder nur minimalen Einfluss auf die übrigen Geschäftsprozesse, sofern die Schnittstellen beachtet werden.

Die prozessbasierte Organisation stellt auch die Basis für den systematischen Aufbau und die Weiterentwicklung von Kernfähigkeiten – verstanden als überragende Beherrschung von Geschäftsprozessen hinsichtlich der Erfolgsfaktoren – dar, weil sie klare Zuständigkeiten schafft (siehe auch „Prozessverankerung der Kernfähigkeiten" in

Kapitel 3). So fällt es in den Zuständigkeitsbereich jeweils einer prozessbasierten Organisationseinheit, alle notwendigen „best practices" im betrieblichen Alltag anzuwenden bzw. zu entwickeln. Dazu erbringen die Leistungsträger dieser Organisationseinheit das Mikromanagement, damit alle möglichen Lernkurven- und Volumeneffekte genutzt und die Prozessmethoden und -ressourcen laufend optimiert werden. Daraus entstehen die angestrebten Prozessfertigkeiten bzw. Kernfähigkeiten.

Die Kernfähigkeiten sind dann vor Imitation durch Wettbewerber geschützt, wenn es gelingt, die Trägerschaft der Prozessfertigkeiten einerseits im Geschäftsprozess zu verbreiten bzw. zu institutionalisieren und andererseits kulturell zu verankern bzw. zu internalisieren (siehe Abbildung 12.19). Die Verbreiterung der Trägerschaft erfolgt vor allem durch Schulung und durch Anlernen bzw. Coaching der weniger erfahrenen Leistungsträger durch ihre erfahreneren Prozesskollegen. Im Idealfall verfügen alle Mitglieder eines Prozessteams über denselben hohen Stand an Fähigkeiten. Damit sind alle Teammitglieder zu Trägern der Kernfähigkeit geworden. Wenn das Können durch Routine zum kulturellen Selbstverständnis des Prozessteams internalisiert ist, wird die Kernfähigkeit beinahe unverrückbar in der Prozessorganisation verankert und ist kaum imitierbar. Ikujiro Nonaka und Hirotaka Takeuchi (1995) haben die Phänomene der Verinnerlichung und Verbreitung von Wissen in einem schlüssigen Modell zusammengefasst. Ihre Ansätze werden hier konkret auf die prozessbasierte Organisation hinsichtlich des Aufbaus von prozessualem Können angewendet.

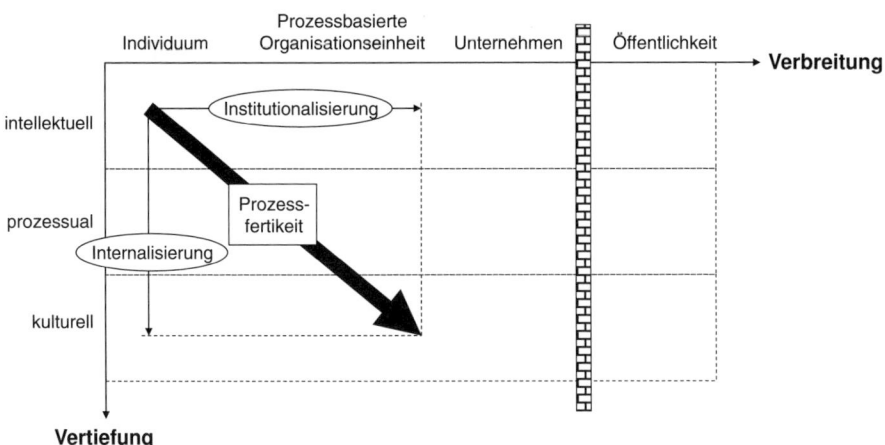

Abbildung 12.19 Aufbau von Kernfähigkeiten in der Organisation

Die untere Grenze der Gruppengröße, welche die Kernfähigkeit trägt, wird durch die Abwanderungsrisiken und die Teamhomogenität bestimmt. Daher ist bei Segmentierung darauf zu achten, dass keine Prozesssegmente entstehen, welche eine kritische Größe unterschreiten. Als Faustregel wird als kritische Größe das Prozessteam mit mindestens zehn, besser noch zwanzig, Mitgliedern empfohlen.

Reflexionsfragen 12

- Nach welchen Prinzipien werden für die prozessbasierte Aufbauorganisation die Aufgaben geteilt?
- Worin sehen Sie die Unterschiede zwischen der prozessbasierten und der funktionalen bzw. vertikalen Aufbauorganisation? Inwieweit können Sie der Aussage „die prozessbasierte Aufbauorganisation steht der funktionalen näher als der vertikalen" zustimmen?
- Aus welchem Grund lässt sich aus dem Makromodell die prozessbasierte Organisation direkt ableiten?
- Warum ist für die prozessbasierte Organisation keine Matrixorganisation erforderlich?
- Wie erklären Sie die Aussage „das Management wird durch die prozessbasierte Organisation entlastet"?
- Welche Rollen ergeben sich für den Prozesseigner und den „Case-Manager"?
- Wie kann in der prozessbasierten Organisation die „lernende Organisation zum Leben erweckt" werden?
- Welche Chancen und Risiken sehen Sie bei der Festlegung der Aufbauorganisation, zuerst den Beitrag zur Wertschöpfung zu bestimmen und anschließend die hierarchische Einordnung festzulegen?

■ 12.6 Literatur

Becker, J., Kugeler, M. & Rosemann, M. (Hrsg.). (2012). Prozessmanagement: Ein Leitfaden zur prozessorientierten Organisationsgestaltung. Berlin Heidelberg: Springer Gabler.

Gaitanides, M. (2007). Prozessorganisation: Entwicklung, Ansätze und Programme des Managements von Geschäftsprozessen. München: Vahlen.

Gardner, R. A. (2004). The process-focused organization: A transition strategy for success. Milwaukee, WI: ASQ Quality Press.

Hammer, M. (1997). Beyond reengineering: How the process-oriented organization is changing our work and our lives. New York, NY: Harper Business.

Hammer, M. & Champy, J. (1993). Reengineering the corporation: A manifesto for business revolution. New York, NY: Harper Business.

Nonaka, I. & Takeuchi, H. (1995). The knowledge-creating company: How Japanese companies create the dynamics of innovation. New York, NY: Oxford University Press.

Pfeffer, J. (1994). Competitive advantage through people: Unleashing the power of the work force. Boston, MA: Harvard Business School Press.

Senge, P. M. (1990, 2006). The fifth discipline: The art & practice of the learning organization. New York, NY: Doubleday.

Taylor, F. W. (1911, Deutsch: 2011). Die Grundsätze wissenschaftlicher Betriebsführung (The principles of scientific management). Paderborn: Salzwasser.

13 Top-down vorgehen, Bottom-up mitwirken

Das Projekt des Unternehmensdesigns stellt das Schlüsselprojekt zur Umsetzung der Strategie dar. Entsprechend ist es als *strategisches Vorhaben* zu positionieren, welches die volle Aufmerksamkeit durch die Unternehmensleitung erfährt. In den meisten Fällen hat das Unternehmensdesign sogar höhere Relevanz für den Unternehmenserfolg als der Kauf und Verkauf von Unternehmensteilen, weil es profitables Wachstum sichert oder gar ermöglicht. Das Unternehmensdesign – verstanden als wesentlicher Teil der Strategieumsetzung – muss also prioritäres Anliegen der Unternehmensspitze sein. Der strategisch-operative Chef muss zusammen mit seinem Führungsteam das Unternehmensdesign vornehmen. Beim Unternehmensdesign handelt es sich zunächst um eine Gestaltungsaufgabe, und zwar aus der Strategie, das Makrodesign für das Unternehmen (bzw. die Geschäftseinheit in multidivisionalen Konzernen) abzuleiten. Mit dem Makrodesign sollen die vorhandenen strukturellen Leistungsbegrenzungen so verlegt werden, dass die unternehmerische Leistung entsprechend den strategischen Vorgaben entfaltet werden kann. Liegt das vom Topteam gemeinsam beschlossene Makrodesign vor, kann die Detailgestaltung, das Mikrodesign, mit klassischen Ansätzen der Prozessgestaltung von Grund auf ausgearbeitet werden.

Das Projekt des Unternehmensdesigns ist so aufzusetzen, dass die Umsetzungsphase nahtlos an die Gestaltungsphase anschließt und in eine dauerhafte Optimierung dieses neuen Designs überleitet. Dazu sind alle Schlüsselpersonen des Unternehmens stufengerecht einzubeziehen. Durch die Integration der Unternehmensleitung in die Projektgestaltung und Projektleitung wird das Projekt bei den Entscheidungsträgern verankert und der spätere Transfer in die Linienverantwortung vorbereitet. Dank des frühen Einbezugs der Mitarbeiter in die Neugestaltung des Unternehmens wird außerdem die Qualität der erarbeiteten Lösungen verbessert und die spätere Akzeptanz der Maßnahmen sichergestellt.

Dieses Kapitel konzentriert sich auf Überlegungen zur Umsetzung des Unternehmensdesigns. Das allgemeine Veränderungsmanagement wird in der einschlägigen Literatur ausführlich behandelt, insbesondere sei aus dem deutschsprachigen Raum auf Klaus Doppler und Christoph Lauterburg (2014) sowie aus dem englischsprachigen Raum auf John Kotter (2012) hingewiesen.

◼ 13.1 Zuerst Set-up, dann Optimierung

Die Umsetzung des Unternehmensdesigns bedeutet gleichzeitig Umsetzung der Geschäftsstrategie in den betrieblichen Alltag – d. h. Transformation des Unternehmens. Dabei stehen die Neuausrichtung und Deblockierung sowie die Entwicklung von Leistungspotenzialen im Vordergrund. Hierunter verstehen wir Folgendes:

- *Neuausrichtung:* die konsistente Anbindung der Organisation an die Strategie
- *Deblockierung:* die Aufhebung bzw. Verlegung der strukturellen Leistungsbegrenzungen
- *Entwicklung:* die reale Entfaltung und gegebenenfalls sogar Erweiterung der Leistungsfähigkeit im betrieblichen Alltag

Analog zum abnehmenden Grenznutzen nähert sich die Leistungsentfaltung asymptotisch der neuen strukturellen Leistungsbegrenzung. Dies liegt darin begründet, dass die ersten Leistungsverbesserungen einfacher zu realisieren sind als die nachfolgenden (siehe Abbildung 13.1).

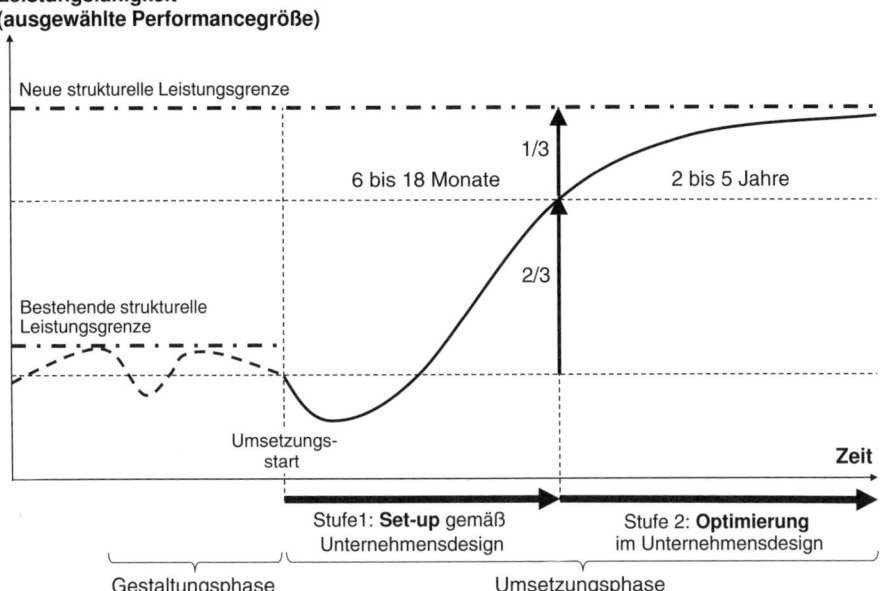

Abbildung 13.1 Leistungssteigerung mit neuem Unternehmensdesign über Zeitverlauf

Entsprechend dieser asymptotischen Näherung erfolgt die Umsetzung des Unternehmensdesigns in zwei Stufen: erstens in jener des großen Sprungs oder neuen Set-up und zweitens in jener der kleinen Schritte oder anschließenden Optimierung im Unternehmensdesign. Diesen Stufen sind unterschiedliche Veränderungsmechanismen eigen (siehe Abbildung 13.2 bzw. Box „Unterschiedliche Veränderungsansätze"):

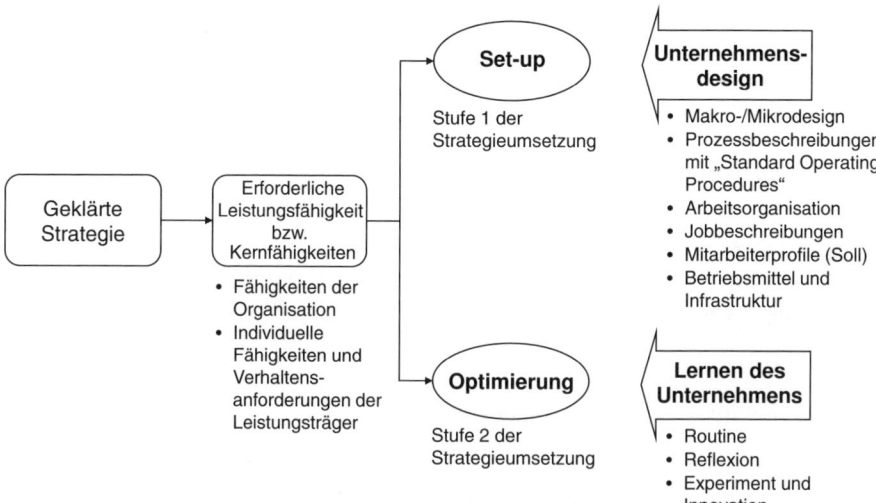

Abbildung 13.2 Stufen der Strategieumsetzung: Set-up und Optimierung

Die Umsetzung im Set-up des Unternehmens folgt den Makro- bzw. Mikrodesigns. Dabei werden primär neue Strukturen geschaffen, welche die Leistungspotenziale freilegen und auf die Strategie verpflichten. Neu festgelegt, zumindest überprüft und auf die Strategie ausgerichtet, werden Geschäftsprozesse, Schnittstellen, Rollen, Zuständigkeiten, Verantwortlichkeiten. Dazu gehören auch Messgrößen, Prozessbeschreibungen, Stellenbeschreibungen, Verhaltensanforderungen, Anforderungsprofile an die Leistungsträger, Aufbau- und Arbeitsorganisation, Ressourcenausstattung und -dimensionierung, zu verwendende Betriebsmittel, Werkzeuge usw.

Durch das Set-up wird in kurzer Zeit infolge der Neuausrichtung und Deblockierung eine massive Verbesserung der Leistungsfähigkeit – sozusagen ein Leistungssprung – ermöglicht. Dieser umfasst etwa zwei Drittel der angestrebten Leistungsverbesserung. Die Potenziale werden freigesetzt, indem einerseits dort Durchgängigkeit geschaffen wird, wo hinderliche Übergaben bestehen, und andererseits die Schnittstellen dorthin gesetzt werden, wo sich einfache Auftraggeber-Auftragnehmer-Beziehungen etablieren lassen. Typischerweise sind davon zunächst vor allem Bereichs- und Abteilungsleiter betroffen. Die Rollen und Verantwortlichkeiten ihrer Bereiche bzw. Abteilungen verändern sich – sei es, dass Aufgaben übernommen, ausgebaut, aber auch abgegeben oder gar eliminiert werden. Je nach Eingriff und Etappierung beträgt der Zeitbedarf für diese Stufe der Strategieumsetzung sechs bis achtzehn Monate. Beendet ist sie, wenn die strukturellen Veränderungen realisiert sind, die Führungskräfte das veränderte Set-up übernommen haben und sich für die folgende Optimierung verantwortlich fühlen.

In der Stufe der Optimierung werden die neu festgelegten Strukturen, Prozesse, Schnittstellen, Aufgaben usw. feiner aufeinander abgestimmt und harmonisiert. Optimiert wird *innerhalb des Unternehmensdesigns*, denn durch das Set-up sind die Randbedingungen weitgehend festgelegt worden. In der Organisation findet ein *Lernen* statt (siehe „Lernen in der prozessbasierten Organisation" in Kapitel 12). Hauptakteure sind jetzt die Mitarbeiter. So werden vor allem neue Zusammenarbeitsformen und Abläufe getestet, Hindernisse ausgeräumt, Prozessregelungen abgestimmt, Zuständigkeiten und Berechtigungen geklärt, neue Methoden und Werkzeuge sowie weitere Verbesserungen implementiert. Mit der Optimierung findet eine schrittweise bzw. inkrementelle Leistungsverbesserung statt. Dabei wird noch etwa ein Drittel des Leistungspotenzials realisiert. Allerdings beträgt der Zeitbedarf dieser Stufe zwei bis fünf Jahre.

 TIPP Adressieren Sie schon beim Projektstart die Umsetzung. Viele Mitarbeiter werden sich mit Verve an einem Organisationsprojekt beteiligen, welches auch durchgezogen wird.

Unterschiedliche Veränderungsansätze

In der Praxis werden sehr unterschiedliche Ansätze zur Steigerung der Unternehmensperformance angewendet. Grob eingeteilt sind es Top-down-, Bottom-up-Ansätze und Mischformen. Dahinter stecken unterschiedliche Annahmen betreffend der Veränderungshebel, Veränderungslogik sowie des Zeitbedarfs. Zielen Restrukturierungen auf kurzfristige Strukturanpassungen und reduzierte Ressourcenausstattung ab, steht bei der Organisationsentwicklung die langfristige Veränderung der Organisationskultur im Visier. Mit der Transformation werden sowohl strukturelle wie auch kulturelle Veränderungen verfolgt, indem Top-down und Bottom-up stufengerecht kombiniert wird (siehe Tabelle 13.1).

Tabelle 13.1 Vergleich von Veränderungsansätzen (modifiziert und ergänzt auf Basis von Alfred Janes u. a. (2001)

	Organisationsentwicklung	Transformation	Restrukturierung
Logik des Veränderungsprozesses	Eigenlogik der Organisation prägt den Veränderungsprozess, Veränderungsideen entstehen innerhalb der Organisation bzw. der Organisationseinheit	Aktive Verknüpfung von Eigenlogik und externer Logik prägt den Veränderungsprozess, Veränderungsideen entstehen innerhalb und außerhalb der Organisation	Externe Logik prägt den Veränderungsprozess, Veränderungsansätze entstehen in der Regel außerhalb der Organisation
Mitwirkung der Betroffenen	Bottom-up-Vorgehen Integration betroffener Personen und Gruppen durch aktive Mitwirkung sowie Beteiligung an den Entscheidungsprozessen Selten Umsetzung gegen Betroffene	Kombiniertes Top-down/Bottom-up-Vorgehen Stufengerechte Einbindung von Betroffenen in allen Prozessphasen Umsetzung auch gegen einzelne Betroffene	Top-down-Vorgehen Punktuelle Einbeziehung in der Informationsgewinnungs- und Analysephase Entscheidung und Umsetzung auch gegen die Betroffenen

	Organisations-entwicklung	Transformation	Restrukturierung
Charakter der Veränderung	Fließend in inkrementellen Stufen, evolutionär	Aktiv gesteuerte und gestaffelte Abfolge von sprunghaften und evolutionären Phasen	Schnell, mit Brüchen, sprunghaft
Gestaltungs-paradigma	Veränderung durch interne Reflexion	Erste Vorgaben der Transformationsziele von außen; zirkuläre Zielplanung; rekursive Steuerung des Transformationsprozesses	Vorgaben von Veränderungszielen von außen; normative, unidirektionale Steuerung des Veränderungsprozesses
Zeithorizont	Langfristige Wirksamkeit	Kurz- und langfristige Wirksamkeit	Kurzfristige Wirksamkeit
	In der Regel zwei bis fünf Jahre, erste Verbesserungen aber auch schon kurzfristig	Stufe 1: sechs bis 18 Monate Stufe 2: zwei bis fünf Jahre (wie Organisationsentwicklung)	In der Regel sechs bis zwölf Monate
Typische Situationen	Kontinuierlicher Verbesserungsprozess, Kaizen, Six Sigma Total Quality Management Organisationales Lernen	Strategieumsetzung Prozess- und Organisationsgestaltung nach dem Grazer Ansatz („Wertschöpfungsmaschine")	Kostenreduktionsprogramm Turnaround-Management Unternehmenssanierung

■ 13.2 Aufsetzung als strategisches Vorhaben

Das Projekt des Unternehmensdesigns lässt sich grob in drei nacheinander zu bearbeitende Themenblöcke gliedern: die Strategieidentifizierung, die Erarbeitung des Unternehmensdesigns und die anschließende Umsetzung (siehe Abbildung 13.3). Die Umsetzung erfolgt in den genannten zwei Phasen. In der Regel wird jedoch nur die erste Stufe mit dem Leistungssprung *projektmäßig* gesteuert, während die zweite Stufe integraler Bestandteil der nachfolgenden Führungsarbeit in der Linie ist. Damit wird die nötige Tiefenwirkung erreicht.

Mit der *Strategieidentifizierung* wird sichergestellt, dass die Strategie geklärt ist und die erforderlichen Parameter für das Unternehmensdesign – ähnlich einem Lastenheft – aufgearbeitet sind. Insbesondere werden für die Erfolgsfaktoren die Performancegrößen („Key-Performance-Indicators") mit konkreten Zielvorgaben festgelegt. Es kommt vor, dass die Strategie noch nicht alle Fragen zur Marktentwicklung, zur Positionierung der eigenen Geschäftstätigkeit, zu den wettbewerbsentscheidenden Erfolgsfaktoren und zu den erforderlichen Kernfähigkeiten konsistent beantwortet (siehe Box „Kernfragen der Strategieidentifizierung" in Kapitel 3). In solchen Fällen sind Klärungen notwendig, denn ohne in sich stimmige strategische Aussagen lässt sich kein optimales Unternehmensdesign entwickeln. Zum Beispiel haben eine ungeklärte Geschäftstätigkeit mit offenen Fragen zum Leistungsspektrum sowie Vorwärts- oder Rückwärtsintegrationen hohe Relevanz für das Unternehmensdesign; dagegen hat eine geografische Expansion oder eine ungeklärte Marktsegmentierung, sofern die Segmente keine spezifischen Marktleistungen erfordern, eine geringere Gewichtigkeit. Manchmal bestanden noch Unklarheiten bezüglich der Geschäftsbereiche. In einigen Fällen war ein Geschäft auf mehrere, weitgehend unabhängig agierende Bereiche zersplittert, welche zusammengefasst werden mussten, da es sich um ein einziges Geschäft handelte (z. B. Erstgeschäft und Servicegeschäft). In anderen Fällen musste eine komplexe Geschäftssparte mit unterschiedlichsten Kunden und Marktleistungen zunächst auf mehrere Geschäftseinheiten aufgeteilt werden. Solche Angelegenheiten können jetzt noch geklärt werden.

Strategie-identifizierung	Erarbeitung des Unternehmensdesigns	Umsetzung (Stufe 1: Set-up)

• Review des bestehenden Strategieplans
  – Marktentwicklung
  – Geschäftstätigkeit
  – Erfolgsfaktoren
  – Kernfähigkeiten
  – Anforderungen ans Unternehmensdesign
• Schaffung des gemeinsamen Geschäfts- und Strategieverständnisses
• Identifikation der Performance-Hebel
• Klärung der Geschäftseinheiten
	• Ableitung des Makrodesigns aus der Geschäftsstrategie
	• Festlegung der prozessbasierten Organisation
	• Erarbeitung der Mikrodesigns mit Prozessstrukturen, Arbeitsorganisation innerhalb der Geschäftsprozesse, Ressourcenanforderungen (z.B. Mitarbeiterprofile), Werkzeuge, Betriebsmittel und Infrastruktur
		• Planung der Umsetzung, insb. der ersten Umsetzungsstufe
		  – Retropolation der Umsetzungsschritte
		  – Priorisierung (Road-Map)
		  – Projektstrukturierung
		• Schulung der Implementierungsteams
		• Rasche Pilotierung
		• Flächendeckender Rollout (gegebenenfalls in Etappen)
		• Schaffung frühzeitiger Erfolge
		• Aufbau eines Messsystems für relevante Performancegrößen
		• Regelmäßige Überprüfung des Umsetzungsfortschritts

Abbildung 13.3 Typische Projektaktivitäten (ohne Mobilisierung)

Empfohlen wird, dass alle Projektbeteiligten in der Methodik geschult werden, bevor mit der Erarbeitung gestartet wird. Die Projektbeteiligten sollen verstehen, wie das zu entwickelnde Unternehmensdesign grundsätzlich funktioniert und was die Bedeutung der Strategieidentifizierung und die zweckmäßige Verwendung der daraus abgeleiteten Anforderungen an das Unternehmensdesign sind. Damit wird sichergestellt, dass sich keine beteiligte Person in der Projektarbeit übervorteilt fühlt. Dies ist eine wichtige Voraussetzung dafür, dass das Unternehmensdesign verstanden und die daraus erforderlichen Veränderungen akzeptiert werden. Insbesondere ist großer Wert auf eine möglichst präzise Festlegung der (zukünftigen) Geschäftstätigkeit und die Anforderungen an das Unternehmensdesign aus Wettbewerbssicht zu legen.

Im *Makrodesign* werden die maßgeblichen Strukturen festgelegt, welche im darauf folgenden Mikrodesign nur noch im Detail gestaltbar sind. Deswegen ist im Unternehmensdesign ein Vorgehen *vom Groben zum Detail* zwingend. Startpunkt ist jeweils die für das Unternehmen bzw. den Unternehmensbereich maßgeschneiderte Geschäftsstrategie, welche die Anforderungen an das Unternehmensdesign vorgibt und die für den Erfolg entscheidenden wertdefinierenden und wertschaffenden Aufgaben festlegt. Als Raster dienen der Zyklus der Geschäftsbeziehung zum Kunden sowie die Architektur der Marktleistung. Gibt die Geschäftsstrategie die Anforderungen und Randbedingungen für das Unternehmen vor, so werden im Makrodesign die Geschäftsprozesse festgelegt sowie die Rollen und Organisationsstrukturen auf oberer Stufe im Sinne eines „big picture" bestimmt.

Dieses „big picture" gilt es im *Mikrodesign* auf die Ebene des betrieblichen Geschehens hinunterzubrechen, zu konkretisieren und zu verfeinern. Dieser Schritt erfolgt optimalerweise immer in intensiver Zusammenarbeit mit den Zuständigen im betrieblichen Alltag. Bei der Konkretisierung und Detaillierung ist darauf zu achten, dass das Makrodesign konsistent ins Mikrodesign übertragen wird und nicht frühzeitig Kompromisse mit der bestehenden Praxis entstehen. Es besteht immer die Gefahr, dass Schnittstellen konzeptwidrig verschoben, Rollen und Verantwortlichkeiten mit den Gewohnheiten und Interessen der handelnden Personen abgeglichen oder Vorgänge an den aktuellen Einstellungen der Werkzeuge (z. B. IT-Tools) ausgerichtet werden. In der Regel ist eine professionelle Begleitung im Mikrodesign nötig, welche die Mitarbeiter im Mikrodesign stufengerecht anleitet. Mitarbeiter neigen zu pragmatischen Sofortlösungen, nicht nur, weil sie von der bestehenden Praxis vereinnahmt sind und sich das Neue noch nicht vorstellen können, sondern weil sie in der Vergangenheit dazu auch angehalten wurden. Die Belastung, welche durch das neue, zunehmend konkreter werdende Unternehmensdesign und die gleichzeitige Zuständigkeit für den bestehenden betrieblichen Alltag entsteht, kann daher nicht überschätzt werden. Tabelle 13.2 zeigt das Spannungsfeld, in welchem sich die Mitwirkenden befinden.

Tabelle 13.2 Spannungsfeld der involvierten Mitarbeiter

Neues Unternehmensdesign (Soll-Modell)	versus	Betrieblicher Alltag (Ist-Realität)
Gesamtunternehmen		Persönlicher Wirkbereich
Strategische Ausrichtung		Operative Optimierung
Prozessautobahnen für den Normalfall		Management der vielfältigen Sonderfälle im Prozessnetz
Durchgängige Zuständigkeit („End-to-End")		Spezialistentum
Autonomie der Wertschöpfenden (Selbststeuerung)		Trennung von Planung und Ausführung
Möglichkeit der Neuorganisation		Vorgegebene Organisationsgrenzen
Logische Lösung (unabhängig vom IT-System)		Nutzung, ggf. Optimierung der Tool-Lösung

TIPP Billigen Sie allen Mitarbeitern viel Zeit zu, das Modell zu verstehen. Ein neues Modell zu verstehen, ist anstrengender, als es selbst zu entwickeln. ▪

Die hier vorliegende Methodik des Unternehmensdesigns lässt, solange der Blackbox-Ansatz beherzigt wird, offen, in welchem Detaillierungsgrad die neuen Geschäftsprozesse und Prozeduren im Mikrodesign festzulegen sind. Dies hängt wesentlich vom Nutzen (durch die Standardisierung) bzw. von den Nachteilen (wegen ungenügender Flexibilität) ab. Wichtig ist, dass erstens die Strategie sowie betriebswirtschaftliche Funktionalität Vorrang vor der organisatorischen Ausgestaltung hat („Structure follows process, process follows strategy") und dass zweitens die Randbedingungen vor der Innengestaltung zu klären sind (siehe „Strategieumsetzung durch das Unternehmensdesign" in Kapitel 3 bzw. „Blackbox" in Kapitel 2).

■ 13.3 Optimaler Leistungsverlauf

Die Erfahrung aus mehr als siebzig Projekten hat gezeigt, dass die optimale Leistungskurve bezüglich einer Schlüsselperformancegröße einen typischen, asymptotischen Verlauf nimmt (siehe Abbildung 13.4). Beim Umsetzungsstart bzw. Set-up fällt zwar die Leistungsfähigkeit zunächst ab, sie steigt jedoch in Folge rasch wieder an. Dies ist eine normale Erscheinung und tritt immer dort auf, wo Rollen, Zuständigkeiten, Aufgaben, Strukturen oder betriebliche Abläufe verändert werden.

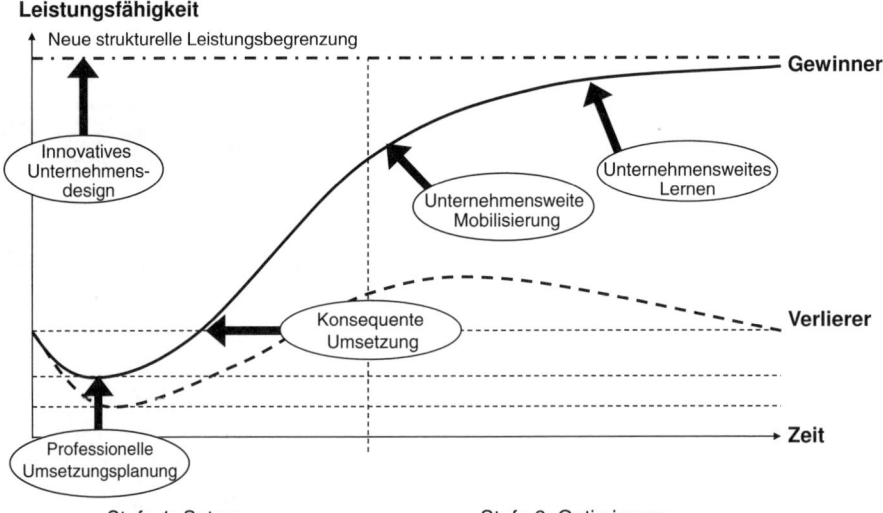

Abbildung 13.4 Erfolgsfaktoren in der Umsetzung und Optimierung des Unternehmensdesigns

TIPP Seien Sie sich des Leistungsverlaufs von vornherein bewusst. Sie werden auf negative Abweichungen zu Beginn der Umsetzung souverän reagieren.

Die Herausforderung in der Umsetzung besteht darin, den Leistungsabfall möglichst gering zu halten, lokal einzuschränken und gleichzeitig eine Dynamik auszulösen, welche die angepeilte Leistungsentfaltung ermöglicht. Die Leistungskurve verläuft optimal, wenn folgende Voraussetzungen erfüllt sind:

- *Innovatives Unternehmensdesign:* Genauso wie sich die erarbeitete Strategie von jener der Wettbewerber abhebt, sollte sich auch das Unternehmensdesign in der strategiegerechten Maßschneiderung unterscheiden. Aus der Differenz zwischen „bisherigem" und „neuem" Unternehmensdesign lässt sich die Griffigkeit der Strategie eruieren.

- *Professionelle Umsetzungsplanung:* Die Umsetzung, insbesondere die erste Stufe „Setup", stellt einen massiven Eingriff in die Organisation dar. Damit die laufenden Geschäftsaktivitäten in möglichst geringem Ausmaß gestört werden, die Leistungsdelle konzentriert anfällt und nur wenige Geschäftsfälle von den Veränderungen betroffen sind (z.B. durch Verspätungen oder qualitative Nachbesserungen), ist gegebenenfalls sogar eine Betriebsunterbrechung einzuplanen. Die Pilotierung von Schlüsselelementen im Unternehmensdesign sowie die Etappierung des Rollouts stellen die professionellen Instrumente für die Projektplanung dar, um die Umsetzungsrisiken zu minimieren. Der Blackbox-Ansatz ermöglicht es, dass gegebenenfalls zuerst ein Teilbereich, beispielsweise die ersten beiden Kaskaden, umgesetzt wird. Der übrige Teil des Unternehmens wird „eingekapselt", dessen Umsetzung erfolgt später.

- *Konsequente Umsetzung:* Einmal vorgesehene Umsetzungsmaßnahmen sind sowohl sachlich als auch terminlich konsequent durchzuziehen. Die Umsetzung verläuft selten gemäß Plan. Verschiebungen sind deswegen bereits in der Planung als Zeitreserven vorzusehen. Des Weiteren wird die Verwirklichung auch auf erheblichen Widerstand durch Betroffene stoßen. Die Projektführung steht hier vor der schwierigen Aufgabe, die richtige Balance zu finden: Sie muss einerseits den Widerstand verstehen und darf andererseits (wegen der falschen Signalwirkung) keine dem Unternehmensdesign zuwiderlaufenden Ausnahmen zulassen. Großer Wert ist auf die Einhaltung der Schnittstellenvereinbarungen sowie auf die durchgängigen Rollen und Verantwortlichkeiten zu legen. Hier ist im besonderen Maß die Unterstützung durch die Unternehmensspitze notwendig.

- *Unternehmensweite Mobilisierung:* Vorausgehend und begleitend zur Umsetzung des Unternehmensdesigns ist die gesamte Belegschaft auf die neue Strategie und die Veränderungen hin zu mobilisieren. Ein breitverankertes Verständnis der Strategie schafft Verständnis für das erforderliche Unternehmensdesign. Dazu gehört nicht nur umfassende Kommunikation, sondern ebenfalls der frühzeitige stufengerechte Einbezug der Mitarbeiter in die Erarbeitung des Unternehmensdesigns. Ein weiteres, sehr wirksames Mittel zur Mobilisierung ist die regelmäßige Darstellung der erreichten Performance nach dem Umsetzungsstart.

- *Unternehmensweites Lernen:* Das unternehmensweite Lernen stellt die Grundlage für die Optimierung dar. Diese Optimierung findet dann statt, wenn sich die von den Veränderungen betroffenen Mitarbeiter zu aktiv beteiligten Umsetzern gewandelt haben.

Um die Bereitschaft für Veränderungen sicherzustellen, ist eine lösungsorientierte Projektarbeit unabdingbar. Der Fokus in der Erarbeitung des Unternehmensdesigns soll eindeutig auf dem Soll- oder Ziel-Design, nicht auf der Darstellung der Ist-Situation liegen. Analysen sind nur soweit nötig, als sie zum Problemverständnis, zum Beispiel die Gründe für die ausstehende Leistungsfähigkeit, beitragen. Durch die analytische Auslegung werden vielfach Energien zur Rechtfertigung der Ist-Situation mobilisiert, welche jedoch die Bereitschaft zur Veränderung blockieren.

Beim Unternehmensdesign ist der Mut aufzubringen, für aktuelle Probleme auch grundsätzliche Lösungsansätze zu finden. Keineswegs sollten nur Symptome bekämpft werden! Als Hebel zur Steigerung der Leistungsfähigkeit ist zunächst die Komplexität radikal zu reduzieren, um das Unternehmen zu entlasten. Auch wenn sich die Komplexität nicht komplett eliminieren lässt, ist sie mindestens zu halbieren. Notwendige Kosten- bzw. Personalreduktionen, Beschleunigungen oder Erhöhungen des Servicegrads ergeben sich automatisch daraus.

■ 13.4 Mobilisierung von der Unternehmens-spitze aus

Das Projekt des strategiegerechten Unternehmensdesigns ist so aufzusetzen, dass das Unternehmen durch die Projektarbeit selbst mobilisiert und auf die notwendigen Veränderungen vorbereitet wird. Als erfolgreich hat sich der „Top-down-Rollout" des Projekts erwiesen, bei dem zunächst im obersten Führungsteam die Strategie vertieft und das Makrodesign entwickelt wird. Für die Erarbeitung der nächsten Detaillierungsstufen, insbesondere des Mikrodesigns, wird der Kreis der Beteiligten sukzessive erweitert. Dieses Vorgehen lässt sich auch mit „*Top-down mit gleichzeitigem und stufengerechtem Bottom-up*" charakterisieren.

Der „Top-down-Rollout" mit stufengerechter Öffnung des Kreises der Projektbeteiligten mobilisiert stärker als begleitende Kommunikationskampagnen, da die später Betroffenen schon in die Erarbeitung des Unternehmensdesigns einbezogen werden. Mit dem aktiven Einbezug von Schlüsselpersonen – als Wissensträger, aber auch als Vertreter ihrer Arbeitskollegen – findet eine frühzeitige, informelle Information der Belegschaft statt. Aus diesem Grund wird auch der sehr frühe Einbezug der Mitarbeitervertretungen empfohlen, falls solche im Unternehmen bestehen. Begleitende Kommunikationskampagnen sind insofern wichtig, als dass schon Bekanntes bestätigt bzw. offiziell wird. Als alleiniges Mittel sind sie defensiv und wirken vor allem erst verspätet, nachdem das zu Kommunizierende schon erarbeitet wurde. Zudem sind nachträgliche Anpassungen schwierig (siehe Abbildung 13.5).

Strategie-identifizierung	Erarbeitung des Unternehmensdesigns	Umsetzung (Stufe 1: Set-up)
• Wahrnehmung des „Sense-of-Urgency" im Topteam • Etablierung der „Guiding-Coalition" • Klärung der Vision • Identifizierung von Hindernissen (z.B. bestehende Incentive-Systeme) und „Bremsern" • Erste Planung des Change-Prozesses • Einleitung der unternehmens-weiten Kommunikation	• Aktiver Einbezug von Schlüsselmitarbeitern (stufengerechtes Bottom-up) • Wiederholte Diagnose der Veränderungsbereitschaft (Projektbeteiligte, Meinungsmacher, Leistungsträger) • Verständnis der Unternehmens-entwicklung resp. der aktuellen Kultur (Wirkzusammenhänge) • Permanente Überkommunikation	• Identifizierung der Top-30%-Leistungsträger • Erzeugung mobilisierender erster Erfolge (z.B. „Short-Term Wins" oder Pilotversuche) • De-Blockierung der Veränderung • Aktive Auseinandersetzung mit Veränderungsgegnern • Beschleunigung des Veränderungsrollouts • Verankerung der Veränderungen in der Kultur • Gestaltung strategiekonformer Belohnungs- und Sanktionsmechanismen • Projektabschluss ohne Unterbrechung des laufenden Veränderungsprozesses

Abbildung 13.5 Schlüsselaufgaben der Mobilisierung

Die Mobilisierung betrifft nicht nur die Basis. Sie beginnt an der Spitze, denn nur ein Topteam, in dem alle Mitglieder von der Strategie und der Notwendigkeit des neuen Unternehmensdesigns überzeugt sind, ist in der Lage, den Veränderungsprozess erfolgreich zu führen. Von der Spitze aus sind die Veränderungen in die Organisation hineinzutragen. Es ist das Topteam, welches die Projektzielsetzung mit positiver Perspektive für das Gesamtunternehmen (z.B. Wettbewerbsvorteile, größere Handlungsmöglichkeiten und strategische Flexibilität) beschließt und im Unternehmen vorantreibt. Die Unternehmensspitze sollte geschlossen auftreten.

Beispielsweise wurde in einem Unternehmen, in welchem zu Beginn des Projekts einzelne Mitglieder des obersten Führungsteams nur bedingt vom Nutzen des Projekts überzeugt waren, regelmäßig bei jeder Workshopsitzung eine Befragung durchgeführt. Jedes Teammitglied musste sein Verständnis der Vision, der Ziele, der Strategie sowie der Notwendigkeit von grundlegenden Veränderungen darlegen. Darüber hinaus wurde nach dem Teamzustand gefragt. Sämtliche Teammitglieder hatten ihre Antworten schriftlich vorzubereiten und im Plenum vorzutragen. Augenscheinlich war die Konvergenz der Antworten, obwohl sich während der gemeinsamen Entwicklung des Makrodesigns immer mehr herausstellte, dass sich die Rollen und Zuständigkeiten der einzelnen Teammitglieder wesentlich verändern würden.

Wenn einzelne Mitglieder des Topteams die Veränderungen nicht oder nur halbherzig mittragen, ist entweder eine Veränderung innerhalb des Teams notwendig oder die Gefährdung des Vorhabens in Kauf zu nehmen. Letzteres ist jedoch problematisch, da eine Organisation nur sehr wenige Anläufe zulässt, bevor sie sich gegen Veränderungsprojekte immunisiert.

Die Schlüsselpersonen der Linie sind im Verlauf des Projekts stufengerecht in die Erarbeitung des Unternehmensdesigns einzubeziehen. Ansonsten besteht die Gefahr, dass bei ihnen erstens eine gespaltene Loyalität entsteht und sie zweitens im Sandwich zwischen den Anordnungen der Unternehmensleitung und den Bedürfnissen ihrer Mitarbeiter verunsichert reagieren. Verweigerungen und „Dienst nach Vorschrift" in der Umsetzungsphase sind genauso Folgen wie die Hintertreibung der späteren Optimierung bzw. des kontinuierlichen Verbesserungsprozesses (KVP). Für die Schlüsselpersonen muss der Nutzen aus den Veränderungen möglichst frühzeitig greifbar gemacht werden. An konkreten Beispielen soll dabei einerseits gezeigt werden, wie das neue Unternehmensdesign den Alltag verbessert, vereinfacht oder entlastet, und andererseits, wie viele alltägliche Friktionen wegfallen.

Durch den Einbezug der Schlüsselpersonen entsteht die Chance, dass wesentliche Elemente im Unternehmensdesign frühzeitig verifiziert werden. Oft stammen sogar viele innovative Ideen von diesen – mit dem betrieblichen Geschehen vertrauten – Schlüsselfiguren. Umso eher sind sie bereit, deren Umsetzung mit Enthusiasmus voranzutreiben. Durch die Ausrichtung auf die Strategie und die Bündelung im Unternehmensdesign entstehen endlich die schlagenden Argumente, um diese Vorhaben zu realisieren, die schon länger in der Organisation – allerdings ohne Chancen auf Realisierung – vorliegen.

Farben statt Funktionsbezeichnungen im Organigramm

Egal, ob das Unternehmensdesign umgesetzt, die Struktur angepasst oder neue Funktionen, Abteilungen oder Stabsstellen geschaffen werden, muss auch das Organigramm überarbeitet werden. Es stellt sich dabei immer die Frage: Sollen die altbekannten Bezeichnungen verwendet oder neue hergeleitet werden? Weil die Zeit drängt, werden vielerorts die bisherigen Organisationsbezeichnungen fortgeführt, gegebenenfalls um Zusätze wie „strategisch", „operativ" ergänzt oder mit Anglizismen umschrieben.

In Veränderungsprojekten werden rasche Namensgebungen zu verpassten Chancen. Den neuen bzw. veränderten Rollen und Verantwortlichkeiten den richtigen Namen zu geben, benötigt Zeit, sogar viel Zeit. Denn diese Rollen, Verantwortlichkeiten, Zuständigkeiten müssen von allen, den direkt betroffenen genauso wie auch von den übrigen Arbeitskollegen, zunächst verstanden, akzeptiert, ausgetestet, umgesetzt, wiederholt angewendet und dann noch kontinuierlich verbessert werden. Schrittweise wird die gesamte Organisation – das Topmanagement gleichermaßen wie die Basis – lernen, die neuen Regelungen im betrieblichen Alltag tatsächlich zu leben. Da helfen *Farben* mehr als übliche Bezeichnungen.

Betriebswirtschaftliche Funktionsbezeichnungen versperren den Weg zum Verstehen der veränderten Rollen. Sie verhindern den Aufbruch zu neuen internen Einsichten, weil sie Generisches vermitteln, Neues mit Altem vermischen und Missverständnisse kaschieren. Je bekannter und vertrauter eine Bezeichnung klingt, desto weniger wird der Weg der Veränderung wirklich begangen und neue Rollen, Verantwortlichkeiten, Zuständigkeiten allseitig akzeptiert. Denn betriebswirtschaftliche Funktionsbezeichnungen sind inhaltlich schon besetzt; sie folgen externen Konventionen oder gar Lehrbüchern – oft fernab der unternehmensspezifischen Situation.

Namensgebungen sollen daher möglichst lange aufgeschoben werden. Als Überbrückung empfehlen sich Farbbezeichnungen für Stellen, Abteilungen, Bereiche und Geschäftsprozesse (siehe Abbildung 13.6). Farbbezeichnungen sind weniger irreführend als betriebswirtschaftliche Funktionsbezeichnungen, sie behindern nicht den Veränderungsprozess; sie wecken auf und heben hervor: Bei den neuen Rollen, Verantwortlichkeiten oder Zuständigkeiten handelt es sich wirklich um Veränderungen. Nach fünf Jahren bestätigte der CEO eines Maschinenbauunternehmens: „Wir reden heute noch von ROT, GRÜN, SCHWARZ, BLAU in unseren internen Meetings, wenn wir über die unterschiedlichen Geschäftsprozesse und die damit einhergehenden Rollen und Verantwortlichkeiten diskutieren."

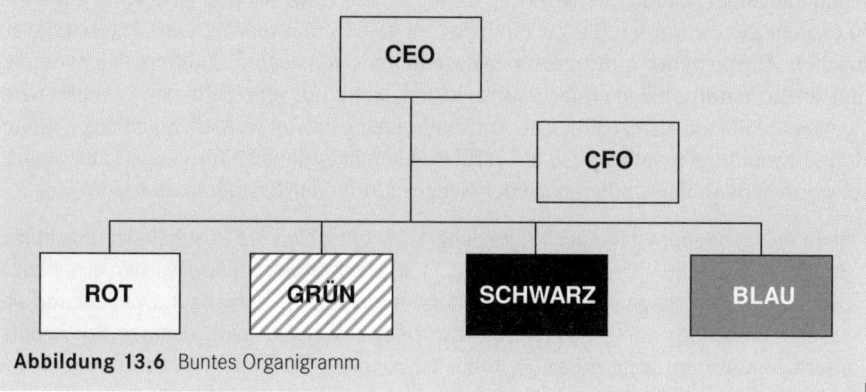

Abbildung 13.6 Buntes Organigramm

◼ 13.5 Staffelung nach dem Makrodesign

Nicht immer ist es zweckmäßig, das gesamte Unternehmen in *einem Schritt* neu auszurichten. Vorbehalte an der Machbarkeit oder fehlende Ressourcen verlangen, dass bei der Umsetzung Prioritäten gesetzt werden und gestaffelt wird. Die Konzentration der Kräfte führt in den meisten Fällen zu besseren Resultaten und damit auch höherer Akzeptanz der Veränderungen. Bedingung für eine Staffelung ist, dass ein verabschiedetes Makrodesign vorliegt. Der dem Makrodesign zugrunde liegende Blackbox-Ansatz ermöglicht das Staffeln, indem nicht nur der (vollständige) Geschäftsprozess, sondern ebenso dessen *Umgebung als Blackbox* betrachtet wird. Konkret bedeutet dies, dass ein oder mehrere Geschäftsprozesse ausgewählt und neu gestaltet werden. Der Rest des Unternehmens wird mittels der Auftraggeber-Auftragnehmer-Beziehungen abgegrenzt. Damit beschränken sich die Veränderungen zunächst auf die selektierten Geschäftsprozesse und deren Schnittstellen untereinander sowie zu den angrenzenden Bereichen. In diesem Licht stellt das verabschiedete Makrodesign – bildlich gesprochen – einen bewilligten Überbauungsplan dar, welcher in Etappen realisiert wird. Dabei dienen die Schnittstellen der Erschließung, die Blackboxes markieren hingegen die später bebaubaren Grundstücke.

TIPP Nutzen Sie die Chancen der modularen Projektentwicklung, indem Prozesse und Organisation umfassend – auch hinsichtlich der Personalführung – neu gestaltet werden. Organisationsprojekte, welche sich rein auf Einzelaspekte beziehen, erleben die Mitarbeiter als einseitig und halbherzig.

Ausgehend vom Makrodesign werden die Prozesskaskaden identifiziert, welche als Erste umfassend neu gestaltet und umgesetzt werden sollen. In der Regel sind es jene, welche einerseits große Hebelwirkung auf die aktuelle Performance des Unternehmens haben und andererseits Initialwirkung für die Erneuerung des Unternehmens entfalten. Zu diesem Zweck werden die Zuständigkeiten gemäß Makrodesign geklärt und die relevanten Auftraggeber-Auftragnehmer-Beziehungen konsistent etabliert. Nicht immer sind solche Schnittstellen einfach einzurichten, wenn nur eine Seite neu gestaltet wird. Gegebenenfalls müssen zusätzliche Aufwendungen geleistet werden. Solche (geplanten) Mehraufwendungen sollen auch als vorübergehende „Adapter"-Tätigkeiten ausgezeichnet werden, denn diese fallen nach der Neugestaltung der Restbereiche wieder weg.

Beim Anlagenbauer (siehe auch Abbildung 12.9) entschied die Geschäftsleitung, in drei Etappen vorzugehen (siehe Abbildung 13.7). In einer ersten Etappe wurden alle innovativen Tätigkeiten ausgegliedert und der Innovationsprozess aufgebaut. Damit wurde signalisiert, dass der Anlagenbauer sofort mit einer weltweit gemeinsamen Sortimentsstrategie auftreten wollte. Bezüglich der personellen Ressourcenausstattung bestand anfänglich erst ein Rumpfteam. Daraus wurde zuerst das Produktmanagement etabliert, welches im Sinne der weltweit zuständigen Innovationssteuerung die lokal angesiedelten Standardentwicklungen beauftragen und überwachen musste. Über das Produktmanagement bestand auch eine Nahtstelle zu den Frontbereichen „Kundengewinnung" bzw. „Systemlieferant". Primär musste das Produktmanagement definieren, welche Systemteile zukünftig zum Standardbaukasten gehörten bzw. welche auftragsspezifisch zu entwickeln waren. Die personelle Entflechtung erfolgte über einen Zeitraum von wenigen Monaten, indem sukzessive die vorgesehenen Schlüsselpersonen des Innovationsbereichs von den kundenauftragsspezifischen Aufgaben entlastet wurden. Im Gegenzug konnte sich der Restbereich auf die Betreuung der Kunden sowie die Akquise und Abwicklung der Aufträge fokussieren. Der zeitliche Vorsprung war notwendig, um Doppelspurigkeiten im weltweiten Verbund zu beheben und die Basis für den Folgeschritt zu legen.

In der zweiten Etappe, welche zeitlich nur leicht verzögert startete, wurden die Frontbereiche neu gestaltet. Mit der Klärung der Rollen und Verantwortlichkeiten im Frontbereich sollte die Margenerosion gestoppt werden. Um kurzfristig Erfahrungen mit dem KAM/PEM-Konzept zu sammeln, konzentrierte sich die Umsetzung zunächst auf die europäischen Bereiche. Es wurde dabei im Stammhaus begonnen. In das Team für die Mikrodesigns wurden auch Vertreter anderer Standorte einbezogen, um die lokalen Erfahrungen aufzunehmen und den späteren Rollout zu erleichtern. Bei der Umsetzung stand neben der Ausrichtung der Prozesse und der Anpassung der Organisation vor allem die Mitarbeiterentwicklung im Mittelpunkt. In intensiven Programmen wurden die neuen Rollen und Verantwortlichkeiten von kundenverantwortlichem KAM bzw. lösungsverantwortlichem PEM geschult und die Zusammenarbeit von KAM und PEM geübt. Anschließend wurden auch die anderen europäischen Standorte einbezogen. Erst nach der vollständigen Umsetzung in Europa wurden die Prozesse, Strukturen und die eingearbeiteten Erfahrungen an den außereuropäischen Standorten ausgerollt.

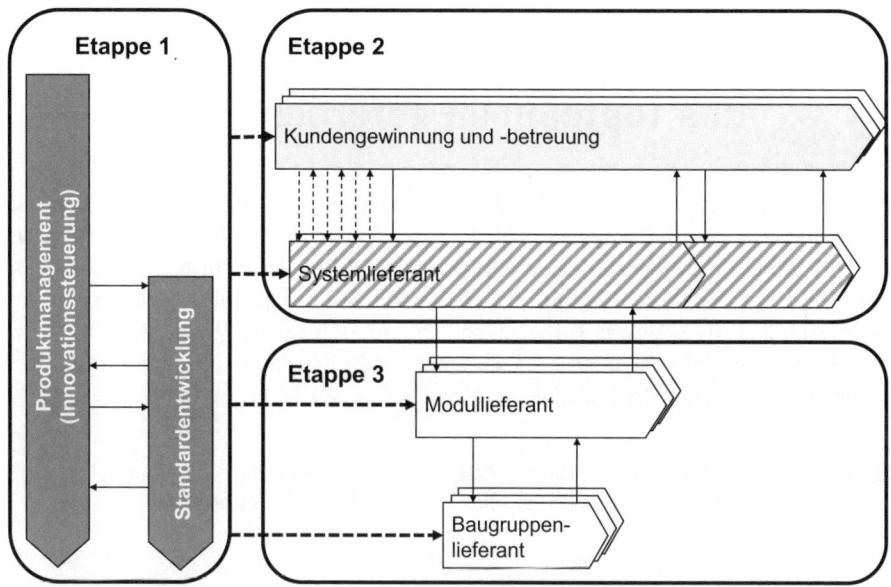

Abbildung 13.7 Staffelung der Umsetzung (Beispiel: Anlagenbauer)

Die Schnittstelle zum Modul- und Baugruppenlieferant war im Soll-Konzept einfach, im Ist jedoch erheblich komplizierter. Die Trennung von System und Modul musste zuerst in der Produktarchitektur des Innovationsprozesses vollzogen werden. Dazu gehörte auch die Entflechtung von Tätigkeiten, welche die Modulkonfiguration betrafen; der systemorientierte PEM definierte die Modulanforderungen, aus denen der Modulverantwortliche die richtige Konfiguration und Parametrisierung des Moduls ableitete. Die dritte Etappe wurde erst zwei Jahre später gestartet, nachdem die erste und zweite Etappe weitgehend abgeschlossen waren. Die Zwischenzeit wurde jedoch genutzt, die neue Produktarchitektur vorzubereiten. Bestandteil der dritten Etappe war nicht nur die Optimierung hinsichtlich kürzerer Lieferzeiten und niedrigerer Fertigungskosten, sondern auch die Ausgliederung und Konzentration der Baugruppenfertigung an einem einzigen Standort. Die Verlagerung verlief planmäßig, weil der übernehmende Standort Taktgeber war und vorgängig seine Prozesse und Strukturen angepasst hatte.

Die Staffelung kann grundsätzlich die gesamte Bandbreite von der zeitlichen Überlappung bis zur vollständigen Entkopplung mit Pause umfassen. Sie kann entweder das Mikrodesign mit zugehöriger Umsetzung oder nur die Umsetzung betreffen. Dabei ist zu beachten, dass das Mikrodesign nicht nur die Soll-Prozesse, Aufgaben, Zuständigkeiten, Stellenprofile, Systemanpassungen usw. detailliert und dokumentiert, sondern gleichzeitig auch bei den Mitwirkenden Erwartungen weckt und diese für die Umsetzung mobilisiert. Die geschaffene Veränderungsbereitschaft verblasst rasch wieder, wenn nicht unmittelbar umgesetzt wird. Dementsprechend sollte ein nahtloser Übergang vom Mikrodesign zur Umsetzung erfolgen und nicht dazwischen pausiert werden.

■ 13.6 Gewinner oder Verlierer, das Topteam ist gefordert

Jeder Strategieumsetzung bzw. jedem Unternehmensdesign droht die Gefahr, dass mit der Dauer des Projekts das Interesse des Topmanagements (als Auftraggeber) nachlässt. Für den Erfolg ist es allerdings erforderlich, dass das Projekt als prioritäres Vorhaben zumindest bis zum Abschluss der ersten Umsetzungsstufe (Set-up) vom Topmanagement gefördert wird. Andere Vorhaben sollten entweder in das Projekt des Unternehmensdesigns integriert oder zurückgestellt werden. Nur so kann es gelingen, das Unternehmensdesign in der Organisation zu verankern.

 TIPP Erklären Sie das Unternehmensdesign für zwei Jahre zum Topprojekt. Die Mitarbeiter sind froh, die Priorität neben dem Tagesgeschäft zu kennen.

Mit dem Unternehmensdesign sind markante Leistungssprünge möglich. Ob diese letztendlich realisiert werden können, hängt wesentlich davon ab, wie die Projektführung vom Topteam des Unternehmens wahrgenommen wird. Dem Topteam muss von Beginn an bewusst sein, dass das Unternehmensdesign einen Eingriff in die Organisation darstellt, welcher die Leistungspotenziale freilegt oder diese bei missratener Projektführung begräbt.

Ein international tätiger Transformatorenhersteller hatte sich entschieden, sich ein innovatives Unternehmensdesign anzueignen. In mehreren Workshops wurde das Makrodesign vom Topteam, zu dem auch die Ländervertreter gehörten, erarbeitet. Die Geschäftsleitung war von der Zweckmäßigkeit des neuen Makrodesigns überzeugt und beauftragte für die Weiterbearbeitung im Mikrodesign Teams, welche sich je aus einem Mitglied des Topteams sowie ausgewählten Schlüsselpersonen der Basis zusammensetzten. Da der Transformatorenhersteller als Unternehmensbereich zu einer internationalen Industriegruppe gehörte, ließ sich die Geschäftsleitung ihre Pläne noch von der Konzernspitze genehmigen. Mit deren Zustimmung wurde das Mikrodesign mit einer unternehmensweiten Kommunikationsoffensive gestartet. Zum Start gehörte auch ein mehrtägiger „Outdoor"-Workshop mit rund fünfzig Schlüsselfiguren, welche auf die Projektziele und das vorliegende Makrodesign eingeschworen wurden. Bis dahin war das Vorhaben auf Kurs und in der Unternehmensspitze verankert. Alle Anzeichen für einen erfolgreichen Projektverlauf waren vorhanden. Insbesondere die Schlüsselpersonen waren beim eingeschlagenen Kurs umso mehr vom Vorhaben überzeugt, als in der Vergangenheit verschiedene Projekte fehlgeschlagen waren. Es wurde motiviert mit der Erarbeitung des Mikrodesigns in verschiedenen Teilprojekten sowie der vorgezogenen Umsetzung von ersten Maßnahmen begonnen.

Diese positive Entwicklung schlug um, als die Konzernspitze den Leiter der Transformatorenherstellung abberief, um ihm einen anderen Unternehmensbereich zu unterstellen. Noch ein weiteres Mitglied des Topteams wurde in einen anderen Unternehmensbereich versetzt. Der neu eingesetzte Leiter verstand weder das neue Unternehmensdesign noch die Projektdynamik. Obwohl von der Konzernspitze angeordnet wurde, das Projekt unverändert weiterzuverfolgen, wurde es zunächst in Teilbereichen unterbrochen, da Prioritätenkonflikte mit dem Tagesgeschäft bestanden. Darüber hinaus wurde die Umsetzung von wesentlichen Beschlüssen aufgeschoben. Das Projekt verlor an Schwung und die Kritiker der ursprünglich vorgesehenen Veränderungen erhielten wieder die Oberhand. Dies bestärkte den neuen Unternehmensbereichsleiter in seiner Skepsis, sodass er das Projekt nach drei Monaten abbrach.

Der Unternehmensbereich verlor in der Folge weiter an Leistungsfähigkeit und die Konzernspitze musste intervenieren. Der neue Leiter wurde nach sechs Monaten wieder abgelöst. Das Projekt wurde zwar neu aufgesetzt, doch der zweite Anlauf misslang, da sich die Schlüsselpersonen aufgrund der frustrierenden Erfahrungen nicht mehr motivieren ließen. Rückblickend hatte der personelle Wechsel in einer heiklen Projektphase, wie sie immer während eines Unternehmensdesigns besteht, zur Destabilisierung geführt. Anstatt den Wettbewerb zu bestimmen, kämpft das Unternehmen heute ums Überleben.

An der Projektführung durch das Topteam liegt es, ob das Unternehmen zu den „Gewinnern" gehört oder ob es als „Verlierer" dasteht. Wenn das Projekt des Unternehmensdesigns „Chefsache" ist, dann sind für die konkrete Projektleitung nur zwei Optionen denkbar: Der oberste operative Chef übernimmt selbst die Aufgabe des Projektleiters und lässt sich für die Projektkoordination assistieren; alternativ ernennt er seinen besten Linienmanager zum Projektleiter und unterstützt ihn in der heiklen Umsetzungsphase. Welche der beiden Optionen auch immer gewählt wird, das Unternehmensdesign ist und bleibt – bis zum Abschluss – eine strategische Aufgabe, wenn es zur prioritären Chefsache geworden ist.

Profil für den Projektleiter „Unternehmensdesign"

Optimaler Weise ist der/die Projektleiter/in eine sehr erfahrene und im Unternehmen anerkannte Führungskraft der ersten Leitungsebene. Einschlägige Projekterfahrungen und fachlich-methodische Kompetenzen wären von Vorteil, ein Mangel kann jedoch durch externe Unterstützung ausgeglichen werden.

Für den Projekterfolg sind folgende Eigenschaften des Projektleiters notwendig:

- Strategisch-visionäres Geschäftsverständnis („wohin wird sich das Geschäft entwickeln")

- Starke analytische und konzeptionelle Neigungen („warum sind die Potenziale blockiert")
- Außerordentliche Projektmanagementfähigkeit, insbesondere Selbstdisziplin und Improvisationsfähigkeit in Krisensituationen („wo stehen wir, was ist zu tun")
- Hohe Veränderungsbereitschaft („was müssen wir gemeinsam verändern")
- Hohe Akzeptanz im Unternehmen („löst Wohlwollen aus")
- Großes Stehvermögen und ausgeprägte Beharrlichkeit („zieht es durch")
- Führungstalent („bewegt")
- Begabter Kommunikator („wie kommt die Botschaft an")

Idealerweise hat der/die Projektleiter/in das Potenzial, selbst nach rund zwei bis drei Jahren die Führung des Unternehmens bzw. der Geschäfteinheit zu übernehmen. Auf keinen Fall handelt es sich um eine Führungskraft, welche gerade verfügbar und nicht durch eine andere wichtige Aufgabe unabkömmlich ist. Eine bessere Alternative ist ein externer Manager/in-auf-Zeit mit einschlägigen Erfahrungen, der/die das Vorhaben erfolgreich umsetzt. ∎

 Reflexionsfragen 13

- Wie lässt sich das Umsetzungsprojekt im Kontext von Restrukturierungs- und Organisationsentwicklungsprojekten einordnen?
- Was sagt Ihnen „Top-down-Vorgehen mit gleichzeitigem und stufengerechtem Bottom-up"? Welche Erfolgsvoraussetzungen müssen dabei erfüllt sein?
- Wie soll das Veränderungsmanagement in die Projekt- und Umsetzungsplanung integriert werden?
- Worauf würden Sie bei der Umsetzung besonders großen Wert legen?
- Welche Rollen soll Ihrer Ansicht das Topmanagement entlang des Projektverlaufs wahrnehmen? Welche nicht?
- Welche Chancen und Risiken bestehen mit einer gestaffelten Vorgehensweise in der Umsetzung? Was soll dabei berücksichtigt werden?
- Warum können betriebswirtschaftliche Organisationsbezeichnungen bei Veränderungsprojekten hinderlich sein?
- Warum soll der Projektleiter „Unternehmensdesign" über reiche Linienerfahrungen verfügen? ∎

■ 13.7 Literatur

Doppler, K. & Lauterburg, C. (2008). Change Management: Den Unternehmenswandel gestalten. Frankfurt: Campus.

Hammer, M. (2007b). The process audit. Harvard Business Review, 85 (4), 111 – 123.

Janes, A., Prammer, K. & Schulte-Derne, M. (2001). Transformations-Management: Organisationen von Innen verändern. Wien: Springer.

Kotter, J.P. (1996, 2012). Leading change: Why transformation efforts fail. Boston, MA: Harvard Business School Press.

14 In fünf Schritten das Makrodesign entwickeln

Ausgangspunkt für das Makrodesign ist die Geschäftsstrategie. Damit ein strategiegerechtes Makrodesign entsteht, sind insbesondere die Kundenbedürfnisse, die Marktleistung, der Geschäftsbeziehungszyklus sowie die Erfolgsfaktoren aus der Strategieidentifizierung zu beachten. Die Erarbeitung des Makrodesigns basiert auf dem Geschäftsprozessverständnis und erfolgt schrittweise nach den Gestaltungsprinzipien und Werkzeugen: Die Strategieidentifizierung wird in Kapitel 3 beschrieben, das Geschäftsprozessverständnis in Kapitel 5, die Werkzeuge in Kapitel 6 sowie Geschäftsbeziehungszyklus und das Marktleistungsbündel mit zugehörigen Architekturen in Kapitel 8. Die fünf Schritte Makrodesign sind entsprechend gegliedert (siehe Abbildung 14.1).

Schritt 1: Marktleistung und Architektur	Schritt 2: Integraler Leistungsprozess	Schritt 3: Kaskadierung	Schritt: 4 Segmentierung	Schritt 5: Horizontale Integration
Aufgaben				
• Darstellung der Kundenbedürfnisse und des Geschäftsbeziehungszyklus aus Kundensicht (evtl. auch derer Kunden) • Präzise Definition der Marktleistung und derer Komponenten • Festlegung der sachlich und zeitlich logischen Zusammenhänge der Einzelleistungen (horizontale Marktleistungsarchitektur) • Darstellung der Leistungsentstehung aus Vorleistungen (vertikale Marktleistungsarchitektur) • Auflistung der qualitativen Ausprägungen sowie logistischen Anforderungen an die Einzelleistungen Leistungen	• Ableitung der Erfolgsfaktoren und notwendigen Kernkompetenzen aus der Strategie • Erarbeitung eines umfassenden und durchgängigen Leistungsprozesses („Unternehmensprozess") • Identifikation der Prozess-Trigger aus Kundensicht sowie Detaillierung der Prozessinhalte durch Bildung von Teilprozessen • Zuordnung der Erfolgsfaktoren/ Kernkompetenzen an die Teilprozesse	• Überprüfung des Wertschöpfungsumfangs und dessen Komplexität • Ausgliederung von Teilprozessen (vertikale Desintegration) • Bestimmung der Wertschöpfungsstufen aus der (vertikalen) Marktleistungsarchitektur und Zuordnung der ausgegliederten Teilprozesse zu den Wertschöpfungsstufen • Festlegung von eindeutigen Schnittstellen zwischen den Kaskaden durch Anwendung des Auftragszyklus als kaskadisches Prozessgerüst	• Ableitung der Prozessvarianten aus den Schlüsselanforderungen an die Teilprozesse • Festlegung der Segmentierungskriterien • Bildung von Prozesssegmenten (evtl. durch Clustering der Varianten)	• Klärung von horizontalen Prozessabhängigkeiten und Verträglichkeiten (Minimierung der horizontalen Schnittstellen, Sicherstellung der durchgängigen Verantwortung, Kompatibilität der Prozessanforderungen) • Horizontale Re-Integration der kaskadierten und segmentierten Teilprozesse zu durchgängigen Geschäftsprozessen • Überprüfung des Makromodells durch Simulation von repräsentativen Geschäftsfällen
Ergebnisse				
• Geschäftsbeziehungszyklus • Marktleistungsbündel mit Leistungsarchitekturen	• Leistungsprozess mit Teilprozessen • Schlüsselanforderungen an den Leistungsprozess bzw. an die Teilprozesse	• Prozesskaskaden mit festgelegten Wertschöpfungsstufen • Schnittstellendefinitionen	• Segmentierungskriterien • Prozessvarianten und Prozesssegmente	• Unternehmensdesign mit Struktur der Geschäftsprozesse • Modelldarstellung von Geschäftsfällen

Abbildung 14.1 In fünf Schritten zum Makrodesign

Es wird empfohlen, die Reihenfolge dieser Schritte strikt einzuhalten. Es entstehen Schwierigkeiten, wenn ein vorangehender Schritt nicht ausreichend bearbeitet wurde. Umgekehrt kann Zeit gewonnen werden, wenn frühzeitige Klärungen vorgenommen wurden.

Nachfolgend werden diese Schritte beschrieben und an einem durchgehenden Beispiel aus der Konsumgüterindustrie illustriert. Bei diesem Beispiel handelt es sich um einen global tätigen Hersteller von Süßwaren mit ebenso weltweit dominanter Marktposition. Das Sortiment umfasst im Wesentlichen ein einziges Produkt in verschiedenen Geschmackssorten, Darreichungsformen sowie Verpackungen. Es wurde deshalb ausgewählt, weil das Produkt im engeren Sinne austauschbar ist und die weltweit dominierende Position des Herstellers auf einem abgestimmten Bündel von Sach-, Dienst- und Informationsleistungen beruht, welche für den Handel erbracht werden.

■ 14.1 Schritt 1: Marktleistung und Architektur

Im ersten Schritt sind – ausgehend von der Geschäftsstrategie – das Bündel der zu erbringenden Marktleistungen und die Architektur(en), welche der bzw. den Marktleistung(en) zugrunde liegt bzw. liegen, zu identifizieren. Die Marktleistungen sind der Geschäftsstrategie zu entnehmen. Die Architekturen stehen in vielen Fällen nicht in expliziter Form zur Verfügung und sind deshalb noch zu erarbeiten, insbesondere in Fällen von Dienst- und Informationsleistungen oder deren Kombination mit Sachleistungen. Konkrete Aufgaben des ersten Schritts sind:

- Verständnis der Bedürfnisse des Kunden und allenfalls der Bedürfnisse von dessen Kunden (bis zum Endkunden)

- Darstellung aller Sach-, Dienst- und Informationsleistungen, die vom Unternehmen für den Kunden im Sinne eines Wertschöpfungsbündels erbracht werden, um die Kundenbedürfnisse zu befriedigen

- Festlegung der sachlich und zeitlich logischen Reihenfolge der Teilleistungen, die im Verlauf des Geschäftsbeziehungszyklus (erster bis letzter Kontakt mit dem Kunden) erbracht werden

- Auflistungen der spezifischen Ausprägungen und Merkmale der Teilleistungen sowie ihren logistischen Anforderungen

- Analyse der horizontalen und vertikalen Leistungsarchitektur durch systematische Rückverfolgung aller Vorleistungen bis über die Unternehmensgrenze hinaus (Lieferanten)

TIPP Identifizieren Sie den Kunden eindeutig und unterscheiden Sie von ihm Handels- und Vertriebspartner, Beeinflusser, Meinungsmacher, Drittlieferanten usw. Die Wahl des Kunden ist eine strategische Entscheidung. Der Kunde ist der Nutznießer des Leistungsbündels; er muss nicht unbedingt der vertragsrechtliche Abnehmer sein.

Die Kunden des weltweit tätigen Süßwarenherstellers sind vorwiegend große und mittlere Detailhändler. Das margenträchtige Produkt trägt im Durchschnitt wenig zum Gesamtumsatz, aber überproportional zum Ergebnis des Händlers bei. Die Kundenbedürfnisse umfassen allgemein:

- Termin-, mengen- und qualitätsgerechte Lieferung der bestellten Waren in den gewünschten Verpackungs- und Kommissioniereinheiten an den vereinbarten Lieferort
- Kurze Lieferfristen (max. zwei Tage) und hohe Liefertreue
- Hohe, konstante Produktqualität
- Kundenspezifische Verpackungen (z. B. Bündelungen von verschiedenen Sorten, Handelslogoaufdruck, Preisanschrift usw.)
- Einfache Weiterverarbeitung der Lieferung (Detailkommissionierung für die Einzelhandelsgeschäfte) durch angepasste Palettenkonfigurationen
- Unterstützung bei der Gestaltung einer optimierten Präsentation der Waren (Outlets), objektive Empfehlungen hinsichtlich Gesamtkonzepten (z. B. Konfiguration der Kassenplatzierung von Süßwaren)
- Kompetente Beratung hinsichtlich verkaufsfördernder Maßnahmen
- Rücknahme von Altwaren und Ersatz des Warenwerts
- Abschluss von Jahresverträgen mit attraktiven Konditionen und Boni bei garantierten Abnahmemengen
- Kurze Reaktions- und Abklärungszeiten bei Reklamationen oder sonstigen Transaktionen
- Spezifische Aufbereitung von Rechnungs- und Zahlungsdaten (Struktur, Medium)
- Detaillierte statistische Auswertungen über Umsatzentwicklungen des Kunden
- Definierte Ansprechperson im Unternehmen („One-Face-to-the-Customer")

Darüber hinaus haben einige wenige, aber große Detailhändler spezielle logistische Bedürfnisse, wie etwa die Bestandsbewirtschaftung durch den Lieferanten (dieser Aspekt wird hier nicht weiter vertieft). Das Bündel der Marktleistungen, welche der Süßwarenhersteller erbringt, um die genannten Bedürfnisse zu befriedigen, umfasst acht Teilleistungen (siehe Abbildung 14.2 und Tabelle 14.1).

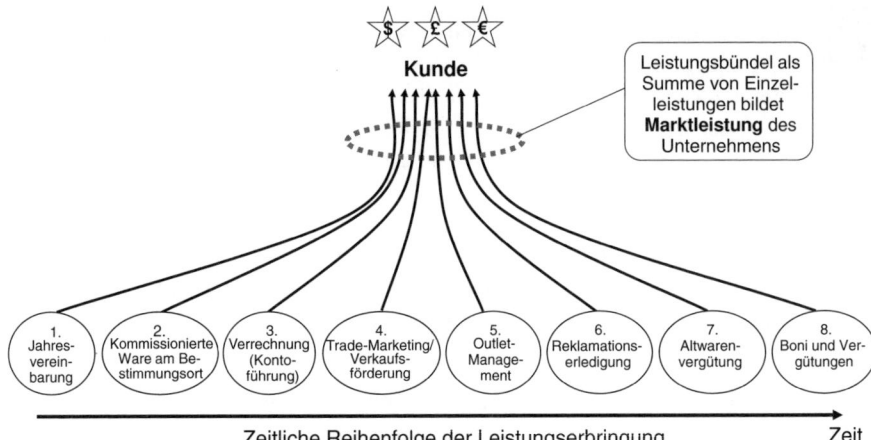

Abbildung 14.2 Bündel der Marktleistungen (Beispiel: Süßwarenhersteller)

Tabelle 14.1 Besondere Merkmale und logistische Anforderung der Marktleistung
(Beispiel: Süßwarenhersteller)

Marktleistung	Besondere Merkmale	Logistische Anforderungen
Jahres-vereinbarung	Kundenspezifische Beratung, individu-elle Konditionen- und Bonussysteme Hohe Anforderungen an das Bezie-hungsmanagement	Geografische Verteilung der Ansprechpartner
Kommissio-nierte Ware am Bestimmungs-ort	Spezifische Zusammenstellung der Einzelprodukte Spezifischer Warenaufdruck Spezifische Bündelung und Sonder-verpackungen Spezifische Zusammenstellung der Paletten	Abstimmung der Tourenplanung mit Anlieferzeiten beim Kunden Maximale Lieferzeit zwei Tage Real-Time-Lieferbestätigung und Rechnungslegung
Verrechnung/ Kontoführung	Kundenindividuelle Aufbereitung der Zahlungs- und Konteninformationen Zurückhaltendes Mahnwesen	Periodische Information (wöchentlich, monatlich, quartalsweise)
Trade-Marke-ting/Verkaufs-förderung	Spezifischer Einsatz von Marketing-instrumenten Durchführung von Projekten in Zusammenarbeit mit dem Kunden (z. B. Verkaufsförderungsaktionen)	Regionale und/oder national koordinierte Maßnahmen und Projektabwicklungen
Outlet-Management	Spezifische Gestaltung der Kassen- und Regalzone Objektive Beratung hinsichtlich Category-Management	„Vor Ort"-Nachfüllung

Marktleistung	Besondere Merkmale	Logistische Anforderungen
Reklamations-erledigung	Spezifische Behandlung von Gutschriften (Rücküberweisung, Gegenverrechnung, Warenlieferung)	Zugriff auf alle Informationen, die für die Klärung von Reklamationen erforderlich sind, durch den Bearbeiter
Altwaren-vergütung	Statistische Erhebungen der Rücklaufquote und Übermittlung von Empfehlungen für Bestellverhalten	Rücknahme der Altwaren optimaler Weise bei gleichzeitiger Anlieferung von Frischwaren Direkte Lieferung der Altwaren an Dienstleister zur Vernichtung der Waren
Boni und sonstige Vergütungen	Spezifische Auswertungen nach Kundenanforderungen Spezifische Behandlung von Boni und Vergütungen (Gutschrift, Gegenverrechnung, Warenlieferung)	Periodische Lieferung der Auswertungen

Für die Teilmarktleistung „Kommissionierte Ware am Bestimmungsort" besteht eine vertikale Marktleistungsarchitektur mit klar definierten Vorleistungen (siehe Abbildung 14.3). Dargestellt wird der Output, nicht die Prozessleistung. Auf die Darstellung der anderen Marktleistungen wird hier verzichtet, um Übersichtlichkeit zu wahren.

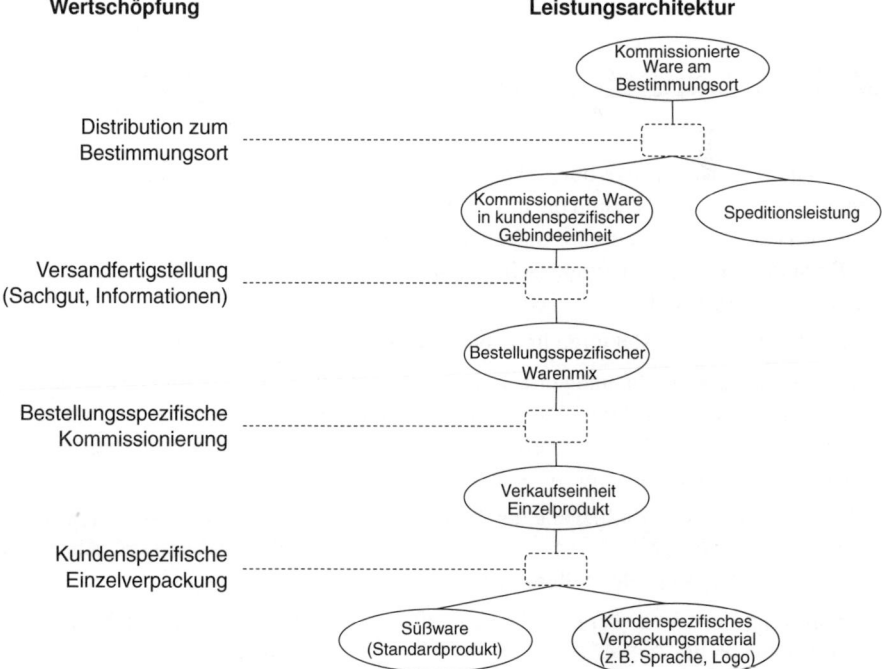

Abbildung 14.3 Vertikale Architektur einer Teilleistung (Beispiel: Süßwarenhersteller)

Checkfragen für Schritt 1

- Ist der „Kunde" identifiziert? Ist der Geschäftsbeziehungszyklus vollständig?
- Sind alle wesentlichen Marktleistungen über den gesamten Geschäftsbeziehungszyklus erfasst und beschrieben worden? Fehlen Leistungen?
- Wurden neben Sachleistungen auch die damit verbundenen Dienst- und Informationsleistungen berücksichtigt?
- Wird durch das Leistungsangebot die Befriedigung der Kundenbedürfnisse gewährleistet? Entsprechen die Leistungen den Anforderungen und Erwartungen des Kunden? Sind bestimmte Leistungen für den Kunden unwichtig und damit überflüssig? Ergeben sich aus den Leistungen Differenzierungspotenziale?
- Wird durch die angebotenen Leistungen die Unternehmensstrategie widergespiegelt?
- Sind die besonderen Merkmale der Teilleistungen ausreichend beschrieben? Sind auch die logistischen Anforderungen genannt?
- Sind die Teil- und Vorleistungen in einen zeitlich sowie sachlogisch eindeutigen Zusammenhang gebracht worden?

■ 14.2 Schritt 2: Integraler Leistungsprozess

Im zweiten Schritt ist der durchgängige Leistungsprozess, welcher die gesamte Geschäftsbeziehung abbildet und die in Schritt 1 festgehaltenen Marktleistungen erbringt, zu entwickeln. Dabei ist eine sachlich und zeitlich logische Abfolge von Teilprozessen zu bestimmen, welche durch kundenseitige Inputs und Outputs definiert ist. Konkrete Aufgaben in Schritt 2 sind:

- Ableitung der Erfolgsfaktoren und notwendigen Kernfähigkeiten aus der Strategie
- Darstellung des durchgängigen Leistungsprozesses über den gesamten Geschäftsbeziehungszyklus, Zuordnung von allen einzelnen Marktleistungen zu den einzelnen Phasen (z. B. „Pre-Sales", „Execution" und „After-Sales") und von allen Ereignissen an der Schnittstelle zwischen Unternehmen und Kunden
- Identifikation und Detaillierung der Teilprozesse sowie qualitative Beschreibung des Prozessinputs (auslösender „Trigger" vom Kunden) und des Prozessoutputs bzw. der -leistungen (Ergebnis der Teilprozesse, welches an den Kunden übergeben wird)
- Zuordnung der wettbewerbsrelevanten Erfolgsfaktoren und der notwendigen Kernfähigkeiten an die Teilprozesse

- Ermittlung der spezifischen Anforderungen an die Teilprozesse aus den Erfolgsfaktoren, Kernfähigkeiten sowie aus den besonderen Merkmalen der Marktleistungen

 TIPP Betrachten Sie den Geschäftsbeziehungszyklus aus Kundensicht und unabhängig davon, wer die (Teil-)Leistungen heute erbringt. Damit wird sichergestellt, dass die Kundenbetreuung aus einer Hand orchestriert wird. ∎

Im Fall des Süßwarenherstellers wurden die in Tabelle 14.2 dargestellten erforderlichen Kernfähigkeiten aus den kaufentscheidenden Faktoren („Key-Buying-Factors") bzw. den wettbewerbskritischen Erfolgsfaktoren („Key-Success-Factors") abgeleitet.

Tabelle 14.2 Erforderliche Kernfähigkeiten aus den kaufentscheidenden Faktoren (Beispiel: Süßwarenhersteller)

Kaufentscheidende Faktoren	Wettbewerbskritische Erfolgsfaktoren	Notwendige Kernfähigkeiten
<ul><li>Maßgeschneiderte Jahresvereinbarungen</li><li>Kurze Durchlaufzeiten</li><li>Kundenspezifische Lösungen für Produktverpackung und Kommissionierung</li><li>Kurze Lieferfristen und hohe Liefertreue</li><li>Hohe Qualitätsstandards der Produkte (Topsegment)</li><li>Geringe Transportkosten</li></ul>	<ul><li>Flexibilität</li><li>Kundenbeziehung</li><li>Kommissionierungssysteme</li><li>Schnittstellen zum Kunden</li><li>Markt- und Kunden-Know-how</li><li>Produkt- und Dienstleistungsqualität</li><li>Geschwindigkeit</li><li>Automatisierungsgrad, informationstechnische Integration</li></ul>	<ul><li>Beziehungsmanagement</li><li>Wissens- und Informationsmanagement</li><li>Produktionsprozessmanagement</li><li>Kommissionierung und Maßschneiderung</li><li>Management von komplexen Programmen zur Verkaufsförderung</li><li>Integriertes Logistikmanagement über alle Wertschöpfungsstufen</li></ul>

Der integrale Leistungsprozess erbringt sämtliche Marktleistungen entlang dem Geschäftsbeziehungszyklus. Es ist darauf zu achten, dass die Abfolge der Marktleistungen sachlich und zeitlich logisch erfolgt und für den durchschnittlichen Kunden repräsentativ ist (siehe Abbildung 14.4). Dabei sind auch die kundenseitigen Inputs und Outputs sowie besonderen Prozessanforderungen festzulegen (siehe Tabelle 14.3 und Tabelle 14.4).

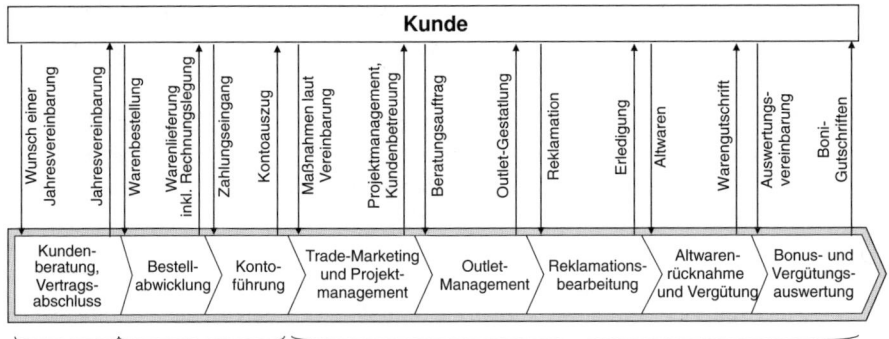

„Pre-Sales" „Execution" „After-Sales"

Abbildung 14.4 Prozess mit Teilleistungen im Geschäftsbeziehungszyklus Teil 1
(Beispiel: Süßwarenhersteller)

Tabelle 14.3 Marktleistungen und zugeordnete Prozessinputs und -outputs
(Beispiel: Süßwarenhersteller)

Markt-leistungen	Prozessinputs vom Kunden	Prozessoutputs für den Kunden	Besondere Prozess-anforderungen
Kundenbera-tung, Vertrags-abschluss	• Wunsch nach Geschäftsbe-ziehung resp. Jahresverein-barung	• Diskussionsvorschläge für Geschäftsent-wicklung • Vertragsunterlagen und Jahresverein-barung	• Hohe Beratungs- und Beziehungsqualität • Flexibilität und Indivi-dualität • Kurze Reaktionszeiten • Professionalität
Bestell-abwicklung	• Warenbestel-lungsdaten (Liefer-, Kom-missionie-rungs-, und Verpackungs-daten)	• Bestätigte Übernahme der Bestellung • Ware am Bestimmungsort • Lieferungs- und Rechnungsdaten	• Geringe Abwicklungs-kosten • Fehlerfreie Abwicklung • Kurze Lieferzeit und hohe Termintreue • Auftragsgerechte Kommissionierung
Kontoführung	• Zahlung, An-forderungen an Berichts-struktur	• Bestätigte Übernahme des Zahlungseingangs • Saldo des Kunden-kontos • Zahlungserinnerung (fakultativ)	• Geringe Abwicklungs-kosten • Fehlerfreie Abwicklung
Trade-Marke-ting, Verkaufs-förderung	• Vereinbarte Maßnahmen • Marketing-Maß-nahmenpläne des Kunden	• Programmmanage-ment • Intensive Kunden-information und -betreuung	• Hohe Beratungs- und Beziehungsqualität • Flexibilität und Individualität • Kurze Reaktionszeiten • Professionalität

Tabelle 14.4 Marktleistungen und zugeordnete Prozessinputs und -outputs Teil 2
(Beispiel: Süßwarenhersteller)

Teilprozess	Prozessinputs vom Kunden	Prozessoutputs für den Kunden	Besondere Prozess- anforderungen
Outlet- Management	▪ Beratungsauftrag	▪ Beratung ▪ Outlet-Gestaltung und Betreuung	▪ Hohe Beratungs- und Beziehungsqualität ▪ Flexibilität und Individualität ▪ Kurze Reaktionszeiten ▪ Professionalität
Reklamati- onsbearbei- tung	▪ Reklamation	▪ Bestätigte Übernah- me der Reklamation ▪ Geklärter Sachverhalt mit Auswirkungen (Gutschrift, Nach- verrechnung etc.)	▪ Geringe Abwicklungs- kosten ▪ Kurze Durchlaufzeit ▪ Fehlerfreie Abwicklung
Altwaren- vergütung	▪ Altwaren	▪ Bestätigte Über- nahme der Altware ▪ Übermittelte (Waren-) Gutschrift	▪ Geringe Abwicklungs- kosten ▪ Kurze Durchlaufzeit ▪ Fehlerfreie Abwicklung
Bonus- und Vergütungs- auswertung	▪ Spezifikationen der statistischen Auswertungen, Anforderungen an Berichtsstruktur	▪ Statistische Auswer- tungen nach Kunden- anforderungen ▪ Boni-Gutschriften	▪ Geringe Abwicklungs- kosten ▪ Fehlerfreie Ausführung ▪ Anforderungskonformes Berichtswesen

Die Erfolgsfaktoren bzw. Kernfähigkeiten lassen sich den Teilprozessen im Leistungsprozess zuordnen. Zu beachten ist dabei, dass die Zuordnung selektiv erfolgt (siehe
Tabelle 14.5 und Tabelle 14.6).

Tabelle 14.5 Teilprozess-Erfolgsfaktoren-Matrix (Beispiel: Süßwarenhersteller)

Erfolgsfaktor	Teilprozess innerhalb des Leistungsprozesses							
	Kundenberatung, Vertragsabschluss	Bestellabwicklung	Kontoführung	Trade-Marketing Verkaufsförderung	Outlet-Management	Reklamationsbearbeitung	Altwarenrücknahme und Vergütung	Bonus- und Vergütungsauswertung
Flexibilität								
Kundenbeziehung								
Logistisch optimierte Schnittstellen zum Kunden								
Markt- und Kunden-Know-how								
Produkt- und Dienstleistungsqualität								
Geschwindigkeit								
Automatisierung und Integration								

Tabelle 14.6 Teilprozess-Kernfähigkeiten-Matrix (Beispiel: Süßwarenhersteller)

Erfolgsfaktor	Teilprozess innerhalb des Leistungsprozesses							
	Kundenberatung, Vertragsabschluss	Bestellabwicklung	Kontoführung	Trade-Marketing Verkaufsförderung	Outlet-Management	Reklamationsbearbeitung	Altwarenrücknahme und Vergütung	Bonus- und Vergütungsauswertung
Customer-Relationship-Management	■			■		■		■
Wissens- und Informationsmanagement		■		■	■			■
Produktionsprozessmanagement		■						
Kommissionierung und Maßschneiderung								
Management komplexer Programme	■			■	■			
Integriertes Logistikmanagement		■					■	

Checkfragen für Schritt 2

- Sind die wesentlichen Erfolgsfaktoren und erforderlichen Kernfähigkeiten identifiziert?
- Ist der Leistungsprozess aus Kundensicht durchgängig definiert? Ist er ausreichend generisch und zugleich spezifisch genug?
- Sind in der Prozessdetaillierung die wesentlichen Teilprozesse unabhängig von Wertschöpfungsstufen und Funktionsbereichen aufgeführt?
- Lassen sich alle Marktleistungen im Leistungsprozess als Output der Teilprozesse zuordnen?
- Entspricht die Zuordnung von Erfolgsfaktoren und Kernfähigkeiten den echten Optimierungsmöglichkeiten?
- Sind die abgeleiteten spezifischen Prozessanforderungen klar genug definiert und für jedermann verständlich?

■ 14.3 Schritt 3: Kaskadierung

Im dritten Schritt wird der durchgängige Leistungsprozess, welcher die gesamte Geschäftsbeziehung abbildet, zunächst auf die Notwendigkeit der Kaskadenbildung hin untersucht. Dabei ist die Überprüfung der Wertschöpfung auf Wertschöpfungsumfang, Spezifität der Ressourcen und Prozessanforderungen objektiv – im Zweifelsfall in Hinsicht auf das zukünftige Soll – vorzunehmen. Unter Berücksichtigung der in Schritt 1 identifizierten vertikalen Marktleistungsarchitektur werden die Kaskaden gebildet. Als Resultat von Schritt 3 liegen alle Prozesskaskaden, welche untereinander mit einfachen Auftragszyklen verbunden sind, vor. Konkrete Aufgaben sind:

- Sicherstellung von „One-Face-to-the-Customer" durch die Durchgängigkeit des Leistungsprozesses
- Überprüfung der Wertschöpfung im Leistungsprozess auf ihren Umfang und ihre Komplexität, insbesondere
  - Wertschöpfungslänge und Wertschöpfungsvielfalt
  - Spezifität der Wertschöpfungsschritte bzw. deren Ressourcen (Know-how-, Anlagen- und Standortspezifität)
  - Besondere Prozessanforderungen (z. B. betreffend Logistik oder Optimierung der Erfolgsfaktoren)
- Ausgliederung von Teilprozessen (vertikale Desintegration)
  - Abgleich der Teilleistungen mit der vertikalen Marktleistungsarchitektur (von Schritt 1)
  - Anwendung des Auftragszyklus als kaskadisches Prozessgerüst sowie Festlegung eindeutiger Schnittstellen

- Zuordnung der kaskadierten Teilprozesse zu den Wertschöpfungsstufen gemäß Architektur
- Eindeutige Selektion der Logistikprototypen
- Funktionale Überprüfung der Prozesskaskaden (Durchgängigkeit, Wertschöpfungslänge, Eindeutigkeit der Schnittstellen, Erfolgsfaktoren)

Die Überprüfung der Wertschöpfung im Leistungsprozess ergibt beim Süßwarenhersteller folgendes Bild: Aufgrund der hohen geografischen Gebundenheit, Anlagenspezifität, Know-how-Spezifität, Wertschöpfungslänge, Komplexität und des breiten Kernfähigkeitsspektrums drängt sich die vertikale Desintegration der physischen Bestellabwicklung auf. Ebenso ist eine Prozesskaskadierung der Teilprozesse „Outlet-Management" und „Altwarenrücknahme und -vergütung" erforderlich (siehe Tabelle 14.7).

Tabelle 14.7 Bewertung der Teilprozesse nach Kaskadierungsparametern (Beispiel: Süßwarenhersteller)

Erfolgsfaktor	Teilprozess innerhalb des Leistungsprozesses							
	Kundenberatung, Vertragsabschluss	Bestellabwicklung*	Kontoführung	Trade-Marketing Verkaufsförderung	Outlet-Management*	Reklamationsbearbeitung	Altwarenrücknahme und Vergütung*	Bonus- und Vergütungsauswertung
Geografische Gebundenheit	Gering	Hoch (Produktion, Lager, Transport)	Gering	Gering	Hoch (Filialen)	Gering	Hoch (Transport)	Gering
Anlagenspezifität	Gering	Hoch (Produktion)	Gering	Gering	Gering	Gering	Hoch (Vernichtung)	Gering
Know-how-Spezifität	Hoch	Hoch	Gering	Hoch	Hoch	Gering	Hoch	Gering
Wertschöpfungslänge	Gering	Hoch	Gering	Gering	Gering	Gering	Gering	Gering
Zeitliche Verflechtung mit anderen Teilprozessen	Gering	Gering	Gering	Gering	Gering	Gering	Hoch	Gering
Komplexität	Hoch	Hoch	Gering	Hoch	Hoch	Gering	Gering	Gering
Homogenität der Erfolgsfaktoren	Hoch	Gering	Hoch	Hoch	Hoch	Hoch	Gering	Hoch
Spektrum der Kernkompetenzen	Schmal	Breit	Schmal	Schmal	Schmal	Schmal	Breit	Schmal

* Potenzielle Bereiche für Prozesskaskadierung

TIPP Kaskadieren Sie nur Teilprozesse, sofern eine *echte Delegation* möglich ist. Bestehende Arbeitsteilungen widersprechen oft der einfachen Auftraggeber-Auftragnehmer-Beziehung.

Die Teilprozesse „Bestellabwicklung", „Outlet-Management" und „Altwarenrücknahme" werden voll bzw. teilweise kaskadiert (siehe Abbildung 14.5). Bei allen Teilprozessen verbleiben die Entgegennahme des Kundenanliegens sowie die Tätigkeiten der Abrechnung, der Verrechnung, der Vergütung usw. beim Leistungsprozess. So bleibt Letzterer in der Lage, seine Rolle als kompetenter Ansprechpartner des Kunden wahrzunehmen.

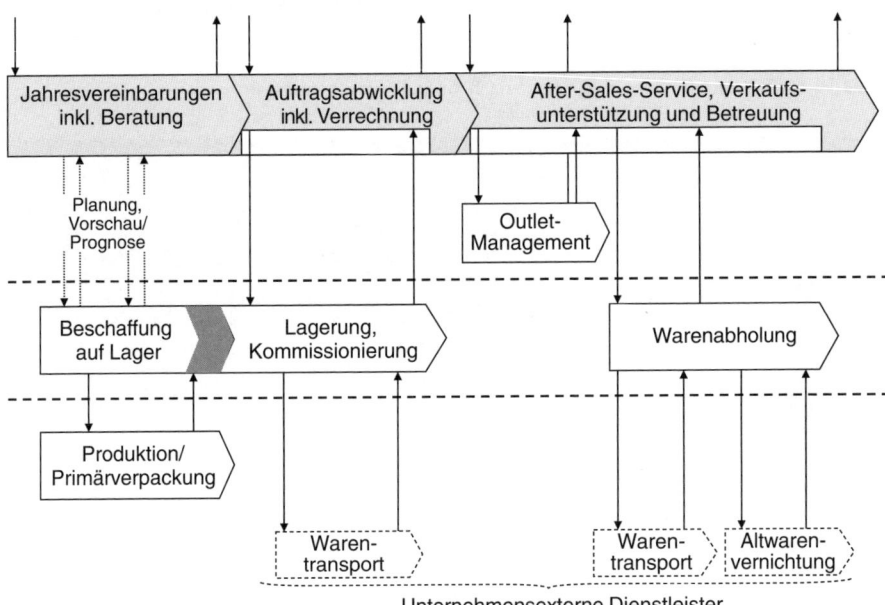

Abbildung 14.5 Kaskadierung durch Desintegration (Beispiel: Süßwarenhersteller)

Aufgrund der Leistungsarchitektur lässt sich die Bestellabwicklung zweimal kaskadieren: in eine Stufe der Logistik mit Kommissionierung und Spedition zum Bestimmungsort beim Kunden sowie in eine Stufe der Produktion der Süßwaren inklusive Primärverpackung. Diese Kaskadenbildung folgt der Leistungsarchitektur, welche in Schritt 1 identifiziert worden ist (siehe Abbildung 14.6).

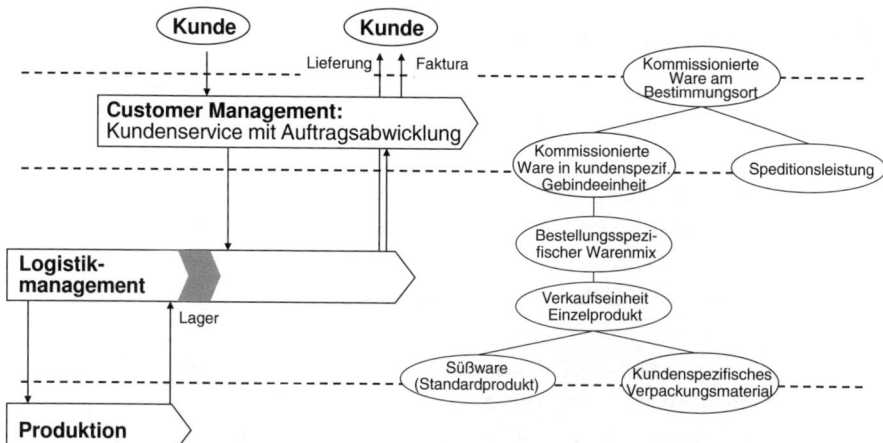

Abbildung 14.6 Zusammenhang zwischen Kaskadenbildung und vertikaler Leistungsarchitektur (Ausschnitt, Beispiel: Süßwarenhersteller)

Den erarbeiteten Prozesskaskaden können die Erfolgsfaktoren bzw. Kernfähigkeiten zugeordnet werden. Es fällt beispielsweise bei den Erfolgsfaktoren auf, dass markt- und kundenbezogene Faktoren einzig der obersten Prozesskaskade zugewiesen sind. Umgekehrt ist die Produktqualität ein Thema der Produktion (siehe Abbildung 14.7).

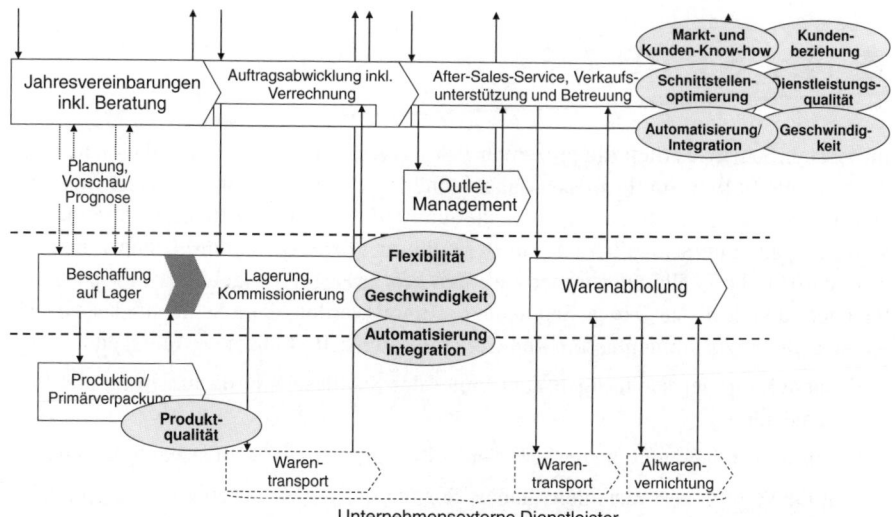

Abbildung 14.7 Zuordnung der Erfolgsfaktoren zu den Prozesskaskaden (Beispiel: Süßwarenhersteller)

Checkfragen für Schritt 3:

- Kann der Prozesseigner die Verantwortung dem Kunden gegenüber durchgängig wahrnehmen? Wurde das „One-Face-to-the-Customer"-Prinzip beachtet?

- Wurden die Kriterien für die Prozesskaskadierung spezifisch gewählt? Wurden die Ausprägungen objektiv im Sinne der Gesamtoptimierung ermittelt?

- Sind die Schnittstellen zu den ausgegliederten Prozessen eindeutig definiert?

- Sind kaskadenübergreifende Interaktionen neben der Auftragserteilung und dem Erhalt der Teilleistung aus der Kaskade minimal?

- Ist der oberste Prozess noch vom ersten bis zum letzten Kundenkontakt de facto durchgängig definiert?

- Sind die Kaskaden sachlogisch richtig gestaffelt bzw. den Wertschöpfungsstufen richtig zugeordnet?

- Können den einzelnen Kaskadenstufen Erfolgsfaktoren zugeordnet werden? Sind Zielkonflikte zwischen den Erfolgsfaktoren auflösbar?

■ 14.4 Schritt 4: Segmentierung

Im vierten Schritt werden die einzelnen Prozesskaskaden auf deren Bedarf nach Prozessvarianten überprüft. Prozessvarianten sind insbesondere dann zu bilden, wenn die zu erbringenden Leistungen variieren oder das Anforderungsspektrum an die Prozesskaskade sehr unterschiedlich ist. Auf Basis dieser Prozessvarianten – sofern die Auswahl der Geschäftsfälle relevant ist – werden Prozesssegmente gebildet. Zunächst sollten eher zu viele als zu wenige Segmente bestimmt werden, denn Segmente lassen sich einfach wieder zusammenfassen. Konkret umfasst Schritt 4 folgende Aufgaben:

- Sicherstellung der schlüssigen Zuordnung der Schlüsselanforderungen an alle Prozesskaskaden

- Ableitung von Segmentierungskriterien je Prozess aus den Schlüsselanforderungen

- Bildung von Prozessvarianten gemäß Segmentierungskriterien zwecks optimaler Ausrichtung der Prozesse auf die Schlüsselanforderungen

- Zusammenfassung der Prozessvarianten zu Segmenten, gegebenenfalls durch „Clustering"

- Überprüfung der Prozesssegmente auf Fallmengen-Relevanz (Wiederholungspotenzial)

TIPP Segmentieren Sie die Geschäftsprozesse jeweils *durchgängig*. Die aufragnehmenden Prozesssegmente sollen vom Auftraggebenden immer direkt adressiert werden.

Beim Süßwarenhersteller sind aus den Erfolgsfaktoren bzw. Kernfähigkeiten die in Abbildung 14.8 dargestellten Anforderungen an die einzelnen Prozesskaskaden abgeleitet worden. Den Kundenservice betreffen beispielsweise Beratungs- und Beziehungsqualität, hohe Flexibilität, individuelle Promotionsprogramme und Logistiklösungen, kurze Reaktionszeiten, hohe Professionalität, fehlerfreie Abwicklung und geringe Abwicklungskosten sowie optimierte Logistikschnittstellen. Die Prozessvarianten orientieren sich an spezifischen Kundenanforderungen. Es ist deshalb naheliegend, den Prozess „Kundenservice" nach Kundengruppen mit ähnlichen Anforderungen zu segmentieren (siehe Abbildung 14.9).

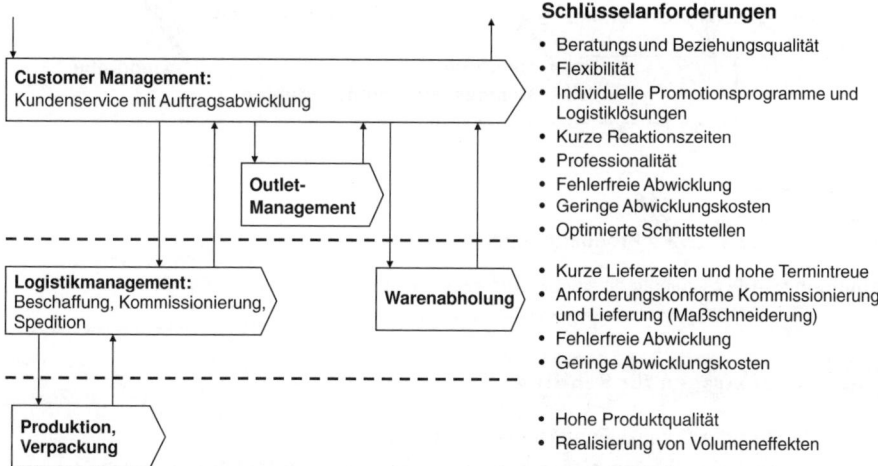

Abbildung 14.8 Schlüsselanforderungen an Prozesskaskaden bzw. Wertschöpfungsstufen (Beispiel: Süßwarenhersteller)

Beim Prozess „Outlet-Management" ist die physische Nähe zu den Verkaufsfilialen der Kunden maßgebend. Entsprechend drängt sich hier eine Segmentierung nach den kleinräumigen Regionen auf.

Im Bereich „Logistikmanagement" umfassen die Schlüsselanforderungen kurze Lieferzeiten und hohe Termintreue, anforderungskonforme Kommissionierung und Lieferung (Maßschneiderung), fehlerfreie Abwicklung sowie geringe Abwicklungskosten. Prozessvarianten, die sowohl die Transportwege wie auch die Warenkommissionierung optimieren, stehen im Vordergrund. Die Segmentierung hat demzufolge entlang der Geografie und der Kommissionierungsverfahren zu erfolgen. Wenn nach geografischen Großräumen segmentiert wird, ist auch eine Untersegmentierung nach Kommissionierverfahren möglich.

Im Bereich „Produktion" sind hohe Qualität und Volumeneffekte entscheidend. Eine Segmentierung nach Produktgruppen drängt sich daher auf. So lassen sich die verschiedenen Werksstandorte klar ausgewählten Produktgruppen zuordnen.

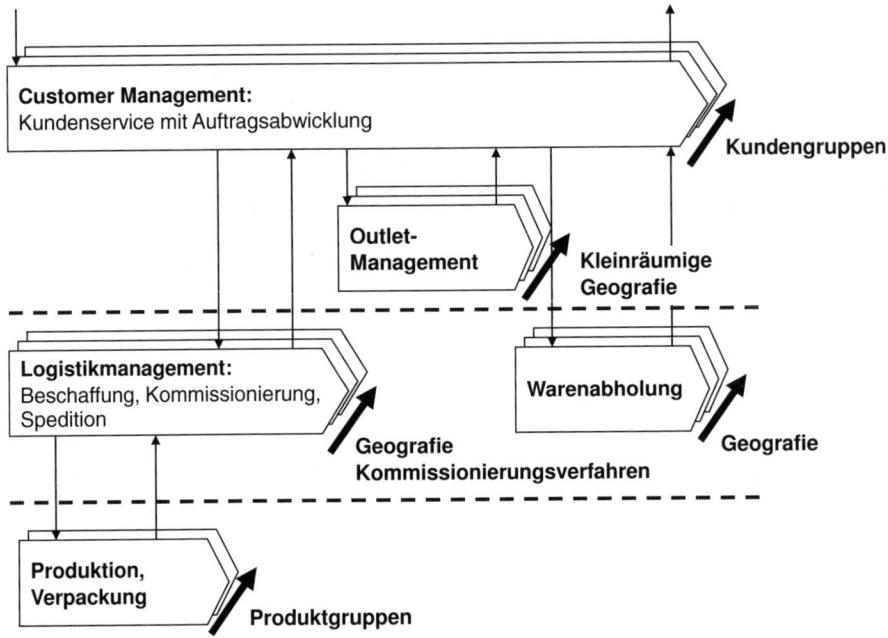

Abbildung 14.9 Segmentierung der Prozesskaskaden (Beispiel: Süßwarenhersteller)

 Checkfragen für Schritt 4

- Sind die Schlüsselanforderungen an die Prozesskaskaden klar formuliert? Werden die bisher ermittelten Parameter (Erfolgsfaktoren, Leistungsmerkmale, logistische Anforderungen usw.) darin berücksichtigt?

- Sind die gebildeten Prozessvarianten geeignet, um die Schlüsselanforderungen optimal zu erfüllen?

- Ist die Bildung von Prozesssegmenten nach den richtigen Kriterien erfolgt?

- Ist die Anzahl der Prozesssegmente einerseits groß genug, um die Vorteile aus der Variantenbildung realisieren zu können und andererseits klein genug, damit die Komplexität der Gesamtorganisation durch die Segmentierung nicht zu stark anwächst?

■ 14.5 Schritt 5: Horizontale Integration

Im fünften Schritt werden die einzelnen Prozesskaskaden schließlich auf den Bedarf nach horizontaler Integration überprüft. Dabei sind der Leistungszusammenhang aus Kundensicht, die Wertschöpfungslänge, die Aufgabenähnlichkeit sowie die Ressourcen- und Informationssynergien ausschlaggebend. Zudem sind repräsentative Geschäftsfälle zu simulieren, um die Zweckmäßigkeit des Unternehmensdesigns zu überprüfen. Konkret werden in Schritt 5 folgende Aufgaben wahrgenommen:

- Klärung horizontaler Prozessabhängigkeiten und Verträglichkeiten bei den kaskadierten Teilprozessen
  - Minimierung der horizontalen Schnittstellen („Case-History")
  - Sicherstellung der durchgängigen Verantwortung
  - Kompatibilität der Prozessanforderungen
- Horizontale Re-Integration der kaskadierten und segmentierten Teilprozesse zu durchgängigen Geschäftsprozessen
- Überprüfung der Schnittstellen betreffend einfacher Beauftragung
- Überprüfung des Makrodesigns durch Simulation von repräsentativen Geschäftsfällen

 TIPP Hinterfragen Sie Synergieargumente kritisch. Bisherige Zuständigkeiten sind keine Argumente. ■

Beim Süßwarenhersteller bestehen Ressourcensynergien zwischen Warenlieferung und Altwarenrücknahme (siehe Abbildung 14.10). Weitere Möglichkeiten für horizontale Integration bestehen nicht, da die Leistungen unabhängig sind, die Wertschöpfungslänge jeweils ausreichend ist und keine weiteren Ressourcen- oder Informationssynergien bestehen.

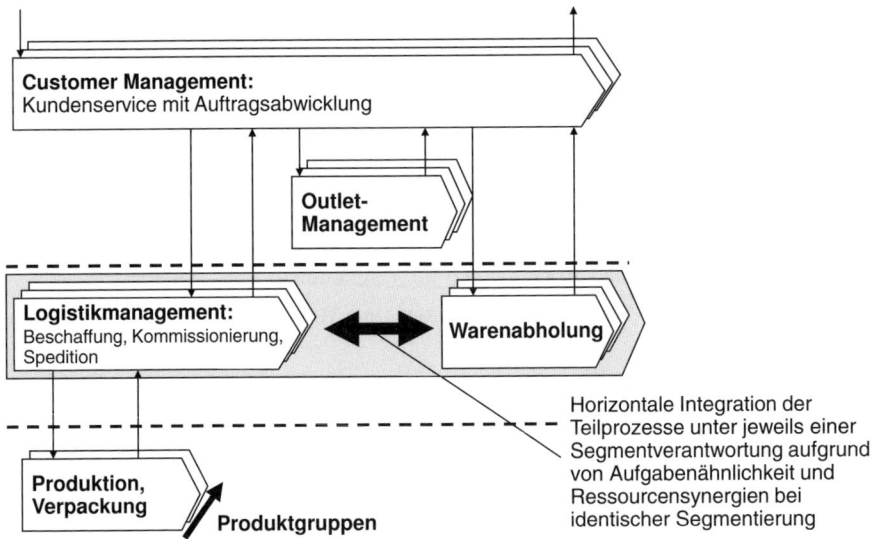

Abbildung 14.10 Horizontale Integration zweier kaskadischen Teilprozesse
(Beispiel: Süßwarenhersteller)

 Checkfragen für Schritt 5

- Werden durch die Zusammenfassung von Teilprozessen auf einer Kaskadenstufe Schnittstellen reduziert?

- Unterstützt diese Zusammenfassung die effiziente und effektive Abwicklung von Geschäftsfällen? Werden durch die horizontale Zusammenfassung auch Lernpotenziale aktiviert?

- Sind die Kriterien zur Zusammenfassung problemspezifisch richtig gewählt?

- Ist die Wertschöpfungslänge nach der horizontalen Re-Integration durch den Prozesseigner beherrschbar?

- Sind die Schnittstellen zwischen den Prozesskaskaden nach der Re-Integration weiterhin klar definiert und einfach gestaltbar?

- Ist das Makrodesign transparent und erfüllt es alle Eigenschaften, um die Geschäftsstrategie optimal umsetzen zu können?

15 Besonderheiten des Grazer Ansatzes verstehen

Das dem Grazer Ansatz zugrunde liegende Konzept folgt einem besonderen Modellierungsansatz und verwendet den Geschäftsprozess als *modulare und „steckbare" Plattform*. Diese Plattform verfügt über wesentliche Eigenschaften, welche die Modellierung von hochleistungsfähigen Unternehmen vereinfachen. Besonders hervorgehoben seien *Objektorientierung* und *Selbstähnlichkeit* sowie das *Autonomieprinzip*. Mit diesen Eigenschaften sind zwei konstruktive Merkmale des Prozessmodells verbunden: Erstens die Schließung des Informationsflusses durch die Allokation von Informationsquelle und -senke auf der Auftraggeberseite, zweitens die exklusive Nutzung des Inputs als Prozessauslöser auf der Auftragnehmerseite.

Zum einen ermöglichen diese Eigenschaften eine integrierte Betrachtung von logistischen Abläufen. Zum anderen wird eine Verallgemeinerung möglich, indem nicht nur die Erbringung von Sach-, Dienst- und Informationsleistungen („Delivery-Machine"), sondern darüber hinaus auch Innovation und die Entwicklung von Kundenbeziehungen („Innovation-Machine" bzw. „Sales-Machine") mit denselben Methoden modelliert werden können.

■ 15.1 Strukturell-systemische Sicht im Unternehmensdesign

Hinter dem Grazer Ansatz für Organisations- und Prozessgestaltung steht ein systemischer Modellierungsansatz, mit dem ein Unternehmen auf seine strategische Bestimmung hin neu gestaltet wird. Der hier vertretene Modellierungsansatz geht auf Peter Checkland (1983) zurück. Er hat die Sozialwissenschaften innoviert und dort den Ansatz des System Designs eingeführt.

Durch Modellierung wird zunächst das reale Unternehmen als virtuelles (und noch nicht optimiertes) Unternehmen abgebildet, indem das betriebliche Geschehen und die organisatorische Vielfalt auf das Wesentliche reduziert werden. Das virtuelle Unternehmen wird nun als solches hinsichtlich der strategischen Vorgaben optimiert. Damit entsteht das optimale Unternehmensdesign. Anschließend wird dieses Unternehmensdesign konkretisiert und durch die Umsetzung in die reale Welt transferiert (siehe Abbildung 15.1).

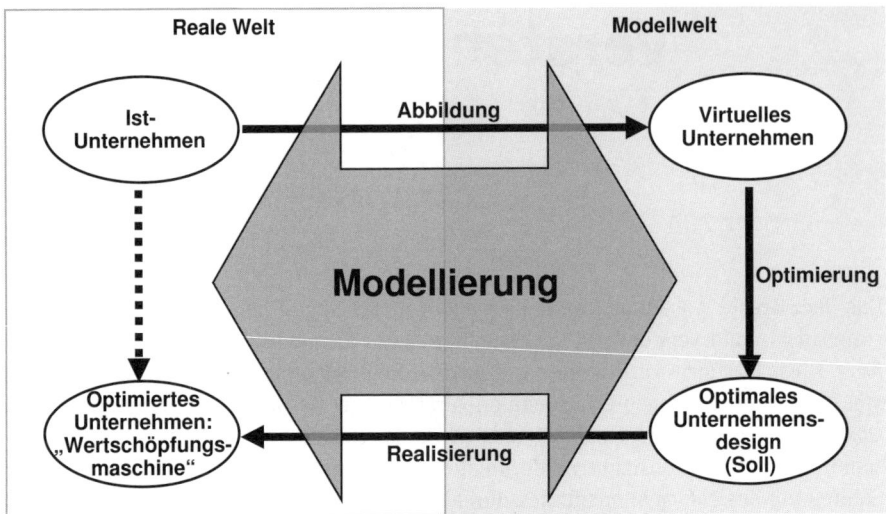

Abbildung 15.1 Modellierung

Von Interesse sind in der Modellierung primär die Wertschöpfungs- und Informationsflüsse, welche im Rahmen einer typischen Geschäftsbeziehung unabdingbar sind. Dabei wird der Regelfall gegenüber dem Sonderfall bevorzugt. Die Abbildung der Wertschöpfungs- und Informationsflüsse soll aufzeigen, inwiefern die aus der Strategie geforderte Leistungsfähigkeit aus strukturell-systemischer Sicht möglich ist. Andere Aspekte, wie beispielsweise Unternehmenskultur, Macht- und Interessenverteilung, Motivation oder informelle Beziehungen unter den Mitarbeitern, werden in der Modellierung bewusst ausgeblendet. Letztere sind allerdings bedeutsam, wenn es darum geht, das optimale Unternehmensdesign tatsächlich umzusetzen.

■ 15.2 Modularität des Geschäftsprozesses

Das Unternehmensdesign zeichnet sich dadurch aus, dass die Wertschöpfungs- und Informationsflüsse auf die Interaktion mit den Kunden ausgerichtet und in modularen Plattformen gebündelt sind. Entsprechend stellt diese Plattform das Kernelement des Unternehmensdesigns dar (siehe Abbildung 15.2). An den Schnittstellen löst sie alle nötigen Transaktionen aus bzw. führt diese durch. Dazu verfügt sie über eindeutig definierte Übergabefunktionen: einen primären Input (im Sinne einer Bestellung oder Beauftragung) und einen primären Output (im Sinne einer Lieferung oder Erledigung). Optional bestehen auch sekundäre Outputs und Inputs zu bzw. von Lieferanten der Plattform. Diese Übergabefunktionen bilden auf der oberen Seite der Plattform den sogenannten Lieferzyklus und auf der unteren Seite den (optionalen) Beschaffungszyklus. Durch die Anwendung der Auftraggeber-Auftragnehmer-Beziehung entsteht eine *lose Kopplung* der Plattformen, was deren Modularität bzw. Autonomie und Objektorientierung begründet.

Der Begriff „Plattform" wird hier anstelle von „Geschäftsprozess" angeführt, um zum einen das umfassendere Verständnis, zum anderen die besonderen Eigenschaften wie Modularität, Autonomie, Selbstähnlichkeit, Objektorientierung und die zusätzlichen Funktionen (siehe „Erweiterte modulare Plattform") hervorzuheben.

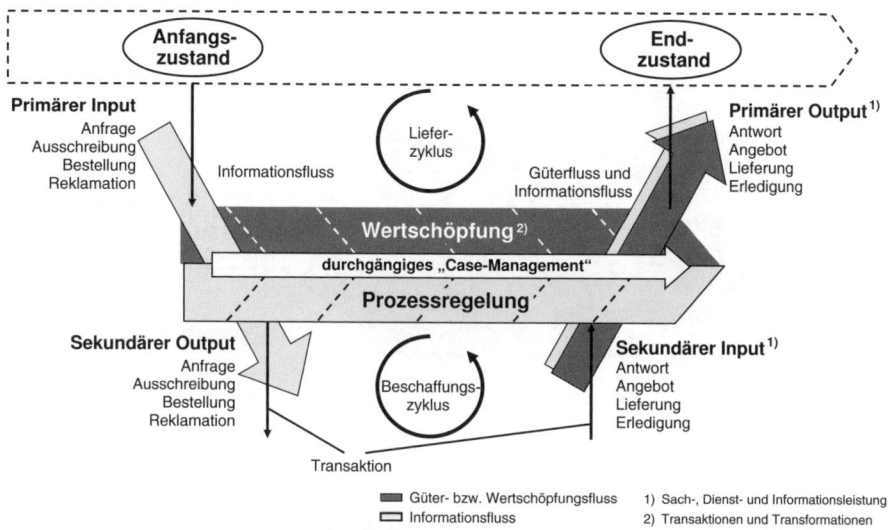

Abbildung 15.2 Modulare Plattform

Innerhalb der Plattform findet die Wertschöpfung statt, indem der primäre Input bearbeitet und in den primären Output überführt wird. Hier besteht ein wesentlicher Unterschied zu üblichen Vorstellungen, dass Wertschöpfung zwischen einem Vorprodukt (beispielsweise Ausgangsmaterial) und einem Endprodukt stattfindet. Mit der modularen Plattform liegt ein Konzept des *Erfüllungsvorgangs* vor, in welchem auf der Seite des Auftraggebers ein *Anfangszustand* (z.B. ein Bedarf) in einen *Endzustand* (eine Bedarfsdeckung) durch die auftragnehmende Plattform überführt wird. Dabei steuert ein (vom Auftraggeber ausgehender) Informationsfluss einen Güterfluss (Sach-, Dienst- oder Informationsleistungen) an und löst (beim Auftragnehmer) die Prozessaktivitäten aus, indem der Informationsfluss mit der in der Plattform integrierten Prozessregelung verbunden wird.

Die *Integration der Prozessregelung* in der Plattform bewirkt eine *direkte Verzahnung des Informationsflusses mit dem Güterfluss*. Diese Verzahnung stellt ein besonderes Merkmal des Unternehmensdesigns dar. Traditionelle Konzeptionen beruhen auf einem sogenannten „Drei-Ebenen"-Modell, in dem Wertschöpfung, Steuerung und Koordination in unterschiedlichen Ebenen stattfinden (siehe Abbildung 15.3). In der Praxis bedeutet diese Trennung, dass zwischen Sach- und Informationsfluss Abstimmungsprobleme entstehen, dass die vorhandene Information über den Fortschritt den tatsächlichen Status nicht adäquat abbildet oder dass die Informationen für die Weiterbearbeitung ausstehen. Vor allem bei Störungen, Qualitätsproblemen, Ausständen, Verspätungen usw. sind aufwendige und zeitverzögerte Informationsnachführungen nötig. Sind Sach- und Informationsfluss entkoppelt oder nur lose gekoppelt, so sind Statusinformationen nur unter erschwerten Bedingungen zu erzeugen. Diese funktionale Trennung hat ihre Wurzel im tayloristischen Gedankengut (Taylor, 1911), welches in der industriellen Organisation zur klaren Trennung von Planungs-, Dispositions-, Ausführungs- und Kontrollaufgaben geführt hat.

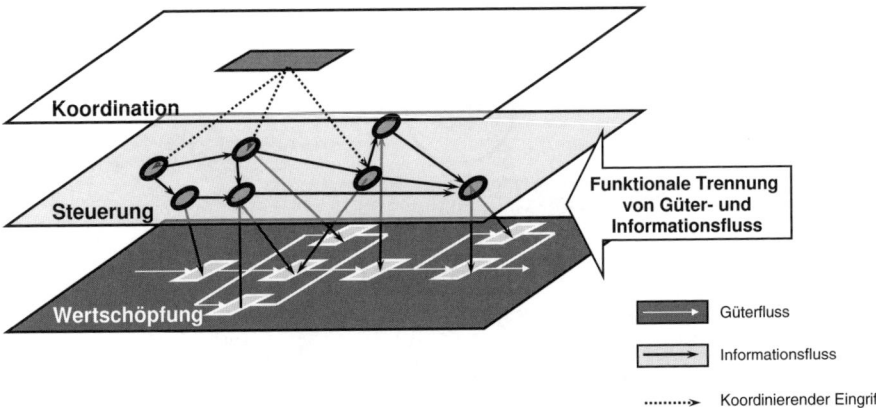

Abbildung 15.3 Traditionelles Drei-Ebenen-Modell

In der Plattform findet hingegen mit der Verzahnung von Güter- bzw. Wertschöpfungs- und Informationsfluss die Prozessregelung integriert statt (siehe Abbildung 15.4). In diesem Sinne ist die Prozessregelung auch als Fortsetzung des ansteuernden Informationsflusses (Bestellung) zu verstehen. In der objektorientierten Betrachtungsweise findet sogar ein nahtloser Übergang vom Stimulus zum Prozess als Objektinstanz statt, sofern – paradoxerweise – die Schnittstellen zum Geschäftsprozess eindeutig definiert sind.

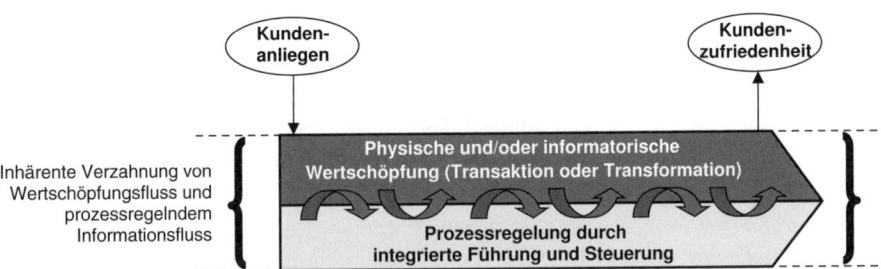

Abbildung 15.4 Integration von Wertschöpfung und Regelung in der modularen Plattform bzw. im Geschäftsprozess

Durch die Verzahnung entsteht Prozesssicherheit, denn auf unvorhergesehene, aber kaum vermeidbare Fehler, Störungen, Qualitätsprobleme, Ausstände, Verspätungen usw. kann rasch und adäquat reagiert werden. Dies liegt daran, dass die Statusinformation praktisch verzögerungsfrei vorliegt – nicht nur hinsichtlich des betreffenden Auftrags, sondern auch der lokalen Gesamtsituation (z. B. Auslastung, Verfügbarkeit).

■ 15.3 Selbstähnlichkeit und Autonomie der Plattform

Durch die inhärente Verzahnung von Wertschöpfungsfluss und Prozessregelung in der Plattform entsteht nicht nur Autonomie und Prozesssicherheit. Vielmehr können daraus noch zwei weitere wesentliche Eigenschaften der Plattform abgeleitet werden, und zwar *Selbstähnlichkeit und Objektorientierung:*

Selbstähnlichkeit bedeutet, dass alle modularen Plattformen bzw. Geschäftsprozesse rekursiv zerlegt werden können, dass die Detaillierungsstufen immer nach dem Grundmuster der Plattform aufgebaut sind und damit über dieselben Eigenschaften verfügen (siehe Abbildung 15.5). Hier besteht Ähnlichkeit mit dem Konzept des „fraktalen Unternehmens", welches von H.-J. Warnecke (1995) geschaffen und u. a. in einigen Unternehmen als „Fabrik in der Fabrik" realisiert wurde.

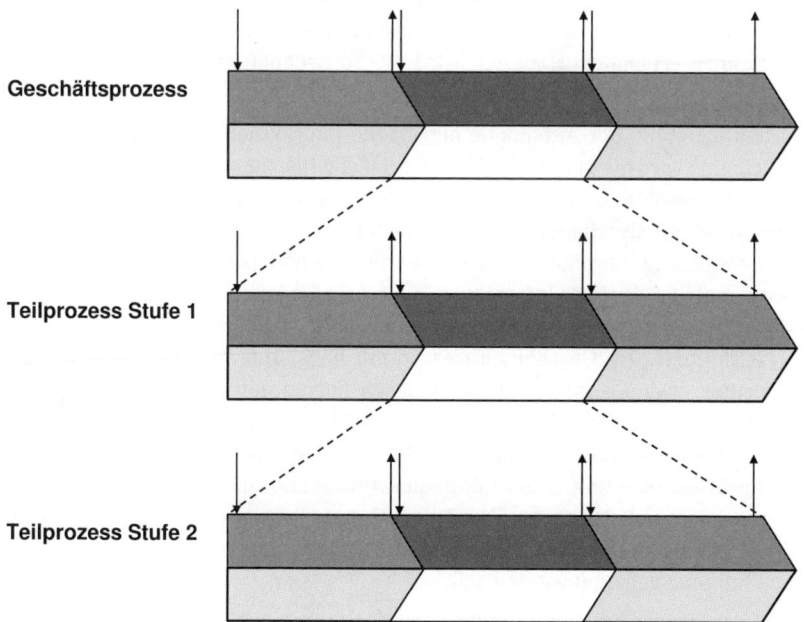

Geschäftsprozess

Teilprozess Stufe 1

Teilprozess Stufe 2

Abbildung 15.5 Selbstähnlichkeit der modularen Plattform bzw. des Geschäftsprozesses

Die herkömmliche begriffliche Abgrenzung von (übergeordneten) Geschäftsprozessen, Teilprozessen und Tätigkeiten wird somit hinfällig. In diesem Sinne lassen sich die Aussagen zur Plattform sowohl auf Geschäftsprozesse als auch auf Teilprozesse (beliebigen Detaillierungsgrades) oder Tätigkeiten anwenden. Überdies kann der nötige Detaillierungsgrad der Zerlegung je nach Bedarf festgelegt werden. In den Geschäftsprozessen lassen sich ferner sogenannte Wertschöpfungselemente lokalisieren bzw. allozieren, welche hinsichtlich der Erfolgsfaktoren besonders optimiert werden sollen.

Die Selbstähnlichkeit setzt voraus, dass jeder Teilprozess einen *abgeschlossenen Erfüllungsvorgang* umfasst. Dies bedeutet, dass:

- eine klare Abgrenzung zu anderen Teilprozessen möglich ist,
- der Output des Teilprozesses eindeutig festlegbar und aus der Zerlegung des (Gesamt-) Outputs entstanden ist,
- der Teilprozess standardisierbar ist,
- dem Teilprozess Ressourcen (Leistungsträger, Sachmittel) und Informationen zuordenbar sind,
- Entscheidungen während der Abwicklung autonom getroffen werden können,
- keine Interaktionen zu vor- oder nachgelagerten Teilprozessen bestehen, also auch keine Koordination bezüglich Ressourcen, Leistungen usw. nötig ist und damit der Teilprozess ohne Unterbrechung zu Ende geführt werden kann.

Die Integration von Wertschöpfung und Prozessregelung macht die modulare *Plattform autonom*, indem sie ihr die weitgehende Befugnis zur selbstständigen und unabhängigen Regelung der eigenen Verhältnisse im Rahmen von Randbedingungen (wie etwa von Makrodesign, grundsätzlicher Ressourcenausstattung usw.) und vorgegebenen Performancezielen ermöglicht. Dadurch wird die Wertschöpfung schnittstellenfrei sowie durchgängig verantwortlich erbracht und optimiert.

Ein wesentlicher Teil der Autonomie betrifft die Informationsautonomie. Als Informationsautonomie wird die Möglichkeit bezeichnet, die Informationsflüsse in der Plattform unabhängig, also ohne Berücksichtigung anderer Geschäftsprozesse, zu gestalten. Dies bedeutet, dass ein Geschäftsprozess mit hoher Informationsautonomie während der Auftragsabwicklung Informationen von anderen Geschäftsprozessen weder zu beziehen noch weiterzuleiten hat. Der Informationsaustausch ist auf die Übergabefunktionen vor bzw. nach der Auftragserfüllung beschränkt. Deshalb ist der Koordinationsaufwand zwischen Plattformen bzw. Geschäftsprozessen mit hoher Informationsautonomie gering. Dies bedeutet, dass der Informationsaustausch nur an den Übergabestellen und dort möglichst vereinfacht und standardisiert stattfindet. Beispielsweise stellt eine Bestellung mit Artikelbezeichnung, Menge, Konditionen, Liefertermin, Lieferort und Adresse für die Rechnungsstellung einen minimalen Informationsaustausch dar. Im Weiteren folgt daraus, dass jede Plattform über eine adäquate Ressourcenausstattung, insbesondere über alle erfolgskritischen Ressourcen, verfügen muss, wenn der Koordinationsaufwand minimal gehalten werden soll.

Mit der Informationsautonomie besitzt jede Plattform einen geschlossenen Regelkreis, welcher eine autonome interne Prozessoptimierung, insbesondere hinsichtlich der Ressourcen, ermöglicht, ohne dass Interdependenzen zu anderen Plattformen geschaffen werden. Damit wird die Plattform in die Lage versetzt, autonom sowohl den Prozessauftrag als auch die Performanceziele zu erfüllen (siehe Abbildung 15.6).

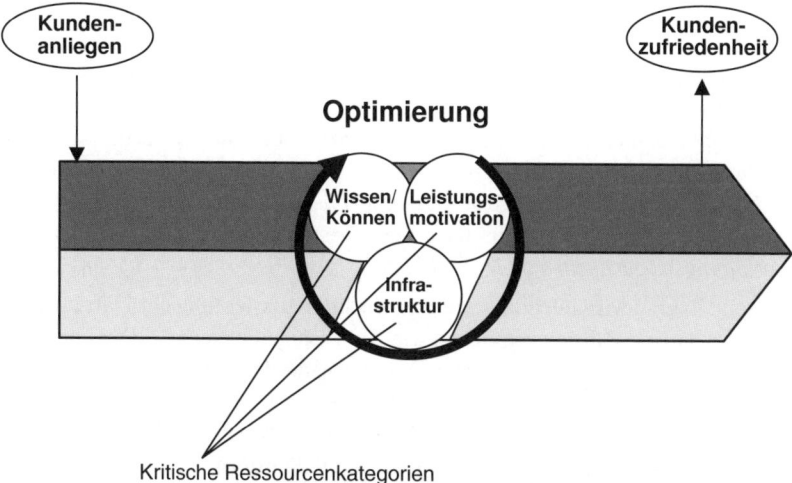

Abbildung 15.6 Ressourcenoptimierung in der modularen Plattform bzw. im Geschäftsprozess

In den Plattformen sind auch die erfolgskritischen Wertschöpfungselemente verankert, auf denen wesentliche Kernfähigkeiten des Unternehmens beruhen. Durch die Verankerung werden die Kernfähigkeiten der jeweiligen Plattform eindeutig zugeordnet. Eingebettet in der Plattform sind diese Wertschöpfungselemente wiederholbar und damit der erfolgswirksamen Nutzung von Lernkurven- und Volumeneffekten zugänglich (siehe Abbildung 15.7).

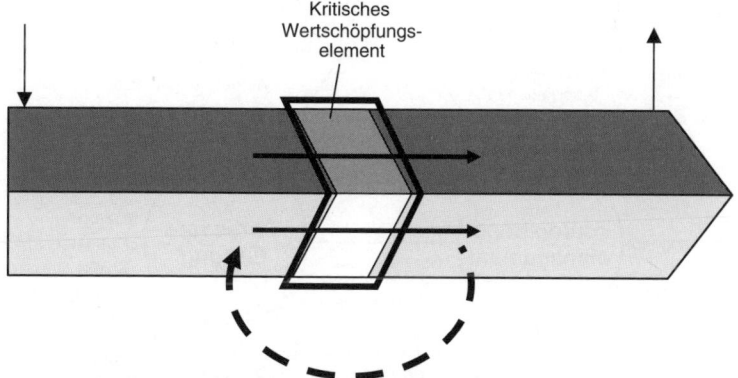

- Klare Zuordnung der erfolgskritischen Wertschöpfungselemente jeweils zu einem einzigen Geschäftsprozess
- Verankerung des Wertschöpfungselements im Geschäftsprozess als Basis für optimierende Wiederholung resp. Nutzung der Lerneffekte

Abbildung 15.7 Verankerung von erfolgskritischen Wertschöpfungselementen in der modularen Plattform bzw. im Geschäftsprozess

■ 15.4 Organisatorische Ausgestaltung der Prozesseinheit

Das Autonomieprinzip beschränkt sich nicht auf die Prozessaktivitäten, sondern umfasst auch die organisatorische Ausgestaltung der Plattform. Die *Modularität bzw. lose Kopplung* ermöglicht eine grundsätzlich freie organisatorische Ausgestaltung jeder einzelnen Plattform. Diese ist eine Folge des Blackbox-Ansatzes: *Je einfacher die Randbedingungen bzw. Schnittstellen nach außen sind, desto höher ist der Freiheitsgrad für die innere Ausgestaltung der Plattform.* Anders formuliert, bestehen *im Rahmen des Makrodesigns freie Gestaltungsmöglichkeiten im Mikrodesign.*

Dieser Freiheitsgrad wird nun zur strategiegerechten Ausrichtung der Plattform in allen organisatorischen Gestaltungsbereichen wie „Prozessmanagement", „Personalführung" und „Informationsmanagement", insbesondere zu deren optimaler Abstimmung, genutzt, um möglichst viele Wettbewerbsvorteile zu erzielen. Letzteres bedeutet auch, dass die drei erwähnten Gestaltungsbereiche und deren Facetten nicht global für das gesamte Unternehmen festgelegt, sondern gezielt je Plattform – gemäß der ihr aus der Strategie zugewiesenen Rolle – genutzt und hinsichtlich der Performanceziele optimiert werden (siehe Abbildung 15.8).

Abbildung 15.8 Organisatorische Gestaltungsbereiche innerhalb der Plattform (hier sei unter „Prozessmanagement" das Verfahrens- oder Prozessmanagement im engeren Sinne verstanden)

■ 15.5 Integrierte Logistik

Auf der Autonomie der modularen Plattform beruht auch deren Eigenschaft der integrierten Logistik. In der traditionellen Wertschöpfungskette werden Beschaffungs- und Distributionslogistik als funktional getrennte Aktivitäten betrachtet. Eine integrale Optimierung der gesamten Logistik von der Beschaffung über die Leistungserbringung bis zur Auslieferung wird damit erschwert. Zum einen sind aufwendige Abstimmungen zwischen Beschaffungs-, Leistungserbringungs- und Auslieferungslogistik nötig, um Fehldispositionen zu vermeiden. Zum anderen können die Logistikaktivitäten nur unter erschwerten Bedingungen differenziert werden, wenn sie als eigenständige, funktionale Organisationseinheiten etabliert sind. Die Notwendigkeit der integrierten Betrachtung ist auch von anderen Autoren, beispielsweise bereits 1984 von Graham Sharman, betont worden. Explizit wendet er sich gegen eine funktionale Ausgliederung der Logistik.

In der modularen Plattform sind dagegen die Aktivitäten der Beschaffungslogistik, der Logistik der direkten Wertschöpfung bzw. Leistungserbringung sowie die Auslieferungslogistik integriert. Diese Logistikaktivitäten – mit welchem Gewicht auch immer – stellen integrale Bestandteile der modularen Plattform bzw. jedes Geschäftsprozesses dar. Im Geschäftsprozess sind sie entweder als Übergabefunktionen (Auslieferungs-/Distributionslogistik und Beschaffungslogistik) oder als Steuerungsfunktion integriert (siehe Abbildung 15.9).

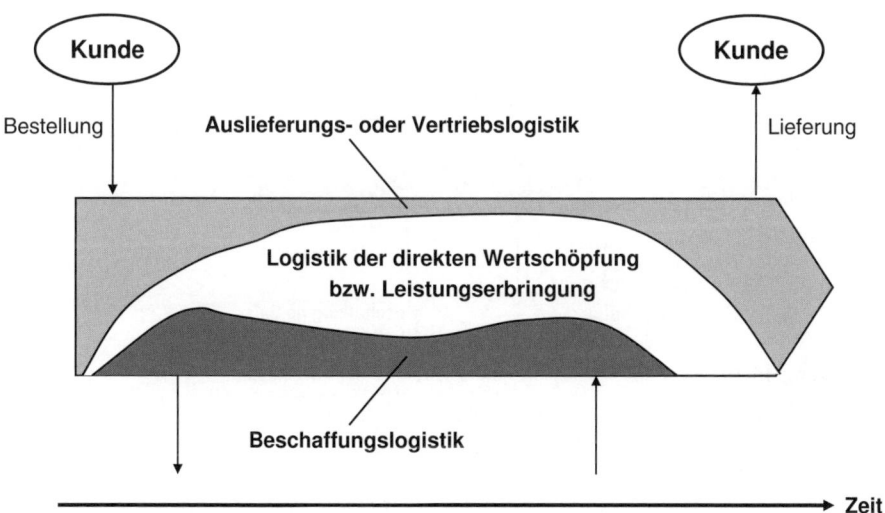

Abbildung 15.9 Integrierte Logistik innerhalb der modularen Plattform bzw. des Geschäftsprozesses

Mit der Integration der Logistikaufgaben in den Geschäftsprozess ist die integrale Abstimmung von der Beschaffung über die Leistungserbringung bis zur Auslieferung inhärent im Geschäftsprozess gewährleistet. Fehldispositionen sind zwar nicht ausgeschlossen, aber vom Geschäftsprozess selbst zu verantworten. Zudem ist die spezifische

Ausrichtung der Logistikanforderungen auf den jeweiligen Geschäftsprozess – genauer noch: Kaskadenstufe und Segment – möglich.

Ein Makrodesign kann auch als kaskadische (und segmentierte) Abfolge von Bausteinen der integralen Logistik betrachtet werden. Durch den generischen Auftragszyklus werden die Übergabefunktionen, Beschaffungs- bzw. Auslieferungs-/Vertriebslogistik, aufeinander abgestimmt (siehe Abbildung 15.10). Diese Verknüpfung der Kaskadenstufen an den Schnittstellen lässt sich auf wenige generische logistische Prototypen zurückführen, welche durch die Bedarfsdefinition und die Auslösung der Wertschöpfung bestimmt werden (siehe auch „Logistische Prototypen" in Kapitel 7).

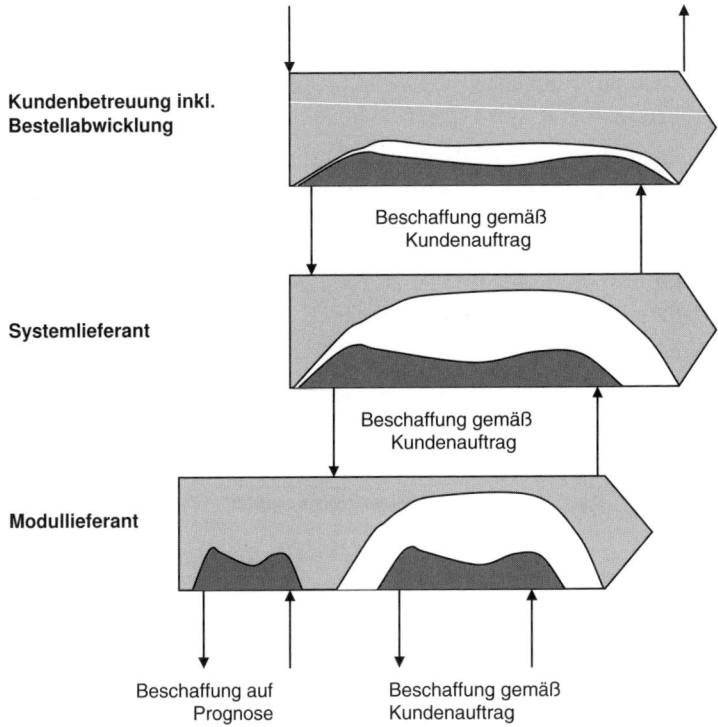

Kundenbetreuung inkl. Bestellabwicklung

Beschaffung gemäß Kundenauftrag

Systemlieferant

Beschaffung gemäß Kundenauftrag

Modullieferant

Beschaffung auf Prognose

Beschaffung gemäß Kundenauftrag

Abbildung 15.10 Integrierte Logistik als Bindeglied der Prozesskaskade

■ 15.6 Objektorientierte Eigenschaften

Was hat die modulare Plattform mit „Objekten" in der Informationstechnik gemeinsam? Viel – und gleichzeitig wieder wenig. Um Letzteres vorwegzunehmen: Niemand wird behaupten, dass ein Geschäftsprozess in einem Unternehmen und ein Verarbeitungsprozess in einem Informationssystem gleich sind. Geschäftsprozesse lassen sich nicht soweit formalisieren und arbeiten nicht annähernd so präzise wie eine Rechnerinstruktion. Wären sie es aber, so gäbe es im Unternehmen oder im wirtschaftlichen Austausch wesentlich weniger Fehler, Störungen, Qualitätsprobleme, Ausstände oder Verspätungen. Indem auf die objektorientierte Modellierung zurückgegriffen wird, das Makrodesign klar strukturiert wird und die Geschäftsprozesse eindeutig identifiziert werden, lässt sich diese Präzision jedoch annähernd erreichen.

Die objektorientierte Methodik bietet eine formale Sprache, welche die funktionalen Abhängigkeiten und Abläufe definiert sowie flexible Architekturen ermöglicht. Die objektorientierte Methodik ist für die Konzeption von Informationssystemen entwickelt worden, operiert mit abstrakten Begriffen und dient der Modellierung physischer wie auch virtueller Gegebenheiten. Losgelöst von konkreten Gegebenheiten wird hohe Übersichtlichkeit mit differenziertem Detaillierungsgrad, Verständlichkeit der Funktionen und Abhängigkeiten, Veränderbarkeit von ausgewählten Teilbereichen sowie Wiederverwendbarkeit geschaffen. Zudem stellt die objektorientierte Modellierung heute die Basis für dezentrale Informationssystemstrukturen dar.

Die Literatur über objektorientiertes Design von Software ist sehr umfangreich. Verständliche Einführungen haben Yun-tung Lau bzw. Ivar Jacobson (1995) verfasst, Letzterer vor allem mit der dynamischen Sicht von betrieblichen Abläufen und deren Abbildung in Betriebssystemen. Von Jacobson stammt auch die Modellierung mit sogenanntem Use-Case. Im Unterschied zur hier vorgestellten Methodik zeichnet sich die Use-Case-Modellierung durch Ablaufketten mit offenen Kaskadenbeziehungen aus (siehe auch Box „Offene und zirkuläre Beziehungen" in Kapitel 6).

Der Grundgedanke der Objektorientierung liegt darin, mit möglichst geringem Aufwand und wenigen Eingriffen ins Gesamtsystem wesentliche Anpassungen oder Veränderungen zu ermöglichen. Dazu ist der Kunstbegriff „Objekt" geschaffen worden: Objekte verfügen über einen bestimmten Zustand (Attribute, Daten) und bestimmte Methoden, welche hinterlegt sind. Mit Hilfe dieser Methoden können sie zum einen ihren eigenen Zustand ändern und zum anderen mit ihrem Umfeld in Beziehung treten (Schnittstellen). Zur Objektorientierung gehören folgende sieben Kernbegriffe:

- *Objektklasse:* Objekte mit ähnlichen Attributen und Methoden werden zu Objektklassen zusammengefasst. Objektklassen beschreiben die Baupläne von Objekten.

- *Objektinstanzen:* Eine Objektinstanz entsteht durch die konkrete Erzeugung eines Objekts aus einer Objektklasse. Das Objekt erhält eine eindeutige Identifikation und den Zustandsattributen werden Initialwerte zugeordnet.

- *Kapselung:* Ein Objekt verbirgt seine interne Struktur (Attribute, Funktionen) vor dem Umfeld und ist nur über genau spezifizierte Schnittstellen zugänglich (Schnittstellenmethoden oder Übergabefunktionen genannt).

- *Statische Assoziationen:* Objekte treten über statische Assoziationen mit einem oder mehreren Objekten in definierte Beziehungen und bilden mit ihnen ein System.

- *Aggregation:* Objekte können über statische Assoziationen zu Aggregaten verbunden werden und neue Objekte bilden. Umgekehrt können Objekte auch zerlegt werden.

- *Dynamische Assoziation:* Objekte kommunizieren untereinander mit Hilfe von Nachrichten oder Stimuli und stehen damit in dynamischer Beziehung.

- *Vererbung:* Aus existierenden Objektklassen können neue Objektklassen generiert werden, wobei neue Methoden und Attribute hinzugefügt oder diese modifiziert werden können.

Analog zum Objekt in der Informatik ist der Zustand einer modularen Plattform bzw. eines Geschäftsprozesses über ein Set von Attributen oder Zustandsgrößen beschreibbar. Modulare Plattformen verfügen ebenso über bestimmte Methoden, und zwar über die zeitlich und sachlich logische Aktivitätenabfolge wie auch die Übergabefunktionen an den Schnittstellen zum Umfeld (siehe Abbildung 15.11 und Abbildung 15.12):

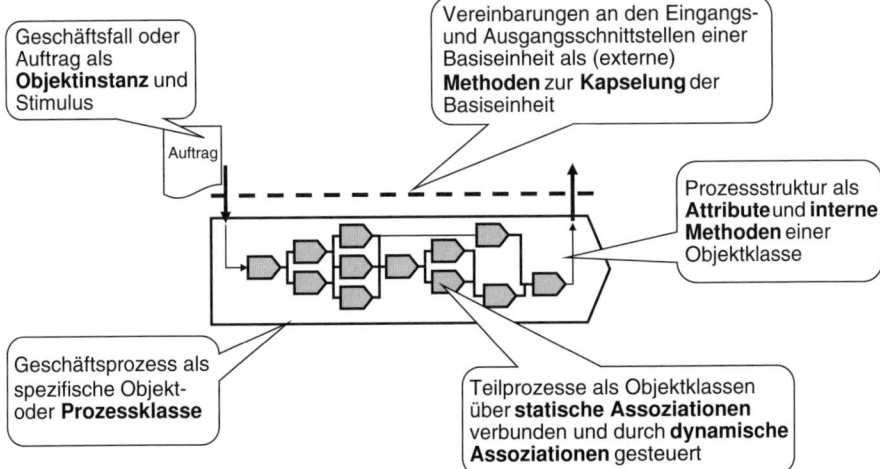

Abbildung 15.11 Objektorientierung der modularen Plattform bzw. des Geschäftsprozesses

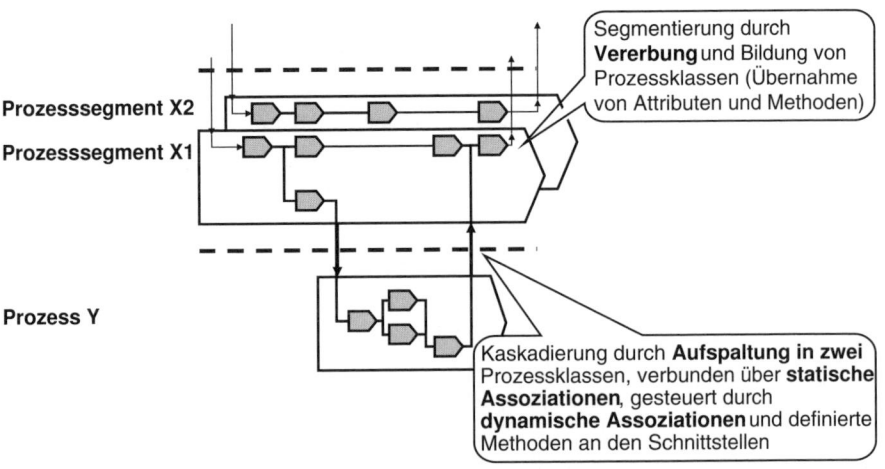

Abbildung 15.12 Objektorientierung des Makrodesigns: Kaskadierung und Segmentierung

Ein konkreter Geschäftsfall oder Auftrag, der zur Abwicklung des Prozesses führt, stellt eine Objektinstanz dar. In dem Sinne kann auch gesagt werden, dass der Prozess als Objekt zu „existieren" beginnt. Gleichermaßen stellt die Objektinstanz auch den Auslöser bzw. den „Stimulus" für den Geschäftsprozess dar. In diesem Zusammenfallen von Objektinstanz und Stimulus liegt eine konstruktive Besonderheit der modularen Plattform: Objektorientiert gesprochen erzeugt sich die Objektinstanz durch den Stimulus selbst.

Eine modulare Plattform bzw. ein Geschäftsprozess entspricht einer definierten Objekt- oder Prozessklasse (z. B. Prozessklassen „Kundengewinnung/-betreuung" oder „Auftragserfüllung"), welche unternehmensspezifisch definiert ist. Die Prozessstruktur mit den einzelnen Aktivitäten, Abläufen, Bedingungen, Informationen und Ressourcen entspricht den Attributen und (internen) Methoden einer Objekt- bzw. Prozessklasse.

Die Schnittstellen und die zugehörigen Vereinbarungen an den Eingangs- und Ausgangsschnittstellen einer Plattform entsprechen den (externen) Methoden, mit denen auf eine Plattform zugegriffen wird (z. B. Übergabe der Bestellung mit definierten Parametern führt zur entsprechenden Lieferung einer bestimmten Leistung). Die Plattform bzw. der Geschäftsprozess wird durch diese Methoden an den Schnittstellen gekapselt und stellt eine Blackbox dar.

Die Aktivitäten und Teilprozesse repräsentieren wiederum Objektklassen. Diese sind durch statische Assoziationen miteinander verbunden (Struktur, sachlogische Abfolge) und bilden als Aggregation einen Geschäftsprozess. Die Kommunikation bzw. Steuerung (zeitlich logische Abfolge) zwischen den Teilprozessen (Objektklassen) erfolgt über dynamische Assoziationen.

Die Bildung von Prozessvarianten bzw. die *Segmentierung* entspricht der Bildung einer neuen Prozessklasse, wobei Attribute und Methoden übernommen, erweitert bzw. modifiziert und damit vererbt werden. Insbesondere die Übergabemethoden der gebildeten Prozessklassen bleiben zu der auftraggebenden Prozessklasse kompatibel. Damit ist gewährleistet, dass sich durch Segmentierung die Kaskadenstufung nicht verändert.

Die Bildung einer Prozesskaskade bzw. eine *Kaskadierung* entspricht der Aufspaltung einer einzelnen in zwei neue Prozessklassen, die über statische Assoziationen verbunden sind, über dynamische Assoziationen kommunizieren und über definierte Methoden an der neu geschaffenen Schnittstelle aufeinander zugreifen. Schnittstellen zu anderen Prozesskaskaden bleiben unberührt. Mit Letzterem ist gewährleistet, dass der restliche Teil des Makrodesigns nicht verändert wird. Diese komplexe objektorientierte Abbildung stellt sicher, dass die Kaskadenbeziehung geschlossen ist bzw. eine einfache Auftraggeber-Auftragnehmer-Beziehung besteht.

Die Objektorientierung der modularen Plattform vereinfacht die Modellierung von alternativen Geschäftsprozessstrukturen erheblich. Durch die direkte Abbildung von Beziehungen und Vorgängen aus der realen Welt in die Modellwelt (als sogenannte Objekte) sind die Makrodesigns leicht nachvollziehbar und verständlich. So kann durch Vererbung und die Möglichkeit, logische Hierarchien von Prozessklassen aufzubauen, der Detaillierungsgrad den jeweiligen Erfordernissen angepasst werden. Wir sprechen in diesem Zusammenhang auch von der Selbstähnlichkeit der Plattform. Die Kapselung der Prozessklasse gewährt die Realisierung des Autonomieprinzips.

Über die Möglichkeit, modulare Plattformen zu aggregieren, stellt auch das Makrodesign eine Objektklasse dar. Das objektorientierte Makrodesign gewährt nun für die Gestaltung, Modifikation oder Anpassung hohe Flexibilität: Mit begrenzten Eingriffen lassen sich erhebliche, leistungssteigernde Veränderungen im Makrodesign realisieren. Veränderungen werden vielfach nur an einem ausgewählten Geschäftsprozess durchgeführt – außer es wird eine grundlegende Überarbeitung des gesamten Makrodesigns angestrebt. Wegen der Kapselungen sind andere Geschäftsprozesse davon nicht betroffen und das Makrodesign wird in seinen Grundstrukturen nicht angetastet.

Solange die Übergabefunktionen bzw. die Schnittstellendefinitionen nicht verändert werden, können Geschäftsprozesse beliebig modifiziert oder durch Alternativen ausgetauscht werden. Auch wenn Geschäftsprozesse zerlegt werden, bleibt die Veränderung des Makrodesigns lokal, denn die Geschäftsprozessteile lassen sich als neue Prozessklasse ausgliedern. Bleiben diese zwei Prozessklassen mit dem Auftragszyklus, einer Kombination von statischen und dynamischen Assoziationen sowie definierten Übergabemethoden untereinander verbunden, sprechen wir von Kaskadierung. Ebenso können neue Geschäftsprozesse durch Anpassungen und Modifikationen aus existierenden Geschäftsprozessen – im Sinne von Prozessvarianten – kreiert werden. Attribute und Methoden werden dabei vererbt. Wir sprechen hier von der Segmentierung. Auch diese Veränderung im Makrodesign ist nur in der nächsten Umgebung wirksam. Durch Aggregation können Geschäftsprozesse als Prozessklassen zusammengefasst werden. Dies entspricht der horizontalen Integration. Da die Schnittstellen bzw. Übergabefunktionen nicht berührt werden, hat die horizontale Integration keine Auswirkungen auf andere Teile im Makrodesign.

■ 15.7 Dezentralisierung von Informationssystemen

Die Objektorientierung der modularen Plattformen bzw. des Makrodesigns hat zur Folge, dass dezentrale Strukturen – im Sinne sowohl von Organisationseinheiten als auch von Informationssystemen – einfach zu realisieren sind. Aufgrund der dargestellten Objektorientierung, insbesondere der Kapselung bzw. Verzahnung von Informations- und Wertschöpfungsfluss, wird mit den Plattformen eine modulare Struktur geschaffen, welche die Informationsflüsse inhärent schließt und zugleich eine verteilte Datenhaltung möglich macht.

Durch die Kaskadierung bzw. durch den generischen Auftragszyklus wird der Informationsfluss, welcher durch den primären Input und Output definiert wird, geschlossen, da die Quelle und die Senke bei der auftraggebenden Plattform bzw. dem (Prozess-) Kunden zusammenfallen. Die Auftragsverfolgung auf Seite des Auftraggebers verbindet Quelle und Senke des Informationsflusses (siehe Abbildung 15.13). Offensichtlich wird die Schließung des Informationsflusses in der Praxis dort, wo die Beauftragung durch eine schriftliche Bestellung und die entsprechende Lieferung oder Auftragserledigung durch einen Lieferschein dokumentiert wird. Der Abgleich der beiden Dokumente zeigt, dass der Auftrag abgeschlossen ist. Objektorientiert gesprochen, entsteht in der Quelle als Auftrag die Objektinstanz, in der Senke wird sie wieder – weil abgeschlossen – aufgehoben.

Auftraggeber

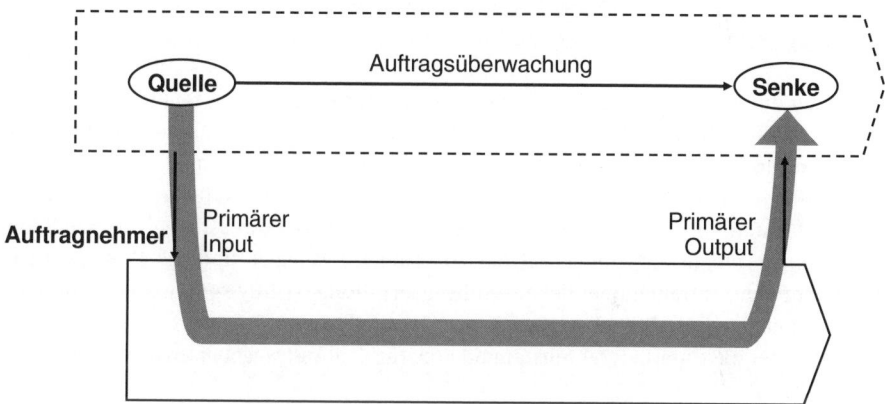

Abbildung 15.13 Schließung des Informationsflusses in der Auftraggeber-Auftragnehmer-Beziehung

Wird ein Subauftrag an eine weitere Kaskadenstufe erteilt, entsteht ein zweiter geschlossener Informationsfluss mit je einer Quelle und einer Senke. Diesmal liegen diese auf der Seite des ursprünglichen Auftragnehmers, der mit dem Subauftrag nun eine Auftraggeberrolle übernommen hat (siehe Abbildung 15.14).

Mit der kaskadischen Wiederholung des Auftragszyklus entstehen immer wieder neue, jedoch geschlossene Informationsflüsse zwischen den Kaskadenstufen. In diesen Informationsflüssen bewegen sich ausschließlich auftragsbezogene Daten. Diese werden in den Schnittstellen bzw. Übergabefunktionen definiert und sollten einen möglichst minimalen Umfang annehmen, um einen effizienten Informationsfluss zu gewährleisten. Wir bezeichnen sie als „Geschäftsfalldaten" oder „Auftragsdaten".

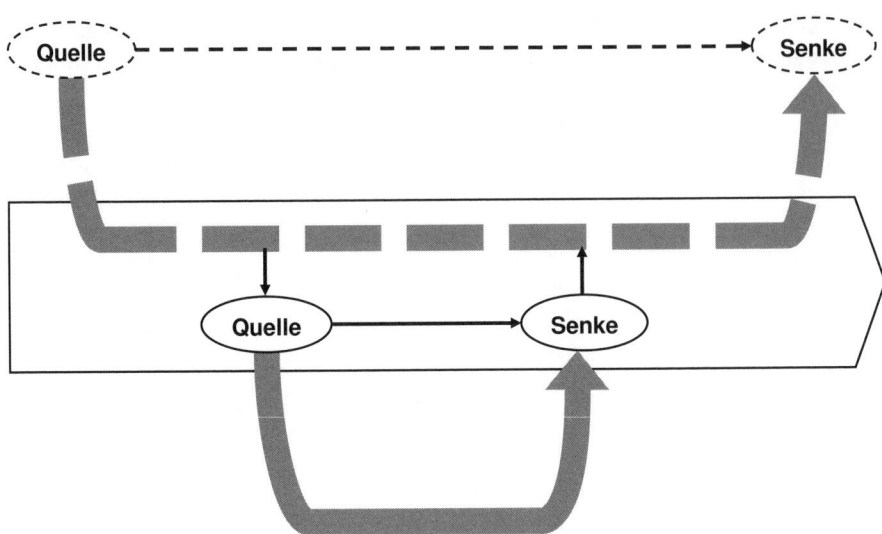

Abbildung 15.14 Schließung des Informationsflusses im Subauftrag

Damit der durch den Auftrag angestoßene Geschäftsprozess korrekt ablaufen kann, sind viele zusätzliche Informationen nötig, welche im jeweiligen Geschäftsprozess hinterlegt sind. Die Menge dieser „Prozessdaten" kann umfangreiche Dimensionen annehmen. Beispielsweise befinden sich Prozessdaten in einem Produktkatalog oder in einer Lieferantenstammliste. Für einen Auftraggeber sind diese Prozessdaten essenziell, da sie es ihm ermöglichen, einen Auftrag zu erteilen. Dagegen sind die Prozessdaten, welche für den Auftragnehmer bei der Auftragserfüllung wichtig sind, wie etwa die Produktstammdaten mit Stücklistenauflösung, Herstellungsvorschriften, Qualitätsvorgaben usw. oder die Unterlieferantenstammdaten, für den Auftraggeber unerheblich (siehe Tabelle 15.1).

Genauso unerheblich sind für den Auftraggeber die Planungsdaten des Auftragnehmers, wie die Ressourcenverfügbarkeiten (Leistungsträger, Betriebsmittel, Ausgangsmaterialien usw.) oder die Prozessfähigkeiten des Geschäftsprozesses. Damit ist es möglich, die Prozessdaten zwischen Auftraggeber und Auftragnehmer zu verteilen, insbesondere die Verantwortung für deren Bereitstellung und Pflege eindeutig zuzuordnen.

Tabelle 15.1 Ausgewählte Informationen und Datenverteilung in dezentralisiertem System (Beispiel: Stahlhersteller)

Kaskaden-stufe	Funktionalität	Kritische Informationen	Auswahl von Prozessdaten	Auswahl von Geschäfts-falldaten
Kunden-gewinnung und -betreuung	Kundenkontakt-management Angebots-erstellung Auftrags-abwicklung Reklamations-abwicklung	Kundenstamm-daten Preis-vereinbarungen Liefer-verzögerungen Kundenrelevante Erfahrungen	Kundenstamm-daten Produktkatalog Evtl. Stammdaten von Lieferanten von Fremd-produkten	Offene Anfragen, offene Angebote, offene Bestel-lungen
Walzstahl-produktion	Ressourcen-optimierte Ferti-gungssteuerung (Reihenfolge-planung) Ablaufplanung für Nachbehandlung Qualitäts-optimierung	Material-verfügbarkeit Kapazitäts-verfügbarkeit Fertigungskosten Verfahrens-anweisungen Qualitäts-protokolle	Produktstamm (relevanter Teil) Verfahrensdaten Produktions-mitteldaten Verfügbarkeits-daten Lieferantenstamm	Offene Aufträge (mit optionalen Statusmeldungen) Qualitäts-protokolle Offene Aufträge (mit optionalen Statusmeldungen) Qualitäts-protokolle
Knüppel-herstellung (eigene oder Dritte)	Ressourcen-optimierte Ferti-gungssteuerung (Reihenfolge-planung) Qualitäts-optimierung	Material-verfügbarkeit Kapazitäts-verfügbarkeit Fertigungskosten Verfahrens-anweisungen Qualitäts-protokolle	Produktstamm (relevanter Teil) Verfahrensdaten Produktions-mitteldaten Verfügbarkeits-daten Lieferanten-stammdaten	Offene Aufträge an Unter-lieferanten (z. B. für Schrott, Legierungen)

In kleineren und mittleren Unternehmen stellt sich die Frage nach verteilten Daten selten. In größeren Unternehmen, insbesondere solchen mit mehreren Standorten oder Tochtergesellschaften, ist eine Dezentralisierung der Datenhaltung, vor allem der Daten-pflege, ins Auge zu fassen. Dadurch wird dem Grundsatz nachgekommen, Daten (oder deren Veränderungen) an der Quelle zu erfassen bzw. zu pflegen. Diese Dezentralisie-rung sollte allerdings geplant und vor allem gemäß dem vorliegenden Makrodesign erfolgen. Sind die Schnittstellen durch die Prozesskaskaden eindeutig festgelegt und auch für den Datenaustausch definiert worden, lässt sich entlang des Makrodesigns die modulare Systemarchitektur realisieren (siehe Abbildung 15.15).

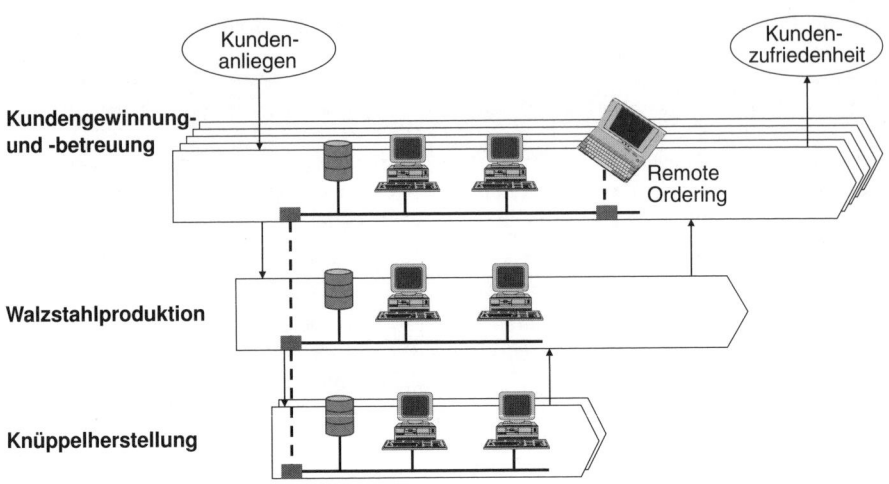

Abbildung 15.15 Modularisierte Systemarchitektur (Beispiel: Stahlhersteller)

■ 15.8 Erweiterte modulare Plattform

Eine modulare Plattform ist primär auf die wiederholte Ausführung von Aufträgen ausgerichtet. Um die „Ausführung" durchzuführen und zu optimieren, wird die modulare Plattform noch um drei zusätzliche generische Funktionen erweitert: um Markt-Monitoring, Bedarfs- und Ressourcenplanung sowie Unterstützung (siehe Abbildung 15.16). Diese generischen Funktionen werden genauso wie die „Ausführung" unternehmensspezifisch konkretisiert und periodisch wiederholt:

- Das *Markt-Monitoring* besteht aus der Beobachtung von nachfrage- und angebotsseitigen Märkten sowie der Identifikation von potenziellen Geschäftspartnern (Kunden oder Lieferanten). Dabei handelt es sich auch um die Beschaffung und Auswertung all derjenigen – oft sehr unstrukturierten – Informationen wie Trends, welche die Planungsaufgabe beeinflussen.

- In der *Bedarfs- und Ressourcenplanung* werden all jene Vorbereitungen getroffen, welche den Geschäftsprozess in die Lage versetzen, die (zukünftigen) Aufträge anforderungsgerecht zu erfüllen. Aufgrund der Bedarfsplanung sind Ressourcen – aus qualitativer und quantitativer Sicht – in ausreichendem Maße bereitzustellen, freizuhalten bzw. zu beschaffen. Ebenso sind die Prioritätsvorgaben für die Lösung von Ressourcenkonflikten und die Dispositionsvorgaben für die Bevorratung von Vorleistungen zu überprüfen und gegebenenfalls anzupassen.

- Die *Unterstützung* umfasst die Bereitschaft, den Auftraggeber auch nach Auftragserledigung zu unterstützen. Typischerweise zählen die Gewährleistung und Unterstützung während der Nutzungsphase dazu. Zur Phase der Unterstützung gehören auch die Auswertungen zur Prozessperformance und die Einleitung von Prozessverbesserungen.

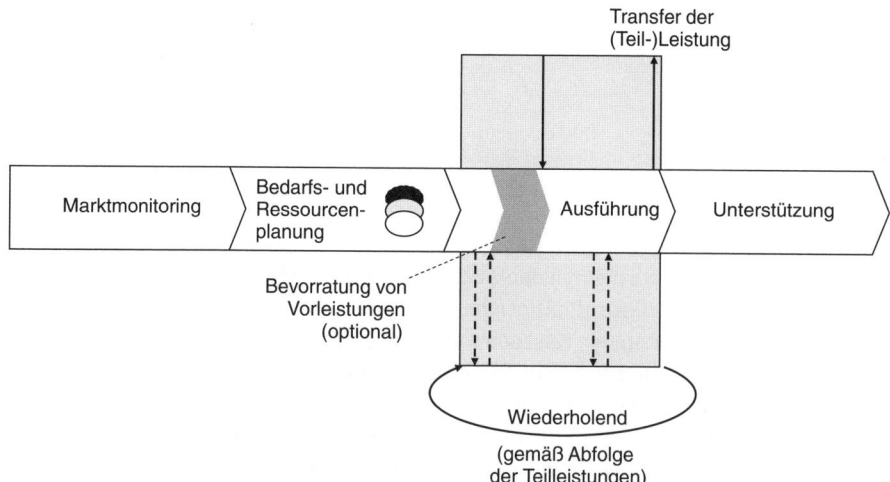

Abbildung 15.16 Erweiterte modulare Plattform

Der Autonomiegrad einer modularen Plattform hängt davon ab, inwiefern die zusätzlichen Funktionen Markt-Monitoring, Bedarfs- und Ressourcenplanung sowie Unterstützung konkretisiert sind. Grundsätzlich sollte jede Plattform – und damit auch jeder Geschäftsprozess – über diese zusätzlichen Funktionen verfügen. Gerade sie ermöglichen es, nicht nur die primäre Aufgabe der Auftragsausführung wahrzunehmen, sondern darüber hinaus die Prozessplanung differenziert in die Hand zu nehmen, die Prozessziele zu erreichen und die Prozessperformance zu optimieren.

Für die optimale Wahrnehmung der Funktionen Markt-Monitoring, Bedarfs- und Ressourcenplanung sowie Unterstützung sind einfache Informationsaustausche mit den vor- bzw. nachgelagerten Plattformen in der Kaskadenfolge vorzusehen. Die Bedarfs- und Ressourcenplanung wird mit bedarfsseitigen wie auch nachschubseitigen Prognosen präzisiert und nachgeführt. Die vor- bzw. nachgelagerten Plattformen sind dann an der periodischen Lieferung einer adäquaten Prognose interessiert, wenn damit eine zuverlässigere und leistungsfähigere Zusammenarbeit etabliert werden kann. Mit Prognosen können Liefer- bzw. Beschaffungsoptionen mit besonderen Lieferkonditionen festgelegt werden. Ein Hersteller elektronischer Komponenten hat beispielsweise mit seinen Kunden ein Bonus/Malus-System vereinbart, welches bei präzisen Prognosen besonders kurze Lieferzeiten gewährte.

In der Ausführung finden primär alle wertschöpfenden Aktivitäten statt, welche zu erbringen sind. Je nach zu erfüllendem Auftrag vertritt „Ausführung" eine konkrete Liste von wertschöpfenden Aktivitäten, welche in einer sachlich und zeitlich logischen Abfolge zu wiederholen sind. Der Konkretisierungsgrad im detaillierten Prozessmodell hängt davon ab, inwieweit sich die Leistungen standardisieren lassen. Selbst im Falle von nicht standardisierbaren Leistungen lassen sich „Standard-Operating-Procedures" bestimmen. Dazu gehören sowohl die Bedarfsspezifikation mit dem Kunden wie auch die (prognosengetriebene oder auftragsgesteuerte) Beschaffung der Vorleistungen, welche von anderen (internen oder externen) Kaskadenstufen bezogen werden (in Kapitel 7 werden in Verbindung mit der Schnittstellengestaltung unterschiedliche logistische Prototypen behandelt).

15.9 Unternehmensarchitektur

Die Kaskadenstruktur wird durch den Aufbau bzw. die Architektur der zu erbringenden Leistungen festgelegt. Diese „Plattformleistung" identifiziert die Teil- bzw. Vorleistungen als Output, welcher an den Kaskadenschnittstellen transferiert wird und den Güter- bzw. Wertschöpfungs- und Informationsfluss im Unternehmensdesign vorbestimmt. Je nach Architektur ergibt sich deshalb eine andere Kaskadenstruktur (siehe Abbildung 15.17). Anders ausgedrückt, die *Architektur der Marktleistung und die Kaskadenstaffelung im Unternehmensdesign definieren sich gegenseitig und sind kongruent.* Dabei hebt die Darstellung der (Produkt-)Architektur die Teil- bzw. Vorleistungen hervor, jene der Kaskadenstaffelung, die Wertschöpfungsstufen und die Austauschbeziehungen.

Kapitel 8 baut auf diesem Zusammenhang auf. Neben der zwingenden Kongruenz von Marktleistungsarchitektur und Kaskadenfolge werden dort die Gestaltungsmöglichkeiten betreffend Modularisierung, Variantenbildung und „Freeze-Line" bei Marktleistungen dargestellt.

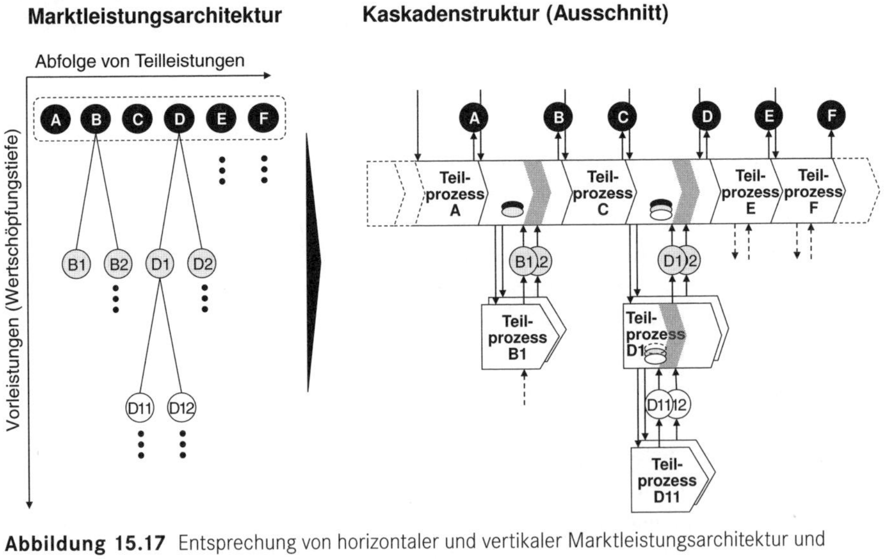

Abbildung 15.17 Entsprechung von horizontaler und vertikaler Marktleistungsarchitektur und Kaskadenstruktur

Mit Absicht ist hier ein Verständnis von Architektur und Kaskadenfolge dargelegt, welches unabhängig von der Natur einer Leistung ist. Bei den Leistungen kann es sich nicht nur um *Marktleistungen* (mit Sach-, Dienst- und Informationsleistungen), sondern auch um *Innovationen* oder *Kundenbeziehungen* handeln. Wie eine Sachleistung verschiedene

Wertschöpfungsstufen bis zur Marktleistung durchläuft, entsteht auch eine Innovation über wissensverarbeitende Stufen. Genauso lässt sich eine Kundenbeziehung systematisch entwickeln, wenn der Aufbau bzw. die Vertiefung einer Kundenbeziehung als Auftrag verstanden wird. Je nachdem, ob es sich bei den Leistungen um Marktleistungen, Innovationen oder Kundenbeziehungen handelt, werden diese von einem spezifischen Geschäftsprozess bzw. einer spezifischen Kaskadenfolge erbracht. Wir sprechen in diesem Zusammenhang auch von „Sales-Machine", „Delivery-Machine" und „Innovation-Machine":

- *„Sales-Machine":* Prozessstruktur, welche den Aufbau bzw. die Vertiefung von Kundenbeziehungen bezweckt. Die Prozessstruktur wird entsprechend der Kundenbeziehungsarchitektur kaskadiert. Insbesondere in marketing- und verkaufsintensiven Branchen wie der Konsumgüterindustrie (B2C) wird die „Sales-Machine" ausgeprägt kaskadiert.

- *„Delivery-Machine":* Prozessstruktur, welche auf die Erbringung der Marktleistung abzielt. Die Prozessstruktur wird entsprechend der Marktleistungsarchitektur kaskadiert.

- *„Innovation-Machine":* Prozessstruktur, welche die Erneuerung des Marktleistungsportfolios, der betrieblichen und technischen Prozesse sowie der Markt- und Wettbewerbsstrukturen bezweckt. Die Prozessstruktur wird entsprechend der Innovationsarchitektur kaskadiert. In technologie- und forschungsintensiven Unternehmen ist die Kaskadierung ausgeprägt.

In allen drei „Maschinen" wird das Konzept des Erfüllungsvorgangs in modularen Plattformen angewendet. Unabhängig, ob es sich um Sach-, Dienst- oder Informationsleistungen, Kundenbeziehungen oder Innovationen handelt, sind diese jeweils als Aufträge abzuwickeln. Entsprechend handelt es sich bei „Sales-Machine" oder „Innovation-Machine" auch um weitgehend zu „Delivery-Machine" analoge Konzepte. Damit lassen sich die dargelegten Überlegungen – insbesondere zum Unternehmensdesign oder zur modularen Plattform – verallgemeinern.

Zwischen „Sales-Machine", „Delivery-Machine" und „Innovation-Machine" bestehen Abhängigkeiten, welche durch die – den genannten Architekturen übergeordnete – Unternehmensarchitektur bestimmt werden. So ist die „Innovation-Machine" wertdefinierend und legt beispielsweise die Marktleistungen fest, welche die wertschaffende „Sales-Machine" bzw. „Delivery-Machine" vermarktet bzw. erbringt. Der Output der „Innovation-Machine" besteht typischerweise aus detaillierten Beschreibungen der Marktleistung sowie den zugehörigen Prozessvorschriften, wie diese zu vermarkten bzw. zu erbringen sind. Insofern besteht zwischen der „Innovation-Machine" und den beiden anderen eine asymmetrische und asynchrone Abhängigkeit, welche nicht durch eine direkte Auftragsbeziehung gekennzeichnet ist. Asymmetrisch bedeutet, dass die „Innovation-Machine" nicht im Auftragsverhältnis für die „Sales-Machine" bzw. „Delivery-Machine" aktiv wird, sondern aufgrund eines Unternehmensauftrags Innovationen erarbeitet und in die „Sales-Machine" bzw. „Delivery-Machine" transferiert; die Rückmeldungen werden zur Optimierung des Innovationsgeschehens verwendet. Asynchron bedeutet, dass die Innovationen in einer anderen Taktfolge als die Austauschbeziehungen mit den Kunden erfolgen. Im Gegensatz dazu besteht zwischen „Sales-Machine" und „Delivery-Machine" eine synchrone Kopplung durch eine Auftragsbeziehung. Diese asymmetrische und asynchrone Abhängigkeit folgt der Sichtweise dreier unternehmerischer Ebenen: der Wertnormierung, der Wertdefinition und der Wertschaffung (siehe Abbildung 15.18).

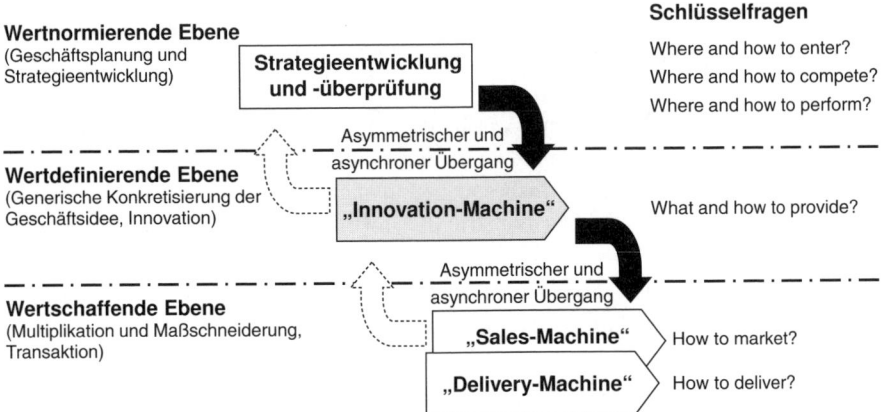

Abbildung 15.18 Unternehmerische Betrachtungsebenen und Zuordnung von „Innovation-Machine", „Sales-Machine" und „Delivery-Machine"

Obwohl auch dreistufig, unterscheidet sich das St. Galler-Modell von Knut Bleicher (2001) darin, dass zwischen normativer, strategischer und operativer Ebene unterschieden wird. Im St. Galler-Modell würden alle drei „Maschinen" in der operativen Ebene angesiedelt. Im vorliegenden Buch wird die Ansicht vertreten, dass den drei Ebenen unterschiedliche Konkretisierungsgrade der Geschäftsplanung und -umsetzung mit unterschiedlichen Schlüsselfragen entsprechen. So gesehen dient die „Innovation-Machine" als Instrument der strategischen Weiterentwicklung des Unternehmens. In diesem Sinne sollte der wertdefinierende Bereich („Innovation-Machine") auch von den wertschaffenden („Sales-Machine" bzw. „Delivery-Machine") unterschieden werden.

Für den Fall von Standardleistungen oder Katalogprodukten werden durch die „Innovation-Machine" die Portfolios der Marktleistungen bzw. deren Vorleistungen festgelegt, welche von der „Sales-Machine" zu verkaufen und von der „Delivery-Machine" zu erbringen bzw. bereitzustellen sind (siehe Abbildung 15.19). Bei komplexen Marktleistungen wird von der „Innovation-Machine" hingegen nicht die konkrete Marktleistung, sondern nur das (Lösungs-)Spektrum, deren Architektur und Bausteine wie etwa Module festgelegt. Die kundenspezifische Festlegung der Marktleistung erfolgt durch die „Sales-Machine" und „Delivery-Machine" gemeinsam nach dem KAM/PEM-Muster (siehe „Vereinbarung eines komplexen Leistungsmix" in Kapitel 9).

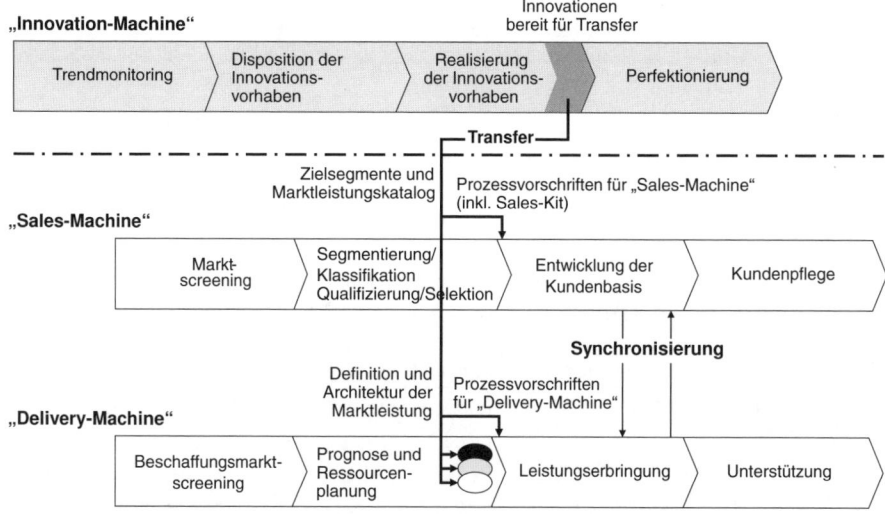

Abbildung 15.19 Abhängigkeit zwischen „Innovation-Machine" und „Sales-Machine" bzw. „Delivery-Machine" (Fall: Standardleistung oder Katalogprodukt)

Zusammenfassend bestehen zwischen „Innovation-Machine", „Sales-Machine" und „Delivery-Machine" die in Tabelle 15.2 dargestellten Entsprechungen.

Tabelle 15.2 „Innovation-Machine", „Sales-Machine" und „Delivery-Machine" im Überblick

	„Innovation-Machine"	„Sales-Machine"	„Delivery-Machine"
Rolle	Definition des Mehrwerts („wert-definierend")	Konkrete Vermittlung des Mehrwerts („wert-schaffend")	Konkrete Erbringung des Mehrwerts („wert-schaffend")
Primäre Aufgaben	Erarbeitung von Innovationen	Entwicklung der Kundenbasis	Leistungserbringung auf Verlangen
	Lebenszyklus-Management der Innovation	Lebenszyklus-Management der Kunden-beziehung	Unterstützung der Nutzung
Input	Markt- und Technologie-trends bzw. -chancen	Potenzieller Kunde	Kundenauftrag oder prognostizierte Nach-frage
Output	Transferierte und akzeptierte Innovation	Hohe Kundenzufrieden-heit (Kundenloyalität, Kundenbindung)	Akzeptierte Leistungs-erbringung (Sach-, Dienst- oder Informa-tionsleistung)
Planungs-aufgaben	Management des Inno-vationsportfolios und der Road-Map	Marktsegmentierung und Kundenklassierung	Ressourcen- und Kapazitätsplanung entlang der Wert-schöpfungskette
	Evaluation der Wissens-und Kompetenzdomänen	Qualifikation der Kundenbasis	

Tabelle 15.2 „Innovation-Machine", „Sales-Machine" und „Delivery-Machine" im Überblick *(Forts.)*

	„Innovation-Machine"	„Sales-Machine"	„Delivery-Machine"
Prozess-charakte-ristik	Halboffen Trichter zur Ideen-qualifikation Asynchron zu „Sales-Machine" und „Delivery-Machine"	Halboffen Trichter zur Kunden-qualifikation Synchronisiert mit „Delivery-Machine"	Geschlossen und auf-tragsbezogen, allenfalls prognosegetrieben Synchronisiert mit „Sales-Machine"
Spezielle Vorgaben für das Unter-nehmens-design	Innovationsarchitektur (orthogonal gekoppelt mit der Beziehungs-bzw. Leistungsarchitek-tur über sogenannte Funktionen) Innovationsdomänen Prozessparameter und Performanceziele Übergaben an „Sales-Machine" bzw. „Delivery-Machine" Oft auch orthogonal dargestellt	Beziehungsarchitektur (synchron gekoppelt mit der Leistungs-architektur) Kundensegmente Prozessparameter und Performanceziele Link zur „Innovation-Machine" (Übernahme von Innovations-vorhaben)	Leistungsarchitektur (synchron gekoppelt mit der Beziehungs-architektur) Wertschöpfungs-spektrum Prozessparameter und Performanceziele Link zur „Innovation-Machine" (Übernahme von Innovations-vorhaben)

■ 15.10 Literatur

Bleicher, K. (2001). Das Konzept Integriertes Management: Visionen – Missionen – Programme. Frankfurt: Campus.

Checkland, P. (1983). System thinking, systems practice. Chichester: John Wiley & Sons.

Jacobson, I., Ericsson, M. & Jacobson, A. (1995): The object advantage: Business process reengineering with object technology. New York, NY: Addison-Wesley.

Lau, Y.-T. (2001). The art of objects: Object-oriented design and architecture. Boston, MA: Addison-Wesley.

Sharman, G. (1984). The rediscovery of logistics. Harvard Business Review, 62 (5), 71–79.

Taylor, F. W. (1911, Deutsch: 2011). Die Grundsätze wissenschaftlicher Betriebsführung (The principles of scientific management). Paderborn: Salzwasser.

Warnecke, H. J. (1993). Revolution der Unternehmenskultur: Das fraktale Unternehmen. Berlin Heidelberg: Springer.

Warnecke, H. J. (1995). Aufbruch zum fraktalen Unternehmen: Praxisbeispiele für neues Denken und Handeln. Berlin Heidelberg: Springer.

16 Ausgewählte Fallbeispiele

Nachfolgend wird eine Auswahl von Beispielen mit besonderen Unternehmensdesigns dargestellt und kurz kommentiert. Der Kommentar beschränkt sich dabei auf die Besonderheit, im Speziellen die Neuigkeit des Designs. Diese Unternehmensdesigns stellten innovative Schritte in der Weiterentwicklung des Unternehmens dar. Mit Ausnahme des Unternehmensdesigns für eine Universität sind alle – zum großen Teil in der vorliegenden Form – realisiert worden.

■ 16.1 IT-Dienstleister

Das IT-Geschäft umfasst in vielen Fällen ein breites Spektrum von Marktleistungen, z. B. Implementierung und Integration von ausgewählten Softwareapplikationen, Lieferung und Betrieb von Rechenzentren und Netzinfrastrukturen oder Übernahme von kompletten Supportprozessen. Trotz der Unterschiedlichkeit der einzelnen Geschäftsfälle ist eine Modularisierung des Angebotsspektrums zweckmäßig, damit ein komplizierter Geschäftsfall in wiederholbare Bausteine aufgebrochen werden kann.

Ein IT-Dienstleister, welcher spezialisiert auf die Lufttransportbranche (Fluggesellschaften, Bodendienste und Flughäfen) spezialisiert war, war ebenso mit der erwähnten Angebotskomplexität konfrontiert. In seinem Fall wurde ein Unternehmensdesign entwickelt, welches diese erwähnte Angebotskomplexität in einem generischen Geschäftsbeziehungszyklus und in einer entsprechenden Modularisierung der Marktleistung berücksichtigte. Das resultierende Design sah vier Kaskadenstufen vor (siehe Abbildung 16.1). Die oberste Stufe ermöglichte die kundenorientierte Marktbetreuung entlang des gesamten Geschäftsbeziehungszyklus. Segmentiert wurde nach den geografischen Märkten. Die zweite Stufe war für große Projekte wie etwa das Komplett-Outsourcing vorgesehen, um der Projektkomplexität jeweils gerecht zu werden. Die dritte Stufe war zuständig für Analyse, Entwurf, Implementierung, Integration und Betrieb sowie Unterhalt und Wartung von ausgewählten Applikationsbereichen. Die vierte Stufe erbrachte alle System- und Infrastrukturdienste und war spezialisiert nach Technologien.

Kundengewinnnung und -betreuung

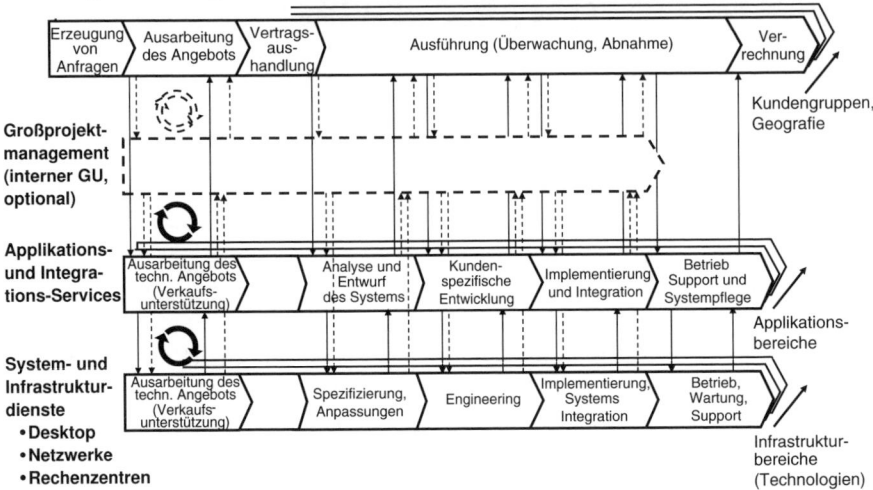

Abbildung 16.1 Unternehmensdesign für einen IT-Dienstleister (wertschaffender Teil:
Erbringungsmaschine)

Trotz der komplexen Aufträge mit hohen kundenspezifischen Anteilen legte der IT-Dienstleister großen Wert darauf, dass für die Marktleistung auf Standardentwicklungen aus dem eigenen Hause oder von Dritten zurückgegriffen wurde. Dazu wurde im Unternehmensdesign auch ein Innovationsbereich definiert, welcher wertdefinierend auf die wertschaffenden Geschäftsprozesse einwirkt (siehe Abbildung 16.2). Der Innovationsbereich bestand aus dem „Portfolio- und Technologiemanagement", welches übergeordnet und strategisch den Innovationsbereich steuerte. Die Innovationssteuerung erfolgte durch das „Produktmanagement". Dieses beauftragte die Einheiten für die Entwicklung und Wartung von Standardapplikationen. Obwohl beide Stufen wiederum nach den Applikationsbereichen segmentiert wurden, sei hervorgehoben, dass die Entwicklung von Standardapplikationen (wertdefinierend) klar von den kundenspezifischen Anpassungen (wertschaffend) getrennt wurde. Damit konnte den unterschiedlichen Anforderungen an Dokumentation und Wiederverwendbarkeit bzw. kundenspezifische Funktionalität und Integrationsfähigkeit entsprochen werden.

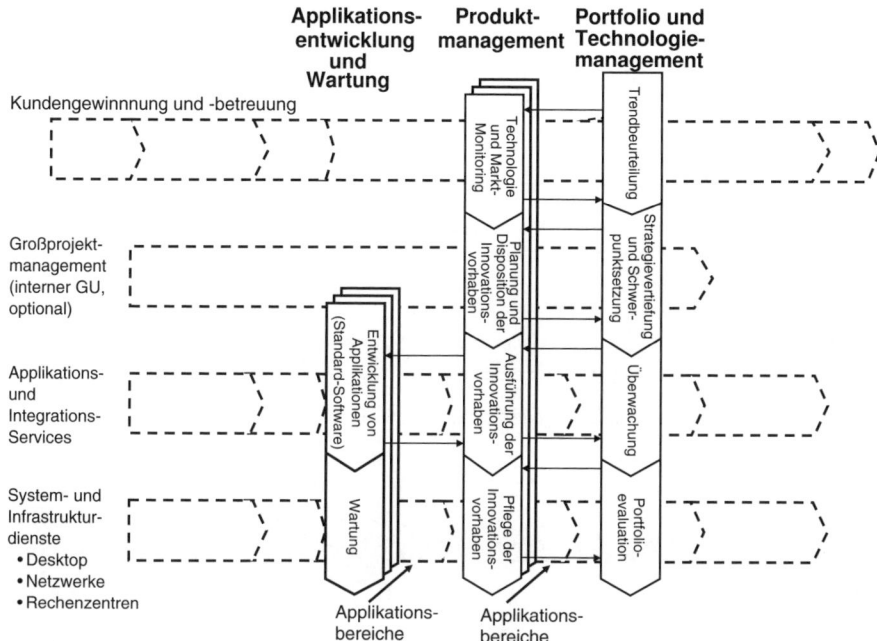

Abbildung 16.2 Unternehmensdesign für einen IT-Dienstleister (wertdefinierender Teil: Innovationsmaschine)

■ 16.2 Internationale Rechtsanwaltsfirma

Viele Rechtsanwälte sind auf einen Rechtszweig spezialisiert und als Einzelpersonen oder in einer kleinen Bürogemeinschaft tätig. Der Rechtsanwalt ist zugleich Kundenbetreuer und Rechtsberater/-vertreter seiner Kunden. Die Frage nach der internen Zusammenarbeit reduziert sich bei der Bürogemeinschaft auf die Nutzung gemeinsamer interner Services, wie beispielsweise das Sekretariat. Zunehmend gewinnen jedoch größere Firmen an Bedeutung, welche verschiedenste Rechtszweige vertreten und als einheitliches Unternehmen auftreten. In solchen Fällen stellt sich die Frage nach der internen Zusammenarbeit zwischen den Anwälten.

Im vorliegenden Unternehmensdesign wurde die Kundenbetreuung, welche auch allgemeine Rechtsberatung umfasste, und die Auftragsbearbeitung in zwei verschiedene Geschäftsprozesse aufgeteilt (siehe Abbildung 16.3). Damit wurde es möglich, die beiden Geschäftsprozesse nach unterschiedlichen Kriterien zu segmentieren: nach den Branchen in der Kundenbetreuung bzw. nach dem Rechtsgebiet in der spezialisierten Auftragsbearbeitung. Mit diesem Unternehmensdesign wurde sichergestellt, dass der Kunde jeweils die beste Unterstützung erhielt.

**Kundengewinnung und -betreuung
(inkl. Allgemeine Rechtsberatung)**

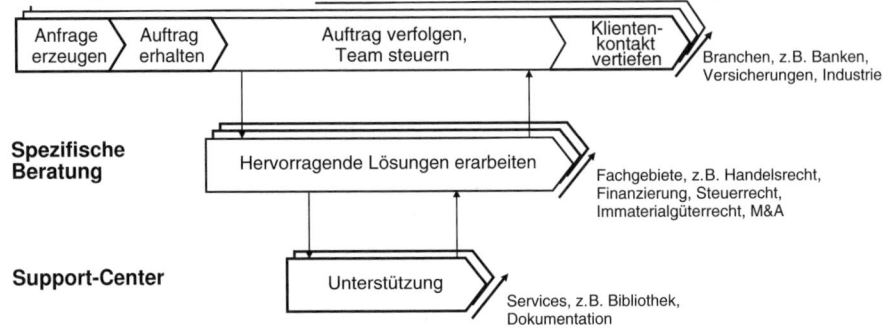

Abbildung 16.3 Unternehmensdesign einer internationalen Rechtsanwaltsfirma (Beispiel)

■ 16.3 Bahninfrastruktur

Bahnunternehmen ist eigen, dass ihre Planungen für die Infrastrukturentwicklung einen deutlich längeren Zeithorizont (ca. 20 Jahre) betreffen müssen als diejenigen manch anderer Unternehmen. Die Planungsqualität hat zudem einen direkten Einfluss auf das Unternehmensergebnis. Darüber hinaus sind die Bahnunternehmen aufgrund der Liberalisierungsbestrebungen gefordert, ihre Infrastrukturanlagen für Dritte zu öffnen.

Vor diesem Hintergrund beschloss ein Bahnunternehmen, seinen Infrastrukturbereich so zu verselbstständigen, dass er in der Lage sein würde, Trassenbetriebsleistungen sowohl intern als auch extern zu erbringen. Der Infrastrukturbereich selbst war in 16 Profit-Center gegliedert, welche allerdings zum Teil sehr stark voneinander abhingen. Doppelspurigkeiten und Abstimmungsschwierigkeiten gehörten zum Alltag.

Im Rahmen des Unternehmensdesigns wurden die Profit-Center zusammengeführt. Einzig der Energieerzeuger blieb am Ende noch ein selbstständiges Profit-Center. Das Makrodesign gliederte den Infrastrukturbereich in vier Kaskadenstufen: (A) die Kundengewinnung und -betreuung, (B) das Kapazitätsmanagement mit Trassenplanung, Disposition, Verkehrssteuerung sowie Störungsmanagement, (C) das Infrastrukturmanagement mit der Verantwortung für den Bau und Unterhalt sämtlicher Infrastrukturen und (D) das Projektmanagement mit der Aufgabe der detaillierten Bauplanung und des Baus unter Einbezug von Dritten (siehe Abbildung 16.4). Eine Besonderheit in diesem Unternehmensdesign stellten, wie bereits erwähnt, die langen Planungsphasen dar. Die Planung wurde durch die Kunden – beispielsweise öffentliche Körperschaften – angestoßen und durch die Kundengewinnung/-betreuung gesteuert. Das Trassenmanagement plante die Kapazität, welche durch Linienerweiterung oder Verkürzung der Zugabfolge erreicht werden konnte. Das Infrastrukturmanagement war für die betriebsbereite Verkehrsanlage zuständig und umfasste neben der Planung der Erweiterungen auch jene der Erneuerungen sowie des Unterhalts.

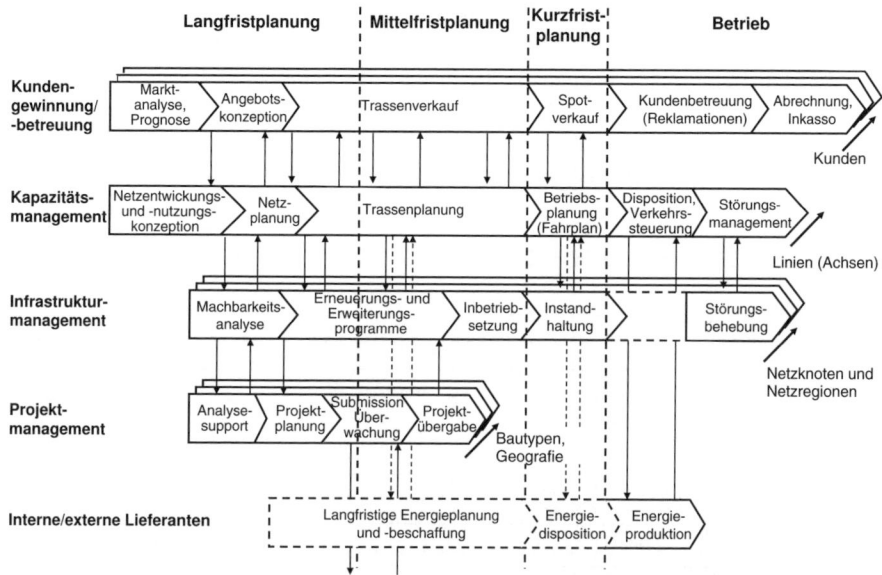

Abbildung 16.4 Unternehmensdesign des Infrastrukturteils eines nationalen Bahnunternehmens (Beispiel)

■ 16.4 Nationale Energieausgleichsstelle

Eine Besonderheit stellen die Energieausgleichsstellen dar. Vor der Liberalisierung waren die einzelnen Energieversorgungsunternehmen für die angemessene Versorgung ihrer Monopolgebiete zuständig. Bedarfsschwankungen mussten sie über Beschaffungsverträge oder Regelung eigener Kraftwerke ausgleichen. Durch die Aufhebung des Monopols ist es auch Dritten möglich geworden, Verbraucher zu versorgen. Diese Versorgung erfolgt allerdings über das gemeinsame Netz, so dass die effektive Energieversorgung nicht direkt, sondern nur über Bilanzen festgestellt werden kann. Darüber hinaus ist der effektive Bedarf nur beschränkt und statistisch vorhersehbar. Für den Bedarfsausgleich zwischen einzelnen Marktteilnehmern (Versorger oder Verbraucher) muss eine neutrale Stelle den physischen Ausgleich schaffen und den Mehr- oder Minderbedarf den Marktteilnehmern verrechnen. Je nach staatlicher Gesetzgebung sind weltweit unterschiedliche Rollenmodelle entwickelt worden.

In unserem Fall wurden die Energieversorgung und der Verteilnetzbetrieb durch staatliche Verordnung getrennt. Die Energieversorger wurden verpflichtet, sich den Energieausgleich von einer neutralen (und staatlich beaufsichtigten) Energieausgleichsstelle verrechnen zu lassen. Das Unternehmensdesign der Energieausgleichsstelle wurde zweistufig gestaltet, um für die unterschiedlichen Marktteilnehmer einfache Schnittstellen und transparente Verhältnisse zu schaffen (siehe Abbildung 16.5). Die erste Stufe „Bilanzgruppen-Ausgleich" traf die Vereinbarungen mit den Energieversorgern und fasste deren Prognosen in einem Fahrplan zusammen. Ferner kommunizierte sie momentane Preise für Mehr- oder Minderbezüge, errechnete aufgrund von Energiemessungen die Mehr- oder Minderbezüge und stellte diese in Rechnung. Die zweite Stufe „Minutenreserve-Beschaffung" beschaffte nach einem Bieterverfahren die Reserveenergie für das viertelstündliche Ausgleichsintervall, rief die effektiv erforderliche positive wie auch negative Reserve gemäß Bieterkurve („Merit-Order") ab und bestimmte die tatsächlichen Ausgleichskosten.

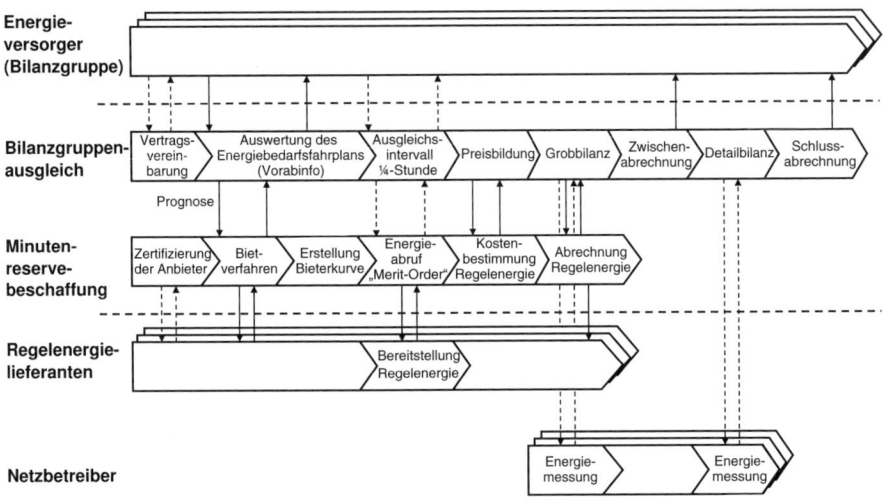

Abbildung 16.5 Unternehmensdesign einer nationalen Energieausgleichsstelle

■ 16.5 Krankenkasse

Viele Krankenkassen verfügen über unübersichtliche und kostenintensive Strukturen, welche durch jahrelanges organisches Wachstum, durch Zusammenschlüsse oder Betriebsausgliederungen entstanden sind. Vielerorts sind beispielsweise die Betreuung der Versicherungsnehmer und die Fallabwicklung uneinheitlich strukturiert. So gibt es Kassen, in denen die Abwicklung gemäß einem komplizierten Regelwerk mit vielen Ausnahmen sowohl dezentral als auch zentral erfolgt.

Für eine Krankenkasse wurde ein zweistufiges Unternehmensdesign entwickelt, welches die Kundenbetreuung und die Abwicklung der Versicherungsfälle strikt trennt. Damit konnte eine Basis geschaffen werden, um einerseits die Kundenbetreuung verstärkt auf die Bedürfnisse der Versicherungsnehmer nach einem dichten Kontaktnetz zu orientieren und andererseits die Abwicklung nach Versicherungsprodukten zentral zu professionalisieren. Damit konnte auch jene Transparenz geschaffen werden, welche für die Beurteilung der medizinischen Leistungserbringer (z.B. Ärzte oder Kliniken) erforderlich war (siehe Abbildung 16.6). Der Innovationsprozess befasst sich vorwiegend mit dem Produktmanagement, welches neben den Risikosimulationen vor allem Prämienkalkulation und Behördenkontakte umfasste.

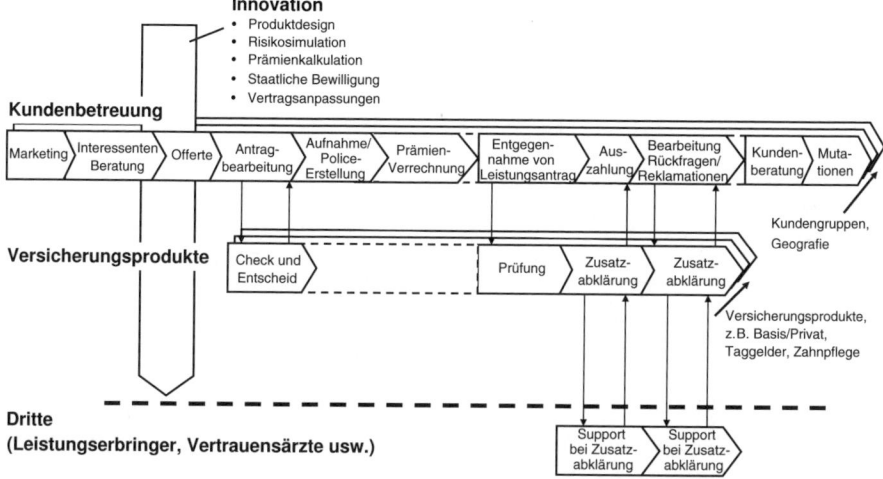

Abbildung 16.6 Unternehmensdesign für eine Krankenkasse

■ 16.6 Klinikgruppe

Das Gesundheitswesen hat große medizinische Fortschritte erlebt, aber gleichzeitig sind auch die Kosten massiv gestiegen. Daher ist es umstritten, ob das Gesundheitswesen – insgesamt und ökonomisch betrachtet – Produktivitätsfortschritte wie andere Branchen realisiert hat. Die Organisation der Ärzteschaft mit den unzähligen Spezialisierungen sowohl im ambulanten als auch im Klinikbereich ist auch eine Ursache für die ausstehenden Produktivitätsgewinne.

Eine große Klinikgruppe mit über 20 Kliniken, davon eine große Universitätsklinik, hatte sich zum Ziel gesetzt, im Rahmen der Erneuerungs- und Erweiterungsbauten ein modernes prozessbasiertes Unternehmensdesign umzusetzen. Für dieses Unternehmensdesign war charakteristisch, dass der Diagnose- und der Therapiebereich im Sinne einer Gewaltenteilung strikt getrennt wurden (siehe Abbildung 16.7). Der Diagnosebereich wurde umfassend und unabhängig von Beschwerde und Befund für den Patienten bis zur Genesung verantwortlich. Damit hatte der Patient einen Ansprechpartner, der nicht zugleich auch noch für die Therapie zuständig war. Darüber hinaus wurde die Hotellerie aus dem Stationsbereich herausgenommen, um eine Differenzierung nach Bedarf und Anspruchsklassen zu ermöglichen. Die aus dem Unternehmensdesign entstehende Transparenz hat dazu geführt, dass die medizinischen Dienstleistungen differenzierter und vor allem auch qualitativ einwandfreier erbracht wurden.

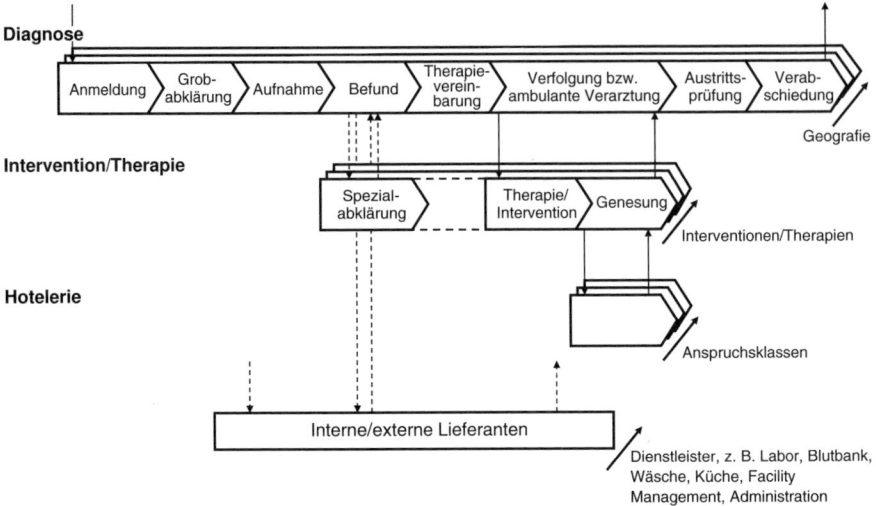

Abbildung 16.7 Unternehmensdesign für ein Krankenhaus einer Klinikgruppe

■ 16.7 Print-Medienhaus

Der Medienbereich steht nicht nur aufgrund des Einzugs neuer Technologien, sondern auch aufgrund der Fragmentierung der Konsumenten (Leser) unter starkem Wettbewerbsdruck. Trotzdem sind Print-Medienhäuser oft noch traditionell um die Redaktion herum organisiert. In solchen Situationen sind die Redaktion und deren Stabsbereiche praktisch für alle Aufgaben, welche zur formalen und inhaltlichen Gestaltung einer Ausgabe erforderlich sind, zuständig. Nur die Anzeigenakquise und -produktion mit den Kontakten zu Agenturen ist üblicherweise separiert.

Ein Medienhaus, welches eine Tageszeitung mit wöchentlichen Beilagen in Magazinform produzierte, hatte in Folge einer Strategieüberprüfung ein neues Unternehmensdesign eingeführt. Merkmal dieses Designs war die konsequente Ausrichtung auf die Leserschaft (siehe Abbildung 16.8). Im Sinne des KAM/PEM-Ansatzes arbeitete der Geschäftsprozess „Marktbetreuung" gemeinsam mit jenem für „Content Design und Integration" die Ausgabenkonzepte aus, welche von Letzterem umgesetzt wurden (siehe auch „Vereinbarung eines komplexen Leistungsmix" in Kapitel 9). Für die Umsetzung griff „Content Design und Integration" auf die sogenannte „Content Generierung" zurück, welcher von der journalistischen Recherche über die Text-, Bild- und Grafikkreation bis zur Fertigstellung eines Artikels bzw. einer Rubrik alle Aufgaben oblagen. Dieses Design teilte die traditionelle „Redaktion" neu in drei Geschäftsprozesse auf, welche nach den voneinander unabhängigen Kriterien, nämlich Formaten und Themenbereichen, segmentiert wurden. Im Sinne einer Option bestand im Rahmen der Expansionsstrategie die Möglichkeit, die „Marktbetreuung" nach weiteren Märkten zu segmentieren.

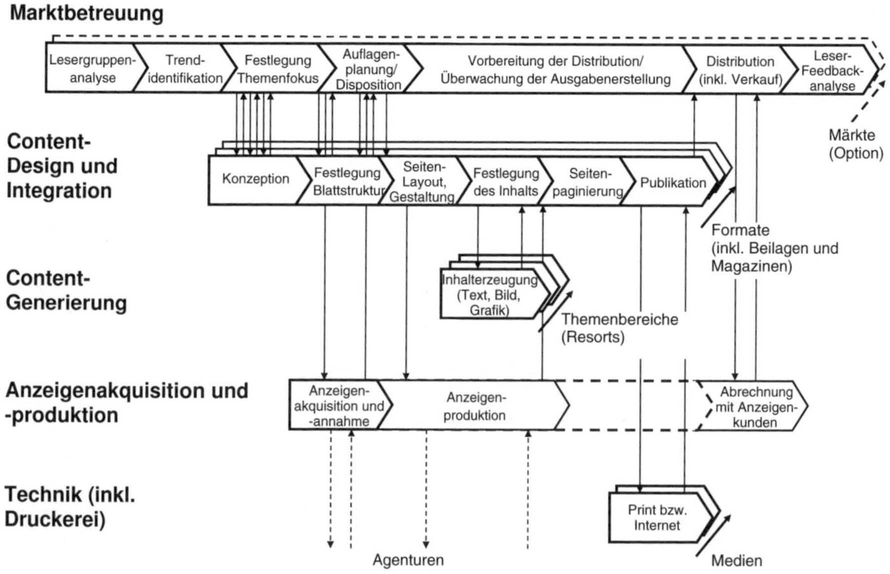

Marktbetreuung

Abbildung 16.8 Unternehmensdesign für ein Print-Medienhaus

◼ 16.8 Factoring

Viele Unternehmen lagern das Inkasso inkl. Debitorenbuchhaltung vollständig an spezialisierte Firmen, sogenannte „Factoring"-Unternehmen, aus. Das Spektrum der erbrachten Dienstleistungen erstreckt sich von der Führung der Debitorenbuchhaltung inkl. Inkasso über die Debitorenbelehnung bis zur umfassenden Versicherung der Delkredererisiken. Gerade Letzteres stellt einen wichtigen Faktor bei der Gebührenfestlegung dar.

Ein „Factoring"-Unternehmen, welches durch die Ausgliederung aus einer Großbank entstand, hatte sich mittels innovativen Unternehmensdesigns neue, den heutigen Anforderungen entsprechende Strukturen verschafft. Zentral an diesem Design war die Scharnierrolle des Risikomanagements zwischen den beiden Geschäftsprozessen „Klientengewinnung und -betreuung" sowie der ausführenden „Produktion" (siehe Abbildung 16.9). Mit dem Risikomanagement wurde die Anwendung des Vier-Augen-Prinzips sichergestellt (siehe Kapitel 6). Sowohl bei der Gebührenfestlegung als auch bei der Festlegung von Maßnahmen bei Zahlungsausständen wurde das Risikomanagement involviert. Mit diesem Design konnte gewährleistet werden, dass auf der einen Seite eine adäquate Situationseinschätzung der Risiken erfolgt und auf der anderen Seite die Klienten professionell über den gesamten Geschäftsbeziehungszyklus durchgängig betreut wurden. Durch die Segmentierung der Produktion konnte auch den Anforderungen von international tätigen Klienten entsprochen werden. Außerdem war es nun auf

einfache Art möglich, neue Dienstleistungen als weiteres „Produktionssegment" hinzu-
zufügen.

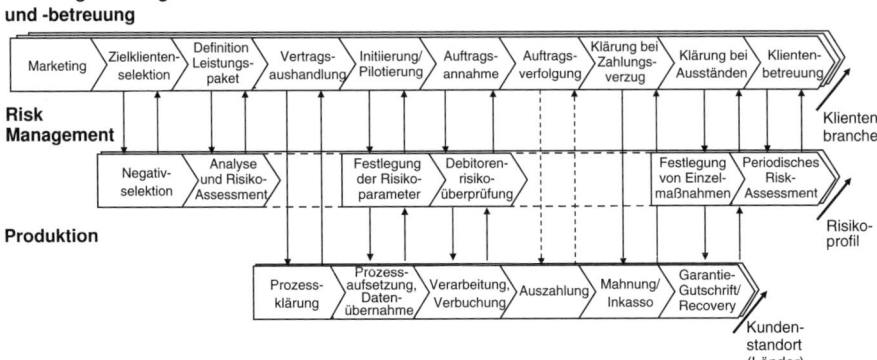

Abbildung 16.9 Unternehmensdesign für ein Factoring-Unternehmen

■ 16.9 Industrieleasing

Industrieleasing ist für Unternehmen eine alternative Möglichkeit, ihre Investitionen in
Produktionsanlagen und Gebrauchsgüter zu finanzieren. Für manches Unternehmen ist
die Vermittlung von solchen Finanzierungsmöglichkeiten durch den Hersteller oft ein
wichtiges Kaufargument.

Ein spezialisiertes Unternehmen für Industrieleasing, welches weltweit in allen Indus-
trieländern präsent war, wollte durch eine zentralere Struktur die Ausfallrisiken reduzieren und Synergien schaffen, ohne die lokale Nähe zu den Leasingnehmern und ver-
mittelnden Herstellern zu verlieren. Es entschied sich für eine dreistufige Kaskade: Die
erste Stufe war verantwortlich für die Kundenbetreuung und Informationsbeschaffung
vor Ort. Im Sinne des Vier-Augen-Prinzips wurde die Leasinggewährung von einem
positiven Entscheid durch die zweite Kaskade „Kreditmanagement" abhängig gemacht.
Die administrative Abwicklung erfolgte durch eine zentralisierte Produktion (siehe
Abbildung 16.10).

**Kundengewinnung
und -betreuung**

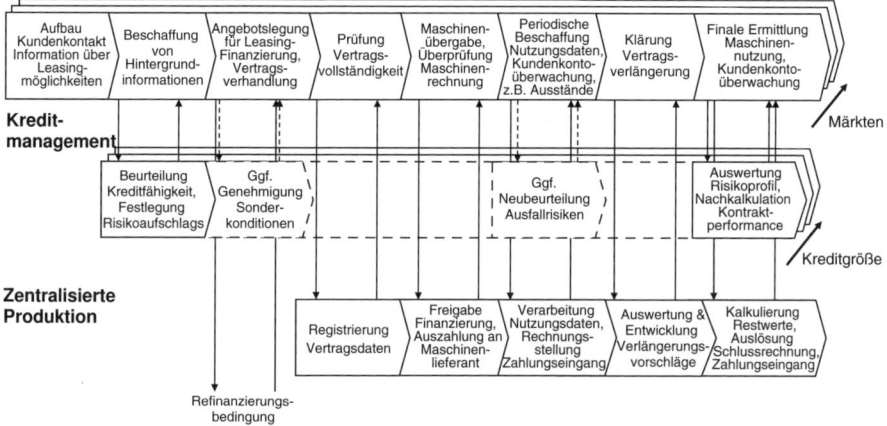

Abbildung 16.10 Unternehmensdesign für ein Unternehmen für Industrieleasing

■ 16.10 Internationale Handelsgüter-inspektion (Warenprüfung)

Zur Sicherstellung von richtigen Steuer- und Zolldeklarationen und zur Beschleunigung der Zollabwicklung lassen viele Staaten diese von Drittfirmen verifizieren und die Importgüter schon im exportierenden Land inspizieren. Darüber hinaus wird manchmal auch das Einziehen der Zollabgaben von diesen Drittfirmen durchgeführt. Für die Handelspartner, insbesondere die Importeure, wird durch diese Dienstleistung die Zollabfertigung massiv beschleunigt, unbürokratischer und vor allem sicherer. In vielen Fällen können sie unter diesen Drittfirmen ihren Dienstleister frei auswählen.

Für diese spezialisierten Firmen stellt sich die Herausforderung, dass sie neben dem spezifischen Know-how traditionellerweise auch über eine globale Präsenz in praktisch allen Handelsländern des beauftragenden Staates mit einer entsprechenden Infrastruktur sowohl in den beauftragenden Importländern als auch in den Exportländern verfügen, denn bei jeder Handelstransaktion ist je ein Standort im exportierenden und im importierenden Land involviert. In der Regel löst der Importeur einen Verifikations- und Inspektionsauftrag aus, welcher im Exportland ausgeführt wird. Die Ergebnisse werden anschließend wieder dem Importeur für die Zollabfertigung übergeben.

Der größte Anbieter war in mehr als 130 Ländern präsent. Die Struktur war über Jahrzehnte gewachsen. Sowohl in importierenden als auch exportierenden Ländern verfügte er neben den Frontbereichen für die Zusammenarbeit mit den Handelspartnern vor allem über umfangreiche Backoffices. Die Schnittstellen zwischen den importierenden und exportierenden Standorten waren nicht standardisiert. Doppelspurigkeiten und Fehler führten zu Nachbearbeitungen und Verzögerungen. Das Unternehmen entschied

sich für ein neues Unternehmensdesign, welches die Backoffice-Aktivitäten wie Zoll-
bewertung und -klassifizierung weltweit zentralisierte (siehe Abbildung 16.11). Dezentral verblieben sogenannte „Trade-Center", welche mit den Handelspartnern kommuni-
zierten. Bei wichtigen Handelspartnern wurden die „Trade-Center" sogar in deren
Lokalitäten verlegt, um den Austausch zu optimieren. Dem zentralen Backoffice oblag
die Entscheidung, welche Handelstransaktionen physisch zu inspizieren waren. Mit
diesem Unternehmensdesign gelang es nicht nur, die Schnittstellen zu standardisieren
und die Backoffice-Aktivitäten sowohl qualitativ als auch quantitativ zu optimieren, sondern auch ein flexibles Trade-Center-Netz aufzubauen, das den Handelsströmen folgen
konnte.

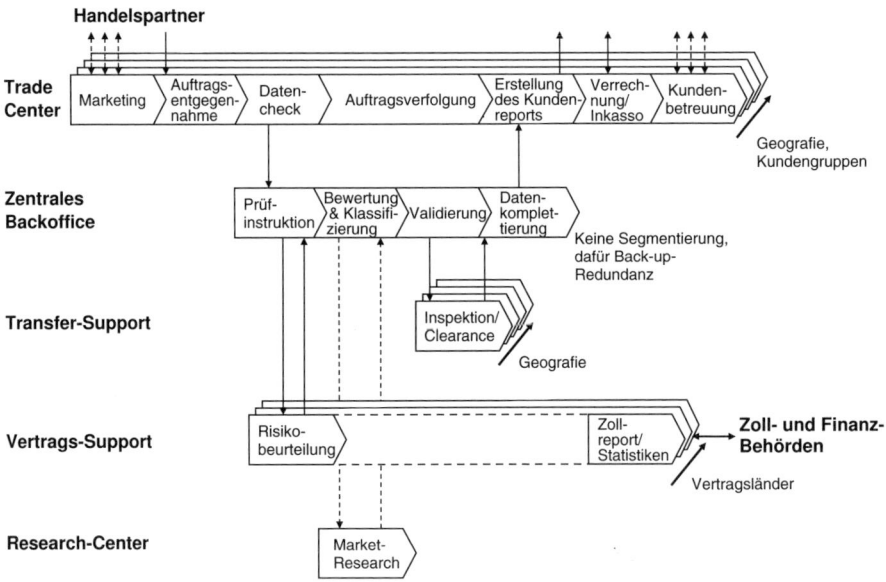

Abbildung 16.11 Unternehmensdesign für ein global tätiges Unternehmen für Handelsgüter-
inspektion

■ 16.11 Universität

Traditionellerweise sind Universitäten nach Fakultäten und Instituten organisiert. Die
Professoren sind sowohl für die Lehre als auch für die Forschung zuständig, wobei sie in
deren Themensetzung praktisch frei sind. Studienplätze werden in vielen Ländern noch
staatlich zugewiesen. Daneben sind private Universitäten entstanden, welche zahlungs-
kräftigen Studierenden sehr hochwertige Ausbildungen vermitteln.

Die staatliche Mittelverknappung hat inzwischen dazu geführt, dass Modelle geprüft
werden, welche von den traditionellen Formen abweichen und auch einen Wettbewerb
zwischen den staatlichen und privaten Universitäten zulassen. Stichworte sind soge-

nannte Bildungsgutscheine, welche es einem Studienberechtigten gestatten, seine Studien an einer Universität seiner Wahl zu absolvieren.

Das vorliegende Unternehmensdesign ist im Rahmen einer solchen Modelldiskussion entstanden. Charakteristisch für das Design ist zum einen ein Studierenden-Service, welcher die Studierenden anwirbt, sie berät, bis zum Abschluss begleitet und die anderen Geschäftsprozesse steuert, in welchen der Lehrkörper, insbesondere die Professoren, tätig ist. Zum anderen sieht das Design auch eine Trennung von Forschung und Lehre vor, was eine klarere Ausrichtung unter dem Lehr- bzw. Forschungspersonal ermöglicht (siehe Abbildung 16.12). Dieses Design ist nicht realisiert worden, besteht jedoch in Ansätzen in Managementschulen.

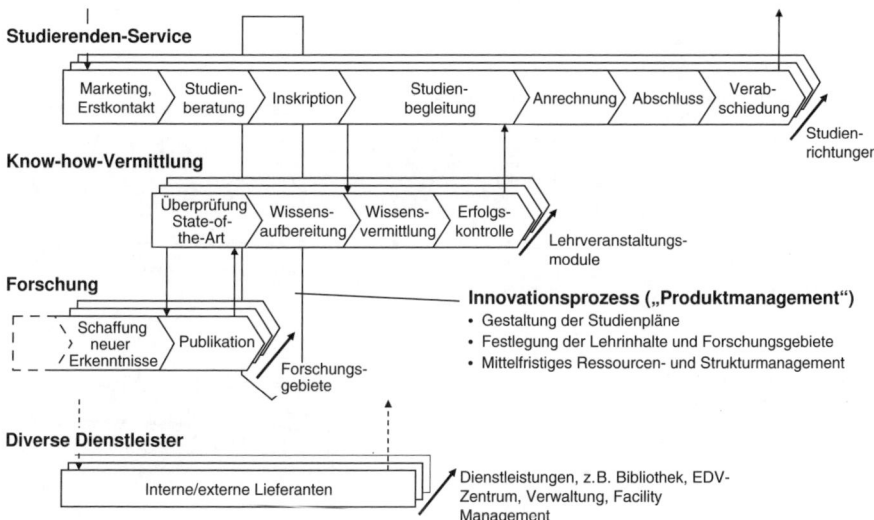

Abbildung 16.12 Unternehmensdesign für eine Universität

■ 16.12 Armee-Entwicklung

Die Entwicklung und der Unterhalt einer einsatzfähigen Armee erfolgt in sehr langfristigen Vorhaben. Ministerielle Amtsstellen und Armeestäbe beobachten relevante Trends und leiten Überlegungen zur Struktur und Ausrüstung der Armee ab. Ein typischer Planungszyklus von der ursprünglichen Erstellung eines Gefahrenszenarios über den Beschaffungsbeschluss bis zur Bereitschaftsmeldung, einen bestimmten Einsatz durchführen zu können, dauert acht bis 15 Jahre – also weit mehr als eine Regierungsperiode. In einem demokratischen System ist deshalb die Wahrscheinlichkeit groß, dass Entscheidungen durch nachfolgende Regierungen wieder korrigiert werden. Umso mehr ist ein transparenter Planungs- und Beschaffungsprozess nötig, welcher durchgängig und vor allem zeiteffizient ist.

Eine nationale Armee erkannte, dass die Armee-Entwicklung der (Prozess-)Innovation in der Industrie entsprach. Analog zur Innovationsmaschine (siehe Kapitel 11) setzte sie ein dreistufig kaskadiertes Design um: In der ersten Kaskade wurden die verteidigungspolitischen Leistungen wie Verteidigung, Assistenzdienste usw. definiert und deren Umsetzung überwacht. In der zweiten Kaskade wurden die Anforderungen in Armeestrukturen und Vollzugsprogramme übersetzt, welche die Armee befähigten, die Leistungen rüstungstechnisch wie auch personell zu erbringen. Die dritte Stufe vollzog die Projekte bzw. Programme in interdisziplinär zusammengesetzten Vollzugsteams, welche aus Beschaffungs-, Ausbildungs- und Logistikstellen bestanden (siehe Abbildung 16.13).

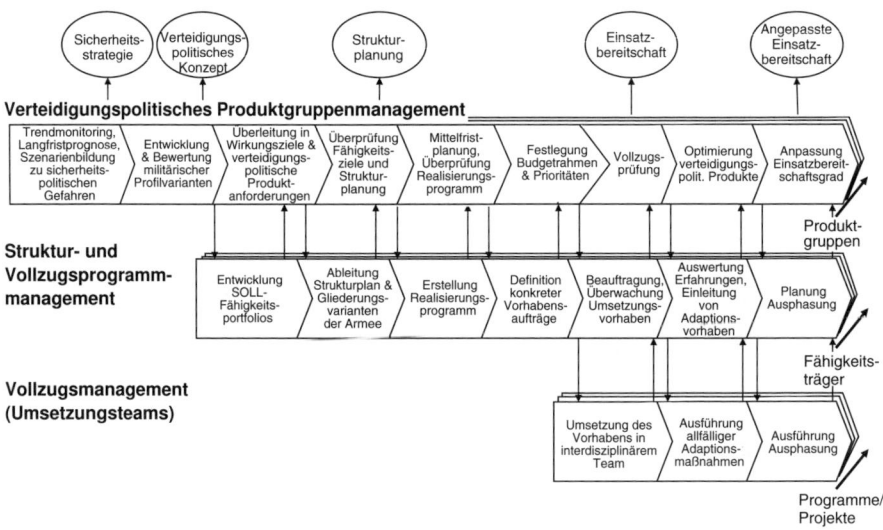

Abbildung 16.13 Unternehmensdesign für die Armee-Entwicklung

Glossar

In diesem Buch ist eine Methodik des Unternehmensdesigns dargestellt worden, welche einzigartig ist. Die Methodik verwendet fallweise auch ein spezifisches Verständnis von Schlüsselbegriffen, die anderswo anders verstanden werden. Diese Schlüsselbegriffe sind nicht alphabetisch, sondern in ihrem inhaltlichen Zusammenhang geordnet:

Unter *Strategie* wird ein tiefgreifendes und flächendeckend verankertes Verhaltensmuster verstanden, dem das Unternehmen oder eine Geschäftseinheit verpflichtet ist, um gegenwärtige wie zukünftige Wettbewerber erfolgreich zu schlagen. In diesem Zusammenhang wird auch von Operationalisierung und Internalisierung der Strategie gesprochen. *Operationalisierung* meint hier das Herunterbrechen der strategischen Absichten auf das operative Geschehen. *Internalisierung* steht hier für die Übernahme der Strategie als verhaltensanleitende Weisung durch die Gesamtorganisation des Unternehmens. Die Begriffe Mission – im Sinne eines Erklärungsgrunds, warum das Unternehmen existiert – und Vision – im Sinne einer Beschreibung, wohin sich das Unternehmen entwickeln möchte – sind von demjenigen der Strategie zu unterscheiden. Mission und Vision bilden zusammen mit den externen Restriktionen wie Wettbewerb und Regulierungen die Ausgangslage für die Strategiefindung.

Ein *Geschäft* zeichnet sich durch eine eigene Strategie und ein Angebot von *Marktleistungen* mit spezifischem Kundennutzen aus, um die Bedürfnisse eines ausgewählten Markts – allenfalls Kundensegments – zu erfüllen. In der Regel unterscheiden sich die Geschäfte auch durch Wachstumschancen und Ertragspotenziale. Eine Geschäftseinheit ist eine weitgehend autonome Organisationseinheit, welche ein oder mehrere Geschäfte betreibt. Diese Geschäfte sind sich sehr ähnlich, verfügen über ähnliche Strategien und nutzen gemeinsame Ressourcen.

Eine *Marktleistung* (Produkt oder Dienstleistung) besteht in der Regel aus einem Bündel von Sach-, Dienst- und Informationsleistungen. Eine Marktleistung umfasst neben der Kernleistung auch alle Zusatz- und Nebenleistungen, welche über den Zyklus einer Geschäftsbeziehung erbracht werden und einzeln oder gesamthaft die Kundenbedürfnisse befriedigen.

Die *Wertschöpfungsmaschine* stellt ein produktives System dar, welches die Geschäftsprozesse modular und effizient entlang der Wertschöpfungskette verknüpft und die Volumen- und Lernkurveneffekte zur Erzielung von Wettbewerbsvorteilen ausschöpft.

Ein *(Geschäfts-)Prozess* ist eine sachlich und zeitlich logische Abfolge von betrieblichen Tätigkeiten bzw. Aktivitäten mit dem Ziel eines klar festgelegten Outputs zur Erzeugung von Kundennutzen. Der Geschäftsprozess besitzt einen bestimmten Leistungsumfang, ist durch einen spezifischen Auslöser als Input (z. B. Beauftragung) und ein entsprechendes Ergebnis als Output (z. B. Lieferung) bestimmt, ist wiederholbar, fügt Mehrwert am Prozessobjekt hinzu, hat einen durchgängig verantwortlichen Prozesseigner und verfügt über alle notwendigen Ressourcen und Informationen.

Als *wertschaffend* wird ein Geschäftsprozess bezeichnet, der Sach-, Dienst- und Informationsleistungen, welche für den externen Kunden bestimmt sind, ertragsorientiert erbringt oder direkt dazu beiträgt. Der Output ist durch konkrete Transaktionen zu externen Kunden bestimmt.

Als *wertdefinierend* wird ein Geschäftsprozess bezeichnet, der die angebotenen Sach-, Dienst- und Informationsleistungen strategiegerecht definiert und konkretisiert sowie das Unternehmen befähigt, diese marktgerecht zu erbringen. Dadurch werden auch Wertschöpfung, notwendige Infrastruktur, Ressourcen sowie Prozessinstruktionen für die wertschaffenden Prozesse festgelegt.

Unter *Prozessmanagement* wird die umfassende Betrachtung aller Unternehmensaktivitäten als (Geschäfts-)Prozesse verstanden. Dabei erstreckt sich das Prozessmanagement über sämtliche Lebensphasen der Prozesse (z. B. „Gestaltung", „Betrieb", „Performance-Controlling" und „Optimierung" der Prozesse) hinweg. Das *strategiegeleitete Prozessmanagement* bedeutet, dass das Prozessmanagement ein Teil der Strategieumsetzung ist und die Gestaltung sowie Optimierung der Prozesse aus Sicht der Geschäftsstrategie erfolgen.

Prozessbasiert bezeichnet eine Eigenschaft, welche den Geschäftsprozess (im beschriebenen Sinne) vollumfänglich einbezieht. Dagegen bezeichnet prozessorientiert eine Ausrichtung auf die Prozessabfolge und betrifft nicht notwendigerweise den kompletten Geschäftsprozess.

Die *Geschäftsmodellierung* steht für die prozessmäßige Abbildung von Soll-Geschäftsvorgängen unter Berücksichtigung der unternehmensspezifischen Geschäftscharakteristik. Die hier vorgeschlagene Geschäftsmodellierung basiert auf einer durchgängigen Vorgehensmethodik (Makro-/Mikrodesigns) vom Groben zum Detail und verwendet ein integrales Gestaltungsmodell für Prozesse, Ressourcen und Information.

Im *Unternehmensdesign* wird das Unternehmen strategiegerecht ausgelegt und hinsichtlich der Geschäftsprozesse, personellen Ressourcen und Informationsflüsse gestaltet. Das Unternehmensdesign legt Rollen und Verantwortlichkeiten fest und umfasst sowohl das Makro- wie auch das Mikrodesign. Das *Makrodesign* ist das Resultat der prozessmäßigen Abbildung von Geschäftsvorgängen auf Makrostufe und definiert die Geschäftsprozesse eines Unternehmens sowie deren Schnittstellen mit der Umwelt und untereinander. Das *Mikrodesign* ist das Resultat der Optimierung eines ausgewählten Geschäftsprozesses und definiert detailliert die Methoden sowie die Ressourcenausstattung in qualitativer und quantitativer Hinsicht. Das Makrodesign bildet die Grundlage für die prozessbasierte Aufbauorganisation, das Mikrodesign diejenige für die prozessbasierte Arbeitsorganisation.

Unter *Komplexität* wird die Vielfalt (und Varietät) möglicher Erscheinungsformen, Unterschiede, Nuancen, Abstufungen, Varianten des betrieblichen Geschehens verstanden, welche zugleich mit hoher Veränderungsdynamik und dadurch mit hoher Unsicherheit hinsichtlich der Vorsehbarkeit verbunden ist. Aufgrund der Erscheinungsformen unterscheiden wir Markt-, Produkt-, Prozess- und *Organisationskomplexität*. Das Unternehmensdesign zielt auf die Reduktion der Marktkomplexität – durch strategische Fokussierung – sowie der Produkt-, Prozess- bzw. Organisationskomplexität – durch Modularisierung und Gestaltung der Schnittstellen – ab.

Kritische Wertschöpfungselemente sind jene Tätigkeiten, welche im Lichte der Erfolgsfaktoren speziell beherrscht werden müssen. Die kritischen Wertschöpfungselemente bilden die Basis für die Kernfähigkeiten.

Erfolgsfaktoren (auch „Key-Success-Factors") bestimmen die im Wettbewerb entscheidenden Aspekte für nachhaltigen Erfolg. Die Erfolgsfaktoren ergeben sich einerseits aus der Analyse des Geschäfts- und Wettbewerbsumfelds, andererseits aus den Schlüsselkauffaktoren aus Kundensicht (auch „Key-Buying-Factors").

Kernfähigkeiten bestehen in der überragenden Beherrschung der kritischen Wertschöpfungselemente bzw. der Geschäftsprozesse hinsichtlich der Erfolgsfaktoren. So verstanden öffnen Kernfähigkeiten den Zugang zum Kunden bzw. zum Markt, verschaffen Wettbewerbsvorteile und bieten inhärenten – und zumindest temporären – Schutz vor Imitation (in Anlehnung an Hamel und Prahalad).

Es liegt eine *prozessbasierte Aufbauorganisation* vor, wenn einer oder mehrere Geschäftsprozesse einer einzigen Organisationseinheit zugewiesen sind. Die prozessbasierte Organisationseinheit verfügt über alle notwendigen Ressourcen und Informationen sowie Kompetenzen und Methoden, um die zugewiesenen Prozessaufgaben zu erfüllen.

Eine *Rolle* beschreibt eine Eigenschaft, welche die Zuständigkeit für eine oder mehrere Aufgaben innerhalb einer Organisation bezeichnet. Eine Rolle kann einer Einzelperson wie auch einer Organisationseinheit zugewiesen werden. Es handelt sich um eine prozessbasierte Rolle, wenn die Zuständigkeit für eine Prozessaufgabe durchgängig wahrgenommen wird und die wertschöpfenden Aufgaben eines oder mehrerer Geschäftsprozesse betrifft, welche selbst erbracht oder im Auftragsverhältnis delegiert werden.

Literaturverzeichnis

Abell, D. F. (1980). Defining the business: The starting point of strategic planning. Englewood Cliffs, NJ: Prentice Hall.

Abernathy, W. J. & Utterback, J. M. (1978). Patterns of industrial innovation. Technology Review, 80 (7), 40 – 47.

Alchian, A. A. (1950). Uncertainty, evolution, and economic theory. Journal of Political Economy, 58 (3), 211 – 221.

Becker, J., Kugeler, M. & Rosemann, M. (Hrsg.). (2012). Prozessmanagement: Ein Leitfaden zur prozessorientierten Organisationsgestaltung. Berlin Heidelberg: Springer Gabler.

Birkenmeier, B. & Brodbeck, H. (2010). Wunderwaffe Innovation: Was Unternehmen unschlagbar macht – ein Ratgeber für Praktiker. Zürich: Orell Füssli.

Blaxill, M. F. & Hout, T. M. (1991). The fallacy of the overhead quick fix. Harvard Business Review, 69 (4), 93 – 101.

Bleicher, K. (2001). Das Konzept Integriertes Management: Visionen – Missionen – Programme. Frankfurt: Campus.

Boxwell, R. J. (1994). Benchmarking for competitive advantage. New York, NY: McGraw-Hill.

Chandler, A. D. (1962). Strategy and structure: Chapters in the history of the industrial enterprise. Cambridge, MA: MIT Press.

Checkland, P. (1983). System thinking, systems practice. Chichester: John Wiley & Sons.

Child, P., Diederichs, R., Sanders, F.-H. & Wisniowski, S. (1991). The management of complexity. McKinsey Quarterly. 1991 (4), 52 – 68.

Collins, J. (2001). Good to great: Why some companies make the leap ... and others don't. New York, NY: Harper Business.

Collins, J. & Porras, J. I. (1997). Build to last: Successful habits of visionary companies. New York, NY: Harper Collins.

Davenport, T. H. (1993). Process innovation: Reengineering work through information technology. Boston, MA: Harvard Business School Press.

Doppler, K. & Lauterburg, C. (2008). Change Management: Den Unternehmenswandel gestalten. Frankfurt: Campus.

Gaitanides, M. (2007). Prozessorganisation: Entwicklung, Ansätze und Programme des Managements von Geschäftsprozessen. München: Vahlen.

Gardner, R. A. (2004). The process-focused organization: A transition strategy for success. Milwaukee, WI: ASQ Quality Press.

Ghemawat, P. (1991). Commitment: The dynamic of strategy. New York, NY: Free Press.

Golann, B. (2006). Achieving growth and responsiveness: Process management and market orientation in small firms. Journal of Small Business Management, 44 (3), 369 – 385.

Grob, H. L. & Bensberg, F. (2005). Kosten- und Leistungsrechnung: Theorie und SAP-Praxis. München: Vahlen.

Hall, G., Rosenthal, J. & Wade, J. (1993). How to make reengineering really work. Harvard Business Review, 71 (6), 119 – 131.

Hamel, G. & Prahalad, C. K. (1994). Competing for the future. Boston, MA: Harvard Business School Press.

Hammer, M. (1990). Reengineering work: Don't automate, obliterate. Harvard Business Review, 68 (4), 104 – 112.

Hammer, M. (1997). Beyond reengineering: How the process-oriented organization is changing our work and our lives. New York, NY: Harper Business.

Hammer, M. (2007a). The 7 deadly sins of performance measurement and how to avoid them. MIT Sloan Management Review, 48 (3), 19 – 28.

Hammer, M. (2007b). The process audit. Harvard Business Review, 85 (4), 111 – 123.

Hammer, M. & Champy, J. (1993). Reengineering the corporation: A manifesto for business revolution. New York, NY: Harper Business.

Harrington, H. J. (1995). Continuous versus breakthrough improvement: Finding the right answer. Business Process Re-engineering & Management Journal, 1 (3), 31 – 49.

Jacobson, I., Ericsson, M. & Jacobson, A. (1995): The object advantage: Business process reengineering with object technology. New York, NY: Addison-Wesley.

Janes, A., Prammer, K. & Schulte-Derne, M. (2001). Transformations-Management: Organisationen von Innen verändern. Wien: Springer.

Johansson, H. J., McHugh, P., Pendlebury, A. J. & Wheeler, W. A. (1993). Business process reengineering: Breakpoint strategies for market dominance. Chichester: John Wiley & Sons.

Johnstone, C., Pairaudeau, G. & Pettersson, J. A. (2011). Creativity, innovation and lean sigma: A controversial combination? Drug Discovery Today, 16 (1/2), 50 – 57.

Juran, J. M. & Gryna, F. M. (1988). Quality control handbook. New York, NY: McGraw-Hill.

Kamiske, G. F. & Brauer, J.-P. (2011). Qualitätsmanagement von A bis Z: Erläuterungen moderner Begriffe des Qualitätsmanagements. München: Hanser.

Kohlbacher, M. (2010). The effects of process orientation: A literature review. Business Process Management Journal, 16 (1), 135 – 152.

Kotter, J. P. (1996, 2012). Leading change: Why transformation efforts fail. Boston, MA: Harvard Business School Press.

Kueng, P. (2000). Process performance measurement system: A tool to support process-based organizations. Total Quality Management, 11 (1), 67 – 85.

Lau, Y.-T. (2001). The art of objects: Object-oriented design and architecture. Boston, MA: Addison-Wesley.

Maynard, H. B. (Hrsg.). (1963). Industrial engineering handbook. New York, NY: McGraw-Hill.

Maynard, H. B., Stegemerten, G. J. & Schwab, J. L. (1948): Methods-time measurement. New York, NY: McGraw-Hill.

Meyer, J.-U. (2011). Erfolgsfaktor Innovationskultur: Das Innovationsmanagement der Zukunft. Göttingen: Business Village.

Miller, D. (1990). The icarus paradox: How exceptional companies bring about their own downfall. New York, NY: Harper Business.

Mintzberg, H., Ahlstrand, B. & Lampel, J. (1998). Strategy safary: A guided tour through the wilds of strategic management. New York, NY: Free Press.

Newton, J. D. (1987). Uncommon friends: Life with Thomas Edison, Henry Ford, Harvey Firestone, Alexis Carrel & Charles Lindbergh. San Diego, CA: Harcourt Brace Jovanovich.

Nonaka, I. (1991). The knowledge-creating company. Harvard Business Review, 69 (6), 96 – 104.

Nonaka, I. & Takeuchi, H. (1995). The knowledge-creating company: How Japanese companies create the dynamics of innovation. New York, NY: Oxford University Press.

Nordsieck, F. (1972). Betriebsorganisation: Betriebsaufbau und Betriebsablauf. Suttgart: Poeschel.

Österle, H. (1994, 1995). Business Engineering: Prozess- und Systementwicklung. Berlin Heidelberg: Springer.

Pfeffer, J. (1994). Competitive advantage through people: Unleashing the power of the work force. Boston, MA: Harvard Business School Press.

Pine II, B. J. (1993). Mass customization: The new frontier in business competition. Boston, MA: Harvard Business School Press.

Polanyi, M. (1966, Deutsch: 1985). Implizites Wissen (The tacit dimension). Frankfurt: Suhrkamp.

Porter, M. (1980, 1998a). Competitive strategy: Techniques for analyzing industries and competitors. New York, NY: Free Press.

Porter, M. (1985, 1998b). Competitive advantage: Creating and sustaining superior performance. New York, NY: Free Press.

Prahalad, C. K. & Hamel, G. (1990). The core competence of the corporation. Harvard Business Review, 68 (3), 79 – 91.

Quinn, J. B. (1992). Intelligent enterprise: A knowledge and service based paradigm for industry. New York, NY: Free Press.

Reinertsen, D. & Shaeffer, L. (2005). Making R&D lean. Research Technology Management, 48 (4), 51 – 57.

Rommel, G., Brück, F. & Diederichs, R. (1993, 2000). Einfach überlegen: Das Unternehmenskonzept, das die Schlanken schlank und die Schnellen schnell macht. Stuttgart: Schäffer-Poeschel.

Sanchez, R. (2001). Product, process, and knowledge architectures in organizational competence. In R. Sanchez (Hrsg.), Knowledge management and organizational competence (227 – 250). Oxford: Oxford University Press.

Sauber, T. & Tschirky, H. (2006). Structured creativity: Formulating an innovation strategy. New York, NY: Palgrave McMillan.

Schantin, D. (2004). Makromodellierung von Geschäftsprozessen: Kundenorientierte Prozessgestaltung durch Segmentierung und Kaskadierung. Wiesbaden: Gabler.

Scheer, A.-W. (1988). Wirtschaftsinformatik: Referenzmodelle für industrielle Geschäftsprozesse. Berlin Heidelberg: Springer.

Schmelzer, H. J. & Sesselmann, W. (2013). Geschäftsprozessmanagement in der Praxis: Kunden zufrieden stellen – Produktivität steigern – Wert erhöhen. München: Hanser.

Schönsleben, P. (2011). Integrales Logistikmanagement: Operations und Supply Chain Management innerhalb des Unternehmens und unternehmensübergreifend. Berlin Heidelberg: Springer.

Schuh, G. (2005). Produktkomplexität managen: Strategien – Methoden – Tools. München: Hanser.

Schumpeter, J. (1912, Nachdruck: 2006). Theorie der wirtschaftlichen Entwicklung. Berlin: Duncker & Humblot.

Senge, P. M. (1990, 2006). The fifth discipline: The art & practice of the learning organization. New York, NY: Doubleday.

Shank, J. K. & Govindarajan, V. (1993, 2006). Strategic cost management: the new tool for competitive advantage. New York, NY: Free Press.

Sharman, G. (1984). The rediscovery of logistics. Harvard Business Review, 62 (5), 71 – 79.

Skinner, W. (1986). The productivity paradox. Harvard Business Review, 64 (4), 55 – 59.

Stalk, G. & Hout, T. M. (1990). Competing against time: How time-based competition is reshaping global markets. New York, NY: Free Press.

Stalk, G., Evans, P. & Shulman, L. E. (1992). Competing on capabilities: The new rules of corporate strategy. Harvard Business Review, 70 (2), 57 – 69.

Suter, A. (2009). Neues Wachstum: Grössenvorteile nutzen, Komplexität meistern, Flexibilität entwickeln. Zürich: Orell Füssli.

Taylor, F. W. (1911, Deutsch: 2011). Die Grundsätze wissenschaftlicher Betriebsführung (The principles of scientific management). Paderborn: Salzwasser.

Ulrich, D. & Lake, D. G. (1990). Organizational capability: Competing from the inside out. New York, NY: John Wiley & Sons.

Wagner, K. W. & Käfer, R. (2010, 2013). PQM – Prozessorientiertes Qualitätsmanagement: Leitfaden zur Umsetzung der ISO 9001. München: Hanser.

Wagner, K. W. & Patzak, G. (2007, 2015). Performance Excellence: Der Praxisleitfaden zum effektiven Prozessmanagement. München: Hanser.

Warnecke, H. J. (1993). Revolution der Unternehmenskultur: Das fraktale Unternehmen. Berlin Heidelberg: Springer.

Warnecke, H. J. (1995). Aufbruch zum fraktalen Unternehmen: Praxisbeispiele für neues Denken und Handeln. Berlin Heidelberg: Springer.

Weitlaner, D., Müller, C., Vorbach, S. & Kohlbacher, M. (2013, Juni): Process orientation and financial performance: The mediating role of organizational ambidexterity. Beitrag präsentiert auf der 13th Annual Conference of the European Academy of Management (EURAM 2013), Istanbul.

Weske, M. (2007, 2012). Business process management: Concepts, languages, architectures. Berlin Heidelberg: Springer.

Womack, J. P., Jones, D. T. & Roos, D. (1990, 2007). The machine that changed the world: The story of lean production. New York, NY: Free Press.

Index

Die Autoren

Andreas Suter hat als Unternehmensleiter wie als Unternehmensberater zahlreiche Neuausrichtungen von Unternehmen vorangetrieben. Als Professor für Unternehmensführung und Organisation an der Technischen Universität in Graz hat er gemeinsam mit seinen Mitarbeitern den Ansatz und die Prinzipien der „Wertschöpfungsmaschine" entwickelt. Heute ist Andreas Suter Partner des international tätigen Managementdienstleisters GroNova (Kontakt: www.GroNova.com).

Stefan Vorbach ist ordentlicher Professor und Leiter des Instituts für Unternehmensführung und Organisation an der Technischen Universität in Graz. Dort lehrt er den Ansatz und entwickelt die „Wertschöpfungsmaschine", insbesondere für technologieorientierte Unternehmen, weiter.

Doris Weitlaner ist wissenschaftliche Mitarbeiterin und Dozentin für Prozessmanagement an der Fachhochschule CAMPUS 02 in Graz. In enger Zusammenarbeit mit der Technischen Universität Graz treibt sie die Entwicklung der „Wertschöpfungsmaschine" in Theorie und Praxis voran. Einer ihrer Schwerpunkte ist die Integration von Prozess- und Informationsmanagement.